Oswald Heer

Flora fossilis arctica

Die fossile Flora der Polarländer

Oswald Heer

Flora fossilis arctica
Die fossile Flora der Polarländer

ISBN/EAN: 9783744627429

Hergestellt in Europa, USA, Kanada, Australien, Japan

Cover: Foto ©berggeist007 / pixelio.de

Weitere Bücher finden Sie auf **www.hansebooks.com**

Flora fossilis arctica.

DIE FOSSILE FLORA DER POLARLÄNDER

enthaltend

die in Nordgrönland, auf der Melville-Insel, im Banksland, am Mackenzie, in Island und in Spitzbergen entdeckten fossilen Pflanzen

von

Dr. Oswald Heer,

Professor am Polytechnikum und an der Universität in Zürich.

Mit einem Anhang über versteinerte Hölzer der arctischen Zone

von **Dr. Carl Cramer,** Professor am Polytechnikum in Zürich.

Zürich.
Druck und Verlag von Friedrich Schulthess.
1868.

Dem Andenken

Sir John Franklin's

und seiner Gefährten

gewidmet.

Vorwort.

Es ist bekannt, dass die Gebirge Europa's, Asiens und Amerika's eine nicht geringe Zahl von Pflanzenarten mit der arctischen Zone gemeinsam haben. Da man jetzt allgemein, und nach meinem Dafürhalten mit Recht, annimmt, dass jeder Art nur Ein Bildungsherd zukomme, haben wir diese gemeinsamen Arten entweder vom Norden herzuleiten, oder sie müssten umgekehrt von Süden nach Norden gewandert sein. Wäre das letztere der Fall, so müssten in der arctischen Zone europäische, asiatische und amerikanische Typen zusammengetroffen sein und sie müsste eine sehr mannigfaltige Flora besitzen. Nun ist aber das Gegentheil der Fall. Es würde uns aber ferner bei solcher Annahme ganz unbegreiflich bleiben, warum die Hochgebirge Amerika's und Europa's mehr gemeinsame Arten haben als das Tiefland, und warum unter diesen gemeinsamen Arten gerade solche sind, welche jetzt auch im hohen Norden leben. Dies beweisst, dass diese Pflanzenarten im Norden ihren Bildungsherd gehabt und von dort aus sich verbreitet haben[1]). Nehmen wir einen Erdglobus zur Hand, wird uns auf den ersten Blick einleuchten, dass eine gleichmässige Verbreitung der Pflanzen in den Polarländern viel leichter vor sich gehen kann als unter dem Aequator, daher gegenwärtig im arctischen Europa, Asien und Amerika so viele gemeinsame Pflanzen und Thierarten vorkommen, während die tropischen Floren nach den Welttheilen sehr verschieden sind. Es wird uns auch einleuchten, dass wenn von der arctischen Zone aus unter günstigen Verhältnissen eine strahlenförmige Verbreitung der Arten stattfand, diese Arten immer weiter auseinander rückten, je weiter sie nach Süden kamen, und so auffallend uns jetzt auch das Vorkommen der Silene acaulis, der Saxifraga oppositifolia, der S. aizoides, der Salix herbacea, Veronica alpina, Arctostaphylos alpina, Linnaea borealis, Lonicera coerulea, Potentilla frigida Vill., Circaea alpina, Epilobium alpinum u. a. m. in den Schweizer-Alpen und zugleich in den Gebirgen der Vereinigten Staaten Amerika's erscheinen mag, wird es uns doch erklärlich, wenn wir sie vom hohen Norden herleiten, wo sie noch jetzt zu Hause sind. Eine solche Verbreitung der nordischen Pflanzen nach Süden setzt aber andere klimatische Verhältnisse voraus als sie jetzt bestehen, daher wir den Zusammenhang der nordischen mit der alpinen Flora nur verstehen können, wenn wir auf die geologischen Zeiten zurückgehen. Die jetzige Schöpfung reicht in die quartäre Zeit zurück und das Verbreitungsareal jeder Pflanzen- und Thierart ist das Resultat eines seit dieser fernen Zeit immer fortgehenden Naturprocesses, in ihm spiegelt sich daher ihre Geschichte. Wenn nun aber wirklich zur quartären Zeit eine solche Verschiebung der nordischen Pflanzen- und Thiertypen nach Süden vor sich gieng, (wie sie auch bei Meerthieren nachgewiesen ist), frägt sich weiter, fand nicht auch in den frühern Zeiten eine solche Verbreitung von Norden nach Süden hin statt? Es frägt sich, wie sah die Polarflora zur Tertiärzeit aus? In welchem Verhältniss stand sie zu der gleichzeitigen Pflanzenwelt südlicher Breiten? Ist auch für sie ein Bildungsherd im hohen Norden zu suchen und hat schon damals von dort aus eine strahlenförmige Verbreitung der Typen stattgehabt?

---

[1]) Es ist dies namentlich von Dr. J. D. Hooker nachgewiesen worden. Vgl. seine wichtige Abhandlung: Outlines of the Distribution of Arctic Plants. Transact. Linn. Soc. XXIII. S. 253.

Diese Fragen sucht das vorliegende Werk zu beantworten oder wenigstens zu deren Beantwortung Thatsachen zu sammeln. Diese lassen kaum zweifeln, dass schon zur miocenen Zeit, wie jetzt, die Flora der Polarländer eine grosse Gleichförmigkeit zeigte und dass sie mit der damaligen europäischen relativ mehr gemeinsame Arten besass als gegenwärtig. Die Thatsache, dass die Nordwestküsten Amerika's (vgl. S. 181) fast die Hälfte ihrer miocenen Pflanzen mit Europa theilen und dass eine beträchtliche Zahl dieser Arten damals auch in der arctischen Zone zu Hause war, giebt guten Grund zur Ansicht, dass schon damals in dieser ein Bildungsherd von Pflanzen gewesen und von diesem aus eine Verbreitung nach südlichen Breiten hin stattgefunden habe [1]). Der grosse Unterschied zwischen Einst und Jetzt besteht aber darin, dass damals über den ganzen Norden ein gemässigtes Klima verbreitet war, so dass eine reiche Waldvegetation von allem Festland Besitz nehmen konnte. Da die Zunahme der Wärme nach südlichen Breiten eine viel allmäligere war als gegenwärtig (vgl. S. 73), wird das gleichmässigere Klima diese Verbreitung nach Süden sehr erleichtert haben. Nehmen wir eine solche strahlenförmige Verbreitung nach südlichen Breiten hin an, erklärt sich uns, wie es gekommen, dass nun die miocenen Felsen von Vancouver die Zweige derselben Baumart (von Sequoia Langsdorfii) einschliessen, wie die von Monod im Canton Waadt, und dass die fossile Flora der Cooks-Halbinsel eine beträchtliche Zahl von Arten enthält, die genau mit solchen Mitteleuropa's übereinstimmen, obwohl diese Halbinsel auf der andern Seite der Erdkugel liegt. In Folge des gemässigten Klima's der Polarzone und des damit zusammenhängenden grossen Pflanzenreichthums muss ihr Einfluss auf die weiter südlich gelegenen Länder ein viel grösserer gewesen sein, als in der spätern Zeit, wo durch die Vergletscherung des Landes eine Verödung desselben eintrat. Zur quartären Zeit gieng mit der europäischen Naturwelt die grossartigste Umwandlung vor sich. Die tertiären Pflanzentypen wurden zurückgedrängt und grossentheils zerstört, und als später wieder ein milderes Klima eintrat, konnte, da die Configuration der Continente sich wesentlich verändert hatte, nur von Asien her eine neue Einwanderung stattfinden. Ganz anders in Amerika. Dort wird durch das allmälige Umsichgreifen der Gletscher die Vegetation auch nach Süden gedrängt worden sein; in diesem weit ausgedehnten Continent, der bis in die Tropenwelt hineinreicht und von keinen quer durch's ganze Land laufenden hohen Gebirgsketten abgegliedert wird, konnte später bei Aenderung des Klima's die Neubekleidung des Landes von Süden nach Norden wieder fortschreiten, so dass hier keine so durchgreifende Veränderung im Pflanzenreiche vor sich gieng, wie in dem kleinen, vielgliedrigen Europa. So würde sich uns erklären, warum die miocene europäische Flora der jetzigen und auch der miocenen Flora Amerika's (so weit sie bekannt ist) viel näher steht, als der jetzigen europäischen. Diese Annahme setzt eine Landverbindung zwischen Europa und Amerika voraus, welche in nördlichen Breiten, bei der geringern Tiefe der dortigen Meere, keine sehr grossen Schwierigkeiten darbietet; dass aber diese Landverbindung auch südlich vom Polarkreis statt hatte, scheint mir aus den subtropischen amerikanischen Typen der miocenen Flora hervorzugehen, welche nicht über die arctische Zone eingewandert sein können (vgl. S. 52), wie denn überhaupt durch Obiges nicht gesagt sein soll, dass die Verbreitung der Arten nur nach Einer Richtung vor sich gegangen sei.

Ich hoffe, dass vorliegende Arbeit zu Behandlung dieser wichtigen Fragen anregen und dadurch einen Beitrag zur Geschichte der Pflanzenwelt geben werde, da die Wendepuncte der Geschichte der Schöpfung in den Polarländern schärfer ausgesprochen und leichter erkennbar sind, als in unsern Gegenden. Sie will aber auch zu Ausmittlung des Klima's früherer Weltalter neue Thatsachen aus

---

[1] Fand wirklich eine allmälig fortschreitende Abkühlung der Erde statt, werden die Polarländer früher bewohnbar geworden sein als die Tropen und das organische Leben wird dort seinen Anfang genommen haben.

Licht bringen und wird, wie ich hoffe, zum Nachdenken über diese jetzt noch so räthselhaften Erscheinungen Anlass geben.

Da die in diesem Werke behandelten Pflanzen in weit von einander entfernten öffentlichen Museen aufbewahrt werden, hat es grosse Mühe gekostet, dieselben zusammenzubringen. Ich erwähne dies, da es mich wegen einiger Unebenheiten in Text und Abbildungen entschuldigen soll. Ich hatte die Arbeit abgeschlossen und die Tafeln waren lithographirt, als ich von Kopenhagen die reichen, von den Herrn Justizrath Olrik und Dr. Rink gesammelten Schätze erhielt. Die neuen Abbildungen mussten daher auf acht besondere Tafeln gebracht und diese den übrigen angefügt werden, während es zweckmässiger gewesen wäre, die zur selben Art gehörenden Zeichnungen zusammenzustellen. Glücklicher Weise waren vom Text nur die sechs ersten Bogen gedruckt und wird das was ich in den Anmerkungen auf S. 45 u. 48 gesagt habe, berücksichtigt, so können die Angaben auf S. 8 u. 11 leicht darnach berichtigt werden. Es haben diese neuen Sendungen das Resultat der in den ersten Bogen mitgetheilten Untersuchungen nicht verändert, nur durch Hinzutreten der Kreideflora und durch zahlreiche neu hinzugekommene miocene Arten unsern Horizont bedeutend erweitert.

In dem speciellen Theile habe ich mich bei den Beschreibungen und bei den Citaten möglichster Kürze beflissen. Da ich in meiner tertiären Flora der Schweiz die Literatur ausführlich angegeben habe, habe mich bei den bereits bekannten Arten darauf beschränkt, auf diese zu verweisen und nur die neuen, seit dieser Zeit herausgekommenen Werke nachgetragen. Immer wurde indessen der erste Autor, der eine Art beschrieben hat, genannt.

Allen, welche die Freundlichkeit hatten, meine Arbeit zu unterstützen (sie sind S. 2, 3 u. 48 erwähnt), sage ich meinen wärmsten Dank, voraus dem Herrn Prof. Rob. H. Scott, gegenwärtig Director der meteorologischen Stationen in London, Herrn Prof. Nordenskiöld in Stockholm und Herrn Justizrath Olrik in Kopenhagen, welcher während einer Reihe von Jahren Versteinerungen in Nordgrönland sammeln liess. Zu lebhaftem Dank bin ich auch meinem Collegen, Herrn Prof. C. Cramer verpflichtet, welcher die mühsame und schwierige Untersuchung der fossilen Hölzer übernommen, und Herrn Dr. V. Wartha, gegenwärtig Professor am Polytechnikum in Pest, welcher die arctischen Kohlen und Bernsteine einer chemischen Untersuchung unterworfen hat.

Zürich, Weihnachten 1867.

Oswald Heer.

I. Allgemeiner Theil.

Erster Abschnitt.

Einleitung.

Das Studium der Polarländer hat einen eigenthümlichen Reiz, welcher noch durch die Wahrnehmung gesteigert wird, dass im Norden, wie in unsern Hochalpen, die Grenzmarken der Pflanzen- und Thierwelt sich finden. Zwar regt sich das Leben so weit der Mensch im Norden und in den Alpen gekommen ist. Unsere Alpen sind nicht hoch genug, um die obersten Grenzen der Pflanzenwelt zu übersteigen, und auch die nördlichsten Puncte, welche der Mensch bis jetzt erreicht hat, sind noch vom Pulsschlage der lebendigen Natur berührt. Allein die Formen, in welchen sich die Natur in diesen unwirthlichen Gegenden ausgeprägt hat, sind sehr ärmlich und verkümmert. Die Pflanzenwelt besteht grossentheils aus Flechten und Moosen, und die Blüthengewächse sind nur sehr spärlich und in kleinen Arten vertreten, von denen eine beträchtliche Zahl dem hohen Norden und unsern Hochalpen gemeinsam ist. Bäume überschreiten nur in ein paar Arten und nur an wenigen Stellen den $70°$ n. Br., und ganz Grönland, mit allen arctisch amerikanischen Inseln, ist völlig baumlos. Auch die Sträucher bleiben niedrig und manche Arten verkriechen sich in den Boden, aus dem sie nur ihre kleinen Zweige hervorstrecken. Es ist dies eine ähnliche Vegetation, wie wir sie bei uns in der Schneeregion antreffen; es sind kleine, dichte Rasen bildende Pflanzen, welche zwischen den Felsspalten sich bergen, aber keinen grünen Teppich mehr zu erzeugen vermögen.

So unter den jetzt bestehenden klimatischen Verhältnissen. Die fossilen Pflanzen, welche in der Polarzone entdeckt wurden, sagen uns aber, dass einst das Leben in üppiger Fülle in derselben entfaltet war und eröffnen der Speculation über die Bildung unseres Planeten und den Wechsel der Klimate ein weites, wichtiges Feld. Jedermann, der bei uns die Palmen und Lorbeerbäume unserer Sandsteinformation betrachtet, wird zum Nachdenken aufgefordert und wird sich die Frage vorlegen, wie damals, als diese Pflanzen bei uns lebten, unser Land ausgesehen haben möge, und welche Umänderungen im Klima vor sich gegangen seien. Noch viel eindringlicher rufen uns aber die zahlreichen Laub- und Nadelholzbäume der arctischen Zone, die Linden und Platanen, die Eichen und Buchen, die Tulpen- und Wallnussbäume, die Sequoien und Sumpfcypressen der Länder, die jetzt grossentheils in Eis und Schnee vergraben sind, zu, dass noch in der relativ späten miocenen Zeit ganz andere klimatische Verhältnisse dort bestanden haben müssen, als gegenwärtig. Das Studium dieser fossilen Pflanzen der Polarländer ist daher für die Geschichte der Erde von grosser Bedeutung.

Die Kenntniss der Polarländer verdanken wir voraus dem englischen Volke. Durch die Bemühungen der Engländer einen nördlichen Seeweg vom atlantischen zum stillen Ocean zu finden und durch die zahlreichen und mit den grossartigsten Mitteln ausgerüsteten Expeditionen, welche veranstaltet wurden, um die in den furchtbaren Eiswüsten eingefrornen Schiffe aufzusuchen und ihrer Bemannung Rettung zu bringen, wurde die arctische Zone in den letzten Decennien in vielen Richtungen durchforscht. Die Klimatologie und Geographie derselben ist dadurch vielfach bereichert worden und unsere Landkarten haben seit dieser Zeit im nördlichen Polarkreis eine ganz andere Gestalt erhalten. Viel geringer war die naturhistorische Ausbeute. Wenn man aber auch bedauern muss, dass den grossartigen Unternehmungen und den ungeheuren Opfern, welche gebracht wurden, die wissenschaftliche Ausbeute nicht entsprach, so dürfen wir doch nicht vergessen, dass diese Nordpolfahrer Mühe hatten, das nackte Leben durchzubringen, daher nicht in der Lage waren, grössere naturhistorische Sammlungen mitzunehmen. War ja Miertsching, welcher auf der dreijährigen Reise von der Behringsstrasse bis zur Mercy-Bai an 4000 Pflanzen gesammelt hatte, genöthigt, sie mit seinen Tagebüchern im eingefrornen Schiffe zurückzulassen, und ebenso gieng es auch seinem Reisegefährten Dr. Armstrong und ähnlich mit den Sammlungen, welche Sir Leop. Mac Clintock auf seiner zweiten Reise auf der

Einleitung.

Melville- und Prinz Patrick-Insel, und welche Dr. E. Kane in Nordgrönland zu Stande gebracht hatte. Wenn wir die unsäglichen Mühen und Gefahren bedenken, welche diese Männer zu überstehen hatten, Mühsale, welche mancherorts schon vergessen zu sein scheinen, werden wir dankbar sein für das, was sie mitgebracht haben, und es uns zur Pflicht machen, dasselbe aufs sorgfältigste und gewissenhafteste wissenschaftlich zu verarbeiten.

Für die fossilen Pflanzen habe ich dieses in dem vorliegenden Werke versucht. Es hat zum Zweck, die bis jetzt in der arctischen Zone entdeckten Arten, so weit ich sie zur Untersuchung erhalten konnte, zusammenzustellen, sorgfältig zu beschreiben und durch möglichst genaue Abbildungen zur Anschauung zu bringen, wodurch sie einer wissenschaftlichen Besprechung zugänglich gemacht werden.

Es kommen diese Pflanzen aus weit aus einander liegenden Gegenden der Polarzone, die wir zunächst näher bezeichnen wollen.

1. Grönland.

Capitän Inglefield, welcher im Sommer 1854 zum dritten Mal in das arctische Meer gesandt wurde, besuchte im Juli den versteinerten Wald von Atanekerdluk, der Disco-Insel gegenüber, und wurde dabei von Lieutenant Colomb begleitet. Beide sammelten daselbst fossile Blätter, welche sie nach Hause brachten. Inglefield übergab die seinigen theilweise der Geological Survey in London, Colomb aber dem Museum der königl. Gesellschaft in Dublin. Dahin kam auch eine reiche Sammlung derselben Localität, welche Sir Leopold Mac Clintock nach Dublin gebracht hat. Er erhielt dieselbe von dem Inspector von Nordgrönland, Herrn Olrik, als er auf der Heimreise Ende August 1859 nach Godhavn auf Disco kam, nachdem er im vorigen Jahre die Ueberreste der Gefährten Franklins auf King Williams Land entdeckt und so die mit bewunderungswürdiger Energie betriebenen Nachforschungen nach denselben zu einem wenigstens theilweise befriedigenden Abschluss gebracht hatte. Dass auch diese von Mac Clintock nach Dublin gebrachten Pflanzen sämmtlich von Atanekerdluk stammen, habe ich durch eine briefliche Mittheilung des Herrn Olrik erfahren. Dr. Torell brachte eine Sammlung nach Stockholm, welche sehr wahrscheinlich von derselben Stelle kommt, während Dr. Lyall eine Zahl von Pflanzenversteinerungen dem Museum in Kew übergab, welche er auf der Ostseite der Disco-Insel und nicht viel über dem Seespiegel sammelte. Es wurden mir diese von Herrn Dr. J. D. Hooker, Director des botanischen Gartens in Kew, anvertraut[1]), die von Stockholm von Herrn Prof. Nordenskiöld übersandt, die der Museen von Dublin und London aber von den Herren Prof. R. Scott und Sir Rod. Murchison. Dem Capitän Inglefield verdanke ich die Zusendung von ein paar grossen Steinplatten, welche in seinem Besitze sind. Durch diese Zusendungen habe ich aus Nordgrönland ein sehr beträchtliches Material erhalten, welches aber diese reichen Fundstätten noch keineswegs erschöpft, so dass von hier in Zukunft noch viel Neues zu erwarten ist.

2. Arctisch amerikanischer Archipel.

Auf der Bathurst- und Melville-Insel hat Sir L. Mac Clintock Steinkohlen gesammelt und zwar auf letzterer in der Skene-Bai, beim Bridport-Vorgebirge und bei Cap Dundas; aus dem Banksland brachte er von der Mercy-Bai Kohlen, aus der Ballast-Bai aber einen Tannzapfen und fossile Hölzer nach Hause, welche er dem Museum der königlichen Gesellschaft in Dublin geschenkt hat. Vom Banksland hat auch Sir Rob. J. Mac Clure Tannzapfen und fossile Hölzer heimgebracht und in den öffentlichen Museen von Dublin und London niedergelegt. Es hat mir die königl. Gesellschaft in Dublin durch die freundliche Vermittlung des Herrn Prof. Scott diese Kleinodien ihrer Sammlung zur Untersuchung mitgetheilt.

3. Nordcanada.

Es ist bis jetzt erst eine am Mackenzie bei 65° n. Br. gelegene Localität bekannt, welche fossile Pflanzen geliefert hat. Es wurden solche daselbst von Dr. Richardson gesammelt und im britischen Museum niedergelegt, wo ich sie im Herbst 1861 gesehen und theilweise gezeichnet habe. Einige Stücke verdanke ich der Güte des Herrn Woodward.

---

[1]) Die im Museum von Kew befindlichen Stücke kommen theils von Dr. Walker, welche daher wahrscheinlich von Atanekerdluk stammen, theils von Dr. Lyall von der oben erwähnten Stelle. Darnach ist meine Angabe in meinem Aufsatze „über den versteinerten Wald von Atanekerdluk" (Zürcher Vierteljahrsschrift 1866. p. 259) zu berichtigen.

4. Island.

In Island hat Herr Prof. Steenstrup vor etwa 30 Jahren fossile Pflanzen in dem sogenannten Surturbrand und den umgebenden Gesteinen gesammelt und nach Copenhagen gebracht. Er hat mir dieselben 1858 zur Untersuchung zugesandt und habe sie damals zeichnen lassen und beschrieben. Zu gleicher Zeit erhielt ich von Herrn Dr. Winkler in München eine Zahl von Pflanzen, welche er 1857 auf seiner geologischen Reise in Island zum Theil an denselben Stellen wie Herr Steenstrup gesammelt hatte.

5. Spitzbergen.

Von dieser nördlichsten Inselgruppe brachten die Herren Nordenskiöld und Blomstrand von ihren in den Jahren 1858, 1861 und 1864 veranstalteten wissenschaftlichen Reisen versteinerte Pflanzenreste nach Stockholm, wo sie im Reichsmuseum aufbewahrt werden. Ich verdanke die Mittheilung dieser äusserst interessanten Stücke dem Herrn Prof. Nordenskiöld.

Die Fundstätten fossiler Pflanzen von Island und Nordcanada sind zwar ausserhalb des Polarkreises, sie liegen aber demselben so nahe, dass wir dieselben mit in den Bereich unserer Untersuchung ziehen dürfen. Die meisten Pflanzen von Island stammen aus derselben nördlichen Breite (circa 65°) wie die von Mackenzie, und da diese Fundorte um 105 Längengrade von einander entfernt liegen, also gegen ein Drittheil des Erdumfanges, führen sie uns das Aussehen der miocenen Flora von weit auseinander liegenden Gegenden vor Augen und geben uns über die Verbreitung der hochnordischen miocenen Pflanzen die werthvollsten Aufschlüsse.

Aus Lappland sind keine fossilen Pflanzen bekannt. Es ist dies auffallend, da Skandinavien ein uraltes Festland und zu vermuthen ist, dass auch auf diesem Süsswasserseen sich befunden und Süsswassersedimente mit organischen Einschlüssen sich gebildet haben. Vielleicht werden noch solche entdeckt werden.

Auf Novaja Semlja und in dem arctischen Sibirien sind einige fossile Pflanzen gesammelt worden. Meine Bemühungen, dieselben zur Untersuchung zu erhalten, sind fruchtlos geblieben; ich habe mich daher darauf beschränken müssen, das bis jetzt darüber Bekannte kurz zusammen zu stellen.

Zweiter Abschnitt.
Geologische Verhältnisse und Vorkommen der fossilen Pflanzen.

Erstes Capitel.
Grönland.

Grönland ist das umfangreichste Festland der arctischen Zone, grösser als Frankreich, Italien und Deutschland zusammengenommen. Es ist die reichste Fundstätte arctischer fossiler Pflanzen und bildet daher den Mittelpunct unserer Untersuchungen. Gegenwärtig ist der grösste Theil des Landes mit unermesslichen Gletschern bedeckt, die stellenweise bis an das Meer hinabreichen, und einen Hauptbildungsherd der so mannigfach geformten Eisberge[1]) bilden, die nach dem Süden treibend selbst auf dem atlantischen Ocean noch die Schifffahrt gefährden. Das Innere des Landes ist daher fast unzugänglich und völlig unbekannt; auch die Nordgrenze ist unbestimmt; man weiss nur durch die Expeditionen von Dr. Elisa Kane und Dr. Hayes, dass an der Westseite das Festland bis über den 81° n. Br. hinausgeht, und dort durch einen schmalen Canal (den Smithsund) vom Grinellland getrennt ist; wie weit es aber dort sowohl, wie an der Ostseite, gegen den Pol reicht, ist nicht ermittelt. Die ganze Ostseite ist von Eis umlagert und daher schwer zugänglich, wogegen

---

[1]) Da alle wässerigen Niederschläge im Innern Grönlands in Eis und Schnee sich verwandeln, müssten die Eismassen von Jahr zu Jahr mehr anwachsen, wenn dieselben nicht alljährlich grosse Massen an das Meer abgeben würden. Nach Rink dringt der Eispanzer Grönlands an den Westküsten an 28 Stellen bis zum Meere vor, von denen 6 als Hauptströme bezeichnet werden. Nach Rinks Berechnung führt jeder jährlich über 1000 Millionen Cubikellen Eis in das Meer hinaus.

die Westküste bis zum 78½° n. Br. hinauf wenigstens zeitenweise vom offenen Meere umspült wird. Hier ist ein schmaler Küstenstrich von Eskimo's und bis nach Upernavik hinauf auch von einigen Europäern bewohnt. Das umfangreiche arctische Grönland bildet das nördliche, der südlich vom Polarkreis liegende Theil das südliche Inspectorat.

So weit sich dies nach den einzig bekannten Küstenstrichen beurtheilen lässt, besteht die Grundlage von Grönland aus krystallinischem Gestein. Nach Rink ist ein hornblendereicher Gneis die allgemein verbreitete Gebirgsart. Auf diesem ruhen in Nordgrönland mächtige vulcanische Gebilde, welche Rink unter dem Namen von Trapp zusammengefasst hat. Er sagt, dass derselbe stellenweise grosse Aehnlichkeit mit Lava habe, stellenweise aber wie Basalt aussehe und in Säulen abgesondert sei. Diese Trappmassen sollen in Nordgrönland wohl zwei Drittheil des Areals bedecken und stellenweise eine Mächtigkeit von zwei- bis dreitausend Fuss erreichen. Es muss daher zur Tertiärzeit eine grossartige vulcanische Thätigkeit in Nordgrönland geherrscht haben, welche diese ungeheuern Gesteinsmassen zu Tage gefördert und über die krystallische Grundlage ausgebreitet hat. Mit diesen Trappmassen kommen Sandsteine und ausgedehnte Kohlenlager vor. Es sind diese Kohlenlager unmittelbar von einem rothbraunen Gestein umgeben, welches nach der von Herrn Dr. V. Wartha angestellten chemischen Untersuchung aus einem derben Siderit besteht, der bald sehr fein, bald aber grobkörnig ist, und in dieser Form wie Sandstein aussieht. Diese Kohlenlager sind mit den sie umhüllenden Eisensteinen bald dem Gneise unmittelbar aufgelagert, bald aber zwischen den Trappmassen [1]), und zwar zuweilen in mehreren über einander liegenden Schichten denselben eingelagert, was uns zeigt, dass die Vegetation, welche diese Kohlenmassen gebildet hat, wiederholt von den Producten der vulcanischen Ausbrüche überdeckt worden ist. An einigen Stellen wurden die Kohlen nach Rink in natürliche Coaks, halbmetallischen, glänzenden Anthrazit und selbst in Graphit verwandelt, und zeigen sich deutlich als aus einer Kohlenschicht entstanden, die mit glühendem Basalt bedeckt wurde [2]). Bei Karsok im Omenaksfjord hat in einer Höhe von 1000 bis 1200 Fuss ü. M. eine ganze Kohlenschicht, die von einem harten, halb zusammengeschmolzenen Sandstein umgeben ist, diese Umwandlung in Graphit erfahren.

Die Kohlen bilden nach Rink meistens horizontale Lager und haben eine sehr verschiedene Mächtigkeit, welche aber 3 Ellen nirgends übersteigt. Es kommen diese Kohlen an der Westküste vom 69° bis zum 72° n. Br. vor. Am stärksten entwickelt sind sie auf der Disco-Insel und der derselben gegenüberliegenden Küste des Festlandes, längs des Waigattsundes bis zum Omenaksfjord; hier sind an zahlreichen Stellen Kohlenflöze aufgedeckt, so auf Disco an der Südostseite, wo bei Iglytiak, Makkak [3]) und an der Schanze (Skandsen) mehrere etwa ¾ Ellen mächtige Schichten über einander liegen, und im Osten der Insel bei Ritenbenk's Kohlenbruch, wo sie eine bedeutende Mächtigkeit erreichen; an der Disco gegenüber liegenden Küste treten sie längs der Küsten der grossen Noursoak-Halbinsel an so vielen Stellen auf, dass sie wahrscheinlich einst ein zusammenhängendes Lager über dieses weite Gebiet gebildet haben, aus welchem sich jetzt auf der Nordseite von mächtigen Gletschern umgebene, 5—6000 Fuss hohe Berge erheben. Die Kohlenlager sind bei Atanekerdluk (70° n. Br. 52° w. L. von Gr.), bei Patoot, gegen die Mitte des Waigattsundes, Atane, Kordlutok, Nulluk, Ekkorgoüt, beim Schleifsteinfeld, Pattorfik, Sarfarfik und bei Kome (Kook). Aber auch auf der Uperniviks Näs, dem Innerit-Fjord (bei circa 72° n. Br.) und auf der Haseninsel treten Kohlenlager auf.

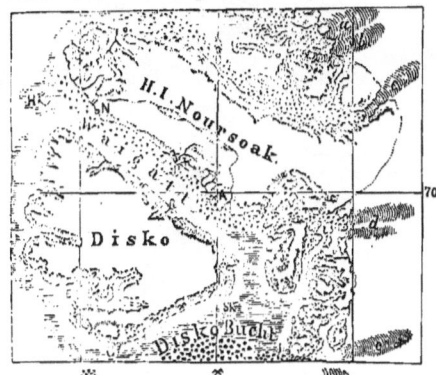

Schwimmende Eisblöcke. Kohlenflöze. Gletscher.
A. Atanekerdluk. P. Patoot. N. Noursak. H. Haseninsel. O. Omenak. R. Ritenbenk's Kohlenbruch. G. Godhavn. J. Jakobshavn. SK. Schanze. a. b. c. d. e. Gletscher. a Sermelik-Gletscher. b. Lille Kariaks-Gl. c. Store Kariaks-Gl. d. Tossukateks-Gl. e. Jakobshavn-Gl.

---

[1]) Vgl. Rink in Etzels Grönland. S. 630.
[2]) cf. Rink De danske Handelsdistrikter i Nordgrönland. Förste Deel. S. 181, und Etzel's Grönland. S. 644 u. S. 305.
[3]) In der Nähe von Makkak, bei Sinifik, kommen dicke fossile Stämme vor. Die von Dr. Torell uns übersandten Stücke sind aber fast ganz in Kohle verwandelt. Die Ermittlung ihres anatomischen Baues ist daher sehr schwierig.

Kohlenlager.

Bei Atanekerdluk finden sich zahlreiche Kohlenschichten, von denen sich aber die höher gelegenen wegen der Höhe und Steilheit des Berges kaum nutzbar machen lassen.

Noch mehr Kohlenschichten finden sich bei Patoot, indem nach Rink (S. 300) gegen 10 solcher über einander liegen, die $1/2$ bis 2 Ellen Mächtigkeit haben, und in einer Ausdehnung von 1—2 Meilen längs der Küste entblösst sind.

Von mehreren dieser genannten Fundorte hat Herr Colomb Kohlen nach Dublin gebracht und sind mir von da zugekommen. Es wurden dieselben von Herrn Dr. V. Wartha, Assistenten am Laboratorium unsers Polytechnikums, einer chemischen Untersuchung unterworfen und die Resultate in der Zürcher Vierteljahrsschrift (1866. p. 281 u. f.) veröffentlicht. Wir entnehmen derselben die folgenden Angaben.

Erstens: Kohle von der Schanze (Skandsen). Man bezeichnet eine halbe Meilen lange Strecke an der Küste von Disco (69^0 30' n. Br. u. 52^0 w. L. von Gr.) mit diesem Namen. Hier sind mehrere Kohlenschichten über einander, welche $3/4$ bis 2 Ellen Mächtigkeit haben. Die Kohle ist matt grauschwarz, ohne glänzenden Bruch und lässt sich in dünne Blätter spalten. Bei 100^0 getrocknet, verliert sie 10,5 pCt. Wasser.

Zweitens: Kohle von Ritenbenk's Kulbrud[1]) auf Disco (bei circa 70^0 n. Br. u. 52^0 30' w. L. von Gr.), Atanekerdluk gerade gegenüber, daher wohl eine Fortsetzung des dortigen Kohlenlagers. Nach Inglefield's Mittheilung hat das Lager eine Mächtigkeit von 5—6 Fuss und dehnt sich weithin längs der Küste aus. Er nahm etwa 80 Tonnen ins Schiff auf. Es sieht diese Kohle ganz aus wie alte Steinkohlen, die Oberfläche ist mattschwarz, die Bruchstelle ist ziemlich glänzendschwarz; sie ist schiefrig, zerfällt leicht in dünnere, unregelmässige Brocken und hat einen muscheligen Bruch. Hier und da bemerkt man angebrannte Stellen. Das Pulver ist schwarz. Bei 100^0 getrocknet verlor sie 16,4 pCt. Wasser.

Drittens: Von Disco, ohne nähere Bezeichnung des Fundortes; zerfällt auch in unregelmässige Stücke und ist an den Bruchstellen muschelig, glänzend kohlschwarz, wie die palæophytische Steinkohle; das Pulver ist dunkelbraun. Verliert bei 100^0 getrocknet 9,8 pCt. Wasser.

Viertens: Kohle von Atanekerdluk (70^0 n. Br. 52^0 w. L. von Gr.) hat einen glänzend pechschwarzen, muscheligen Bruch und sieht ganz aus wie die Braunkohle von Käpfnach. Das vorliegende Stück (es ist eine ziemlich grosse Platte von 25 Millim. Dicke) ist ausgezeichnet durch sehr zahlreiche, feine, aber doch mit blossem Auge wahrnehmbare, parallele Streifen.

Fünftens: Kohle von der nördlich von Disco, bei $70 1/2^0$ n. Br. gelegenen Haseninsel. Diese ist von matt braunschwarzer Farbe, an der Bruchstelle ohne allen Glanz, zäh, etwas schiefrig, doch nicht in so regelmässige Blätter zerspaltend wie die Kohle von Skandsen. Sie ist von zahlreichen Holzzweigen durchzogen, die zwar verkohlt sind, aber doch noch theilweise die Jahrringe erkennen lassen. Sie enthält viele Bernstein, welcher in hirse- bis erbsengrossen Körnern eingestreut ist. Es ähnelt diese Braunkohle dem Surturbrand Islands und den Braunkohlen des Niederrheines und des Rhöngebietes.

Die chemische Zusammensetzung dieser bei 100^0 getrockneten Kohlen ist nach Dr. Wartha folgende:

	I. Schanze (Skandsen).	II. Ritenbenk.	III. Disco.
Kohlenstoff	45,9	66,1	79,5
Wasserstoff	3,8	4.	6,7
Sauerstoff	19,9	25,3	8,1
Asche	30,4	4,6	5,7
	100	100	100

Nach Weglassung der Asche auf 100 berechnet erhielt Wartha folgende Resultate:

	I. Skandsen.	II. Ritenbenk.	III. Disco.	Käpfnach.
Kohlenstoff	65,8	69,2	84,3	71,8
Wasserstoff	5,5	4,2	7,1	5,3
Sauerstoff	28,7	26,6	8,6	22,9

Die Kohlen von Ritenbenk's Kohlenbruch nähern sich in ihrer elementaren Zusammensetzung am meisten den miocenen Kohlen von Käpfnach (am Zürcher-See); die Kohlen von Disco III. zeichnen sich durch ihren auffallend grossen Kohlenstoffgehalt und ihre Armuth an Sauerstoff aus und verhalten sich in dieser Beziehung

---

[1]) So bezeichnet auf H. Rinks Karte; nicht zu verwechseln mit Ritenbenk auf der Prinzen-Insel. Die Colonie Ritenbenk holte von dieser Stelle jährlich etwa 200 Tonnen Kohlen, welche von der Mannschaft der Colonie gegraben und in einer Jacht abgeholt wurden, daher der Name Ritenbenk's Kohlenbruch. — Auch die Colonien von Egedesminde und von Jakobshavn liessen hier Kohlen graben. Die Längen-, und Breitengrade der verschiedenen Localitäten habe ich Rinks Karte entnommen.

Grönland.

wie die ächten palæophytischen Steinkohlen. Allein sie weichen von diesen anderseits durch ihr Verhalten zu den Lösungsmitteln ab und stimmen in dieser Beziehung zu den miocenen Kohlen. Ueber diese Verhältnisse giebt folgende von Herrn Dr. Wartha angefertigte Tabelle Aufschluss, welcher zur Vergleichung noch die miocenen Kohlen von Käpfnach und vom Rossberg (Canton Schwyz), der Dopplerit und die palæophytische Steinkohle von Lüttich beigefügt sind.

Fundort.	Löslichkeit in concentr. Kalilauge.	Verhalten gegen concentr. Salpetersäure in Siedhitze.	Verhalten nach dem Verdünnen mit Wasser.	Reaction der Destillationsproducte.
I. Ritenbenk.	Dunkelbraune Flüssigkeit, mit Säuren Flocken abscheidend.	Vollständig klar gelöst zur gelben Flüssigkeit.	Spuren von gelben Flöckchen abgesetzt.	Sauer.
II. Küste von Disco.	Wird fast vollständig gelöst zu einer theerartigen Flüssigkeit, mit Säuren Alles ausscheidbar, wie bei Dopplerit.	Vollständig gelöst zur gelben Flüssigkeit.	Spuren von Flöckchen abscheidend.	Sauer.
III. Schanze.	Dunkelbraune Flüssigkeit.	Gelöst zur gelben Flüssigkeit, und Flöckchen von SiO_2 abscheidend.	Geringe Mengen gelblicher Flöckchen abscheidend.	Sauer.
IV. Atanekerdluk.	Dunkelbraune Flüssigkeit.	Gelöst, und gelbliche Flocken von Al_2O_3 und SiO_2 zurücklassend.	Unbedeutende Flöckchen absetzend.	Alkalisch.
V. Bernstein führende Kohle.	Dunkelbraune Flüssigkeit.	Gelöst, gelbliche Flocken von SiO_2 zurücklassend.	Nichts abscheidend.	Sauer.
VI. Käpfnach.	Weingelbe Flüssigkeit.	Fast vollständig gelöst.	Unbedeutende Flöckchen abscheidend.	Sauer.
VII. Rossberg Braunkohle.	Weingelbe Flüssigkeit.	Vollständig zur gelben Flüssigkeit gelöst.	Unbedeutende Flocken abscheidend.	Sauer.
VIII. Dopplerit.	Dunkelbraune Flüssigkeit.	Vollständig bis auf Spuren von SiO_2 gelöst.	Nichts abscheidend.	Sauer.
IX. Lüttich Steinkohle.	Gar nicht angegriffen.	Gelöst zu dunkelbrauner Flüssigkeit.	Grosse Mengen von Flocken abscheidend.	Sauer.

Wir sehen aus dieser Zusammenstellung, dass sämmtliche Grönländer-Kohlen, und zwar die Kohle von Disco, welche in ihrem Kohlenstoffreichthum und geringen Sauerstoffgehalt mit der palæophytischen Kohle übereinkommt, so gut wie die Kohle von Atanekerdluk, welche ganz zu der Käpfnacher-Kohle stimmt, durch concentrirte Kalilauge und Salpetersäure [1]) aufgelöst werden, während die palæophytischen Kohlen ein etwas anderes Verhalten zeigen. Es stimmen daher in dieser Beziehung alle untersuchten Grönländer-Kohlen

---

[1]) Die Lütticher-Steinkohle wird von der Kalilauge nicht angegriffen, allein auch bei der miocenen Käpfnacher-Kohle ist dasselbe der Fall; dies Merkmal daher nicht durchgreifend; etwas mehr Sicherheit scheint die Salpetersäure zu geben, die alle Braunkohlen vollständig löst, während sie den Anthrazit und manche Steinkohlen nicht angreift. Andere alten Kohlen, so die von Lüttich, werden indessen durch sie auch gelöst, beim Verdünnen werden aber grosse Mengen von Flocken abgeschieden, was bei den miocenen Kohlen nicht der Fall ist. Die Reaction der Destillationsproducte giebt kein Unterscheidungsmerkmal, miocene und palæophytische Kohlen reagiren sauer und nur die miocene Kohle von Atanekerdluk alkalisch. Der unter das Mikroscop gebrachte Rückstand zeigt in allen Grönländer-Kohlen eine grosse Menge von Holzfaserbündel und meist auch Zellengewebe, was beweist, dass vorzüglich Gefässpflanzen bei ihrer Bildung sich bethätigt haben. Dass aber auch die palæophytischen Kohlen solche Reste von Gefässpflanzen enthalten, sieht man bei dem Kohlen der Skene-Bai mit blossem Auge und ist dies längst durch sorgfältige mikroscopische Untersuchung bei den deutschen Kohlen durch Goeppert, bei den amerikanischen durch J. W. Dawson nachgewiesen. Wir müssen daher Herrn K. F. Zinken beistimmen, wenn er sagt, dass keine physischen und chemischen Eigenschaften vorhanden seien, durch welche für alle Fälle eine Braunkohle charakterisirt und von den übrigen Kohlenarten unter-

mit den miocenen überein und gehören ohne Zweifel dieser Formation an. Ihr so verschiedenartiges Aussehen und auch Beschaffenheit rührt theils von ursprünglich verschiedener Bildung, theils aber von den Umänderungen her, welche sie durch die vulcanischen Einwirkungen erfahren haben. Die Kohlen der Schanze von Disco enthalten so viel Mineralbestandtheile, dass bei ihrer Bildung ihr viel mehr Schlamm muss beigemischt worden sein als bei den Kohlen der andern Localitäten, von denen aber wieder die der Haseninsel anders aussehen als die von Atanekerdluk und Ritenbenk.

Von grossem Interesse ist das Auftreten des Bernsteins in den Grönländer-Kohlen. Er findet sich in den Kohlen der Haseninsel, wie in denen von Atanekerdluk, und hier sind einzelne Körnchen auch in dem Gestein bei den Blättern. Am häufigsten ist er in den Kohlen der Haseninsel. Er tritt theils in sehr kleinen punctförmigen, theils in hirsen- bis erbsengrossen Körnern auf, die stellenweise in grosser Menge in die Kohle eingebacken sind. Er ist von honiggelber bis weisslichgelber und hyacinthrother Farbe. Mein College, Herr Prof. Städeler, hat denselben untersucht und fand seine Eigenschaften mit dem der Ostseeküste übereinstimmend. Er hat 1,057 specif. Gewicht, ist in Wasser unlöslich, in Weingeist und Aether theilweise löslich, schmilzt beim Erhitzen und entwickelt dabei den Geruch des brennenden Bernsteines; die Dämpfe bräunten schwach das Bleipapier (Spur von Schwefel), das Sublimat gab mit Wasser gekocht eine schwach sauer reagirende Flüssigkeit, die mit Ammoniak neutralisirt mit Eisenchlorid einen bräunlichen Niederschlag bildete. Die trockene Destillation lieferte Bernsteinsäure. Das Vorkommen dieses Bernsteines in der Kohle lässt nicht zweifeln, dass er eine gleichzeitige Bildung sei und der miocenen Zeit angehöre.

Da die Grönländer-Kohlen mit unsern Molasse-Kohlen grosse Aehnlichkeit haben, wird schon dadurch ihr miocenes Alter sehr wahrscheinlich gemacht. Erwiesen wird dies aber erst durch die Pflanzen, welche das die Kohlen umgebende Gestein einschliesst. Gewiss mit Recht bemerkt Herr Olrik, der frühere Inspector von Nordgrönland, dass wahrscheinlich überall, wo Kohlen vorkommen, auch fossile Pflanzen sich finden werden. Bis jetzt hat aber Niemand an Ort und Stelle mit der nöthigen Umsicht und Ausdauer nach solchen Pflanzen gesucht, daher nur wenige Stellen zur Zeit als Fundorte von solchen bekannt sind. Die grosse Masse von Pflanzen, welche trotz dieser Umstände bis jetzt aus Grönland uns zugekommen ist, lässt auf einen wunderbaren Reichthum an solchen schliessen, und ohne Zweifel werden noch reiche Schätze zum Vorschein kommen, wenn sie einmal systematisch gesammelt werden.

Die erste Stelle, wo fossile Pflanzen entdeckt wurden, ist bei Kome, einem Hausplatz am Kook-Bach im Busen von Omenak ($70^{2}/_{3}°$ n. Br. u. $52°$ w. L.). Der Bach kommt aus einer breiten Kluft heraus und fliesst dort ins Meer. Das Kohlenlager ist 1—2 Ellen mächtig und liegt im Hintergrund der Kluft. Hier wurden schon vor 50 Jahren Kohlen gegraben und die Stelle von Giesecke untersucht. Derselbe sagt in seinem Tagebuch.[1]) darüber folgendes: „Die hier vorkommende Kohle ist meistens gemeine Braunkohle, der Grobkohle sich nähernd, ungemein vitriolisch und kiesig, selten Pechkohle. Der natürliche Vitriol liegt auch schichtenweise, faserig und mehlig in verschiedenen äusseren Gestalten in den Ablösungen der Kohle, und die schroffen Felswände des Flözes sind, besonders gegen die See zu, ganz von getrauftem, natürlichem Vitriol überzogen und gelb gefärbt. Der Sandstein, der Schieferthon, ja selbst der unterliegende Gneis sind davon geschwängert. Die Schichtung dieses Braunkohlenlagers verhält sich auf der ganzen Strecke ziemlich gleich und die Lager folgen von oben nach unten in folgender Reihenfolge: Sandstein — Schieferthon — Sandstein — Schieferthon — Sandstein — Schieferthon mit Kohle — mächtige Schicht Sandstein — Alaunschiefer — Braunkohle, oft unmittelbar auf Gneis ruhend — Gneis als Unterlage zuweilen sichtbar. Die Lage der Schicht ist vollkommen horizontal, doch zuweilen verschoben. Selten trifft man im Schieferthon Pflanzenabdrücke und zwar eine Art Farrnkraut (Aspidium). Dieselben Verhältnisse sind in Sarfarfik, wo ebenfalls

---

schieden werden könne (vgl. sein grosses und lehrreiches Werk über die Braunkohle und ihre Verbreitung. Hannover 1865. S. 5). Der Name „Braunkohle" passt nur für die tertiären Kohlen weniger Localitäten, in der Schweiz haben wir fast durchgehende glänzend schwarze Kohlen, die ganz das Aussehen von alten Steinkohlen haben, und andererseits sind manche alte Kohlen, so die der Melville-Insel, braun und sehen aus wie Braunkohlen. Es wäre daher besser, diesen Namen ganz aufzugeben und die Kohlen nach den Formationen, in denen sie vorkommen, zu benennen, also miocene, Kreide-, Jura-, Trias- und palæophytische Kohlen, unter welch' letztern ich die Kohlen der sogenannten Steinkohlenformation verstehe.

[1]) Es befindet sich dies ungedruckt gebliebene Tagebuch auf der Bibliothek zu Kopenhagen und verdanke obige Stelle der Mittheilung des Herrn Prof. Scott in Dublin. Der Bergrath C. Giesecke war von der chänischen Regierung 1806 nach Grönland geschickt worden, um die Mineralschätze dieses Landes zu untersuchen. Er verbrachte 7 Jahre daselbst, und wurde nach seiner Heimkunft als Professor nach Dublin berufen. Er besass die genaueste Kenntniss der Mineralien und der geologischen Verhältnisse Grönlands, und es ist sehr zu bedauern, dass sein sehr reicher schriftlicher Nachlass, der von Dr. Rink benutzt wurde, nie veröffentlicht worden ist.

für die Colonie Omenak Kohlen gegraben werden." In der Schlucht, welche diese Kohlenlager trennt, fand Gieseke „ein ungeheures Lager von weissem und röthlichem Urkalkstein, der dem Sandstein oder Kohlenflöze nahe liege und zwischen röthlichem Granit sei." Aus diesen Angaben Gieseke's geht hervor, dass auch die Kohlen von Kome und Sarfarfik zu den sogenannten Braunkohlen gehören, und er sagt, dass dieses Lager sich an der Küste westlich bis zum Slibesteens-Berg und dem Wohnplatz Killa-Kitok verfolgen lasse, also hier eine ähnliche Verbreitung hat, wie auf der gegenüberliegenden südlichen Seite der Noursoak-Halbinsel, daher sehr wahrscheinlich derselben Formation angehört. Ueber die in dieser Gegend gefundenen Pflanzen herrscht dagegen noch einiger Zweifel. Es wurden hier schon von Gieseke Ammoniten entdeckt, welche in Kopenhagen liegen, aber unbestimmt geblieben sind. Es muss daher eine secundäre Formation (Jura oder Kreide) in jener Gegend sein (vielleicht obiger weisser Kalk), deren Stellung zu der tertiären noch nicht ermittelt ist. Prof. Gœppert sah von hier in einem glimmerreichen Schieferthon, welcher solchem der Steinkohlenformation ähnlich sei, die Pecopteris borealis Br. und Pecopt. falcata Gœpp., und in einem schwarzen Schiefer Zamites arcticus Gœpp., Sequoia Langsdorfii und einen dreinadligen Pinus. Die Sequoia weist diesen Schiefer der miocenen Formation zu, und wenn der Zamites wirklich in demselben Gestein gefunden wurde, muss auch er dahin gehören.

Eine zweite Fundstätte fossiler Pflanzen liegt beim früher erwähnten Kohlenlager von Ritenbenk's Kohlenbruch, an der Ostküste der Disco-Insel. Hier hat schon Gieseke welche gefunden. Er sagt: Die Kohlengrube von Ritenbenk ist die reichste und beste und wechselt in verschiedenmächtigen Betten mit Sandstein. Das reichste Lager ist 6—8 Fuss, das kleinste, welches am Grunde liegt, aber 6 Zoll mächtig. Im Sandstein, der zu unterst liegt, sind Pflanzenabdrücke [1]. Der Sandstein reicht hinauf bis zum Trapp-Tuff. Ueber diesem sehr feinkörnigen Trapp-Tuff, welcher Aragonit, Zeolite und gelegentlich Analcime enthält, steigt eine senkrechte Wand von massivem Basalt auf, der im Westen in einigen Zacken endet. Der beiliegende Holzschnitt veranschaulicht diese Verhältnisse. [2])

Seespiegel.
Ritenbonk's Kohlenbruch.
a. Kohlenlager. b. Gelblicher Sandstein. c. Basalt.

Von dieser Stelle sah Prof. Gœppert das Taxodium dubium, und von hier stammen auch sehr wahrscheinlich die Pflanzen, welche Dr. Lyall auf Disco, wenig über dem Seespiegel gesammelt und dem Museum von Kew übergeben hat. Das Gestein, in dem sie liegen, stimmt völlig mit dem von Atanekerdluk überein und dasselbe gilt von den Pflanzen. Ich sah von da: Sequoia Langsdorfi, Salisburea borealis, Populus arctica und P. Richardsoni, Quercus Olafseni, Corylus Mac Quarrii, Rhamnus Eridani und M'Clintockia Lyallii.

Die wichtigste Fundstätte ist aber Atanekerdluk. Es liegt dieser Ort auf der Halbinsel Noursoak, welche durch einen grossen Gletscher vom Festlande getrennt ist, einem Gletscher, von dem nördlich und südlich der Halbinsel breite Eisströme bis ins Meer hinausreichen und diesem mächtige Eisberge zuführen. Atanekerdluk liegt bei 70° n. Br. und 52° w. L. von Gr. Der folgende Holzschnitt, welcher nach einer von Herrn Lieutenant Colomb an Ort und Stelle gefertigten Skizze entworfen ist und den ich der Freundlichkeit des Herrn Prof. Scott verdanke, gibt ein deutliches Bild dieser Gegend.

Zur Rechten sehen wir eine tiefe Schlucht (c. c.), von welcher die Felsen steil aufsteigen. In derselben treten mehrere Kohlenschichten, mit fossilen Baum-

---

[1]) Vgl. die betreffende Stelle aus Gieseke's Tagebuch von Prof. Scott in meinem Aufsatze „on the miocene Flora of North Greenland". Journal of the Dublin roy. Soc. 1867. S. 14. Gieseke hielt diese Abdrücke für Angelica Archangelica. Es dürfte dies wohl ein Farrn sein.

[2]) Er wurde nach einer Zeichnung des Herrn Colomb gefertigt und verdanke denselben Herrn Prof. Scott.

stämmen, zu Tage. Die Hauptschichten, vier an der Zahl, finden sich nach Rink[1]) 1000 Ellen vom Ufer entfernt und sind durch Lehm und Sandstein von einander geschieden, ohne die Zwischenmittel 1 Elle, mit ihnen 12 Ellen dick. Zur Linken der Bucht erhebt sich ein kegelförmiger Berg bis über 1080 Fuss ü. M. Bei 800 Fuss ü. M. werden dort, wie Rink (S. 299) erzählt, merkwürdige Partien von Kohlen gefunden, welche Baumstämmen ähnlich sehen, die noch in ihrer ursprünglichen aufrechten Stellung unter Sand und Lehm begraben sind; sie enthalten sehr viel Bernstein oder fossiles Harz, haben zum Theil einen ausgezeichneten Glanz und brennen mit grosser Leichtigkeit. Etwas höher (bei a.) ist das Lager mit fossilen Blättern, über welchem

Berg von Atanekerdluk.
a. Stelle, wo die fossilen Blätter gefunden wurden. b. b. Kohlenlager.
c. c. Tiefe Schlucht, in deren Felsen Baumstämme eingebettet sind.

noch mehrere Kohlenschichten folgen (b. b.); es wechseln daher hier die Kohlenlager mit pflanzenführenden Felsschichten. Näheres darüber verdanken wir den Mittheilungen der Herren Capitän Inglefield und Colomb, welche diese Stelle am 7. Juli 1854 besucht haben. Herr Inglefield sagt darüber in seinem handschriftlichen Tagebuche[2]) Folgendes:

„Da kein Europäer vor und seit Rink die Ueberreste des versteinerten Waldes gesehen hat, war ein Besuch dieser Stelle von grossem Interesse. Wir erreichten sie 1084 Fuss ü. M., nach einer mühsamen Besteigung des von Mosquitos umschwärmten Abhanges. Es wurden in verschiedenen Höhen versteinerte Bäume und Holzstücke gefunden, doch keine Blätter, welche über die Natur derselben hätten Auskunft geben können. Endlich waren wir so glücklich, den Ort zu finden, wo grosse Massen fossiler Blätter abgelagert waren, und fast bei jedem Stück war der Charakter des Blattes klar und schön ausgesprochen. Die Föhre, die Fichte, Buche und andere Bäume, die nicht allein der gemässigten Zone angehören, waren durch diese Blätter klar angezeigt, die zusammengeweht, wie die Blätter eines englischen Waldes, welche der Herbstwind von den Zweigen gestreift hat. Wir sammelten eine grosse Anzahl schöner Stücke, bei denen jede Fiber und der gezahnte Rand des Blattes so vollständig erhalten war, als wenn der Wind sie so eben von den Zweigen abgeschüttelt hätte, obwohl diese Zeit wahrscheinlich lange vor die Tage Noah's fällt.

„Unser einheimische Führer erzählte uns, dass in der Nachbarschaft der von uns untersuchten Fundstelle ein vollständiger Stamm in schräger Richtung einige Fuss aus der Seite des Hügels hervorstehe. Ich beschloss einen Versuch zu machen, um zu ihm zu gelangen, obwohl er am Rande eines bröckeligen Abgrundes war, und da kein Anderer das Wagniss mitmachen wollte, gelangte ich mit grosser Schwierigkeit allein dahin, wäre aber beinahe hinuntergestürzt. In einem Winkel von ungefähr 15° stand und schräg nach NO. stand ein Baumstamm, dicker als mein Leib, gut erhalten und sichtbar halb verkohlt. Ich war für diese Anstrengung und gefährliche Kletterei wohl entschädigt. — Holz in allen Stadien der Versteinerung war umhergestreut und einzelne Stücke wurden gefunden, deren ursprüngliche Beschaffenheit kaum verändert war, während andere mit Beibehaltung des Charakters als Holz in eigentliche Kohle verwandelt waren. Wir kehrten am Abend mit Versteinerungen beladen an Bord zurück."

So weit Herr Inglefield; ich füge aus dem Tagebuche des Herrn Colomb noch bei, dass der Hügel damals schön grün war und nur in tiefen Löchern Schnee lag. Die Gesellschaft wanderte über die arctische Weide und zahlreiche blühende Pflanzen, während auf der gegenüberliegenden Küste von Disco, welche weniger Sonne hat, die Vegetation viel weiter zurück war. Wir fanden, erzählt Colomb, den Berg, zu welchem wir unsere Schritte richteten, ganz aus Schichten von Steinkohle und Sandstein zusammengesetzt. Die sonderbarste Substanz, welche wir fanden, war eine Art braunen Steines, der bei näherer Betrachtung zeigte, dass er aus verschiedenartigen Blättern bestand, welche dicht über einander gepresst und versteinert waren.

Die Blätter von Atanekerdluk, wie die der Disco-Insel liegen, wie Herr Colomb hier bemerkt, in einem eigenthümlichen Gestein. Bei frischem Bruch ist es gelblichgrau und besteht aus einer feinen, bald fein krystallinischen, bald dichten Masse, die Aussenfläche aber ist braunroth. Nach der von Herrn Dr. Wartha

---

[1]) De danske Handelsdistrikter. I. S. 172, und in Etzels Grönland. S. 299.
[2]) Extract from Private Journal of Cap. E. A. Inglefield, late of H. M. S. Phoenix. July 1854.

vorgenommenen chemischen Untersuchung enthält die ganze Partie des Gesteins 72,6 pCt. kohlensaures Eisenoxydul. Dr. Wartha bezeichnet daher das Gestein als derben Eisenspath (derben Siderit). Er enthält in den Spalten ziemlich reichlich ausgeschiedenen krystallisirten Siderit und Calcit. Merkwürdiger Weise bildet bei ein paar Zweigen von Sequoia (Taf. I. Fig. 14) kohlensaurer Kalk das Innere der Zweige und auch auf Laubblättern füllt er in einigen Fällen die Vertiefungen der Blattnerven aus. Dieselbe Zusammensetzung hat auch das versteinerte braunrothe Nadelholz von Atanekerdluk (Taf. III. Fig. 13); es besteht inwendig auch aus einer gelblichgrauen dichten Masse, welche gegen den Rand hin in eine rostbraune Farbe übergeht, die von dem Eisenoxyd herrührt, es ist daher dies Holz in einen derben Eisenspath verwandelt worden.

Bei dem inwendig gelblichgrauen dichten Siderit haben wir einzelne Partien, die fast leer sind an Blättern, während andere ganz davon erfüllt sind. Noch reicher ist aber ein sandiges Gestein, das an derselben Stelle vorkommt und wohl mit demselben wechsellagert. Es ist dies auch inwendig hell ockergelb und enthält eine Menge weisslicher Glimmerblättchen und Quarzsplitter. Die von Dr. Wartha vorgenommene Analyse zeigt, dass es aus denselben Bestandtheilen zusammengesetzt ist, nur wird hier die Hauptmasse von Eisenoxyd gebildet, während das Oxydul zurücktritt. Es ist dies Gestein durch Zersetzung von kiesligem Siderit entstanden und wird von Wartha als kiesliger Limonit bezeichnet, bei welchem die Zersetzung ziemlich gleichmässig vor sich gegangen ist, daher die Analyse des Kernes und die Durchschnittsanalyse fast denselben Gehalt an kohlensaurem Eisenoxydul ergeben hat. Bei der Durchschnittsanalyse erhielt Dr. Wartha, auf 100 Theile berechnet, für diese Gesteine folgende Zusammensetzung:

	Derber Eisenspath von Atanekerdluk.	Kiesliger Limonit von da.	Versteinertes Holz von da.
Eisenoxydul	32,9	3,6	32,5
Eisenoxyd	26,0	50,1	14,5
Kalkerde	2,6	0,7	3,6
Magnesia	1,7	0,4	2,9
Kohlensäure	20,1	3,2	26.
Wasser und organische Substanz	13,5	15,6	12,2
Sand	3,2	26,4	8,3

Wir sehen daher, dass das Eisen den Hauptbestandtheil dieses die Pflanzen umschliessenden Gesteins ausmacht und in günstigerer Lage müsste dasselbe zur Eisengewinnung sich sehr empfehlen. Da die Kohlen wahrscheinlich aus Torf entstanden sind, hat wohl eisenhaltiges Wasser sich auf diesen tertiären Torflagern angesammelt und das Eisen wurde durch die Pflanzen in Eisenoxydul übergeführt, so dass sie bei der Bildung dieser Gesteine mitbetheiligt waren. Es fand da ein ähnlicher Process statt wie jetzt noch bei der Bildung des Raseneisensteines (des Limonites), der auch in Sümpfen und Torfmooren entsteht.

Die Masse der Blätter, welche in diesem Gestein sich abgelagert, ist wahrhaft staunenswerth, indem sie manche Steinplatten ganz erfüllen. Sie sind bald flach ausgebreitet und in mehreren Schichten über einander liegend, bald aber in verschiedener Richtung das Gestein durchsetzend. Die Blätter sind im Ganzen vortrefflich erhalten, nur wo sie massenhaft zusammenliegen, sind sie an den Rändern häufig verschmolzen und dann nicht von einander zu trennen. Auch spaltet das Gestein sehr unregelmässig, daher selten grössere Platten erhältlich sind; wenn daher bei vielen Blättern der Rand fehlt, ist es nur, weil das Gestein dort gespalten ist, die Blätter sind daher sehr wahrscheinlich der Mehrzahl nach ganz und vollständig erhalten ins Gestein eingeschlossen werden. Bei den meisten ist die Blattsubstanz noch erhalten und bildet einen dunkelfarbigen Ueberzug über das Gestein, daher auch das feinste Geäder noch erkennen lässt. Bei manchen ist freilich dieser Ueberzug abgerieben und nur der Abdruck zurückgeblieben. Auf manchen Steinplatten liegen die Blätter oder Zweige Einer Art beisammen, so namentlich bei Sequoien (Taf. II. Fig. 15) und Pappeln (Taf. IV. Fig. 2, 3, 5; V. 7), auf andern sind Blätter der verschiedensten Art nahe zusammengerückt. So sehen wir auf der in Taf. VIII abgebildeten Steinplatte, welche eine Länge und Breite von nur 240 Mm. hat, auf der einen Seite: 6 Blätter von Corylus Mac Quarrii, 4 von Fagus Deucalionis, 1 von Populus arctica, 1 von Quercus groenlandica, 1 von Prunus Scottii, 1 Zweig von Sequoia Langsdorfii und 1 von S. Couttsiae, und auf der Rückseite derselben Steinplatte (Taf. XVII. Fig. 5): 2 Blätter von Diospyros brachysepala, 2 Populus arctica, 2 Pinus hyperborea, 1 Blatt von Hedera Mac Clurii, 1 von Andromeda protogaea, 1 von Corylus Mac Quarrii und 2 Zweige von Sequoia; also auf einer Steinplatte die Blätter von 11 Pflanzenarten

in 26 Exemplaren; auf einer andern Platte bemerken wir: 2 Blätter von Diospyros, 4 von Rhamnus Eridani, 6 von Populus arctica, 1 von Juglans und einen Zweig von Sequoia, und auf der Rückseite: je ein Blatt von Fagus castaneaefolia, F. dentata, Planera Ungeri, Pterospermites integrifolius und Sequoia, also 9 verschiedene Arten. Auf einer dritten Steinplatte von wenigen Zoll Umfang liegen Blattreste von Sequoia, Diospyros, Populus, Andromeda, Phragmites und Taxites Olriki; auf einer vierten solche von Mac Clintockia Lyallii, Fraxinus, Phyllites celtoides, Corylus Mac Quarrii und Populus, auf einer fünften: Quercus Olafseni, Q. Drymeia, Adromeda protogaea mit Pilz, Fagus Deucalionis, Sequoia Langsdorfii, Carpolithes sphaerula und Equisetum. Es mag dies genügen um zu zeigen, wie bunt die Mischung der Arten ist, die hier in so engen Raum zusammengeschlossen und eine sehr reiche Flora anzeigen. Die Blätter bilden die Hauptmasse, seltener sind Zweigstücke, Früchte und Samen. Doch habe ich, abgesehen von noch zweifelhaften Formen, die Früchte von 9 Gattungen, nämlich von Quercus, Myrica, Corylus, Ostrya, Populus, Paliurus, Galium, Prunus und Sequoia nachweisen können und von letzterer Gattung auch die Samen und selbst Blüthen (Taf. II. Fig. 19) vorgefunden. Auch von einer Weide sind Blüthenreste vorhanden (Taf. IV. Fig. 8 c.).

Auffallender Weise fehlen Mollusken völlig, während doch Planorben, Lymneen und Unionen hier zu erwarten wären; auch von Säugethieren ist bis jetzt noch nichts gefunden worden, dagegen habe zwischen den Blättern zwei Insectenarten entdeckt, die Flügeldecke eines Blattkäferchens und einer Baumwanze (Taf. XIX. Fig. 15), welches die einzigen Thiere sind, welche bis jetzt aus dieser Formation Grönlands bekannt geworden sind.

In der Art des Vorkommens und der Vertheilung der Blattreste innerhalb des Gesteines stimmt die Ablagerung von Atanekerdluk ganz mit den Süsswasserbildungen von Monod und dem Hohen Rhonen überein, obwohl das Material, welches die Pflanzen umschliesst, ganz verschieden ist. Da wie dort fand wohl ein Zusammenschwemmen der Blätter der nähern mit einer reichen Waldvegetation bekleideten Umgebung statt und ein Einhüllen derselben in den Niederschlägen des süssen Wassers. In Grönland waren aber dabei noch Vulcane thätig, welche zeitweise grosse Massen von Basalt und Laven über das Land ergossen und die vorhandenen Ablagerungen überdeckt haben. Auf diesen vulcanischen Gebilden siedelte sich aber eine neue Vegetation an, deren Reste zeitenweise aufs Neue verhüllt wurden. Dass aber diese Vegetation während der Trappausbrüche, welche Jahrtausende lang gedauert haben mögen, sich gleich geblieben ist, zeigt der Umstand, dass alle Pflanzen des am Meere gelegenen Ritenbenk's Kohlenbruch auf Disco mit denen von Atanekerdluk übereinstimmen, obschon diese Stelle 1080 Fuss ü. M. liegt und zahlreiche Kohlenlager darunter sind, von denen die am Meere gelegenen wahrscheinlich denen von Disco-Ritenbenk entsprechen. Die Bildung des Hügels von Atanekerdluk (S. 9) muss einen beträchtlichen Zeitraum umfassen, und während der Ablagerung dieser circa 1100 Fuss mächtigen Massen ist die Vegetation sich so gleich geblieben, dass in Ritenbenk und Atanekerdluk die Sequoien und Pappeln in gleicher Weise die häufigsten Bäume sind. Noch höher sind die Trappberge im Innern der Halbinsel Noursoak, welche bis zu 6000 Fuss ü. M. ansteigen und auf eine sehr lang andauernde vulcanische Thätigkeit dieses Landes schliessen lassen.

Ueber das geologische Alter dieser petrefactenreichen Ablagerungen geben uns die Pflanzen sichern Aufschluss. Von den 77 mir bis jetzt bekannt gewordenen Arten Nordgrönlands kommen, mit Beiseitelassung von 3 zweifelhaften Arten (Cyperites Zollikoferi, Populus Gaudini und Fagus dentata), 20 Arten auch in der miocenen Formation Mitteleuropa's vor; es hat daher die Bildung derselben unzweifelhaft zur miocenen Zeit stattgefunden. Folgende Zusammenstellung giebt uns die Verbreitung dieser Arten.

Grönland.	Schweiz.	Deutschland. Oestreich.	Frankreich. Italien.	Anderwärts.
1. Osmunda Heerii Gaud.	Rivaz.			
2. Pteris œningensis Ung.	Untere und obere Molasse.			
3. Sequoia Langsdorfii Br. sp.	Untere Molasse. — Monod u. s. w.	Salzhausen. Wetterau. Rhön. Danzig. Samland. Eibiswald. Köflach. — Sarmat- und Congerienstufe d. Wienerbeckens. Swoszow.	Menat. Cadibona. Senegaglia. Sarzanello. Arnothal.	Insel Mull. Mackenzie. Van Couver. Kirgisensteppe. Landzunge Takescher oder Ostpuago am kenaischen Meerbusen. Ungaufer von Aleski.
4. Sequoia Couttsiæ Hr.	—	Danzig.	Armissan.	Bovey-Tracey. Hempstead, Insel Wight.

Grönland.	Schweiz.	Deutschland. Oestreich.	Frankreich. Italien.	Anderwärts.
5. Taxodium dubium Stbg. sp.	Obere und untere Molasse.	Salzhausen. Samland. Schossnitz. Bilin. Köflach. Parschlug.	Chiavon Guarene. Arnothal. Senegaglia.	Spitzbergen. Orenburg. Kamtschaka. Aleuten.
6. Phragmites oeningensis A. Br.	ebenso.	Sieblos. Frankfurt. Günzburg. Samland. Wienerbecken Sarmat- u Congerienst	Guarene. Senegaglia.	Bovey-Tracey. Aleuten.
7. Populus Zaddachi Hr.	—	Samland.	—	—
8. — sclerophylla Sap.	—	—	Armissan	—
9. Myrica acuminata Ung.	Untere Molasse.	Sotzka.	—	—
10. Corylus Mac Quarrii Forb. sp.	Hohe Rhonen.	—	Menat.	Insel Mull. Island. Mackenzie. Spitzbergen.
11. Fagus Deucalionis Ung.	—	Rhön. Parschlug. Putschirn Congerienst. des Wienerbeckens.	Guarene. Senegaglia.	Spitzbergen. Island. ?
12. — castaneaefolia Ung.	—	Leoben. Maltsch. Wienerbecken Sarmat- und Congerienst. Schomnitz	Menat. Guarene. Turin.	—
13. Quercus Drymeia Ung.	Untere und obere Molasse.	Bischofsheim. Westerwald. Sagor. Sotzka. Parschlug.	Arnothal. Senegaglia.	
14. — furcinervis Ross. sp.	Ralligen.	Altsattel. Weissenfels.	Cadibona.	—
15. Planera Ungeri Ett.	Untere und obere Molasse.	Schossnitz. Günzburg. Bilin. Hæring. Sotzka. Wienerbecken Sarmat- u. Congerienst, Ungarn.	Guarene. Novale. Sarzan. Senegaglia, Montajone.	Island.
16. Platanus aceroides Gp.	Schrotzburg. Oeningen.	Schossnitz. Wienerb Sarmat- u. Congerienst. Thalheim in Siebenbürgen.	Piemont. Mt. Bamboli Arnothal. Montajone. Senegaglia.	Insel Mull. Island. Spitzbergen. Mackenzie.
17. Diospyros brachysepala A. Br.	Untere und obere Molasse.	Bischofsheim. Bilin. Swoszowice. Radoboj Wienerb. Sarmatst.	Menat. Spobach. Turin. Chiavon. Arnothal. Senegaglia.	
18 Andromeda protogæa Ung.	Locle.	Rhön. Sieblos. Sagor. Sotzka. Tallya. Thalheim.	Piemont. Turin Novale.	Insel Wight. Hempstead.
19. Rhamnus Eridani Ung.	Untere und obere Molasse.	Sotzka. Radoboj. Gleichenberg. Kempten.	Guarene. Cadibona. Senegaglia.	Island.
20. Juglans acuminata A. Br.	ebenso.	Donnerkohlen. Westerwald. Peissenberg. Köflach. Gleichenberg Ungarn. Siebenbürgen.	Turin. Guarene. Sarzan. V. Arno. Montajone.	Aleuten. Kamtschaka.

Neun dieser Arten, nämlich Sequoia Langsdorfii, das Taxodium, die Phragmites, die Planera und Diospyros, Quercus Drymeia, Andromeda protogæa, Juglans acuminata und Rhamnus Eridani sind weit verbreitete miocene Pflanzen, welche damals von Mittelitalien weg bis nach Nordgrönland hinauf reichten. Ein paar dieser Arten, nämlich die Sequoia Langsdorfii und das Taxodium gehören zu den häufigsten Bäumen der Tertiärzeit und scheinen über die ganze arctische Zone verbreitet gewesen zu sein. In der Schweiz ist die Sequoia bis jetzt erst in der untern Molasse gefunden worden, wogegen sie in Italien und im Wienerbecken [1]) bis ins Obermiocen reicht. Die andern sieben Arten sind bei uns, wie in Deutschland und Italien, sowohl im untern wie obern Miocen zu Hause. Vier Arten (Osmunda Heerii, Quercus furcinervis, Myrica acuminata und der Corylus) erscheinen in der Schweiz nur im Untermiocen (im Aquitanien), eine Sequoia (S. Couttsiæ) begegnet uns im Untermiocen von Südengland, Frankreich und Norddeutschland, eine Pappel

---

[1]) Vgl. die vortreffliche Abhandlung von D. Stur „Beiträge zur Kenntniss der Flora der Süsswasserquarze, der Congerien- und Cerithien-Schichten im Wiener und Ungarischen Becken." Jahrbuch der geolog. Reichsanstalt. 1867. 147. Im Wienerbecken werden von Süss und Stur der Belvedere-Schotter und Sand und der Congerien-Tegel vereinigt und als Congerienstufe bezeichnet, zu welcher auch Epelsheim, Pikermi, Cucuron und Vaucluse gerechnet werden. Es gehört dieser Stufe der Mastodon longirostris an. Als sie schliesst sich nach unten die Sarmatische Stufe an, wozu die Cerithienschichten und die Basaltuffe von Gleichenberg, ferner Gossendorf, Nussdorf bei Wien, Heiligenkreuz, Tallya und Erdebonyi in Ungarn und Thalheim in Siebenbürgen gezählt werden; es ist diese aber wohl kaum von der Oeninger-Stufe zu trennen.

(P. Zaddachi) ist bis jetzt nur aus dem Samland, eine andere (P. sclerophylla) nur von Armissan bekannt, während die Buchenarten in verschiedenen Gegenden von Deutschland und Italien vorkommen, welche dem mittlern und obern Miocen zuzuzählen sind. Von den Eichen ist die Q. Drymeia in der untern und obern Molasse verbreitet, während die Q. furcinervis nur letzterer angehört und zwar voraus im Tongrien und Aquitanien auftritt. Die Platane finden wir in der Schweiz nur im Obermiocen, und auch in Deutschland und Italien ist sie voraus in der obersten Molassenstufe beobachtet worden, doch zeigt ihr Vorkommen am Monte Bamboli, dass sie schon in der mittlern Molassenzeit in Europa war.

Da die meisten oben erwähnten miocenen Arten Grönlands dem Stock zeitlich und räumlich weit verbreiteter Tertiärpflanzen angehören, lässt sich die Molassenstufe, welcher die Flora von Nordgrönland zuzuweisen ist, nicht leicht bestimmen, um so mehr, da diese Stelle von den europäischen Fundorten so weit entfernt ist. Da indessen obige Zusammenstellung zeigt, dass die Flora Nordgrönlands keine Art enthält, welche ausschliesslich dem obern Miocen angehört, während sieben Arten (nämlich die Osmunda, Sequoia Couttsiæ, Populus Zaddachi und sclerophylla, Myrica acuminata, Quercus furcinervis und der Corylus) bis jetzt nur aus dem untern Miocen bekannt sind, kann sie mit grosser Wahrscheinlichkeit der untermiocenen Zeit zugetheilt werden.

Da die Kohlen von Atanekerdluk und von Ritenbenk auf Disco unzweifelhaft derselben Zeit angehören wie die sie umgebenden pflanzenführenden Gesteine, müssen auch sie miocen sein. Dasselbe gilt von den Bernstein führenden Kohlen der Haseninsel.

Da die sämmtlichen von Dr. Wartha untersuchten Kohlen Nordgrönlands zu den Lösungsmitteln sich gleich verhalten, gehören sie wohl unzweifelhaft alle zu den miocenen Kohlen und dürfen wir überhaupt diese ganze Kohlen- und Trappformation Nordgrönlands als eine miocene bezeichnen. Wir haben früher gesehen, dass dieselbe an der Westküste vom 69sten bis über den $72^{sten\,0}$ n. Br. sich ausdehnt, somit ein sehr grosses Areal einnimmt. Wie weit sie in das Innere Grönlands reicht, ist nicht zu ermitteln, da dies Land mit einer unermesslichen Eisdecke bekleidet ist, die über Berg und Thal einen undurchdringlichen, ein paar tausend Fuss dicken Mantel gezogen hat, welcher auch im Sommer nur an der Küste von einem relativ schmalen und vielfach unterbrochenen grünen Gürtel umgeben ist. Dadurch dass aber das Eis aus dem hochgelegenen Innern nach den Küsten vordringt und dort stellenweise ins Meer hinausgestossen wird, gelangen Steine und fossile Hölzer, die es mitführt, aus dem Innern an zugängliche Stellen hinaus und sagen uns, dass die Holzvegetation einst auch über das Binnenland verbreitet war. So erzählt Rink, dass der Eisstrom, welcher in dem Omenak-Fjord ausmündet, Baumstämme im Innern des Landes (bei 71^{0} n. Br.) in mehr als einer Meile Abstand vom Meer und fast 3000 Fuss ü. M. losbreche und mit sich fortnehme, und er findet es höchst wahrscheinlich, dass dort einst ein Wald gestanden habe. Die Trappgebirge, welche die Kohlenlager und die Ueberreste dieser Waldungen bedecken, werden im Hochlande von den sie überlagernden Gletschern ausgehöhlt, welche die Pflanzenreste ans Tageslicht bringen und Bruchstücke kolossaler Baumstämme von unzugänglichen Höhen zum Meer hinabbringen.

Es reicht wahrscheinlich die miocene Formation bis an die Ostseite von Grönland hinüber. Dort hat nämlich Scoresby am Cap Brewster (am Scoresby-Sund) bei 70^{0} n. Br.[1]), also genau der Hauptfundstätte fossiler Pflanzen Westgrönlands gegenüber, Kohlen entdeckt, welche dort nach Scoresby ebenfalls mit Trappgesteinen in Verbindung auftreten und von derselben Beschaffenheit seien wie die Kohle der Disco-Insel.[2])

In dem nur einen Grad nördlicher gelegenen Jamesonland wurden ebenfalls Kohlen gefunden, welche aber nach Prof. Jameson zur alten Steinkohlenformation gehören sollen. Nach Scoresby kommen dort bituminöse Schiefer, Sandsteine und feinkörniger Kalk vor, welche voll organischer Ueberreste seien und Pectiniten und andere Zweischaler enthalten. So lange aber diese nicht genauer bestimmt und auch keine Steinkohlenpflanzen nachgewiesen sind, bleibt die geologische Stellung dieser kohlenführenden Formation sehr zweifelhaft und dürfte viel eher eine Fortsetzung der oben erwähnten Grönlander miocenen Bildung sein.

Wir haben im Vorigen die Frage, ob die fossilen Pflanzen an Ort und Stelle gewachsen oder aber

---

[1]) Vgl. William Scoresby Tagebuch einer Reise auf den Wallfischfang. Aus dem Englischen von Kries. Hamburg. 1825. S. 233 u. f. Jamesons Bemerkungen S. 383. Letzterer sagt, die Kohle des Jamesonlandes sei verschieden von der Braunkohle des Cap Brewster; aber auch die miocenen Kohlen der Westküsten sind, wie wir gesehen haben, unter sich in ihrem Aussehen sehr verschieden. Es hat Herr Prof. Scott die Freundlichkeit gehabt, meinem Ansuchen zu entsprechen und in Edinburg nach den von Scoresby mitgebrachten Kohlen und Petrefakten geforscht. Leider scheinen dieselben verloren zu sein und dadurch die Möglichkeit der genauern Ermittlung dieser Verhältnisse vor der Hand verschwunden.

[2]) Vgl. Scoresby Tagebuch. S. 244.

aus der Ferne hergeschwemmt seien, unberührt gelassen, müssen aber dieselbe noch einlässlich besprechen, da sie für Ermittlung des Klimas der miocenen Zeit von entscheidender Bedeutung ist.

Es ist bekannt, dass gegenwärtig an den grönländischen Küsten viel Treibholz ans Land getrieben und von den dortigen Bewohnern sorgfältig gesammelt wird. Nach Rink werden in Nordgrönland jährlich etwa 20, in Südgrönland aber etwa 200 Klafter ans Land gebracht. Es sind Stammstücke von meist 5—6, seltener von 12—16 und höchstens bis 20 Ellen Länge und gehören in Mehrzahl zu den Nadelhölzern, obwohl Laubhölzer keineswegs fehlen. Sie wurden wahrscheinlich von Flüssen ins Meer geschwemmt und gelangen, ob aus Amerika oder Sibirien kommend ist noch nicht ermittelt, nach langen Irrfahrten an die grönländischen Küsten. Es haben daher diese Bäume in Folge dessen eine grosse Veränderung erfahren, nicht nur sind alle weichern Theile, so namentlich alle Blätter, Früchte u. s. w., verloren gegangen, sondern auch die Aeste wurden abgebrochen, der Stamm theilweise zertrümmert und zerstossen und nur von den sehr fest haftenden Wurzeln sind öfter einzelne Partien geblieben. So ist es mit dem Treibholz in Grönland und dasselbe gilt von demjenigen von Island, Spitzbergen und Nordsibirien.[1])

Die fossilen Hölzer Grönlands können möglicher Weise auf ähnliche Art zur miocenen Zeit aus grosser Ferne hergeschwemmt sein; doch wird dies für die Hölzer, welche im Innern des Landes und in bedeutenden Höhen getroffen werden, sehr unwahrscheinlich und das um so mehr, wo dieselben in aufrechter Stellung gefunden werden, wie dies an dem Hügel von Atanekerdluk der Fall ist, wie wir früher gesehen haben. Wenn diese Bäume aus grosser Entfernung hergeschwemmt worden wären, wären sie sicher nicht in aufrechter Stellung dort abgesetzt worden.

Wir haben aber in Grönland nicht nur die Stämme, sondern auch die Blätter, Früchte und Samen der Pflanzen und diese in einem solchen Zustande der Erhaltung, dass sie nicht aus grosser Entfernung hergeschwemmt sein können. Es werden wohl an den britischen und norwegischen Küsten einige Samen ausgeworfen, welche mit dem Golfstrom aus dem tropischen Amerika kommen. Es sind dies aber grosse, runde, harte Samen, welche von einer dicken Schale umschlossen und gegen die Verwesung geschützt sind; überdies kommen sie sehr selten vor.[2]) Von Grönland aber kennen wir schon jetzt eine beträchtliche Zahl fossiler Früchte und Samen und zwar zum Theil ganz kleine Körperchen, welche einen weiten Transport nicht ertragen hätten. Wer wird wohl behaupten dürfen, dass die kleinen Samen und das Blüthenährchen der Sequoia (Taf. II. Fig. 19), die Fruchtähre der Myrica (Taf. IV. Fig. 15, 16), die Fruchtbecher der Ostrya (Taf. IX. Fig. 11, 12) vom Meere von weither angeschwemmt worden seien? Wären nicht die Samen aus der Myricaähre bei solchem Transport ausgefallen, die Hülle, welche die Ostryafrucht umgiebt, zerstört worden? Dazu kommt, dass bei den Myrica-Früchten auch die Blätter liegen, bei den Blüthen und Zapfen der Sequoia auch die Zweige, und in einem Stein Blatt, Frucht und Dorn von Paliurus Colombi (Taf. XIX.Fig. 3), dass wir überhaupt von 8 Arten die Blätter und Früchte nachweisen konnten. Wie wäre es nun denkbar, dass der Zufall einen solchen Complex von Blättern und Früchten zusammengeführt hätte, wenn sie in weiter

---

[1]) Im offenen Meere wird sehr selten Treibholz gesehen und dort wird es auch nicht untersinken, da es leichter als das Salzwasser ist, an den Küsten aber strandet es auf den Schlamm- und Sandbänken und wird theilweise in dieselben eingeschlemmt. Hier können sich daher im Laufe der Jahre grosse Massen von Holz ansammeln, um so mehr da in der arctischen Zone der Verwesungsprocess äussert langsam vor sich geht.

[2]) Es hat Herr Prof. Schübeler im öffentlichen Museum zu Christiania eine Sammlung der bis jetzt an den norwegischen Küsten angeschwemmten Pflanzenreste angelegt. Bisher hat er die Samen von vier Gattungen interpretirt, nämlich Entada gigalobium Dec. (Mimosa scandens L.), Guilandina Bonduc, eine oder zwei Arten von Mucuna und einen noch nicht näher bestimmten kastaniengrossen Samen. (Vgl. Schübeler die geogr. Verbreitung der Obstbäume. p 22.) Am häufigsten findet sich der Same von Entada und zwar nicht nur an den norwegischen Küsten, sondern auch in Island, in Spitzbergen (wo Dr. Torell einen sogar in der Murchison-Bucht bei 80° n. Br. gesehen hat), in Archangelsk und auch auf Unalaschka. Dass aber auch diesen Entaden-Samen sehr selten sind, zeigt der Umstand, dass ihnen in Norwegen eine besondere Heilkräfte zugeschrieben und sie daher eifrig aufgesucht werden. Die Isländer nennen sie Lausnarsteine oder Entbindungssteine, indem sie bei schweren Geburten verwendet werden, worüber Olafsen (Reise S. 225) ausführlich berichtet. In Norwegen heissen sie Vette-Nyre (Koboldnieren), in Finnmarken aber Lösningssteen (Entbindungsstein). Auch hier wird der Kern in kleinen Portionen Wöchnerinnen gegeben, während die Schale zu Tabaksdosen verwendet wird. Es hat sich dieser Aberglaube bei den Lappländern bis auf unsere Tage erhalten und der glückliche Finder solcher Bohnen trägt sie stets bei sich und erwartet von ihnen für alle seine Unternehmungen einen günstigen Ausgang. Derselbe Aberglaube knüpft sich auch an die Maldivischen Nüsse (Ladoicea Sechellarum), welche an den Küsten der Sunda-Inseln ausgeworfen werden. Es ist dies unbekannte Herkunft und die grosse Seltenheit, welche sie mit solchem Nimbus umgeben hat.

Ueber die Schwimmfähigkeit und die Dauer der Keimkraft der Samen im Meerwasser haben Martins (expériences sur la persistance de la vitalité des graines flottant à la surface de la mer) und Darwin (Origin of species. S. 358) interessante Versuche angestellt. Martins schliesst aus denselben, dass ungefähr $2/3$ der Samen im Salzwasser schwimmen, $1/3$ aber untersinkt und dass von erstern etwa $1/{11}$ nach drei Monaten die Keimkraft behält.

Entfernung von der jetzigen Fundstätte gelebt hätten? Dazu kommt, was wir früher von der vortrefflichen Erhaltung der Blätter und ihrem massenhaften Beisammensein gesagt haben. Nirgends sind Blätter südlicher Länder an nordischen Küsten angeschwemmt gefunden worden, da sie einen solchen Transport nicht ertragen würden. Dies versicherten mich Prof. Malmgren, welcher die norwegischen Küsten genau kennt und zweimal Spitzbergen besucht hat, und ebenso Sir Leopold M'Clintock, welcher 10 Sommer in der arctischen Zone zugebracht hat. Aus der Jetztzeit ist also auch nicht ein einziges Blatt bekannt, das eine solche Wanderung gemacht hätte, in Atanekerdluk aber müssten, bei solcher Annahme, von all' den verschiedenen Pflanzenarten die Blätter zu Tausenden zusammengeführt worden sein, und es hat überhaupt eine solche Anhäufung von Pflanzenstoff hier stattgefunden, dass durch denselben ganze Felslager von Siderit entstanden sind. Es müsste ein ganzer Wald, der aus den verschiedensten Pflanzenformen zusammengesetzt gewesen wäre, aus der Ferne hergeschwommen sein. Und was noch merkwürdiger wäre, aus dem eigenen Lande wären keine Pflanzen dazu gekommen, denn es fehlen eben der Flora von Atanekerdluk alle jetzigen arctischen Formen. Dass aber Festland da gewesen, wird auch durch die Insectenflügel bezeugt, welche bei den Blättern liegen und eine Landvegetation voraussetzen.

Zu dieser Pflanzenwelt stehen die miocenen Kohlenlager Nordgrönlands in naher Beziehung; sie sind das Product derselben, und da dieselben eine so grosse Verbreitung und Mächtigkeit haben, weisen auch sie auf eine einheimische Vegetation. Sie sind sicher auf gleiche Weise aus Torfmooren entstanden, wie die Kohlenlager der Molasse. Die Sumpfcypresse (das Taxodium), die Myrica, der Fieberklee (Menyanthes arctica), das Labkraut, das Schilfrohr, der Königsfarrn und Schaftthalm haben wahrscheinlich auf Moorboden gestanden, die zahlreichen Pappeln, die Weiden und die Esche die Flussufer umgeben, während der nahe Wald aus dunkelgrünen Sequoien, aus Eichen und Buchen, aus Platanen, Nussbäumen, Diospyros, Prunus und grossblätterigen Magnolien bestand, das Buschwerk aber von der Haselnuss, den M'Clintockien, dem Kreuz- und Christdorn gebildet wurde. Der Boden der Wälder war wahrscheinlich von den Farrnkräutern überzogen und das arctische Epheu kletterte wohl in gleicher Weise an den Waldbäumen in die Höhe, wie sein lebender Vetter. Es hält daher nicht schwer, aus den erhaltenen und in diesem Werke abgebildeten Pflanzen die Flora zusammenzusetzen, welche zur miocenen Zeit Nordgrönland bekleidet hat, und diese Zusammensetzung bestätigt, dass eine solche Flora unmöglich aus grosser Ferne hergeschwommen sein kann.

Wir glauben daher aus den hier mitgetheilten Thatsachen den Schluss ziehen zu dürfen, dass die miocenen Pflanzen Nordgrönlands unzweifelhaft in diesem Lande gewachsen seien und dass dies bewiesen sei, erstens aus den aufrechten Stämmen von Atanekerdluk, zweitens dem Vorkommen der Früchte und der Blätter derselben Baumarten, drittens der Masse und trefflichen Erhaltung der Blätter, viertens dem Vorkommen von Insecten, fünftens der Verbreitung und Mächtigkeit der Kohlenlager, und sechstens aus der Zusammensetzung der ganzen Flora. Da der Bernstein nur in den Kohlenlagern und bei den Blättern gefunden wird, ist er ohne Zweifel von einer oder mehreren Baumarten des Waldes erzeugt worden und auch an Ort und Stelle entstanden. Da die Sequoien hier, wie in der miocenen Ostseegegend, häufig waren, ist zu vermuthen, dass sie dabei betheiligt waren.

Aus dieser Darstellung geht hervor, dass Grönland, so weit es bis jetzt bekannt ist, aus einer krystallinischen Grundlage besteht, auf welcher in der Breite von 69 bis 72° mächtige miocene Gebilde aufruhen, welche die Ueberreste einer reichen hochnordischen Waldflora einschliessen. Nach Rink sind in gehobenen Lehm- und Sandschichten an der Südostbucht und bei Pattorfik im Omenaksfjord eine Menge Conchylien gefunden worden[1]); Herr O. Mörch habe 13 Arten erkannt, von denen zwei gegenwärtig nicht mehr an der grönländischen Küste, wohl aber bei Island und Neufundland vorkommen, und auch auf dem Erbprinzen-Eiland seien über dessen jetzigem Seespiegel Meermuscheln gefunden worden. Da gegenwärtig diese Küsten im Sinken begriffen sind, müssen diese Ablagerungen aus einer frühern Zeit stammen, zu welcher auch dieses Land bis wenigstens zur Höhe jener Ablagerungen unter Wasser stand. Es dürfte dies dieselbe pliocene Zeit gewesen sein, während welcher in Island und den weiter südlich gelegenen Ländern das Meer einen Theil des jetzigen Festlandes einnahm.

---

[1]) De danske Handelsdistrikter. Anden Deel. S. 218. Etzel. S. 647.

Zweites Capitel.
Der arctisch amerikanische Archipel.

Der Disco-Insel gegenüber liegen an der westlichen Seite der Davis-Strasse grosse unwirthliche, nur spärlich von Eskimo's bewohnte Inseln. Im Norden derselben öffnet sich im Westen der Baffinsbai der Lancaster-Sund, welcher den Eingang zu einem grossen Archipel bildet. Dieser wurde zuerst durch Capitän Parry (1819) entdeckt und war im vorigen Jahrzehnt der Hauptschauplatz der englischen Expeditionen, welche zu Aufsuchung John Franklin's und seiner Gefährten veranstaltet wurden. Die zahlreichen Reiseberichte erzählen uns von den unsäglichen Mühsalen und Entbehrungen, Gefahren und Abenteuern, die in diesem schrecklich unwirthlichen Winterland zu überstehen waren, und erfüllen uns mit Bewunderung der Ausdauer und Energie der Männer, die für so edlen Zweck ihr Leben eingesetzt haben. Mehrere dieser Männer haben auch über die geologischen Verhältnisse dieser Gegenden wichtige Aufschlüsse gebracht, obwohl dieselben nicht Gegenstand specieller Studien gewesen sind. Schon Parry hat Gesteinsproben und Versteinerungen heimgebracht, welche von Charles König untersucht worden sind[1], mehr aber hat man Sir L. M'Clintock, Mac Clure und Sutherland zu verdanken und in den Reiseberichten[2] von M'Clintock und Armstrong finden wir mannigfache Angaben über die geologischen Verhältnisse dieses Inselreiches.

Beim Eingang in den Lancaster-Sund besteht der östliche Theil der grossen Nord-Devon-Insel aus krystallinischem Gestein (Granit), das auch längs der ganzen Westküste von Nord-Somerset auftritt. Der übrige Theil dieser beiden Inseln, wie das südliche Ufer des Lancaster-Sundes bestehen aus Uebergangsgebirge, einem Kalk, der zur obersilurischen Formation gehört, und auch das kleine Griffith-Eiland, wie die Cornwallis-Insel umfasst. Es geht dies unzweifelhaft aus den Versteinerungen hervor, welche in diesen Gegenden gesammelt wurden. Ein grosser, schöner Trilobit (Cormus arcticus Hght.) wurde auf der Griffith- und Cornwallis-Insel und in der Garnier-Bai (in Nord-Somerset) gefunden; langgewundene Gasteropoden (Loxonema M'Clintocki Hght. und L. Rossi Hght.) sind mit einem Brachiopoden (der Atrypa phoca Salt.) auf der Beechy-Insel und erfüllen da ganze Felsen. Aber auch anschnliche Steinkorallen waren hier zu Hause, die zum Theil mit Arten des europäischen Uebergangsgebirges übereinkommen (Cyatophyllum helianthoides Goldf., Favosites gothlandica, F. polymorpha, Stromatopora concentrica, Receptaculites Neptuni), theils aber der arctischen Zone eigenthümlich scheinen (Calophyllum phragmoceras Salt. und Favistella Franklini Salt.). Die für die paläozoische Zeit charakteristische Gattung Orthoceras erscheint in mehreren ansehnlichen Arten auf der Beechy-, Griffith- (Orth. Griffithi Hght.) und Cornwallis-Insel (O. Ommaneyi Salt.). Am weitesten westlich tritt diese Formation auf der Prinz Royal-Insel (zwischen dem Banks- und Prinz Albert-Land) auf. Hier wurde von Mac Clure die Terebratula aspera Schlotth. gefunden, die mit der Art der Eifel völlig übereinstimmt. Nach Armstrong (S. 268) besteht das Gestein aus einem körnigen, bituminösen Kalk, der zahlreiche Petrefakten (Cyatophyllum, Turbo, Buccinum, Orthis und Terebratulen) enthält. Eine benachbarte kleine Insel scheine aus einer Masse von Versteinerungen gebildet, namentlich Zoophyten, Corallen und Ein- und Zweimuschler. Sie sind von einem harten, dunkelfarbigen, bituminösen Thon und Schiefer umgeben. Dieser Kalkstein gehört der obersilurischen Formation an, aber auch das Untersilur ist in diesen Regionen vertreten. Der Kalk der Depot-Bai in der Bellot-Strasse und auf der König William-Insel enthält den Orthoceras moniliformis Hall und die Maclurea arctica Hght. und wird der Chazystufe zugerechnet; der Dolomit der Furyspitze in Nord-Somerset, an den Ost- und Westküsten von Bothia und an der Westseite der König William-Insel gehört zur Trentonstufe und umschliesst Chætetes Lycoperdon, Orthoceras moniliformis, Receptaculites Neptuni, Ormoceras crebriseptum und Huronia vertebralis.

---

[1] Vgl. Supplement to the Appendix of Cap. Parry's first voyage. I. CCLV. Ch. König sagt davon folgendes: „The two specimens of sandstone containing the above mentioned secondary fossils (nämlich einen Asaphus und Reste von Encriniten), are pretty similar in appearance of those other brought from Melville island, which abound with the vegetable remains characteristic of the coal sandstone. These are most of them merely impressions and filmy carbonaceous remnants of leaves (or fronds with ovate-lanceolate leaflets) and stems, which by their regularly placed oval marks, indicate that the prototypes belonged to the arborescent ferns which we observe in such great abundance in the coal sandstone of more southern latitudes; a proof that the inhospitable hyperborean region where they occur at one time displayed the noble scene of a luxuriant and stately vegetation. There is also among the specimens of sandstone from the same place one baring the impression of a thin, longitudinally-striated stem, not unlike that of some reed." Es sind diese Pflanzen indessen nie genauer untersucht und bestimmt worden. Ich wandte mich daher an Sir Charles Lyell, um dieselben wo möglich zur Untersuchung zu erhalten. Er hatte die Güte, denselben im britischen Museum nachzuforschen, wobei sich ergeben hat, dass sie leider verloren gegangen sind.

[2] Reminiscences of arctic ice-Travel in Search of Sir John Franklin. Journal of Royal Dublin Society. 1857. S. 183. Die fossilen Mollusken und Corallen sind von Prof. Haughton bestimmt und beschrieben.

Die Inseln östlich von Cornwallis, welche unter dem Namen der Parry-Inseln zusammengefasst werden, gehören grossentheils der Steinkohlenformation an, und zwar ist es sehr bemerkenswerth, dass die nördlich dem 76sten Grad liegenden Partien aus Kohlenkalkstein (Bergkalk) bestehen, die weiter südlichen dagegen aus einem gelbgrauen Sandstein, der an zahlreichen Stellen Kohlenflöze einschliesst. Die Bathurst-, Melville- und Prinz Patrick-Insel zeigen uns diese Bildung. Im Kohlenkalk wurden am nördlichsten Punct, den Capitän Beleher in Nord-Albert-Land erreichte, der Spirifer Keilhavii und Productus mammatus Keys.? entdeckt, der Spirifer arcticus Hght. wurde an den Nordküsten von Bathurst und Hillock-Point auf Melville, Productus sulcatus am Hillock-Point bei 76° und das Lithostrotium basaltiforme auf Bathurst bei 76° 40' n. Br. gefunden.

Dieser Kohlenkalk überlagert nach Prof. Haughton[1]) den Sandstein, welcher demnach älter ist. In diesem hat man auf der Melville-Insel einen Trilobiten (einen Asaphus) und Reste von Encriniten, und auf der kleinen Byam Martins-Insel (bei 75° 10' n. Br.) einige fossilen Meermuscheln gefunden, nämlich eine gerippte Atrypa, die mit A. primipilaris von Buch verwandt, und die A. fallax, welche auch in der Kohlenformation Irlands vorkommt. An diesen Stellen ist der Sandstein wahrscheinlich eine Strandbildung, während er an andern eine Süsswasserbildung sein dürfte. Es wird dies durch die Kohlenlager angezeigt, welche in Verbindung mit demselben auftreten, denn in diesen Kohlen finden wir zahlreiche Reste von Landpflanzen, dagegen keine Spur von Meergewächsen, und nach M'Clintock (l. c. S. 200) ist diese Steinkohle überall, wo sie gefunden wird, von einem gelben oder graugelben Sandstein und Eisennieren begleitet. Leider wurden dieser Sandstein und diese Eisennieren nicht näher untersucht, sonst hätte man sehr wahrscheinlich in denselben Pflanzenreste gefunden, wie denn die von Capitän Parry von der Mellville-Insel heimgebrachten, aber verloren gegangenen Pflanzen in solchem Sandstein lagen. Die Kohlenlager haben eine grosse Verbreitung und können von der Graham Moore-Bai auf der Bathurst-Insel nach der Byam Martin- und Melville-Insel verfolgt werden; hier treten sie in der Skene-Bai, auf der Bridport-Halbinsel, im Hintergrund des Liddongolfes und am Cap Dundas auf. Aber auch im Südosten der Prinz Patrick-Insel, wie ferner in der Gnadenbucht des Banklandes wurden Kohlenlager gefunden. Sie sind auf dem beiliegenden Kärtchen näher bezeichnet.

Es liegt daher das Areal, über welches diese Steinkohlen verbreitet sind, zwischen dem 74sten und 76sten Grad n. Br. und dem 96sten bis 121sten Grad w. L. und lässt auf ein sehr ansehnliches Festland zur Steinkohlenzeit zurückschliessen. Das Aussehen dieser Kohlen ist sehr verschiedenartig und sie zeigen auch in ihrem chemischen Verhalten einige Abweichungen, so weit dies aus den kleinen Proben, welche zur Untersuchung verwendet werden konnten, zu ermitteln war. Es wurde dieselbe von Herrn Dr. V. Wartha ausgeführt und ergab folgende Resultate, welche auf die von Sir L. M'Clintock dem Dubliner Museum geschenkten Stücke gegründet wurden.

1. Kohle von der Graham Moore-Bai (75° 30' n. Br., 101° w. L.) auf der Bathurst-Insel, sieht aus wie ein grauschwarzer Schiefer und spaltet in ziemlich dünne Platten; bildet beim Zerreiben, das ihrer zähen Beschaffenheit wegen schwierig ist, ein mattschwarzes Pulver.

2. Village Point. Sieht der vorigen sehr ähnlich, ist auch schiefrig und lässt sich ziemlich leicht in unregelmässige Blätter spalten; sie ist grauschwarz und schwer zu einem schwarzen Pulver zerreiblich. In der dunklen Masse liegen undeutbare, feingestreifte glänzende Schuppen und ein Zweiglein von Thuites.

3. Skene-Bai, im Südosten der Melville-Insel (75° n. Br., 108° w. L.). Die Kohle findet sich nach Mac Clintock (l. c. S. 213) in Verbindung mit einem braunen, krystallinischen Kalkstein, mit kieseligen Schichten und mit einem graugelblichen, ins Braunrothe übergehenden Sandstein. Die Kohle lässt sich in dünne Blätter spalten, ist ziemlich zähe und schwer zerreiblich, von braunschwarzer Farbe und etwas fettglänzend; an der Bruchstelle mattbraun. Sie ist voll Pflanzenreste, welche schwarz sind und sich sehr wenig von der Kohlenmasse abheben, so dass man sie nur bei guter Beleuchtung wahrnimmt. Man würde an Ort und Stelle ohne Zweifel viele Pflanzen in diesen Kohlenschiefern finden, da ich die auf Taf. XX. Fig. 1—8 abgebildeten Pflanzenreste durch das Zerspalten eines einzigen kleinen Stückes erhalten habe.

Bei 100° getrocknet verlor diese Kohle 4,1 pCt. Wasser und besteht dann nach Dr. V. Wartha in 100 Theilen aus 62,4 Kohlenstoff, 5,4 Wasserstoff, 14,5 Sauerstoff und 17,7 Asche; nach Wegglassung der Asche auf 100 Theile berechnet: 75,8 Kohlenstoff, 6,6 Wasserstoff und 17,6 Sauerstoff.

4. Die Bridport-Bucht liegt in derselben geographischen Breite, aber um einen Grad weiter westlich als die Skene-Bai. Die Kohle hat ganz das Aussehen der Braunkohle; sie ist nicht schiefrig, sondern

---

[1]) cf. M'Clintock Reminiscences. S. 240.

spaltet nach allen Richtungen; die Grundfarbe ist ein mattes Braun, aus dem zahlreiche glänzend schwarze Zeichnungen hervortreten, die nur von härtern, glänzenden Kohlenpartien herrühren, die als dünne Blättchen zwischen den braunen liegen. Man hat sie irrthümlich von Pflanzenresten hergeleitet[1]). Es ist diese Kohle hart und spröde, lässt sich daher leicht zu Pulver zerreiben, das eine schwarzbraune Farbe hat. Der Bruch ist stellenweise glänzend muschelig.

Nach M'Clintock (l. c. S. 213) kommt bei dieser Kohle ein weisser, rostroth gefleckter Sandstein und eisenhaltiger Thon vor.

5. Das Cap Dundas liegt am Westende der grossen Dundas-Halbinsel (bei 74° 30′ n. Br. u. 113° 45″ w. L.). Hier kommen Kohlen längs des ganzen Nordufers bis zum Hintergrund des Liddon-Golfes vor. Das von M'Clintock vom Cap Dundas heimgebrachte Stück hat dieselbe matt braunschwarze Farbe, wie die Kohle von Bridport-Inlet, ist aber etwas schieferig. Es enthält viele plattgedrückten Pflanzenreste, die als kohlschwarze, etwas glänzende Bänder sich deutlich vom mattbraunen Grunde abheben. Ist ziemlich hart und spröde und das Pulver bräunlichschwarz.

6. Gnadenbucht auf Banksland (74° n. Br.). Sieht aus wie die Kohle der Graham Moore-Bai; sie ist auch schieferig, matt grauschwarz, mit etwas Fettglanz an den Bruchstellen; sehr zäh und zerrieben ein matt braunschwarzes Pulver bildend. Sie brennt leicht mit heller Flamme. Von organischen Resten ist in dem kleinen Stück, das nach Dublin kam, nur ein fein gestreiftes Körperchen zu erkennen (Taf. XX. Fig. 15, vergrössert 15 b.), welches von einer Pinusnadel herzurühren scheint. Es hat 1½ Mill. Breite, ist äusserst fein gestreift, zwei sehr zarte Längsrippen treten aus der Blattfläche hervor und fassen eine ganz flache mittlere Furche ein.

Zu den Lösungsmitteln verhalten sich die obigen Kohlen nach Dr. V. Wartha's Untersuchungen in folgender Weise:

Fundort.	Löslichkeit in concentr. Kalilauge.	Verhalten gegen concentr. Salpetersäure in Siedhitze.	Verhalten nach dem Verdünnen mit Wasser.
1. Graham Moore-Bai	Gar nicht angegriffen.	Gar nicht angegriffen.	Nichts abscheidend.
2. Village Point	Ebenso.	Ebenso.	Ebenso.
3. Skene-Bai	Selbst nach längerem Kochen nur weisgelb gefärbt.	Theilweise angegriffen, zu dunkler Flüssigkeit gelöst.	Gelbbraune Flocken abscheidend.
4. Bridport	Theilweise angegriffen.	Wenig angegriffen.	Wenig gelbe Flocken abscheidend.
5. Cap Dundas	Gar nicht angegriffen.	Gar nicht angegriffen.	Nichts abscheidend.
6. Gnadenbucht	Spurweise gefärbt.	Wenig angegriffen, unveränderter schwarzer Rückstand.	Unbedeutende Flocken abscheidend.

Die Reaction der Destillationsproducte aller dieser Kohlen war sauer, und der unter das Mikroscop gebrachte Rückstand liess keine Holzfasern und Zellgewebe erkennen, obwohl diese Kohlen von blossem Auge wahrnehmbare Pflanzenreste enthalten.

Die elementare Zusammensetzung konnte nur bei der Kohle der Skene-Bai ermittelt werden (S. 17); es ist aber diese für die Altersfrage von geringer Bedeutung. Wenn auch in der Regel die palaeophytischen Kohlen mehr Kohlenstoff und weniger Sauerstoff enthalten als die tertiären, so giebt es doch allzu viele Ausnahmen nach beiden Richtungen hin, als dass dieses Merkmal zur Bestimmung dieser Kohlen dienen könnte. Wichtiger ist ihr Verhalten zu den Lösungsmitteln und namentlich zur Salpetersäure, wie wir dies schon früher (S. 6) erwähnt haben. In dieser Beziehung verhalten sich nun alle oben besprochenen Kohlen anders als die tertiären Kohlen und müssen daher aus einer ältern Zeit herrühren, über welche aber erst die Pflanzen nähern Aufschluss geben können. Ich habe welche in den Kohlen der Bathurst-Insel, des Village Point, der Skene-Bai, der Bridport-Bucht und vom Cap Dundas aufgefunden und zwar kamen die meisten erst zum Vorschein, als ich die Kohlenschiefer zerspaltete. Es sind im Ganzen 12 Arten. Leider fehlen schöne, leicht kenntliche Arten. Mehrere sind nur in so kleinen Fetzen erhalten, dass eine Bestimmung nicht möglich ist. Wir können nur sagen, dass sie von Gefässkryptogamen herrühren, zu welchen

---

[1]) Man hielt sie für Abdrücke einer Sphenopteris (M'Clintock l. c. S. 213). Hierauf bezieht sich ohne Zweifel die Angabe Dana's (Manual of Geology. 2. Aufl. p. 339), dass diese Gattung auf der Melville-Insel gefunden worden sei.

auch von den genauer bestimmbaren Pflanzen 4 Arten gehören, während 3 zu den Nœggerathien. Unter den Farrn begegnet uns eine ansehnliche Schizopteris (Sch. Melvillensis m., Taf. XX. Fig. 1 a. b.), welche mit einer Art der deutschen Steinkohlen (Sch. anomala Br.) verwandt ist, unter den Bärlappgewächsen ein Lepidophyllum und ein Lepidodendron (L. Veltheimianum, Taf. XX. Fig. 9 a.). Letztere Art liegt zwar nur in einem kleinen Zweigstück von der Bridport-Bucht vor und zwar in dem entrindeten Zustand, den man früher als Knorria unterschieden hatte; es stimmt dies aber in der Stellung und Form seiner Blattnarben so wohl mit dem Lepidodendron Veltheimianum überein, dass es mit grosser Wahrscheinlichkeit zu dieser Art gebracht werden darf. Es kommt diese überall in Steinkohlenland in Europa, wie in Amerika vor. Sie beginnt schon im obern Devonien, erreicht ihr Maximum in der untern Steinkohlenbildung, reicht aber bis ins Perm hinauf. Es bildete dieses Lepidodendron ansehnliche Bäume mit vielfach verzweigten Aesten, die dicht mit Blättern bekleidet waren. Auch in der Skene-Bai lebten Lepidodendron, wenn wenigstens das Lepidophyllum und die grossen Sporen (Taf. XX. Fig. 5 b. d.), welche in den dortigen Kohlen liegen, wirklich diesen Bäumen angehört haben. Die häufigsten Pflanzen scheinen aber die Nœggerathien gewesen zu sein, von denen drei Arten aus der Skene-Bai und dem Cap Dundas uns bekannt geworden sind. Zwar sind sie nur in einzelnen Blattfetzen uns erhalten geblieben, die aber in ihrer Nervation und Form zu den Nœggerathien stimmen, einer Gattung, die schon im Uebergangsgebirge auftritt und in der Steinkohlenzeit eine grosse Verbreitung hatte.

Von diesen Pflanzen der Melville-Insel ist allerdings nur Eine Art, nämlich das Lepidodendron, mit einer bekannten Steinkohlenpflanze übereinstimmend, allein die Gattungen Schizopteris und Nœggerathia zeugen ebenfalls für die Steinkohlenformation, so dass wenigstens für die Kohlen der Skene-Bai, Bridport und Cap Dundas die Sache ausser Zweifel sein dürfte. Für die Kohlen der Bathurst-Insel, Village Point und der Mercy-Bai lässt sich dies palæontologisch noch nicht nachweisen. In denen der Bathurst-Insel haben wir nur ein Nadelpaar, das mir von einer Föhrenart herzurühren scheint (Pinus Bathursti, Taf. XX. Fig. 14), und in den Kohlen von Village Point ein kleines Zweiglein eines Thuites (Th. Parryanus m., Fig. 13) gefunden. Beide Gattungen sind für keine Formation charakteristisch. Pinus beginnt schon in der Steinkohlenzeit und setzt sich bis in die jetzige Schöpfung fort; Thuites ist allerdings bis jetzt nicht älter als im Lias bekannt, da die Art aber von allen bekannten verschieden ist, wäre es gewagt, diese Kohlen dem Lias zuzutheilen und werden wohl eher anzunehmen haben, dass sie wie die übrigen Kohlen dieser Gegenden der Steinkohlenformation angehöre und dass Thuites hier schon in dieser auftrete. Immerhin ist es aber beachtenswerth, dass die Kohlen der Graham Moore-Bai, Village Point und Mercy-Bai in ihrem Aussehen übereinstimmen und von denen der Skene-Bai, Bridport und Cap Dundas, die unzweifelhaft palæophytisch sind, abweichen.

Wir haben oben gesehen, dass Prof. Haughton aus den Lagerungsverhältnissen der Sandsteine, welche mit den Kohlen der Melville-Insel in Verbindung stehen, geschlossen hat, dass sie der ältern Abtheilung der Kohlenformation angehören. Es wird dies auch durch die Pflanzen wahrscheinlich gemacht, indem das Lepidodendron Veltheimianum voraus dieser angehört und auch die Nœggerathien in diesen eine wichtige Rolle spielen. Sie gehören wahrscheinlich zu den sogenannten Culmschichten, deren Kohlen man wegen des häufigen Vorkommens des Lepidodendron (Sagenaria) Veltheimianum auch Sagenarienkohle genannt hat. Die eigentlichen productiven Steinkohlen (die koal measures) nehmen einen höheren Horizont ein.

Im Nordwesten des Bankslandes bestehen dieselben Lagerungsverhältnisse, wie im Norden der Parryinseln, indem auch hier ein Kalkstein, der sehr wahrscheinlich zum Bergkalk gehört, den Sandstein überlagert. Nach Armstrong (S. 449) besteht die circa 80 Fuss hohe Colquhoun-Spitze und 100 Fuss hohe Cap Wrottesley am Fuss aus Schiefer und Sandstein, höher oben aus Bergkalk, ebenso das circa 400 Fuss hohe Cap Austin und der gegenüberliegende 340 Fuss hohe Strandfels. Der dunkelgraue massige Kalkstein ist von rostfarbigen Streifen durchzogen und enthält zahlreiche Ein- und Zweischaler, die nach Armstrong zu Productus, Spirifer, Pecten, Cardium, Terebratula und Buccinum gehören. Dabei war fossiles Holz verschiedener Grösse und im selben Gestein wie die Mollusken. Armstrong sagt: Some pieces were encrusted with a deposit of iron; others had a sulphureous covering and emitted a disagreeable odour; but almost all looked black and charred, in an advanced stage of carbonization, as if partially burned; and displayed in numerous places, the true lustre of coal. An derselben Stelle wurde auch Anthrazit gefunden. Ein wahrscheinlich aus dieser Gegend stammendes Stück versteinertes Holz[1], das von Mac Clure dem Dubliner

---

[1] Es ist bezeichnet: Fossil Wood Baring J. lat. 74° 40′. long. 122° W. Investigator. Diese Ortsbestimmung führt auf Cap Wrottesley. Dr. Armstrong giebt seine Breite nur zu 74° 30′ an, da er dasselbe aber die nördlichste Spitze der Baringinsel nennt,

Museum übergeben wurde, gehört, wie Herr Prof. Cramer ermittelt hat, zu den Coniferen (Cupressinoxylon polyommatum Cr.) und ist so nahe verwandt mit unzweifelhaft miocenen Arten, dass dies Stück nicht der Steinkohlenzeit angehören kann. Es ist sehr wahrscheinlich miocen und von gleichem Alter, wie die Hölzer der nahen Ballast-Bai. Im Osten der Gnadenbucht besteht die nördliche Küste des Bankslandes aus einem dunkelbraunen Sandstein, der eine Kette von steilen, 500—600 Fuss hohen Klippen bildet, in welchem am Cap Hamilton die früher erwähnten Steinkohlen gefunden wurden.

An der Südspitze des Bankslandes (bei 71° 5′ n. Br. u. 123° w. L.) steigen steile Kalkfelsen aus dem Meere auf und erreichen am Nelson Head die Höhe von 850 Fuss ü. M., hinter denselben erhebt sich eine Reihe höherer Berge, welche nach Armstrong wenigstens 1000 Fuss hoch sind; Miertsching schätzt sie auf 2000 Fuss. Dr. Armstrong hält dafür, dass diese Berge ebenfalls zum Bergkalk gehören, wie die Strandfelsen der Nordwestküste (Personal narrative, S. 453 u. S. 211), doch wurden keine Petrefakten gefunden, welche darüber entscheiden könnten.

Es ist sonach das alte Steinkohlengebirg in diesem arctischen Inselreich nachgewiesen. Ob die Trias da vorkomme, ist noch zweifelhaft. Es hat Sir Ed. Belcher auf der Exmouth-Insel bei 77° 16′ n. Br. und 96° w. L. und 570 Fuss ü. M. die Knochen eines grossen Ichthyosaurus entdeckt, welcher nach Owen dem I. acetus von Whitby nahe steht[1]), und Capitän Osborne hat auf der Bathurst-Insel (bei 76° 22″ n. Br. u. 104° w. L.) die Knochen eines Mystriosaurusartigen Thieres gesammelt. Es sind dieses Gattungen, die voraus dem Lias angehören, da indessen Nordenskiöld in Spitzbergen die Ueberreste eines Ichthyosaurus, der obiger Art sehr ähnlich sein soll, bei wohl erhaltenenen Trias-Petrefakten entdeckte, ist es sehr zweifelhaft, ob diese Saurier des arctischen Amerika dem Trias oder Lias zuzuschreiben seien.

Der Jura tritt in beträchtlicher Ausdehnung an der Ostseite der Prinz Patrick-Insel auf, indem nach M'Clintock der ganze östliche Theil der Halbinsel von der Intrepid-Bucht bis zur Wilkie-Spitze dieser Formation angehört, welche auf dem Kohlenformation angehörenden Sandstein aufruht, der den Westen der Halbinsel einnimmt. An der Wilkie-Spitze (bei 76½° n. Br.) fand M'Clintock in einem anstehenden röthlichen Kalkstein eine Menge fossiler Mollusken. Die Mehrzahl bildeten Zweischaler, doch waren dabei auch Ammoniten und Gasteropoden und fossile Knochen (eines Ichthyosaurus?). M'Clintock war auf der Rückreise zum Schiff genöthigt, seine Sammlung im Stich zu lassen, da der Schlitten nicht weiter zu bringen war, doch hat er wenigstens einige Stücke von jener Stelle heimgebracht. Ein Ammonit (A. Mac Clintocki Hght.) ist nahe verwandt mit manchen Arten des obern Lias und mit dem im untern Oolith verbreiteten Ammonites concavus Sow.; der Zweischaler, die Monotis (M. septentrionalis Hght.) ähnlich den M. inaequivalvis Goldf., wozu noch eine Pleurotomaria[2]) kommt. Da keine dieser Arten mit europäischen völlig übereinstimmt, bleibt es zweifelhaft, ob diese Formation dem Lias oder Braun-Jura angehöre.

Die jüngern Glieder des Jura und, was noch mehr Beachtung verdient, die ganze Formation der Kreide und das Eocen fehlen diesem arctischen Inselreich, oder sind wenigstens zur Zeit nicht nachzuweisen. Dagegen tritt die miocene Bildung auf. Dahin rechnen wir die Holzhügel des Bankslandes. Bekanntlich hat Parry die Küste, welche er von der Melville-Insel aus im fernen Süden auftauchen sah, mit diesem Namen bezeichnet. Erst durch Mac Clure ist man aber mit diesem Land näher bekannt geworden. Er erreichte von Süden kommend seine Küsten im September 1850 und entdeckte den Meeresarm, welcher dasselbe vom Prinz Albert-Land trennt und in den grossen Melville-Sund ausmündet, wodurch zuerst nachgewiesen wurde, dass eine unmittelbare Wasserverbindung zwischen der Behringsstrasse und der Baffinsbai bestehe. Er überwinterte in dieser Prinz von Wales-Strasse und umschiffte im folgenden Sommer, als das Eis aufging, das Banksland, welches er damit als eine Insel erkannte, auf welcher er Baring's Namen übertrug, doch ist der ältere, von Parry diesem Land gegebene, Name von den meisten beibehalten worden. Mac Clure brachte sein Schiff auf einer der gefahrvollsten Fahrten, die in diesem an Schrecknissen aller Art so reichen Eismeere bis jetzt ausgeführt wurden, bis zur Gnadenbucht (74° 6′ n. Br. 117° 55′ w. L.), wo er mit seiner Mannschaft zwei Winter (1851 bis 1853) zubrachte und endlich, da das Eis nicht mehr aufbrach, sein Schiff verlassen musste

---

kann dieser Unterschied von 10 Minuten wohl nicht in Betracht kommen. Würde dies Holz wirklich aus dem Kalkstein stammen, der obige Versteinerungen enthält, müsste es der Steinkohlenzeit angehören, sehr wahrscheinlich kommt es aber von den nahen tertiären Holzhügeln und wurde von dort an die Küste geschwemmt.

[1]) Vgl. Edinbourgh new philos. journ. 1856. II. 308.
[2]) Es sind diese Arten abgebildet von Haughton in M'Clintock's Reminiscences. Taf. IX. Lyell rechnet diesen Kalk zum Unter-Oolith. Vgl. Principles. Zehnte Auflage. 1867. S. 210.

und wie durch ein Wunder gerettet wurde [1]). Während der Umschiffung des Bankslandes wurden die Küsten an verschiedenen Puncten untersucht, auch von der Gnadenbucht aus häufige Ausflüge ins Innere unternommen und dabei auch auf die geologischen Verhältnisse des Landes Rücksicht genommen. Wir haben schon oben gesehen, dass dabei auf der Prinz Royal-Insel die silurische Formation, auf dem Bankslande selbst aber der Kohlensandstein und Bergkalk nachgewiesen wurde. Die wichtigste Entdeckung wurde aber in der Ballast-Bai im Nordwesten des Bankslandes gemacht. Nach einer glücklichen Fahrt längs der Westküste des Bankslandes änderte sich bei Cap Prinz Alfred (74° 7′ n. Br.) die Scene; es blieb zwischen dem hochaufgethürmten Eis und dem Festland nur ein schmaler Streifen offenes Wasser übrig und auch das Land hatte durch die zahlreichen schroff aufsteigenden Hügel, die durch tiefe Schluchten zerrissen waren, einen ungemein wilden Charakter angenommen. Durch hohe Eisberge am Weiterkommen gehindert, begab sich Mac Clure mit einem Theil der Mannschaft ans Land, um Hasen und Schneehühner zu jagen, und war nicht wenig erstaunt, dort kegelförmige, grossentheils aus fossilem Holz gebildete Hügel zu finden. Hören wir, was Sir Mac Clure in seinem Tagebuche (vom 27. August) darüber sagt [2]): „I walked to-day a short distance into the interior; the snow that had fallen last night lay unthawed upon the high grounds, rendering the prospect most cheerless; the hills are very remarkable, many of them peaked and standing isolated from each other by precipitous gorges. The summits of these hills are about 300 feet high, and nothing can be more wildly picturesque than the gorges, which lie between them. From the summit of these singularly formed hills to their base abundance of wood is to be found, and in many places layers of trees are visible, some protruding twelve or fourteen feet, and so firm that several people may jump on them without their breaking. The largest trunk yet found measured one foot seven inches in diameter." Am 5. September besuchte Mac Clure eine Gegend, die einige Meilen von der vorhin erwähnten entfernt war und sagt von dieser: „I entered a ravine some miles inland and found the north side of it, for a depth of forty feet from the surface, composed of one mass of wood similar to what I had before seen. The whole depth of the ravine was about 200 feet. The ground around the wood or trees was formed of sand and shingle; some of the wood was petrified, the remainder very rotten and worthless even for burning."

Auch Dr. Armstrong spricht ausführlich von dieser merkwürdigen Entdeckung (personal narrative, p. 396). Von der Küste geht ein enges, gewundenes Thal durch eine Reihe von Hügeln, die von aller Vegetation entblösst sind und von Kette zu Kette bis zu einer Höhe von 600 und 700 Fuss ansteigen, ins Innere. Die tiefen und fast senkrechten Abstürze der Hügel zeigten in den engen Schluchten nichts als Sand und Geröll; bei circa 300 Fuss über dem Meere kommen aus dem lehmigen Grund, in welchen sie eingebettet waren, die Aeste und Stämme von Bäumen zum Vorschein. Alles machte den Eindruck, dass der ganze Hügel aus Baumstämmen und Aesten bestehe. So weit die Ausgrabungen reichten, fand man zwischen dem Holz nur Lehm, und an manchen Stellen schien das vermoderte Holz allein den Boden zu bilden. Die einen Stämme waren dunkelfarbig und weich und in einem Zustand halber Verkohlung oder lignitartig; andere waren ganz frisch und ihre Holzstructur vollständig erhalten, doch hart und dicht. An wenigen Stellen war das Holz blättrig mit Spuren von Kohle. Ein Stamm hatte 26 Zoll Durchmesser, ein anderer, der aufs Schiff gebracht wurde, bei 7 Fuss Länge einen Umfang von 3 Fuss. Andere Stücke waren schwerer als Wasser, obwohl sie ihre Holzstructur beibehalten hatten. Sie waren mit Eisen impregnirt (brown haematite) und hatten, angeschlagen, einen metallischen Ton. Die zahlreichen kleinen Büchlein, die aus dem Innern kommen, erzählt Armstrong, haben den Boden überfluthet und das Schwefeleisen, das sie enthalten, habe sich bei der Versteinerung des Holzes betheiligt. An derselben Stelle wurden viele Tannzapfen und einige Eicheln gefunden.

Auf mehreren benachbarten Hügeln beobachtete Dr. Armstrong Lager von Holz, an welchem noch die Rinde zu sehen war, und Ausgrabungen stellten immer die Thatsache fest, dass die Hügel ganz aus Holz bestanden. Spätere Untersuchungen, welche einige Meilen weiter im Innern des Landes gemacht wurden, zeigten, dass dort dieselben Verhältnisse bestanden. Nach Armstrong hat der Verbreitungsbezirk dieser

---

[1]) Einen Bericht dieser Reise enthält: A personal narrative of the discovery of the North-West Passage, with numerous incidents of travel and aventure during nearly five year's continous service in the arctic regions while in search of the expedition under Sir John Franklin, by Alex. Armstrong. M. D. London. 1857. Ferner: The Discovery of a North-West Passage by H. M. S. Investigator, Cap. Mac Clure, edited by Captain Sherard Osborn, from Journals of Cap. Robert Le M. Mac Clure. London. 4. edit. 1865, und: Reisetagebuch des Missionärs Joh. Aug. Miertsching, welcher als Dolmetscher die Nordpol-Expedition zur Aufsuchung Sir John Franklin's auf dem Schiff Investigator begleitete. Gnadau. 1855. Vgl. auch meinen Vortrag über die Polarländer. S. 15.

[2]) Discovery of the North-West Passage. pag. 102.

Lignitbildung, so weit er bis jetzt ermittelt ist, einen Durchmesser von 8—10 Meilen. Die Lage der zuerst entdeckten und nahe an der Küste liegenden Holzhügel ist bei 74° 27' n. Br. und 122° 32' 15" w. L.

Aus diesen Berichten geht unzweifelhaft hervor, dass an der Nordwestseite des Bankslandes Holzablagerungen von ungewöhnlicher Mächtigkeit und Ausdehnung vorkommen. Es ist zwar zu bedauern, dass die Stellung dieser Ablagerungen zu den mehr nördlicher liegenden, aus Sandstein und Bergkalk bestehenden Hügeln, welche die Küste von der Colquhounspitze bis zur Mercy-Bai umsäumen, nicht bekannt ist, doch lassen die Beschaffenheit und Natur der Hölzer, sowohl wie die Tannzapfen und Eicheln, welche dort gefunden wurden, keinen Augenblick zweifeln, dass diese Holzhügel viel jünger sind und der tertiären Formation angehören. Eicheln, die von so grossem Interesse wären, und von Dr. Armstrong und Miertsching von der Ballast-Bai erwähnt werden, sind zwar keine nach Europa gekommen, wohl aber Tannzapfen und Hölzer. Die erstern gehören einer **Fichte** an (Pinus Mac Clurii, Taf. XX. Fig. 16—18) und zwar einer Art, welche mit der nordamerikanischen P. alba nahe verwandt ist; ein zierliches Zweigstück (Pinus Armstrongi, Taf. XX. Fig. 19) rührt von einer Weisstanne her, unter den fünf Holzarten aber, welche Herr Prof. Cramer einer sorgfältigen Untersuchung unterworfen hat, finden sich vier Nadelhölzer (nämlich Pinus M'Clurii, Cupressinoxylon pulchrum Cr., C. polyommatum Cr. und C. dubium Cr.) und ein Laubholz (Betula M'Clintocki Cr.). Wir erhalten sonach, abgesehen von den Eichen, die wir bei Seite lassen müssen, da keine Früchte uns vorlagen, 6 Baumarten, und da jedes Holzstück eine andere Art darstellt, zeigt dies, dass diese Holzberge aus manigfaltigen Baumformen zusammengesetzt sind. Das Laubholz lässt nicht zweifeln, dass diese Formation nicht älter sein kann als die Kreide, die nahe Verwandtschaft aber der Pinus Mac Clurii mit lebenden Arten macht es sehr wahrscheinlich, dass sie jünger und zwar obertertiär sei. Es könnte nur in Frage kommen, ob sie nicht dem Diluvium angehöre, allein die Verschiedenheit der Arten von den jetztlebenden und das Vorkommen von Nadelhölzern mit zweireihigen Tupfeln der Holzzellen (der Cupressinoxylon-Arten) spricht entschieden dagegen [1]). Ueberdies wissen wir ja, dass zur miocenen Zeit zahlreiche höhere Bäume in der arctischen Zone zu Hause waren.

Die Zapfen der Pinus Mac Clurii und das Zweigstück der Tanne sind von brauner Farbe, welche sie ohne Zweifel dem Eisen zu verdanken haben. Von den Stämmen zeigt das grosse Stück, welches Dr. Armstrong (p. 397) erwähnt und das gegenwärtig im Dubliner Museum aufbewahrt wird, fast die Beschaffenheit frischen Holzes, während die andern versteinert sind. Von dem Birkenstämmchen hat Dr. Wartha einen kleinen Splitter chemisch untersucht. Das gelbbraune Pulver brauste mit Säuren auf und ergab als qualitative Zusammensetzung: Eisenoxyd, Eisenoxydul, Manganoxydul, Kalkerde, Spuren von Magnesia, spectralanalytische Spuren von Baryt und Strontian, Wasser und in sehr geringer Menge Phosphorsäure und Kieselsäure, ferner organische Substanz und Kohlensäure. Dr. Wartha erhielt in 100 Theilen: 40,5 Eisenoxyd, 21,5 Eisenoxydul, 1,4 Manganoxydul, 3,2 Kalkerde, 16,9 Kohlensäure und 16,5 Wasser und organische Substanzen. Es zeigt dies Holz eine ähnliche Zusammensetzung wie das versteinerte Holz von Atanekerdluk und ist als eine theilweise zersetzte sideritische Substanz zu betrachten. Dasselbe Aussehen hat auch das Holz der Cupressinoxylon-Arten.

Es ist schwer zu sagen, wie diese Anhäufung von Holzstämmen entstanden sei. Dass sie nicht von Triftholz der Jetztzeit herrühren kann, geht ebensowohl aus der Lage des Fundortes wie aus der Natur der Hölzer hervor. Es könnte aber Triftholz der Tertiärzeit sein, welches damals sich an dieser Stelle abgelagert hat. Man müsste dann annehmen, dass damals das Land tiefer gelegen war und allmälig aus dem Meere aufstieg, während dieser allmäligen Hebung hätte sich das Holz hier abgelagert. Gegen eine solche Annahme spricht aber die Thatsache, dass solche Holzhügel nicht allein längs der Küste, sondern auch mehrere Meilen landeinwärts sich finden; wie auch die Erhaltung der Rinde an manchen Stämmen und das Zusammenvorkommen von Fruchtzapfen und Eicheln einer solchen Annahme nicht günstig ist. Viel wahrscheinlicher scheint mir, dass hier ein Süsswassersee gewesen sei und dass die Baumstämme in diesen zusammengeschwemmt

---

[1]) Murchison betrachtet alle diese Hölzer der arctischen Zone als Driftholz der quartären Periode (im Appendix zu Mac Clure's discovery of a North-West Passage. S. 304); er nimmt an, dass damals dies Festland unter Wasser gewesen und von Amerika aus grosse Holzmassen nach diesen Gegenden gelangt und zu Boden gesunken seien. Es ist nun allerdings sehr wahrscheinlich, dass in dieser Zeit das jetzige Festland dieser Gegend unter Wasser stand, und es mögen manche Hölzer der arctischen Zone aus dieser und noch späterer Zeit herrühren. Allein die der Holzhügel der Ballastbai sind entschieden älter, und wenn Murchison sagt, es sei die Annahme, dass Bäume so hoch im Norden gewachsen seien, ganz unverträglich mit den bekannten Data, so beruht dieser Ausspruch auf der unrichtigen Annahme, dass diese Bäume posttertiär seien. Auch der von Capitän Belcher bei 75½° n. Br. beobachtete aufrecht stehende, mit Wurzeln versehene Baumstamm kann kaum zur Diluvialzeit dahin gekommen sein, denn in einem von Eismassen erfüllten Meere werden die Baumstämme derart zerstossen und zersplittert, dass sie nicht in solchem Zustande in so hohe Breiten gelangen.

und mit Letten und Geröll überschüttet wurden. Da diese Hügel mehrere hundert, ja wie Armstrong angiebt, bis 600 Fuss hoch sind, müssen diese Ablagerungen sehr lange gedauert haben. Später wären durch Auswaschungen die tiefen Schluchten entstanden und die steil abstürzenden Abhänge, aus welchen nun die Baumstämme hervorragen. Das Wasser muss eisenhaltig gewesen sein, und dieses Eisen hat sich sehr wesentlich beim Versteinerungsprocess des Holzes betheiligt und spielt hier dieselbe Rolle, wie an andern Orten die Kieselsäure. Ob die Bäume in der Nähe gewachsen oder aus grösserer Entfernung hergeschwemmt worden, lässt sich nicht entscheiden, bei letzterer Annahme müsste einst das Banksland mit Nordcanada in Zusammenhang gewesen sein. Es ist letzteres allerdings wahrscheinlich, da aber der Süden des Bankslandes von 800—1000 Fuss hohen Kalkbergen, die einer vortertiären Formation angehören, umkränzt ist, könnte wenigstens über diese kein Fluss gekommen sein.

Es erinnern diese Holzhügel in mancher Beziehung an den Lignit von Bovey-Traccy in Devonshire. Dort haben wir ein 125 Fuss mächtiges Lager, das aus abwechselnden Schichten von Ligniten, Thon und Sand besteht, deren 72 gezählt werden. Die Lignitschichten wechseln in Mächtigkeit von wenigen Zoll bis auf 4 und selbst 6 Fuss und diese Lignite bestehen zum Theil auch aus dicken, vortrefflich erhaltenen Baumstämmen, deren Holz man frisch zum Theil mit dem Messer zerschneiden kann, und doch gehören sie dem Untermiocen an.

Wir haben also an beiden Orten grosse horizontale Ablagerungen von wohl erhaltenen Baumstämmen, an beiden dazwischen Letten, der wahrscheinlich vom Fluss oder von Bächen in den See geschwemmt wurde, an beiden Orten sind die Stämme zum Theil noch von der Rinde bekleidet. In Bovey wurden in dem Letten zahlreiche Blattreste gefunden, aus welchen ich das geologische Alter dieser Bildung ermitteln konnte. Auch im Letten der Holzhügel des Bankslandes würde man wahrscheinlich welche entdecken, wenn man darnach suchen würde, denn wir haben nicht zu vergessen, dass sie nur flüchtig untersucht werden konnten, und dass man die Lignite von Bovey-Traccy 100 Jahre lang kannte und in zahlreichen Schriften beschrieben hat, und doch von dem Vorkommen der Blattabdrücke keine Ahnung hatte. Freilich ist kaum zu hoffen, dass die Ballast-Bai, dieser abgelegenste Winkel der Erde, je wieder besucht werde, denn zur Erledigung rein wissenschaftlicher Fragen werden, wenigstens in unserem Zeitalter, solche Reisen nicht unternommen.

Eine ähnliche Lignitbildung wie auf Banksland scheint auch an der Südostseite der Eglington- und auf der Prinz Patrick-Insel vorzukommen; auf letzterer unter demselben Meridian, aber um zwei Grad weiter im Norden, nämlich bei 76° 15' n. Br. Dort entdeckte Lieutenant Mecham im Frühling 1835 grosse Holzstämme, die in einen weissen Sand eingebettet waren. Einer war 30 Fuss lang und hatte einen Umfang von 4 Fuss; ein anderer hatte einen Durchmesser von 2 Fuss und 10 Zoll; sie waren dicht körnig und so schwer, dass er nur ein kleines Stück mitnehmen konnte. Aus der vortrefflichen Erhaltung der Rinde und aus der Lage dieser Stämme im Innern des Landes schliesst Mecham, dass sie unzweifelhaft im Lande selbst müssen gewachsen sein [1]). Auch Sir L. M'Clintock fand auf dieser Insel fossiles Holz und zwar bei der Giddy-Spitze (77° n. Br.), eine Meile vom Strand entfernt und 140 Fuss über Meer (Reminiscences, S. 230); es waren aber nur kleine Stücke, und ob sie tertiär oder älter seien, bleibt dahingestellt. Ein von Lieutenant Pim von dieser Insel heimgebrachtes Stück Holz soll nach seiner mikroscopischen Structur dem der Pinus strobus sehr ähnlich sein, und ein anderes Stück aus der Hecla und Grimper-Bai (Melville-Insel) brachte Prof. Queckett zur Lärche. Einen Föhrenstamm, der 30 Fuss über dem Seespiegel und bei 74° 59' n. Br. und 106° w. L. gefunden wurde, erwähnt auch Parry (Voyage for the discovery of the North-West Passage, p. 68) und einen aufrecht stehenden Stamm von Pinus, dessen Wurzeln sich über den Boden ausbreiteten, Capitän W. Belcher. Er sah ihn an der Ostseite des Wellington-Canals (bei 75° 30' n. Br. und 92° 12' w. L.). So lange aber diese Hölzer nicht genauer bestimmt sind, lässt sich nicht entscheiden, welcher Zeit sie angehören. Dasselbe gilt von dem fossilen Holz, welches auf der Byam Martin-Insel gefunden wurde. Es soll zahlreiche und dicht stehende Jahrringe besitzen.

Die tertiären Holzberge liegen im äussersten Westen des arctisch-amerikanischen Inselreiches, aber auch im Osten dürfte eine tertiäre Formation vorkommen. Es sammelte Capitän Ross beim Admiralsvorgebirge, an der Südküste der Barrow-Strasse, am Strand bituminöse Schiefer und eisenhaltende Steine und etwa in $2/3$ Höhe eines kleinen Kalkhügels fand er Kohlen, welche dieselbe Farbe wie Braunkohlen haben und von Jameson einer jüngern Formation zugerechnet werden [2]).

---

[1]) The discovery of a North-West Passage. S. 163.
[2]) Parry Journal. III. S. 145.

Ueberblicken wir nochmals die geologischen Verhältnisse dieses arctisch-amerikanischen Inselreiches, so erhalten wir folgendes Profil:

Diluvium.	Granit- und Gneissblöcke. Auf der Melville-Insel und Banksland. Am Port Bowen.
Miocen.	Holzhügel der Ballast-Bai im Banksland. Lignite der Prinz Patrick-Insel Versteinertes Holz von Byam Martins-Insel? Kohlen der Barrow-Strasse?
Jura.	Wilkie-Vorgebirg auf Prinz Patrick-Insel. Im Nordwest der Bathurst-Insel.
Trias?	Exmouth-Insel.

Steinkohlen-Formation	Bergkalk.	Grinellland. Norden der Bathurst- und Melville-Insel. Osten der Prinz Patrick-Insel. Nordküste des Bankslandes. Prinz Albert-Land.
	Sandstein mit Steinkohlen.	Süden der Bathurst- und Melville-Insel. Byam Martins-Insel. Süden der Eglinton-Insel. Banksland.
Silur.	Ober-	Nord-Devon. Cornwallis-Insel. Griffith-Insel. Cockburn-Insel. Nord-Somerset. Prinz Royal-Insel. König Williams-Insel.
	Unter-	Nord-Devon. Bellot-Strasse. Nord-Somerset. Bothia. Westküste von König Williams-Insel.

Krystallinisches Gebirg. Osten von Nord-Devon. Westen von Nord-Somerset.

Auf die krystallinische Grundlage (Granit und Gneiss), welche im Osten von Nord-Devon, wie ferner im Westen der Nordsomerset-Insel zu Tage tritt, wurde zuerst ein silurischer Kalkstein abgelagert, welcher besonders den südöstlichen Theil des Archipels einnimmt. Auf denselben folgt ein Kohlensandstein, welcher über die Parry-Inseln und das Banksland verbreitet ist und stellenweise Steinkohlenlager einschliesst. Auf demselben liegt der Bergkalk, der im Norden der Parry-Inseln den Boden des Landes bildet, aber auch die Nordküsten des Bankslandes einnimmt. Die Trias ist noch zweifelhaft, und auch der Jura tritt nur an einigen zerstreuten Puncten auf und die Kreide fehlt völlig, während die miocene Formation durch die Lignite des Bankslandes und der Prinz Patrick-Insel, vielleicht auch durch die versteinerten Hölzer von Byam Martin-Insel und die braunen Kohlen des Admiralvorgebirges repräsentirt ist. Aus den fossilen Pflanzen erfahren wir, dass schon zur alten Steinkohlenzeit hier Festland war, und die Sandsteine und Kohlenlager dürften das Areal dieser Festlandbildung bezeichnen. Ebenso muss zur Tertiärzeit Festland in dieser Gegend gewesen sein, auf welchem jene grossen Holzmassen sich abgelagert haben. Die tertiäre Formation, welche wir zwischen Cap Bathurst und Cap Parry an der nordcanadischen Küste kennen lernen werden, setzte sich wahrscheinlich einst bis zum gegenüber liegenden Banksland fort [1]) und der amerikanische Continent hätte damals bis in diese hochnordischen Gegenden hinaufgereicht. Wir würden durch solche Annahme die Brücke erhalten, welche das gemeinsame Vorkommen einzelner Bäume in Nordgrönland und am Mackenzie erklärt, indem diese Bäume zur miocenen Zeit wahrscheinlich über dieses ganze Land verbreitet waren und daher damals Nadelhölzer und Laubbäume Erdstriche bewaldet haben, welche jetzt unter ewigem Eis und Schnee begraben liegen und nur an den bestgelegenen Puncten einen dürftigen Anflug hochalpiner Vegetation erhalten.

Zur diluvialen Zeit scheint aber dies Land durch ein allgemeines Sinken des Bodens eingebrochen und unter das Meer gekommen zu sein. Es hat Mac Clure auf der Spitze der Coxcomb-Bergreihe auf Banksland in 500 Fuss Seehöhe die Cyprina islandica gefunden. Capitain Belcher sah bei 78° n. Br. in beträchtlicher Höhe Reste eines Wallfisches, und in den Schluchten der Byam Martin-Insel wurden von Parry marine Muscheln (Venus) bei 75° n. Br. beobachtet (Voyage, S. 61). Es sind ferner über diese Inseln eine Menge erratischer Blöcke verbreitet, welche aus anderen Gegenden gekommen sein müssen, wenigstens da wo sie im Innern und bedeutend über dem jetzigen Seespiegel gefunden werden. So sah M'Clintock auf der Melville- und Patrick-Insel Granit und Gneiss (Reminiscences, S. 218 u. 224), ebenso Dr. Armstrong auf dem Banksland, und nach Jameson stammen die bei Port Bowen vorkommenden Granitblöcke wahrscheinlich von dem 100 Meilen entfernten Cap Warrender. Während dieser Zeit kann wohl eine theilweise Abspülung des frühern Festlandes stattgefunden haben.

---

[1]) Die Südspitze dieser Insel besteht allerdings aus Kalkfelsen, allein die niedern Hügel längs der ganzen Westküste, die nicht näher untersucht werden konnten, sind vielleicht tertiär, denn das Aussehen des Landes bleibt sich dort (nach Armstrong, p. 440) gleich bis zum Point Colquhoun, wo es durch das Wiederauftreten der Kalkfelsen sich gänzlich ändert. Das Innere der Insel ist unbekannt.

Drittes Capitel.
Nordcanada.

Eine wichtige Fundstätte nordischer fossiler Pflanzen wurde in Nordcanada am Mackenzie zwischen dem Fort Norman und dem Bärenseefluss, 10 engl. Meilen oberhalb seiner Einmündung in den Mackenzie, bei 65° n. Br. entdeckt.

Es wurden die Kohlen, welche mit diesen pflanzenführenden Gesteinen in Verbindung stehen, schon im Jahr 1785 von Sir Alex. Mackenzie entdeckt, im Jahr 1825 von Sir J. Franklin und Dr. Richardson gesehen [1]), doch hat letzterer erst auf seiner zweiten Reise (1848), welche der Aufsuchung Franklins gewidmet war, Pflanzen von dieser Localität mitgebracht, dieselben in seinem Reisewerke [2]) beschrieben und zwei Arten abgebildet, aber keine Deutung derselben zu geben versucht.

Aus der ausführlichen Darstellung der Lagerungsverhältnisse, welche Richardson (I. S. 186 u. f.) giebt, erfahren wir, dass die Kohle an der Luft in dünne Blätter zerspringt, im Uebrigen eine sehr verschiedene Beschaffenheit zeigt; sie enthalte viel Holzstämme, welche die Holzstructur noch deutlich erkennen lassen und nach Richardson, so weit sie untersucht wurden, von Nadelhölzern herrühren. In der Kohle kommen Selenite, Krystalle und auch kleine Stücke Harz, vielleicht Bernstein vor. Diese Kohlen entzünden sich leicht und waren im Brand, als Mackenzie diese Gegenden besuchte. — Am Ufer des Bärenseeflusses sind 1—4 übereinander liegende Kohlenlager zu sehen und die dicksten erreichen 3 Ellen Mächtigkeit. Diese Kohlenlager sind von Schichten von Nagelfluh (d. h. durch eisenschüssigen Thon verbundene Gerölle) oder Sandstein bedeckt. Etwa 10 Meilen oberhalb des grossen Bärenseeflusses liegt unmittelbar auf dem Kohlenbett ein Lager von Töpferthon, der durch einen Erdbrand gebacken wurde, so dass er wie feines, matt gelblichweisses Porcellan aussieht. In diesem gebrannten Thon liegen die Pflanzenblätter. Es spaltet derselbe in dünne Schichten, welche mit Blättern erfüllt sind, so dass auch hier, wie im rothbraunen Eisenstein Grönlands, ganze Massen übereinander liegen, und die einzelnen Blätter in ihren Umrissen oft schwer zu bestimmen sind. Die Substanz der Blätter ist aber hier gänzlich verloren gegangen und wir haben nur ihre Abdrücke vor uns, welche aber in dem feinen, weissen Thon vortrefflich erhalten sind. In dieser Beziehung verhalten sich diese Blätter ganz wie die der Alumbay auf der Insel Wight. Auch diese liegen in einem feinen, weissen Thon und haben nur die Abdrücke zurückgelassen, allein der Thon ist hier weich, weil nicht gebrannt, und kann im frischen Zustande mit dem Messer geschnitten werden, während der gebrannte Thon des Mackenzieflusses sehr hart, ja theilweise glasig ist, so dass er selbst von einer Feile nicht angegriffen wird.

Mit diesem Lignitlager ist stellenweise ein Pfeifenthon verbunden und oft in unmittelbarer Berührung mit demselben. Er ist bis 1 Fuss mächtig, gelblichweiss, mild und soll gekaut einen haselnussartigen Geschmack haben. Dieser Thon wird bei Hungersnoth von den Eingebornen gegessen, aber auch zum Waschen der Kleider gebraucht. Richardson fand in demselben keine Spur von Infusorien.

Diese miocene Kohlenformation erstreckt sich vom grossen Bärensee bis zum Mackenziefluss; sie tritt aber auch an zahlreichen Stellen am Fuss der Rocky Mountains (so bei Edmont 53° n. Br., 113° 20′ w. L., am Sclavensee, am Smocky River, in Arkansas und am Ratonpass bei 37° 15′ n. Br. und 104° 35′ w. L. und 7000 Fuss ü. M.) auf, wie ferner auf Vancouver und im Oregongebiet, von wo ich eine Zahl von miocenen Pflanzen beschrieben habe [3]). Aber auch nach Norden dürfte sich dieselbe bis zur arctischen See ausdehnen. Es fand Richardson 1826 östlich vom Cap Bathurst bis zum Point Trail (bei 70° 19′ n. Br.) die bituminösen Schiefer in Brand [4]). Der der Hitze ausgesetzte Thon war, wie der des Mackenzieflusses, wie gebrannt und verglast, so dass der Ort einer alten Ziegelei glich. Es ist dies offenbar dieselbe Stelle, welche Mac Clure im September 1850 berührte und von welcher der Missionär Miertsching in seinem Tagebuch erzählt [5]). Sie sahen am 4. September in 70° 6′ n. Br. und 126° 35′ w. L., zwischen Cap Bathurst und Cap Parry, grossen starken Rauch vom Lande aufsteigen, ebenso folgenden Tags bei 69° 51′ n. Br. und 126° 18′ w. L. Der

---

[1]) cf. Franklin narrative of a second expedition. S. 91, 92.
[2]) J. Richardson arctic searching expedition, a journal of a boat-voyage through Ruperts Land and the arctic sea, in search of the discovery ships under command of Sir John Franklin. London 1851. II. S. 403.
[3]) cf. Ueber einige fossile Pflanzen von Vancouver und British Columbien. Denkschriften der schweizer. naturforschenden Gesellschaft. 1865
[4]) Vgl. Narrative of a second expedition to the shores of the Polar sea in the years 1825—1827 by John Franklin. S. 231, und Richardson arctic expedition. I. S. 270.
[5]) Reisetagebuch des Missionärs Aug. Miertsching, der als Dolmetscher die Nordpolexpedition zur Aufsuchung Sir John Franklin's auf dem Schiff Investigator begleitete. Gnadau 1855. S. 45. Vergl. auch Dr. Armstrong, a personal narrative S. 203.

Besuch am Land zeigte, dass an 30 bis 40 starke Rauchsäulen durch verschiedene Risse aus der Erde kamen und rings herum einen starken Schwefelgeruch verbreiteten, so dass sie sich den Erdspalten nicht nähern durften. Wo der Rauch am stärksten war, schien die kochende Masse einem dicken Teige ähnlich. Die Entzündung der Kohlen wurde wahrscheinlich durch die Schwefelkiese derselben veranlasst, woraus sich die Erzählung Miertschings erklärt, dass die mitgenommenen Erdproben die Taschentücher ganz zerfressen und in den schönen Mahagonitisch des Capitäns Löcher eingebrannt haben, indem sie wahrscheinlich mit Schwefelsäure getränkt waren [1]).

Es ist sehr wahrscheinlich, dass eine genauere Untersuchung der Gesteine, welche diese, die Erdbrände veranlassenden, Kohlen umgeben, auch Pflanzenreste zu Tage fördern würde. Zur Zeit aber kennen wir aus dieser weit verbreiteten und tief in die arctische Zone hineinreichenden miocenen Formation nur die von Richardson aus der Gegend des Bärensee's mitgebrachten Pflanzen und müssen vor der Hand uns von diesen ein Bild von der Flora dieses alten Landes zu verschaffen suchen, so weit dies aus der freilich noch sehr geringen Zahl der deutbaren Arten möglich ist. Wir erblicken unter denselben (abgesehen von der noch zweifelhaften Platane) 4 Arten, die auch in Nordgrönland vorkommen, nämlich Sequoia Langsdorfi, Populus Richardsoni, P. arctica und Corylus Mac Quarrii, von welchen zwei auch unserer miocenen Schweizerflora angehören. Diese 4 Arten, denen wir in den Glyptostrobus europæus Br., der Grönland zwar fehlt, dagegen aber in der europäischen Tertiärflora eine sehr wichtige Rolle spielt, noch eine fünfte beifügen können, beweisen, dass diese nordcanadische Kohlenformation miocen ist. Da ich in Vancouver, am Oregon und noch an ein paar Stellen der Rocky Mountains dieselbe Sequoia Langsdorfii nachgewiesen habe, haben wir wohl zu beiden Seiten des Felsengebirges ein weites miocenes Land, das im Norden bis zur jetzigen arctischen See hinaufreicht. Die relativ grosse mit Grönland gemeinsame Artenzahl lässt nicht zweifeln, dass dieses gleichzeitige Bildungen sind.

Dass diese Kohlenbildung bis in den äussersten Nordwesten Amerika's sich erstreckt, ersehen wir aus dem Vorkommen einiger miocenen Pflanzen auf den Aleuten, das Herr Prof. Gœppert nachgewiesen hat. Es kommen dort nach seinen Mittheilungen [2]) auf der Halbinsel Alaschka und den benachbarten aleutischen Inseln Kadjak, Uyak, Atha und Hudsnoi, bei etwa 59° n. Br., meistens in der Nähe von Ligniten, folgende Pflanzen vor: Sequoia Langsdorfi, Taxodium dubium, Salix varians, S. integra Gp., Populus balsamoides, Alnus pseudoglutinosa Gœpp., Juglans acuminata, Phragmites œningensis und Osmunda Doroschkiana Gp.

Es liegen zwar diese Localitäten um 7 Grade südlich des Polarkreises, zeigen uns aber doch eine sehr ähnliche Vegetation, wie die miocenen Polarländer und bilden das Bindeglied zwischen der Flora des Mackenzie und von Vancouver und Oregon, wie westwärts mit der miocenen Flora Asiens, indem in Kamtschaka Kohlen mit Bernstein und fossilen Hölzern (Cupressinoxylon Breverni Merkl.) gefunden werden und Ermann von da (von der Mündung des Teijils) einige fossilen Blätter heimbrachte, welche Gœppert als Juglans acuminata, Alnus Kefersteinii, Taxodium dubium und Carpinus bestimmt hat.

Viertes Capitel.
Island.

In derselben geographischen Breite wie am Mackenzie sind in Island fossile Pflanzen gefunden worden. Die südlichste Fundstätte ist etwa zwei Breitegrade vom Polarkreise entfernt, die meisten Fundorte liegen aber zwischen dem 65sten und 66sten Grad n. Br., sind also demselben sehr nahe. Die Pflanzen treten, wie in Grönland und am Mackenzie, in Verbindung mit Kohlen auf, welche hier unter dem Namen von „Surturbrand" [3]) bekannt sind. Es hat derselbe die grösste Aehnlichkeit mit der schieferigen Braunkohle des Niederrheins und des Rhöngebirges. Er lässt sich (wenigstens der Surturbrand von Brjamslaeck) auch in dünne,

---

[1]) Es gaben diese Erdbrände zu der Annahme Veranlassung, dass in jener Gegend Vulcane seien, welche auf manchen Karten dort verzeichnet sind, so auf der Karte des arctischen Archipels, welche Brandes seinem Buche: Sir John Franklin, die Unternehmungen für seine Rettung und die nordwestliche Durchfahrt (Berlin 1854), beigegeben hat.
[2]) Vgl. Ueber die Tertiärflora der Polargegenden. Abhandlungen der schlesisch. Gesellsch. 1861. II. S. 201, u. 1867. S. 50.
[3]) So wird das Wort von den neuern Reisenden (Krug von Nidda und Dr. Winkler) geschrieben. Eggert Olafsen dagegen nennt diese Kohlen bald „Sturtarbrandur" (Reise durch Island. I. S. 80), bald „Surtarbrand", auch Ibenholz, Olavius aber „Surterbrand" (Reise durch Island. S. 410).

ja selbst papierdünne Schichten spalten und die stark zusammengedrückten Blätter sind ebenfalls flach ausgebreitet und heben sich öfter, wie schon Olafsen dies angiebt, durch weisse Farbe zierlich von dem braunschwarzen Gestein ab, ganz wie wir dies bei den Blättern von Kaltennordheim, Eisgraben u. a. St. sehen. Zuweilen aber haben sie die schwarze Farbe des Gesteins angenommen und sind dann schwer in ihren Umrissen zu verfolgen; diese ähneln ganz den Blättern von Sieblos an der Rhön. Sehr allgemein kommen im Surturbrand Baumstämme vor, die eine beträchtliche Länge und Dicke besessen haben; sie sind immer platt gedrückt und horizontal gelagert, daher Olavius die sonderbare Meinung äussert, „diese Bäume müssen wagrecht gewachsen sein, aber mit den aufrecht stehenden einerlei Fortpflanzungskräfte gehabt haben." Es sind mir folgende Fundstätten fossiler Pflanzen bekannt geworden:

1. Brjamslaeck (auf der Karte von O. N. Olsen als Brjanslackr bezeichnet) am Bardaströnd im Nordwesten der Insel, bei circa $65^1/_2\,^0$ n. Br. und circa $23\,^0$ w. L. Gr. Schon Olafsen hat das Vorkommen des Surturbrandes an dieser Stelle ausführlich beschrieben (Reise durch Island, I. S. 219). Wie er angiebt, liegt er in vier Lagen in den horizontal gelagerten Klippenfelsen, welche Lagen 2–4 Fuss Mächtigkeit haben. Die zweite Lage von oben spaltet in ganz dünne Schichten, welche mit Blättern erfüllt sind, von welchen nach Olafsen die Eichen, Birken und Weiden zu unterscheiden seien. Diese Lithophyllen seien deutlicher in ihren feinen Nerven erhalten, als ein Maler sie zeichnen könnte; ja es lassen sich solche papierdünnen Blätter ablösen. Diese Kohlenlager sind von Felsen bedeckt, welche einen 750 Fuss hohen Berg bilden.

Die Sammlung des Herrn Prof. Steenstrup enthält von dieser Stelle 14 Arten. Der Hauptbaum war die Sequoia Sternbergi, von welchem Zweige und Zapfendurchschnitte gefunden wurden, dazu kommen 4 Pinusarten (P. Steenstrupiana, P. microsperma, P. æmula und P. brachyptera), eine Birke (B. prisca), eine Erle (A. Kefersteini), eine Ulme (U. diptera), ein Ahorn (A. otopteryx), eine Eiche (Quercus Olafseni), der Tulpenbaum, die Isländer-Weinrebe, ein Kreuzdorn (Rhamnus Eridani) und ein Nussbaum (J. bilinica). Bei diesen Pflanzen fand sich eine kleine Käferflügeldecke (Carabites islandicus), welche zeigt, dass auch Insecten diesen Wald belebt haben.

2. Hredavatn bei $64^0\,40'$ n. Br. im Westen der Insel, südlich vom Paulaberg im Borgarfjords Syssel. Nach Olafsen (Reise, I. 80) ist der Surturbrand hier 2 Fuss dick, zähe und schwarz und kann polirt werden[1]). Die Pflanzen, welche mir aus dieser Gegend vorlagen, waren nicht aus dem Surturbrand, sondern finden sich in einem weichen, gelblichweissen Tuff. Nach Herrn Dr. Winkler ist derselbe in einem seichten Wassergraben anstehend, der auf einem Hochplateau liegt. Man gelangt zu demselben von Nordrathal aus in circa 1200 Fuss Höhe über Meer und 800 Fuss über dem Thalgrund. Hier sah Herr Winkler besonders grosse und schöne plattgedrückte Baumstämme; ein Ast, den er mir zusandte, gehört einer Birke an. Diese Birken scheinen da häufig gewesen zu sein, da auch Blätter, Früchte und Deckblätter gefunden wurden, welche drei Arten anzeigen (Betula macrophylla, B. prisca und B. Forchhammeri); dazu kommen 5 Pinus-Arten (P. thulensis, P. Martinsii, P. microsperma, P. Steenstrupiana und P. Ingolfiana), eine Eiche (Q. Olafseni), eine Erle (Alnus Kefersteinii), eine Planera, ein Ahorn und einige Halbgräser (Carex rediviva) und Cyperites islandicus und nodulosus); aber auch Platanus aceroides Gp.? und Caulinites borealis stammen wahrscheinlich von derselben Stelle.

3. Laugavatsdalr; die nähere Lage dieser Fundstätte habe nicht in Erfahrung bringen können. Die Pflanzen liegen in einem ähnlichen weissgelben Tuff wie die von Hredavatn. Von hier erhielt ich von Prof. Steenstrup die Ulmus diptera, Corylus M'Quarri und Pinus Steenstrupiana.

4. Sandafell (Sandberg), so heisst ein niederer Bergstock, eine Meile südlich vom Kirchort Abaer im Austadalr, welches Thal von Norden her tief ins innere Hochland einschneidet, 8 dänische Meilen von der Küste des Skagafjord entfernt. Die Stelle liegt also im Norden von Island (bei circa $65^0\,20'$ n. Br.) und ist etwa 1000 Fuss ü. M. Herr Dr. Winkler fand hier in einem gelblichweissen Tuff einige Pflanzenreste, von denen ein schönes Birkenblatt (B. prisca) bestimmbar war. Winkler fand hier keinen Surturbrand, indess kommt solcher nach Olafsen im Skagafjord vor und in der Schlucht von Hofgil beim Hoff (circa 66^0 n. Br.) soll er in 3 Lagen über einander liegen und 3 Fuss Mächtigkeit haben.

---

[1]) Die Herren Robert und Gaimard übergaben dem Museum in Paris einen Tisch, der aus Lignit dieser Stelle gefertigt war. Der Stamm hatte einen Durchmesser von 0,650 Meter, während die dicksten lebenden Stämme, welche sie auf ihrer Reise durch Island fanden, nur 0,203 Meter Durchmesser hatten. Vgl. Robert in dem grossen von Gaimard herausgegebenen Reisewerk. S 47. Robert meint, der Surturbrand dieser Gegend, dessen Höhe über Meer er zu 163 bis 195 Meter schätzt, habe sich einst aus Treibholz in einer Meeresbucht abgelagert.

5. **Husawik und Gaulthvamr.** Im Nordwesten von Island liegt eine nur durch einen schmalen Landstreifen mit dem Hauptlande zusammenhängende Halbinsel, welche durch überaus zahlreiche und weit ins Land hineinreichende Fjords tief zerschnitten ist. Im Nordosten bildet einen solchen Fjord der von Steingrims. An demselben fand Dr. Winkler an zwei Stellen Surturbrand und fossile Pflanzen, nämlich in Husawik (Hausbucht) und in Gaulthvamr. In Husawik, an der Südküste des Fjord bei 65° 40′ n. Br. und 30—40 Fuss über Meer, bestehen die kohlenführenden Gebilde [1]) aus sandigem Tuff, thonigem Sphærosiderit (zu unterst in Knollen) und Surturbrandkohle. Sie sind von grobkörnigem, dunkelgrünem Trapp überlagert. Die hell leberbraunen, von einer dunklen Rinde umgebenen Sphærosideritknollen haben einen flachmuscheligen Bruch und enthalten die Abdrücke von Blättern, unter denen die mit einem Pilz besetzten Blätter einer Birke (Betula prisca), die Erle und Dombeyopsis islandica zu erkennen waren.

Auch in Gaulthvamr, einem Hof der an der Nordküste des Fjord in Hintergrund eines Querthales des Steingrimsfjord und einige hundert Fuss über Meer liegt, sind die Pflanzen in Knollen solchen Eisensteines, welche der Tuff umgiebt. In demselben fanden sich: Sparganium valdense, Equisetum Winkleri, Acer otopterix (ein Blatt mit Pilzen), Salix macrophylla und Rhus Brunneri.

Es ist noch an verschiedenen Stellen der nordwestlichen Halbinsel Surturbrand nachgewiesen worden, der nach Dr. Winkler überall in Verbindung mit Tuffen und Trappgesteinen auftritt, so in der Schlucht von Gunursstadargil (etwa 500 Fuss ü. M.) und auf dem Wege nach Bair am Ausgang des Steingrimsfjord, wo er zwischen massigem Trapp liegt (vgl. Winkler Island. S. 143). Das Surturbrandlager ist wahrscheinlich über die ganze Landeinschnürung verbreitet, welche die nordwestliche Halbinsel von dem Hauptlande trennt, denn es findet sich auch an der dem Steingrimsfjord gegenüberliegenden Westküste, wo Olavius (Reisen S. 455) im Hintergrund des Berufjord, am Berg Skirdalsbrun (bei circa 65^1/$_2$° n. Br.) dasselbe nachgewiesen hat. Es liegen dort mehrere, durch weissen, weichen Tuff getrennte Bänder von Surturbrand, welche durch den Berg hindurchzugehen scheinen, indem sie an verschiedenen Seiten desselben zu Tage treten. Noch mächtiger sollen die Surturbrandlager im äussersten Nordwesten der Halbinsel, an den Küsten von Gränahlid und Stigalid sein, also innerhalb des arctischen Kreises, und nahe an diesem Kreise hat Prof. Steenstrup mächtige, noch mit Rinde bekleidete Baumstämme beobachtet.

Diese Zusammenstellung zeigt uns, dass die meisten Stellen, wo Pflanzenreste und Surturbrand vorkommen, im Westen der Insel liegen, der östlichste Punct mit erkennbaren Pflanzen ist Sandafell. Allerdings fanden Robert und Dr. Winkler mit Surturbrand verkohlte Pflanzenreste auch in den steil abgerissenen Küstenfelsen bei Halbjarnarstadir, 3 Stunden nördlich der Handelsstation Husawik im Nordostlande (circa 66° n. Br.), doch sind es unbestimmbare Reste von Zweigen. Sie sind in einem Tufflager, unter welchem eine Menge von trefflich erhaltenen fossilen Muscheln vorkommen, die Robert (voyage S. 54) für modern erklärt, während Dr. Winkler sie für pliocen hält. Es giebt ferner Olafsen an verschiedenen Stellen im Norden von Island (so an der Seeküste von Tiornäs und bei Skaalevig (Reise II. S. 28) Surturbrand an, der weithin an der Küste zu verfolgen sei und 4—5 Lagen von 1—1^1/$_2$ Fuss Mächtigkeit bilden soll, und Robert nennt das Lager von Vapnefjordr im Hintergrund der Bai von Virki (circa 65^3/$_4$° n. Br.) das berühmteste von ganz Island [2]), aber Blätter sind bis jetzt in diesen Gegenden nicht gefunden worden. Aus dem Innern der Insel und dem ganzen Südosten sind keine Pflanzenreste bekannt. Diese Theile Islands sind freilich noch wenig untersucht und zum Theil auch ganz unzugänglich, so namentlich die Südostseite der Insel, die mit ungeheuren Gletschern (Jokülls der Isländer) bedeckt ist.

Es findet sich der Surturbrand in sehr verschiedener Höhe; in Vindfell am Vapnefjord soll er nach Olavius (Reisen S. 412) sogar unter das Meeresniveau hinabreichen, während er bei Husawik 30—40 Fuss und in Gunursstadargil 500 Fuss ü. M. liegt. Ob er ursprünglich in einem Niveau gelegen hat und dieses erst durch Hebung oder Senkung verrückt worden, oder ob diese Verschiedenheit eine ursprüngliche sei, lässt sich zur Zeit nicht sicher entscheiden, doch ist letzteres wahrscheinlicher.

Ueberall, wo man bis jetzt in Island fossile Pflanzen und Surturbrand gefunden hat, sind sie von Tuff und Trappgesteinen umgeben und zeigen sonach dasselbe Vorkommen, wie in Grönland. Hier ruhen diese

---

[1]) cf. Dr. Winkler Island, der Bau seiner Gebirge und dessen geologische Bedeutung. München 1863. S. 135.
[2]) Robert sagt (voyage S. 52), es sei das Lager durch seine schwärzliche Farbe schon von Weitem zu erkennen, habe eine Ausdehnung von etwa 110 Meter bei 12 Meter Höhe und bestehe aus zahlreichen, im Ganzen horizontalen, nur leicht wellig gebogenen Schichten; sei umgeben von einem péridotite cellulaire, der in dicke Säulen getheilt sei. Ein Lignitstamm hatte einen grössten Durchmesser von 1,05 Meter und war ohne Rinde wie das Treibholz.

auf krystallinischen Felsmassen (Gneiss) auf, während in Island nirgends solche zu Tage treten. Man kennt ausser den Tuffen und basaltischen, dunkelfarbigen, pyroxenischen Trappgebilden nur hellfarbige feinkörnige Trachyte, welche am Aufbau der Insel sich bethätigt haben. Ueber die Zeit, zu welcher diese Felsmassen abgelagert wurden, haben wir die Pflanzen zu berathen, welche sie umschliessen. Von den 41 Pflanzenarten Islands, welche in diesem Werke beschrieben sind, sind 18 als miocen bekannt und hatten zum Theil zu dieser Zeit eine grosse Verbreitung, wie aus folgender Zusammenstellung erhellt.

Island.	Schweiz.	Deutschland. Oestreich.	Schottland. Frankreich. Italien.	Arctische Zone.
1. Rhytisma induratum Hr ?	Hohe Rhonen.	—	—	—
2. Sequoia Sternbergi Gp. sp. Brjamsl.	Oeningen.	Hæring Sotzka. Monte Promina. Bilin.	Chiavon Salcedo. Zovenecdo. Turin. Superga. Senegaglia.	—
3. Pinus microsperma Hr. Brjamsl. Hredav.	Locle.	—	—	—
4. Sparganium valdense Hr. Gaulth.	Monod.	—	Cadibona.	—
5. Salix macrophylla Hr. Gaulth. Hredav.	Hohe Rhone. Eritz.	Wienerbecken sarmat. Stufe.	—	Spitzbergen ?
6. Alnus Kefersteinii Gp. Hredav. Husav.	Monod.	Danzig. Salzhausen Sieblos. Rhön Sagor Bonnerkohlen. Westerwald. Bilin. Wien. Parschlug. Swoszowice. Erdöbenye	Cadibona. Senegaglia. Arnothal.	Spitzbergen.
7. Betula macrophylla Goepp. sp. Hredav.	—	Schossnitz. Sarmatische Stufe des Wienerbeckens. Ochsenwang	—	—
8. Betula prisca Ett. Sandaf.	—	Rhön. Wienerbecken Congerien- u. sarmatische Stufe.	—	—
9. Corylus Mac Quarrii Forb. sp. Laugav. Hredav. Brjamsl.	Hohe Rhone.	—	Menat. Insel Mull.	Grönland. Mackenzie. Spitzbergen.
10. Fagus Deucalionis Ung. Brjamsl	—	Rhön. Parschlug. Putschirn	Guarene. Senegaglia.	Grönland. Spitzbergen.
11. Quercus Olafseni Hr. Brjamsl. Hredav.	—	—	—	Grönland. Mackenzie.
12. Planera Ungeri Ett. Hredav.	Monod. Rothenthurm. H. Rhone. Eritz. Lausanne. St.Gallen. Schangnau. Locle. Schrotzburg. Oeningen.	Hæring. Sotzka. Bonn. Rhön. Bilin. Köflach. Parschlug. Wienerbecken Günzburg Schossnitz.	Guarene. Novale. Sarzanello. Senegaglia. Montajone.	Grönland.
13. Platanus aceroides Goepp. Hredav.	Schrotzburg. Oeningen	Schossnitz. Wienerbecken. Siebenbürgen.	Piemont. Mt. Bamboli. Arnothal. Montajone. Senegaglia. Insel Mull.	Grönland. Mackenzie. Spitzbergen.
14. Liriodendron Procaccinii Ung. Brjamsl.	Eritz. Schrotzburg.	—	Senegaglia.	—
15. Acer otopterix Gp. Br. Gaulth. Hredav. Tindorf.	Oeningen. Elgg.	Prevali. Striese in Schlesien. Bonnerkohlen.	—	—
16. Rhamnus Eridani Ung. Brjamsl.	Eritz. St.Gallen Teufen. Albis. Herlingen. Schrotzburg.	Sotzka. Radoboj. Gleichenburg. Kempten.	Guarene. Cadibona. Senegaglia.	Grönland.
17. Rhus Brunneri F. O. Gaulth.	Monod. Ruß. Hohe Rhonen. Laupen.	—	—	—
18. Juglans bilinica Ung. Brjamsl.	Horw. Monod Eritz Lausanne Schrotzburg. Oeningen.	Sotzka. Bilin. Wien Swoszowice. Tokay. Gleichenberg	Cadibona. Novale Sarzanello. Senegaglia. Montajone.	—

Aus dieser Uebersicht geht hervor, dass die sämmtlichen oben besprochenen Localitäten Islands miocen sind, und es ist wohl kaum daran zu zweifeln, dass wenigstens die tiefern Surturbrandlager sämmtlich zu dieser Zeit sich gebildet haben. Die mit dem übrigen Europa gemeinsamen Arten vertheilen sich der Art auf die verschiedenen Stufen der miocenen Formation, dass eine nähere Zeitbestimmung nicht mit voller Sicherheit gegeben werden kann. Da das Sparganium valdense, Rhus Brunneri und Sequoia Sternbergi ausschliesslich oder doch vorherrschend im Untermiocen gefunden werden, ist es wahrscheinlich, dass Brjamslaeck und

Gaulthvamr dem Untermiocen angehören, während Hredavatn Obermiocen sein dürfte, da die Betula macrophylla bis jetzt erst in dieser Abtheilung beobachtet worden ist. — Bedeutend jünger ist die Ablagerung mit marinen Mollusken im Halbjarnarstadir. Dr. Winkler hat hier 24 Arten gesammelt, welche nach seiner Bestimmung der ältern Pliocenformation (dem untern Crag) angehören und ein Meer andeuten, das eine ähnliche Temperatur gehabt habe, als das jetzige der schottischen Küsten[1]. Nach Prof. Steenstrup kommen in Island noch jüngere Ablagerungen vor, welche Pflanzenreste einschliessen, die der jetzigen Vegetation von Island angehören, wie denn auch noch in unserer Zeit durch vulcanische Ausbrüche und die damit verbundenen Ueberschwemmungen und Schlammbildungen dieser Process der Umhüllung von Pflanzen veranlasst werden kann. Die Vorstellung, dass die Pflanzen durch die vulcanischen Tuffe und Laven in Kohle verwandelt werden, ist eine ganz irrige, wie die schön erhaltenen Blätter, die im Tuff des Aetna bei Fasano[2], am Vesuv und in St.Jorge und Porto da Cruz in Madeira[3] gefunden werden, beweisen. Diese sind nicht verkohlt, weil die vulcanischen Tuffe sie nicht im glühenden Zustand umhüllt haben, während dies allerdings an andern Stellen (so an der Pontinha bei Funchal in Madeira) der Fall ist, wo ich mit meinem Freunde, Dr. Hartung, in Holzkohle verwandelte Zweige in dem unter dem Basalt liegenden Tuffe gefunden habe.

Der Surturbrand ist sehr wahrscheinlich aus Torf, und da, wo er grossentheils aus Baumstämmen besteht, aus zusammengeschwemmtem Holz entstanden. Mit Recht sagt daher Dr. Winkler (Island S. 301), dass damals Island Trockenland gewesen sei, indem die Beschaffenheit der Pflanzen einem weiten Wassertransport widerstreitet. Die Hölzer könnte man allerdings als Treibholz aus der Ferne kommen lassen, allein wie wollte man erklären, dass bei den Zweigen der Sequoia Sternbergi die Fruchtzapfen liegen, bei den Blättern der Birken die kleinen Samen und an derselben Stelle auch die Deckblätter, bei den Ahornblättern die Früchte, dass die Blätter zum Theil so wohl erhalten sind, dass auch die kleinen punctförmigen Pilze, die auf ihnen sich angesiedelt haben, noch zu sehen sind, dass nicht nur die Blätter von Nadelhölzern und Laubbäumen, sondern auch von krautartigen Gewächsen vorkommen, und dass bei einem derselben (bei Sparganium, Taf. XXV. Fig. 1) auch die Früchte sich finden! Dazu kommt für Brjamslaeck die Flügeldecke eines kleinen Käferchens, das auf dem Lande gelebt haben muss.

Dieses Zusammenvorkommen von verschiedenen zarten Organen derselben Pflanze und die Art ihrer Erhaltung, wie anderseits der gänzliche Mangel an Meerbewohnern im Surturbrand und dem denselben umgebenden Gestein beweisen, dass dieses Gebilde nicht auf dem Meeresgrund entstanden sein kann. Der Surturbrand hatte sicher dieselbe Entstehung wie der Kohlen der Schweizer-Molasse, der Rhön, der Wetterau und hundert ähnlichen Localitäten. Die in Torf verwandelten Pflanzenablagerungen wurden zeitweise von Schlammmassen bedeckt, welche in Island ihr Material wahrscheinlich von vulcanischen Ausbrüchen erhalten haben und nun die Tuffe bilden, die sie umhüllen und die stellenweise (so in Hredavatn, Sandafell und Laugavatsdalr) allein deutliche Pflanzenreste enthalten. Sie können zusammengeschwemmt sein in ähnlicher Weise wie die Tuffe, welche am Aetna die Blätter von Eichen, Lorbeer-, Myrten- und Mastixbäumen enthalten. Diese Tuffe wurden von mächtigen basaltischen Gebilden, von dem sogenannten Trapp bedeckt, welcher aus dem Erdinnern hervorbrechend, nun mit dem Trachyt das feste Gerüste der Insel bildet. Von miocenen marinen Pflanzen und Thieren ist auf Island nirgends eine Spur gefunden worden, erst mit dem Pliocen treten an einigen wenigen Küstenpuncten (in Halbjarnarstadir, Fossvogr und Arnabäuli) Meeresconchylien auf. Wenn daher Krug von Nidda, Sartorius von Waltershausen und auch Dr. Winkler die Bildung der Tuffe, Trappe und Trachyte unter dem Meeresspiegel vorgehen lassen, so können sie sich allein auf die grosse Gleichförmigkeit dieser Ablagerungen stützen, zu deren Hervorbringung die Seebedeckung von denselben für nothwendig erachtet wird. Ob dieser Grund wirklich so zwingender Natur sei, vermag ich nicht zu beurtheilen, das aber ist sicher, dass bei solcher Annahme eine grosse Senkung stattgehabt haben müsste, durch welche die Insel wieder unter Meer getaucht wurde, um dann später aufs Neue aus demselben aufzusteigen. Wir lassen dies dahingestellt, müssen aber darauf aufmerksam machen, dass an verschiedenen Stellen mehrere Lager von Surturbrand über ein-

---

[1] Robert führt von da an (S. 54): Cyprina islandica, Mya arenaria, Natica clausa, Tellina sellidula, T. tenuis, Solen vagina, S. ensis?, welche nach seiner Versicherung noch in derselben Gegend leben, während das viel vollständigere Verzeichniss von Dr. Winkler (S. 200) mehrere Arten enthält, die jetzt erloschen oder doch nicht mehr dort gefunden werden Robert sucht nachzuweisen, dass Island in relativ später Zeit noch gehoben worden sei an der Ostseite um 35 Meter) und führt dafür eine Zahl von Fundstätten mariner Thiere über dem jetzigen Seeniveau an, so in der Bai von Fossvogr, an der Küste von Hval, bei Geithanivar und Halbjarnarstadir, hat aber wohl ältere pliocene und jüngere Ablagerungen mit einander vermengt.

[2] Vgl. Lyell on Lavas of mount Etna, philos. transact. II. 1858. S. 770.

[3] Vgl. Lyell elements of Geology. S. 642. Hartung geologische Beschreibung von Madeira und Porto Santo. 137.

ander liegen und durch Tuffschichten von einander getrennt sind, und dass jedenfalls eine Bedeckung derselben vor ihrer Versenkung angenommen werden müsste, weil diese weichen Tuff- und Torfmassen sicherlich sonst von der Brandung weggeschwemmt worden wären, wenn sie nicht eine feste, sichernde Decke gehabt hätten. Mir scheint es daher viel wahrscheinlicher, dass alle miocenen Ablagerungen Islands supramarin seien und erst zu Ende der Tertiärzeit einzelne Theile der Insel ins Meer versanken [1]).

Anders denkt sich freilich Herr Dr. Winkler die Entstehung der Insel. Als eifriger Neptunist macht er den Versuch, auch diese Insel aus reinen Meeresniederschlägen zu erklären. Es giebt Herr Winkler zu, dass Island „vor vielen Ländern das Anrecht für eine durch und durch vulcanische Insel angesehen zu werden habe, und gesteht, dass sie durch die Uniformität und Alleinherrschaft der Masse, welche in grösster Aehnlichkeit erscheine mit jener, welche durch die fortwährende Vulcanenthätigkeit noch immer zu Tage komme, ein überwältigendes Prästigium für diese Theorie besitze." Wir stimmen diesem völlig bei und müssen gestehen, dass die Gründe, welche er für seine Ansicht vorbringt, uns sehr schwach und zum Theil sich selbst widersprechend scheinen. Er stützt sich voraus darauf, dass die Gangfüllungen keinen Einfluss auf die Wände der Spalten, welche sie passirt, ausgeübt haben und sicht dies als einen Beweis an, dass die Masse nicht in feurig-flüssigem Zustand gewesen sein könne, hebt aber dies Beweismittel selbst wieder durch die Angabe (S. 296) auf, dass die Basalte der Vulcane keine verändernde Wirkung auf den Boden der nächsten Nähe ausgeübt haben! Nach Herrn Winkler soll die erstarrte, mit Spalten versehene Felsmasse in den Schlamm eingesunken sein und dieser sei in Folge dessen durch die Spalten in die Höhe gepresst worden und so die Gänge durch diese sehr allmälig von unten nach oben fortgeschobene Masse ausgefüllt worden. Dabei bleibt aber ganz unbegreiflich, wie eine aus festem Felsgerüste gebildete Insel auf weichem, flüssigem Schlamm hat aufruhen können. Herr Winkler nimmt selbst an, dass die Insel zur Miocenzeit Trockenland gewesen sei; da sie nicht in der Luft kann geschwebt haben, muss sie schon damals eine feste Basis gehabt haben und diese bildet wohl wie im benachbarten Grönland der Gneiss; wo soll nun der weiche Schlamm herkommen, in welchen die Insel später versunken sein soll? Mir ist ein solcher Vorgang ganz undenkbar und so die ältere Ansicht, die durch Krug von Nidda[2]), Bunsen und Sartorius von Waltershausen vertreten wird, gar viel wahrscheinlicher, dass diese weichen Massen durch Zersprengen der festen Decke in feurig-flüssigem Zustand aus dem Erdinnern hervorgetrieben worden sei, welchen Vorgang Sartorius, der genaue Kenner der Vulcane der Jetztwelt, in ausgezeichneter Weise geschildert hat[3]). Noch jetzt dauert die Thätigkeit der Vulcane in Island fort und ihre Producte stimmen mit denjenigen überein, welche den Boden der Insel bilden, es ist daher erlaubt, auch diesem einen ähnlichen Ursprung zu geben und anzunehmen, dass die vulcanische Thätigkeit der Insel schon zur miocenen Zeit begonnen und durch alle Jahrtausende sich fortgesetzt habe.

Fünftes Capitel.
Die Bäreninsel und Spitzbergen.

Hoch im Norden von Europa liegt unter 74° 30′ n. Br. die kleine Bäreninsel, deren östlicher Hügel wegen seines trostlosen Aussehens vom Entdecker der Insel, Wilh. Barentz, den Namen „Jammerberg" erhalten hatte. Die vielen Walrosse, welche an ihrer Küste sich angesiedelt, gaben schon im 17. Jahrhundert Veranlassung zu mehrfachen Besuchen. Genauere Kunde von derselben haben wir aber erst durch den norwegischen Naturforscher Keilhau erhalten, welcher die Insel im August 1827 besuchte und von derselben eine Sammlung von Naturalien heimbrachte. Leopold von Buch hat in einer sehr lehrreichen Ab-

---

[1]) Dass die Palagonittuffe Siciliens, welche Meerespetrefakten enthalten, marin seien, ist nicht zu bezweifeln, in den Palagonittuffen von Island aber sind meines Wissens nirgends solche Thiere gefunden worden, daher kein Grund vorliegt, diesen eine untermeerische Entstehung zuzuschreiben.

[2]) Vgl. seine geognostische Darstellung der Insel Island, in Karstens Archiv. VII. S. 421 u. f. 1834. Krug hielt den Trachyt für die eigentlich hebende Masse, welche am Seegrund durch eine ungeheure Spalte hervorgedrungen, die Trappdecke durchbrochen und ohne Theil derselben in die Höhe gehoben habe; spätere Untersuchungen haben aber gezeigt, dass dem Trachyte Islands diese Bedeutung nicht zukommt.

[3]) Vgl. seine physisch-geographische Skizze von Island, mit besonderer Rücksicht auf vulcanische Erscheinungen. Göttingen 1847. S. 135 u. f.

handlung[1]) darüber berichtet und nachgewiesen, dass die dort gefundenen Schalthiere der alten Steinkohlenformation angehören. In dem anstehenden Kalksteine waren: Productus giganteus, Pr. punctatus und Pr. striatus, und in losen Blöcken: Productus plicatilis, Spirifer Keilhavii, Calamopora polymorpha und Fenestella antiqua, es gehört daher derselbe zum Bergkalk. Auf der nördlichen Seite der Insel, nahe dem Nordhafen, fand Keilhau an einem wohl 200 Fuss hohen Absturz vier Kohlenflöze zwischen grauem, feinkörnigem Sandstein, von denen aber keines über eine Elle mächtig war. Auch im Osten der Insel erscheinen diese Kohlenflöze. Nach Keilhau sollen diese, die Kohlen umgebenden, Sandsteinlager fast horizontal verlaufen und unter dem Bergkalk liegen, von Buch hat daher diese Kohlen der untern Steinkohlenformation zugerechnet[2]). Sie müssten ohne Zweifel dieser angehören, wenn sie wirklich in ungestörter Lagerung unter dem Bergkalk liegen würden. Dieses scheint aber nicht der Fall zu sein. Prof. Nordenskiöld theilt mir brieflich mit, dass er im Jahr 1864 die Bäreninsel besucht habe. Allerdings sei es nur ein kurzer Besuch gewesen, da ein heftiger Sturm bald nach seiner Ankunft die Anker zu lichten nöthigte, doch überzeugte er sich, dass der Sandstein, welcher die Kohlenlager einschliesst, völlig übereinstimmt mit dem tertiären Sandstein von Spitzbergen. Der Jammerberg besteht nach Nordenskiöld grossentheils aus Bergkalk (der in der Höhe ein Hyperitlager einschliesst), dessen Schichten aber keineswegs horizontal, sondern von O.S.O. nach W.N.W. abfallen, unter denselben schiesst die Hekla Hookformation (die dem Uebergangsgebirge angehört) ein und der Sandstein mit den Kohlen bildet horizontale Lager des Tieflandes, welche dem Bergkalk aufliegen, und sehr wahrscheinlich wie der Sandstein des Bellsundes eine miocene Bildung sind.

Nur zwei Grade weiter im Norden taucht zwischen 76° 26' und 80° 50' n. Br. und 10—26° L. ö. Gr. ein ganzer Archipel von Inseln aus dem Meere auf, der von der Form seiner steil aufsteigenden Berge den Namen Spitzbergen erhalten hat. Auf der Westseite erheben sich die Berge in hohen Felswänden aus dem Meer und erreichen eine Höhe von 2—5000 Fuss. Die Thäler sind mit unermesslichen Gletschern ausgefüllt, welche bis ins Meer hinausreichen und demselben mächtige Eisberge zuführen. Sie verschliessen zwar den grössten Theil des Bodens der Vegetation, doch giebt es zahlreiche Stellen, an welchen Blüthenpflanzen sich ansiedeln können, und einzelne Arten finden sich selbst bis an 2000 Fuss ü. M. hinauf. Immerhin ist aber die Pflanzenwelt, von der 93 Phanerogamen bis jetzt bekannt sind, so spärlich, dass sie auch im Sommer kein grünes Kleid zu bilden vermag. So wenigstens im Norden und Osten der Inselgruppe, während im Süden und Südwesten noch wirkliche Grasmatten vorkommen sollen. Die wild zerrissenen Berge, die gewaltigen Gletscher, die hochalpine Naturwelt und die feierliche Stille, welche nur durch das Krachen der berstenden Gletscher und das Tosen der Brandung unterbrochen wird, prägen diesem hochnordischen Lande einen ganz eigenthümlichen Charakter auf. Wenn wir in Gedanken die Schweiz bis zu 8000 Fuss Höhe unter das Meer tauchen, giebt uns das aus diesem Meere hervortretende Inselland mit seinen Gebirgen und Gletschern ein ungefähres Bild von Spitzbergen.

Es wurde diese Inselgruppe im Juni 1596 von den Holländern Barentz und Heemskerk entdeckt. Sie waren ausgesendet, um eine Nordostdurchfahrt nach Indien zu suchen und gelangten bis Novaja Semlja. Im 17. und 18. Jahrhundert führte der Walfischfang ganze Flotten in diese hochnordischen Gewässer und zeitweise soll eine Schiffsmannschaft von 10—12,000 Menschen sich dort zusammengefunden haben. Schon 1633 haben 7 Matrosen den Winter dort zugebracht und sind gesund und wohl geblieben; seither haben öfters kleinere Jagdgesellschaften dort überwintert, und der Russe Staratschin hat 15 Jahre lang ununterbrochen dort zugebracht haben. Es hat aber nicht allein der Speck der Walfische und Walrosse, sondern auch der Drang nach wissenschaftlicher Belehrung in dieses Winterland geführt, und die Namen von J. C. Phipps, Parry, W. Scoresby, Martins, Bravais, Nordenskiöld, Malmgren, Torell, Blomstrand, Chydenius u. a. m. werden in den Annalen der Wissenschaft immer eine ehrenvolle Stelle einnehmen. Die wichtigsten Ergebnisse für alle Zweige der Naturkunde lieferten die schwedischen Expeditionen vom Jahr 1858, 1861

---

[1]) Ueber Spirifer Keilhavii, über dessen Fundort und Verhältniss zu ähnlichen Formen. Abhandlungen der Academie der Wissenschaften zu Berlin vom Jahr 1846. S. 65. Prof. Kjerulf nennt in seinem Briefe als in der Sammlung von Christiania liegende Arten von der Bäreninsel: Spirifer Keilhavii, Sp. striatus, Sp. punctatus, Sp. bisulcatus, Productus hemisphaericus und Calamopora polymorpha.

[2]) L. von Buch erwähnt eine schöne Pecopteris, welche Keilhau in dem Kohlenflöz der Bäreninsel gefunden habe. Da die Bestimmung dieser Pflanze sehr wünschbar war, habe ich mich an Herrn Prof. Th. Kjerulf in Christiania gewendet, um dieselbe zur Untersuchung zu erhalten. Derselbe berichtet mir, dass kein Farnkraut unter den von Keilhau heimgebrachten Versteinerungen sich finde, sondern nur ein paar schlecht erhaltene Steinkerne von Equisetaceen. Da im miocenen Sandstein Spitzbergens ein Equisetum vorkommt, gehören sie vielleicht zu dieser Art. Jedenfalls beruhen also alle Angaben von Steinkohlenpflanzen, welche man auf der Bäreninsel gefunden habe, auf einem Irrthum

und 1864, welchen wir erst eine genauere Kenntniss der geologischen Verhältnisse verdanken, so weit diese in einem grossen Theils mit Eis bedeckten Lande ermittelt werden können [1]).

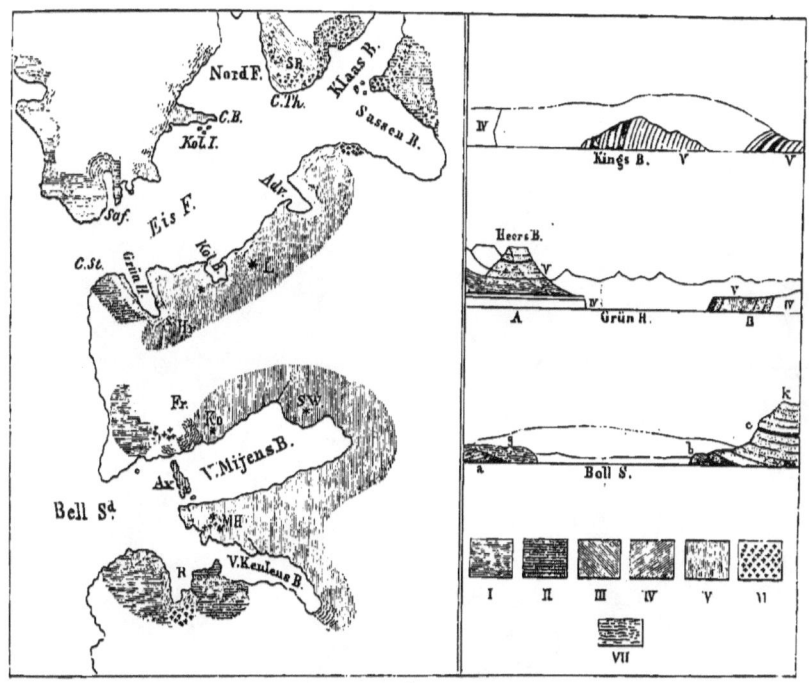

Der Bell-Sund und Eisfjord Spitzbergens
nach der geologischen Karte von Nordenskiöld.

Saf. Safe-Bai. C. B. Cap Boheman. C. Th. Cap Thordson. S. B. Souriberg. S. Skansberg. C. St. Cap Staratschin. Grun H. Grun Hafen (Green Harbour). Hr. Heers-Berg. L. Lovens-Berg. Adv. Advent-Bai. Fr. Fridhjofs-Gletscher. Ko. Kohlenberg. S.w. Sundewall-Berg. Ax. Axel-Insel. M.H. Middel Hook. R. Recherche-Bai.
I. Uebergangsgebirge (Hekla Hook-Formation). II. Bergkalk. III. Trias. IV. Jura. V. Tertiär. VI. Hyperit. VII. Gletscher.

Die Grundlage dieser Inselgruppe bilden, wie in Grönland, krystallinische Gesteine. Die sieben Inseln im Norden des Archipels bestehen ganz aus Gneiss, der von Granitadern und Gängen durchzogen ist, und auch der Nordwesten der Hauptinsel ist vom Amsterdam-Eiland bis südlich der Magdalenen-Bai aus dieser Gebirgsart gebildet, welche überall in senkrecht aufgerichteten Schichten, deren Mächtigkeit nicht zu bestimmen ist, auftritt. Den Gneiss deckt hier und da, so in der Sorgenbai (ganz im Norden), ein krystallinischer Kalk und Dolomit von blendend weisser Farbe, aber ohne Spur von Versteinerungen. Auch die darauf folgende Sedimentbildung (die Hekla Hook-Formation) ist ganz leer an solchen, obwohl wie Nordenskiöld bemerkt, sie zur Aufnahme von solchen sich besonders geeignet hätte, so dass er zum Schluss geneigt ist, dass sie in einem Meere sich gebildet habe, das ganz ohne vegetabilisches und animalisches Leben war. Nordenskiöld vermuthet, dass sie der silurischen oder devonischen Formation angehöre. Die Schichten streichen meist von Nord nach Süd und sind vielfach verworfen und gefaltet. Er unterscheidet, erstens einen grauen Kalkstein, der von weissen Quarz- und Kalkspathadern durchzogen ist (im Nordwesten der Insel:

---

[1]) Eine sehr interessante Uebersicht der geologischen Verhältnisse Spitzbergens giebt die Abhandlung von A. E. Nordenskiöld „Sketch of the Geology of Spitzbergen, translated from the transactions of the royal Swedish Academy of sciences. Stockholm 1867", mit einer geologischen Karte. Ich habe diese Arbeit meiner Darstellung zu Grunde gelegt.

Hekla Hook, Kreuzbai, Mittel Hook im Bellsund); zweitens einen sehr dichten Quarzit, von weisser, grauer oder röthlicher Farbe (am Cap Irminger, am Nordeingang des Bellsundes u. s. w.); drittens einen dunkelgrauen oder rothbraunen, oft schön gestreiften Thonschiefer (im Nordosten, an der Murchison-Bai, Cap Loven, Hornsund u. s. w.).

Im Nordosten von Spitzbergen (namentlich in der Wigde Bai und Red Beach) folgen rothbraune Lager von Sandstein, Kalk und Conglomeraten (die Red Beach-Lager von Nordenskiöld) und erst über diesen beginnen die Versteinerungen führenden Gesteine.

Diese gehören in die Steinkohlen-Periode. Zu unterst liegt ein unreiner, gelber, etwa 500 Fuss mächtiger Kalk von korallenartiger Structur (der Ryss Insel-Kalk), so dass er aussieht, als wäre er von zahlreichen Korallenstämmen durchzogen, doch lässt sich an denselben nichts Organisches erkennen. Er ist von Lagern aus Quarzit und Feuerstein durchzogen und nimmt die ödesten Gegenden im Nordosten der Insel und im Hintergrund der Klaas Billen-Bai ein. Hier ist er von einem Kalkstein bedeckt, der eine Menge fossiler Thiere, namentlich grosse Corallen, enthält. Nordenskiöld brachte von hier einen Corallenstock nach Stockholm, welcher nahezu 2 Fuss im Durchmesser hat. Am Cap Fanshaws tritt diese Formation in einer Mächtigkeit von 1500 Fuss auf und bildet fast horizontale Lager von Sandstein, Kalk und Feuersteinen, welche voll Versteinerungen sind. Der Sandstein scheint die Unterlage zu bilden, darauf liegt der Kalk (Bergkalk), in welchen der Feuerstein eingebettet ist. Aehnliche Lager von Bergkalk und harten Sandsteinen finden sich noch an vielen Stellen Spitzbergens, so im Eisfjord am Skansberg, an der Klaas- und Sassen-Bai und Cap Staratschin, im Bellsund, am Frithiofs-Gletscher, der Axels-Insel und östlich der Recherche-Bai, und überall sind Versteinerungen des Bergkalkes gefunden worden, die stellenweise das Gestein ganz erfüllen. Nach Prof. Nordenskiöld haben die schwedischen Naturforscher etwa 100 Thierarten in dieser Formation entdeckt, welche Prof. Angelin nächstens veröffentlichen wird. Es sind Arten der Gattungen Productus, Spirifer, Terebratula, Stacheln von Seeigeln, Stämme von Encriniten und Cyatophyllen. Im Jahr 1859 hat J. Lamont Versteinerungen im Bell-Sund, namentlich auf einer kleinen Insel, 200 Fuss ü. M., gesammelt, die J. W. Salter bestimmt und sämmtlich als Thiere der Kohlenformation erkannt hat [1]). Er führt 8 Arten Mollusken und einige Spongien und Corallen an. Unter erstern erscheinen: Productus costatus Sow., Pr. Humboldtii, Pr. mammatus Keys.?, Spirifer Keilhavii Buch. und Sp. cristatus Schloth.; unter letztern: eine grossästige Stenopora, eine grosse Syringopora und eine Fenestellide mit dicken verästelten Stämmen. Schon früher hatte Keilhau am Bellsund den Spirifer Keilhavii und Productus giganteus Sow. entdeckt.

Es ist in hohem Grade beachtenswerth, dass die meisten von Salter bestimmten Arten Spitzbergens mit solchen des europäischen Steinkohlengebirges übereinstimmen, ja einige (so Productus costatus und Spirifer Keilhavi) auch in Indien, ein anderer auch in Südamerika (Pr. Humboldti) in derselben Formation getroffen werden. Es machte Salter ferner darauf aufmerksam, dass die Individuen derselben Art selbst grösser seien als die des englischen Kohlenkalkes, was auf eine grosse Veränderung in der Temperatur des Meeres seit jener Zeit hinweise.

Die hier mitgetheilten Thatsachen lassen nicht zweifeln, dass zur alten Steinkohlenzeit hier Meer gewesen sei, in welchem eine reiche Fauna sich angesiedelt hatte. Roberts glaubte aber am Bellsund auch Landpflanzen aus dieser Zeit gefunden zu haben und theilt daher die dort vorkommende Steinkohle auch dieser Zeit zu. Er hat drei Stücke fossiler Pflanzen heimgebracht und sie als Calamites oder Sigillaria und Lepidodendron bezeichnet, und diese Angabe hat sich dann allgemein verbreitet [2]). Nach der Abbildung zu

---

[1]) Vgl. Quarterly journal of the Geolog. Soc. 1860. S. 439. Schon früher hat Roberts aus dem Bellsund fossile Muscheln nach Frankreich gebracht und in dem grossen Reisewerk abgebildet. Er hielt sie für Arten des Bergkalkes, während Kronink sie für Permische Arten erklärte und als Productus horridus Sow., Pr. Cancrini Murch., Pr. Leplayi Vern.?, Pr. Robertianus Kön., Spirifer alatus Schl., Sp. cristatus Schl., Pleurotomaria Vernevili Rob. und Pecten Geinitzianus Kr. bestimmte. Vgl. Voyages au Spitzberg. S. 256. Nordenskiöld aber hält die von Roberts abgebildeten Arten für übereinstimmend mit denen des Bergkalkes des Eissundes und der Hinlopen-Strasse. Vgl. Sketch of the Geology of Spitzbergen. S. 23. Unter den von Lamont nach London gebrachten Versteinerungen waren nach Salter einige permische Arten, nämlich Spirifer alatus, ein kleiner Productus und eine grosse Stenopora; sie stammen aber aus einem losen Block, der vielleicht von Gilesland stammt. Nordenskiöld vermuthet indessen, dass er von den tausend Inseln oder Stans Foreland komme und dass dort die Permische Bildung anstehend sein dürfte.

[2]) Leider habe auch ich sie in meine Urwelt der Schweiz aufgenommen (S. 17). Das Reisewerk der französischen Expedition „Voyages en Scandinavie, en Laponie, au Spitzberg et aux Feroë pendant les années 1838, 1839 et 1840 sur la corvette Recherche, publié sous la direction de Paul Gaimard" ist so schwer zugänglich, dass ich die Originalangabe damals nicht vergleichen konnte. Seither ist mir dies durch die freundliche Mithülfe meines Freundes Prof. Martins möglich geworden, so dass ich mich von der Unhaltbarkeit jener Angabe überzeugen konnte. Auch die Angabe, dass Kane Kohlenpflanzen gefunden habe, muss unrichtig sein. Sie ist aus Leonhards und Bronns Jahrbuch entlehnt. In Kane's Reisewerken habe aber nirgends eine dies bestätigende Mittheilung

urtheilen, ist das vermeintliche Lepidodendron wahrscheinlich ein Farrnstrunk, was aber als Calamites oder Sigillaria bezeichnet ist, hat mit diesen Gattungen nichts gemein und scheint fossiles Nadelholz zu sein. Alles was bis jetzt von alten Steinkohlenpflanzen Spitzbergens in Büchern steht, beruht daher auf Irrthum. Wir wissen zur Zeit nicht, ob in der Steinkohlenperiode hier Festland gewesen sei, während der Bergkalk und die Permischen Muscheln die Anwesenheit des Meeres bis an den Schluss dieser grossen Periode beurkunden.

Die Trias ist nach Nordenskiöld im Hintergrund des Eisfjordes am Vorgebirg, welches den Nordfjord von der Klaas Billen-Bai trennt, stark entwickelt. Dort sieht man auf einem Lager von Bergkalk den Hyperit und über demselben einen schwarzen Kalkschiefer, der mit grauem, an der Luft gelblich werdenden Kalk wechselt. Am Cap Thordson tritt das unterste Lager dieser Formation auf, welches mit Hyperit bedeckt, auf welchen schwarze bituminöse Kalkschichten, dann grauer Sandstein und Kalk mit kolossalen Knollen gelben Kalkes folgen, der wieder von Hyperit überlagert ist. In den zwischen den beiden Hyperitlagern auftretenden Gesteinen sind viele fossilen Thiere gefunden worden, welche von G. Lindström bearbeitet worden sind. Die wichtigste Art ist die Halobia Lommeli Wissm., welche in Menge am Saurie und Mittel-Hook und am Cap Lee gefunden wurde und zu den Leitmuscheln des obern Trias (der Partnach-Schichten) gehört. Ebenso erfüllt die Halobia Zitteli Lindstr. an denselben Stellen ganze Felslager von mehreren Zoll Dicke und ihnen sind Monotis, Pecten, Lingula und Encriniten beigemischt; aber auch grosse Nautilus (N. Nordenskiöldi Lindstr. in Menge und N. trochlcæformis Lindstr.), mehrere Ceratiten (C. Malmgreni Lindstr., C. laqueatus Lindstr. und C.? Blomstrandi Lindstr.) und ein Ammonit (A. Gaytani Klipst. var.?) sind hier gefunden worden. Was aber noch merkwürdiger ist, auch grosse Knochen kommen am Saurie Hook zum Vorschein, und zeigen mehrere Arten an, unter welchen nach Nordenskiöld mehrere Fisch- und einige Ichthyosaurus-Arten zu unterscheiden sind. Da an selber Stelle auch viele Coprolithen sich finden, muss hier ein Lieblingsaufenthalt dieser Thiere gewesen sein.

Dieselbe Formation tritt in grosser Ausdehnung an der Ostseite des Stor-Fjordes von der Whales-Spitze und den Tausend-Inseln bis zur Ginevra-Bai auf und erreicht da eine Mächtigkeit von 1200 Fuss. Auch hier wurden die Halobia Lommeli und Saurierknochen gefunden.

Die grosse Jura-Periode ist in Spitzbergen nur schwach vertreten, doch wurden an verschiedenen Stellen Versteinerungen entdeckt, welche dem obern braunen Jura (dem Kelloway) angehören. Sie finden sich zwischen dem Grünhafen und Sassenbai in fast horizontalen Sand- und Kalksteinen, auf welchen eckige harte Blöcke vorkommen, welche die eigenthümliches Conglomerat bilden, das zwischen dem Jura und dem Miocen liegt. Auch im Stor-Fjord kommt die Juraformation vor, welche eine Masse von Belemniten enthält. Die von Herrn Lindström vorgenommenen Bestimmungen haben mehrere wichtige Arten ergeben. Die Ammoniten erscheinen an verschiedenen Stellen, doch meist in unbestimmbaren Resten, welche zur Gruppe der Falciferen gehören; an der Sassenbai aber wurden die Abdrücke des weit verbreiteten A. triplicatus Sow. gesammelt. Die Belemniten sind zwar am Grünhafen und Cap Agardh sehr häufig, aber meistens durch die Oxydation des Schwefelkieses zerstört; sie gehören in die Gruppe der Arcuati. Von Schnecken und Muscheln erscheinen die Cyprilla inconspicua Lindstr., Cardium concinnum Buch., Solenomya Torellii. Lindstr., Leda nuda Keyss., Inoceramus? revelatus Keyss., Ancella Mosquensis Buch., Pecten demissus Bean., P. validus Lindstr., dann Cytherea, Tellina, Panopæa und Dentalium. Dazu kommen Fischreste und ein Seestern (Ophiura Gumælii Lindstr.).

Nach der Lagerung unterscheidet Nordenskiöld zwei Gruppen, eine ältere, die häufige Störungen in den Schichten zeigt, und eine jüngere, bei welcher dies nicht der Fall ist, indessen gehören nach Herrn Lindström beide derselben Abtheilung des Jura an, wie die Lager des Petschora-Landes und von Miatshkova bei Moskau, welche Helmersen zur Kelloway-Stufe [1]) (oberer Braun-Jura) rechnet.

Von den übrigen Gliedern des Jura und von der Kreide ist zur Zeit noch keine Spur in Spitzbergen entdeckt worden; ebenso fehlt auch die Nummulitenbildung, überhaupt das Eocen, während die miocene

---

finden können. Robert sagt über die vermeintlichen Steinkohlenpflanzen Spitzbergens (S. 91) wörtlich folgendes: „Les grès quarzeux, rougeâtres et blanc noirâtre qui l'enveloppent, portent des empreintes qui m'ont paru pouvoir être rapportées généralement à des Calamites ou bien à des Sigillaires. J'ai recueilli aussi dans le même grès, une empreinte de plante, qui, suivant M. Ad Brongniart, appartient probablement à la famille des gigantesques lépidodendrons." Nach Robert (S. 93) kommt im Bellsund in demselben Sandstein mit diesen Pflanzenresten ein Lager von Anthrazit vor. Es ist aber derselbe Sandstein, in welchem Nordenskiöld die miocenen Pflanzen entdeckt hat.

[1]) Helmersen explications de la carte géologique de la Russie. S. 8.

Formation eine grosse Verbreitung hat. Die Pflanzen, welche Nordenskiöld und Blomstrand im Bellsund, im Eisfjord und in der Kingsbai entdeckt haben, beweisen, dass die sie umschliessenden Sandsteine miocen sind. Im Bellsund tritt dieser Sandstein am Kohlenberg östlich vom Frithjofs-Gletscher auf und bildet in einer Mächtigkeit von 1000—1500 Fuss alle Höhen, welche die Van Mijens-Bai umgeben (vgl. das Kärtchen S. 33 und das dazu gehörende Profil des Bellsundes), wie die Halbinsel, welche diese Bai von der Van Keulens-Bai trennt; im Eisfjord nimmt die miocene Formation die südliche Küste ein vom Heers-Berg im Grünhafen bis zur Sassenbai, und auch am Nordufer sind aus dem Gletscher hervortretenden Vorgebirge (Cap Boheman) und die Kohleninseln von dieser Formation gebildet.

Im Bellsund liegen die Pflanzen in einem grauen, ziemlich feinkörnigen, harten Sandstein. Sie stammen von dem an der Nordseite des Sundes gelegenen Kohlenberg (Kolfjellet, mit k. bezeichnet in dem Profil); die einen sind aus einem untern Lager (bei b. des Profils), die andern aus einem höher oben gelegenen (bei c.). Der Stein spaltet sehr unregelmässig, daher durch das Zerspalten die dazwischen liegenden Blätter zerrissen werden. Die Blattsubstanz ist bei einigen verschwunden und es ist nur der Abdruck der Blattnerven geblieben, meistens aber ist sie erhalten und bildet eine dünne, dunkelfarbige Kohlenrinde.

Aus dem Bellsunde ($77°\,50'$ n. Br.) erhielt ich 11 Arten, nämlich: Filicites deperditus, Potamogeton Nordenskiöldi, Pinus polaris, Tilia sp., Taxodium angustifolium, T. dubium, Populus Richardsoni, Salix macrophylla?, Alnus Kefersteinii, Corylus M'Quarrii und Fagus Deucalionis. Von diesen sind die 6 zuletzt genannten Arten unter den miocenen Pflanzen von Grönland und Island und auch die übrigen Arten, so weit sie genauer bestimmbar sind, schliessen sich zunächst an miocene an, daher dieser Sandstein unzweifelhaft dieser Formation angehört. Die meisten Arten wurden in dem untern Lager (b. des Profils) gefunden, da aber das Potamogeton Nordenskiöldi zugleich in den untern und obern Schichten vorkommt, müssen diese zu einer Formation gehören [1]).

Die häufigste Pflanze des Bellsundes ist das Potamogeton Nordenskiöldi, ein zartblättriges Laichkraut, das uns mit der wichtigen Thatsache bekannt macht, dass dieser Sandstein im süssen Wasser sich gebildet haben muss, da solche gross- und breitblättrigen Laichkräuter nie im Salzwasser vorkommen. Es können daher die hier vorkommenden Blätter nicht vom Meere hergeschwemmt sein, sie müssen an Ort und Stelle oder doch in der Nähe gewachsen sein. Auch von den übrigen Pflanzen sprechen manche für feuchten Boden, so die Taxodien, die Pappel, Erle und Weide, die wohl am Ufer des See's gestanden haben, über dessen Gewässer das Laichkraut seine Blätter ausbreitete.

Die Kohlen, welche im Bellsund vorkommen, liegen ohne Zweifel in diesen pflanzenführenden Sandsteinen, doch ist die Stelle, wo sie anstehend sind, nicht ganz sicher ermittelt. Am Kohlenberg wurden grosse Stücke etwa 500 Fuss ü. M. gefunden, und Nordenskiöld vermuthet, dass die Lager zwischen dem graulichweissen Sandstein (im Profil bei c) sich finden. Die Abhänge des Berges sind aber dermassen mit Schutt bedeckt, dass das anstehende Gestein nur an wenigen Stellen zu sehen ist. — Westlich von der Recherche-Bai werden am nördlichen Ufer lose Sandsteine mit undeutlichen Pflanzenabdrücken und runden Kohlenstücken gefunden, welche durch kleine Knöllchen gelben Bernsteins merkwürdig sind, welche sie enthalten. Auch im Innern der Bai findet man zwischen dem Geröll fossiles Harz enthaltende Kohlenstücke, welche ohne Zweifel aus miocenen Kohlenlagern stammen, wie die Bernstein führenden Kohlen der Haseninsel Grön-

---

[1]) Nordenskiöld (Sketch of the Geology of Spitzbergen. S. 37) giebt für den Kohlenberg des Bellsundes folgenden Durchschnitt: erstens schwarze, sehr zerbrechliche Schiefer, stellenweise mit Schwefelkiesknollen oder Kalk mit kleinem Pyritkern und dazwischen dünne Lager von grauem Sandstein, die nach oben zunehmen. Hier den untere Lager der Pflanzenabdrücke (im Profil des Bellsundes mit b. bezeichnet). Zweitens, graulich weisser Sandstein, der wieder in einem untern Lager durch grössere Festigkeit und dazwischenliegende Streifen von Schiefer und Conglomeraten sich auszeichnet und in einigen Schichten mehr als fussbreite dunkle Flecken enthält, und in einem obern Lager einen losen grauen Sandstein. Diese Lager nehmen die Spitze des Kohlenberges ein und sind, wie die der mehr östlich, im Innern der Bucht gelegenen Berge fast horizontal mit geringem Einfallen nach Nord oder Nordost. — Nordenskiöld bezeichnet in seiner Sketch die oben erwähnten dunklen Flecken als Fucoiden; und kämen wirklich solche in dem Sandstein vor, so müsste dieser wenigstens theilweise eine marine oder Strandbildung sein. Nordenskiöld hat mir diese sämmtlichen Stücke zugeschickt, die aber nicht als Fucoiden gedeutet werden können. Es sind nach meinem Dafürhalten Abdrücke von Nostochinen und welchen aufgelösten Pflanzenmassen, welche die Steine färben und auf denselben oft sehr breite, aber sehr unregelmässige, dunkelfarbige Flecken und Bänder bilden. Ich habe solche in meiner Flora tertiaria Helvetiae I. S. 21 vom Hohen Rhonen als Nostoc protogaeum beschrieben und erinnere an das sehr häufige Vorkommen dieser Nostochinen, welche zuweilen den Boden flacher Gewässer weithin mit mehreren Zoll hohen, grünen gallertartigen Massen überziehen. Dass diese auch in der arctischen Zone massenhaft vorkommen, hat Middendorff gezeigt, der sie im Taimyrland noch bei $74\frac{1}{2}°$ n. Br. fand (vgl. Reisen, IV. S. XLI). Die schwarzen Flecken auf den Sandsteinen Spitzbergens sind so unbestimmt begrenzt, dass sie nicht näher charakterisirt werden können und nur zeigen, dass sie nicht als Fucoiden bezeichnet werden dürfen.

lands, doch ist zur Zeit noch nicht bestimmt, wo diese Kohlen anstehend sind. Sie sind aber wichtig, weil sie zeigen, dass harzreiche Bäume diese Gegend bewohnt haben müssen, als diese Kohlenlager hier gebildet wurden.

Im Eisfjord sind nach Nordenskiöld (Sketch S. 38) die horizontalen Juralager mit Schichten von Schiefer und Sandstein bedeckt, welche hier und da mit dünnen Kalkbändern wechseln. Sie bilden die hohe Bergkette, die vom Grünhafen (Green Harbour) bis zur Sassenbai sich erstreckt. Im Hintergrund des Grünhafens liegt bei 78° n. Br. ein Berg (er ist in Nordenskiölds Karte als Heers-Berg bezeichnet), welcher am Fuss aus Juragesteinen (Profil Grünhafen A. IV.), höher oben aber aus miocenen Ablagerungen besteht (Profil V.). Es entdeckte Blomstrand in dem harten, grauen, ziemlich glimmerreichen Sandstein dieses Berges Pflanzenreste, unter welchen ein Platanenblatt (Platanus aceroides, Taf. XXXII.) zu erkennen war [1]. Es stimmt mit der miocenen Platane Mitteleuropa's überein und beweist, dass diese Sandsteine miocen sind. In demselben Sandstein kommt bei 700 Fuss ü. M. ein Kohlenflöz vor, das auch an andern Stellen des Eisfjordes zu Tage tritt und der weiter östlich gelegenen Kohlenbucht den Namen geliehen hat. Hier sah Blomstrand in dem in senkrechter Wand aus dem Meer aufsteigenden Sandstein mehrere Kohlenbänder, von welchen das unterste und nur wenige Fuss über dem Seespiegel liegende 2 Fuss Mächtigkeit hat und fast horizontal ist, höher oben folgen noch 3 bis 4 Kohlenstreifen in Abständen von 4—10 Fuss. — Diese mächtige miocene Ablagerung ist von der jurassischen vielleicht durch harte Conglomeratlager getrennt, welche zwischen der Advent- und Sassenbai, 500—800 Fuss ü. M., eine senkrechte Wand an dem steilen Bergabhang bilden.

Zu derselben tertiären Bildung gehören nach Nordenskiöld wahrscheinlich auch senkrecht aufgerichtete Thonschiefer (Profil Grünhafen B. V.) auf der Westseite des Grünhafens, welche von Juraschichten umgeben sind (B. IV.). Sie enthalten fossiles Holz und Geröll und Spuren von Süsswasser(?)schnecken. Die von Blomstrand gesammelten Hölzer stammen nach Herrn Prof. Cramers Untersuchung von drei Nadelholzbäumen (Pinites latiporosus Cram., P. pauciporosus Cram. und P. cavernosus Cram.), welche noch nicht anderweitig gefunden wurden.

Am nördlichen Ufer des Eisfjordes treten Kohlenlager in den Bergen zwischen Cap Boheman und Safehafen auf, sie sind aber wegen der Gletscher schwer zugänglich. Die dort liegenden kleinen Inseln haben von solchen Kohlenlagern den Namen Kohleninseln erhalten.

Die dritte Localität Spitzbergens, welche fossile Pflanzen geliefert hat, liegt bei 78° 56′ n. Br. und 11° 58′ ö. L. im Kohlenhafen an der Südseite der Kingsbai. Sie finden sich in einem harten, grauen Sandstein, welcher völlig mit dem Bellsundes übereinstimmt, andere aber in einem zwar auch bräunlichgrauen, aber etwas weichern Sandstein mit zahlreichen, kleinen Glimmersplittern. Aus dem erstern haben wir die Populus arctica und ein grosses Lindenblatt (Tilia Malmgreni); in dem letztern liegen zahlreiche schwarzgefärbte Pflanzenreste durch einander, unter welchen ich ein Farrn (Sphenopteris Blomstrandi), einen Schafthalm und ein Gras erkennen konnte. Das Pappel- und Lindenblatt zeigen, dass der erstere ohne Zweifel miocen ist, dasselbe muss aber auch bei dem Letztern der Fall sein, denn auch dieser tritt wie jener in Verbindung mit dem Kohlenlager auf [2]. Dieses miocene Kohlenlager der Kingsbai ist das nördlichste, welches man kennt, daher die Nachricht, welche Blomstrand über seine Mächtigkeit und Lagerungsverhältnisse giebt, von grossem Interesse ist. Schon Scoresby und Keilhau haben hier Steinkohlen gefunden, doch hat erst Blomstrand sie im Fels anstehend nachgewiesen. — Auf beiliegendem Kärtchen ist die Gegend der Südseite der Kingsbai dargestellt, in welcher das Kohlenlager anstehend beobachtet wurde. — Zwei hohe Gletscher treten dort gegen die etwa eine Viertelstunde entfernte Küste vor. Zwischen denselben liegt ein schwarzer Berg (der Kohlenberg). An diesem entdeckte Blomstrand in dem Winkel zwischen dem Gletscher und dem Berg (1) zuerst das Kohlenlager. Es folgt dasselbe in der Hauptsache dem in der Gegend

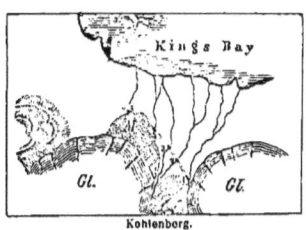

Steinkohlenlager der Kingsbai.

---

[1] Der Fundort ist auf der Etiquette bezeichnet: Green Harbour, Kolfjellet vid Kolflötsen. Diese Kohlenflöze des Eisfjordes sind schon längst bekannt und 1826 sollen von hier 60 Tonnen nach Norwegen gebracht worden sein. Vgl. Gaimard voyage en Scandinavie etc. p. 32.

[2] Auf den Etiquetten dieser Stücke steht: Kingsbai, Kol u. Kolflötsen, Blomstrand. 1861, und bei Tilia Malmgreni: Kingsbai vid Kolflötsen. 1861.

herrschenden Streichen, ungefähr 30° w. in schräger Richtung gegen das Meer, in welcher Richtung Blomstrand dasselbe in den Betten der Gletscherbäche noch an drei Stellen (2, 3, 4), im Ganzen auf eine Strecke von circa 7000 Fuss anstehend gefunden hat. Nur an der ersten Stelle war das die Kohle umgebende Gestein zu beobachten. Es ist der oben erwähnte, die miocenen Pflanzen enthaltende Sandstein. Blomstrand sagt darüber wörtlich folgendes [1]): „Der Steinkohle zunächst, sowohl über als unter und zum Theil zwischen den verschiedenen Lagern, liegt Sandstein, theils von dunkler, bräunlicher Farbe, durchzogen von feinen Glimmerschuppen mit ziemlich häufig vorkommenden Pflanzenabdrücken, theils grobsplitteriger von hellerer und an der Luft rothgelber Farbe, ärmer an Petrefakten. Hierauf geht der Sandstein in ein grobkörniges Conglomerat mit Stücken von einer schwarzen Steinart (hartem Thonschiefer) über; die darauf folgenden Kohlenlager, welche fast senkrecht, schwach gekrümmt stehen, sind getrennt durch einen schwarzen, kohlenreichen, harten Schiefer." — „Der Theil im Westen des Hauptflözes war mit einer Moränenmasse bedeckt, besteht jedoch wahrscheinlich aus Sandstein; hierauf begann ein etwa 250 Fuss mächtiges Lager von einem schönen, hellen, blaugrauen Thonschiefer, abwechselnd mit mehr oder weniger dünnen Lagern von einem theils harten, schwargrauen, an der Luft rothgelben, sandsteinartigen Gestein, theils von einem dunkelgrauen Mergelschiefer. In diesem Thonschiefer wurden äusserst sparsam vertheilte Fischreste angetroffen. Oberhalb des Thonschiefers, welcher beim Uebergang verrückt und krumm gebogen ist, beginnt eine eigenthümliche grüne Bergart, eine Art Sandstein, unregelmässig splittrig und ohne Spur von Schichtung und organischen Ueberresten, nicht unähnlich einer plutonischen Gebirgsart." — „Die absolute Mächtigkeit der Kohlenflöze lässt sich schwerlich mit Bestimmtheit angeben, da es zu einer vollständigen Untersuchung erforderlich gewesen wäre, längs der ganzen Breite der kohlenführenden Schichten das 1—6 Fuss dicke Schutt- und Steinlager hinwegzugraben. Es zeigte sich aber handgreiflich, dass die Steinkohlen an verschiedenen Puncten sowohl an Mächtigkeit und Absturz der Lager als auch in der Beschaffenheit der Kohlen variirten." — „An einer Stelle (3 der Karte) gelang es mir, die Steinkohlen in einer, so viel ich finden konnte, fast ununterbrochenen Strecke von 8 Fuss Breite zu Tage zu legen. Die Neigung des Lagers schien etwa 60 Grad zu sein, sofern es nämlich die natürliche Grenze des Kohlenflözes war, die ich an der einen Seite zu finden das Glück hatte. Da die Steinkohle zusammengepresst und dünnschiefrig war, so liessen sich hier ohne Schwierigkeit feste Stücke bis zur Grösse eines Kubikfusses und darüber ausbrechen. Ob dieses Steinkohlenlager, das unter den von mir getroffenen das mächtigste zu sein schien, wie es wahrscheinlich ist, noch von andern untergeordneten begleitet wird, liess sich unmöglich durch Versuche erforschen, da das Schuttlager zum Durchgraben allzu tief war." — „Die schönsten Steinkohlen werden bei 4 gefunden, wo das Flöz an drei Stellen unter dem Schuttlager an der Seite eines Gletscherflusses in einer zusammengelegten Längenstrecke von ungefähr 30 Fuss hervortritt. Hier sind sie glänzendschwarz, mit muldenförmigem, splittrigem Bruche und zeigen hie und da eine deutliche holzartige Textur. Die Steinkohlen bei 3 sind weniger glänzend und splittriger im Bruche. Auf Flächen, welche der Luft und der Feuchtigkeit lange ausgesetzt gewesen waren, haben sie oft eine lichtbraune Rostfarbe." — „Die Kohle brennt ausserordentlich leicht, mit starker gelber Farbe und beinahe gänzlich zu Asche."

Aus dieser Darstellung der Lagerungsverhältnisse der Kohlen der Kingsbai geht hervor, dass sie von den die miocenen Pflanzen enthaltenden Sandsteinen umschlossen sind und daher in dieser Zeit entstanden sein müssen [2]). Da auch die Sandsteine des Grünhafens und des Kohlenberges des Bellsundes miocen sind,

---

[1]) Vgl. Blomstrand in Kongl. Svenska Wetenskaps Akademiens Handlingar. B: IV. N. 6. 1864, übersetzt von Dr. C F. Frisch in Petermanns Mittheilungen. 1865. S. 191. Obige Stelle und das Kärtchen ist diesen entlehnt. — Auch Nordenskiöld sagt, dass das reichste Kohlenlager Spitzbergens in der Kingsbai sei. Vgl. Anteckningar till Spitzbergens geografi of N. Dunder och A. E Nordenskiöld. 1865. S. 12. Und in der Sketch of the geology S. 39 sagt Nordenskiöld, dass diese Kohlenlager aus drei gefalteten Kohlenbändern bestehen (vgl. Profil der Kingsbai), welche in Sandstein eingebettet die miocenen Pflanzen enthalten und umgeben seien, erstens von einem blauen Thonschiefer mit undeutlichen Fischresten, deren Alter unbestimmt (ob Jura oder miocen?); zweitens einem grünen Sandstein, der wahrscheinlich zum Jura gehört (Profil IV.); drittens Kalk mit Feuersteinen, der wahrscheinlich zum Bergkalk zu bringen ist, unter einem kieselige Schiefer, welche wohl dem Uebergangsgebirge (Hekla Hook und Kreuzbailager) angehören. Diese ältesten Lager sind in Folge einer Faltung über die miocenen geschoben.

[2]) Herr Dr. Fr. Mohr sagt in seinem „Geschichte der Erde" betitelten Buche S. 130, die Spitzberger-Kohlen bestätigen die Richtigkeit seiner Annahme, dass die ulten Steinkohlen an Tangen entstanden seien, als glänzendste, es sei diese neue Fund eine ungeheure Unterstützung, ja der Schlussstein derselben; denn so sei hier nur eine Ablagerung von in der Ferne gewachsenen Pflanzen möglich: in Spitzbergen sei an eine Vegetation nicht zu denken, kein Grashalm könne auf dem Festland zur Entwicklung: über die Temperaturverhältnisse werde man niemals Auskunft erhalten, denn nur in wenigen Wochen des Sommers und nicht einmal in jedem sei es an einzelnen Stellen zugänglich, dagegen wuchere im Meer eine üppige Tangvegetation u. s. w."
Nun sind aber die Kohlen Spitzbergens, wie wir gesehen haben, keine alten Steinkohlen, sondern Braunkohlen, sie zeigen, wie

ist es kaum zu bezweifeln, dass alle Kohlen Spitzbergens dieser Formation angehören, welche im Westen Spitzbergens eine grosse Verbreitung hat, wahrscheinlich aber auch das Innere des Landes einnimmt. Es sprechen dafür die Kohlen und fossilen Hölzer, welche Lamont an den Ostküsten Spitzbergens (am Black Point in der Deeva-Bai) entdeckte, und die Kohlen, welche die Wallfischfänger in Menge an der Walter Thymens-Strasse fanden.

Aus dieser miocenen Bildung Spitzbergens sind uns bis jetzt im Ganzen 19 Pflanzenarten bekannt geworden, von welchen sie 8 Arten mit der miocenen arctischen und 5 Arten mit der miocenen mitteleuropäischen Flora gemeinsam hat; mit Island theilt sie 5, mit Grönland 6 Arten, darf daher in dieselbe Stufe der grossen Tertiärperiode eingereiht werden.

Von pliocenen Ablagerungen ist aus Spitzbergen nichts bekannt, es sei denn, dass der Mytilus edulis, welchen die Herren Torell und Malmgren an den Ufern der Hinlopenstrasse und Blomstrand in der Adventbai in subfossilem Zustand angetroffen haben, aus dieser Zeit herrühre. Gegenwärtig findet sich diese Muschel nirgends mehr in Spitzbergen, während sie an den scandinavischen Küsten bis nach Hammerfest sehr häufig ist. In Spitzbergen ist sie wahrscheinlich während der Gletscherzeit ausgestorben. Wie dies Land während dieser Zeit ausgesehen hat, ist nicht bekannt. Gegenwärtig ist das Land in langsamem Aufsteigen begriffen. Im Bellsund wird nach Robert (Voyage, S. 95) 39 Meter über dem jetzigen Meeresniveau eine Ablagerung fossiler Muscheln (Tellina, Mya und Saxicava) gefunden, die mit Arten übereinstimmen, welche jetzt noch im dortigen Meere lebend getroffen werden, und Lamont sah dort 40 Fuss über dem Seespiegel und eine halbe Meile vom Ufer entfernt Walfischrippen, und auf einer der kleinen Inseln im Südosten Spitzbergens (den Tausend-Inseln) 40 Fuss über dem Seespiegel ein Skelett eines Walfisches. Auch die schwedischen Naturforscher fanden an fast allen Küsten Spitzbergens, mit Ausnahme des nordwestlichen Theiles, deutliche Anzeigen einer Hebung des Landes. An den nördlichen Küsten des Nordostlandes entdeckten sie am Cap Loven längs des Ufers 10—15 Fuss über dem Seespiegel eine Sandbank, in welcher Reste von Fischergeräthen lagen, welche wahrscheinlich aus der Zeit herrührten, als die Holländer diese Gegenden besuchten. Walfischknochen und grosse Massen von Moos bedeckten Treibholzes finden sich bei 20 Fuss über dem Meer auf den Sieben-Inseln. Subfossile Muscheln wurden in beträchtlicher Höhe an der Hinlopenstrasse und etwa 150 Fuss über Meer in dem Safehafen und der Adventbai des Eisfjordes beobachtet, und am Starfjord fand Malmgren wenigstens 100 Fuss über Meer einen beträchtlichen Theil eines Walfischskelettes. Eine genaue Vergleichung der holländischen Karte Spitzbergens von Giles und Outger Rep von Anfang des vorigen Jahrhunderts mit der neuen schwedischen Karte zeigt Nordenskiöld (Sketch, S. 10), dass seit Mitte des 17. Jahrhunderts noch eine beträchtliche Hebung des Landes muss stattgefunden haben. Damit steht wahrscheinlich die Vergrösserung der Gletscher in Verbindung, welche ebenfalls aus dieser Vergleichung der Karten sich ergiebt und die in den letzten Jahrhunderten sehr beträchtlich zu sein scheint, so dass jetzt manche Thäler mit Gletschern ausgefüllt sind, welche früher zugänglich waren. So erzählt Nordenskiöld (Sketch, S. 9), dass er im Bellsund beim Grabhügel noch im Jahr 1858 einen Hafen fand, dessen schlammiges Ufer an der Westseite durch hohe Berge, an der Nordostseite aber durch einen Hügel begrenzt war, auf welchem ein altes Kreuz stand (der Grabhügel im Profil Bellsund a.), während des Winters von 1860 auf 1861 stieg der früher unbedeutende Frithjofs-Gletscher in das Tiefland hinab und deckte den Hügel gänzlich zu und bildet jetzt einen der grössten Gletscher Spitzbergens, welcher bis in das Meer hinausreicht und durch die immensen herabstürzenden Eisblöcke das Annähern der Boote verhindert. Nordenskiöld schreibt diesen mächtigen Eismassen Spitzbergens einen grossen Einfluss auf die Thalbildung zu und glaubt, dass dieselben die Thäler und Schluchten immer mehr vertiefen, so dass nach und nach das Land niedriger werden müsste, wenn nicht durch das fortwährende langsame Aufsteigen desselben diese Wirkung aufgehoben würde.

Gegenwärtig sind in Spitzbergen keine Vulcane mehr thätig. Aus frühern Weltaltern ist aber eine plutonische Bildung bekannt. Als solche haben wir eine Art dunkelfarbigen Trapp (den Hyperit) zu betrachten, welcher nach Nordenskiöld die ältern Gebirgsarten durchbrochen und sich wohl an den grossen

---

Blomstrand angiebt, deutliche holzartige Textur, das sie umgebende Gestein enthält weder Tange noch marine Thiere, sondern gegentheils Land- und Süsswasserpflanzen (wie dies bekanntlich auch anderwärts überall der Fall ist); wir sehen daher, dass dieser ungeheuer wichtige Schlussstein der Theorie des Herrn Mohr dem Fundament des aus faulen Tangen errichteten Gebäudes vollkommen entspricht und es mit derselben dieselbe Bewandtniss hat wie mit seiner Behauptung, dass in Spitzbergen, wo jährlich 1000 bis 1200 Renthiere geschossen werden, kein Grashalm wachse, dass eine Ueberwinterung dort absolut unmöglich sei und wir über die Temperaturverhältnisse dieses Landes niemals Aufschluss erhalten werden!!

Störungen in den Lagerungsverhältnissen der Gebirge Spitzbergens betheiligt hat. Er tritt während der Steinkohlen-, Trias- und Jura-Periode auf und ist zwischen dem Kalk- und Sandstein in mehr oder weniger mächtigen Schichten eingelagert; an einigen Stellen (so im Norden von Duym Point) bildet er ausschliesslich die Berge, welche in 1000 Fuss hohen Felswänden aufsteigen. Zur Jurazeit ist aber diese Thätigkeit erloschen, denn in den tertiären Ablagerungen finden wir sie nicht mehr.

Ueberblicken wir nochmals den geologischen Bau Spitzbergens, können wir nach Nordenskiöld (Sketch S. 50) die Hauptmomente in folgender Weise zusammenstellen.

Miocen:	Süsswasserbildung mit Kohlen und Laubbäumen. Im Bellsund 1500 Fuss mächtig.
Brauner Jura:	Thonschiefer, Kalk und Sandstein. Dazwischen ein dünnes Hyperitlager. Am Agardh-Berg bei 1200 Fuss mächtig.
Trias:	Schwarze bituminöse Kalklager, mit Sandstein und Hyperit wechselnd. Etwa 1500 Fuss mächtig. Saurier und Trias-Mollusken.
Kohlen-Periode:	e. Grosses regelmässiges Lager von Hyperit.
	d. Bergkalk mit Sandstein, Gyps und Feuersteinen. Voll Versteinerungen.
	c. Hyperitlager.
	b. Cap Fanshawe, Lager mit grossen Corallen, 1000 Fuss mächtig.
	a. Ryss-Insel, Kalk oder Dolomit von 500 Fuss Mächtigkeit.
Uebergangsgebirge:	b. Rothe und rostfarbene Schiefer und Conglomerate.
(Hekla Hook-Formation)	a. Wenigstens 1500 Fuss mächtiges Lager von rothen und grünen Schiefern, grauer, weissgeaderter Kalk und Quarzit.
Krystallinisches Gebirg:	b. Senkrecht aufgerichtete Lager von Glimmer und Hornblendegesteinen mit Schichten von Quarziten, krystall. Kalk und Dolomit.
	a. Gneiss und Granit.

Aus dieser Darstellung geht hervor, dass in Spitzbergen wie in Grönland und den arctisch-amerikanischen Inseln krystallinische Gesteine die Grundlage des Festlandes bilden. Das Uebergangsgebirge ist wohl durch mächtige Lager repräsentirt, doch kann dasselbe bei dem Mangel an Versteinerungen noch nicht den anderwärts ermittelten Stufen eingereiht werden. Die Conglomerate lassen auf die Nähe eines Festlandes schliessen, während zur Steinkohlenzeit ein von vielen Thieren belebtes Meer sich über diese Gegenden verbreitete. Die Trias und der Jura treten in bedeutender Mächtigkeit auf und haben uns lauter Meeresthiere aufbewahrt. Vom braunen Jura an fehlen alle Zwischenglieder bis zum Miocen, das als eine grosse Süsswasserbildung erscheint und auf ein weites Festland zurückschliessen lässt.

Sechstes Capitel.

Nordsibirien.

Von dem vielen Festland, welches in Asien innerhalb des arctischen Kreises liegt, haben wir nur eine sehr mangelhafte Kenntniss. Es wurden zwar die unermesslichen Einöden, welche längs des Eismeeres sich ausbreiten von Prof. G. A. Ermann und von russischen Reisenden, namentlich von Prontschischschew und seiner heldenmüthigen Gemahlin, von den Brüdern Laptow, von Schalaurow und Hedenström, von Admiral Wrangel [1]) und seinen Gefährten Matiuchkine und Kozmine und in neuerer Zeit von Prof. von Middendorff mit bewundernswerther Ausdauer und Ertragung namenloser Entbehrungen untersucht, doch ist dies Land so ausgedehnt und seine Bereisung so schwierig, dass zur Zeit nur die ersten Grundlinien seines geologischen Baues uns bekannt geworden sind. Die meisten Aufschlüsse verdanken wir Middendorff, dessen vortreffliches Werk [2]) viel neues Licht über die naturhistorischen Verhältnisse des nordasiatischen russischen Reiches gebracht hat.

Krystallinische Gesteine sind in Nordsibirien bis jetzt erst in Taimyrland gefunden worden; es kommen da grosse Blöcke vor, die aus Granit, Gneiss, Glimmerschiefer u. s. w. bestehen, und die nach Middendorff wahrscheinlich aus dem nördlichsten Theile des Landes stammen, wo er allein (im Taimyrbusen) solche Gesteinsarten anstehend gesehen hat. Auch der ältesten Zeit angehörende Sedimentbildungen sind bis jetzt erst in dieser Gegend entdeckt worden und zwar sind es auch nur Triftgeschiebe, welche auf der Höhe der Taimyr-Tundra gesammelt wurden. Sie schliessen Reste von silurischen Thieren, von Orthoceras und Calamopora alveolaris und Spongites Goldf. (Middendorff I. S. 257. IV. S. 313) ein. Die von Ermann an der

---

[1]) Vgl. Le Nord de la Sibérie, voyage parmi les peuplades de la Russie asiatique et dans la mer glaciale, exécuté par MM. de Wrangel, chef de l'expedition, Matiouchkine et Kozmine, traduit du Russe par le prince E. Galitzin. 2 T. Paris 1843.
[2]) Dr. A. Th. von Middendorff sibirische Reise. 4 Bände. 1847 bis 1860.

obern Lena bei Kirensk beobachteten rothen Sandsteine mit obersilurischen Thieren (Orthoceras, Orthis und zwei Trilobiten) liegen ausserhalb des arctischen Kreises.

In grösserer Verbreitung tritt das Steinkohlengebirg in Nordsibirien auf. Mit Sicherheit ist dasselbe nachgewiesen an der Lena. Dort wurde 200 Werst oberhalb Jakutsk zwischen Olekminsk und Bestjäch in einem Kalkstein am Suordach des Aldan der Calamites cannæformis und der Rhodocrinus verus gefunden [1]). Dieser Fundort liegt nun zwar 6 Breitengrade vom Polarkreis entfernt, allein dieselbe Steinkohlenformation, die aus Sandstein mit Zwischenlagern von Letten und Steinkohlen besteht und stellenweise von Kalkstein bedeckt ist, soll längs des ganzen Flussgebietes der Lena verbreitet sein, und bei genauerem Nachsehen würde man wohl auch bestimmbare Pflanzen finden. So lange dies aber nicht der Fall ist, ist es schwer zu sagen, welcher Zeit die Steinkohlenlager angehören, welche an der untern Lena und Tunguska vorkommen.

Die Trias ist im arctischen Asien noch nicht mit voller Sicherheit nachgewiesen, kommt aber wahrscheinlich am Olenek und der neusibirischen Insel Kotjolnyi vor. Es hat Graf Keyserling von da 4 Ceratiten (C. Hedenströmi, C. Middendorffii, C. Euomphalus und C. Eichwaldi) beschrieben [2]). Es findet sich diese Gattung allerdings auch in jüngern Gebirgsschichten bis in die Kreide, aber zwei der genannten Arten stehen solchen von St. Cassian so nahe, dass sie mit Wahrscheinlichkeit auf Trias schliessen lassen und zur Annahme berechtigen, dass diese Ablagerung derselben Periode angehöre wie die St. Cassian-Bildung Spitzbergens.

An denselben Stellen finden sich Juraversteinerungen, welche nach Maak an den Quellen des Olenek ganze Felsen erfüllen sollen. Die Arten des Olenek haben lebhaft irisirende Schalen. Es führt Graf Keyserling von dieser Stelle 12 Arten auf, nämlich: 2 Belemniten (B. Kirghisensis Orb. und B. hastatus Blv.?), 5 Ammoniten (A. polyptychus Keys., A. diptychus K., A. uralensis Orb., A. cordatus Sow., A. juvenescens K.), Turbo sulcostomus Phil.?, Lyonsia Alduini Orb., Cyprina Helmerseniana Orb. und Ancilla concentrica Fisch., welche nach Keyserling auf den mittlern Jura weisen und mit Arten des Petschoralandes übereinstimmen.

Dieselben Juraschichten hat Middendorff auch im Taimyrland entdeckt [3]), wo sie in einem schmutziggrauen Kalkstein liegen. Es hat Graf Keyserling aus denselben 17 Arten beschrieben, von denen die Neritina adducta Phil.?, Panopæa rugosa Goldf., Cardium concinnum Buch., Lucina Phillipsiana Orb., Gervillea lanceolata Goldf., Terebratula triplicata Phil. und Serpula tetragona Sow. auch anderwärts gefunden wurden.

Die Kreide fehlt dem arctischen Asien völlig, wenigstens ist sie zur Stunde noch nirgends aufgefunden worden [4]). Auch von eocenen Ablagerungen erfahren wir nichts und ebenso werden miocene marine Sedimente gänzlich vermisst. Dagegen sind miocene Landbildungen in grosser Verbreitung nachzuweisen und sagen uns, dass damals hier Festland gewesen sei. Middendorff fand Lignit und Glanzkohle bei Tschum auf dem Weg zum Taimyrland. In der Tundra hat er am Fluss Boganida bei 71° n. Br. fossiles Holz gesammelt, welches Prof. Gœppert als Pinites Middendorffianus bestimmt hat (Middendorff I. S. 227. Taf. VII. Fig. 1—4) und an den Ufern des Taimyrflusses fand er bei 74° n. Br. theils versteinertes, theils verkohltes Holz, in welchem Gœppert auch ein Nadelholz (Pinites Bærianus Gœpp.) erkannt hat. Diese Hölzer sind wahrscheinlich tertiär.

Unfern der Chatangamündung (wahrscheinlich unter circa 73½° n. Br.) wurde schon zu Anfang des vorigen Jahrhunderts ein mächtiges Kohlenlager in Brand getroffen; ein anderer Erdbrand unfern der untern Tunguska muss mindestens anderthalb Jahrhundert lang fortgedauert haben und weist ebenfalls auf ein weit verbreitetes Kohlenlager. Ob dieses indessen der miocenen Zeit angehöre, ist nicht sicher ermittelt, wogegen das freilich viel weiter südwestlich und weit ausserhalb des Polarkreises liegende, in der Kirgisen-

---

[1]) Middendorff Reise. I. 134, 135, 151, 154. IV. 306. Olekminsk liegt bei circa 60° n. Br.

[2]) In Middendorff's Reisewerk. I. 244 und IV. 302. Ceratites Middendorffii hat einen Durchmesser von 200 Mill. und ist dem C. armatus Münst. nahe verwandt, der C. Eichwaldi Keys. dem C. Busiris Münst. Graf Keyserling hat vom Olenek auch einen Nautilus (N. subaratus K.) beschrieben, welcher dem N. aratus Schl. des Lias sehr nahe steht. Da die Fundstätte von keinem Sachverständigen untersucht wurde, bleibt es zweifelhaft, ob diese Art in derselben Schicht mit den Ceratiten vorkommt, oder ob da wirklich Lias auftritt

[3]) Middendorff Reisen. I. 253. Auch auf der neusibirischen Insel Kotjolnyi sollen riesengrosse Jura-Ammoniten vorkommen.

[4]) Eichwald hat ein Riedgras (Cyperites polaris Eichw. Lethæa rossica. II. 68. Pl. III. Fig. 4) aus einem Kieselstein, der am Ausfluss der Lena gefunden wurde, abgebildet und sagt, er gehöre wahrscheinlich zur Kreide. Diese Angabe ist aber so unbestimmt, dass vor der Hand kein Werth darauf zu legen ist. Wir wissen nicht, wo dieser Kieselstein herstammt, noch auch, ob das anstehende Gestein zur Kreide gehöre.

steppe gelegene Kohlengebiet unzweifelhaft miocen ist ¹). Weiter östlich tritt erst an der Lena wieder Kohlenbildung auf und das dazwischen liegende Land dürfte zur Tertiärzeit vom Meer bedeckt gewesen sein, welches Meer wahrscheinlich mit dem grossen aralo-caspischen Seebecken zusammenhieng. An den Ufern der Lena lassen sich aber zahlreiche Braunkohlenlager aus der Gegend des Batkiaflusses, etwa 100 Werst oberhalb Jakutsk bis in die Nähe des Eismeeres, in einer Erstreckung von circa 1800 Werst verfolgen. Sie liegen in der Gegend von Jakutsk über dem Kohlensandstein, welcher der alten Steinkohlenzeit angehört. Noch weiter im Süden erscheint diese Kohlenbildung wieder im Amurland, wo neuerdings in dem Thal der Bureja von Herrn Schmidt eine reiche miocene Flora entdeckt worden ist. Nach Norden zu erstreckt sich diese miocene Formation nicht nur bis zum Eismeer, sondern wahrscheinlich bis zu den neusibirischen Inseln. Auf diesen wurden ganz ähnliche Holzhügel entdeckt, wie wir sie vom Banksland beschrieben haben, und dass diese nicht, wie Middendorff annimmt, diluvial, sondern sehr wahrscheinlich miocen seien, geht aus den Lagerungsverhältnissen hervor. Nach Hedenström treten längs der Südküste Neusibiriens in einer Erstreckung von 5 Werst etwa 30 Faden hohe Hügel auf, die aus horizontalen Lagern von Sandstein bestehen, welche mit Lagern von bituminösen Holzstämmen wechseln. Beim Besteigen der Hügel finde man überall fossile Holzkohle, die mit Asche (?) bedeckt sei; bei näherer Untersuchung zeige sich aber, dass diese Asche auch versteinert und so hart sei, dass man sie schwer mit einem Messer abkratzen könne. Auf der Spitze des Hügels finde sich eine andere Merkwürdigkeit, nämlich eine lange Reihe von Stämmen, die den vorhin erwähnten gleichen, aber senkrecht in dem Sandstein stehen. Die Enden, welche 7—10 Zoll hervorstehen, seien gebrochen und das Ganze sehe aus wie ein verfallener Damm. — Lieutenant Anjou erzählt von diesen Holzhügeln, dass sie 20 Faden hoch und dass stellenweise 50 und mehr Stämme mit ihren Enden herausgucken; die dicksten haben 10—11 Zoll im Durchmesser; das Holz sei nicht sehr hart, brüchig, schwarz, schwachglänzend. Wenn es ins Feuer gelegt wird, brenne es nicht mit einer Flamme, sondern glimme und gebe einen harzigen Geruch. — Die Wechsellagerung der Holzschichten mit Sandstein, die aufrechte Stellung der Bäume auf der Hügelspitze und auch die Höhe dieser Holzanhäufungen zeigen, dass sie nicht aus Treibholz entstanden sein können. Ueber ihr geologisches Alter wird zwar erst mit Sicherheit entschieden werden können, wenn diese Hölzer einer genauen Untersuchung unterworfen werden können; da sie aber unter ganz ähnlichen Verhältnissen vorkommen wie die unter demselben Breitegrad liegenden Holzberge des Bankslandes, dürften sie wohl ebenfalls miocen sein. Für die grosse Verbreitung tertiärer Festlandbildungen im arktischen Asien spricht auch das Vorkommen des Bernsteines und bernsteinartiger Harze, die an vielen Stellen des Eismeeres gefunden wurden, so am Behringmeer ²), am Ausfluss der Jana (mit Braunkohlen), an der Chatanga und an der jurätischen Küste zwischen dem Jenisei und Obi, wie er denn auch an den Küsten des weissen Meeres auf der Halbinsel Kanin zum Vorschein kam.

Der Bernstein ist ein Product tertiärer Wälder, das sogenannte Noah- oder Adams-Holz dagegen wurde in posttertiärer Zeit abgelagert und ist als Treibholz zu betrachten, welches von den sibirischen Flüssen aus der Waldregion ins Meer geführt wurde, wie dies Middendorff in einleuchtender Weise gezeigt hat. Zur diluvialen Zeit war wahrscheinlich alles Land zwischen dem Jenisei und der Lena Meeresboden. Es scheint das Meer bis an den Altai gereicht zu haben, da im Baikalsee Seehunde und einige marine Crustaceen vorkommen, welche wahrscheinlich aus der Zeit herrühren, wo dieser See eine Bucht des Nordmeeres bildete. Die Meermuscheln, welche im Innern Sibiriens, 5 Breitegrade vom jetzigen Eismeer entfernt, getroffen werden, stimmen mit den jetzt im Eismeer lebenden Arten überein und sagen uns, dass diese Meeresbedeckung zu einer Zeit stattfand, wo das Eismeer schon von den jetzigen Thierarten bevölkert war ³). In dieses Meer mündeten die aus dem südlichen Sibirien kommenden Flüsse und führten ihm grosse Holzmassen zu, welche theilweise am Strande eingeschlämmt wurden. Allmälig wurde das Land gehoben, die Flüsse rückten weiter nach Norden vor und gruben sich tiefere Betten, daher gegenwärtig das in frühern

---

¹) Es liegt 96 Werst östlich von Orenburg. Das die Kohlen umgebende Gestein enthält unzweifelhafte miocene Pflanzen, nämlich Sequoia Langsdorfii, Taxodium dubium, Corylus insignis, Dryandra Ungeri, Zizyphus tiliaefolius, die Blätter einer Buche, einer Hainbuche und von 3 Eichenarten. Vgl. H. Abich, Beiträge zur Paläontologie des asiatischen Russland. Mém. de l'Acad. des sciences de St-Petersburg. VII. sér. T. VII 1858. p. 570.

²) Auch auf Unalaschka, Kadjak und Sitcha, wie in Kamtschaka wird Bernstein gesammelt. An der Chena, einem Nebenfluss der Chatanga wird er von den Jakuten am Uferabsturz gegraben und Myralada genannt. Vergl. Middendorff Reisen. IV. S. 255.

³) Middendorff (Reise IV. S. 251) fand im Taimyrland 60, ja bis 200 Fuss über dem jetzigen Flussspiegel und in einem Abstand von mehr als 200 Werst vom Meer (an der Logata): Mya truncata, Tellina lata, Saxicava rugosa, Nucula pygmaea, Balanus sulcatus.

Zeiten verschlämmte Noahholz in den weit ausgedehnten Tundren bis 200 Fuss hoch über dem Wasserspiegel gefunden wird. Da das Treibholz leichter ist als das Meerwasser, sinkt es in offenem Meer nicht zu Boden, sondern wird nur an den Küsten abgelagert, wo es auf Sand- und Schlammbänken strandet. Zur Zeit der grössten Meeresbedeckung wird daher die Holzablagerung am weitesten südlich vom jetzigen Strand stattgefunden haben und bei der allmälig fortschreitenden Hebung des Landes wird sie dann immer weiter nach Norden vorgerückt sein, so dass eine zonenweise, zur Zeit freilich nicht nachweisbare Ablagerung der Hölzer und Thierreste anzunehmen wäre, indem jede Zone den jeweiligen Küstenrand bezeichnen würde. Für einen solchen Vorgang spricht der Umstand, dass im Taimyrland das Noahholz häufig bis zum $69^{1}/_{2}^{0}$ n. Br. getroffen wird, während der Taimyrfluss jetzt nirgends das Waldgebiet erreicht, und noch mehr die Baschaffenheit dieses Holzes, indem es nach Middendorff zersplittert und abgerieben sei und ganz das Aussehen des Treibholzes habe. Die sibirische Lärche hat das Hauptmaterial für dieses Noahholz geliefert, doch scheinen auch Fichten und Espen dazu beigetragen zu haben, diese ungeheuren Holzmassen zu erzeugen, welche über die unermesslichen baumlosen Tundren Nordsibiriens sich verbreiten und seit alter Zeit den Samojeden, Jakuten, Dolyänen und Tungusen das meiste Brennmaterial liefern. Es ist dies ein Erzeugniss der Diluvialzeit, während welcher da, wo Festland sich gebildet hatte, auch Torfmoore entstehen konnten, so dass wohl in denselben Gegenden auch ähnliche diluviale Kohlen entstehen konnten, wie wir sie in unsern Schieferkohlen von Utznach und Dürnten haben, und es wird vielleicht eine wiederholte sorgfältige Untersuchung dieser merkwürdigen Erscheinung zeigen, dass sie nicht allein der Treibholzbildung ihren Ursprung zu verdanken habe.

In demselben diluvialen Boden mit dem Noahholz liegen die Reste grosser fossiler Thiere, von denen das Mammuth (Elephas primigenius Bl.) und das haarige Rhinoceros (Rh. tichorhinus) viel besprochen worden sind. Der mit langen steifen Haaren und einem Wollpelz bekleidete Elephant war so häufig, dass nach einer Berechnung von Middendorff im Lauf der letzten zweihundert Jahre von wenigstens 20,000 Mammuthen die Zähne in den Handel gekommen sind und auch jetzt noch jährlich etwa 40,000 Pfund fossiles Elfenbein aus Nordsibirien ausgeführt wird. Middendorff weist nach (Reisen IV. 278), dass im Lauf von anderthalb Jahrhundert 5 bis 6 solcher Riesenthiere mit wohlerhaltenen Weichtheilen (Muskelfleisch, Adern noch gefüllt mit gestocktem Blut, Augen, worin noch die Iris erkennbar und Knochen mit dem Mark) und dem Haarkleid im festgefrornen Boden [1]) gefunden worden sind. Das östliche Sibirien scheint der Hauptherd dieses merkwürdigen Thieres gewesen zu sein, da seine Reste hier in grösster Menge sich finden und am weitesten nach Norden reichen, indem sie auch auf den neusibirischen Inseln sehr zahlreich auftreten. Nach Osten können wir sie bis an die Grenzen Asiens verfolgen, sie erscheinen aber auch im russischen Amerika in Menge. Nach Westen geht die Verbreitung des Mammuth bekanntlich über Nord- und Mitteleuropa und reicht bis zu den britischen Inseln, daher dieses Thier zur Diluvialzeit einen ungemein grossen Verbreitungsbezirk über einen grossen Theil der gemässigten und kalten Zone gehabt hat. Bemerkenswerth ist aber, dass es in Europa in der erstern, in Asien aber voraus in der letztern getroffen wird; in Europa reicht es nirgends zum arctischen Kreis [2]), während es in Sibirien denselben um 8 Breitengrade überschreitet. In Deutschland und der Schweiz tritt das Mammuth erst zur spätern Gletscherzeit auf, es fehlt dem ältern Diluvium und der Utznacherbildung. Es ist kaum denkbar, dass das Mammuth zu einer Zeit in Nordsibirien gelebt habe, als über das Alpenland und den Norden Europas unermessliche Gletscher sich ausbreiteten. Es trat dieses Thier in Sibirien als seiner ursprünglichen Heimat und Bildungsherd wahrscheinlich schon früher auf. Nehmen wir an, dass es dort zur Zeit der Utznacherbildung zu Hause gewesen, so wissen wir, dass damals die Schweiz eine ähnliche Flora bekleidete wie gegenwärtig, Sibirien mag damals (in Folge der niedrigeren Lage des jetzigen centralasiatischen Hochlandes) noch wärmer gewesen sein als gegenwärtig und die Waldflora daher auch etwas weiter nach Norden gereicht haben. Es mögen diese Thiere in südlichen Sibirien überwintert, im Sommer aber herdenweise nach Norden gewandert sein, wie dies noch jetzt bei den Renthieren beobachtet wird, welche im Sommer in ungeheuern Zügen aus der Waldregion zum Eismeer ziehen. Auf diesen Wanderungen mögen manche im Schlamm versunken und zu Grunde gegangen sein und sich daraus die Thierleichen erklären, welche aufrecht stehend im gefrornen Boden gefunden wurden und uns

---

[1]) Adams hatte angegeben, dass er das Mammuth im Eis (au milieu de glaçons) gefunden habe, spätere Untersuchungen haben aber gezeigt, dass die so merkwürdig wohl erhaltenen Mammuthleichen nicht im Eis, sondern im gefrornen Schlamm liegen. Vgl. Middendorff Reise IV. S. 294.

[2]) Eichwald sagt in der Lethæa rossica (III. 8. 348): Il n'existe aucune trace d'ossements de Mammouths en Finland, au gouvernement d'Olonetz, de St-Pétersbourg et en Esthonie. Er erscheint, obwol höchst selten, in Liffand und Curland.

sagen, dass seit dieser Zeit dieser Boden niemals aufgethaut ist. Die Hauptmasse des sibirischen Elfenbeins kommt indessen von Thieren, deren Zähne allein erhalten blieben [1]) und diese mögen von Skeletten herrühren, die wie das Noahholz aus grosser Entfernung hergeschwemmt wurden, während dies bei den mit Haut und Haar gefundenen Tieren kaum angenommen werden darf [2]).

Das dichte Haarkleid des Mammuth, welches bis zu den Knieen hinabreichte, muss diesem Thiere Schutz gegen die Kälte gewährt haben und dasselbe war der Fall beim haarigen Rhinoceros (Rh. tichorhinus), dem steten Begleiter des Mammuth. Ein ähnliches Haarkleid hatte ohne Zweifel der Bisamochs (Ovibos Pallasi Dekay sp.), dessen Knochenreste in Nordsibirien entdeckt wurden, da er dem lebenden Thier sehr ähnlich ist, welches selbst zur Winterszeit auf den arctisch-amerikanischen Inseln sein Leben zu fristen vermag. Aber auch ein Schaf (Ovis nivicola?) und das Pferd [3]) erscheinen unter den diluvialen Thieren Nordsibiriens. Das Renthier aber wird dort aus dieser Zeit nicht erwähnt, während es doch in Europa mit dem Mammuth auftritt und gegenwärtig über die ganze arctische Zone verbreitet ist.

Siebentes Capitel.

Rückblick.

So lückenhaft auch unsere Kenntniss der geologischen Beschaffenheit der Polarländer ist, ergeben sich aus dem Angeführten doch einige Resultate, welche für die Geschichte der Erde von grosser Bedeutung sind. Die Grundlage des Bodens bilden auch hier, wie in den übrigen Theilen der Erde, krystallinische Gesteine und zwar der weit verbreitete Gneiss und Granit, welche in Norwegen, Spitzbergen, im Norden des Taimyrlandes, in Grönland, an den amerikanischen Küsten, der Baffinsbai und einigen Inseln des dortigen Archipels zu Tage treten. Auf diese letztern folgen in ziemlich grosser Ausdehnung marine Ablagerungen aus der silurischen Zeit, zu denen vielleicht auch die Hecla Hook-Formation Spitzbergens gehört. Das älteste nachweisbare Festland taucht auf der Melville-Insel und in Ostsibirien auf, deren Steinkohlen auf diesem sich gebildet haben; es scheint einen geringen Umfang gehabt zu haben, während die marinen Kalke dieser Zeit (der Bergkalk) eine grosse Verbreitung hatten und auf dem nordischen amerikanischen Archipel, der Bäreninsel, in Spitzbergen und dem arctischen Russland (im Petschora-Land) vorkommen und uns von einem reichen Thierleben erzählen.

Die Trias ist zur Zeit erst in Spitzbergen sicher nachgewiesen, tritt aber wahrscheinlich am Olenek und in Neusibirien auf; vielleicht auch auf der Exmouth-Insel des amerikanischen Archipels.

---

[1]) Wrangel (Voyage II. S. 8) sagt, es sei unerklärlich, warum so viel Zähne und Hauer, so selten aber die Knochen gefunden werden, wobei er aber nicht bedacht hat, dass die letztern der Zerstörung schneller unterliegen, als die erstern. — Nach Wrangel findet man auf den neusibirischen Inseln die am besten erhaltenen Zähne und von colossaler Grösse, die bis 197 Kilogrammes wägen. Ein Kaufmann aus Jakutsk hat 1821 aus Neusibirien über 8000 Kilogrammes Elfenbein bester Qualität bezogen (Voyage II. S. 10). Am Eismeer sah er bei 70° 56' n. Br. und 155° 31' 5 L. von Gr. einen aus weissem Sand gebildeten Hügel, der mit halbvermoderten Mammuthknochen bedeckt war.

[2]) Vgl. die treffliche Abhandlung von Prof. J. F. Brandt, Mittheilungen über die Naturgeschichte des Mammuth oder Mamont. St.Petersburg 1866. S. 31. Er hält dafür, dass das Mammuth von den Zweigen der Nadelhölzer gelebt habe und die intakt in gefrornem Boden steckenden Leichen nicht dahin transportirt worden seien, sondern dass die Thiere an ihrem Fundorte gelebt haben. Middendorff dagegen (Reisen IV. S. 289) lässt alle im hohen Norden gefundenen Mammuthe durch die Flüsse dahin gelangen. Das Thier, welches Middendorff im Taimyrland bei 75° n. Br. und etwa 40 Fuss über dem Seeniveau fand, lag auf der Seite und die Weichtheile waren verschwunden. Dieses mochte wohl aus grosser Ferne hergeschwemmt sein. Das weltberühmte Mammuth, das 1799 an der Mündung der Lena entdeckt und nach 7 Jahren von Adams ausgegraben wurde, war nicht mehr an der ursprünglichen Lagerstätte. Das Thier, welches 1839 aus den Uferabstürzen eines Sees westlich von der Mündung des Jenisei zum Vorschein kam und dessen Reste in Moskau aufbewahrt werden, wurde in senkrechter Stellung gefunden, stürzte dann aber mit der Erde hinunter und gieng, Jahre lang der Verwitterung preisgegeben, grossentheils zu Grunde (Middendorff Reisen IV. S. 273. 284). Auch das Riesenthier, welches mit Haut und Haar aus dem sandigen Ufer hergeschwemmt an der Jana fliessenden Sredne Kolymak herausgespült wurde, soll in aufrechter Stellung sich vorgefunden haben (Middendorff IV. 277). Bei dem neuerdings bei 70° n. Br. gefundenen Mammuth, welches Magister Schmidt an Ort und Stelle aufgesucht hat, waren die Weichtheile verschwunden und nur noch grosse Bündel borstiger Haare und einzelne Hautlappen erhalten.

[3]) Reste des Pferdes wurden von Middendorff am Taimyrfluss (Reisen IV. S. 292) und von Hedenström auf den neusibirischen Inseln gefunden. Auch in der Eschscholzbai wurden Knochen entdeckt, die nicht von solchen des lebenden Pferdes zu unterscheiden waren.

Der vielgliedrige Jura ist nur in den mittlern Abtheilungen nachgewiesen, tritt aber wenigstens in einzelnen Ablagerungen in weit auseinander liegenden Gegenden auf, auf der Patrick- und Bathurst-Insel, in Spitzbergen, in Nordrussland (im Petschora-Land), in Nordsibirien, auf den Inseln von Neusibirien und wahrscheinlich auch in Nordgrönland.[1]) Es hat daher zur Zeit des Braunjura ein weites Meer über das grosse arctische Gebiet sich verbreitet und es scheint über Russland bis in die Krimm hinabgereicht zu haben.

Der obere weisse Jura fehlt und auch aus der Kreide sind zur Zeit keine marinen Petrefacten aus der Polarzone bekannt. Dagegen sind mir neuerdings von Kome aus Nordgrönland Landpflanzen zugekommen, welche der Kreide angehören. Ich habe auf S. 7 diese Fundstätte fossiler Pflanzen beschrieben und bemerkt, dass über die geologische Stellung derselben noch Zweifel walten. Seit Obiges gedruckt war, habe ich diese Pflanzen aus dem geologischen Museum zu Kopenhagen zur Untersuchung erhalten und zu meiner Ueberraschung gefunden, dass sie von den miocenen Grönlands ganz verschieden sind.[2]) Die Laubblätter fehlen gänzlich; es sind lauter Farrn und Gymnospermen. Unter letztern erscheint eine Cycadee (Zamites arcticus Gœpp.) und ein in der obern Kreide weit verbreitetes Nadelholz (die Sequoia Reichenbachi Gein. sp.), unter den Farrn mehrere Gleichenien, von denen eine (Gl. Zippei) auch in Unterösterreich, in Böhmen und in Quedlinburg vorkommt. Sie liegen in einem dunkel-grauen Schieferthon, sehr wahrscheinlich in demselben, den Giesecke in der Umgebung der Kohlen angiebt (vgl. S. 7) und der die Kohlen von Kome deckt. In diesem Fall sind diese Kohlen viel älter als die übrigen Kohlen Nordgrönlands und müssen tiefer liegen als diejenigen auf der Südseite der Noursoak-Halbinsel, wofür auch angeführt werden kann, dass sie nach Giesecke unmittelbar dem Gneis aufruhen. Diese sehr unerwartete Entdeckung ist wichtig, weil diese Pflanzen die ersten Zeugen von arctischem Festland in der Kreidezeit sind und überhaupt die einzigen Kreideversteinerungen, die uns bis jetzt aus dem hohen Norden zur Kenntniss gekommen sind.

Ueber die chemische Zusammensetzung des Gesteins, welches diese Kreidepflanzen enthält, giebt eine Analyse welche Herr Dr. V. Wartha vorgenommen hat Aufschluss. Derselbe theilt mir darüber Folgendes mit:

„Das mir zur Untersuchung übergebene Gestein ist ein dunkelgrauer bis graublauer, dünnblättriger, sandiger Schieferthon. Es ist leicht zerreiblich, befeuchtet im Achatmörser gerieben knirscht dasselbe (was auf Beimengung von etwas Sand hindeutet), es braust mit Säuren nicht auf, verliert beim Erhitzen Wasser und brennt sich vollständig weiss.

„Die qualitative Analyse ergab: Kieselsäure, Spur Titansäure, Spur Phosphorsäure, Thonerde, wenig Eisen, Spur Kalk, Magnesia und Kali, Wasser und organische Substanz.

„Die quantitative Analyse ergab: Kieselsäure, im Mittel aus zwei Analysen = 49,93 pCt.; die auf bekannte Weise erhaltene Thonerde war durch sehr wenig Eisen schwach gelblich gefärbt, daher die Trennung nicht vorgenommen wurde. Ihre Menge betrug 28,22 pCt. Das Wasser und organische Substanz bestehend, betrug 14,01 pCt., der Rest von 7,84 pCt. fällt auf die Magnesia und Kali, die nicht besonders bestimmt wurden."

Das Gestein, welches die Kreidepflanzen umschliesst, ist daher ganz verschieden von demjenigen der miocenen Localitäten Grönlands.

Aus der grossen Tertiärperiode sind, mit Ausnahme des Pliocen, keine Meeresablagerungen bekannt. In Island treten an der Grenze des Polarkreises einzelne marine Ablagerungen auf, welche aber in die jüngste Abtheilung des Tertiär gehören, in die Zeit, zu welcher durch eine allgemeine Bodensenkung Britannien in eine Zahl von Inseln aufgelöst war. Auch in Grönland ist diese durch eine marine Ablagerung angedeutet. Mit diesem gänzlichen Mangel an eocenen und miocenen Meeresthieren in der arctischen Zone hängt wohl das Auftreten ihrer reichen Landflora zusammen. Sie bezeugt uns, dass in Grönland, auf

---

[1]) Ich habe in diesen Tagen durch Herrn Prof. Steenstrup die S. 8 erwähnten Ammoniten zur Ansicht erhalten; der von Kome stellt einen unbestimmbaren Durchschnitt dar, der in einem Rollstein gefunden wurde. Von den drei andern Stücken ist der Fundort unbekannt, sie seien seit langer Zeit im Museum von Kopenhagen ohne nähere Bezeichnung als „Grönland". Sie gehören in die Gruppe der Macrocephalen und ein Stück steht dem Ammonites tumidus v. Buch recht nahe; die etwas weiter oben beginnende Gabelung der Rippen dürfte zur Trennung nicht hinreichen. Diese Art weist auf den obern Braunjura, daher diese Formation in Grönland sich finden dürfte. Die Stelle, wo diese Formation anstehend ist, ist aber noch aufzusuchen. Herr Th. Hoff glaubt, dass der Jura in Kome sich finde (vgl. em Alderen af de i Grönland optrædende geognost. Formationer S. 5). Allein wir werden, gleich zeigen, dass der dortige Schieferthon nicht zum Jura, sondern zur Kreide gehört.

[2]) Herr Prof. Gœppert hatte sie für miocen gehalten, weil er eine dieser Pflanzen für die Sequoia Langsdorfii genommen hatte (vgl. S. 8). Die mir übersandten Pflanzen haben mir gezeigt, dass dies ein Irrthum war, und dass die betreffenden Stücke nicht zu Sequoia, sondern zur Pinus Crameri gehören.

dem Banksland und der Patrick-Insel, in Nordcanada, in Nordsibirien (im Taymirland und an der Lena), auf den neusibirischen Inseln, in Spitzbergen und Island, also rings um den arctischen Kreis, Festland gewesen ist. Ob alle diese Fundorte von Landpflanzen nur Inseln oder aber ein zusammenhängendes Festland über das ganze jetzige Becken der arctischen See gebildet haben, lässt sich zur Zeit nicht mit Sicherheit entscheiden; so lange aber keine miocenen marinen Thiere aus dieser Zone nachgewiesen werden können, muss das letztere als wahrscheinlicher erscheinen, da die grosse Verbreitung der arctischen Baumarten auf einen solchen Zusammenhang des Landes schliessen lässt.

Eine grosse Aenderung gieng zu Ende der Tertiärzeit vor sich, indem eine allgemeine Senkung des Landes der Polarzone stattgehabt haben muss. Es kamen der nördliche Theil von Nordamerika und damit die jetzigen Inseln des arctischen Archipels, ebenso ein Theil von Grönland, von Island, von Skandinavien, von Nordrussland und Sibirien unter Wasser, wie aus den früher erwähnten Thatsachen hervorgeht. Der diluvialen Zeit hatte die arctische Zone wahrscheinlich viel weniger Festland als gegenwärtig, und es hat vielleicht, wenigstens in einzelnen Abschnitten dieses Zeitalters, fast ganz gefehlt. — Dann trat wieder eine Hebung des Landes ein und es tauchte allmälig das Land auf, welches jetzt dort über das Meer sich erhebt. Mit Ausnahme von Westgrönland ist alles Land der Polarzone in langsamem Aufsteigen begriffen, Nordcanada, das nördlichste Grönland, Island, Spitzbergen, Skandinavien und Nordsibirien. In Skandinavien ist das Aufsteigen am stärksten am Nordcap, verliert sich aber bei circa dem 56sten Grad n. Br., und die Südspitze Schwedens ist im Sinken begriffen. In Grönland dagegen fällt die Achse in die Nähe von 77° n. Br., indem nach Kane das nördlicher liegende Land an der allgemeinen steigenden Bewegung der Polarländer Theil nimmt [1]), während die weiter südlichen Westküsten in einer Ausdehnung von 600 engl. Meilen im Sinken begriffen sind, und somit eine höchst auffallende Ausnahme bilden und uns zeigen, dass dieses Steigen des arctischen Landes nicht von einem Zurückweichen des Meeres aus den Polarländern hergeleitet werden kann [2]). Die in Westgrönland zwischen dem 70sten und 71sten Grad n. Br. über dem Seespiegel gefundenen pliocenen Muscheln (S. 15) zeigen uns aber, dass seit der pliocenen Zeit anfangs auch dieses Land in die Höhe gehoben wurde und es gegenwärtig nicht so weit sich wieder gesenkt hat, um das Niveau der pliocenen Muschellager zu erreichen.

In Island und auf der kleinen Insel Jan Mayen sind jetzt noch Vulcane thätig und arbeiten dort an der Umbildung des Landes. In allen übrigen Theilen der Polarzone ist dagegen keine sichere Spur jetziger vulcanischer Thätigkeit zu finden, während sie zur tertiären Zeit in Island und Grönland sich in grossartigster Weise äusserte und der mächtigsten Trappgebirge über das Braunkohlenland aufthürmte. In Spitzbergen ist diese Thätigkeit schon zur Jurazeit erloschen, hat aber von der Steinkohlenperiode an bis zum Jura sich am Aufbau dieses Landes bethätigt. [3]) Auf der Prinzessin-Insel auf der Ostseite des Bankslandes kommen ein schwarzer Basalt und durch Hitze veränderte rothe Felsen vor und auf der Eglinton-Insel Grünsteine mit Quarzfelsen und groben rostrothen Geröllen, deren Alter aber nicht bekannt ist.

Dritter Abschnitt.

Uebersicht der fossilen Pflanzen der Polarzone.

Wir kennen aus dem hohen Norden fossile Pflanzen aus vier weit auseinander liegenden Perioden, die wir hier übersichtlich zusammenstellen wollen.

---

[1]) Kane arctic explorations II. p. 278. Es beginnt die Senkung des Landes südlich vom Wostenholm-Sund, bei Upernivik ist sie schon sehr deutlich.

[2]) Es hat Eugène Robert in dem grossen Reisewerke, das von Gaimard herausgegeben wurde, viele Thatsachen über das allmälige Aufsteigen des Festlandes gesammelt, leider hat er aber auf die genauere Bestimmung des Alters der vom Meere gebildeten Ablagerungen nicht die nöthige Sorgfalt verwendet. Die wichtigsten von Bravais bei Hammerfest gemachten Beobachtungen sind von Prof. Martins zusammengestellt in seinem interessanten Werke „Du Spitzberg au Sahara" S. 131. Sie zeigen, dass die Hebung des Landes nicht durch ein Zurückweichen des Meeres erklärt werden kann.

[3]) Es werden die Mandelsteine, welche am Ausfluss des Taimyrsees die dortige Grauwacke durchbrochen haben, von Middendorff (sibirische Reise IV. S. 310) für vulcanische Gebilde gehalten; doch ist die Sache noch zweifelhaft. Die Basalte und absaltischen Laven in der Umgebung des Ochotskischen Meeres und im Innern Sibiriens, namentlich in Transbaikalien, liegen ausserhalb des arctischen Kreises; ebenso die grossen vulcanischen Erscheinungen von Kamtschaka.

I. Steinkohlen-Periode.

Die Zahl der uns bis jetzt bekannt gewordenen Pflanzen dieser Periode ist sehr gering, aber nur weil man auf das Sammeln derselben an den weit abgelegenen Fundorten keine Sorgfalt verwendet hat und das Wenige, was wir haben, fast nur durch Zufall uns zugekommen ist. Wir kennen zur Zeit erst welche aus dem arctisch-amerikanischen Archipelagus [1]) und zwar folgende Arten:

1. Schizopteris melvillensis.
2. Cyclopteris sp.
3. Pecopteris sp.
4. Lepidodendron Veltheimianum Stb.
5. Lepidodendron Sporc.
6. Lepidophyllum obtusum.
7. Cardiocarpus circularis.
8. Nœggerathia polaris.
9. Nœggerathia M'Clintockii.
10. „   Franklini.
11. Thuites Parryanus.
12 Pinus Bathursti.

Ich habe diese Pflanzen auf S. 19 besprochen. Obwol sie nur in sehr schlecht erhaltenen und daher schwer deutbaren Bruchstücken auf uns gekommen sind, sagen sie uns doch, dass die Steinkohlenflora der Polarländer, wie die Europa's und Nordamerika's, vorherrschend aus Gefässkryptogamen bestand, denen einzelne Nadelhölzer beigemischt waren.

II. Kreide.

Es sind bis jetzt nur an einer einzigen Stelle, in Kome in der nordgrönländischen Bucht von Omenak, Kreidepflanzen entdeckt worden. Es liegt dieser Fundort unter demselben Meridian wie Atanekerdluk, aber um einen halben Grad weiter im Norden, an der gegenüberliegenden Küste der Halbinsel Noursoak. Trotz dieser geringen Entfernung ist die Flora gänzlich verschieden, so dass sie aus einer ganz andern Zeit stammen muss. Es sind mir von da 16 Pflanzenarten zugekommen, nämlich:

1. Sphenopteris Johnstrupi.
2. Gleichenia Gieseckiana.
3. „   Zippei.
4. „   Rinkiana.
5. Gleichenia rigida.
6. Pecopteris arctica.
7. „   borealis.
8. „   hyperborea.
9. Danaeites firmus.
10. Sclerophyllina dichotoma.
11. Zamites arcticus.
12. Widdringtonites gracilis.
13. Sequoia Reichenbachi.
14. Pinus Petersoni.
15. „   Crameri.
16. Fasciculites grœnlandicus.

Die Hauptmasse besteht demnach aus Farrnkräutern, sie bilden fast $2/3$ der Arten, während in Atanekerdluk nur $1/15$; überhaupt besteht die Flora, soweit sie uns bis jetzt bekannt ist, nur aus Farrn, Cycadeen, Nadelhölzern und einer Monocotyledone; von Laubbäumen finden wir keine Spur, während Atanekerdluk uns eine Fülle derselben weist. Aber auch die Farrn und Gymnospermen sind gänzlich von denen des übrigen Grönland verschieden und es findet sich keine einzige übereinstimmende Art. Während die miocenen Farrn von Atanekerdluk zum Theil wenigstens jetzt in Europa lebenden Gattungen einverleibt werden können, sind die von Kome von ganz abweichender Tracht und indischen und südamerikanischen Arten zunächst zu vergleichen. Die meisten Arten gehören zu den Gleichenien und die häufigste (die Gleichenia Gieseckiana) konnten wir nach der gabeligen Zertheilung der Blattspindeln, der Form, Nervatur und wohlerhaltenen Fruchtbildung mit Sicherheit einer Gattung (Gleichenia) einreihen, welche in der Kreideformation aus verschiedenen Gegenden Europa's bekannt ist, aber schon zur miocenen Zeit aus diesem Welttheile verschwand, und jetzt nur im südlichen Afrika, in Indien, Südamerika und Australien sich findet. Es können 4 Arten von Kome dieser Gattung zugetheilt werden, von denen eine (Gl. Zippei) auch aus der deutschen und böhmischen Kreide bekannt geworden und eine zweite (die Gl. Rinkiana m.) mit der Gleichenia (Didymosorus) comptoniifolia Deb. sp. von Aachen und der Gl. Kurriana Hr. von Moletein verglichen werden kann. Eben so merkwürdig ist ferner ein mit grossen Fruchthäufchen bedeckter Farrn aus der Familie der Marattiaceen (der Danaeites firmus), welcher der europäischen Flora jetzt ganz fremd ist, aber in der Kreide von Aachen in einer sehr ähnlichen Form auftritt. Die Sclerophyllina dichotoma schliesst sich nahe an eine Wealden-Art an (die Scl. nervosa Dkr. sp.), und dasselbe gilt von dem Zamites arcticus Gœpp., welcher dem Z. Lyellii Dkr. ungemein ähnlich sieht. Das Vorkommen dieser Cycadeen in Nordgrönland kann uns nicht befremden, da sie zur Kreidezeit noch allgemeine Verbreitung hatten, wogegen dasselbe allerdings sehr auffallend sein würde, wenn Kome miocen wäre. — Unter den 4 Nadelhölzern ist die Sequoia Reichenbachi Gein. sp. (Geinitzia cretacea Endl.) von grosser Bedeutung. Sie bildet eine Leitpflanze für die Kreide. In Sachsen kommt sie nach Geinitz in dem untern und mittlern Quader- (Cenoman) und im Plänersandstein, sowie in den Plänerkalken vor, findet sich aber auch in Böhmen, Mähren (in Moletein) und in Belgien. Ihr Auftreten in Kome ist daher für die Altersbestimmung dieser Localität entscheidend. Freilich steht sie der Sequoia Sternbergi sehr nahe, wie sie anderseits auch an Geinitzia, an Volzia und selbst an Walchia erinnert. Ihre Bestimmung ist daher nicht leicht,

---

[1]) Wir haben früher gezeigt, dass auch in Ostsibirien palæophytische Steinkohlen im arctischen Kreis sich finden, dass aber der Fundort der einzigen bis jetzt von dort bekannten Steinkohlenpflanze (der Calamites) ausserhalb desselben liegt.

doch hat eine wiederholte Vergleichung mich immer auf diese Pflanze geführt, von welcher ein schöner Fruchtzapfen von Moletein mir vorlag. Herr Prof. Geinitz hatte die Freundlichkeit, mir die Originalexemplare des Dresdener Museums zur Vergleichung zusenden, und auch diese zeigen mit dem Grönländer Baum grosse Uebereinstimmung. Er bildet wahrscheinlich den Vorläufer der Sequoia Sternbergi, welche in Grönland bis jetzt noch nicht gefunden wurde, wohl aber in Island vorkommt. Die drei andern Nadelhölzer sind weniger bezeichnend. Die Widdringtoniten beginnen in sehr ähnlichen Formen schon im Keuper und setzen sich fort bis ins Miocen. Sie bieten ohne Früchte wenig Anhaltspuncte zur Unterscheidung. Die Gattung Pinus erscheint schon in der untern Kreide Belgiens in zahlreichen Arten, und die prächtigen Zapfen, welche Herr Coemans in Hainaut entdeckt hat, lassen uns schon die Gruppen der Cedern, Tannen, Arven und Weihmuthskiefern erkennen; ebenso haben wir von Moletein eine prachtvolle Pinus aus der Gruppe der Weihmuthskiefern. Die zwei Grönländer Arten gehören zu den Föhren und Tannen; die **Föhre** (Pinus Peterseni m.) hat sehr dünne, lange Nadeln, die **Tanne** aber (Pinus Crameri m.) kurze, flache Blätter, die zweizeilig angeordnet waren und am meisten den Pinus-Arten aus der Gruppe von Tsuga entsprechen. Sie liegen zu Tausenden über einander und erfüllen das Gestein. Sie verhalten sich daher genau so, wie die Blätter der Pinus Linkii Dkr. im norddeutschen Wealden, denen sie auch ungemein ähnlich sehen, wie denn auch in der Kreide von Hainaut die Zapfen zweier Arten (P. Omalii Coem. und P. Briarti Coem.) vorkommen, welche in die Gruppe von Tsuga gehören, die sonach in der Kreide grosse Verbreitung gehabt haben muss.

Von der Monocotyledonischen Pflanze haben wir allerdings nur ein Stammstück, es ist aber sehr wichtig, weil es uns wahrscheinlich macht, dass zur Kreidezeit noch baumartige Pflanzenformen dieser Abtheilung im hohen Norden zu Hause waren.

Aus dem Angeführten ergiebt sich, dass zur Kreidezeit in der Gegend von Omenak, in Nordgrönland (bei 70° 38" n. Br.) ein Nadelholzwald bestand, der von Sequoien, Föhren, Tannen und Widdringtonien gebildet wurde, dass in seinem Schatten Cycadeen und zahlreiche Farrenkräuter lebten, deren häufigste Arten zu den Gleichenien gehören, diesen zierlichen Farrn, welche jetzt nur noch in der tropischen und subtropischen Zone getroffen werden. Ich kann zur Zeit allerdings erst drei Arten (die Sequoia Reichenbachi, Pecopteris arctica und Gleichenia Zippei) nachweisen, die mit solchen der europäischen Kreide übereinstimmen, worunter aber gerade eine Art, welche für diese Periode sehr bezeichnend ist, und es sehr wahrscheinlich macht, dass der Schieferthon von Kome in die unterste Stufe der obern Kreide (in das Cenomanien) zu bringen ist. Es ist aber sehr beachtenswerth, dass die Laubbäume (wenigstens nach dem bis jetzt vorliegenden Material zu schliessen) damals im hohen Norden noch gänzlich fehlten und der Charakter der Vegetation durch das Vorherrschen der Farrn und die Gymnospermen noch wealdenartig war, wie denn auch der Pinus Crameri, der Zamites und ein Farrn sich nahe an Wealden-Arten anschliessen, so dass im hohen Norden die obere und die unterste Kreide nicht so scharf auseinander geschieden sind, als in Deutschland, wobei freilich noch in Frage kommen kann, ob nicht in der Polarzone die Sequoia früher aufgetreten sei als in Deutschland und Belgien, in welchem Fall diese Grönländer Bildung einer ältern Kreidestufe einzureihen wäre.

III. Miocene Flora.

Viel reicher als die Steinkohlen- und Kreide-Flora ist die der miocenen Zeit vertreten und gewährt uns einen viel tiefern Einblick in die Vegetationsverhältnisse der arctischen Zone dieses Weltalters.

Es sind mir bis jetzt 162 Arten miocener Pflanzen der arctischen Zone bekannt geworden[1]). Von diesen gehören 6 zu den Zellen- und 12 zu den Gefäss-Kryptogamen, 31 zu den Gymnospermen, 14 zu den Monocotyledonen, 99 zu den Dicotyledonen. Die Arten vertheilen sich in folgender Weise auf die Familien:

---

[1]) Ich hatte die Hoffnung aufgegeben, die in Kopenhagen aufbewahrten fossilen Pflanzen Grönlands zur Untersuchung zu erhalten und meine, auf die in Dublin, London und Stockholm befindlichen Sammlungen gegründete, Arbeit abgeschlossen. Zu meiner freudigen Ueberraschung erhielt ich aber Anfangs Juli durch die Herren Prof. Steenstrup und Johnstrup das in den öffentlichen und Privat-Sammlungen in Kopenhagen befindliche Material zur Bearbeitung. Die 6 Kisten (von über 4 Centner Gewicht) enthielten die von Herrn Dr. Rink in Kome entdeckten Pflanzen und die sehr reiche Sammlung, welche auf Veranstaltung des Herrn Justizrath Olrik, Inspector von Nordgrönland, in den Jahren 1854 bis 1860 in Nordgrönland gemacht worden war. Die meisten Stücke kommen von Atanekerdluk, doch befinden sich darunter einige von 3 neuen Localitäten der Insel Disco, nämlich: 1. von Ujararusuk an der Ostseite von Disco im Waigattet; in einem rauhkörnigen, gelblichgrauen Sandstein mit vielen kleinen Glimmerblättchen sind die Reste eines Pappelblattes (Populus arctica Hr.?) und ein Blättchen von Leguminosites arcticus; 2 von Kudsjeldane; von hier liegen zweierlei Gesteine vor, nämlich a.) ein dem vorigen ähnlicher gelbbrauner, aber mehr feinkörniger Sandstein mit Blattresten eines Weissdorns und einem Abdruck des Zapfens der Sequoia Langsdorfii; b.) ein gelblich-

Miocene Flora.

Uebersicht der Familien.	Miocene arctische Flora	Grönland	Banksland	Mackenzie	Island	Spitzbergen	Uebersicht der Familien.	Miocene arctische Flora	Grönland	Banksland	Mackenzie	Island	Spitzbergen
Pilze	6	3	—	—	3	—	Laurineen?	1	1	—	—	—	—
Farrn	9	7	—	—	—	2	Proteaceen?	4	4	—	—	—	—
Equiseten	3	1	—	—	1	1	Ericaceen	3	3	—	—	—	—
							Ebenaceen	2	2	—	—	—	—
Cupressineen	9	5	3	1	—	2	Gentianeen	1	1	—	—	—	—
Abietineen	20	5	2	2	8	4	Oleaceen	1	1	—	—	—	—
(2 aus Sibirien)							Rubiaceen	1	1	—	—	—	—
Taxineen	2	2	—	—	—	—	Araliaceen	2	2	—	1	—	—
							Ampelideen	3	2	—	—	1	—
Gramineen	2	2	—	—	—	1	Magnoliaceen	2	1	—	—	1	—
Cyperaceen	6	3	—	—	3	—	Acerineen	1	1	—	—	1	—
Typhaceen	2	1	—	—	1	—	Büttneriaceen?	3	1	—	—	1	1
Irideen	1	1	—	—	—	—	Tiliaceen	1	—	—	—	—	1
Najadeen	2	—	—	—	1	1	Myricaceen?	1	1	—	—	—	—
Smilaceen	1	—	—	1	—	—	Rhamneen	6	6	—	—	1	—
							Ilicineen	2	2	—	—	—	—
Salicineen	9	7	—	4	1	3	Anacardiaceen	1	—	—	—	1	—
Myriceen	2	2	—	—	—	—	Juglandeen	4	3	—	—	1	—
Betulaceen	7	2	1	1	4	1	Pomaceen	2	2	—	—	—	—
Cupuliferen	15	15	—	2	3	2	Amygdaleen	1	1	—	—	—	—
Ulmen	2	1	—	—	2	—	Papilionaceen	2	2	—	—	—	—
Moreen?	1	1	—	—	—	—	Incertæ sedis	18	9	—	3	6	—
Plataneen	1	1	—	1	1	1							

weisser Sandstein mit groben Quarzkörnern, enthält ein schönes Zweigstück der Sequoia Couttsiæ; 3. von U dated; in einem dunkelbraunen, sehr feinkörnigen, wohl viel Thon enthaltenden Sandstein liegt ein Pappelblatt (Populus Gaudini) und Reste von Nussbaum. Näheres über die Lage dieser Fundstätten (welche in Rinks Karte nicht verzeichnet sind) habe nicht in Erfahrung bringen können, doch zeigen die Pflanzen, dass sie unzweifelhaft miocen sind. Dagegen haben die Pflanzen von Kome mich mit einer ganz neuen ältern Flora Grönlands bekannt gemacht, über welche auf S. 47 berichtet habe. Die Mehrzahl der Pflanzen der miocenen Fundstätten war mir aus den früher untersuchten Sammlungen bekannt, doch enthält diese sehr umfangreiche Material einen wahren Schatz arctischer fossiler Pflanzen, welches unsere Kenntniss der schon festgestellten Arten vielfach noch mehr gesichert und eine schärfere Charakteristik derselben ermöglicht hat, aber es führte uns auch gar manche merkwürdigen neuen Arten zu, so dass die Zahl der fossilen miocenen Arten Grönlands auf 105 sich vermehrt hat. Unter den neu hinzugekommenen Pflanzen sind 14 bekannte miocene Arten, nämlich: Lastræa stiriaca, Glyptostrobus europæus, Thujopsis europæa, Sparganium stygium, Quercus Lyellii, Fagus macrophylla, Alnus nostratum, Carpinus grandis, Cornus ferox, Ilex longifolia, Rhamnus brevifolius, Rh. Gaudini, Colutea Salteri und Juglans Strozziana, von denen besonders die Lastræa, der Glyptostrobus, die Erle und Hagenbuche als weit verbreitete miocene Pflanzen hervorzuheben sind. Die Zahl der mit Europa gemeinsamen miocenen Arten Grönlands ist dadurch auf 34 gestiegen. Ebenso wichtig ist aber, dass auch die Beweismittel für das grönländische Indigenat der dort gefundenen fossilen Pflanzen sich durch diese Kopenhagener Sammlung wesentlich vermehren. Ich führe als solche neuen Beweise an: Erstens findet sich ein sehr zartes, junges, noch gefaltetes Buchenblättchen (Taf. XLVI. Fig. 1), das bis in die Zähne hinaus erhalten ist; es kann dasselbe nicht lange im Wasser gelegen haben, indem es da am Grunde gegangen und jedenfalls nicht seine ursprüngliche Faltung beibehalten hätte; zweitens, auf Taf. XLVII. Fig. 4 b. habe die Samen des Diospyros abgebildet, wie sie von Blättern umgeben, noch in ihrer natürlichen kreisförmigen Lage sich im Steine befinden. Offenbar sind sie noch vom Fruchtfleisch umgeben an diese Stelle gekommen, weil sie sonst auseinandergefallen wären. Es ist also die Beerenfrucht von der Steinsubstanz umhüllt worden, die harten Samen sind versteinert, die weicheren Theile der Frucht wurden in Kohlenpulver verwandelt, welches herausfiel, als ich den Stein zerspaltete, der zu meiner Freude diesen merkwürdigen Zeugen vorwies, welcher jedermann überzeugen muss, dass er aus dieser Gegend stammt, da eine weiche beerenartige Frucht nicht lange im Wasser kann gelegen haben, bevor sie eingehüllt wurde. Ausser dieser Frucht erhielt ich auch den Blüthenkelch und die Basis des Fruchtkelches von Diospyros (Fig. 6, 7), welche die Deutung bestätigen, die ich schon früher den auf Taf. XV. Fig. 10—12 abgebildeten Blättern gegeben hatte. Drittens haben wir von Sequoia Langsdorfii und Taxodium dubium die Abdrücke der Fruchtzapfen und zwar theils von ganzen Zapfen, theils aber ihren Schuppen und diese in so ausgezeichnet schöner Erhaltung (vgl. Taf. XLIV.), dass die Abgüsse nur von frischen Fruchtzapfen stammen können. Bei den Sequoien schrumpfen die Fruchtschuppen beim Trocknen zusammen und werden stark runzlich, die Abgüsse zeigen uns, dass frische Zapfen den Prägstock gebildet haben, der diese „Denkwürdigen der Schöpfung" in so wunderbar schöner Weise ausgeprägt hat. — Viertens liegen neben einem aufgesprungenen Zapfen von Sequoia die Samen (Taf. XLIV. Fig. 10), welche bei einem weiten Wassertransport längst ausgefallen wären. Die meisten

Die artenreichste Familie ist sonach die der Abietineen [1]), dann folgen die Cupuliferen, die Salicineen, die Farrnkräuter und die Birken. Da durchschnittlich nur $3^3/_{10}$ Arten auf die Familie kommen, zeigt diese Flora eine grosse Manigfaltigkeit der Formen, sagt uns aber zugleich, dass die arctische Zone noch viele uns zur Zeit unbekannten fossilen Pflanzen bergen muss.

Schliessen wir die Zellenkryptogamen aus, so erhalten wir 156 Gefässpflanzen, von diesen waren nach Analogie der lebenden Arten 28 Kräuter (12 Farrn und Equiseten, 14 Mono- und 2 Dicotyledonen) und 128 holzartige Gewächse. Von diesen letztern stellten 78 Arten wahrscheinlich Bäume, 31 aber Sträucher dar (von 19 Arten ist es zweifelhaft) und sagen uns, dass eine sehr manigfaltige Waldvegetation über diese hochnordischen Länder verbreitet war. Von den Nadelhölzern hatten die Taxodien, der Glyptostrobus und die Saliburea im Herbst abfallende Blätter, während die übrigen 27 Arten sie sehr wahrscheinlich während des Winters behielten. Unter den Laubbäumen und Sträuchern müssen 56 Arten fallendes Laub gehabt haben, während 21 Arten, nach der ledrigen Beschaffenheit ihrer Blätter zu schliessen, zu den immergrünen Bäumen und Sträuchern gehörten. Es sind dies folgende Arten: Populus sclerophylla, P. arctica, Myrica acuminata, M. borealis, Quercus Drymeia, Q. furcinervis, Q. Steenstrupiana, Daphnogene Kanii, Hackea (?) arctica, Mac Clintockia dentata, M. Lyallii, M. trinervis, Andromeda protogaea und Saportana, Diospyros Loveni, Magnolia Inglefieldi, Ilex longifolia, I. reticulata, Hedera M'Clurii, Callistemophyllum Moorii und Prunus Scottii. Es besass daher merkwürdiger Weise das miocene Polarland viel mehr immergrüne Bäume und Sträucher als unsere jetzige gemässigte Zone; doch sind sie mit Ausnahme des Epheu's auf Grönland beschränkt.

Bei der noch sehr lückenhaften Kenntniss der miocenen Flora der Polarländer ist es gewagt, auf das Fehlen von gewissen Pflanzenformen Schlüsse zu bauen, doch darf immerhin darauf aufmerksam gemacht werden, dass zur Zeit noch keine Palmen, keine feinblätterigen Leguminosen, keine Cinnamomum-Arten, welche letztern im miocenen Europa so äusserst häufig sind, keine Poranen und Seifenbäume gefunden wurden, und dass die Pflanzenformen der jetzigen gemässigten Zone am stärksten hervortreten. Bäume und Sträucher von grösster Verbreitung in der arctischen Zone sind: das Taxodium dubium, Sequoia Langsdorfii, Populus Richardsoni und P. arctica, Alnus Kefersteinii, Corylus M'Quarrii, Fagus Deucalionis, Quercus Olafseni und Platanus aceroides, welche wahrscheinlich überall in Polarkreis zu Hause waren. Von diesen sind nur die Eiche und die beiden Pappelarten der arctischen Zone eigenthümlich, die andern Arten reichten bis in das mittlere Europa, ja einige bis in die Mittelmeerzone hinab. Im Ganzen enthält das Verzeichniss 50 uns von früher her bekannte und 112 neue Arten, welche bis jetzt nur aus dem Norden uns zugekommen sind. Von diesen haben wir, ausser obigen weit über den Norden verbreiteten Arten, noch folgende als besonders beachtenswerth hervorzuheben: Taxodium angustifolium, Salisburea borealis, Smilax Franklini, Potamogeton Nordenskiöldi, Quercus groenlandica, Q. platania und Steenstrupiana, Ulmus diptera, Daphnogene Kanii, die M'Clintockien, Hedera M'Clurii, Vitis islandica, arctica und Olriki, die Magnolia, die Paliurus und Ilex, die Linde und Prunus Scottii. Diese gehören aber sicher nicht alle ausschliesslich der arctischen Flora an. Wir kennen die miocene Flora des nördlichen Europa, von Amerika und Asien noch sehr wenig und diese mag gar manche Arten enthalten, welche mir zur Zeit erst aus dem hohen Norden bekannt sind. Sehr beachtenswerth ist, dass die Pappeln eine sehr hervorragende Rolle spielen, während die Weiden nur sehr spärlich auftreten und die jetzigen nordischen Formen unter denselben gänzlich fehlen. Ueberhaupt finden wir unter diesen arctischen Pflanzen keinen einzigen Repräsentanten, der einer jetzt lebenden ausschliesslich arctischen Art entsprechen würde, wohl aber eine Zahl von Formen, welche solchen homolog sind, welche gegenwärtig von der gemässigten Zone bis in die arctische hineinreichen. Wir haben als solche zu nennen: Pteris Rinkiana und œningensis, Pinus M'Clurii, Potamogeton Nordenskiöldi, Sparganium stygium, Populus Richardsonii und P. Zaddachi, Alnus Kefersteinii, Corylus M'Quarrii, Betula und Menyanthes. Es sind also 11 Arten. Weitaus die Mehrzahl der Arten ist der jetzigen Polarflora gänzlich fremd und die ihnen ähnlichsten Formen sind in fernen Ländern; es hat daher eine völlige Umwandlung im Pflanzenkleid des Nordens

---

dieser so wichtigen Pflanzenreste kamen erst durch das von mir vorgenommene Spalten der Steine zum Vorschein, wie denn auch die Blätter selten ganz vorliegen, sondern erst sorgfältig aus dem Gestein herausgearbeitet werden müssen, indem die Blattränder meistens vom Gestein bedeckt sind. So mühsam auch die Arbeit, hat sie doch einen grossen Reiz; es war für mich eine Entdeckungsreise in die Urwelt Nordgrönlands. Sie hat eine beträchtliche Vermehrung der Tafeln nothwendig gemacht, indem die 8 letzten Tafeln diese neuen Pflanzen enthalten.

[1]) Die Familie der Cupressineen wäre mit ihren 9 Arten auch unter den artenreichen Familien zu nennen. Es kommt aber in Betracht, dass unter Cupressinoxylon Hölzer verstanden werden, welche wenigstens theilweise eher zu Sequoia als zu den Cupressineen gehören.

Uebersicht der miocenen Flora. 51

stattgefunden. Wir finden hier dieselbe merkwürdige Mischung von Pflanzentypen, die jetzt über verschiedene Welttheile zerstreut sind, welche uns in der miocenen Flora Mitteleuropa's in so überraschender Weise entgegentritt. Als mitteleuropäische Typen haben wir zu bezeichnen: Pteris œningensis, P. Rinkiana, die Equiseten, Phragmites, Sparganium, Potamogeton, Populus Richardsoni, Salix, Alnus Kefersteinii, Corylus M'Quarrii, Fagus Deucalionis, Menyanthes, Galium und Hedera; als südeuropäische: Diospyros brachysepala, Paliurus, Rhus, Colutea und Prunus Scottii; als japanische: den Glyptostrobus, die Thujopsis und die Salisburea, und als asiatische überhaupt: die lederblättrigen Pappeln, die Planera Ungeri, die Betula prisca, Juglans acuminata und wahrscheinlich auch die Quercus Steenstrupiana; als amerikanische: die Osmunda Heerii, Lastræa stiriaca, die Taxodien und Sequoien, Pinus M'Clurii, P. Martinsi, P. Steenstrupiana und P. Ingolfiana, Populus Zaddachi, Betula macrophylla, 4 Eichenarten, Ostrya Walkeri, Platanus, Andromeda protogæa, die drei Weinreben, die Magnolia und der Tulpenbaum, die Juglans bilinica, Tilia Malmgreni, Rhamnus Eridani und die zwei Cratægus-Arten. Wie in der mitteleuropäischen Miocenflora tritt daher das amerikanische Element auch in der fossilen Flora von Grönland, Island und Spitzbergen stark hervor und zwar theils in Arten, welche der hohe Norden mit unsern Gegenden gemeinsam, theils aber zu eigen hatte. Auffallend ist indessen, dass eine Zahl solcher amerikanischer Typen, welche über das miocene Europa sehr verbreitet waren, bis jetzt in der Polarzone noch nicht gefunden wurden; ich nenne namentlich: Acer trilobatum, Liquidambar europæum, Populus latior und P. balsamoides, welche bei weitern Nachforschungen vielleicht noch zum Vorschein kommen werden, indessen auch in der miocenen Flora von Danzig und Königsberg fehlen.

Wir haben die Pflanzen des Mackenzie und von Island in die arctische Flora aufgenommen, da die Fundorte nahe am arctischen Kreis liegen. Ziehen wir diese Arten ab, erhalten wir für die Zone vom 70sten bis 80sten Grad n. Br. 123 Pflanzenarten, in welchen derselbe Charakter sich spiegelt, wie wir ihn für die Gesammtflora angegeben haben. Unter den 39 Arten, welche durch diese zwei Localitäten hinzugekommen, finden sich keine Typen, welche in ihrem klimatischen Charakter von denen Grönlands abweichen. Es hat die Flora der gesammten arctischen Zone ein gleichartiges Gepräge, obwol jede Gegend ihre eigenthümlichen Arten besitzt, was freilich grossentheils von der noch sehr lückenhaften Kenntniss ihrer fossilen Flora herrühren mag. Folgende Tafel zeigt uns die Zahl der bis jetzt bekannten gemeinsamen Arten:

	Zahl der Arten.	Theilt mit:				
		Grönland.	Island.	Mackenzie.	Spitzbergen.	Europäisch. Miocen.
Grönland	105	—	6	8	6	34
Island	41	6	—	3	5	17
Mackenzie . . .	17	8	3	—	4	3
Spitzbergen . . .	19	6	5	4	—	5

Bei der Nachbarschaft von Island und Grönland ist es auffallend, dass die Zahl der gemeinsamen Arten nicht grösser ist, ja dass Atanekerdluk in Grönland mit dem viel weiter entfernten Spitzbergen ebenso viel Arten theilt und mit den Ligniten des Mackenzie sogar mehr als mit Island. Es dürfte dies zeigen, dass das miocene Grönland mit dem amerikanischen Festland und anderseits auch mit Spitzbergen in directem Zusammenhang stand, während es schon damals von Island durch Wasser getrennt war. Grönland theilt mit Spitzbergen mehrere Arten, welche ausschliesslich der arctischen Zone angehören, während (mit Ausnahme von Quercus Olafseni) Island nur solche Arten mit Grönland und auch mit Spitzbergen gemeinsam hat, die zugleich auf dem europäischen Festland vorkommen. Ueberhaupt weicht die miocene Flora von Island am meisten von derjenigen der übrigen arctischen Länder ab. Die zahlreichen Pinus- und Birken-Arten, das häufige Vorkommen des grossflügligen Ahorn und der Sequoia Sternbergi, dann die Ulme und der Tulpenbaum wie anderseits der Mangel der Pappelbäume, geben dieser Flora ihr eigenthümliches Gepräge. — Die Flora von Nordgrönland ist durch den wunderbaren Reichthum an Pflanzenformen ausgezeichnet. Auf jeden Sachverständigen, der einen Blick auf die Masse von Pflanzen wirft, welche die Eisensteine von Atanekerdluk umschliessen oder auch in dem diesem Werke beigefügten Tafeln durchblättert, muss sich die Ueberzeugung aufdrängen, dass hier die Ueberreste eines Waldes vergraben liegen, der aus viel manigfaltigern Baum- und Straucharten bestand, als wir jetzt irgendwo in Mitteleuropa vorfinden, denn schon jetzt konnten wir 76 Baum- und Straucharten aus demselben verzeichnen. Die Sequoien und Pappeln müssen allerdings den Hauptbestand dieses Waldes gebildet haben, aber auch die Eichen und zwar in 8 Arten, die zum Theil

mit ¹/₂ Fuss langen Blättern geschmückt waren, dann 4 Buchenarten, die Platane, die Dattelpflaumen- und Nussbäume, lederblättrige Stechpalmen und Magnolien waren nicht selten, zu denen sich Eschen, Hain- und Hopfen-Buchen gesellten. Und an diesen Bäumen rankten der Epheu und zwei mit prächtigen Blättern umlaubte Weinreben-Arten empor, während zahlreiche Gebüsche von Erlen, Haselnuss und Andromeden, von Cornel, Kreuzdorn und Crataegus, untermischt mit feinblättrigen Farrn, das Unterholz bildeten. Für diese Flora besonders auszeichnend sind die Salisburea, die Thujopsis, die Daphnogene, die merkwürdigen M'Clintockien, die 2 Paliurus- und 2 Ilex-Arten, die Magnolia, die herzblättrigen Weinreben, der immergrüne Kirschbaum, die lederblättrigen Eichen und die Nussbäume zu nennen. Von Mackenzie sind der Glyptostrobus und eine Smilax hervorzuheben, und von Spitzbergen ein zierliches Farrnkraut, ein Laichkraut, das schmalblättrige Taxodium und die Linde. Auffallend ist, dass hier keine Birken gefunden wurden, die auch in Grönland bis jetzt erst in Rindenstücken und einem Blatt zum Vorschein kamen.

Wenn die Nordcanada, Grönland und Spitzbergen gemeinsamen Arten auf ein zusammenhängendes, grosses miocenes Festland der arctischen Zone schliessen lassen, frägt es sich weiter, ob dieses nicht mit dem europäischen Festland in Verbindung stand. Die zahlreichen gemeinsamen Arten, welche schon jetzt nachgewiesen werden können, machen dies wahrscheinlich. Es wird sich aber fragen, in welcher Richtung der Anschluss an dasselbe stattfand. Eine Verbindung fand wahrscheinlich von Spitzbergen über die Bäreninsel nach dem Nordcap statt oder vielmehr Nordgrönland reichte bis nach Lappland hinüber. Der gänzliche Mangel fossiler Pflanzen in Skandinavien beraubt uns freilich des Mittels, diese Hypothese zu prüfen, vielleicht wird aber diese Lücke einst ausgefüllt werden. Eine andere Verbindung kann aber auch von Südgrönland aus stattgefunden haben, insofern man die Annahme einer Atlantis zulässig findet. Ich habe diese Idee anderweitig[1]) ausführlich entwickelt und will daher hier nicht näher auf dieselbe eingehen. Nur das will ich erwähnen, dass durch dieselbe das Vorkommen der Pflanzenarten des miocenen Europa in der arctischen Zone und die amerikanische Färbung der miocenen Flora ihre einfachste Erklärung findet. Würde die miocene europäische Flora nur solche amerikanische Typen enthalten, welche auch in der miocenen arctischen Flora vorkommen, würde diese arctische Zone als einfachste Vermittlerin der Naturwelt beider Welttheile angenommen werden können, wir haben aber in der Schweiz auch subtropische amerikanische Typen, so die Sabalpalmen und auch die grossen Fiederpalmen, welche nicht auf diesem Wege, über den hohen Norden, nach Europa gekommen sein können.

IV. Diluvium.

Die diluviale Flora der arctischen Zone ist uns fast ganz unbekannt. Wir wissen nur, dass über die Tundren Nordsibiriens bis an die Küsten des Eismeeres grosse Holzmassen verbreitet sind, welche voraus von Lärchenbäumen herrühren, aber auch die Fichten und Espen werden unter den Noahhölzern erwähnt, deren ursprüngliche Heimat freilich noch vielem Zweifel unterworfen ist. Die grossen Pflanzenmassen der Diluvialzeit, welche im Boden Sibiriens vergraben liegen, könnten über die Flora dieser Zeit den besten Aufschluss geben und es ist in hohem Grade wünschbar, dass die russischen Naturforscher diesem

---

[1]) Vgl. die tertiäre Flora der Schweiz, III. S. 343, und Recherches sur le climat et la végétation du pays tertiaire, S. 213, Urwelt der Schweiz, S. 584. Lyell hat gegen die Atlantis eingewendet, dass sie gerade in den Theil des Oceans verlege, wo er am tiefsten sei. Allein dies ist ein Irrthum. Die grösste Tiefe liegt zwischen dem südlichen Afrika und Südamerika, wo Tiefen von 30,000 bis 40,000 Fuss vorkommen und bei 36° 49′ s. Br. und 37° 6′ w. L. sogar eine Tiefe von 40,236 engl. Fuss gefunden wurde. Viel geringer ist die Tiefe des atlantischen Oceanes in den Gegenden, in welche ich die Atlantis verlegt habe. Ihre grösste Breite fällt auf die atlantische Telegraphenlinie und auf dieser beträgt die grösste Tiefe 0,595, die geringste 0,071 und das Mittel 0,439 geogr. Meilen. Es ist dies immerhin noch eine sehr bedeutende Seetiefe, aber es sind in dieser Frage nicht die grössten, sondern die mittlern Seetiefen massgebend, und würde der Boden des atlantischen Oceanes zwischen Irland und Neufundland um 1500 bis 2000 Faden gehoben, so würde ein zusammenhängendes Festland zwischen Europa und Amerika entstehen, auf welchem die tieferliegenden Gegenden als Süsswasserseen erscheinen würden. Von allen grossen Meeren hat der atlantische Ocean die geringsten Seetiefen (vgl. G. Bischof, die Gestalt der Erde und der Meeresfläche. S. 14). Wenn dann weiter Lyell von der grossen Aehnlichkeit der Corallen von St.Domingo, Antigua, Jamaica, Barbados und andern westindischen Inseln mit den miocenen von Bordeaux, Dax, Saucats, Turin und des Wienerbeckens schliesst, dass kein Festland dazwischen gelegen haben könne, so haben wir zu entgegnen, dass die Corallen nicht im Tiefmeere leben und ein weites, tiefes Seebecken der Verbreitung derselben entgegensteht, nicht aber ein Küstenland, wie wir es durch Annahme der Südküsten der von mir angenommenen Atlantis (vgl. das Kärtchen in meiner Tertiärflora, Taf. CLVI, Fig. 0) von Corallenriffen umsäumt gewesen, wie wir solche in der That in dem miocenen Porto Santo antreffen, so lässt sich der Zusammenhang der miocenen europäischen Corallen-Fauna mit der amerikanischen leicht begreifen, nicht aber bei der Annahme eines unermesslich grossen, trennenden Tiefmeeres.

Gegenstand ihre Aufmerksamkeit schenken möchten. Der gefrorne Letten, welcher die Thierleichen so trefflich durch alle Jahrtausende hindurch uns aufbewahrt hat, schliesst ohne Zweifel auch zahllose und ebenso gut erhaltene Pflanzenreste aus derselben Zeit ein, deren sorgfältiges Studium zur Ermittlung der klimatischen Verhältnisse jener Periode von grösster Bedeutung sein müsste.

Vierter Abschnitt.

Das Klima der Polarländer. Einst und Jetzt.

Wir haben früher gezeigt, dass die von uns besprochenen arctischen Pflanzen an Ort und Stelle gewachsen sein müssen, daher sie über das Klima, welches in frühern Weltaltern im hohen Norden geherrscht hat, die wichtigsten Aufschlüsse geben können. Um dieses mit dem jetzt bestehenden vergleichen zu können, haben wir in folgender Tafel die mittlern Temperaturen einer Zahl der wichtigsten Localitäten der Polarzone zusammengestellt.[1]

Tafel der mittlern Temperaturen in der arctischen Zone.
In Centigraden.

Mittlere Temperatur.	Amerika.				Grönland.				Island.	Norwegen.	Spitzbergen.	Novaja Semlja.	Sibirien.
	Cap Franklin. 65° 12' n. Br. 500 Fuss ü. M.	Melville-Insel. 74° 47' n. Br. 110° 48' L. v. Gr.	Mercy-Bai. 74° 6' n. Br. 117° 54' L. v. Gr.	Jacobshaven. 69° 12' n. Br. 50° 58' L. v. Gr.	Omenak. 70° 41' n. Br. 51° 52' L. v. Gr.	Wolstenholme Sund. 76° 30' n. Br. 68° 50' L. v. Gr.	Reykjavik. 64° 8' n. Br.	Alten. 69° 57' n. Br.	auf 78° berechnet von Martins.	70° 37' n. Br. 52° 27' L. v. Gr.	Jakutsk. 62° ö. L. v. Gr. 129° ö. L. v. Gr.
Im Winter . . .	— 27,04	— 33,57	— 34,59	— 17,34	— 20,02	— 33,62	— 1,6	— 7,37	— 16,8	— 16.	— 39.
- Frühling . . .	— 9,97	— 10,55	— 21,12	— 7,66	— 9,01	— 16,90	2,4	+ 0,72	— 6,9	— 15,9	— 9,36
- Sommer . . .	10,12	2,52	1.	5,79	4,88	3,31	12.	11,92	1,3	2.	14,84
- Herbst. . . .	— 6,05	— 13,05	— 16,79	— 4,41	— 4,96	— 14,14	3,5	+ 1,20	8,5	— 7,9	— 10,07
- ganzen Jahr . .	— 8,24	— 17,09	— 17,87	— 5,91	— 7,65	— 15,25	4.	+ 1,31	— 3,6	— 9,5	— 10,90
Unterschied zwischen dem wärmsten und kältesten Monat .	41,35	41,60	40,61	26,4	28,0	41,41	15,6	22,1	21.	26,8	53,12
Wärmster Monat .	11,2	5,8	2,01	7,4	6,1	4,74	13,5	13,2		3,06	17,36
Kältester Monat. .	— 30,2	— 35,8	— 38.	— 19.	— 22,05	— 36,67	— 2,1	— 8,05		— 23,72	— 40,76

Ein Blick auf diese Tafel zeigt sogleich, dass die Puncte, welche eine gleiche mittlere Jahrestemperatur haben, keineswegs unter denselben Breitegraden liegen und dass die Isothermen daher die Breiten-Parallelkreise vielfach durchkreuzen. Ich habe eine dieser Isothermen aus Dove's Werk in unser Kärtchen eingetragen, welche dies veranschaulicht. Die Isotherme von Nullgrad steigt von der Südspitze von Grönland in den Norden von Island bis nahe zur Bäreninsel und sinkt dann von dort über das nördliche Lappland zum bottnischen Meerbusen hinab, geht von dort zum weissen Meer, von wo sie sich nach Osten noch tiefer hinabsenkt und in Sibirien in der Breite von Jakutsk bis zum Ochotskischen Meere verläuft; auch in Amerika senkt sich diese Linie in ähnlicher Weise wie in Asien weit nach Süden hinab. Es stellt diese Isotherme daher eine Ellipse dar, deren grösster Durchmesser auf Sibirien und Nordamerika fällt, der kleinste aber auf

---

[1] Die Beobachtungen von Alten wurden in dem Kupferwerk, während 11 Jahren (Sept. 1837 bis Sept. 1848) angestellt und enthalten die Mittel von 9 Uhr Vorm., 3 Uhr Nachm. und 9 Uhr Abends. Vgl. Report of the british Association for 1849, und Schübeler, S. 9. Niedrigere Zahlen geben die Uebersichten von Mahlmann und Martins. Ersterer giebt Alten eine Jahrestemperatur von 0,0, letzterer von 0,49; ersterer eine Sommertemperatur von 10,4, letzterer von 10,13 und einen wärmsten Sommermonat von 11,6°.

die Behringsstrasse und das Meer von Spitzbergen. Einen ähnlichen Verlauf nehmen auch die übrigen weiter nördlich liegenden Isothermen, nur verwischt sich allmälig das durch den Golfstrom bewirkte so auffallend starke Aufsteigen der Isothermen an Skandinaviens Westküste. Die Isotherme von — $7\frac{1}{2}°$ steigt von der Disco-Insel nach dem südlichen Spitzbergen, um von da nach Osten wieder tiefer zu sinken. Die kältesten Gegenden der arctischen Zone fallen eintheils auf den arctisch-amerikanischen Archipel, anderntheils auf Ostsibirien, welches sich durch die grössten Extreme der Temperatur auszeichnet. Es hat die kältesten Winter der Erde und in Jakutsk sind sie sogar um mehrere Grade kälter als auf der Melville-Insel, obschon diese Stadt um 12 Breitengrade südlicher liegt.

Dieser Verlauf der Isothermen wird bekanntlich durch die verschiedene Vertheilung von Land und Wasser und die damit zusammenhängenden Luft- und Meeresströmungen bedingt. Inseln und Küstenländer haben ein gleichmässigeres Klima, während im Binnenland die Winter kälter und die Sommer wärmer werden, die Extreme der Temperatur daher weit greller sich aussprechen. Es hat Dove[1]) die normale Wärme des Parallels ermittelt, also die Temperatur berechnet, die dieser an allen Puncten zeigen würde, wenn die auf ihm wirklich vorhandene, aber verschieden vertheilte Wärme auf ihm gleichförmig vertheilt wäre. Wir erhalten so folgende Tafel:

Breitegrad.	Winter.	Frühling.	Sommer.	Herbst.	Jahr.	Wärmster Monat in der arctischen Zone. Juli.	Kältester Monat in der arctischen Zone. Januar.	Unterschied.
90	— 20,9°	— 17,6°	— 1,9°	— 16,4°	— 10,5°	— 0,7°	— 32,5°	31,8°
80	— 27,4	— 14,5	0,1	— 14,4	— 14.	1,1	— 28,5	29,9
70	— 21,7	— 10,2	5,6	— 8,6	— 8,9	7,2	— 24,4	31,6
66½	— 20,3	— 7,4	8.	— 5,8	— 6,38	10,4	— 21,6	32.
65	— 19,4	— 6,2	9,1	— 4,6	— 5,2	10,0	— 21,1	32.
60	— 14,2	— 1,6	11,9	0	— 1.	13,5	— 15,7	29,2
50	— 5,6	4,9	16,1	6,2	5,4	17.	— 6,5	23,5
40	5,5	12,5	21,6	14,6	13,6	22,5	4,6	17,9
0	26,5	27.	26,1	26,2	26,5	25,9	27,4	1,5

Die normale mittlere Jahrestemperatur beträgt daher an der Grenze des Polarkreises in runder Zahl — $6\frac{1}{2}°$ C., die mittlere Temperatur des Juli als des wärmsten Monates $10\frac{1}{2}°$ C. und des Januar als des kältesten — $21\frac{1}{2}°$ C.

Diesem Klima der arctischen Zone entspricht eine sehr ärmliche Pflanzenwelt. Obwohl dieselbe ein grosses Areal umfasst, enthält das Verzeichniss von Hooker im Ganzen nur 762 Blüthenpflanzen. Freilich ist ein grosser Theil dieses Gebietes noch völlig unbekannt und Niemand weiss zu sagen, ob um den Pol, ja überhaupt innerhalb des 82sten Grades, Land oder Meer sei[2]) und ob nicht zahlreiche Inseln oder auch ein ausgedehntes Festland nördlich und östlich von Neusibirien sich finde. Die bisherigen Erfahrungen haben aber gezeigt, dass die arctische Flora eine so grosse Gleichförmigkeit zeigt und sie weiter nach Norden so spärlich wird, dass für die Pflanzenwelt durch Entdeckung neuen Festlandes keine grosse Bereicherung zu erwarten ist.

Die arctische Flora besteht grossentheils aus ausdauernden Kräutern. 15 Arten können als Bäume[3]) und 77 als Sträucher bezeichnet werden, daher 92 zu den Holzgewächsen gehören, von denen die Weiden fast $\frac{1}{4}$ ausmachen. Von diesen Holzpflanzen sind indessen die meisten sehr klein, wahre Zwerge, welche nur wenige Zoll über den Boden sich zu erheben vermögen, und die Bäume überschreiten nur an wenigen Stellen den arctischen Kreis. Da diese holzartigen Gewächse zur Beurtheilung der miocenen arctischen Flora von grösster Bedeutung sind, müssen wir uns dieselben etwas genauer ansehen.

Aus ganz Grönland sind bis jetzt 320 Blüthenpflanzen bekannt geworden, von denen 207 auf das

---

[1]) Vgl. H. W. Dove die Verbreitung der Wärme auf der Oberfläche der Erde. Berlin 1852.
[2]) Da im Sommer ganze Züge von Vögeln aus dem Norden Spitzbergens polwärts fliegen, muss in jener Richtung noch Festland sein. Middendorff vermuthet, dass auch nördlich vom Taimyrland zahlreiche Inseln im Meere liegen.
[3]) In dem Verzeichniss von Hooker (Outlines of the distribution of Arctic Plants. S. 301) fehlen die Pinus Menziesii Loud. (P. Sitchensis Brng.) und P. Pichta Pall, welche ich hinzugerechnet habe, dagegen wurden die Pinus orientalis und Betula papyracea abgezogen, da letztere zur Weissbirke gehört und eratere nicht die P. orientalis L., sondern eine Varietät der P. Abies L. ist.

arctische Gebiet dieses Landes kommen. Es fehlt demselben die Baumvegetation vollständig und auch von den 23 Straucharten, welche von da bekannt sind, bilden die meisten wenige Zoll hohe Büsche, so die Bärentraube, Preisbeere, Azalea procumbens, Diapensia lapponica, Cassiope tetragona und hypnoides, Empetrum nigrum und mehrere Weidenarten. Die lappländische Alpenrose (Rhod. lapponicum L.) gehört da zu den ansehnlichsten Pflanzen. Die Holzvegetation ist hier viel ärmlicher als auf dem amerikanischen Continent, obwohl eine Weide (die Salix glauca L.) noch bis 2300 Fuss ü. M. getroffen wird und 10 Arten Blüthenpflanzen von Dr. Rink sogar noch bei 4500 Fuss ü. M. gesammelt worden sind.

Auf dem arctisch-amerikanischen Archipel fehlt nicht allein die Baumvegetation, sondern auch von Sträuchern kommen nur einige Zwergweiden vor, welche sich nur wenig über den Boden zu erheben vermögen. Es ist eine eigentlich hochalpine Flora. Viel manigfaltiger wird die Pflanzendecke auf dem amerikanischen Continent. Dr. Hooker zählt im Ganzen in der arctischen Zone von der Behringsstrasse bis zum Mackenzie 364 und vom Mackenzie bis zur Baffinsbai 379 Pflanzenarten auf. Es überschreiten in diesem Gebiet 7 Baumarten den arctischen Kreis. Die häufigste Art ist die Silberfichte (Pinus alba Ait.)[1], welche ihn Rupertsland den Hauptnadelholzbaum darstellt. Sie bildet am Bärensee noch grosse Wälder und geht am Mackenzie bis zum $69^{sten\,0}$ n. Br., während sie an den Küsten der Hudsonsbai bei 60^0 n. Br. ihre Grenze findet. In diesen hohen Breiten bleibt sie aber klein und erreicht selten mehr als 30 bis 40 Fuss Höhe. Fast ebenso hoch nach Norden reicht die Schwarzfichte (Pinus nigra Ait.), ist aber seltener und kleiner. Auch die Bänksföhre (P. Banksiana Lamb.) geht von den grossen canadischen Seen bis in den arctischen Kreis, während die amerikanische Lärche denselben kaum berührt. Von Laubbäumen überschreiten die Pappeln, Birken und Weiden den Polarkreis. Am höchsten steigt die amerikanische Espe (Populus tremuloides Mich.) nach Norden, indem sie am Mackenzie bis 69^0 n. Br. reicht, hier aber zum weidenartigen Busche wird, während sie weiter südlich 20 bis 50 Fuss hohe Bäume bildet. Noch dickere Stämme besitzt die Balsampappel (P. balsamifera L.), welche am Mackenzie bis zu $68^0\,37'$ mit der Silberfichte und der Birke (Betula alba var. papyracea Ait.) noch Wälder bildet. Dort findet sich auch noch eine baumartige Weide (die Salix speciosa), welche etwa 12 Fuss Höhe erreicht. Am höchsten steigt daher in Amerika die Baumgrenze am Mackenzie (bis 69^0), sinkt aber nach Osten schon am Kupferminenfluss auf $67^1/_2{}^0$ hinab; von dort biegt sich die Grenze nach südwärts und gelangt, den Polarkreis schneidend, in der Breite von 63^0 an die Westseite der Hudsonsbai, deren Ufer sie indessen erst bei circa 60^0 n. Br. erreicht und in Labrador sogar noch tiefer, bis auf den $58^{sten\,0}$ n. Br. hinabsinkt. Ebenso senkt sich die Baumgrenze vom Delta des Mackenzie aus auch nach Westen südwärts. Sie liegt im Innern des Landes bei circa 67^0 und ist am Kotzebuesund bei $66^3/_4{}^0$ n. Br. beobachtet worden; fällt von da aber in raschem Bogen nach Süden, indem sie im Flussgebiet des Kwihpak im Innern des Landes auf $65^1/_2{}^0$ und näher der Küste auf 63^0 hinabsinkt. Das ganze Küstenland ist dort bis über die Aleuten hinaus baumlos. Auf der Westküste des Felsengebirges bildet die Pinus Menziesii Loud. (P. Sitchensis Brong.) mit der Weissbirke (B. alba L.) und der Pappel die Baumgrenze und vertritt hier die Stelle der Silberfichte der östlichen Gegenden. — Zu diesen Baumarten gesellen sich zahlreiche Sträucher, als Wachholder (Juniperus communis und virginiana var.), Eberesche, Weiden, Erlen (bis 68^0), Zwergbirken (bis 69^0), Alpenrosen (Rh. lapponicum), Kalmien (K. glauca), kleine Andromeden (A. polifolia, A. tetragona, A. calyculata), Schneeball (Viburnum Opulus, bis 68^0), Bärentraube (Arctost. uva ursi, alpina), Johannisbeeren (Ribes rubrum, Hudsonianum und R. lacustre), Heidelbeerarten (Vacc. uliginosum, vitis idaea, canadense), Azaleen (A. procumbens), Ledum (L. palustre), Rosen und Spirstauden (Rosa blanda, Spiraea chamaedrifolia und salicifolia), Elaeagnus (E. argentea, bis 68^0), Shepherdien, Empetrum und Cornelarten (Cornus alba, canadensis und suecica), welche bald ansehnliche, bald aber nur niedere, auf der Erde fortkriechende Gesträuche bilden, die zum Theil bis an das arctische Meer vorgerückt sind.

Gehen wir über das Behrings-Meer nach Asien hinüber, begegnen uns an diesem Nordostende Asiens ganz ähnliche Verhältnisse wie auf der amerikanischen Seite. Das ganze Küstenland ist baumlos; selbst am Ausfluss des Anadur (bei circa 64^0 n. Br.) fehlt die Baumvegetation gänzlich, im Lande der Tschuksschen wird die Baumgrenze von Seemann zu 64^0 n. Br. angegeben. Nach Westen steigt sie aber rasch polwärts und erreicht an der Kolyma den $69^{sten\,0}$ n. Br. Nach Wrangel (Voyage. II. S. 152) hört der Holzwuchs an der Hügelkette von Larionovi Kamene am rechten Ufer der Kolyma bei $69^0\,5'$ auf und wird durch kleines

---

[1] Vgl. Richardson arctic Searching expedition. II. S. 316. Es enthält dies Werk die wichtigsten Angaben über die Polargrenzen der amerikanischen Pflanzen, welche ich in Obigem benutzt habe.

Gesträuch von ein Finger Dicke ersetzt. An der rechten Seite der Kolyma bleibt er freilich schon früher zurück und senkt sich zwischen diesem Fluss und der Indigirka auf 68° herab, steigt aber an der Indigirka wieder zu 70³/₄° n. Br. an und hält sich auch bis zur Jana bei circa 70¹/₃°, am letztern Flusse selbst aber wieder bis zu 71° hinausreichend. In dieser Höhe scheint die Baumgrenze sich nun zu halten bis an die Chatanga, so an der Lena, Olenek, Anabara und Chatanga selbst, wo sie das Maximum erreicht[1]. Weiter nach Westen senkt sie sich aber von hier rasch nach Süden. Sie schneidet an der Pyasina den Parallel von 70°, am Jenisei 69°, umkränzt den Busen des Obi, durchschneidet dann wieder aufsteigend an diesem Flusse den Polarkreis, hält sich dann vom Ural westwärts eine Strecke weit nahe an denselben, reicht aber an der Petschoramündung bis 67¹/₂°, senkt sich am Stiel der Kaninhalbinsel wieder zum Polarkreis, steigt dann aber an der Ostseite des weissen Meeres aufs neue nach Norden und erreicht im nordwestlichen Norwegen bei 71° (genauer 70° 40') den nördlichsten Punct in Europa.

Diese Baumgrenze bildet durch ganz Sibirien die **dahurische Lärche** (Pinus dahurica Fisch.), welche ich aber nur als Varietät der kleinzapfigen amerikanischen Lärche (der P. microcarpa Poir.) betrachte.[2] Sie steht auch der europäischen Lärche (P. Larix L.) sehr nahe. Diese kommt in einer Form (P. Larix sibirica Led.) mit der vorigen vor und ihr gegenseitiges Verhalten zur Polargrenze ist noch nicht genügend aufgeklärt. In Skandinavien fehlt die Lärche gänzlich und hier ist die **Weissbirke** (Betula alba und vor aus die var. pubescens Erh.) an die Grenze des Baumwuchses gestellt. Bis an den Ural behauptet die Birke ihr Vorrecht, von dort an weiter östlich muss sie es aber der Lärche abtreten, daher man sagen kann, dass in Europa die Birke, in Asien die Lärche an die Grenze des Baumwuchses gestellt sei. Es sind indessen derselben mehrere Nadel- und Laubhölzer sehr nahe gerückt. In Skandinavien ist es die **Kiefer** (Pinus sylvestris L.), welche nur um 1° früher zurückbleibt (bei 70° n. Br.), auf der Halbinsel Kola eine Varietät der Fichte (P. Abies mediotena Nylander)[3], die im Norden von Russland bis zum Ural stellenweise sogar mit der Birke um den Vorrang streitet. Im Osten des weissen Meeres tritt die Lärche hinzu, die östlich vom Ural rasch polwärts vorschreitet und die Fichte und Birke überholt. Im Norden von Russland beträgt nach Middendorff der Abstand zwischen der Polargrenze der Kiefer, Fichte, Birke und Lärche nur ¹/₄, selten ¹/₂ Breitengrad, ebenso noch am Obi; im Taimyrland aber hat die Lärche schon einen Vorsprung von 2° vor der Birke und Fichte gewonnen und die Föhre bleibt am Jenisei um 5, an der Lena um 7° hinter der Lärche zurück.

---

[1] Ich bin in der Darstellung der Baumgrenzen Sibiriens den sehr wichtigen und lehrreichen Untersuchungen Middendorff's gefolgt. Es giebt derselbe aber die Baumgrenze an der Lena und Chatanga zu 72° n. Br. an. Er hat dort in solcher Breite noch kleine, ganz verzwergte Lärchen gefunden und einen solchen Lärchenzwerg in seinem Werke (IV. S. 605) abgebildet. Man kann aber eine Pflanze, die in ¹/₃ natürlicher Grösse mit Stamm und Zweigen auf einem halben Quartseite Platz findet, keinen Baum nennen und nach ihrem Vorkommen die Baumgrenze bestimmen wollen. Wie man von Nordrussland sagt, dass dort wohl noch Aepfel aber keine Apfelbäume wachsen, kann man sagen, dass bei 72° wohl noch Lärchenzapfen aber keine Lärchenbäume mehr sich finden. Die Lärchen haben sich vollständig unter die Erde verkrochen und strecken gleich den Zwergweiden nur ihre Zweige hervor, so dass mit Zapfen besetzte Aestchen aus dem Polster von Moos und Flechten hervorgucken und sich nur wenige Zoll über den Boden erheben, daher man mit aller Bequemlichkeit über diese „Bäume" wegspazieren kann. Lärchen, die als Bäume gelten können, fanden sich an der Lena, nach Chitrov, am nördlichsten am Platze Kumakurka bei 71° 24' und ebenso giebt Laptev für den Olenek die Lärchengrenze zu 71° n. Br. an. Und auch hier erscheinen sie eigentlich nur als Krüppel. Die Stämme sind kaum armsdick, ihre Gipfel häufig verdorrt, indem nur die untern durch den Schnee geschützten Aeste der fürchterlichen Kälte zu widerstehen vermögen, die jungen Triebe werden häufig durch Frühlingsfröste getödtet und es müssen neue Versuche zur Knospenbildung gemacht werden, schwarze Lichenen bedecken oft die uralten Zwerge, von deren knorrigen Aesten zahlreiche Bartflechten herunterhängen, so dass diese letzten Ausläufer des Baumlebens einen jammervollen Anblick gewähren und es so dem Reisenden begegnen kann, dass er in einem solchen sogenannten grossen Walde sich befindet und er verwundert fragt, wo denn eigentlich die Bäume seien, wie dies Middendorff von dem Walde von Dudino unter 69¹/₂° n. Br. erzählt (Reisen. IV. S. 596). Da nur in günstigen Lagen Lärchen, die eine wirkliche Baumvegetation bilden, bis 71° in Sibirien getroffen werden, ist die Baumgrenze von 71° wahrscheinlich zu hoch gegriffen, da diese nicht nach solchen Ausnahmen festgestellt werden sollte. Man sollte ein Mittel aus zahlreichen Beobachtungen zu erhalten suchen, wozu es aber auch gegenwärtig noch, trotz der grossen Menge von Angaben, die wir Middendorff zu verdanken haben, an Material mangelt. Es muss hier auf ähnliche Weise verfahren werden, wie mit Ermittlung der Höhengrenzen der Bäume, die auch nicht auf einzelne verkrüppelte Exemplare gegründet wird, die man in besonders günstigen Lagen (an von Felsen geschützten Stellen) oft bis zu ganz abnormen Höhen findet.

[2] Sie unterscheidet sich nur durch die vorn etwas ausgerandeten Zapfenschuppen.

[3] Sie hat stumpfere Zapfenschuppen als die eigentliche P. Abies L. und wurde daher von einigen Autoren zu P. orientalis L. gebracht (so von Hooker und Middendorff); bei dieser sind aber die Zapfen kleiner, die Schuppen noch mehr zugerundet, heller gefärbt und die Samen sind viel kleiner und haben kürzere Flügel. Wir finden auch in den Gebirgsnadelwäldern der Schweiz eine Form der Rothtanne mit stumpfer zugerundeten Zapfenschuppen, und Herr Brügger brachte Zapfen aus dem Engadin, von Parpan und von der Engatlenalp, die nahezu mit den nördlichen übereinstimmen.

Von übrigen Holzgewächsen, welche in Sibirien den arctischen Kreis überschreiten, sind besonders noch folgende zu nennen: Der gemeine Wachholder reicht am Chatanga noch bis $71^3/4^0$ n. Br., die Strauch-arve (Pin. pumila Reg.) im Lenagebiet bis $68^1/2^0$, während die Baumarve (P. Cembra L., die Ceder der Sibirier) nur am Jenisei bis zu 68^0 n. Br. geht, am Obi bei $66^2/3^0$, am Ural bei 64^0 und an der Petschora bei 65^0 ihre Nordgrenze hat; die Weisserle (Alnus incana W.), welche am Kolabusen bis $69^1/2^0$ n. Br. getroffen wird, während die Troserle (Aln. viridis var. fruticosa Rich.) durch ganz Sibirien bis an das Ochotskische Meer einen der verbreitetsten Sträucher bildet, der im Taimyrland bis $70^3/4^0$, am Jenisei bis $69^1/2^0$ und an der Chatanga bis $71^3/4^0$ n. Br. ansteigt, freilich in diesen Breiten, wie in unsern Hochalpen, nur kleine niedrige Zwergbüsche bildet; die Riechpappel (Populus suaveolens Fisch.), welche als Strauch fast so hoch hinaufreicht als die Lärche und an der Kolyma noch bei $68^1/2^0$ n. Br. getroffen wird, und ähnlich verhält sich die Espe (P. tremula L.), die an der Kolyma noch bei $67^1/2^0$, am Jenisei am Polarkreis, im Osten des weissen Meeres bei circa 66^0 erscheint, auf der Halbinsel Kola aber bis 68^0, ja an einer Stelle (im Schuretschkoja-Busen) bis $69^1/2^0$ aufsteigt und im Altenfjord (bei 70^0) die höchste Nordgrenze erreicht.

Wir haben oben erwähnt, dass in Skandinavien die Weissbirke (Betula alba var. pubescens) die Baumgrenze bildet. Sie findet sich noch auf der Insel Mageroe beim Nordcap (71^0 n. Br.). Freilich ist sie hier nur ein niedriger Busch und auch in Hammerfest ($70^0 40'$ n. Br.) erscheint sie allein an geschützten Stellen, und nur mit etwa mannshohen und armsdicken Stämmen, wogegen sie bei Alten noch 20—30 Fuss hohe Bäume bildet. Es kann aber hier die Baumgrenze jedenfalls nicht höher hinauf als $70^2/3^0$ n. Br. gesetzt werden. Ihr einziger Begleiter ist hier die strauchige Eberesche (Sorbus aucuparia L.), doch folgt in geringem Abstand die Kiefer, welche bei Alten (70^0 n. Br.) noch Bäume von beträchtlicher Dicke bildet und weiter östlich nach Lund am Porsanger-Fjord bei $70^0 20'$ ihre nördlichste Grenze hat.[1]) Dasselbe gilt von der Weisserle (Alnus incana), ein paar Weidenarten (Salix pentandra und S. arbuscula), dem Faulbaum (Prunus Padus L.) und der Espe (Populus tremula L.), welche freilich nur als Sträucher diese hohen Breiten bewohnen.

Da Island nur an seinem Nordrande den arctischen Cirkel berührt, sollte man auf dieser Insel noch einen kräftigen Baumwuchs erwarten. Dieser ist aber sehr kümmerlich und allein durch die Weissbirke dargestellt, welche nur kleine (etwa 4 Ellen hohe) Bäume bildet und schon bei 65^0 n. Br. ihre Nordgrenze findet. Tannen und Führen fehlen gänzlich und die Eberesche und der Faulbaum sind zu Sträuchern geworden. Die heftigen Seewinde, aber auch der Unverstand des Menschen haben an dieser niedern Baumgrenze wesentlich sich betheiligt, denn früher soll wenigstens die Birke in 40 Fuss hohen Bäumen aufgetreten sein und grosse Waldbestände gebildet haben, und es bemerkt sehr wahr Middendorff darüber (Reisen, IV. S. 612), je rascher man die Vorräthe aufbraucht, welche durch Jahrhunderte hindurch an der Baumgrenze aufgespeichert standen, desto schleuniger zieht sich die Baumgrenze vor dem Menschen zurück. Im Ganzen kennt man aus Island 432 Blüthenpflanzen, welche sämmtlich mit europäischen Arten übereinstimmen.

Obwohl die Bäreninsel um 8 Breitengrade vom Polarkreis nordwärts entfernt ist, wird sie doch nahezu von der Null-Isotherme berührt. Sie hat ein reines Seeklima, noch begünstigt durch den erwärmenden Einfluss des Golfstromes. Der Winter ist daher relativ sehr mild, der Boden thaut schon Ende Mai auf und scheint im Sommer eine Temperatur von 2—3 Graden zu haben. Dessenungeachtet hat sie eine sehr dürftige Vegetation und von Baumvegetation ist keine Spur zu finden. Keilhau hat im Ganzen 28 Blüthenpflanzen auf derselben gesammelt.

Aus dem Archipel von Spitzbergen sind 93 Blüthenpflanzen bekannt geworden[2]). Es sind fast alles krautartige Gewächse, die sich über den Boden ausbreiten. Nur 3 Arten (Salix reticulata, S. polaris und Empetrum nigrum) haben holzige Stengel, erheben sich aber kaum ein paar Zoll über den Boden, daher dieser Inselgruppe nicht nur die Bäume, sondern auch die Sträucher völlig fehlen.

Diese Rundschau über die Flora der Polarländer zeigt uns, dass Spitzbergen, ganz Grönland, der Norden von Island, der arctisch-amerikanische Archipel, der Nordsaum von Nordamerika und von Asien baumlos sind. Ein Blick auf unser Kärtchen, in welches ich die Baumgrenze eingezeichnet habe, zeigt

---

[1]) Vgl. Martins voyage botanique le long des côtes septentrionales de la Norvège. S. 134, und die Kulturpflanzen Norwegens von Dr. F. Schübeler. Christiania 1862. S. 57.

[2]) Vgl. A. J. Malmgren ofversigt af Spitzbergens Fanerogam Flora, Oefvers. af K. Vet. Akad. Förh. 1862. Es ist dies die vollständigste Zusammenstellung der von Malmgren in den Jahren 1861 und 1864 gesammelten und von seinen Vorgängern aufgefundenen Pflanzen. Eine Vergleichung dieser Flora mit unserer alpinen gab Martins „la végétation du Spitzberg comparée à celle des Alpes et des Pyrenées. Mémoires de l'Acad. des scienc. de Montpellier. VI. S. 153; ferner: Du Spitzberg au Sahara. S. 83.

uns, dass dieselbe mit den Breitekreisen ebenso wenig parallel läuft als mit den Jahres-Isothermen. Nur in Island und in Nordwest-Norwegen fällt sie nahezu mit der Isotherme von Null-Grad zusammen, während sie in Amerika und Asien viel weiter nördlich liegt und erst an der Behringsstrasse wieder derselben sich nähert. Noch mehr weichen die Winter-Isothermen in ihrem Verlauf von der Linie der Baumgrenze ab, wogegen die Sommer-Isotherme von 10° mit derselben eine in die Augen springende Uebereinstimmung zeigt. Die Isothermen vom Juli und August nehmen in der arctischen Zone einen ähnlichen Verlauf; ich habe die Juli-Isotherme von 10° C.[1]) in die Karte eingezeichnet, weil dies die Isotherme des wärmsten Monates der Polarländer ist. Vom Nordcap über Nordrussland bis nach Ostasien zeigt sie in ihrem Verlauf grosse Uebereinstimmung mit der Waldgrenze, welche auch an der Behringsstrasse auf beiden Seiten dieser Isotherme folgt. Auch in Amerika nimmt sie im grossen Ganzen denselben Verlauf. Wenn wir das lückenhafte Material ins Auge fassen, welches für die Ermittlung dieser Isotherme sowohl wie der Baumgrenze zu Gebote stand, muss dies Resultat uns freudig überraschen und macht es wahrscheinlich, dass da wo Abweichungen sich finden, diese von Nebenumständen und Beobachtungsfehlern herrühren. Dies zeigt uns in augenfälligster Weise, dass nicht durch die Winterkälte, sondern, wie dies schon Middendorff mit Recht betont hat, voraus durch die Sommertemperatur die Polargrenze des Baumwuchses bestimmt wird. Spitzbergen hat bei 78° n. Br. fast dieselbe mittlere Jahrestemperatur wie Cap Franklin, der Winter ist wahrscheinlich noch um 10° wärmer und selbst die Frühlingstemperatur steht etwas höher, und doch ist die Vegetation eine ganz andere. Am Cap Franklin haben wir noch Fichten und Pappelbäume und zahlreiche hohe Sträucher, und in Spitzbergen kleine, verzwergte Kräuter, die nur hie und da den Boden zu färben vermögen. Hier haben wir eben nur eine mittlere Sommertemperatur von 1$\frac{1}{3}$°, während dort eine solche von 10° C. und einen wärmsten Monat von 11° C., welche dies Räthsel lösen. Es muss diese Sommerwärme eine gewisse Zeit andauern, dass die Bäume ihr Holz ausreifen und ihre Samen bilden können. Nur die niedersten Pflanzen, die Cryptogamen, deren Fortpflanzungsprocess ein sehr einfacher und schnell vorübergehender ist, indem er meist nur in einer Zellentheilung besteht, können bei sehr niedriger Temperatur bestehen und sich fortpflanzen. Je verwickelter diese Processe sind, desto länger dauern sie und desto mehr Wärme ist dazu erforderlich. Eine Birke, eine Lärche, eine Tanne muss Zeit haben, um den Blumenstaub zu bilden, das Stempelgehäuse aufzubauen, den Blumenstaub auf die Narbe überzutragen, den Keim und den Samen zur Reife zu bringen. Jede Pflanze fordert für diesen Bildungsprocess eine gewisse Wärme, und wir sehen, dass nirgends auf der Erde[2]), wo die Temperatur des wärmsten Sommermonats nur 9° erreicht, Waldbäume bestehen können; erst mit der Juli- oder August-Isotherme von 10° C. beginnt das Baumleben, aber auch da nur mit den ersten Vorposten, welche mit einer wunderbaren Zähigkeit der Unbill des Klima's trotzen und immer und immer aufs Neue den Versuch wiederholen, weiter polwärts vorzudringen.

Zu Bestätigung des Gesagten füge ich noch die Sommertemperatur von zwei an der nördlichen Baumgrenze, aber weit auseinander liegenden Puncten bei, und stelle zur Vergleichung zwei Höhengrenzen dazu.

Es beträgt die Durchschnittstemperatur an der Baumgrenze:

	im Taimyrland.	in Hammerfest. (70° 40' n. Br.)	auf dem Rigi-Kulm. (1784 Meter ü. M.)	in Cresta im Avers. Haus des Beobachters. (1935 Meter ü. M.)
im Juni	1,9°	7,8	8,10	
- Juli	9,4	11,96	10,24	9,6
- August	10,6	10,85	8,54	10,3
- Sommer	7,3	10,20	8,96	9,68

Im Taimyrland findet sich unter solchen Verhältnissen nach Middendorff (Reisen. IV. 656) noch aufrechtes Krüppelholz von Lärchen; der Maimonat hatte eine Durchschnittstemperatur von — 8,8° und der September von — 1,9°, doch war das Thermometer von Mitte Mai an in der Regel über Null und ebenso bis Mitte September und erreichte im Juli und August einige Mal 24—26° C. Die Vegetationszeit dauerte also etwa 16 Wochen, wobei die lange Besonnung während der Sommermonate in Betracht kommt. Diese kommt auch den Pflanzen von Hammerfest zu gut, wo der Frühling bedeutend wärmer als im Taimyrland. Der Rigi-Kulm ist zwar baumlos, doch entspricht seine Höhe dem Durchschnitt der Baumgrenze der nördlichen Schweiz, die bei 5500 Fuss Par. ü. M. liegt und durch die Fichte (Pinus Abies L.) gebildet wird. In dieser Breite fehlt die lange Besonnung, welche die arctische Zone auszeichnet, dafür ist die Vegetations-

---

[1]) Entlehnt aus Dove's Tafeln in seinem Werke über Verbreitung der Wärme.
[2]) Auf der südlichen Hemisphäre bleiben die Bäume, und Pflanzen überhaupt, schon früher zurück als auf der nördlichen.

zeit bedeutend länger, indem der Frühling früher beginnt. In den Centralalpen steigt die Baumgrenze entsprechend der dortigen höhern Sommertemperatur beträchtlich höher. Im Avers haben wir beim Dorfe Cresta zwar keine Bäume mehr und die ganze Thalsohle von der Kirche bis Juf stellt eine baum- und strauchlose Alpenwiese dar, doch steigen an dem gegenüberliegenden Abhang die Arven bis ungefähr zur Höhe des Dorfes hinauf, so dass dies als Baumgrenze für diese Gegend angenommen werden darf. Auch hier übersteigt der wärmste Monat im Mittel dreijähriger Beobachtungen (vom J. 1856, 1857 und 1858) 10° C. Es dienen somit die Baumgrenzen unseres Landes zur Bestätigung des oben gewonnenen Resultates.

Ein Blick auf die S. 54 mitgetheilte Tafel zeigt uns, dass die normale Wärme des wärmsten Monates (Juli) am Polarkreis 10,4° C. beträgt; wir können daher auf der nördlichen Hemisphäre die normale Polargrenze des Baumwuchses auf etwa 67° n. Br. setzen.

Die Zahl der Baumarten, welche an die äusserste Nordgrenze gestellt sind und bei so geringer Sommerwärme noch leben können, ist sehr gering und beträgt nur ein halb Dutzend, in Europa sind es die Birke und Föhre, in Asien die Lärche und in Amerika die Silberfichte und 2 Pappelarten, welche an diese äussersten Vorposten des Baumlebens gestellt wurden.

Die Sommertemperatur ist also der wichtige Factor, der hier in Betracht kommt und allein es erklärt, wie es kommt, dass in der Nähe des Kältepoles (in Ostsibirien) die Baumgrenze am weitesten polwärts vorgeschoben ist, weil dort die relativ wärmsten Sommer sich finden. Dabei haben wir aber nicht zu übersehen, dass auch die Winterkälte nicht ohne grossen Einfluss ist. Wenn auch einige wenige Baumarten (in Jakutsk) einen äussersten Winterfrost von — 64° C. zu ertragen vermögen, so ist doch diese heftige Kälte Schuld, dass sie so häufig Risse und Spalten bekommen und verkrüppeln.[1]) Auch zeigt uns ein Blick auf das Kärtchen, dass die Juli-Isotherme von 10° C. in Ostsibirien über die Baumgrenze hinausreicht und noch mehr ist dies bei der August-Isotherme von 10° der Fall, wohl weil der ungemein kalte Winter in Verbindung mit den nasskalten Küstenwinden die Bäume dort verhindert, bis an die Grenze jener Isotherme zu gehen. Im Uebrigen bewegt sich jede Pflanzenart wieder innerhalb einer ihr eigenthümlichen und ihrer Constitution angemessenen Temperatursphäre, durch welche ihre Polar- und Aequatorialgrenze bedingt wird, und es giebt gar viele Pflanzen, welchen die Winterkälte ebensowohl das Vorschreiten nach Norden verbietet, wie der Mangel an Sommerwärme, daher im grossen Ganzen die Extreme der Wintertemperatur mit der Sommerwärme zusammen das Band bilden, das ihren Verbreitungsbezirk umschliesst und bestimmt. Daraus mag sich uns erklären, warum in Sibirien mit seinem so extrem continentalen Klima die im Winter kahle Lärche um 7 Breitengrade weiter nach Norden reicht als die wintergrüne Föhre, welche doch in Europa nahezu an die Baumgrenze gerückt ist, weil wintergrüne Bäume von der Winterkälte immer mehr leiden werden als winterkahle, und darum sind überhaupt die Pflanzengrenzen in Norwegen auffallend weit nach Norden vorgeschoben, weil hier relativ warme Winter mit warmen Sommern sich verbinden.

Wir mussten einen Blick auf das Klima und die Vegetation der Polarländer unserer Zeit werfen, um den grossen Gegensatz zu den Verhältnissen früherer Weltalter vor Augen führen zu können. Wir wollen nun nachsehen zu welchen Schlüssen uns ihre einstige Naturwelt berechtigt.

I. Primäre Epoche.

Die Flora der Steinkohlenzeit ist so verschieden von der jetztlebenden, dass sie keine sichern Schlüsse auf das damalige Klima gestattet. Immerhin zeigen die Nadelhölzer, die Nöggerathien und das Lepidodendron der Melville-Insel, dass es damals dort gar viel wärmer muss gewesen sein als gegenwärtig, und der Umstand, dass wenigstens eine Art (Lepid. Veltheimianum) mit einer solchen Mitteleuropa's übereinstimmt, macht es wahrscheinlich, dass die Vertheilung der Wärme eine gleichmässigere gewesen sei. Dies wird auch durch die Thierbevölkerung des damaligen Meeres bestätigt, indem diese einen grossen Reichthum von Arten entfaltet und in Spitzbergen noch bei 78° n. Br. ganze Felsen erfüllt. Es sind ferner mehrere Arten der amerikanischen arctischen Inseln und Spitzbergens nicht allein bis Europa verbreitet, sondern neuerdings selbst in Indien und Südamerika nachgewiesen worden[2]). Es sind dies Thiere mit grossen, starken Schalen, welche wahrscheinlich nicht in grossen Seetiefen gelebt haben. Dass diese Thiere aus südlichen

---

[1]) Es schildert v. Middendorff (IV. S. 652) das erschütternde Knallen, das den sibirischen Wald zur Zeit des Beginnes plötzlich hereinbrechender Quecksilbergefrierfröste durch das Bersten des Holzes erfüllt.

[2]) Der Productus Keilhavii war nicht nur im ganzen arctischen Becken zu Hause, in Spitzbergen, auf der Bäreninsel, im Petschora- und Nord Albert-Land, sondern ist auch im Himalaya gefunden worden. Vgl. S. 34.

Breiten nach dem Norden verschwemmt worden seien, ist nicht anzunehmen, da sie stellenweise massenhaft vorkommen. Auch sprechen die riffbildenden Corallen dagegen, welche in Spitzbergen noch bei 78° n. Br. mehrere Fuss mächtige Felsen bilden und auch auf den Parry-Insel noch bei fast 77° n. Br. auftreten. Eine Art (Lithostrotion basaltiforme), welche in Europa und Amerika sich findet, scheint über das ganze arctische Becken verbreitet gewesen zu sein. Diese Corallenriffe zeugen dafür, dass zur Steinkohlenzeit das arctische Meer nicht von Eismassen bedeckt sein konnte.

In noch älteren Formationen begegnen uns ähnliche Verhältnisse, welche wir S. 16 besprochen haben. Zur silurischen Zeit war im arctischen Amerika Meer und seine Fauna hatte denselben Charakter wie die Meeresfauna von Mitteleuropa und zum Theil dieselben Arten. In einer nördlichen Breite von 73 bis 76° bauten zahlreiche Corallen ihre zierlichen Wohnungen auf, grosse stabförmige Cephalopoden (die Orthoceras) schwammen im Wasser, während die langgewundenen Fussschnecken und Brachiopoden wohl auf dem Seegrunde sich angesiedelt hatten.

II. Secundäre Epoche.

Auch im Triasmeere der arctischen Zone hatte die Thierwelt denselben Charakter wie in Mitteleuropa; es war von grossen Sauriern belebt, die bis zum 78° n. Br. getroffen werden und weist uns eine Zahl von Muscheln und Schnecken, welche zum Theil wenigstens mit solchen südlicher Breiten übereinstimmen.

Dass zur Zeit der Jurabildungen auch im hohen Norden ein Heer von Ammoniten sich eingefunden hatte, erfahren wir aus den Versteinerungen, die auf der Prinz Patrick-Insel, in Spitzbergen, in Nordrussland, am Olenek und in Neusibirien entdeckt worden sind (vgl. S. 20, 35, 41). Auch dies sind Formen, welche zum Theil bis auf die Art mit solchen Mittel- und Südeuropa's übereinstimmen und uns nicht zweifeln lassen, dass damals das Polarmeer eine viel höhere Temperatur gehabt hat als gegenwärtig.

Aus der Kreideperiode kennen wir zur Zeit noch keine arctischen marinen Ablagerungen. Es ist indessen nicht wahrscheinlich, dass das Meer zu dieser Zeit aus dem Norden verschwunden war, und dass das Klima für ein reiches Thierleben geeignet war, erfahren wir aus der Kreideflora von Kome in Nordgrönland. Man wird daher wahrscheinlich auch im hohen Norden noch eine marine Fauna aus dieser Zeit finden. Die Kreideflora Nordgrönlands führt uns sehr merkwürdige Pflanzen vor. Farrenkräuter, wie sie jetzt nur in der tropischen und subtropischen Zone vorkommen (die Gleichenien und Danäen), Zamien und Widdringtonien, die am Cap, und Sequoien, die in Californien in den ähnlichsten Typen auftreten, bilden mit einem Stammstück, das vielleicht einer Palme, jedenfalls einer baumartigen Monocotyledone, angehört hat, und dazu eine Föhre und eine Tanne, Baumformen, wie sie jetzt von Canada bis nach Mexico hinabreichen. Der klimatische Charakter dieser Flora stimmt so wohl zu demjenigen der Kreideflora Mitteleuropa's, dass er auf sehr ähnliche Lebensbedingungen hinweist. Es scheint damals ein subtropisches Klima bis zum 71° n. Br. hinauf geherrscht zu haben, und wir vermögen noch keine zonenweise Ausscheidung der Klimate nach den Breiten nachzuweisen.[1]
Ein noch ungelöstes Räthsel bleibt es aber, dass die Flora von Nebraska, welche zur Kreide gerechnet wird, ein ganz abweichendes Verhalten zeigt und mehr derjenigen der gemässigten Zone zu entsprechen scheint.

III. Miocene Zeit.

Wir haben S. 49 eine Uebersicht der uns bis jetzt bekannten miocenen Pflanzen der arctischen Zone gegeben. Darunter bemerken wir 128 Holzgewächse, von denen nach Analogie der lebenden Arten 78 Bäume gebildet haben. Gegenwärtig kennen wir aus der ganzen arctischen Zone nur 15 Baumarten und von diesen reichen nur 5 (die Birke, Espe, Eberesche[2]), Föhre und Lärche) in einigen Gegenden bis zum 70° n. Br., während von den miocenen arctischen Bäumen 61 Arten, und 11 Arten finden sich sogar noch in Spitzbergen. Wir haben oben gesehen, dass die Nordgrenze des Baumwuchses auf die Juli-Isotherme von 10° C. fällt

---

[1] Leopold von Buch hatte aus dem Fehlen der Kreide in der arctischen Zone geschlossen, dass zu dieser Zeit die Ausscheidung der zonenmässigen Vertheilung der Wärme begonnen habe. Vgl. seine Abhandlung „Betrachtungen über die Verbreitung und die Grenzen der Kreidebildungen". Verhandl. des naturhistor. Vereines der Rheinlande. VI. 1849. S. 211. Auch bei den jetzt bestehenden klimatischen Verhältnissen finden sich viele Thiere im arctischen Meere und nur durch Annahme eines noch viel kältern Klima's würden die Bedingungen des Thierlebens in diesen Breiten ausgehen. Die fossilen Pflanzen zeigen aber, dass gegentheils die arctische Zone zur Kreidezeit ein viel milderes Klima gehabt hat als jetzt. Sollte die marine Kreide im hohen Norden wirklich fehlen, so müsste eine andere Erklärung (etwa durch Annahme eines grossen dortigen Festlandes) gesucht werden.

[2] Die Traubenkirsche (Prunus Padus L.) reicht zwar bis zum 70sten Grad n. Br, doch erscheint sie nördlich von 68½° nur als Strauch.

oder auf den Normalparallel von 67° n. Br. Nun haben wir zur miocenen Zeit in Spitzbergen noch Bäume bei 77 und 79° n. Br., also um 10 bis 12 Breitengrade über diesen Normalparallel hinaus. Es ist aber leicht zu zeigen, dass zur miocenen Zeit die Baumgrenze viel nördlicher lag als 79° n. Br. Wir haben im miocenen Spitzbergen zwei Pappelarten und eine Föhre, die somit Gattungen angehören, welche gegenwärtig die Grenzwächter des Baumlebens bilden. Das war wohl auch zur miocenen Zeit so, aber neben denselben finden wir in Spitzbergen die Linde und Platane, welche in homologen Arten auch jetzt im Verbreitungsgebiet der Pappeln und Föhren vorkommen, die erstere bleibt aber polwärts um 6, letztere um 15 Breitengrade früher zurück. Es liegt keinerlei Grund vor anzunehmen, dass die Pappeln und Föhren zur Tertiärzeit nicht ebenfalls viel weiter nach Norden vorgerückt seien als die Platanen und Linden; wenn wir diesen Abstand zu der polaren miocenen Platanengrenze hinzufügen, gelangen wir über den Pol hinaus, d. h. wie unsere Alpen zur Darstellung der Grenze des vegetabilischen Lebens nicht hoch genug sind, so wären zur miocenen Zeit selbst die klimatischen Verhältnisse des Poles für einzelne Bäume (Pinus- und Populus-Arten) kein Hinderniss noch weitern Vordringens gewesen. Dies macht es sehr wahrscheinlich, dass die miocenen Polarländer eine reiche und üppige Waldflora gehabt haben, welche bis zum Pol hinaufreichte, insofern damals Festland dort bestanden hat. Dass diese Waldflora nicht aus armseligen, krüppelhaften Bäumen bestand, wie die Nordsibiriens, beweisen die aus grossen Baumstämmen gebildeten Holzberge des Bankslandes und der neusibirischen Inseln (S. 21, 42), wie die Hölzer und die reichen Kohlenlager Grönlands und, dass dieser Wald aus sehr manigfaltigen Baumarten zusammengesetzt war, die reiche Flora von Atanekerdluk. Es ist gewiss sehr beachtenswerth, dass hier so viele grossblättrigen Bäume vorkommen und dass die Sequoien sehr lange Jahrestriebe besitzen, wie solche nur unter sehr günstigen Wachsthumsbedingungen sich bilden konnten.

Schon diese allgemeinen Verhältnisse müssen Jedermann überzeugen, dass damals ein ganz anderes Klima in diesen hochnordischen Gegenden geherrscht hat als gegenwärtig, wir werden aber dasselbe näher bestimmen können, wenn wir die Pflanzen der einzelnen Gegenden noch genauer auf ihren klimatischen Charakter prüfen.

Spitzbergen.

Wir können nach ihrem Verhalten zum Klima die miocenen Spitzberger Pflanzen in zwei Gruppen bringen, in solche deren homologe oder doch nahe verwandte Arten erstens auch jetzt bis in die Polarzone reichen, oder zweitens in der gemässigten Zone zurückbleiben. Zu der ersten Gruppe gehören die Pinus polaris, Potamogeton Nordenskiöldi, Populus Richardsoni, Alnus Kefersteinii und Corylus M'Quarrii. Vergleichen wir aber die Polargrenzen der ihnen zunächst stehenden lebenden Arten, so werden wir uns überzeugen, dass die meisten Arten etwa 6 Breitengrade (7° 50′) früher zurückbleiben und bei dem Laichkraut und der Hasel beträgt der Abstand über 10 Grade. Der Haselstrauch überschreitet nur in Westnorwegen den Polarkreis und auch da nur um einen halben Grad, indem er nach Wahlenberg dort bis 67° n. Br. reicht[1]; nach Osten sinkt seine Polargrenze sehr rasch auf 60 und 61° n. Br. hinab und folgt der Eichengrenze. Dazu kommen nun noch die Bäume der zweiten Gruppe, deren analoge lebende Arten weit von der Polargrenze zurückbleiben. Es sind dies die Buche, die Platane, die Linde und die Sumpfcypressen, welche uns die wichtigsten Aufschlüsse über das miocene Klima Spitzbergens geben, daher wir sie noch einzeln zu besprechen haben.

1. Die Buche.[2]

Die europäische Buche, welcher die miocene Art sehr nahe steht, geht in Schottland selbst in Cultur nicht über den 57° n. Br. hinaus, in Norwegen dagegen reicht sie nach Schübeler (die Culturpflanzen Norwegens, S. 75) in Cultur bis Drontheim (63° 25′), indem sie dort noch fortkommt und in guten Jahren die Früchte reift, wild wachsend aber hat sie hier die nördlichste Grenze in Sacim (Kirchspiel Hosanger), einige

---

[1] Nach Schübeler „über die Verbreitung der Obstbäume und beerentragenden Gesträuche", S. 32, und Culturpflanzen Norwegens", S. 74, trägt er nur bis Alsteno (66° n Br.) reife Früchte. Es kommen auch in Norwegen die beiden Formen vor, welche bei uns haben und die schon in den diluvialen Schieferkohlen und Pfahlbauten auftreten. Vgl. Urwelt der Schweiz, S. 491, u. Pflanzen der Pfahlbauten, S. 30.

[2] Meine Angaben über die Polargrenzen der Bäume gründen sich theils auf die mir zugänglichen gedruckten Schriften (namentlich Middendorff, Schübeler, Trautvetter, von Herder), theils aber auf briefliche Mittheilungen. Da es zu umständlich wäre, jeden Orts den Beobachter zu nennen, der so freundlich war, auf meine Anfragen zu antworten, will ich es hier thun und damit meinen verbindlichsten Dank verbinden. Dublin: Dr. Moore. London: Dr. J. D. Hooker. Wolsingham: W. Backhouse. Perth: Sir P. le Grey Egerton. Harlem: Prof. van Breda. Berlin: Prof. Alex. Braun. Lund und Stockholm: Prof. Nordenskiöld und Dr. Fries. Königsberg: Prof. Caspari und Zaddach.

Meilen nördlich von Bergen bei 60° 37'. Sie sinkt aber schon in Schweden auf 57° und weiter nach Osten [1]) biegt sich die Grenze rasch nach Süden hinab. Sie verläuft über Königsberg nach Polen, geht dann längs der westlichen Grenzen Volhyniens und Podoliens nach Bessarabien, wo sie auf den westlichen Bergabhängen wächst. Sie fehlt im Innern Russlands, wogegen sie im Caucasus und in Japan wieder auftaucht. Die amerikanische Buche (Fagus ferruginea Ait.) findet sich bei Neu-Braunschweig und Neufundland und erreicht dort kaum den 50sten Grad n. Br., während sie nach Richardson im Innern des Landes um einen halben Grad weiter nach Norden, bis zum Winipeg vordringt.

2. Die Platane.

Die amerikanische Platane ist über die Vereinigten Staaten verbreitet. Sie reicht aber nicht über den 50sten Grad n. Br. hinaus, indem sie in Canada nicht nördlich vom Obersee sich findet. Die orientalische Platane bleibt in Europa noch früher zurück. In ganz Mitteleuropa treffen wir in Anlagen am häufigsten Platanus acerifolia Willd., deren Verhältniss zu den beiden vorigen Arten noch nicht genügend aufgeklärt ist. Wir finden sie in Cultur in England, Holland und im nördlichen Deutschland bis nach Elbing und Königsberg; bei letzterer Stadt ist sie freilich schwer zu erhalten, wogegen sie bei Berlin sehr wohl gedeiht. Dasselbe ist aber auch noch der Fall in Kopenhagen und im südlichsten Schweden, so bei Lund (bei circa 56° n. Br.), wo sie noch ansehnliche Bäume bildet. Dagegen führt sie Schübeler unter den Culturpflanzen Norwegens nicht an und es scheint somit Christiania ausserhalb des künstlichen Verbreitungsbezirkes dieser Gattung zu liegen, noch mehr ist dies bei Petersburg der Fall. Folgende Tafel zeigt uns die Temperatur der wichtigsten Stationen:

	Breite.	Jahr.	Winter.	Frühling	Sommer.	Herbst.	Kältester Monat.	Wärmster Monat.
a. Innerhalb der Grenze.								
Harlem	52° 23'	9,6	2,6	8,6	16,6	10,6	1,3	17,4
Kopenhagen	55 41	8,1	— 0,3	6,4	17.	9,3	— 1,5	17,9
Lund	55 42	7,2	— 1,4	5,4	16,7	8,3	— 3,2	16,4
Königsberg	54 43	6,5	— 3,3	5,3	15,9	6,9	— 4,2	
b. Ausserhalb der Grenze.								
Christiania	59 54	5,3	— 4,2	4.	15,4	6.	— 5,3	16,0

Zur miocenen Zeit stand die Platane am Eisfjord Spitzbergens bei 78° n. Br., also um circa 18 Breitengrade nördlicher als Christiania.

3. Die Linde.

Die kleinblättrige europäische Linde (Tilia parvifolia Ehrh.) reicht nach Schübeler an den Westküsten Norwegens bis zum 62° n. Br., der nördlichste Punct, wo sie mit Erfolg noch gepflanzt werden konnte, soll auf Orlandet, am nördlichen Ufer des Meerbusens von Drontheim unter 62° 42' n. Br. sein. [2]) Im östlichen Norwegen sinkt die Nordgrenze auf 61°; sie ist auf den Alandsinseln und um Petersburg und steigt dann ostwärts noch etwas höher polwärts an, indem sie wenigstens in Strauchform bei Ladogasee bis 61¼° n. Br. noch sich findet. Nach Middendorff soll sie im europäischen Russland von Finnland an und ostwärts über das Dwinagebiet beinahe den 62sten Grad n. Br. erreichen, dann diesem Breitegrad fast parallel gehen, am Ural aber auf 59° herabsinken, Toboli bei 58½°, den Irtysch bei 58° und den Obi und Tom bei 56½° n. Br. schneiden. Sie erreicht ihre östlichste Grenze am Jenisei bei 56° n. Br., ist aber auch da, wie in allen höher nordischen Gegenden nur ein Strauch. Für die Grenzstationen der europäischen Linde stellen sich die Temperaturverhältnisse:

---

[1]) Nach einer brieflichen Mittheilung von Prof. Nordensköld befindet sich indessen in Finland eine Buche noch bei Frugard (bei 60° 35' n. Br. und 43° ö. L.). Es ist dies in Finland das nördlichste bekannte Exemplar und ist nur ein 1—2 Fuss hoher Strauch, dessen vom Schnee nicht bedeckte Aeste jeden Winter erfrieren. Er soll aber über 100 Jahre alt sein.

[2]) Martins (Voyage botanique, S. 12) sah in der Stadt Drontheim noch eine kleinblättrige Linde, doch musste sie zurückgeschnitten werden, da die Aeste abgestorben waren. Der Stamm hatte am Grund einen Durchmesser von 0,86 M. im Jahr 1862 hatte sie eine Höhe von circa 35 Fuss. Bei Hornoesand (62° 38') sah er noch 2 Exemplare. Vgl. auch Schübeler die Culturpflanzen Norwegens, S. 111.

	Jahres-mittel.	Winter.	Frühling.	Sommer.	Herbst.	Kältester Monat.	Wärmster Monat.
Drontheim 63° 26'	5,4	— 2,4	4,5	13,4	4,7	— 4,9	14,8
Umea 63° 49'	2,1	— 10,2	0,6	14,1	3,1	— 11,3	16,2
Petersburg 59° 56'	3,5	— 7,9	2,1	15,4	4,5	— 9,9	16,5

Die amerikanische Linde hat am Winipegsee bei $50^{1}/_{2}°$ n. Br. ihre Nordgrenze, erscheint aber da nur noch als Strauch. Sie findet sich in Gärten noch in Christiania.

Die Spitzberger Linde (Tilia Malmgreni) scheint durch ihre grossen Blätter dieser amerikanischen am nächsten sich anzuschliessen. Wenn wir aber auch Drontheim als den günstigsten Punct, wo die kleinblättrige europäische Linde noch, wenn auch kümmerlich fortkommt, zum Anknüpfungspunct wählen, treffen wir doch die von Blomstrand in der Kingsbai entdeckte Linde um $15^{1}/_{2}$ Breitengrade höher im Norden an.

4. Die Taxodien.

Es sind nur zwei lebende Arten Sumpfcypressen bekannt, die virginische (Taxodium distichum Rich.) und die mexicanische (T. mexicanum Carr.), welche letztere sich allein durch die schmälern Blätter zu unterscheiden scheint. Die erstere ist in den Morästen der südlichen Vereinigten Staaten zu Hause, besonders zwischen 31—32° n. Br., wurde aber auch in Kentucky und in Virginien bis zum Delaware (bis etwa 40° n. Br.) getroffen. In Canada wird dieser Baum nicht mehr gesehen. Cultivirt kommt er indessen in Europa in viel nördlichern Breiten vor. Wir finden ihn hier und da in den Gärten und Anlagen von Bern, Zürich und Winterthur, und auch am letztern Orte reift er noch zuweilen die Früchte und erwächst zu einem ansehnlichen Baume. In Irland gedeiht er noch in der Umgebung von Dublin, doch bleibt er da niedrig, wogegen er in den Parks von London grosse Bäume bildet. In Holland kommen über 100 Jahre alte Bäume vor, die aber niemals blühen, noch Früchte tragen. In Deutschland gedeiht er bei Berlin vortrefflich, blüht und trägt zuweilen Frucht, auch steht er in paar grosse Bäume in dem Pinetum von Muskau in Schlesien bei circa $51^{1}/_{2}°$ n. Br., welche die Winter ertragen, obwohl die jungen Exemplare leiden und im Winter zurückfrieren. In der Umgebung von Königsberg und von Stockholm hält dieser Baum im Freien nicht mehr aus. Für Deutschland dürfte daher etwa der 53ste Grad n. Br. die künstliche Nordgrenze dieses Baumes bezeichnen.

Das Taxodium dubium Spitzbergens steht der virginischen Sumpfcypresse sehr nahe und hat daher sehr wahrscheinlich für seine Entwicklung auch ähnliche Wärmeverhältnisse verlangt, die sich nach folgender Tafel bemessen lassen.

	Jahres-mittel.	Winter.	Frühling.	Sommer.	Herbst.	Kältester Monat.	Wärmster Monat.
a. Innerhalb der Grenze.							
Dublin	9,5	4,6	8,4	15,3	9,8	4,3	16.
Bern 46° 57'	8,12	— 1,04	8,3	16,8	8,6	— 4,3	18,4
Winterthur	8,40	— 2,50	8,4	17,2	8,8	— 3,0	18,6
Berlin 52° 31'	8,6	— 0,6	8,1	17,5	8,6	— 2,6	18,3
b. Ausserhalb der Grenze.							
Stockholm	5,6	— 3,6	3,5	16,1	6,0	— 4,5	17,6

5. Die Populus arctica

gehört wahrscheinlich in die Gruppe der Lederpappeln (Pop. euphratica Ol.), welche gegenwärtig auf Asien beschränkt ist. Sie findet sich in Centralasien, so in Thibet, bis zu sehr bedeutenden Höhen hinauf, wo sie ihr kalte Winter zu ertragen hat, anderseits aber in der warmen und subtropischen Zone, so in Mesopotamien und am Jordan bei Jericho. Da die fossile Art indessen keiner lebenden so genau entspricht, dass sie als homologe Art bezeichnen könnten, bleibt ihr klimatischer Charakter zweifelhaft.

Ueberschauen wir die Temperatursphären, in welchen sich die den Spitzberger Bäumen zunächst stehenden lebenden Arten bewegen, werden wir sagen müssen, dass die Platane und die Sumpfcypressen wenigstens eine Sommertemperatur von 15—16° C. verlangen und dass die Wintertemperatur nicht unter — 4° liegen konnte, wogegen die Linde, Buche und Haselnuss auch bei ungünstigern Verhältnissen noch

leben konnten, und noch mehr ist dies bei der Föhre, den Pappeln und Erlen der Fall. Es wird daher das südliche Schweden mit $5^1/_2$ bis 6^0 C. Jahrestemperatur jetzt ein Klima haben, wie es zur miocenen Zeit bei 78^0 n. Br. in Spitzbergen bestand. Das Minimum, das wir für die Kingsbai (bei 79^0 n. Br.), wo die Linde entdeckt wurde, anzunehmen haben, haben wir auf 5^0 mittlere Jahrestemperatur zu stellen. Die Kingsbai liegt um 32 Breitengrade nördlicher als die Mittelschweiz und hätte darnach eine um 16^0 niedrigere Temperatur gehabt als die miocene Schweiz, für welche eine sorgfältige Combination der Naturwelt jener Zeit eine Mitteltemperatur von 21^0 C. ergeben hat.[1]) Wir erhalten sonach für den Breitegrad eine Temperaturabnahme nach Norden von $0{,}5^0$ C. Gegenwärtig beträgt der Temperaturunterschied, wenn wir die Schweiz auf das Meeresniveau berechnen, $20{,}6^0$ C., was auf den Breitegrad $0{,}66^0$ C. beträgt.[2]) Es war daher zur miocenen Zeit die Wärme gleichmässiger vertheilt, obwohl eine zonenweise Abnahme nach Norden nicht zu verkennen ist. Damit stimmt denn auch die Vergleichung der jetzigen Spitzberger und Schweizer Flora mit der miocenen überein. Von den 93 Pflanzen, welche Dr. Malmgren in Spitzbergen nachgewiesen hat, kommen 27 Arten auch in der Schweizer-Flora vor. Von diesen werden aber nur 4 (Cardamine pratensis, Taraxacum palustre, Poa pratensis und Festuca ovina) auch im Tiefland getroffen, alle andern erscheinen erst in den Alpen und die meisten erst in beträchtlichen Höhen. Von den miocenen Pflanzen Spitzbergens aber war fast die Hälfte auch in der Schweiz oder deren Nachbarschaft zu Hause und die andere Hälfte besteht aus lauter Arten, welche denselben klimatischen Charakter haben. Es ist keine einzige Art darunter, welche ausschliesslich alpinen oder arctischen Typen entsprechen würde. Während jetzt der ganze Hochnorden unserer Erde von einer eigenthümlich arctischen Flora bevölkert ist, fehlte der Tertiärzeit eine solche schärfer abgegrenzte hochnordische Pflanzenwelt, es ist dieselbe zum Theil aus den Arten unserer miocenen Flora zusammengesetzt, welche der jetzigen gemässigten Zone entsprechen, zum Theil aber aus Formen, die zwar dieser fremd sind, aber doch denselben klimatischen Charakter haben. Es hat also damals eine grössere Gleichförmigkeit in der Vertheilung der Pflanzen bis in den höchsten Norden hinauf stattgefunden, und diesem muss ein gleichförmigeres Klima entsprechen, da mehr Arten unserer Breiten bis hoch in die Polarzone hinaufreichen, als dies gegenwärtig der Fall ist.

Grönland.

Die Fundstätten fossiler Pflanzen liegen in Grönland um 7 bis 9 Breitengrade weiter im Süden, als diejenigen Spitzbergens. Das Vorkommen der Pappeln, Haselnuss, Buche, Platane und Sumpfcypresse, die uns schon in Spitzbergen begegnet sind, darf uns daher nicht verwundern. Ueberhaupt können wir auch diese Pflanzen in dieselben zwei Gruppen bringen, nämlich in Typen, deren Repräsentanten noch jetzt bis in die arctische Zone reichen, und in solche, welche den Polarkreis jetzt nicht berühren. Zu ersterer gehören folgende Arten: Pteris Rinkiana, Pt. œningensis, Sparganium stygium, Populus Richardsoni, P. arctica, P. Zaddachi, Betula Miertschingi, Corylus M'Quarrii und Menyanthes arctica. Die Pteris sind mit dem Adlerfarrn zu vergleichen, welcher von der Tropenwelt bis zum nördlichen Norwegen verbreitet ist und in der Präfectur von Salten noch zwischen 67 und 68^0 n. Br. vorkommt; der Populus Zaddachi entspricht der Balsampappel, die in Nordcanada (am Mackenzie) bis nahe zur Baumgrenze reicht; der Fieberklee gehört einer Gattung an, welche in Torfmooren der ganzen nördlichen Hemisphäre bis hoch im Norden vorkommt. Weitaus die Mehrzahl der Arten gehört zur zweiten Gruppe, von welchen wir ausser den schon in der Spitzberger-Flora besprochenen Arten, besonders folgende hervorzuheben haben:

Sequoia Langsdorfii Br. sp.

Die ihr ungemein nahe stehende homologe Art, die S. sempervirens, bildet in Californien grosse Wälder und reicht von Mexico weg bis zum 42sten Grad n. Br. hinauf. In britisch Columbien kommt dieser Baum nicht mehr vor. Er gedeiht in den Gärten und Anlagen des Comer-See's vortrefflich und bildet in den Villen von Bellagio prächtige Bäume, welche alljährlich ihre Früchte reifen. Dasselbe ist der Fall am Genfer-See. In Lausanne sehen wir schöne Bäume auf der Eglantine und in Mornex, welche alljährlich ihre Samen reifen

---

[1]) Vgl. Tertiäre Flora der Schweiz. III. S. 333.
[2]) Martins (Du Spitzberg au Sahara. S. 72) berechnet den Temperaturunterschied von Paris ($48^0\ 50'$) und Spitzbergen bei 78^0 n Br. auf 19^0, was fast genau zu demselben Resultat führt, indem wir auf den Breitegrad $0{,}65^0$ C. Temperaturabnahme erhalten. Nach Dove (Verbreitung der Wärme. S. 14) beträgt die Abnahme vom 50—60sten Grad n. Br. $0{,}4^0$ C., vom 60—70sten Grad aber $7{,}0^0$ C. und vom 70—60sten wieder $5{,}1^0$ und vom 40—80sten Grad n. Br $27{,}6^0$ C., was auf den Breitegrad eine Abnahme von $0{,}69^0$ C. trifft.

und selbst im höchstgelegenen Landgut von Lausanne, in der „Hermitage" (544 bis 595 Meter ü. M.) halten sie noch die Winter aus. In Zürich haben wir den Baum wohl im Freien und er hat bis jetzt die Winter ertragen, doch zeigt er nicht das freudige Gedeihen, wie in der Umgebung von Lausanne, er bleibt niedrig und hat bis jetzt niemals Früchte angesetzt. In Süddeutschland hält er noch bei Stuttgart im Freien aus, in Berlin dagegen wird er im Gewächshaus überwintert und Versuche, die gemacht wurden, ihn im Freien zu ziehen, haben fehlgeschlagen. Dasselbe war in Südschweden der Fall. In Holland hat er seit 12 Jahren bei Harlem die Winter ertragen, aber nie geblüht. — In Frankreich zeigt er noch bei Paris gutes Gedeihen, doch werden die Blüthenknospen häufig durch die Fröste getödtet, so dass er dann keine Früchte ansetzt. In Irland finden sich in der Umgebung von Dublin einige grosse Bäume, ebenso zeigt er bei London gutes Gedeihen, doch hat er dort im letzten Winter (1866/67) gelitten und ich habe nicht in Erfahrung bringen können, ob er hier Früchte und Samen reife. Aus dem nördlichen England erfuhr ich durch Herrn W. Backhouse, dass in seinem Garten in St. John bei Wolsingham (bei 54° 42′ n. Br., 1° 53′ w. L. und 900 engl. Fuss ü. M.) zwei Exemplare stehen, welche aber in strengen Wintern leiden und ihre jungen Aeste verlieren. Nach einer Mittheilung von Sir Grey Egerton steht in der Gegend von Perth in Schottland (bei circa 56½° n. Br.) am Südabhang eines Hügels ein Baum von 40 Fuss Höhe und 3 Fuss 11 Zoll Umfang, der 1850 dahin gepflanzt wurde. Es haben indessen diese Sequoien in Schottland (so in Edinburg) nie geblüht und Früchte gereift, es liegen daher diese Standorte ausserhalb der Grenze des künstlichen Verbreitungsbezirks dieses Baumes.

Folgende Tafel zeigt uns die Temperaturen der Grenzstationen und der Puncte, die zwar diesen nahe, aber doch schon ausserhalb des künstlichen Verbreitungsbezirks liegen:

Sequoia sempervirens.	Breite.	Höhe über Meer.	Jahr.	Winter.	Frühling.	Sommer.	Herbst.	Kältester Monat.	Wärmster Monat.	Minimum.	Maximum.
a. An der Grenze oder nahe derselben.		Meter									
Morges [1]	46° 31′	380	9,72	1,03	9,59	17,81	10,44	— 1,28	19,11	— 10,3	29,3
Montreux	—	365	10,53	2,16	10,27	18,51	11,17	0,19	19,9	— 8,5	28,9
Bei London	51° 36′	—	9,6	3,1	9.	16,4	10	1,7	17,3		
Dublin	53° 23′	—	9,6	4,6	8,4	15.3	9,8	4,3	16		
b. Ausserhalb der Grenze.											
Zürich	47° 22′	480	9,02	— 0,36	9,20	17,63	9,6	— 3,42	19,14	— 11,9	26,6
Edinburg	55° 57′	90	8,1	3,5	7,4	13,9	7,9	2,8	14,6		
Berlin	52° 31′	40	8,4	— 0,1	7,9	17,2	8,7	— 1,2	18		

Das Vorkommen dieser Sequoia in einzelnen Parks von Schottland zeigt uns, dass dieser Baum noch n Gegenden leben kann, die eine mittlere Temperatur von 8° und eine Sommertemperatur von 14° haben, venn der Winter mild ist, zum Reifen der Früchte bedarf er aber eine Sommertemperatur von 16—17°; nd da wo die Wintertemperatur unter Null ist, wie in Zürich, und der kälteste Monat bis — 3½° beträgt, etzt er keine Früchte mehr an, auch wenn die Sommertemperatur auf 17½° steht, weil die jungen, mit Knospen besetzten Triebe zurückfrieren. Wir haben daher eine Jahrestemperatur von circa 9°, eine Sommeremperatur von etwa 16½°, bei einer Wintertemperatur von 0° als die äussersten Grenzen der Temperatur-

---

[1]) Die Temperaturen der Schweizer Localitäten sind den meteorologischen Beobachtungen entnommen, welche unter Direcon des Herrn Prof. Wolf von der meteorolog. Centralanstalt der schweiz. naturforschenden Gesellschaft bis jetzt herausgegeben urden. Sie umfassen drei Jahrgänge (1864, 1865 u. 1866), aus denen ich das Mittel genommen habe. Die Beobachtungen werden Uhr Morgens, 1 Uhr und 9 Uhr Abends angestellt. Das daraus gezogene Mittel steht um 0,25° über dem wahren Tagesmittel, as aus den 24stündigen Beobachtungen erhalten wird. Die 40jährigen Beobachtungen von Basel zeigen aber, dass das Mittel der rei Beobachtungsjahre (1864—1866) um 0,29° unter dem auf jene lange Reihe von Jahren gegründeten Mittel steht, welche wir lso hinzuzurechnen haben, daher das Mittel, wie es in den Tabellen enthalten ist, bis auf 0,04° mit dem langjährigen Mittel immt und in meinen obigen Zusammenstellungen unverändert beibehalten wurde. Für Genf hat Herr Prof. Plantamour das ahresmittel auf 9,25° berechnet, für Lausanne ergab das Mittel einer ältern Beobachtungsreihe von 1763—1772 9,4°; aus den ahren 1836—1855 berechnete Herr Prof. Marguet 8,4° und von 1859—1866 8,81°. Die Instrumente, mit welchen in Lausanne die eobachtungen angestellt wurden, sind mit denen des schweiz. Observatoriums nicht verglichen worden und lassen diese Beobhtungen manche Zweifel. Lausanne bekommt durch dieselben gegenüber Basel und Zürich eine relativ auffallend niedere Tem-

sphäre zu bezeichnen, innerhalb welcher dieser Baum noch durch seine Früchte und Samen sich fortzupflanzen vermag. — Da die ihr so äusserst nahe verwandte Sequoia Langsdorfii in Nordgrönland noch ihre Früchte und Samen gereift hat, wie wir dies früher gezeigt haben, setzt sie dieselben Temperaturbedingungen voraus.

Härter als die Sequoia sempervirens ist die S. gigantea Lindl. sp. (die Wellingtonia). Sie erträgt die Winter von Zürich sehr wohl und hat im vorigen Jahr bei Basel die Zapfen gereift, dasselbe war bei London und Gent in Belgien der Fall. Im botanischen Garten zu Berlin steht ein kräftiges Exemplar seit 10 Jahren im Freien, wird indessen im Winter durch ein Bretterhäuschen geschützt, doch soll sie in andern Gärten Berlins ohne Bedeckung ausgehalten haben. In Muskau in Schlesien muss sie im Winter geschützt werden, indem sonst die Zweige erfrieren. — Wir haben oben gesehen, dass bei Wolsingham in Nordengland (bei $54°42'$ und 900 Fuss ü. M.) die S. sempervirens in kalten Wintern zurückfriert, was dagegen bei der S. gigantea nicht der Fall ist, und bei Perth in Schottland steht seit 1856 ein Exemplar, das jetzt 13 Fuss Höhe und einen Umfang von 1 Fuss erlangt hat. Diese Art dürfte daher ihre künstliche Nordgrenze mit dem Taxodium theilen. Im südlichen Schweden kommen die Sequoien nicht mehr fort.

Glyptostrobus.

Der Glyptostrobus europæus ist höchst wahrscheinlich der Stammvater des Gl. heterophyllus Brongn. sp., mit dem er in Zweig- und Fruchtbildung nahezu übereinstimmt. Der letztere ist in China in den Provinzen Shan-tung und Kiang-nun (zwischen 24 und $36°$ n. Br.) zu Hause und wird dort unter dem Namen „der Wasserfichte" längs der Grenzen der Reisfelder gepflanzt. In Europa verhält er sich in Cultur wie die Sequoia sempervirens, doch erträgt er bei Zürich die Winter noch weniger im Freien, wogegen er bei Wien in den Gärten aushalte.

Salisburea.

Es ist uns nur eine lebende Art bekannt (S. adiantifolia Sm.), welche in China und Japan wild wächst, in unsern Anlagen aber vortrefflich gedeiht und zum ansehnlichen Baume wird. In Norddeutschland muss sie indessen in geschützte Lagen gebracht werden, bei Berlin gedeiht sie aber auch an solchen schlecht und man sieht dort daher nirgends alte Bäume; um Muskau erträgt sie zwar die Winter, leidet aber von den Frühlingsfrösten. In Schweden haben die Culturversuche fehlgeschlagen, indess sagt Schübeler (die Culturpflanzen Norwegens, S. 63), dass sie bei Christiania die Winter aushalte; doch spricht er nur von jungen Exemplaren, wohl weil von Zeit zu Zeit eintretende kalte Winter sie tödten. — Bei Dublin und in Südengland bildet sie grosse Bäume und auch bei Stockton ($54\frac{1}{2}°$ n. Br.) findet sie sich, nach W. Backhouse, noch an einer Stelle bei 20—30 Fuss ü. M.

Eichen.

Von den zahlreichen nordamerikanischen Eichen bleiben die meisten schon in den Vereinigten Staaten zurück und finden sich nördlich den grossen Seen nicht mehr. Nur drei Arten (Quercus stellata Wang., Q. rubra L. und Q. alba L.) reichen bis zum Winipeg. Die Quercus Prinus L., welcher die Q. grœnlandica und Q. Olafseni zunächst verwandt sind, geht nirgends in Amerika bis zum 50sten Grad n. Br. Ihr künstlicher Verbreitungsbezirk reicht dagegen weiter nach Norden; sie gedeiht sehr wohl bei Zürich, und ihre künstliche Nordgrenze dürfte bei $55°$ n. Br. liegen. — Weiter nach Norden reicht die deutsche Eiche (Q. Robur L.), indem sie an den Westküsten Norwegens bis zum $63^{sten°}$ n. Br. reicht, in Schweden sinkt die Grenze auf $60°40'$, berührt die Südküsten Finlands, setzt dann nach Esthland über und geht nach Petersburg, senkt sich dann südlich im Meridian von Jaroslav bis $57\frac{1}{2}°$. Dann steigt sie wieder etwas an und erreicht Nishnei Nowogorod bei $57\frac{3}{4}°$ und Pormy bei $58°$. Von da an fällt sie nun südlich ab. Diese Linie bezeichnet indessen nur die Grenze der Art, als Nutzbaum reicht sie bei Weitem nicht so weit nach

---

peratur, wobei allerdings in Betracht kommt, dass der Beobachtungsort in der Höhe der Stadt sich findet und schon gleich unterhalb der Stadt, in Mornex und Eglantine, wo die Sequoien Früchte reiften, die Luft bedeutend milder ist. Wenn wir die Beobachtungen vom Jahr 1864 von Morges und Lausanne vergleichen, zeigt Morges eine um $0{,}35°$ höhere Jahrestemperatur, für den Sommer steigt der Unterschied auf $0{,}9$, während er im Frühling $0{,}01$ und im Herbst $0{,}10°$ zu Gunsten von Morges beträgt, dagegen war der kälteste Monat des Winters um $0{,}52°$ kälter in Morges als in Lausanne, wogegen der wärmste Sommermonat um $0{,}86°$ höher stand. Es ist jedoch bekannt, dass in der Umgebung von Lausanne besserer Wein wächst als in Morges, so dass der ganze Abhang von Mornex (bei der Eisenbahnstation von Lausanne) bis nach Ouchy eher wärmer ist als die Umgebung von Morges.

Norden (vgl. Middendorff IV. S. 575). — Wir können eine Grönländer Art (Q. atava) mit dieser deutschen Eiche vergleichen, doch ist sie uns zur Zeit zu unvollständig bekannt, so dass wir auf sie keinen grossen Werth legen können.

Drei Grönländer Arten (Q. Drymeia, furcinervis und Steenstrupiana) gehören zu den immergrünen Eichen; den zwei erstgenannten sind mexicanische Formen (Q. Sartorii und lancifolia) am ähnlichsten. Der Verbreitungsbezirk dieser Arten ist mir nicht bekannt. Die immergrüne Eiche, welche am weitesten nach Norden reicht, ist die Q. Ilex L. Sie gedeiht noch sehr gut am Genfer-See und erzeugt auch in der Umgebung von Lausanne keimfähige Samen. Schon bei Zürich können wir sie nicht mehr im Freien überwintern, daher das Klima von Lausanne ihre äusserste Nordgrenze bezeichnen wird.

Die Hainbuche (Carpinus Betulus L.).

Die Hainbuche wächst noch im südlichen Schweden, fehlt aber in Finland, ebenso in Livland und Esthland, und der nördlichste Punct ihres Vorkommens in Russland ist nach Trautwetter (die pflanzengeogr. Verhältnisse des europ. Russland, S. 43) der südwestlichste Winkel Kurlands. In Litthauen ist sie noch selten, wird aber häufig in Polen, Volhynien und Podolien.

Die Hopfenbuche (Ostrya).

Wir haben in Europa nur eine Art, die Ostrya carpinifolia, welche am Südabhang der Alpen grosse Verbreitung hat, in der nördlichen Schweiz aber gänzlich fehlt, indessen hält sie nicht nur in unsern Anlagen aus, sondern gedeiht auch noch im südlichen Schweden; ein Exemplar steht nach Dr. Fries bei Stockholm im Freien. — Weiter nach Norden reicht der natürliche Verbreitungsbezirk der virginischen Hopfenbuche (O. virginica), welche nach Richardson am Winipeg bis zum 53° n. Br. reicht. Cultivirt steht sie noch bei Upsala in Schweden (bei circa 60° n. Br.).

Planera.

Die Planera Richardi, welcher die P. Ungeri ungemein nahe steht, kommt am Caucasus und in Creta vor, zeigt aber auch in unsern Gegenden gutes Gedeihen, und reift bei Lausanne ihre Früchte. Im botanischen Garten zu Berlin stehen junge Pflanzen im Freien, doch keine blühenden Bäume. In Dublin gedeiht sie sehr wohl.

Der Dattelpflaumenbaum (Diospyros).

Es besitzt Europa eine Art (D. Lotus L.), welche aber die Alpen nicht überschreitet, obwohl sie in den Gärten unserer Gegend wohl gedeiht und fast alljährlich ihre Früchte reift. Eine zweite Art (D. virginiana) findet sich in Nordamerika, reicht aber nicht bis Canada, obwohl sie in Deutschland, so bei Heidelberg, noch reife Früchte trägt. Die künstliche Nordgrenze dieser Bäume fällt wahrscheinlich mit derjenigen des Tulpenbaumes zusammen. Bei Dublin gedeiht noch D. Lotus, reift aber keine Früchte. Bei Upsala hat man diese Art umsonst zu cultiviren versucht, wogegen sie in Kopenhagen noch vorkommen soll. Im botanischen Garten zu Berlin steht ein Exemplar seit 5—6 Jahren im Freien. Wir werden daher die Nordgrenze des künstlichen Verbreitungsbezirkes etwa auf 55° n. Br. zu setzen und das Klima von Copenhagen als für diese Grenze massgebend zu bezeichnen haben.

Epheu.

Der Epheu fehlt in Lappland und Finland, kommt aber im südlichen Schweden und Norwegen vor, doch übersteigt er wohl nirgends den 60sten Grad n. Br. Wahlenberg giebt als nördlichsten Punct Harnäs in Gestrikland an. In Sibirien fehlt er gänzlich.

Die Weinreben.

Die grönländischen Weinreben (Vitis Olriki und arctica) schliessen sich zunächst an nordamerikanische Arten an, von denen die V. cordifolia von den Vereinigten Staaten bis zum Winipeg-See (50° n. Br.) reicht, während die V. indivisa W. nicht über die Ufer des Ohio in Westvirginien hinaufgeht.

Esche.

Die gemeine Esche (Fraxinus excelsior L.) ist zwar im Norden selten und reift um Petersburg die Früchte gewöhnlich nicht mehr, doch wird sie in Norwegen bis zum 62sten Grad n. Br. getroffen und bei

dem Dorfe Alstadhang sollen sich sogar bei 66° n. Br. noch mehrere ziemlich grosse und Samen tragende Eschenbäume befinden [1]).

Judendorn (Paliurus).

Der Paliurus aculeatus L. ist im Tessin nicht selten und kommt auch in der Umgebung von Zürich noch fort; im nördlichen Deutschland scheint er nirgends in Gärten gehalten zu werden.

Kreuzdorn (Rhamnus).

Die Kreuzdorn-Arten steigen hoch in den Norden hinauf; der Rhamnus alnifolius Herit. geht in Michigan bis zum 58sten° n. Br., Rh. catharticus L. in Norwegen, Finland und Russland bis zum 60sten° und Rh. Frangula L. reicht bis gegen den Polarkreis. In Schweden und Finland wird er noch bei $64^{1}/_{2}$° n. Br. getroffen [2]). Die miocenen Arten von Island und Grönland (Rh. Eridani und Rh. Gaudini) entsprechen aber nicht diesen Arten, sondern ersterer dem Rh. carolinianus Walt., welcher in Virginien und Kentucky vorkommt und Canada nicht berührt, und letzterer dem Rh. grandifolius Fisch. des Caucasus.

Nussbäume.

Die Nussbäume sind häufig in den Vereinigten Staaten, doch geht keine Art über den Obersee hinaus, so dass in Amerika der schwarze Nussbaum (Juglans nigra L.) den 49sten° n. Br. nicht überschreitet. Er trägt indessen in Cultur noch in Christiania reife Früchte, wie denn auch die J. cinerea L. noch das Klima von Stockholm erträgt und auch bei Petersburg in guten Jahren die Früchte reift. Der gemeine Wallnussbaum (J. regia L.) ist in Persien, Cachemir, in Nordchina und am Caucasus zu Hause. Cultivirt reift er in Westeuropa, in Norwegen bis zum Sognefjord (bei 61° n. Br.) seine Früchte; der am nördlichsten vorkommende Nussbaum steht bei Drontheim ($63^{1}/_{2}$° n. Br.), welcher in guten Jahren noch reife Früchte tragen soll [3]); bei Stockholm muss er indessen im Winter geschützt werden, bleibt ein Strauch und setzt nur selten Früchte an; in Osteuropa gedeiht er nur bis zum 52sten° n. Br. In Schottland trägt er wegen zu niedriger Sommertemperatur keine Früchte mehr, während er dies bei Dublin reichlich thut.

Magnolien.

Diese prächtigen Bäume sind in Japan und Nordamerika zu Hause. Die immergrüne Magnolia grandiflora gedeiht am Comer-See und bei Lugano vortrefflich, bildet aber auch bei Lausanne noch grosse Bäume, welche alljährlich blühen und keimfähige Samen hervorbringen. In der Umgebung von Zürich dagegen können wir sie nicht mehr im Freien überwintern, während die Arten mit fallendem Laub (sq M. acuminata L., M. obovata Thb. und M. Yulan Desf.) noch sehr wohl gedeihen. Da die Magnolia Inglefieldi durch die am Grunde verschmälerten, derben, glatten Blätter mit sehr ähnlich verlaufenden Zwischennerven mit der M. grandiflora zunächst verwandt ist, gehört sie in dieselbe Kategorie wie Quercus Drymeia, Prunus Scottii und die Sequoia Langsdorfii.

Immergrüne Kirschbäume.

Die Gattung Prunus besitzt in dem Faulbaum (Pr. Padus L.) zwar eine Art, die bis in die Polarzone reicht, indem er in Norwegen bis $70^{1}/_{2}$° und in Kola bis zum 69sten° n. Br. getroffen wird, und auch in Amerika tritt eine Art auf (Pr. virginiana), die bis zum 60sten° n. Br. geht. Der Grönländer Prunus ist aber von diesen gänzlich verschieden und hat in den lederblättrigen Pr. lusitanica und laurocerasus die ähnlichsten, obwohl nicht homologen Arten. Die Lorbeerkirsche gedeiht noch vortrefflich in Lausanne und reift hier reichliche Früchte, während sie in Zürich öfter durch die Winterkälte leidet und nur ausnahmsweise Früchte ansetzt. Auch vermag sie sich hier nicht mehr zum Baume zu erheben. Wir haben daher hier die äusserste Grenze ihres künstlichen Verbreitungsbezirks. Die Prunus lusitanica trägt bei Dublin noch reichlich Frucht und kann wegen der milden Winter im Norden Schottlands noch cultivirt werden. Bei uns verhält sie sich wie die Lorbeerkirsche, indem sie am Genfer-See zum grossen Strauch, ja selbst kleinen, buschigen Baum wird, der im Herbst alljährlich voller Früchte hängt, während wir um Zürich sie nur kümmerlich durchbringen.

---

[1]) Vgl. F. von Herder Bemerkungen über die wichtigsten Bäume und Sträucher von Petersburg. S. 42.
[2]) F. von Herder l. c. S. 95.
[3]) Schübeler geogr. Verbreitung der Obstbäume. S. 32.

Weissdorn (Crataegus).

Der **Birnendorn** (Crataegus tomentosa L.), dem unsere Grönländer Arten entsprechen, ist in den Vereinigten Staaten sehr verbreitet, berührt aber Canada nicht, wogegen Cr. glandulosa hier vorkommt und bis zum Becken des Saskatchewan geht, und dasselbe gilt von Cr. cordata Ait.

Allen diesen hier besprochenen lebenden Pflanzen können wir fossile Arten Nord-Grönlands gegenüberstellen, welche zu denselben Gattungen gehören und der Mehrzahl nach ihnen nahe verwandt sind; ja manche stehen ihnen so nahe, dass sie als ihre Stammeltern betrachtet werden dürfen. In solchem Verhältniss stehen namentlich die Sequoia Langsdorfii zu S. sempervirens, Taxodium dubium zu T. distichum, Glyptostrobus europaeus zu Gl. heterophyllus, Populus Richardsoni zu P. tremula, Corylus M'Quarrii zu C. avellana, Fagus Deucalionis zu F. sylvatica und ferruginea, Quercus groenlandica zu Q. Prinus, Planera Ungeri zu Pl. Richardi, Platanus aceroides zu P. occidentalis, Diospyros brachysepala zu D. Lotus, Hedera M'Clurii zu H. Helix, Vitis arctica zu V. cordifolia, Juglans acuminata zu J. regia. Diese Arten werden wir daher voraus zu berathen haben, wenn wir uns eine richtige Vorstellung von den klimatischen Verhältnissen von Nord-Grönland zu damaliger Zeit verschaffen wollen, denn es ist der Schluss erlaubt, dass so nahe verwandte Arten auch ähnliche klimatische Verhältnisse voraussetzen. Dazu kommen nun noch die merkwürdigen lederblättrigen Pflanzen, welche wir unter Daphnogene und M'Clintockia aufgeführt haben. So lange ihre verwandtschaftlichen Beziehungen zu lebenden Arten nicht ermittelt sind, können wir allerdings keine zutreffenden Schlüsse von ihnen ableiten, und auch auf die als Ficus groenlandica und Hakea arctica bestimmten Arten wollen wir keinen sehr grossen Werth legen, weil ihre generische Bestimmung noch nicht genügend gesichert ist. Immerhin sagen uns aber Pflanzen mit so grossen, lederartigen Blättern, mögen sie nun zu den Laurineen, Proteaceen und Moreen oder aber zu andern Familien gehören, dass Pflanzen mit solchen Organen nicht in einem kalten Klima leben können, indem man nirgends in denselben solche findet, sondern sie jetzt nur auf die heisse und gemässigte Zone beschränkt sind und auch in letzterer nur im wärmern Theile derselben vorkommen. Diese letztgenannten Pflanzen, zu denen wir noch die Lastraea (Phegopteris) stiriaca und Diospyros Loveni hinzuzufügen haben, sind die südlichsten Formen der Grönländer-Flora, deren Vorkommen so hoch im Norden am meisten auffallen muss. Für weitaus die Mehrzahl der Arten würde ein Klima ausreichen wie wir es jetzt in den Umgebungen des Genfer-Sees finden. Die einheimische Pflanzenwelt ist freilich sehr verschieden, aber wir dürfen auch die in Gärten und Anlagen gezogenen Bäume und Sträucher berathen, indem wenigstens diejenigen, welche im Freien ohne allen Schutz gedeihen und Blüthen und reife Früchte tragen, uns einen Massstab zu Beurtheilung der Temperatursphäre geben, innerhalb welcher sich diese Pflanzentypen bewegen. Wir haben nun oben gezeigt, dass alle früher erwähnten homologen Arten der miocenen Grönländer-Flora in der Umgebung von Lausanne noch gedeihen und können beifügen, dass ausser den genannten zahlreiche immergrüne Bäume und Sträucher in Lausanne die Winter ertragen, so die Cypresse, die Pinie, die Araucaria imbricata, die Korkeiche, der Lorbeer, Viburnum Tinus, Arbutus Unedo und Eriobotrya japonica. Der Feigenbaum erreicht daselbst eine ansehnliche Grösse und trägt alle Jahre seine Früchte. Es darf daher angenommen werden, dass die oben genannten gross- und lederblättrigen Gewächse Grönlands in einem ähnlichen Klima hätten leben können. Anderseits ist es sehr beachtenswerth, dass schon in der Umgebung von Zürich mehrere dieser Bäume und Sträucher nicht mehr gedeihen, wie die lederblättrigen Magnolien, Eichen, Lorbeer, Viburnum Tinus, Araucaria, Cypresse, Pinie und Erdbeerbaum oder doch nur kümmerlich fortkommen und keine Früchte mehr reifen, wie die Sequoia sempervirens, der Glyptostrobus und Prunus lusitanica, was uns zeigt, dass der geringe klimatische Unterschied von Zürich und Lausanne genügt, um einer ganzen Zahl von solchen Pflanzen Grenzen zu setzen. Während in der wildwachsenden Flora sich ein solcher Unterschied zwischen Lausanne und Zürich nicht ausspricht, ist er in den Culturpflanzen in überraschender Weise ausgedrückt und muss sich jedem anfdrängen, der am Genfer-See durch die prächtigen Schattenlauben immergrüner Eichen- und Prunusarten, des Lorbeers und Tinus wandelt. Es muss dieser Unterschied vorzüglich in dem etwas mildern Winter gesucht werden, welcher durch die gegen die Nordwinde mehr geschützten Lage, der nach Süden gelegenen Abhänge des Genfer-Sees bedingt werden. In Morges stand die Wintertemperatur im Durchschnitt der drei letzten Jahre um 1,36° höher als in Zürich und das Minimum war 1,6° geringer; der Unterschied der Sommertemperatur betrug aber nur 0,18°. In der Stadt Lausanne ist die Wintertemperatur wenig geringer als in Morges und vom Bahnhof bis Ouchy ist sie wohl derselben gleichzusetzen, wogegen die Sommertemperatur nicht höher steht als in Zürich, was indessen in den Landgütern unterhalb Lausanne (so in Mornex und in der Eglantine, wo die Sequoia die Früchte reift) der Fall ist.

Aus diesem Allem glauben wir den Schluss ziehen zu dürfen, dass die Flora von Nord-Grönland bei 70° n. Br. eine mittlere Jahrestemperatur von wenigstens 9° C. verlange, dass die mittlere Wintertemperatur sich nicht unter Null befunden haben wird, während die Sommertemperatur $16^1/_2 - 17^1/_2$° C. betrug und im wärmsten Monat etwa 19° erreichte. Gegenwärtig steht dort die Jahrestemperatur bei 70° n. Br. auf circa — 7° C.[1]) Der Unterschied von Jetzt und der miocenen Periode beträgt demnach 16° C., um so viel muss die mittlere Jahrestemperatur in Nord-Grönland höher gestanden haben als jetzt, zu der Zeit als dort diese reiche Flora das Land bekleidet hat. Die Temperaturabnahme würde von der miocenen Schweiz aus berechnet (S. 64) auf den Breitegrad 0,52° C. betragen, während er jetzt auf Grönland berechnet 0,82° C. ausmacht.

Zur Zeit sind erst vier miocene Thierarten aus Nord-Grönland bekannt. Es sind vier Insecten, welche ich zwischen den Pflanzenresten von Atanekerdluk aufgefunden habe. Sie gehören zu drei verschiedenen Ordnungen, zu den Coleopteren, Orthopteren und Rhynchoten. Unter den erstern ist ein kleines Blattkäferchen und ein auffallend grosses Thier, welches zu den Trogositen gehört. Die Orthopteren sind durch eine Kakerlake und die Schnabelkerfe durch eine sehr grosse Baumwanze (Pentatoma) repräsentirt. Die jetzige Insectenfauna Grönlands besitzt keine Arten dieser Gattungen. Die Orthopteren fehlen gänzlich, die Rhynchoten erscheinen nur in vier ganz kleinen Arten (1 Heterogaster, 1 Tettigonia, 1 Aphis und 1 Dorthesia) und auch die Käfer weisen uns andere Typen. So gering daher auch die bis jetzt nachweisbare Artenzahl ist, lässt sie uns doch auf eine ganz andere Insectenfauna schliessen, als sie jetzt die arctische Zone beherbergt und bestätigt namentlich durch die Pentatoma und die Trogosita die auf die Pflanzen gegründeten Resultate.

Island.

Nachdem wir die miocene Flora von Spitzbergen und Grönland kennen gelernt haben, wird uns die reiche Baumwelt des miocenen Island nicht befremden. Es ist selbstverständlich, dass Erlen und Birken, Weiden und Haselnuss, Föhren und Tannenarten, Buchen und Eichen, Ulmen, Planeren, Nussbäume und Platanen damals hier leben konnten, da sie in dem um mehrere Breitengrade nördlicher gelegenen Grönland sich fanden und sie sind nur insofern von grossem Interesse, als ihr Vorkommen in Island zur Bestätigung der dort gewonnenen Resultate dient. Auch der grossfrüchtige Ahorn (Acer otopterix), der über ganz Island verbreitet war, der Sumach (Rhus Brunneri) und die Weinrebe (Vitis islandica) werden uns nicht befremden, ebensowenig der Tulpenbaum und die Sequoia Sternbergi, welche der S. gigantea zunächst verwandt ist. Letztere erträgt unser Klima noch besser als die Sequoia sempervirens (vgl. S. 66) und zeigt dasselbe Verhalten wie der Tulpenbaum. Dieser reicht von Virginien bis zum Ohio, fehlt aber Canada und überschreitet wohl kaum den 40sten° n. Br. In Europa reicht indessen sein künstlicher Verbreitungsbezirk viel weiter nach Norden. In Dublin wird er noch zum kräftigen Baum, der Blüthen treibt, indessen keine Samen reift. In Schottland kommt er nördlich von Edinburg nicht mehr zur Blüthe und wird auch hier der künstliche Verbreitungsbezirk kaum den 56sten° erreichen. Auf dem Continent gedeiht er noch vortrefflich in der Umgebung von Zürich, obwohl er selten keimfähige Samen erzeugt. In Norddeutschland bildet er noch grosse Bäume in Göttingen, er leidet indessen in kalten Wintern, so auch in Stettin, und bei Danzig gedeiht er nicht mehr. Im südlichen Schweden, so bei Gothenburg und Stockholm, soll er indessen einigemal Blüthen gebildet haben, doch liegen diese Puncte ausserhalb seines künstlichen Verbreitungsbezirkes. Im Innern Russlands (so bei Kiew mit einer Januartemperatur von — 6,2°) haben die Culturversuche fehlgeschlagen. Hier ist es die Winterkälte, die ihn tödtet, in Irland und Schottland aber der kühle Sommer, der ihn verhindert Samen anzusetzen. Wir erhalten folgende mittlere Temperaturen für die nördlichsten Grenzorte dieses Baumes:

---

[1]) Von dieser Breite haben wir keine Beobachtungen aus Grönland, wohl aber von Jakobshavn (69° 12' n. Br.) und von Omenak (70° 40' n. Br), am erstern Ort beträgt die mittlere Jahrestemperatur (1842—1846) — 5,01°, am letztern — 7,05° C. (1833—1338). Berechnen wir darnach von Jakobshavn (mit Annahme von 0,6° C. Abnahme für den Breitegrad) die Jahrestemperatur von 70° n. Br., erhalten wir — 6,39° und von Omenak aus berechnet — 7,25; das Mittel beider ergiebt — 6,82°.

	Jahres-mittel.	Winter.	Frühling	Sommer.	Herbst.	Kältester Monat.	Wärmster Monat.
a. An der Grenze.							
Zürich	9,02	— 0,36	9,20	17,63	9,6	— 3,42	19,14
Dublin	9,5	4,6	8,4	15,3	9,8	4,3	16.
Stettin	8,26	— 0,62	7,34	17,47	8,84	— 1,43	—
Göttingen	9,1	0,6	—	17,6	—	— 0,75	—
b. Ausserhalb der Grenze.							
Schottland bei 56° 56'	8,6	3,4	7,6	14,7	8,7	1,6	—
Danzig, 54° 21'	7,6	— 1,2	6,7	16,4	8,4	— 2,6	17,5

Wir können daher sagen, der Tulpenbaum kann nicht mehr gedeihen in Gegenden, deren Sommerwärme unter 15° C. herabgeht, wie in solchen, deren Januartemperatur unter — 4° herabsinkt. Da er in Dublin und Edinburg keine Samen mehr reift, liegt die Sommer-Isotherme von 15° an der äussersten Grenze seines künstlichen Verbreitungsbezirks.

Der Tulpenbaum und die Sequoia sind die beiden südlichsten Typen der uns bis jetzt bekannten miocenen Isländer-Pflanzen und sie erfordern wenigstens eine Jahrestemperatur von 9° C. Es hat daher diese Isländer-Flora einen ähnlichen klimatischen Charakter wie diejenige von Nord-Grönland, welche durch die immergrünen Bäume und Sträucher, die wir da kennen gelernt haben, sogar einen etwas südlichern Anstrich erhält. Da die Fundorte der Grönländer-Pflanzen um 5—6 Breitengrade höher im Norden liegen als die von Island, kann man versucht sein, diese auffallende Thatsache durch ein ausnahmsweise wärmeres miocenes Klima Nord-Grönlands zu erklären. Wahrscheinlicher ist indessen, dass Island damals eine höhere Temperatur hatte, welche ich früher für 65$^1/_2$° n. Br. zu 11° C. angenommen habe (Flora der Schweiz. III. S. 338). Es ist eben 9° Jahrestemperatur das Minimum, welches obige Pflanzen verlangen, die Flora von Spitzbergen und Grönland zeigen uns aber, dass wir für den 65° n. Br. über dieses Minimum hinausgehen müssen, insofern wenigstens nach südlichern Breiten hin eine Zunahme der Wärme stattfand, wie dies in der That die miocene Flora Mitteleuropas verlangt. Nehmen wir auf den Breitengrad für die miocene Zeit eine Wärmezunahme von 0,5° an, so erhalten wir für Island (bei 65° n. Br.) eine Jahrestemperatur von 11,5°. Die Tulpenbaumblätter wurden bei circa 65$^1/_2$° n. Br. entdeckt, wo die mittlere Jahrestemperatur circa 2° beträgt, so dass sie also hier zur miocenen Zeit um 9$^1/_4$° höher gestanden hätte.

Mackenzie.

So auffallend es auf den ersten Blick ist unter den Taf. XXI bis XXIV abgebildeten Pflanzen eine Sequoia, einen Glyptostrobus und eine Smilax in einer Gegend zu sehen, deren Wintertemperatur — 27° beträgt, so stimmen sie doch vollständig zur miocenen Flora der übrigen arctischen Zone. Sie machen uns mit keinen Arten bekannt, welche der Annahme widersprechen, dass damals ein gemässigtes Klima auch in dieser Gegend geherrscht habe. Wie bei Island würden wir auch hier mit der Annahme einer Jahrestemperatur von 9° ausreichen, so dass dann die mittlere Jahrestemperatur um 16° höher gestanden hätte als gegenwärtig und gleich derjenigen von Nordgrönland bei 70° gewesen sein würde. Da auch gegenwärtig trotz der um 5° südlichern Lage das Cap Franklin (S. 53) eine noch etwas niedrigere Jahrestemperatur zeigt als Omenak in Grönland, mögen schon zur miocenen Zeit ähnliche Verhältnisse bestanden haben, oder wir haben eben am Mackenzie, wie in Island, die Temperatur noch um ein paar Grade über die aus den bis jetzt uns bekannt gewordenen Pflanzen ableitbaren zu erhöhen.

Arctisch-amerikanischer Archipel.

Da nicht mit Sicherheit ermittelt werden kann, ob die Holzmassen, welche auf dem Banksland und der Patrick-Insel (S. 21) getroffen werden, in der dortigen Gegend erzeugt oder aber aus grösserer Entfernung hergeschwemmt seien, können wir sie nicht als Beweismittel einer einstigen höheren Temperatur benutzen. Immerhin darf hervorgehoben werden, dass die anderweitig von uns nachgewiesenen Thatsachen nicht zweifeln lassen, dass zur miocenen Zeit Bäume diese Gegenden bewalden konnten. Wenn Sequoien, Glyptostroben, und Eichen in Nordcanada bei 65° n. Br. lebten und Epheu und Sassaparillen an diesen Bäumen emporrankten, wird die Birke und die Mac Clurische Fichte, deren Zapfen wir auf Taf. XX abgebildet haben, ohne Zweifel um 10 Breitengrade höher im Norden vortrefflich gediehen sein, wissen wir ja, dass die ihr sehr nahe stehende Silberfichte gegenwärtig in Amerika um 27 Breitengrade weiter nach Norden vorrückt als die Sequoia. Dasselbe gilt von der Pinus Armstrongi.

Arctisches Asien.

Es fehlen uns gegenwärtig noch die Mittel, uns eine genauere Einsicht in die miocenen klimatischen Verhältnisse dieses weiten Landes zu verschaffen. Von den Holzbergen Neu-Sibiriens gilt was wir oben von denen Amerika's gesagt haben. Die aufrechten Baumstämme, welche man noch bei circa 75° n. Br. antraf (S. 42), und die Braunkohlenlager und der Bernstein Nordsibiriens machen es aber wahrscheinlich, dass auch hier einst die Waldvegetation weit über die jetzige Baumgrenze hinausreichte, worauf auch das Vorkommen von Nussbäumen und Taxodien in Kamtschaka und derselben Bäume mit der Sequoia auf den Aleuten (bei 59° n. Br.) hinweist, da diese Baumtypen gegenwärtig in jener Gegend weit früher zurückbleiben. Es stimmt sehr wohl überein mit dem Vorkommen einer Fächerpalme und lorbeerartigen Bäumen in Britisch Columbien und dem Washington Territory an den Westküsten von Nordamerika, welche zur miocenen Zeit bis zum 50sten ° n. Br. hinaufreichten, dass uns damals in Amerika ganz ähnliche klimatische Verhältnisse bestanden haben wie in Europa, wir es also hier mit einer Erscheinung zu thun haben, welche die ganze nördliche Hemisphäre oder vielmehr wahrscheinlicher Weise unsern ganzen Planeten beschlägt.

Rückblick.

Die besprochenen Thatsachen lassen nicht zweifeln, dass die ganze miocene arctische Zone, also alle um den Pol gelegenen Länder, eine höhere Temperatur gehabt haben als gegenwärtig. Ob aber die Isothermen einen ähnlichen Verlauf nahmen wie jetzt oder aber mit den Breitegraden mehr parallel verliefen, lässt sich gegenwärtig noch nicht bestimmen. Die miocene Isotherme von 9° liegt in Grönland beim 70sten Grad n. Br., in Island und am Mackenzie kann sie auf 65° n. Br. hinabgesunken sein, da die bis jetzt ermittelten Pflanzen denselben klimatischen Charakter zeigen. Da aber die Flora von Island und von Mackenzie keinen einzigen Typus enthält, welcher nicht gegenwärtig auch bei einer Jahrestemperatur von 11° gedeiht und die neun Grade nur das Minimum, welche die Flora fordert, ausdrücken, kann aus den uns bis jetzt bekannten Thatsachen diese Frage nicht entschieden werden.

Ich glaube in meiner tertiären Flora der Schweiz (III. S. 327 u. f.) aus einer grossen Zahl von zusammenstimmenden Thatsachen nachgewiesen zu haben, dass zur untermiocenen Zeit die mittlere Jahrestemperatur der Schweiz und überhaupt Mitteleuropa's, um 9° C. höher stand als gegenwärtig. Mit einer solchen Zugabe von 9° reichen wir auch für die miocene Flora von Danzig und von Island aus, nicht aber für Grönland, Spitzbergen und den Mackenzie, wie dies aus beiliegender Zusammenstellung hervorgeht.

	Nördliche Breite.	Aufs Meer reducirte jetzige mittlere Jahrestemperatur.	Miocene Temperatur berechnet:		
			durch Zugabe von 9° zur vorigen.	durch Annahme von 0,5° Abnahme für den Breitegrad.	erschlossen aus dem Charakter der Flora.
Schweiz	47°	12°	21°	21°	21°
Danzig	54° 21'	7,6	16,6	17,5	17
Island bei	64° 8'	4,5	13,5	12,1	—
Island bei	65½°	2	11	11,8	9
Mackenzie	65°	−7	2	11½	9
Nord-Grönland	70°	−7	2	9,5	9
Spitzbergen	78°	−8,6	0,4	5,5	5,5

Wir haben hier die wirklich beobachteten Temperaturen zu Grunde gelegt; wollten wir von der von Dove berechneten normalen Wärme des Parallels ausgehen, würden wir für die Schweiz, Danzig, Island und Grönland bedeutend geringere Zahlen erhalten, für den Mackenzie dagegen höhere, weil hier die Jahrestemperatur weit unter, dort aber über dem Mittel des Parallels liegt. Nehmen wir die nördlichste miocene Flora, die wir kennen, also die von Spitzbergen und die auf diese gegründete Annahme einer Temperaturabnahme von 0,5° für den Breitegrad (vgl. S. 64) zum Ausgangspunct und berechnen darnach die Abnahme der Wärme gegen den Pol hin, so erhalten wir die vierte Rubrik. Wir bekommen auf diese Weise eine Wärmevertheilung, welche alle uns bekannten Erscheinungen, von Spitzbergen bis nach Mitteleuropa, erklärt und sie dürfte daher am genauesten den klimatischen Verhältnissen entsprechen, wie sie zur miocenen Zeit auf

der nördlichen Hemisphäre bestanden haben [1]). Für den Pol erhielten wir dann eine Jahreswärme von circa 0°, während Dove gegenwärtig denselben zu — 16,5° bestimmt hat. Die grösste Wärme fällt gegenwärtig nicht auf den Aequator, sondern auf circa den 10ten° n. Br. mit 26,63°, bis zum 20sten° n. Br. ist die Abnahme unbedeutend, wird aber viel beträchtlicher vom 20sten bis 40sten Grad. Nehmen wir an, dass zur miocenen Zeit vom Norden bis zum 20sten Grad eine Abnahme von 0,5° für den Breitegrad stattgehabt, würden wir für diese Breite, von der miocenen Schweiz aus berechnet, eine Temperatur von $34^{1}/_{2}$° erhalten, während sie gegenwärtig dort nur 25,22° beträgt. Es ist aber sehr wahrscheinlich, dass diese Annahme von $34^{1}/_{2}$° viel zu hoch ist und daher die Wärmezunahme nach diesen südlichen Breiten hin eine viel geringere war. Gegenwärtig beträgt sie nach Dove zwischen 20 und 30° n. Br. auf den Breitegrad 0,34, bei welcher Annahme wir für den 20sten Breitegrad, wie überhaupt die tropische Zone, der miocenen Periode, eine Wärme von 30° erhielten, also, eine Temperatur wie wir sie gegenwärtig im tropischen Afrika finden. Die miocene Naturwelt der Tropen ist zur Zeit noch zu wenig bekannt, um an ihr diese Frage in umfassender Weise zu prüfen. Die miocene Flora Java's scheint indessen ganz denselben Charakter zu haben, wie die jetzige Indiens, ebenso die Thierwelt, so weit man diese aus den Ueberresten, die in den Vorbergen des Himalaya und in Central-Indien [2]) entdeckt wurden, beurtheilen kann. Sie scheinen zu zeigen, dass in der Tropenwelt während der miocenen Periode dieselben Wärmeverhältnisse herrschten wie jetzt, und dass erst vom Wendekreis des Krebses nach Norden hin eine allmäligere Wärmeabnahme stattfand, als dies gegenwärtig der Fall ist. Der Hauptunterschied der Wärmeverhältnisse der miocenen und jetzigen Zeit besteht also darin, dass gegenwärtig polwärts vom 30sten Breitegrad aus eine raschere Wärmeabnahme stattfindet, als zur miocenen Zeit, und jetzt im Mittel die Null-Isotherme des Jahres auf den 58sten° n. Br. fällt, während in der miocenen Periode auf den Pol.

Auf die Vegetation der Polarzone übt der lange Sommertag und die damit verbundene anhaltende Besonnung der Pflanzen einen grossen Einfluss, diese muss auch für die miocene Flora von grosser Bedeutung gewesen sein. Dass aber auch holzartige Gewächse die lange polare Winternacht ertragen, zeigen uns die Sträucher und Bäume, welche gegenwärtig noch in dieser Zone getroffen werden. Auch ist es ja bekannt, dass in Petersburg zahlreiche Pflanzen südlicher Zonen in Gewächshäusern überwintert werden, welche während langer Zeit sehr wenig Licht erhalten, wie denn auch in unsern Breiten in den kalten Wintermonaten die Gewächshäuser wochenlang wegen der Kälte zugedeckt werden müssen. Allerdings leiden darunter die Pflanzen, diejenigen indessen am wenigsten, welche Winterruhe halten, und dies wird wohl bei allen miocenen Pflanzen der Polarzone der Fall gewesen sein, daher die polare Winternacht ihrem Fortkommen kein absolutes Hinderniss in den Weg gelegt haben wird. Eine solche Winterruhe halten alle Pflanzen mit fallendem Laub, aber auch manche wintergrünen Bäume, so die Nadelhölzer und unsere Alpenrosen, welche letztern in den Alpen während mehreren Monaten von einem Schneemantel überdeckt, also dem Lichte gänzlich entzogen sind.

Blicken wir von dem nun gewonnenen Standpuncte nochmals rückwärts, wird uns auffallen, dass die Kreideflora Grönlands auf ein noch wärmeres Klima weist, als wir dies für die miocene Zeit gefunden haben und auch für den Braunjura, die Trias, die Steinkohlenperiode und das Silurien weist die Meerbevölkerung mit ihren Ammoniten, grossen Sauriern und Riffe bildenden Corallen auf eine höhere Temperatur hin. Es fehlen zur Zeit vom Silur bis Miocen noch alle Anzeigen, wenigstens organischer Art, von dazwischen fallenden kältern Perioden, wobei freilich in Betracht kommt, dass in der arctischen Zone in der Stufenfolge der Entwicklungsperioden noch grosse Lücken uns begegnen und jetzt noch niemand zu sagen weiss, wie diese Stelle unseres Planeten ausgesehen hat, zur Zeit als in Europa zwischen Jura und Kreide so grossartige Veränderungen vor sich giengen, wie ferner als der Flysch mit seinen so räthselhaften exotischen Blöcken in unserm Lande sich ablagerte. Die Ausfüllung dieser Lücken ist aber von grosser Wichtigkeit, denn die arctische Geologie birgt die Schlüssel zur Lösung vieler Räthsel.

---

[1]) Obiger Berechnung liegt die Annahme zu Grunde, dass die miocene arctische Flora der untermiocenen Zeit angehöre, wie wir früher begründet haben. Für die Meinung, dass zur eocenen Zeit der hohe Norden die Pflanzen besessen habe, welche später, zur miocenen, sich über Europa verbreitet haben, liegen keine Anzeichen vor. Wir finden dort keine Mischung eocener und miocener Arten, welche dann zu erwarten wäre, und manche Arten können wir von Nordgrönland über die Ostseeküsten, Deutschland, die Schweiz bis nach Italien verfolgen. Haben wir ja ähnliche Erscheinungen auch in der jetzigen Flora; die Föhre, Birke, Faulbaum, Eberesche sind ja auch über einen grossen Theil von Europa verbreitet und reichen von Italien bis nahe zum Nordcap hinauf.

[2]) Vgl. Hislop und Hunter on the Geology and Fossils of the neighbourhood of Nágpur. Quart. journ. XI. 1855. S. 345.

Einstiges Klima der Polarländer.

Wir haben hier die thatsächlichen Verhältnisse darzustellen gesucht und aus diesen unsere Schlüsse abgeleitet. Wir geben gerne zu, dass diese erst dann volle Befriedigung gewähren würden, wenn wir eine genügende Erklärung für diesen grossen Temperaturwechsel zu geben vermöchten. Leider ist dies gegenwärtig noch nicht möglich. Wir müssen uns vor der Hand begnügen, die Thatsachen festzustellen und die daran sich knüpfenden Fragen möglichst klar und bestimmt zu formuliren. Ich habe früher (tertiäre Flora der Schweiz III. S. 342 und Recherches sur le climat. S. 212) aus der andern Configuration von Europa und der Einwirkung des indischen Meeres über Aegypten für Mitteleuropa ein wärmeres Klima herzuleiten versucht, aber schon dort (III. S. 350) darauf hingewiesen, dass wir auf diesem Wege das Räthsel nicht zu lösen vermögen. Schon für Mitteleuropa ist es nicht möglich durch andere Vertheilung von Land und Wasser eine Wärmezugabe von 9 Graden zu erhalten, noch viel weniger vermögen wir für Island, Grönland und Spitzbergen die früher ermittelten Jahrestemperaturen auf solche Art zu erklären. Wir haben uns daher nach einer andern Wärmequelle umzusehen und ich glaubte früher als solche die einst höhere Erdwärme betrachten zu sollen. Ein beträchtlicher Ueberschuss der Erdwärme würde nicht allein auf die Atmosphäre einwirken, sondern auch auf das Meer, und warme Seeströmungen nach den Polargegenden veranlassen. Es hat aber Herr Prof. Sartorius von Waltershausen mit Recht darauf hingewiesen (l. c. S. 329), dass für die Tertiärzeit ein so grosser Wärmezuschuss von der innern Erdwärme nicht mehr angenommen werden dürfe, weil wir sonst für die gar viel ältern Perioden der Steinkohle und des Uebergangsgebirges eine Temperatur erhielten, welche kein organisches Leben aufkommen lassen würde. Sartorius berechnet für das Ende der silurischen Formation den von der Erdwärme ableitbaren Temperaturüberschuss auf 4°, für die tertiäre aber auf nur $1/10$°. Wenn wir auch für die silurische Zeit eine höhere Temperatur annehmen wollten, so müssen wir doch gestehen, dass wir für die relativ späte tertiäre Periode keinen Wärmeüberschuss mehr erhalten, welcher ihre Jahrestemperatur in so erheblichem Masse hätte erhöhen können. Herr Sartorius sucht daher das Räthsel in anderer Weise zu lösen. Er geht von der Wärmetheorie der Erde aus und nimmt als Axiom an, dass die exacte Naturforschung nur die Resultate anerkennen dürfe, welche dieser Theorie entsprechen. Er berechnet die Temperatur der Erdoberfläche bei Annahme einer gleichmässigen Seebedeckung, also eines reinen Seeklima's. Für die ältern Perioden giebt er denselben einen Zuschuss, der von dem Ueberschuss der innern Erdwärme hergeleitet wird. Schon für die tertiäre Formation wird aber derselbe so klein, dass er nicht mehr in Betracht kommen kann. Nach Sartorius können daher alle Aenderungen, die im tertiären Klima bestimmter Erdtheile eintreten, nur durch andere Land- und Wasservertheilung und durch die Erhöhung des Bodens über Meer bedingt werden. Das Klima der Tertiärzeit wäre daher in der miocenen Schweiz nur milder gewesen in Folge der tiefern Lage am Meer, und um die Erscheinungen der Gletscherzeit zu erklären, hebt Herr Sartorius unser Land um 5000 Fuss höher und deckt es mit einem grossen Süsswassersee, auf dessen Eistafeln die Felsblöcke nach allen Seiten vertragen werden. [1]) — Wir haben es hier nur

---

[1]) Es ist diese Ansicht nicht neu. Es war die Wärmetheorie der Erde, welche einen unserer grössten Geologen, Leop. von Buch, zu einem heftigen Gegner der „Eiszeit" gemacht hat, da sie mit der Annahme einer gleichmässig und allmälig fortschreitenden Abkühlung der Erdrinde nicht vereinbar schien. Die Documente, welche für eine einstige Vergletscherung unsers Landes zeugen, wurden aber so zahlreich und so überzeugend, dass sie allmählig allen Widerstand brachen und die Ansicht allgemein Eingang fand, dass auf die warme Tertiärperiode eine Zeit gefolgt sei, während welcher über ganz Europa eine tiefere Temperatur geherrscht habe als gegenwärtig. Dieser Ansicht tritt Herr Sartorius entgegen und glaubt, dass auch die Schweizer Geologen sich überzeugen werden, dass ihre bisherige Anschauungsweise mit den Ergebnissen der exacten Naturforschung unvereinbar sei (l. c. S. 8). Bis jetzt hat es aber nicht den Anschein, dass dies geschehen werde; es ist zu vermuthen, dass sie unter exacter Naturforschung die möglichst umsichtige und genaue Feststellung der Thatsachen verstehen, auf welche dann erst die Schlüsse gebaut werden und diese Thatsachen sind es, welche die Hypothese vom Transport der erratischen Blöcke auf Eistafeln aufzugeben genöthigt haben. Wenn Sartorius (S. 377) Sir Charles Lyell als Vertheidiger dieser Ansicht anführt, so hat er übersehen, dass Lyell (In seiner Antiquity of man S. 303) ausführlich die Gründe auseinandersetzt, warum diese ältere Hypothese verlassen werden musste. Ich habe sie auch in meiner Urwelt der Schweiz (S. 516) besprochen und erlaube mir auf das dort Gesagte zu verweisen. Ich will hier nur die Blockwälle und die Vertheilung der erratischen Blöcke hervorheben. Da die Blockwälle am Zürichsee mehrere hundert Fuss Höhe haben und dabei nicht als Hügel anlehnen, sondern freistehende Dämme bilden, ist gar nicht abzusehen, wie Wälle von solcher Höhe und Ausdehnung durch Treibeis hätten entstehen können. Es hätte der See durch die Ablagerungen seines Treibeises sich aufdämmen müssen, und ein so gebildeter Wall hätte dem Wasserdruck des um einige hundert Fuss aufstauten See's unmöglich widerstehen können. Zudem hätten diese Ablagerungen in gleichem Niveau entstehen müssen, während sie mit regelmässigem Gefäll von einigen Graden aus der Gegend von Hütten gegen Zürich sich absenken; In Betreff der Vertheilung der erratischen Blöcke ist längst bekannt, dass die Granitblöcke des Pontelgasthales in Bündten an der linken Thalseite bis zum Bodensee hinab verfolgt werden können; kein einziges Stück liegt auf der andern Thalseite, wohl aber finden sich hier Felsblöcke, welche aus dem Prättigau und Montafun stammen (Urwelt der Schweiz S. 514 u. 526). Wie wäre es nun denkbar, dass in einem so vielfach hin- und hergebogenen Thal alle Blöcke, die von der linken Seite hergekommen, auf dieser geblieben wären,

mit dem tertiären Klima zu thun, daher wir nachsehen wollen, ob wirklich durch obige Annahme die von uns besprochenen Naturerscheinungen erklärt werden können. Es hat Sartorius für ein reines Seeklima der Tertiärzeit folgende Temperaturen berechnet [1]):

Breite.	Jahres-temperatur.	Wärmster Monat.	Kältester Monat.	Breite.	Jahres-temperatur.	Wärmster Monat	Kältester Monat.
0	26,47	27,17	25,77	60	7,45	12,21	2,76
30	20,14	23,16	17,11	65	5,80	10,7	1.
40	16,01	17,2	12,32	70	4,11	9,17	— 0,95
47	12,93	16,3	8,82	78	2,36	7,58	— 2,95
50	11,01	15,87	7,35	80	1,92	7,20	— 3,45

Ein Blick auf diese Tafel zeigt uns sogleich, dass die Flora des Tertiärlandes in keiner Weise in diesen Rahmen passt, mögen wir die Flora der Schweiz und von Deutschland oder die der arctischen Zone vergleichen. Zur untermiocenen Zeit lebten noch Palmen bei Bornstedt in Preussen und in der Schweiz hatten wir eine subtropische Flora, welche nicht nur Fächer- und Fiederpalmen besass, sondern auch zahlreiche Kampher- und Zimmtbäume, feinblättrige Cassien und Acacien. Und diese Bäume sollten in einem Klima gelebt haben, das nach Sartorius einen kältern Sommer besass, als wir ihn gegenwärtig bei Zürich haben! Allerdings giebt er ihm einen bedeutend wärmern Winter. Wir haben aber schon früher gezeigt, dass dieser allein das Vorkommen und Gedeihen südlicher Pflanzen nicht bedingt und eine höhere Sommertemperatur für sie ebenso nothwendig ist. In einem Klima, wie es Sartorius für die miocene Schweiz berechnet hat [2]),

---

wenn sie auf Eisschollen heruntergeschwommen wären! Schon bei Chur, wo das Thal eine starke Biegung macht, müssten die beider Thalseiten untereinander gemischt worden sein und noch mehr bei Sargans (am Schollberg), während auf den Gletschern die Moränen stundenweit scharf getrennt bleiben und durch sie gerade eine solche Vertheilung der aus den Alpen kommenden Gesteinsmassen zu Stande gebracht werden musste, wie wir sie jetzt in der obern Schweiz antreffen. Mit Recht haben Gyot und Escher von der Linth auf Ausmittlung dieser Verhältnisse grosse Sorgfalt verwendet und sie haben ähnliche Erscheinungen in allen unsern Blockgebieten nachgewiesen. Es ist daher sehr zu bedauern, dass Herr Sartorius gerade diese so entscheidenden Thatsachen unbeachtet gelassen hat. Es müssen ihm wohl dieselben unbekannt geblieben sein, sonst hätte er unmöglich sagen können, dass seine Hypothese allen Beobachtungen vollständig genüge (S. 377). Es hebt Sartorius unser ganzes Land um 6000 Fuss höher und verwandelt es in einen Süsswassersee; vergebens sieht man sich aber nach der Barriere um, welche diesen See nach Norden, Ost und West abgeschlossen und ihm als Ufer gedient haben müsste, wissen wir ja, dass auch die Vogesen ihre Gletscher hatten, deren Moränen ins Rheinthal hinabreichen, dass auf der Nordseite des Schwarzwaldes, auf den Höhen des Hohentwiel, wie anderseits des Salève Findlinge liegen, während das benachbarte Land offen ist und zum Theil in unabsehbare Ebenen sich verläuft (Vgl. Urwelt der Schweiz. S. 517.) Es setzt dies sowohl wie die Behauptung, dass alle Schweizer-Seen früher in einem Niveau gewesen und nur die Reste grossen Diluvialsee's seien, die gegensatzigsten Umwandlungen in der ganzen Configuration unsers Landes während der Diluvialzeit voraus Von diesen haben wir aber keine anderweitige Kunde, gegentheils zeigt uns die horizontal auf der aufgerichteten Molasse liegende Schieferkohle von Utznach mit ihren geschichteten Geröllbänken, dass die grosse Umgestaltung unseres Landes vor die Gletscherzeit fällt und gar manche Erscheinungen deuten darauf hin, dass damals unser Land im grossen Ganzen seine jetzige Configuration besass, so die Findlinge, welche durch kleine Hügeleinschnitte vorgedrungen sind (Urwelt der Schweiz. S. 516), und die Moränen, welche manche unserer Seen einfassen Dass der Genfer-See zur Gletscherzeit dasselbe Niveau hatte wie gegenwärtig, zeigt ein schön polirter, mit Gletscherkritzen versehener Kalkfels, welcher bei Chillon nur 20 bis 25 Fuss über dem jetzigen Seespiegel liegt. Wäre der See (wie dies Sartorius annimmt) früher höher gestand n, wäre durch die Wellenschlag des Wassers die Politur zerstört worden. (Vgl. Dr. J. de la Harpe roc poli et strié de Chillon. Bullet de la soc. vaud. des Scienc. nat. 1866. 341.)

[1]) Untersuchungen über die Klimate der Gegenwart und der Vorwelt. S. 156
[2]) Wenn Sartorius S. 330 sagt, dass man im südlichen England und auf der Insel Wight eine Vegetation finde, welche der Oeningens nur wenig nachstehe, kann dies natürlich sich nur auf die immergrünen Culturgewächse sich beziehen, welche dort auch im Freien aushalten; es sind dieselben Arten, welche wir auch am Genfer-See noch in Gärten treffen. Der Charakter der wild wachsenden Flora von Südengland und der Insel Wight ist von demjenigen Oeningens ganz verschieden, und wenn auch eine Zahl von immergrünen Culturpflanzen die Winter ertragen, ist nicht zu übersehen, dass sie dort keine Blüthen und Früchte bringen. Sie würden ohne Zweifel nach wenigen Jahren aussterben und verschwinden, wenn sie sich selbst überlassen wären, ist ja bekannt, dass in England nicht einmal die freistehenden Weinreben ihre Früchte reifen und eine ganze Zahl der häufigsten Oeninger-Pflanzen gehören Typen an, welche weder am Genfer-See noch auf der Insel Wight im Freien aushalten; ich nenne namentlich die Cinnamomum-Arten, die lichten Acacien, Cassalpinien, Poranen und die Palmen. Herr Sartorius spricht in seinem Werke wiederholt davon, dass in Oeningen keine Palmen vorkommen, und S. 331 sagt er: „Wären die von Herr angenommenen Temperaturangaben für Oeningen massgebend, so wäre kein Grund vorhanden, wesshalb bei einem solchen Klima, welches dem Siciliens vollkommen entspricht, keine Palmen vorkommen sollten." Nun habe ich aber in meiner Flora tertiaria nicht nur eine Fächerpalme, sondern sogar eine schöne Fiederpalme von Oeningen beschrieben und abgebildet (Taf. C) und auch sonst wiederholt das Vorkommen der Palmen in der obern Molasse besprochen, daher Herr Sartorius sich hätte überzeugen können, dass in der That die Pflanzenwelt Oeningens einem sicilischen Klima entspricht, wenn er sich die Mühe gegeben hätte, sich etwas genauer in der miocenen Flora umzusehen.

hätten in dieser nicht einmal die Sequoien ihre Früchte reifen können, die doch in der miocenen Periode bis hoch in die arctische Zone hinaufreichten, und von dem Gedeihen subtropischer Gewächse könnte natürlich keine Rede sein. — Wir haben früher gesehen, dass die Baumgrenze mit der wärmsten Monatsisotherme von 10° zusammenfällt (S. 58). Island würde bei dem von Sartorius berechneten Klima, bei 65° n. Br., schon nahe an dieser Waldgrenze liegen; wenn auch Pappeln, Birken und einige Pinusarten noch mit Noth da hätten leben können, so wäre dies doch bei den übrigen Bäumen nicht der Fall gewesen, weil die Sommerwärme für ihre Entwicklung gefehlt hätte. Es kommt hier nicht allein der Tulpenbaum in Betracht, dessen Vorkommen in Island Herrn Sartorius sehr unbequem ist und dem er daher nur eine „sehr ephemere Existenz auf dieser Insel" zuschreibt[1]), sondern auch die Sequoia, ferner die Planera, die Eiche, die Weinrebe, der Nussbaum, der Sumach und der Ahorn, welche gegen ein solches Klima protestiren. Gehen wir nach Grönland und nach Spitzbergen, so hätten wir bei 70°, 77° 50', 78° und 79° n. Br. nach Sartorius ein Klima, in welchem kein einziger Baum mehr leben könnte, denn auch der wärmste Monat hätte nicht über 9,17 bis 7½° betragen, und doch haben wir aus allen diesen Breiten nicht nur Bäume nachgewiesen, sondern Baumtypen, deren Nordgrenze gegenwärtig bei der Mehrzahl weit vom Polarkreis entfernt ist. Da wir früher gezeigt haben, dass diese Bäume wirklich in diesen Gegenden gelebt haben, sind wir zu der Annahme gezwungen, dass die arctische Zone einst viel wärmer gewesen und das ihr früher (S. 72) zugeschriebene Klima besessen habe, denn es wird niemand einfallen zu behaupten, dass zur Tertiärzeit die Linden, Platanen und Sumpfcypressen in einem Klima hätten leben können, das gegenwärtig nirgends auf der Erde eine Spur von baumartigen Gewächsen zu erzeugen vermag. Zur miocenen Zeit hat übrigens auf der nördlichen Hemisphäre kein reines Seeklima bestanden, da schon viel Festland vorhanden war, das wohl in der arctischen Zone einen ebenso grossen Umfang hatte als gegenwärtig. Es wird dadurch der Sommer etwas wärmer geworden sein, dafür aber der Winter um so kälter, und werden auch unter den günstigsten Verhältnissen nur Temperaturen erhalten, wie wir sie jetzt an den Westküsten Norwegens finden, wo die erwärmende Wirkung des Golfstromes den Winter mildert und andererseits der Einfluss des ausgedehnten südlichen Festlandes die Sommertemperatur erhöht, daher hier die Isothermen am höchsten nach Norden hinaufsteigen und so noch bei 70° n. Br. eine Sommerwärme von 10 bis 12° entsteht. Und doch wie verschieden ist die miocene Flora von Atanekerdluk von der jetzigen von Hammerfest, und wer dürfte behaupten, dass ihr Vorkommen unter solchen Verhältnissen möglich gewesen wäre, wie sie jetzt im nördlichen Norwegen bestehen?

Es hat gegenwärtig Reikiawig in Island (bei 64° 8' n. Br.) gerade die mittlere Jahrestemperatur, welche Sartorius für die miocene Periode bei 70° n. Br. annimmt. Allerdings ist der kälteste Monat um 1° kälter, dagegen der Sommer viel wärmer, indem der wärmste Monat um 4° höher steht. Also wäre das jetzige Island für die Waldvegetation viel günstiger gelegen, als das miocene Nordgrönland bei 70° n. Br., wie es Sartorius für diese Breite berechnet hat. Wenn wir nun aber die miocene Flora von Nordgrönland, wie sie uns auf den Taf. I. bis XX. und XLV. bis L. vor Augen tritt, mit der jetzigen von Island vergleichen, muss jedem der immense Unterschied im ganzen Charakter dieser Pflanzenwelt auffallen, und wir werden finden, dass es keinen Punct auf der Erde giebt, der jetzt unter diesen Breiten ähnliche Pflanzenformen aufweisen kann.

So wichtig auch ohne allen Zweifel die Vertheilung von Land und Wasser für die Constitution des Klima's ist, so ist doch nicht möglich, daraus allein die von uns festgestellten Thatsachen in befriedigender Weise zu erklären. Es ist dies um so mehr der Fall, als gerade zur miocenen Zeit viel mehr Festland in der Polarzone bestanden haben muss, als in der diluvialen, während welcher das Meer dort den grössten Umfang gehabt hat, da das Land seit dieser Zeit wieder im Steigen begriffen ist (vgl. S. 46). Darnach müsste die diluviale Polarzone wärmer als die miocene gewesen sein, wenn ihre Temperatur durch dieses Moment allein bedingt worden wäre, während die Beobachtung das gerade Gegentheil ergiebt. — Da auch die Aenderung der Erdachse bei Lösung dieses Räthsels kaum in Frage kommen kann[2]), werden wir auf

---

[1]) l. c. S. 336. Herr Sartorius meint auch, die wenig mächtigen Braunkohlenflöze Islands beweisen, dass die Baumvegetation weder grosse Dauer, noch grossen Umfang gehabt habe. Dieselben sind indessen ebenso mächtig und ebenso verbreitet, als die Braunkohlenflöze der Schweiz, und die von Grönland sind überdies gar viel mächtiger und selbst in der Kinga-Bai Spitzbergens haben wir (S. 37) ein Koblenlager kennen gelernt, das mächtiger ist als irgend eines der Schweiz.

[2]) In einer neuen Form wurde diese Hypothese von Evans vorgetragen (on a possible geological cause of changes in the position of the axis of the earth's crust, proceed. of the royal soc. 82. 1866). Er nimmt an, dass die feste Erdrinde eine relativ dünne Decke um die flüssige Erdmasse bilde. Diese Decke sei verschiebbar, so dass ihre Pole im Verhältniss zum flüssigen Kern

die kosmischen Verhältnisse gewiesen. Es kann die Stellung der Erde zur Sonne, welche eine wenn auch sehr langsame, doch stetige Aenderung erfährt[1]), aber auch die Stellung des Sonnensystems im Weltraume in Betracht kommen. Wenn die Sonne mit ihren Planeten um einen grössern Stern kreist, wird auch die Erde ihre Stelle im Weltraum stetsfort ändern und darf diesem, in Folge der verschiedenen Dichtigkeit der Sterne, eine verschiedene Temperatur zugeschrieben werden, wie dies nach dem grossen Mathematiker Poisson der Fall ist, so werden sich daraus auch die klimatischen Aenderungen der Erde erklären, welche mit dem Gang der Erde durch den Weltraum zusammenhängen. Es ist dann zu vermuthen, dass in diesem unermesslich langen Sonnenjahr, wärmere und kältere Perioden zu bestimmten Zeiten wiedergekehrt sind. Die miocene Zeit würde dann vielleicht dem Sommer, die Gletscherzeit aber dem Winter dieses Sonnenjahres entsprechen. Die Temperaturänderungen, welche die in die Erde gelegten und versteinerten Pflanzen und Thiere der frühern Weltalter uns verkünden, wären dann nicht in der Weise erfolgt, dass eine allmälig und gleichmässig fortschreitende Wärmeverminderung stattgehabt hätte, sondern in einer grossartigen periodisch wiederkehrenden Wellenbewegung, welche die Hauptänderungen bedingt hätte, die durch tellurische Verhältnisse (namentlich Aenderungen in Land und Wasserbedeckung) in manigfachster Weise modificirt wurden. Es öffnet sich hier ein grosses Feld der Untersuchung, welches von Astronomen und Geologen gemeinsam zu bearbeiten ist und mit der Zeit wohl die Lösung des Räthsels bringen wird.

---

sich ändern können, während die Stellung der Erdaxe im Ganzen sich gleich bleibe. Eine solche Verschiebung der Decke wäre schon wegen der grossen Reibung, die durch dieselbe entstehen müsste (vgl. Hirsch sur les causes cosmiques des changements de climat. S. 16), wie wegen der Abplattung der Pole kaum möglich, ihr widerspricht aber auch die miocene Flora, die im Norden, wie in der jetzigen gemässigten Zone, rings um die Erde dieselben Erscheinungen uns zeigt.

[1]) Es hat Lyell in seiner neuen (zehnten) Ausgabe seiner Principles of Geology, I. S. 268, diese Frage in einlässlicher und ausgezeichneter Weise besprochen. Er betrachtet die Vertheilung von Land und Wasser als Hauptursache der Klimaänderungen, legt aber auch (J Croll's Arbeit „on the physical cause of the change of climates during geological Epoch's" berücksichtigend) grosses Gewicht auf die periodischen Aenderungen in der Excentricität der Erdbahn, welche mit den Aenderungen im Vorrücken der Nachtgleichen combinirt wird.

III. Specieller Theil.

Beschreibung der in der arctischen Zone, in Island und am Mackenzie entdeckten Pflanzen.

I. Fossile Flora von Nordgrönland.

A. Kreide-Flora.

Alle Arten kommen aus dem Schieferthon von Kome (S. 7, 45) in der Bucht von Omenak.

I. Farrn.

1. Sphenopteris (Asplenium?) Johnstrupi m. Taf. XLIII. Fig. 7.

Sph. foliis bipinnatis, pinnis angulo acuto egredientibus, pinnulis liberis, erectis, basi angustatis, cuneatis, apice laciniatis, nervis dichotomis.

Als Fundort ist nur Nordgrönland bezeichnet. Das Gestein ist aber dasselbe, wie bei den übrigen Stücken.

Das Fig. 7 abgebildete Exemplar ist schlecht erhalten und seine Umrisse sind schwer zu bestimmen. Das Blatt war gefiedert, die Fiederchen steigen steil auf und sind gegen den Grund zu allmälig verschmälert, vorn in Lappen getheilt und von gabelig verästelten Nerven durchzogen. Deutlicher ist ein zweites Stück (Fig. 7 b.). Es ist doppelt gefiedert, die Spindel ist schmal gerandet, die Blättchen frei und von einander abstehend, gegen den Grund zu keilförmig verschmälert, vorn deutlich eingeschnitten und von gabelig getheilten Nerven durchzogen. Daneben ein zarter, gerollter Wedel. — Aehnliche Blättchen haben Debey und Ettingshausen aus der Kreide von Aachen als Asplenium Försteri und A. Brongniarti beschrieben, die aber schmälere und längere Fiedern haben.

2. Gleichenia Giesekiana m. Taf. XLIII. Fig. 1 a. 2 a. 3 a. XLIV. Fig. 2. 3.

Gl. fronde dichotoma, bipinnatipartita, pinnis elongatis, linearibus, parallelis, pinnatipartitis, pinnulis patentibus, subinde falcatis, oblongis, apice rotundatis, obtusis, integerrimis, basi unitis, nervulis furcatis, seris biseriatis, rotundis.

Ist die häufigste Pflanze von Kome. Ausser den abgebildeten sind mir noch zahlreiche Stücke von dort zugekommen. Das grösste liegt mit Sequoia Reichenbachi, Widdringtonites gracilis und Pinus Crameri auf demselben Steine.

Die Blattstiele sind stark und deuten auf sehr grosse Wedel; sie sind gablig getheilt und tragen in der Gabelung eine Knospe (Fig. 3 a.). Dass diese Gabelung nicht zufällig, zeigt der Umstand, dass mehrere solcher Gabeln sich finden und zwei auf demselben Steine liegen. Sie sind auf der Rückseite der in Fig. 1 abgebildeten Steinplatte. Die Fiedern sind alternirend, im rechten Winkel auslaufend, am Grund ziemlich weit von einander abstehend, weiter vorn genähert. Sie sind lang, parallelseitig, gegen die Spitze zu indessen allmälig etwas verschmälert; sie sind fiedertheilig, die Fiederchen nur am Grunde verbunden. Die Einschnitte sind vom Grund der Fieder bis zur Spitze derselben von derselben Tiefe. Die Seiten der Fiederchen schliessen bei manchen Stücken nahe zusammen, indem sie meist vom Grund aus fast parallelseitig sind und vorn ganz stumpf sich zurunden, an der Fiederspitze sind aber auch bei diesen Blättern die Fiederchen nach vorn etwas verschmälert (Fig. 1 b. c., 2 a.) und dann weiter von einander entfernt. Bei andern Stücken sind aber die Fiederchen weiter von einander entfernt (Taf. XLIV. Fig. 3) und schmäler; diese sind gewölbt und hatten offenbar umgerollte Ränder, wie wir dies auch bei den Gleichenien aus der Gruppe der Mertensien häufig sehen. Zuweilen sind diese Fiederchen etwas sichelförmig gekrümmt (dies die Pecopteris falcata Goepp. S. 7), doch ist dies nicht constant und an demselben Wedel kommen Fiederchen mit flachen, gerade abstehenden und mit gekrümmten Fiederchen vor. — Der Mittelnerv ist deutlich, wogegen die seitlichen Nerven häufig verwischt sind, doch sieht man bei manchen Fiederchen, dass jederseits 6—7 solcher Secundarnerven vorhanden

sind, welche fast am Grund in eine Gabel sich spalten. Sie laufen in wenig spitzen Winkeln aus und gehen bis zum Rand. Die Blattspindeln sind von Längsstreifen durchzogen. — Die Früchte sind bei mehreren Fiedern wunderschön erhalten. Bei einem Blattwedel, der von der obern Seite vorliegt, sieht man zwar nur die zwei Zeilen von Wärzchen, die von den Soris herrühren; bei einem andern aber (Taf. XLIV. Fig. 2, vergrössert 2 b. und c.), der die Unterseite zeigt, sind die Sporangien sogar mit einer schwachen Lupe zu sehen. Es stehen längs des Mittelnervs zwei Reihen von Fruchthäufchen; diese sind kreisrund und bestehen aus 12—20 Sporangien (Fig. 2 c.). Diese sind relativ gross und es ist an ihnen auch bei starker Vergrösserung kein Ring zu sehen.

Es ist diese Art sehr ähnlich der Pecopteris Meriani Br. und zwar in der Form und Nervation der Fiederchen. Die Spindel der Fieder ist aber viel zarter und dünner und die Fiederchen sind am Grunde verbunden und relativ kürzer und die Fruchthäufchen aus zahlreichen Sporangien gebildet. Es gehört aber die Kemperart auch zu den Gleicheniaceen, was bei keinem tertiären Farrn der Fall ist. Das Aspidium Meyeri (Flora tert. Helvet. I. S. 36. Taf. XI. Fig. 2) ähnelt ihm von diesen noch am meisten, hat aber theils einfache, theils gablige Nervillen. Unter den Kreidefarrn steht ihr die Pecopteris striata Sternb. (Flora der Vorwelt. II. S. 155. Taf. XXXVII. Fig. 3 u. 4) am nächsten. Die Fiederchen sind auch länglich-oval und mit gabligen Tertiärnerven versehen, aber frei (pinnæ pinnatæ) und nach vorn gerichtet, während die der Grönländer-Art fast in rechten Winkeln auslaufen. Es ist mir freilich die P. striata nur aus der Abbildung Sternbergs bekannt, welche nur zwei Blattfetzen darstellt.

Dass dieser Farrn zu Gleichenia gehört, geht hervor, erstens aus der gabligen Theilung der Blattstiele, welche gerade wie bei Gleichenia in der Gabel eine Knospe tragen; zweitens aus der Bildung der Früchte, den ringlosen, grossen Sporangien, welche auch in runde Fruchthäufchen zusammengestellt und in zwei Zeilen geordnet sind. Da eine unbestimmte Zahl von Sporangien im Fruchthäufchen steht, gehört sie zur Gruppe Mertensia Willd. und erinnert in dieser Fruchtbildung, wie auch in der Form der Fiedern und Fiederchen lebhaft an die Gleichenia (Mertensia) dichotoma Sw., welche in Indien sehr verbreitet ist (wir haben sie von Mauritius, aus Malabar, dem Nilagiri und aus Silhet). Sie kann jedoch nicht als analoge Art betrachtet werden, da die Früchte bei der Grönländer-Art in grösserer Zahl beisammen stehen und der Blattstiel nur einmal sich zu gabeln scheint und jedenfalls jeder Gabelast eine ganze Zahl von Blattfiedern trägt, während bei der Gl. dichotoma der Stiel sich wiederholt gabelt und jeder Gabelast vorn nur zwei Fiedern trägt.

3. *Gleichenia Zippei*. Taf. XLIII. Fig. 4.

Gl. foliis bipinnatis, pinnis valde approximatis, elongatis, linearibus, parallelis, pinnatisectis, pinnulis obliquis, lanceolatis, obtiusculis, integerrimis, basi vix unitis; nervis pinnatis, nerv. secund. utrinque 3—5, inferioribus furcatis.

Pecopteris Zippei Corda in Reuss Versteinerungen der Kreideformation S. 95. Taf. 49, Fig. 1. Unger Kreideflanzen aus Oestreich. Sitzungsberichte der Acad. in Wien 1867. S. 3. Taf. II. Fig. 1.

Ich trug Anfangs Bedenken diese Pflanze zu P. Zippei Corda zu ziehen, da die Fiederchen dichter zusammen stehen und vorn mehr zugespitzt sind als in der Abbildung der böhmischen Art (aus dem untern Quader von Mschenno bei Schlan). Da aber der von Unger aus der Gosauformation (der neuen Welt in Unteröstreich) abgebildete Farrn sehr wohl zur Grönländer-Pflanze stimmt und noch mehr ein Stück aus der Kreide von Quedlinburg, welches ich von Herrn Prof. Schenk aus dem Museum von Würzburg zur Vergleichung erhielt, stehe ich nicht an, sie damit zu vereinigen.

Das schöne Fig. 4 abgebildete Wedelstück hebt sich nur wenig vom dunkelfarbigen Stein ab. Es dürfte von ein Stück einer Wedelfieder sein, der in diesem Fall dreifach fiederschnittig war. Die Blattspindel ist dünn; die vordere Partie umgebogen, ob dies nur zufällig oder ob dort eine Gabelung stattfand und die ächte Gabel verdeckt ist, ist nicht zu ermitteln. Die Fiedern stehen sehr dicht beisammen und sind alternirend. Sie sind sehr lang und schmal, parallelseitig. Die Fiederchen sind an einer sehr dünnen Spindel befestigt, fast bis zum Grund frei, nur zuunterst, an der Spindel zusammengeleimt; sie sind etwas nach vorn gebogen, ganzrandig, vorn verschmälert, bald stumpflich, bald etwas zugespitzt. Die Nervatur ist sehr schwach, doch erkennt man mit der Lupe jederseits 3—4 Seitennerven, von denen die untern gablig zertheilt, während die obern einfach (Fig. 4 b. vergrössert) sind. Ausser diesem grössten Stück enthält die Sammlung von Kopenhagen noch mehrere kleinere, die zu dieser zierlichen Art gehören. Bei einem sind die Fiederchen ganz von einander getrennt, der Mittelnerv ist etwas hin- und hergebogen und die Seitennerven sind deutlich gablig.

Sie ist von Gl. Giesekiana durch die dichte Stellung der Fiedern und die viel kleineren, nach vorn geneigten Fiederchen zu unterscheiden; von Pecopteris arctica durch die gablige Nervatur.

Ich habe von dieser Art allerdings weder die gabligen Spindeln noch die Früchte gesehen, doch schliesst sie sich nahe an vorige an und darf darum auch zu Gleichenia gestellt werden.

4. *Gleichenia Rinkiana* m. Taf. XLIII. Fig. 6.

Gl. foliis bipinnatis, pinnis valde approximatis, elongatis, pinnatifidis, pinnulis minutis, apice rotundatis.
Omeynen af Kome. Omenak. (Rink.)

Das einzige mir vorliegende Exemplar ist sehr stark zusammengedrückt und die Umrisse verwischt, so dass nur mit Mühe und bei guter Beleuchtung die Form der Fiederchen zu ermitteln ist. Wir haben eine dünne, von zwei Streifen durchzogene Spindel, dicht beisammenstehende alternirende Fiedern, die sich zum Theil decken. Sie sind sehr lang und schmal, auswärts allmälig schmäler werdend, mit sehr dünner Spindel. Sie sind fiederspaltig. Die Fiederchen, am Grund verbunden, vorn stumpf zugerundet. Die Nervatur ist ganz verwischt.

Von Gleichenia Zippei und Pecopteris arctica durch die schmälern Fiedern und stumpf zugerundeten Fiederchen zu unterscheiden. Gehört wahrscheinlich zu den Gleichenien und ist ähnlich der Gleichenia (Didymosorus) comptoniifolia Deb. sp. der Aachener-Kreide und Gl. Kurriana m. von Moletein. Auch in der Kreide von Quedlinburg kommt eine ähnliche Form vor. Es kann ferner auch die Benizia calopteris Deb. (Taf. V. Fig. 13, 14) in Betracht kommen, doch ist das Material zu einer genauen Vergleichung zu unvollständig.

5. *Gleichenia rigida* m. Taf. XLIV. Fig. 1, vergrössert 1. b.

Gl. foliis bipinnatis, pinnis oblongo-lanceolatis, pinnatisectis, pinnulis angustis, linearibus, apice acutiusculis, basi paululum dilatatis, rigidis, patentibus, nervo medio obsoleto, soris distichis.

Aehnelt der Pecopteris Steinmülleri Hr. des Kempers, die Fiederchen sind aber auswärts etwas verschmälert. Von den Kreidearten zeigt die P. linearis Sternb. Bronn. (P. Reichiana Brongn. S. 302. Taf. CXVI. Fig. 7) von Niederschöna in Sachsen eine ähnliche Blattform, sie unterscheidet sich aber von dieser durch die fast wagrecht abstehenden Fiederchen, mit schwächerem Mittelnerv und den ungezahnten Rand. Aehnliche Blätter besitzt ferner die P. Althausii Dunker (Monograph. der Wealdenbildung, S. 5) aus dem Wälderthon, bei der aber die Fiedern etwas sichelförmig nach vorn gekrümmt sind.

Es liegen mehrere losen Blattfiedern nahe beisammen, welche wahrscheinlich an einer gemeinsamen Spindel befestigt waren. Die Spindel derselben ist ziemlich stark. Die Fiederchen laufen fast in rechtem Winkel von derselben aus. Sie sind schmal, fast parallelseitig, nur zu unterst etwas verbreitert, aber kaum unter sich verbunden und ziemlich weit von einander getrennt, vorn sind sie schwach zugespitzt. Bei einem Stück (Fig. 1 c.) sind einzelne Fiederchen sogar 19 Mill. lang, bei nur 2 Mill. Breite und scheinen fast horizontal abgehende Seitennerven gehabt zu haben. Der Mittelnerv ist sehr zart und Secundarnerven verwischt; nur an ein paar Stellen glaube ich die Spuren von gablig zertheilten Nerven bemerkt zu haben. Auf einigen Blättchen bemerkt man zwei Zeilen von rundlichen flachen Wärzchen (Fig. 1 b.), welche sehr wahrscheinlich die Sori darstellen. Die Fiederchen haben ein ziemlich dickes Kohlenhäutchen zurückgelassen und sind wohl lederig gewesen.

Die steifen schmalen Fiederchen und die zweizeiligen runden Fruchthäufchen sind wie bei den Gleichenien, von denen namentlich die Gleichenia flabellata von Sidney eine auffallende Aehnlichkeit mit unserm Farrn hat.

6. *Pecopteris arctica* m. Taf. I. Fig. 13 (aus Brongniart). Taf. XLIII. Fig. 5.

P. foliis bipinnatis, pinnis approximatis, elongatis, linearibus, apicem versus attenuatis pinnatifidis vel pinnatipartitis, pinnulis obliquis, apice acutiusculis, nervis secundariis simplicibus.
P. borealis Drongn. (ex parte) histoire des vegel fossil. I. 351. Taf. CXIX. Fig. 2. P. striata Ung. Sitzungsber. 1867. S. 9. Taf. II. Fig. 2. Kome bei Omenak auf demselben Stein mit Sequoia Reichenbachi.

Ist der Gleichenia Zippei ähnlich, aber die Blattfiedern sind auswärts allmälig verschmälert und die Seitennerven der Fiederchen unverästelt.

Das Fig. 5 abgebildete Stück zeigt eine dünne Spindel, an welcher lange Fiedern dicht beisammen stehen. Sie sind schmal und auswärts allmälig verschmälert und in eine Spitze auslaufend. Die Fiederchen sind am Grund verbunden und die Einschnitte werden auswärts seichter; sie sind etwas nach vorn gekrümmt, vorn ziemlich spitzig. Vom Mittelnerv gehen jederseits 4—6 sehr zarte, einfache Seitennerven ab.

Hierher ziehe ich das von Brongniart auf Fig. 2 abgebildete Stück, das wahrscheinlich das Ende der Fieder darstellt, während unsere Fig. 5 eine Seitenfieder. Die Fiedern sind weniger tief eingeschnitten und die äusserste unzertheilt. Sie scheint mir wegen der auswärts allmälig verschmälerten Fiedern eher hierher als zu P. borealis zu gehören, wohin Brongniart sie gerechnet hat. — Was Unger als Pecopteris striata abgebildet hat (Sitzungsberichte der Wiener Academie 1867. Taf. II. Fig. 2), gehört viel eher zu vorliegender Art als zu P. striata Stbg., da die Fiederchen bis weit hinauf mit einander verbunden und vorn zugespitzt

sind. Wie bei dem von Brongniart abgebildeten Stück sind die obern Fiedern ganz und auch bei den untern werden die Einschnitte auswärts seichter und laufen in eine ganze schmale Spitze aus.

7. Pecopteris borealis Brongn. Taf. I. Fig. 14 (aus Brongniart). Taf. XLIV. Fig. 5 a. b.

P. foliis bipinnatis, pinnis elongatis, pinnulis obliquis, ovato-subrotundis, brevibus, acutiusculis.
Brongniart l. c l 351, Taf CX¹X. Fig. 1.
Omeynen af Kome. Omenak. D. (Rink.)

Es hat Brongniart diese Art in seinem Werk beschrieben und giebt Grönland als Fundort an. Sehr wahrscheinlich stammt sein Exemplar (Taf. I. Fig. 14), das er im Museum zu Kopenhagen gesehen hat, von Kome, denn offenbar gehören die von mir auf Taf. XLIV. Fig. 5 a. abgebildeten Blattfiedern derselben Art an und diese liegen mit Zamites arcticus, Gleichenia Gieseckiana und Pinus Crameri auf demselben, von Kome stammenden, Steine.

Von voriger Art durch die viel breitern Fiederchen, die bis fast zur Blattspindel getrennt sind, zu unterscheiden. Die Figur von Brongniart zeigt, dass die Fiedern ziemlich weit aus einander stehen; sie giebt nur die Basis, während unsere Exemplare deren Spitze darstellen. Die Fiederchen sind am Grund am breitesten, nach vorn zu sich verschmälernd und etwas zuspitzend, nach vorn geneigt. Ausser dem Mittelnerv sind keine weitern zu sehen und auch dieser ist bei den mir vorliegenden Blättern sehr schwach, während er von Brongniart als stark vortretend bezeichnet wird.

Ich verstehe unter Pecopteris borealis nur die hier beschriebene und auf Brongniarts Abbildung und Beschreibung gegründete Art.

8. Pecopteris hyperborea m. Taf. XLIV. Fig. 4 (zweimal vergrössert).

P. pinnis linearibus, pinnatis, pinnulis patentibus, liberis, remotis, ovatis, apice obtusiusculis, nervis secundariis simplicibus.

Nur ein Fiederstück, das aber von allen andern Farrn von Kome wesentlich abweicht. Es unterscheidet sich namentlich durch die ganz freien Fiederchen, welche am Grunde etwas zugerundet sind und wahrscheinlich nicht mit der ganzen Breite an die Spindel befestigt waren.

Die Spindel ist dünn, an derselben sitzen die alternierenden, kleinen Fiederchen, die durch einen Zwischenraum von einander getrennt sind. Leider ist nicht mit voller Sicherheit zu ermitteln, ob die Fiederchen nur in der Mitte befestigt seien, es ist dies aber wahrscheinlich, da sie am Grund sich zurunden und ast etwas herzförmig erscheinen. Jedes Fiederchen ist 4 Mill. lang, bei $2^{3}/_{10}$ Mill. Breite, am Grund am reitesten und nach vorn sich verschmälernd, doch dort zugerundet. Der Mittelnerv ist schwach und verwischt sich auswärts, wodurch sich die Art der Gattung Neuropteris nähert. Jederseits sind mit der Lupe, venigstens bei ein paar Fiederchen 4—5 äusserst zarte, einfache Seitennerven zu sehen.

9. Danæites firmus m. Taf. XLIV. Fig. 20—22.

D. fronde pinnata, pinnulis firmis, lineari-oblongis, basi rotundatis, apicem versus attenuatis, integerrimis, sporangiis oblongis, horizontalibus, parallelis juxta nervum primarium biserialibus, a margine remotis.
Kome mit Gleichenia Gieseckiana auf demselben Steine. (Kopenhagen.)

Die gemeinsame Blattspindel ist bei Fig. 20 zwar nicht erhalten; es liegen aber 11 Fiederchen so beisammen, dass sie unzweifelhaft zu einem gefiederten Wedel verbunden waren, in welchem die einzelnen Fiederchen 8—9 Millim. von einander entfernt waren. Die Breite dieser Fiederchen beträgt 8 Millim., ihre Länge aber betrug wahrscheinlich etwa 36—37 Mill., auswärts sind sie allmälig verschmälert. Der Mittelnerv t ziemlich stark und bis in die Spitze zu verfolgen, wogegen die Seitennerven ganz verwischt sind; nur ier und da sieht man Spuren von in rechten Winkeln auslaufenden, parallelen, äusserst zarten Seitennerven, ie aber zwischen den Fruchthäufchen liegen, in einzelnen Fällen scheinen sie aber auch von diesen auszuehen und diese somit auf den Seitennerven zu sitzen, wie dies bei den lebenden Marattiaceen der Fall ist. och ist die Sache nicht klar; es ist die feste, fast lederartige Beschaffenheit der Blattfiedern, welche an iesem Zurücktreten der feinern Nerven schuld zu sein scheint. Längs des Mittelnervs haben wir zwei Reihen on Fruchthäufchen. Jedes hat eine Länge von 2 Mill. bei 1 Mill. Breite; sie reichen daher nur bis zur Mitte er Blattfläche, zwischen Mittelrippe und Rand, und längs desselben haben wir eine breite, von Früchten icht besetzte Blattpartie (Fig. 22 vergrössert). Im Uebrigen stehen sie sehr dicht beisammen und stellen urze, parallele Bündelchen dar, die ziemlich stark gewölbt sind und als ovale Wärzchen erscheinen. Da as Blatt von der Oberseite vorliegt, sind aber die einzelnen Früchte nicht zu erkennen. — Ein zweites xemplar (Fig. 21), das ich der gefälligen Mittheilung des Herrn Prof. Gœppert verdanke, lässt noch die emeinsame Spindel und die Basis einer Reihe von Blattfiedern erkennen. Die Spindel ist dünn und lässt auf

ein doppelt gefiedertes Blatt schliessen, die Fiederchen sind am Grund zugerundet und sitzend. Sie zeigen die Abdrücke der Sori als länglich ovale Vertiefungen.

Ist sehr ähnlich dem Danaeites Schlottheimii Deb. und Ett. aus der Aachener-Kreide (die urweltl. Acrobryen des Kreidegeb. von Aachen, S. 22. Taf. III. Fig. 1); die Sori stehen aber dichter beisammen, sind kürzer und reichen daher nicht so weit hinaus und die Fiedern am Grund nicht verschmälert.

Die feste Beschaffenheit des Laubes, die ganzrandigen Fiederchen und die Stellung und Form der Sori sprechen für ein Farrn aus der Familie der Marattiaceen, von Taeniopteris, (welche wohl, wie die trefflichen Untersuchungen des Herrn Prof. Schenk gezeigt haben, mit Angiopteris zu vereinigen ist) unterscheidet es sich durch die längs der Mittelrippe stehenden Sori, von Danæopsis durch die Kürze derselben, indem sie bei dieser Keupergattung bis nahe zum Rande reichen, es mag daher am zweckmässigsten sein, sie als Danæites zu bezeichnen.

10. Sclerophyllina dichotoma m. Taf. XLIV. Fig. 6.

Scl. foliis anguste linearibus, planis, tenuissime striatis.
Auf der Rückseite des Steines, welcher die Gleichenia Zippei enthält.

Es sind lederartige, schmale, parallelseitige, von Streifen durchzogene Blätter, welche mehrmals sich gablig theilen. Sind sehr ähnlich der Scleroph. furcata (Heer Urwelt. Taf. II. Fig. 9) aus dem Keuper des Rütihard von Basel. Die Blätter haben dieselbe Breite und Streifung, sind aber mehrfach gablig getheilt. Die Längsstreifen sind sehr zart, die meisten nur mit der Lupe wahrnehmbar, doch treten 2 bis 3 Streifen stärker hervor.

Auf den ersten Blick konnte man an Pinusnadeln denken, die dann übereinander liegen müssten. Allein bei dem Fig. 6 abgebildeten Stück ist eine dreimalige Gablung zu sehen (bei a. b. und c.). Das Stück unterhalb a. ist allerdings doppelt so breit und zeigt eine Mittellinie, so dass es aussieht, als bestehe es aus zwei aneinander liegenden Blättern, allein bei b. ist dies nicht der Fall und es ist der rechts ablaufende Ast nicht weiter hinab zu verfolgen; dasselbe ist bei c. der Fall. Gegen Pinus aus der Gruppe der Föhren spricht auch, dass die Blätter flach sind, und die Krümmung derselben. — Zu derselben Gattung gehört wohl auch die Jeanpaulia nervosa Dkr. (Wälderbildung. Taf. V. Fig. 3), welche von den übrigen Jeanpaulien sehr abweicht.

II. Cycadeen.

11. Zamites arcticus Gœpp. Taf. III. Fig. 14 (aus Gœppert). Taf. XLIV. Fig. 5 c.

Z. fronde pinnata, foliolis approximatis, basi fere confluentibus, suboppositis, patentissimis, linearibus, apice obtusis, basi utrinque rotundatis, nervis parallelis obsoletis.
Gœppert im neuen Jahrbuch für Mineralogie, Geologie und Palæontologie. 1866. S. 134. Taf. II. Fig 9 u. 10.
Omeynen af Kome. District Omenak. (Rink.)

Von dieser merkwürdigen Pflanze sind mir neuerdings mehrere Blattstücke (eines habe auf Fig. 5. c. abgebildet) aus dem geologischen Museum von Copenhagen zugekommen. Herr Prof. Gœppert hatte die Güte mir auch das von ihm beschriebene Blatt zur Ansicht zu senden. Die Fiederchen sind an einer $3^1/_2$ Mill. breiten Blattspindel befestigt und laufen von derselben fast wagrecht aus. Sie stehen so dicht beisammen, dass sich die Ränder berühren. Das einzelne Fiederchen ist 12 Mill. lang, bei $1^1/_2$ Mill. Breite; vorn sind sie stumpf zugerundet, am Grund gestutzt, mit etwas gerundeten Ecken und dort auf der Fläche mit einem seichten Eindruck versehen. Sie sind auf der Oberseite der Spindel befestigt, so dass diese grossentheils vom Blattgrund verdeckt wird, gehört daher zu Zamites und nicht zu Pterophyllum. Die Längsnerven sind verwischt und nur hier und da Spuren von solchen zu erkennen. Der Blattrand ist besonders am Grund etwas aufgeworfen. Die Fiedern müssen lederartig gewesen sein.

Ist so ähnlich dem Zamites Lyellianus (den Dunker irrthümlich zu Pterophyllum gebracht hat) aus dem norddeutschen Wealden, dass es schwer hält Unterschiede anzugeben, nur sind bei letzterer Art die Fiedern etwas breiter und etwas von einander entfernt.

Auf einem Stein von Atanekerdluk liegen neben einigen Zweigstücken von Sequoia und Taxites Olriki einige Blattfetzen, welche denen des Zamites arcticus ähnlich sehen (Taf. I. Fig. 24 d.); eine Vergleichung mit dem Zamites von Kome, die mir erst möglich war, nachdem die Taf. I. schon gedruckt war, hat mir aber gezeigt, dass diese Blattfetzen nicht zu dieser Art gehören, indem die Längsstreifen gar viel stärker hervortreten. Sie dürften eher von einer Monocotyl.Pflanze herrühren, die aber zur Bestimmung zu fragmentarisch ist.

III. Cupressineen.

12. Widdringtonites gracilis m. Taf. XLIII. Fig. 1 c. 3 c., vergrössert 1 c. e. f. g.

W. ramis erectis, fastigiatis, ramulis filiformibus, confertis, foliis adpressis, alternis, obtusiusculis.
Kome, District Omenak.

Mehrere kleine Zweigstücke liegen zwischen den Farrnkräutern von Omenak. Das grösste (Fig. 1 c.) ist verästelt; von dem dünnen Aestchen laufen in spitzen Winkeln sehr zarte, lange Zweiglein aus, welche ganz mit schuppenförmig angedrückten Blättern besetzt sind. Man sieht, dass sie alternierend sind, doch ist ihre Form schwer zu bestimmen. Sie sind vorn meist stumpflich, doch zuweilen auch ziemlich spitzig (Fig. 1 g.), bald gewölbt, bald aber mit einem breiten, seichten Längseindruck versehen und 1½ Mill. lang.

Sehr ähnliche Nadelhölzer begegnen uns schon im Keuper (Widdringtonites keuperianus Hr. Urwelt S. 52. Fig. 31), wie anderseits im Tertiär (Widdringtonia helvetica, Ungeri, brachyphylla Sap., antiqua Sap. und bohemica Ett.), und es hält bei mangelnden Früchten schwer, nur an den dünnen, zarten Zweiglein, deren Blätter stark zerdrückt sind, diese Arten von einander zu unterscheiden.

IV. Abietineen.

13. Sequoia Reichenbachi Gein. sp. Taf. XLIII. Fig. 1 d. 2 b. 5 a.

S. ramis elongatis, foliis decurrentibus, patentibus, falcato-incurvis, rigidis, acuminatis.
Araucarites Reichenbachi Geinitz Charakteristik des sächs.-böhm. Kreidegebirges. S. 98. Taf. XXIV. Fig. 4. Cryptomeria primaeva Corda n Reuss-Kreideversteinerungen. S. 89. Taf. XLVIII. Fig. 1—11. Geinitzia cretacea Endlicher Conifer. S. 281.

Scheint in Kome nicht selten zu sein, indem auf mehreren Platten neben Farrnkräutern einzelne Zweigstücke sich finden.

Fig. 5 a. stellt einen zwar kurzen, aber ganzen Zweig dar. Die ersten Zweigblätter sind kurz, stumpflich und angedrückt, die folgenden abstehend, stark sichelförmig gekrümmt und in eine feine, scharfe Spitze auslaufend. Sie sind von derselben Länge bis gegen die Zweigspitze; nur die äussersten sind schmäler, kürzer und dichter zusammengedrängt und mehr nach vorn gerichtet. Sie sind am Zweig etwas herablaufend. Neben den Blättern bemerken wir am Zweig noch Blattnarben, welche uns sagen, dass manche Blätter abgefallen und diese sehr dicht in einer engen Spirale um den Zweig gestellt waren. Es sind diese Polster länglich-oval, vorn stumpflich, mit einem breiten, seichten Längseindruck (cf. Fig. 5 d. u. dd. vergrössert) ersehen.

Aehnlich ist das Fig. 2 b. abgebildete Zweigstück; viel länger dagegen Fig. 1 d. Auch an diesem 50 Millim. langen Zweige sind alle Blätter von gleicher Länge; sie sind steif, am Grund erweitert und am Zweig herablaufend und gleich von Grund aus sich auswärts biegend und stark sichelförmig gekrümmt. Die Blattnarben stehen dicht beisammen und wir bemerken noch welche nahe an der Zweigspitze.

Zu dieser Art gehört sehr wahrscheinlich der Fig. 8 (vergrössert 8 b.) abgebildete Same; er ist länglich-oval, 4½ Mill. lang und 4 Mill. breit, davon kommen circa 2 Mill. auf den Kern und 2 Mill. auf den Flügelrand, dessen Breite ringsherum etwa 1 Mill. beträgt. Es ist dieser Same länger und schmäler als bei Sequoia Langsdorfii (cf. Taf. XLV, Fig. 16 b. c.), stimmt aber in der Bildung des Kernes und Flügels so wohl zu Sequoia, dass er zu dieser Gattung gehören muss und somit die Bestimmung unserer Art als Sequoia noch mehr sichert.

Eine sehr ähnliche Zweigbildung haben wir bei Nadelhölzern, welche ganz verschiedenen Gattungen und Formationen angehören, nämlich bei Volzia, Geinitzia und Sequoia. Bei Volzia sind die Blätter in Grösse sehr variabel und die an der Spitze der Zweige meist viel länger als die untern, ferner sind dieselben vorn stumpflich und nicht so sichelförmig gebogen; bei der Sequoia Sternbergi sind die Blätter mehr nach vorn gerichtet und weniger gekrümmt (Taf. XXIV. Fig. 7—10), doch giebt es Zweige, wo sie ebenfalls abbogen sind und denen der Grönländer-Pflanze sehr ähnlich sehen (cf. Unger Sotzka, Taf. XXIV. Fig. 5), immerhin sind sie aber auch bei diesen Zweigen weniger abstehend, viel weniger sichelförmig gekrümmt und weniger fein zugespitzt und den jungen Zweigen fehlen die Blattpolster. — In allen diesen Beziehungen stimmt die Grönländer-Art mit der Sequoia Reichenbachi überein, von der mir Prof. Geinitz vorhaltende Zweigstücke aus dem Unterquadersandstein Sachsens zur Vergleichung übersandt hat; wie ferner mit den Zweigen, die Corda in dem Werk von Reuss als Cryptomeria primaeva abgebildet hat (Taf. XLVIII. Fig. 2, 3, 8, 11). Wir haben auch relativ dicke Zweige, stark sichelförmig gekrümmte, von einem Längsnerv durchzogene, in eine feine Spitze auslaufende Blätter, längliche Blattpolster, mit einer Längslinie auf dem Rücken Es gehört aber die Grönländer-Pflanze mit dieser in der Kreide verbreiteten Art zusammen, wenigstens wüsste ich keinen Unterschied von derselben anzugeben. Die Kreidepflanze wurde gefunden im untern Quader von Innewitz, im Schieferthon des Quadersandsteines von Waltersdorf in der Oberlausitz, im Plänersandstein

von Goppeln und im Plänerkalk von Strehlen, Weinböhla, Hundorf, Kutschlin, in Böhmen im Pläner von Hradek, Perutz, Trziblitz und Smolnitz; in Belgien, von wo ich von Anderlues (Hainaut) einen Zweig von Herrn Coemans erhielt, der sehr wohl mit denen Grönlands stimmt; in Molctein in Mähren. Von hier sah ich einen schönen Fruchtzapfen aus dem Tübinger Museum, welcher zeigt, dass diese Art zu Sequoia gehört, indem dieser Zapfen mit denen der Sequoien übereinstimmt. Dasselbe ist der Fall mit einem Zapfenrest aus dem untern Quadersandstein von Bannewitz. Einen sehr ähnlichen, nur kleinern Zapfen hat neuerdings W. Carouthers (Journal of Botany, Jan. 1867) als Sequoites Woodwardi bekannt gemacht[1]) und ein paar kleine Zweigreste dazu dargestellt; die Blätter des einen (Fig. 16) sind auch stark abstehend, aber nicht sichelförmig gekrümmt.

Von dieser Art sehr verschieden ist die Geinitzia cretacea Unger (iconographia plant. fossil. Taf. XI. Fig. 6); bei dieser sind die Blätter nach vorn gerichtet, fest an die Zweige angedrückt, viel schmäler und die Zapfen lang, spindelförmig. Eine dieser ähnliche Art von Quedlinburg erhielt ich in prachtvollen Zweigen und Zapfen von Herrn Prof. Schenk in Würzburg zur Ansicht, welche von Sequoia sehr verschieden ist und ein eigenthümliches Genus bildet, welchem der Name Geinitzia bleiben kann.

14. Pinus Peterseni m. Taf. XLIV. Fig. 19.

P. foliis geminis (?), setaceis, longis, tenuissimis, oligonerviis.

Es liegen mehrere Nadeln, die wohl unzweifelhaft zu Pinus und zwar zur Gruppe der Föhren gehören, bei einander. An mehreren Stellen (a. b.) sieht man, dass je zwei Nadeln zusammengehören, es ist daher wahrscheinlich, dass je 2 einen Büschel bildeten. Die Nadeln haben nur eine Breite von 1 Mill., müssen aber lang gewesen sein; ihre Länge muss wenigstens 50 Mill. betragen haben, vielleicht waren sie aber noch beträchtlich länger. Neben den Nadeln bemerkt man (bei c.) einen ovalen Eindruck, von dem ein dunkler Fleck ausgeht und ähnelt einem Pinus-Samen, doch ist er zur sichern Deutung zu undeutlich.

Aehnelt in den sehr dünnen Nadeln dem Pinus Quenstädti Hr. von Molctein, bei diesem stehen aber 5 Nadeln im Büschel und jede Nadel zeigt einen Längsnerv. In den dünnen langen Nadeln hat sie mehr Aehnlichkeit mit den Weimuthskiefern (der Gruppe Strobus) als mit den zweinadligen Föhren.

Der Name soll an den Grönländer Petersen erinnern, welcher Kane und später M'Clintock auf seinen Polarreisen begleitet hat.

15. Pinus Crameri m. Taf. XLIV. Fig. 7—18.

P. foliis sessilibus, distichis, planis, basi apiceque rotundatis, obtusis, medio costatis.

Es ist dies die häufigste Pflanze von Kome und einzelne Blätter finden sich fast auf jedem Stein, stellenweise liegen sie aber zu tausenden übereinander. Sie lassen sich zum Theil aus dem Gestein ablösen und sind dann flache, braunschwarze, an den Rändern durchscheinende, noch biegsame Blättchen. Ihre Länge variirt von 9—17 Mill., viel weniger aber ihre Breite, welche meist 2½ Mill., selten nur 2 Mill. beträgt und zwar hat die Länge der Blätter keinen Einfluss auf ihre Breite, indem ein 17 Mill. langes nur 2 Mill. hat und andererseits ein 9½/2 Mill. langes 2½/2 Mill. Breite zeigt. Sie sind ganz parallelseitig, vorn ganz stumpf zugerundet, und dort mit einer sehr kleinen, nur bei starker Vergrösserung wahrnehmbaren Ausrandung versehen (Fig. 15). Am Grund sind sie meistens gerade gestutzt, mit abgerundeten Ecken, ohne Spur von Stielchen. Ueber die Mitte läuft eine starke Rippe, oder eigentlich sind es zwei aufgeworfene Linien oder Rippen, die oben unterhalb der Blattspitze zusammengehen (Fig. 15). Zuweilen scheint das Blatt zwischen diesen Linien aufgerissen zu sein. Die Partie zwischen der Mittelrippe und dem Rand ist von äusserst feinen, nur bei starker Vergrösserung wahrnehmbaren Längsstreifen durchzogen. Zuweilen tritt aber einer dieser Streifen stärker hervor. Einzelne Blätter sind mit zahlreichen, aber zufälligen Querrunzeln versehen. — Diese Blätter sind an dünnen Zweigen befestigt und in zwei Zeilen angeordnet (Fig. 17, 18). Sie sind sitzend,

---

[1]) Herr Carouthers sagt (S. 21), es sei dies unzweifelhaft eine fossile Art Sequoia, er habe aber den Namen Sequoites gewendet „in accordance with the almost universal practice of botanist", welche Practik sehr wichtig sei, da sie sogleich eine Weise von einer lebenden Species unterscheiden lasse. Mir will es aber scheinen, dass ein solches Verfahren sehr unpassend sei und gegen einen Hauptgrundsatz der Systematik verstösst, nach welchem für denselben Begriff auch nur Eine Bezeichnung zu wählen ist. Wie soll es denn mit den diluvialen Pflanzen gehalten werden, die grossentheils mit den jetzt lebenden übereinstimmen? Sollen wir diese alle anders bezeichnen als die lebenden, nur weil wir sie in Steinen eingeschlossen finden? Mit demselben Rechte müssten dann auch die fossilen Thiere durch besondere Gattungsnamen ausgezeichnet werden. Die von Herrn Carouthers befolgte Methode ist zu einer Zeit angewendet worden, in der man erst das Studium der fossilen Pflanzen begann, jetzt ist sie allgemein verlassen für alle die Fälle, wo eine Gattung mit grosser Wahrscheinlichkeit ermittelt ist; wo aber die Gattungsbestimmung zweifelhaft, wird dies durch die Endung —ites ausgedrückt, welche dem Gattungsnamen beigefügt wird, der der ähnlichsten Formen sich anschliesst.

aber nicht am Stengel herablaufend und müssen sich leicht losgelöst haben, da wir sie in so grossen Massen von den Zweigen getrennt finden und auch an den erhaltenen Zweigen nur wenige Blätter zurückgeblieben sind; so an dem Fig. 17 abgebildeten ein einziges. Es war dies ein schlanker Ast, mit alternirenden, nahe beisammen stehenden dünnen Zweigen. Blattnarben sind nicht zu sehen, wohl aber eine kleine Verdickung an der Basis der Zweige. Die Blätter standen dicht beisammen und die der benachbarten Zweige müssen sich theilweise gedeckt haben.

Bei diesen Blättern liegen die Fig. 8 u. 9 abgebildeten Schuppen, welche sehr wahrscheinlich diesem Baume angehören. Fig. 8 ist 17 Mill. lang, bei 15 Mill. Breite, vorn sehr stumpf zugerundet, gegen die Basis etwas verschmälert. Sie zeigt eine schwache ovale Vertiefung am Grund und an der linken Seite eine schwache ovale Erhabenheit, die vielleicht von dem fest aufgedrückten Samen herrührt und zu dem dann die obere Partie als Flügel gehören würde. Im Uebrigen bemerkt man an der Schuppe feine Längsstreifen und in der obern Partie zarte Querrunzeln, während die untere, wahrscheinlich im Zapfen bedeckte Partie glatt ist. Die zweite Schuppe (Fig. 9 a.) ist wahrscheinlich nicht ganz erhalten. Sie ist auch rundlich, hat viel deutlichere Längsstreifen, von denen zwei seitliche stärker hervortreten, so dass sie in drei Partien getheilt erscheint.

Es gehören diese Blätter, Zweige und Schuppen unzweifelhaft einer Pinus an und zwar weist die Form der Blätter, ihre Stellung und leichte Löslichkeit auf die Gruppe Tsuga, nur sind die Blätter am Grund mit keinen Stielchen versehen, sondern mit der ganzen Breite an den Zweig angeheftet, ähnlich wie bei P. Pinsapo Boiss. Die Blätter und auch die Zapfenschuppen sind beträchtlich grösser als bei P. canadensis Michx. — Unter den fossilen Arten steht ihr die Pinus (Abietites) Linkii Dkr. aus dem norddeutschen Wealden am nächsten. Die Blätter haben dieselbe Form, nur sind sie bei P. Linkii durchschnittlich grösser, vorn etwas stärker verschmälert, die Mittelrippe ist zarter, wogegen die feinern Längsstreifen etwas deutlicher sind. Es liegen aber diese Nadeln auch massenweise beisammen und lassen sich ebenfalls leicht von der umgebenden Masse lostrennen. Wir haben dieselben aus dem Osterwalde erhalten, von wo sie mir zur Vergleichung vorlagen. Sie sind am Grunde nicht verschmälert, während Dunker Formen abgebildet hat, bei denen dies der Fall ist. (Dunker Norddeutsch. Wealden. Taf. IX. Fig. 11.)

Goeppert hat diese Nadeln aus Versehen für Blätter der Sequoia Langsdorfii genommen (Abhandl. der schlesisch. Gesellsch. 1867. S. 51, und im Jahrbuch für Mineralogie), sie sind aber vorn viel stumpfer zugerundet, am Grund nicht verschmälert und nicht am Zweig herablaufend. Schon der Umstand, dass sie lose, massenhaft beisammen liegen, zeigt, dass sie sich anders verhalten als die Sequoiablätter, welche fest mit dem Zweige verbunden sind.

V. Monocotyledonen.

16. *Fasciculites groenlandicus* m. Taf. XLIV. Fig. 23.

F. fasciculis vasorum 1 Mill. latis, cylindricis, aequalibus, numerosissimis

Eine Masse von schwarzen, verkohlten Faden liegen beisammen und bedecken eine Fläche von 90 Mill. Breite, von der Fig. 13 nur eine Partie darstellt. Sie sehen ganz aus wie Gefässbündel eines holzigen monocotyledonen Stammes und rühren vielleicht von einer Palme her. Dass es nicht Pinusnadeln sind, zeigt der Umstand, dass sie alle in selber Richtung liegen, was bei jenen sicher nicht der Fall wäre, wie wir dies bei Pinus Crameri und Peterseni sehen. Auch fehlen ihnen gänzlich die Längsstreifen der Pinusnadeln, indem man unter dem Microscop nur in Querreihen stehende dunklere Flecken (Fig. 23 b.) sieht. Wir halten sie daher für Gefässbündel, welche in grosser Masse übereinanderliegen und in gerader Richtung verlaufen; sie sind alle von fast gleicher Dicke, welche circa 1 Mill. beträgt. Sehr ähnliche Gefässbündel haben wir bei dem Palmacites helveticus (cf .Flora tert. Helv. I. Taf. XL. Fig. 1). Aus der Kreide hat Corda in dem Werke von Reuss (Versteinerungen, S. 87) einen Fasciculites beschrieben, den er zu den Palmen gerechnet hat (Palmacites varians Cord.). Aehnliche Stämme kommen auch im Wealden der Insel Wight und von Norddeutschland vor (Endogenites erosa St. et Webb.).

B. Miocene Flora von Nordgrönland.

Erste Klasse. Cryptogamen.

Erste Ordnung: Fungi. Pilze.

1. Sphæria arctica m. Taf. I. Fig. 5.

Sph. peritheciis ovalibus, sparsis, medio impressis.
Atanekerdluk (Dublin).

Auf einem lederartigen Blattfetzen sind ovale, 2—2½ Mill. lange Wärzchen, welche in der Mitte einen länglichen Eindruck zeigen, der wohl von der Oeffnung herrührt. Hat die Grösse der Sph. evanescens (Flora tertiar. Helvet. III. Taf. CXLII. Fig. 15. 16), ist aber länglich-oval und hat eine grössere, längliche Oeffnung (Fig. 5 b. vergrössert).

2. Sphæria annulifera m. Taf. I. Fig. 2—4.

Sph. peritheciis globosis, nigris, distinctis, in circulum dispositis et maculam pallidam circumdantibus.
Atanekerdluk (Cap. Colomb). Auf Blattfetzen, die wahrscheinlich zu Magnolia Inglefieldi gehören.

Achnlich wie bei Sph. circulifera Hr. von Locle und der lebenden Sph. Coryli Batsch stehen kleine, nglichte Pilze in einem Kreis um eine hellere Stelle herum, welche etwa 3 Millim. Durchmesser hat. Es ntstehen so runde helle Flecken auf dem Blatte, die von einem Kranz von schwarzen Puncten umgeben ind (Fig. 2, vergrössert 2 b.). Diese Flecken sind viel grösser als bei Sph. circulifera und ebenso auch die rüchte. Ganz gleich grosse Flecken haben wir bei Sph. maculifera Hr., hier sind aber die Früchte kleiner ind stehen in grosser Menge um den mittlern hellen Fleck herum. — Die Früchte sind kuglicht und bilden m Abdruck rundliche Vortiefungen. Es sind diese Ringe theils auf den Blattnerven (Fig. 3), theils auf dem Parenchym. (Fig. 2 u. 4).

3. Rhytisma (?) boreale m. Taf. I. Fig. 1.

Rh. peritheciis verruciformibus, convexis, rimosis.
Atanekerdluk (Dublin).

Auf den Blattstück der Ficus grœnlandica sitzen zahlreiche kleine Warzen, welche ohne Zweifel von inem Pilz herrühren. Sie sind in der Blattsubstanz etwas eingesenkt und von einem flach-eingedrückten Vall umgeben. Die einen Wärzchen sind klein (von 1½ Mill.) und scheinen einfach zu sein (Fig. 1 c. vergrössert), andere dagegen haben bis 3 Mill. Breite und stellen von mehreren Furchen durchzogene Scheiben dar, ähnlich wie bei Rhytisma (Fig. 1 b. d. vergrössert). Diese machen es wahrscheinlich, dass dieser filz zu Rhytisma gehört, während die kleinern Wärzchen mehr wie Sphærien aussehen, doch fehlt allen die Oeffnung.

Zweite Ordnung: Filices. Farrn.

4. Woodwardites arcticus m. Taf. I. Fig. 16 (vergrössert 16 b.), XLV. Fig. 2 c., XLVIII. Fig. 9.

W. pinnis pinnatifidis (?), lobis rotundatis, denticulatis, nervatione dictyodroma.
Waigattet, mit Sequoia, Populus arctica und Corylus auf demselben Stein (Dr. Torell). Andere Blattfetzen sind mit Pappelättern und Sparganium stygium auf Steinplatten der Kopenhagener Sammlung von Atanekerdluk.

Von diesem Farrn sah ich nur einige kleinen Blattfetzen, seine Nervatur ist aber so ausgezeichnet, dass jedenfalls von allen andern Grönlands gänzlich verschieden ist und einen eigenthümlichen Typus darstellt, essen genauere Bestimmung aber erst bei vollständiger erhaltenen Exemplaren möglich sein wird. Die ervatur stimmt am besten zu derjenigen der Woodwardien, doch reichen die Maschen weiter zum Rand naus, daher die Gattung nicht ganz gesichert ist.

Das Fig. 16 abgebildete Stück ist wahrscheinlich ein Fetzen einer Blattfieder, indem das ganze Blatt ohl gefiedert war. Grösser sind die Blattreste der Kopenhagener Sammlung, aber so verbogen und durch-nander gewirrt, dass kein klares Bild zu gewinnen ist.

Der Mittelnerv ist dünn, von demselben gehen keine Secundarnerven aus, sondern die ganze Blattche ist gleichmässig von einem Nervennetz überzogen; die Nervillen sind mehrfach gablig getheilt und ese Gabeln unter sich verbunden und längliche, polygone Maschen umschliessend. Wir haben mehrere aschen hinter einander und einzelne reichen bis fast zum Rand hinaus. Die Fieder scheint bei Taf. I. g. 16 in runde und sehr stumpfe Lappen gespalten, welche am Rande mit äusserst feinen Zähnen besetzt d (cf. Fig. 16 b. vergrössert); der Taf. XLVIII. Fig. 9 dargestellte, zweimal vergrösserte Blattfetzen

stellt wahrscheinlich die Spitze einer Blattfieder dar. Sie ist fein gezahnt, hat einen zarten Mittelnerv, an dem die grossen Maschen liegen, die von ihnen ausgehenden Nervillen sind gablig getheilt. Auf demselben Stein liegen noch mehrere Fiederstücke, doch sind sie ganz zerfetzt, lassen indessen doch erkennen, dass wie bei den Woodwardien mehrere Fiederchen an einer gemeinsamen Spindel befestigt waren.

Unter den tertiären Farrn ähnelt auch der Filicites hebridiens Forb. einigermassen unserer Pflanze, allein die Maschen sind anders gebildet; ferner Filicites dispersus Sap. von Aix (Saporta études sur la végétation du sud-est de la France à l'époque tertiaire, S. 55. Taf. II. Fig. 5).

5. *Lastraea (Phegopteris) stiriaca.* Taf. XLV. Fig. 7.

L. fronde pinnata, pinnis linearibus, praelongis, grosse crenatis serratisve, nervis secundariis e nervo primario angulo subacuto egredientibus, pinnatis, nervis tertiariis curvatis, subparallelis, angulo acuto exeuntibus.
  Heer Flora tert. Helv. I. S. 31. Taf. VII. u. VIII. Polypodites stiriacus Unger Chlor. prot. S. 121.
Atanekerdluk (Olrik. Kopenhagen).

Zwei Blattfiedern dieses ausgezeichneten miocenen Farrnkrautes liegen im Abdruck neben einander. Es sind zwar jederseits nur 4 Tertiärnerven vorhanden, während diese Art in der Regel 6—7 zeigt, sonst aber stimmt sie in der Form der Lappen und Nervation völlig überein. Am ähnlichsten sieht sie der von Unger (Chloris protog. Taf. XXXVI. Fig. 2) abgebildeten Fieder, welche auch dieselbe Zahl von Tertiärnerven und einen hin- und hergebogenen Mittelnerv hat. — In der geringen Zahl und Richtung der Tertiarnerven erinnert die Art auch an die L. Bunburyi (Heer Lignite of Bovey Tracey, S. 20), bei der aber die Fieder mit kurzen, scharfen Zähnen versehen ist.

Die 2 Fiedern stehen um 20 Mill. von einander ab, und hatten eine Breite von 18 Mill., daher sich ihre Ränder nahezu berührten. Sie sind mit breiten, groben, stumpfen Zähnen versehen. Der Hauptnerv jeden Zahnes ist etwas hin, und hergebogen und von ihm laufen die Tertiarnerven in spitzen Winkeln aus. Die Anastomose der untersten ist nur an ein paar Stellen deutlich zu sehen.

6. *Sphenopteris (Asplenium?) Miertschingi* m. Taf. XLV. Fig. 9 a. b. (vergrössert 9 c.)

A. foliis pinnatis, pinnulis angulo peracuto egredientibus, basi cuneatis, apice argute dentatis, nervis dichotomis.
Atanekerdluk. (Olrik. Kopenhagen.)

Neben dem Blatte von Quercus Lyelli liegen die Reste dieses zierlichen Farrnkrautes. Es ist ein Stück iner Blattfieder, die aber vorn abgebrochen ist, dagegen sind einige seitliche Blättchen erhalten und eines davon st vollständig vorhanden (dasselbe vergrössert Fig. 9 b.); sie sind gegen den Grund zu allmälig verschmälert, orn zugerundet und mit scharfen, spitzen Zähnen besetzt. Der Nerv theilt sich zunächst und fast am Grund 1 2 Aeste, der äussere theilt sich nochmals in 2 Gabeln, die bis nach vorn verlaufen, der innere gabelt ich ebenfalls, von diesen Gabeln theilt sich die innere nur noch in 2 Aeste, während die äussere noch weimal sich gabelt. Die Gabeläste laufen in die Zähne aus.

Von Sphenopteris Blomstrandi aus Spitzbergen durch andere Nervation und Bezahnung der Blattfiederhen sehr verschieden und wohl zu Asplenium gehörend.

Der Name soll an den Missionär Miertsching erinnern, welcher als Eskimo-Dolmetscher die Expedition on Sir M'Clure mitgemacht und in ansprechender Weise beschrieben hat. M'Clure erwähnt seiner in ehrender Teise in seinem Tagebuche (the discovery of a north-west passage. S. 76).

7. *Pteris oeningensis* A. Br. Taf. XLV. Fig. 8 a. (vergrössert 8 b.)

Pt. pinnis valde elongatis, pinnatisectis vel profunde pinnatipartitis, lobis alternis, patentibus, distantibus, lanceolatis, egerrimis, nervis tertiariis furcatis.
  Heer Flora tert. Helvet. I S. 39.
Atanekerdluk. (Olrik. Kopenhagen.)

Es sind zwar nur ein paar Blattfetzen gefunden worden, von welchen ich den deutlichsten in Fig. 8 a. ud vergrössert 8 b. abgebildet habe, es stimmen aber dieselben so wohl mit dem Oeninger Farrn überein, ass ich nicht anstehe, sie mit Herrn Prof. Goeppert, der dies Stück auch in Händen hatte (vgl. Verhandlngen der Schlesisch. Gesellsch. 1867. S. 51), mit derselben zusammenzustellen. Die Fiederchen sind bis ɾf den Grund von einander getrennt, vorn etwas verschmälert, ganzrandig, die seitlichen Nerven gablig ʇheilt.

8. *Pteris Rinkiana* m. Taf. I. Fig. 12. (zweimal vergrössert 12 c.)

Pt. fronde bipinnata (?), pinnulis oblongo-lanceolatis, integerrimis, apice obtusiusculis, nervis secundariis pinnularum furcatis.
Atanekerdluk. (M'Clintok.)

Es sind mir nur die zwei abgebildeten Fiederchen zugekommen. Sie liegen so neben einander, dass ihr Istand wahrscheinlich ihre natürliche Stellung bezeichnet, obwohl die Spindel nicht zu sehen ist. Darnach

waren die Fiederchen ziemlich weit von einander entfernt; das kleinere ist ganz erhalten und aus seiner Zurundung am Grunde erfahren wir, dass die Fiederchen nicht mit ihrer ganzen Breite an die Spindel befestigt waren und die Fieder daher mit freien Fiederchen besetzt war; also haben wir hier ein folium pinnatum, oder wohl eine pinna pinnata, welche zu einem doppelt gefiederten Blatt gehört haben wird.

Die Fiederchen sind länglich lanzettlich, vorn ziemlich stumpf, ganzrandig und mit deutlich hervortretender Nervatur. Von dem Mittelnerv gehen zahlreiche Secundarnerven aus, von denen jeder in zwei Gabeläste sich spaltet, welche bis zum Rande laufen.

Die Nervatur ist wie bei Pteris oeningensis A. Br. und Pt. caudigera Saporta. Ist von ersterer aber durch die am Grunde zugerundeten, freien Fiederchen, von letzterer durch die stumpfere Spitze derselben verschieden.

Neben den Blättchen liegt ein kurzes, gäblig getheiltes Spindelstück (Fig. 12 b.), welches wohl zu dieser Art gehört.

9. Pecopteris Torellii m. Taf. II. Fig. 15. (vergrössert Fig. 15 b. c.)

P. pinnis apice attenuatis et acuminatis, pinnatifidis, lobis apice rotundatis, nervis tertiariis furcatis, inferioribus sinum attingentibus.

Atanekerdluk. (Dr. Torell.)

Es sind leider nur die beiden abgebildeten Blattfetzen mir zugekommen. Diese zeigen viel Uebereinstimmendes mit der Pecopteris lignitum Gieb. (Heer Bovey Tracey. Taf. IV—VI.), welche in Bovey sehr häufig ist und im Untermiocen eine sehr grosse Verbreitung hatte. Die Fieder ist vorn auch zugespitzt, in ähnlicher Weise in Lappen gespalten und die zartern Nerven sind ebenfalls gablig verästelt; selbst die Sculptur des Blattes ist übereinstimmend; wir bemerken auf der Blattfläche stellenweise auch feine Puncte (Fig. 15 b.), wie bei dem Bovey Farm (Bovey Tracey. Taf. V. Fig. 1). Es weicht die Grönländer-Pflanze aber durch die stumpferen Lappen und durch die spitzern Winkel der Gabeläste ab. Bei der P. lignitum bilden sie am Grund viel offenere Winkel und die unterste Gabel ist in eigenthümlicher Weise nach vorn gebogen. Es muss daher die Grönländer-Art getrennt werden, gehört aber sehr wahrscheinlich zu derselben Gattung, welche zur Zeit noch nicht ermittelt ist.

Die beiden Fig. 15 abgebildeten Blattstücke bilden wahrscheinlich die Spitzen von zwei Blattfiedern, welche demselben Wedel angehört haben. Der Mittelnerv läuft bis in die Blattspitze, der Seitennerv, der nach dem Lappen läuft, gabelt sich an der Blattbasis, oder doch bald über derselben und diese Gabel theilt sich noch mehrmals.

10. Osmunda Heerii Gaudin. Taf. I. Fig. 6—11. Taf. VIII. Fig. 15 b.

O. fronde bipinnata, pinnulis sessilibus, alternis, oblongis, basi rotundatis, apice obtusiusculis, nervis secundariis dichotomis. Heer Flora tert. Helvet. III. p. 155.

Atanekerdluk. (Colomb.)

Bei ein paar Stücken sind die Fiederchen noch an der Blattspindel befestigt (Fig. 8 und Taf. VIII. Fig. 15). Diese sind klein (13 Mill. lang, 7 Mill. breit), länglich-oval und scheinen ganzrandig zu sein; jeder Secundarnerv ist in zwei Gabeln gespalten. Grösser ist eine andere Blattfieder (Fig. 7), die auf demselben Steine, aber auf der andern Seite liegt. Sie hat eine Breite von 12 Mill. bei einer Länge von 25 Mill., obwohl die Basis nicht erhalten ist; vorn ist sie stumpflich; der Rand ist sehr schwach und undeutlich gekerbt. Von den dünnen Mittelnerv entspringen Secundarnerven, welche sehr bald in zwei Aeste sich spalten, von denen bald beide, bald nur der eine sich wieder in eine Gabel theilt. Aehnliche Blattfiedern finden sich auf einer andern Steinplatte mit Pappelblättern (Fig. 6. 10), bei denen die gabelig zertheilten Secundarnerven auch sehr wohl erhalten sind; ebenso bei dem Fig. 11 abgebildeten Blättchen, dessen Rand feine Kerbzähne zeigt, wie Fig. 6. Die Blattbasis ist nicht geöhrt.

Diese grössern Blattfiedern stimmen so wohl mit denen von Rivaz überein, dass diese Grönländer-Pflanze unbedenklich zu dieser Art gebracht werden darf. Form und Nervation sind gleich; die Blättchen von Rivaz zeigen etwas deutlichere, aber immerhin sehr feine Kerbzähne, welche auch bei einigen Fiedern aus Grönland erhalten sind.

Es steht diese Art der Osmunda spectabilis Willd. aus Nordamerika sehr nahe, welche durch die am Grund nicht geöhrten Blattfiedern von der O. regalis L. sich unterscheidet, in welchem Charakter die miocene Art sich an die amerikanische anschliesst, welche dort häufig in Moorgründen vorkommt.

Ob wohl die von Prof. Goeppert erwähnte O. Doroschkiana von der vorliegenden verschieden ist?

Dritte Ordnung: Calamariae. Equisetaceae.

11. Equisetum boreale m. Taf. I. Fig. 17. Taf. XLV. Fig. 10. 13 c, f.

E. caule 3—6 Mill. crasso, profunde striato, vaginis brevibus, adpressis, dentatis, dentibus 5, brevibus.

Atanekerdluk (Dublin und Kopenhagen, mit Sequoien und Birkenrinde).

Unter diesem Namen fasse ich verschiedene Pflanzenreste zusammen, welche jedenfalls einem Equisetum angehören, allein nicht genügend erhalten sind, um uns ein vollständiges Bild dieser Pflanze zu geben. — Der Taf. I. Fig. 17 abgebildete Stengel hat eine Breite von $5^1/_2$ Mill. und zeigt 5 stark hervortretende Rippen, jede von circa 1 Mill. Breite. Sie sind von äusserst feinen, nur mit der Lupe wahrnehmbaren Querrunzeln fein chagrinirt (17 b.). Die Zähne sind nur $1^1/_2$ Mill. lang und zugespitzt. Bei andern Stücken sind die Stengel etwas dicker und die Rippen weniger vortretend. Fig. 10. Taf. XLV. hat 8 Mill. Dicke. Man bemerkt 5 Zähne, die stumpfer sind und ganz angedrückt, so dass man sie nur mit Mühe wahrnimmt. Unterhalb der Zähne sind mehrere kleine Astnarben. Es war also der Stengel mit Astwirteln versehen.

Taf. XLV. Fig. 13 c. stellt ein Rhizom dar; an demselben sind kugliche Knollen befestigt; sie sind gegenständig und sitzend. Das Fig. 13 f. (vergrössert f. f.) abgebildete Zweiglein gehört wohl auch hierher, erinnert freilich auch an Ephedra und Casuarina. Es ist deutlich gegliedert und fein gestreift. Darnach wäre der Stamm mit dünnen langen Zweigen besetzt gewesen, wie bei Equisetum arvense und Telmateja. — Ob das Taf. I. Fig. 18 (vergrössert 18. b.) abgebildete kleine Stengelstück hierher gehört, ist noch zweifelhaft. Der Durchschnitt zeigt eine centrale schwarze Zone, die von einem Gefässbündelkreis eingefasst ist; einen zweiten Kreis von Gefässbündeln bemerken wir in der äussern Zone. Aehnlich ist auch der Stengeldurchschnitt Fig. 19, der eine kreisrunde Scheibe darstellt.

Ist von sämmtlichen Arten der Schweizer-Flora verschieden, aber sehr ähnlich dem Equisetum Campbellii Forb. (Quarterl. journ. of the geolog. soc. of London. VII. 1851), hat aber breitere und weniger zahlreiche Rippen.

Zweite Klasse. Phanerogamen.

Erste Unterklasse. Gymnospermen.

Erste Ordnung: Coniferen.

Erste Familie. Cupressineæ.

12. Taxodium dubium Stbg.: sp. Taf. II. Fig. 24—27. Taf. XII. Fig. 1 c. Taf. XLV. Fig. 11 a.—d. 12.

T. ramis perennibus foliis squamæformibus tectis, ramulis caducis filiformibus, foliis distantibus, alternis, distichis, hinc inde duobus valde approximatis, basi angustatis breviterque petiolatis, lineari-lanceolatis, planis, uninerviis.

Heer Flora tert. Helvet. l. S. 49. Taf. XVII. und Taf. XIX. Fig. 3.

Atanekerdluk (Colomb. Olrik). In Ritenbenks Kohlengrube; mehrere Zweige liegen ganz in demselben Gestein, wie die der origen Localität (Kopenhagen).

Ist in Grönland ziemlich selten, doch sind mir von da nicht nur die beblätterten Zweige, sondern auch die Zapfen zugekommen, welche über die Bestimmung dieser Art jeden Zweifel beseitigen, daher der seiner Zeit von Sternberg eingeführte Name (Phyllites dubius) nun unpassend geworden ist und er besser in Taxodium miocenicum zu verwandeln wäre, wenn nicht die Aenderung eines allgemein eingeführten Namens bedenklich sein würde.

Die Zweige haben eine dünne, schlanke Achse, die Blätter sind am Grund verschmälert (Taf. II. Fig. 27 vergrössert) und nicht am Zweig herablaufend. Sie sind schmäler und zarter als die der Sequoia Langsdorfii, denen sie sonst sehr ähnlich sehen. Fig. 24 und 26 sind Zweigenden.

Sehr wichtig sind die Zapfen. Neben einem ganzen Gewirr von beblätterten Taxodiumzweigen (Fig. 11 b.) und einem Birkenast liegen in Taf. XLV. Fig. 11 drei Zapfen, welche offenbar zu Taxodium gehören. Der ne ist aufgesprungen (a.), die Fruchtblätter von einander abstehend und nur in ihren vertieften Abdrücken halten, bei b. und c. dagegen haben wir die Zapfenschuppen, wie sie im geschlossenen Zapfen beisammen anden, doch theilweise zerstört und daher in ihren Formen schwer zu bestimmen. Viel belehrender ist in ieser Beziehung das Fig. 12 abgebildete Stück; neben zahlreichen Zweigresten sehen wir zwei Zapfen; der ne (c.) ist in der Mitte auseinander gerissen, vom andern dagegen (a.) haben wir im Gestein einen vollständigen Abguss, welcher die Form und Stellung der Schuppen mit Sicherheit bestimmen lässt, nur haben ir zu berücksichtigen, dass bei diesem Abdruck die erhabenen Stellen vertieft erscheinen. Die Grösse ist

genau wie beim Zapfen des Taxodium distichum, den wir in die Höhle hineinlegen können, welche durch diesen Abguss des fossilen Zapfens entstanden ist. Auch die einzelnen Zapfenschuppen haben dieselbe Stellung und ganz dieselbe Form. Die untern haben eine Breite von 12 Millim. bei einer Höhe von 9 Millim. Ueber die Mitte geht eine schwach vortretende, bogenförmige Querkante, unterhalb derselben ist die Schuppe glatt, oberhalb dagegen von zahlreichen, zum Rande laufenden Furchen durchzogen und schwach gerippt. Der Zapfen a. war fast kuglicht und hatte eine Länge von 26 Mill. Neben diesem Zapfen liegt bei b. von einer einzelnen Zapfenschuppe die untere glatte Partie. — In einem andern Stein fand ich beim Zerschlagen die Abgüsse von 3 Zapfen; die organische Substanz war in ein schwarzes Kohlenpulver verwandelt, das herausfiel. Die Abgüsse lassen noch die Form der Zapfenschuppen erkennen, die mit den vorhin beschriebenen übereinstimmt.

Dieselben Zapfen erhielt ich auch aus dem Samland und zwar sind hier 5 Stücke noch am Zweig befestigt und lassen auch die Samen erkennen. Ich werde sie in meiner Flora des Samlandes veröffentlichen. Die männlichen Blüthen haben schon früher Unger und neuerdings C. von Ettingshausen aus den Ligniten Böhmens dargestellt, so dass wir gegenwärtig diesen Baum in allen seinen Organen kennen. Er steht dem Tax. distichum Rich. äusserst nahe, Blätter und Zapfen sind nicht zu unterscheiden und nur der Umstand, dass die perennierenden Zweige mit angedrückten, kurzen, schuppenförmigen Blättchen besetzt sind (Flora tertiara Helv. Taf. XVII. Fig. 8), welche dem lebenden Baume fehlen, verhindert mich ihn geradezu mit T. distichum zu vereinigen.

Die von Ettingshausen (Flora von Bilin, Taf. X. Fig. 20—22) abgebildeten Zapfen gehören nicht zu Taxodium, sondern zu Sequoia Couttsiæ, wie schon die langen Zweige mit angedrückten, schuppenförmigen Blättern zeigen. Auch sind diese Zapfen viel kleiner als bei Taxodium dubium.

13. Glyptostrobus europæus. Taf. III. Fig. 2—5. Taf. XLV. Fig. 20—22.

Gl. foliis squamæformibus, adpressis, basi decurrentibus, in ramulis nonnullis vero linearibus, patentibus, distichis.

Heer Flora tert. Helv. I. S. 51. III. S. 51. Taf. XIX. XX. Fig. 1. Taxodium europæum Brongn. Glyptostrobus œningensis A. Braun. Atanekerdluk. (Dubliner und Kopenhagener Sammlung.)

Es wurden bis jetzt nur einzelne Zweige gefunden. Sie sind von dicht anliegenden, alternirenden Blättern bedeckt, welche nicht auswärts gekrümmt sind. Sie haben eine seichte Rückenrippe, die öfter ganz verwischt ist. Zapfen wurden bis jetzt in Grönland nicht gefunden, doch bemerken wir bei Taf. III. Fig. 2 und Fig. 5 b. undeutliche Reste von Zapfenschuppen. Von Zweigen mit abstehenden Blättern habe nur spuren gefunden (Taf. XLV. Fig. 20).

Die sterilen Zweige sind denen der Sequoia Couttsiæ sehr ähnlich und da diese in unzweifelhaften Exemplaren von Atanekerdluk mir zukam, hatte ich anfangs die Taf. III. abgebildeten Zweigstücke zu dieser Art gebracht. Seither aber erhielt ich mehrere neue Stücke aus dem Museum von Kopenhagen, welche völlig mit Glyptostrobus übereinstimmen und zeigen, dass diese Art wirklich in Nordgrönland sich findet. Ich stehe daher nicht an, auch die Taf. III. 2—5 abgebildeten Zweige hierher zu bringen, da sie in den angedrückten, nicht sichelförmig auswärts gebogenen Blättern zu Glyptostrobus stimmen.

14. Thujopsis europæa Sap. Taf. L. Fig. 11. (vergrössert 11 b. c.)

Th. ramulis compressis, subarticulatis, foliis squamæformibus, adpressis, quadrifariam imbricatis, lateralibus falcatis, acuminatis, facialibus subrhombeis, brevibus, apice brevissime acuminatis, dorso carinatis.

G. de Saporta études sur la végétation du sud-est de la France à l'époque tertiaire. II. S. 181. Taf. I. Fig. 5. Atanekerdluk (Olrik 1861). Mehrere Zweiglein auf demselben Stein mit Blattresten von Populus, Sequoia Langsdorfii, Clintockia und Andromeda denticulata.

Bei Fig. 11 haben wir einen Zweig mit dicht beisammenstehenden Aestchen; die untern sind alternirend, weiter oben sind aber auch zwei gegenständig. Sie sind platt. Die seitlichen gegenständigen Blätter sind ziemlich weit herauf mit dem Zweiglein verwachsen, dann sichelförmig gekrümmt und scharf zugespitzt; die mittlere Blattreihe besteht aus kürzern, ziemlich breiten Blättern, die gegen die Basis sich verschmälern, oben sind sie etwas gerundet, doch in eine Spitze auslaufend. Ueber den Rücken lauft eine deutliche Längskante, die von der Spitze bis zur Basis verfolgt werden kann. Die seitlichen Blätter schliessen sich an den kleinen seitlichen Zweigen meist enge an das mittlere an, während sie am mittlern oben abstehen und auseinander-laufen. Es stimmen die Zweige der Grönländer-Pflanze sehr wohl mit der Abbildung überein, welche Graf Saporta von der Th. europæa von Armissan gegeben hat, nur sind bei dieser die seitlichen Blätter etwas weniger an das mittlere angedrückt, aber auch die Thujopsis massiliensis Sap. scheint mir nicht davon verschieden zu sein, wenigstens lässt die Abbildung die angegebenen schwachen Unterschiede (etwas kürzern,

weniger spitzen und gekrümmten seitlichen Blätter) nicht erkennen. Saporta hat von Armissan die Fruchtzapfen und Samen nachgewiesen, welche zeigen, dass dieser Baum zur japanischen Gattung Thujopsis gehört und mit Th. dolabrata verwandt ist.

Mit der Grönländer-Pflanze stimmt ein zierliches Zweigstück im Bernstein der Königsberger-Sammlung völlig überein. Die seitlichen Blätter sind auch sichelförmig gekrümmt und an das mittlere angedrückt, welches von einer Längskante durchzogen ist. Ich würde es für den Thuites Kleinianus Gœpp. und Behr. (Bernsteinpflanzen. S. 102. Taf. V. Fig. 6, 7) halten, wenn das Blatt dieser Art eine Mittelkante besitzen würde, indem die Abbildung ganz zu unserer Pflanze passt. Bei Th. Breynianus Gœpp. u. Behr. (S. 101. Taf. V. Fig. 4. 5) ist dem Blatt der Mittelreihe eine solche Längskante gegeben, aber die seitlichen Blätter sind vorn mehr abstehend, nicht so stark umgebogen und an das mittlere angedrückt. Dies sind indessen doch wahrscheinlich nur untergeordnete Unterschiede, so dass wohl der Thuites Kleinianus, Th. Breynianus und anderseits Thujopsis europæa und Th. massiliensis zu Einer Art zusammengehören dürften.

15. Cupressinoxylon Breverni Merkl.

Vgl. Cramer die fossilen Hölzer, im Anhang.
Sarfarfik.

16. Cupressinoxylon ucranicum Gœp.?

Vgl. Cramer l. c.
Atanekerdluk.

Zweite Familie. Abietineæ.

17. Sequoia Langsdorfii. Taf. II. Fig. 2—22. Taf. XLV. Fig. 13 a. c. 14—18. Taf. XLVII. Fig. 3 b.

S. foliis rigide coriaceis, linearibus, apice obtusiusculis, planis, patentibus, distichis, confertis, basi angustatis, adnato-decurrentibus, nervo medio valido, strobilis breviter ovalibus, squamis compluribus, peltatis.
Heer Flora tert. Helv. I. S. 54. Taf. XX. Fig. 2. Taf XXI. Fig. 4. Taxites Langsdorfii Brongn. Prodr. S. 109. 208.
Atanekerdluk. Ritenbenks Kohlenbruch (Taf II. Fig. 8. 9) und Kulsjeldene auf Disco.

Ist mit den Pappeln der häufigste Baum des miocenen Grönland, von dem in Atanekerdluk einzelne Reste fast auf allen Steinplatten vorkommen. Am häufigsten sind einzelne Zweigstücke, wie solche in Fig. 8 bis 13 dargestellt sind, doch kommen auch grössere verästelte Zweige vor (Taf. XLV. Fig. 18 u. Taf. XLVII. Fig. 3 b.), nur selten dagegen einzelne Blätter, weil diese fest mit den Zweigen verbunden waren. Neben den Zweigen habe ich auch die Blüthen, die Fruchtzapfen und die Samen aufgefunden, die Zapfen in verschiedenem Alter, ganz jung (Fig. 17) und ausgewachsen, noch geschlossen und auseinandergesprungen. Die meisten kamen erst beim Zerspalten des Gesteins zum Vorschein und die lehrreichsten in solchen der Kopenhagener Sammlung. Aus diesem reichen Material lernen wir diesen wichtigen Baum vollständig kennen und können in allen wesentlichen Merkmalen mit der ihr am nächsten stehenden lebenden Art vergleichen. Es ist dies die Sequoia sempervirens Lamb. sp. Bei dieser haben wir an den Zweigen, welche im Frühling aus den Knospen hervorgehen, am Grund derselben eine Zahl kurzer, schuppenförmig angedrückter Blätter, auf welche die längern, zweizeilig geordneten Blätter folgen, an den Zweigen dagegen, welche im Sommer entstehen aus den vorigen hervorgehen, fehlen diese kurzen, schuppenförmigen Niederblätter. Dasselbe sehen wir bei der fossilen Art, wir haben Zweige (cf. Taf. XLVII. Fig. 3), bei denen der Zweig mit solchen schuppenförmigen, kleinen Blättchen beginnt, und andere (vgl. Taf. XLV. Fig. 18), an welchen diese fehlen und die ohne Zweifel als Sommertriebe zu betrachten sind. Die Länge dieser Triebe ist variabel, nicht selten sind solche von 70 bis 80 Mill. Länge (vgl. einen solchen Taf. II. Fig. 22); ich sah aber welche bis in 110 Mill. Länge, was auf eine üppige Vegetation zurückschliessen lässt. In der Form stimmen die Blätter völlig mit denen der Sequoia sempervirens überein, nur fehlt das kleine, feine Spitzchen, das der lebenden Art zukommt, doch ist das Blatt dort keineswegs zugerundet, sondern an der Spitze etwas verschmälert, wie bei S. sempervirens. Die Blätter stehen öfter so dicht beisammen, dass sich ihre Ränder fast berühren. Sie laufen am Grund, genau wie bei der lebenden Art, am Zweig herab, so dass dieser schief gehende Eindrücke von ihnen erhält (Taf. II. Fig. 20. etwas vergrössert). Sie sind durchschnittlich etwa 12 Mill. lang bei 1½ Mill. Breite. Der Mittelnerv ist relativ stark und behält seine Dicke bis nach vorn. Bei einzelnen Blättern bemerkt man eine feine Linie innerhalb des Randes und äusserst zarte, dicht stehende Querstreifen (Fig. 21), wie bei den Blättern vom Mackenzie, auch kommen, wie bei diesen, zuweilen kleine runde Scheibchen auf den Blättern vor, die in der Mitte einen Eindruck haben (Taf. XLV. 18. b.). Bei gut erhaltenen Blättern bemerkt man mit der Lupe noch zahlreiche, äusserst feine und dicht beisammenstehende Längs-

streifen (Fig. 14, zweimal vergrössert), wie bei Sequoia sempervirens [1]). — Bei einigen Stücken hat sich auf die Zweige die Steinsubstanz so abgelagert, dass sie wie eine Scheide um dieselben herum bildet (Fig. 10) und bei einigen Zweigen wird die Achse durch ein dünnes Röhrchen eingenommen, das aus weissem, kohlensaurem Kalk besteht (Fig. 14, zweimal vergrössert); an einigen Stellen bemerken wir auch in den Vertiefungen der Blätter diese weisse Kalkmasse.

Auf einer mit Zweigstücken bedeckten Platte (Taf. II. Fig. 15) findet sich ein männliches Blüthenkätzchen (Fig. 19, vergrössert). Es ist oval und sitzt an einem Stiel, der mit schuppenförmig angedrückten Blättchen besetzt ist. Die Wärzchen, aus denen das Kätzchen zusammengesetzt ist, bezeichnen die Antheren, wie sie ähnlich bei Seq. sempervirens vorkommen. Auch Fig. 18 stellt wahrscheinlich die Reste männlicher Blüthenkätzchen dar. — Von Zapfen habe ich zahlreiche Stücke gesehen und die besten auf Taf. II. und Taf. XLV. gezeichnet. Taf. II. 17 sind Reste eines jungen Zäpfchens, wie denn auch die von mir früher in der Flora tertiaria (Taf. XXI. Fig. 4 d.) abgebildeten Zäpfchen und ebenso das von Ludwig (Paläontogr. S. Taf. XV. 1. 9) dargestellte, junge, unausgebildete Zapfen sind. In Taf. II. Fig. 3, 13 und 16 sind die Reste auseinandergefallener Zapfen, bei denen zum Theil die Zapfenstiele noch erhalten sind. Sie sind mit kurzen, angedrückten Blättern besetzt; auch Fig. 4 ist wahrscheinlich ein solcher Zapfenstiel. Ein schönes Zäpfchen ist in Fig. 2 abgebildet, es liegt auf der grossen Steinplatte mit Diospyros, Juglans, Rhamnus, Populus, Fagus und Planera, welche Sir M'Clintock nach Dublin gebracht hat. Es ist zwar nur in Abdruck erhalten, doch ist die Form mehrerer Zapfenschuppen deutlich; sie sind schildförmig, rhombisch, 6 Millim. breit bei 4 Millim. Höhe, mit einer tiefen Querfurche. Es sind wahrscheinlich mehrere Zapfenschuppen verloren gegangen, so dass der Zapfen nicht in seiner ganzen Länge vorliegt. Er ist an einem 8 Mill. langen Stiel befestigt, der mit schuppenförmig angedrückten Blättern besetzt ist. Dieser Stiel sitzt an einem Zweige, der abstehende Blätter hat, welche aber nur theilweise erhalten sind. — Bei Taf. VII. Fig. 6 d. haben wir den Abdruck einer einzelnen Zapfenschuppe neben Myrica acuminata. Viel schöner ist aber der Abdruck einer Zapfenschuppe aus der Kopenhagener Sammlung (Taf. XLV. Fig. 17, vergrössert 17 b.). Sie ist rhombisch, 9 Millim. breit bei 6 Millim. Höhe, in der Mitte mit einer Warze versehen, welche ringsum von einer Vertiefung umgeben, wobei aber zu berücksichtigen, dass dies der Abdruck der Schuppe ist, bei welcher der Warze eine Vertiefung entspricht. Wir erhalten so für die frische Zapfenschuppe eine rhombische, von einem Wall umgebene mittlere Vertiefung, die an eine Furche sich anschliesst; in der Mitte der Vertiefung muss ein kleines Wärzchen gewesen sein, das im Abdruck als kleines Loch erscheint, an diesem war wohl ein Mucro befestigt, der aber verloren gieng; der Rand der Schuppe war wulstartig aufgeworfen und von zahlreichen Runzeln durchzogen. Genau dieselbe Sculptur und Form zeigen die zu einem Zäpfchen zusammengestellten Schuppen eines von Herrn Menge aus den Braunkohlen von Danzig mir übersandten Stückes. Wir ersehen von demselben, dass die Schuppen von solcher Grösse aus der Zapfenmitte sind, während sie näher der Zapfenspitze viel kleiner werden. Auch von dieser haben wir einen Abdruck von Atanekerdluk, welcher in Taf. XLV. Fig. 15 (vergrössert 15 b.) abgebildet ist. Die kleinen Schuppen sind offenbar von der Spitze und wir sehen, dass sie auch unten in selber Weise an Grösse zunehmen, wie bei der lebenden Art. Fig. 13 a. giebt uns den Längsdurchschnitt, Fig. 16 aber den Querdurchschnitt eines Zapfens. Wir sehen aus Fig. 13 a., dass die Zapfenschuppen schildförmig sind und nach unten sich allmälig verschmälern und zuspitzen. Wir sehen zugleich, wie sie an der Achse angeheftet sind. Am Stiel sind die Blätter verwischt, wogegen sie an einem unmittelbar daneben liegenden Zapfenrest noch wohl erhalten sind. Bei diesen Zapfen liegen auch beblätterte Sequoienzweige. Der Querdurchschnitt (Fig. 16) zeigt uns die oben in einen Schild erweiterten Zapfenschuppen. Neben diesem Zapfen liegen drei Samen. Sie sind länglich-oval, 6 Mill. lang bei 5 Mill. breite. Der Kern ist zwar undeutlich, doch sieht man bei Fig. 16 b., dass er etwas gekrümmt und von einem Flügelrand umgeben ist, somit auch in dieser Beziehung mit der lebenden Art übereinstimmt. Andere Samen sind Taf. II. Fig. 5 (vergrössert 5 c.), Fig. 6 u. 7 abgebildet. Diese sind auch mit einem Flügelrand versehen, aber kleiner und mit einem geraden Kern. Es sind dies wahrscheinlich noch unreife Samen. Fig. 7 legt auf demselben Stein mit Abdrücken der Zapfenschuppen und Populus arctica, Fig. 6 neben Zweigen der Sequoia, mit Taxites Olriki, Diospyros brachysepala und Populus arctica. — Beim Trocknen biegen sich die Samenflügel gewöhnlich zusammen und die Zapfenschuppen werden ganz runzlich; der Umstand, dass die Abdrücke der Zapfenschuppen und Samen ganz so aussehen, wie bei den entsprechenden frischen

---

[1]) Der Taxites Eumesidum Massal. (Flora Senigalliese, p. 163) ist daher kaum von unserer Art zu trennen.

Organen, ist ein sehr beachtungswerther Beweis, dass sie in frischem Zustand von der Steinsubstanz umhüllt worden sind.

Mit Hülfe der Zapfendurchschnitte und Schuppen lässt sich die Form und Bildung des Zapfens mit Sicherheit herstellen. Taf. XLV. Fig. 14 stellt einen solchen restaurirten Zapfen dar. Wir sehen, dass derselbe etwas grösser ist als der Zapfen der S. sempervirens und zahlreichere Fruchtblätter besitzt. Sequoia Couttsiae stimmt in dieser Beziehung mehr mit der Seq. sempervirens als Langsdorfii überein. Den kleinen Mucro sehen wir allerdings bei den Grönländer Zapfen nicht, dagegen habe ihn bei einem jungen Zäpfchen von Monod (Flora tert. Helv. Taf. XXI. Fig. 4 d.) nachgewiesen. Er fällt auch bei den lebenden ältern Zäpfchen öfter ab, so dass sein Fehlen uns nicht befremden kann und wohl nur zufällig ist.

Aus dieser Vergleichung geht hervor, dass die fossile Art in der Bildung ihrer Zweige, Blätter, Zapfenschuppen und Samen ganz mit der lebenden Art übereinstimmt und dass nur die etwas grössern Zapfen und ihre zahlreicheren Schuppen noch für eine Trennung angeführt werden können. Da ich von S. sempervirens nur die Zapfen des cultivirten Baumes kenne, ist wohl möglich, dass dieser Unterschied bei Vergleichung zahlreicher wildwachsender Bäume verschwindet und wir es dann wirklich mit einer Art zu thun haben, die aus der Tertiärzeit in die jetzige Schöpfung übergegangen ist. Jedenfalls sind die Unterschiede so gering; dass ein genetischer Zusammenhang kaum bezweifelt werden kann.

Ich habe seiner Zeit nach zwei sehr unvollständigen jungen Zapfen, die ich in Monod entdeckte, den Taxites Langsdorfii als Sequoia erkannt und freue mich nun, aus viel besser erhaltenen Früchten und Samen, die hoch aus dem Norden uns zukamen, diese Bestimmung über allen Zweifel erheben zu können.

Zu diesem Baume gehören wahrscheinlich die Hölzer mit scharf abgesetzten Jahrringen (Taf. III. Fig. 13), welche in Atanekerdluk sehr häufig versteinert vorkommen. Sie haben ganz das Aussehen von Nadelholz und wie bei Sequoia hat jeder Jahrring eine scharf abgesetzte lockere, weichere innere und eine harte, feste äussere Partie. Die mikroscopische Untersuchung dieses versteinerten Holzes wollte aber nicht gelingen und somit bleibt die Sache zweifelhaft. Aehnliche Hölzer kommen in Hessenbrücken vor, welche Ludwig auch auf Sequoia bezieht. (Vgl. Paläontographica 8. S. 78.)

Henkel und Hochstetter haben die Sequoia sempervirens Endl. sonderbarer Weise zu Taxodium gebracht (Synopsis der Nadelhölzer 1865. S. 263) und damit unter die Cupressineen gestellt, die S. gigantea Lindl. sp. aber als Wellingtonia unter die Abietineen, während doch die S. sempervirens und gigantea in ihren geflügelten und umgewendeten Samen und in Bildung ihrer Zapfen mit einander übereinkommen und gänzlich von Taxodium abweichen. Die Autoren dieser Synopsis sind mit sich selbst in Widerspruch gerathen, indem sie den Taxodien einen ungeflügelten Samen geben und dann einen Baum dazu rechnen, dessen Samen sie als geflügelt beschreiben.

18. *Sequoia brevifolia* m. Taf. II. Fig. 23.

S. foliis oblongis, basi angustatis, adnato decurrentibus, confertis, patentibus, planis, distichis, apice obtusis, infimis squamaemibus, adpressis.

Atanekerdluk (Dublin. Kopenhagen).

Ein schöner verästelter Zweig liegt neben Sequoia Langsdorfii und glaubte ihn anfangs als Varietät zu dieser Art ziehen zu dürfen. Aber alle Blätter sind viel kürzer und vorn stumpfer zugerundet und müssen daher wohl einer andern Art angehören. Aehnliche kürzere Blätter hat Unger von Zillersdorf (iconographia ant. fossil. Taf. XV. Fig. 13) abgebildet, diese sind aber vorn nicht stumpf zugerundet und sind daher von der Grönländer-Art verschieden. Die Blätter dieser letztern Art haben fast dieselbe Form wie bei Taxus brevifolia Wend. aus Japan. Da aber bei der Grönländer-Pflanze, wie bei Sequoia sempervirens und Langsdorfii, die Zweige am Grunde mit schuppenförmig angedrückten Blättern besetzt sind, gehört sie nicht zu Taxus, sondern zu Sequoia.

An den kleinen Zweigen haben die Blätter eine Länge von 4—7 Mill. und die grössern eine Breite von 1⅓ Mill.; die Blätter der dickern Zweige haben eine Breite von 2½ Mill. Sie sind auch am Zweig herablaufend, haben einen deutlichen Mittelnerv und äusserst feine Längsstreifen. Vorn sind sie stumpf zugerundet. Jeder Zweig beginnt mit kurzen, schuppenförmig anliegenden Blättern.

Einzelne Blätter, die auf derselben Steinplatte liegen, sind von äusserst feinen und zahlreichen, fast parallelen, aber etwas welligen Querstreifen durchzogen, welche senkrecht auf die Mittelrippe stehen (Fig. 23 b. vergrössert). Diese feine Querstreifung scheint aber zufällig zu sein, da sie nur bei einzelnen Blättern vorkommt. — Ein Zweig dieser Art kam mir neuerdings auch aus der Kopenhagner Sammlung zu.

Ob der Abdruck der Schuppe eines Zapfens, der bei diesen Zweigen liegt (Fig. 23 b.), unserer Art

oder aber der S. Langsdorfii angehöre, ist nicht sicher zu ermitteln; er ist zu undeutlich, um eine genauere Vergleichung zu gestatten.

|19. *Sequoia Couttsiæ* Heer. Taf. III. Fig. 1. Taf. VIII. Fig. 14. Taf. XLV. Fig. 19.

S. ramis alternis, ramulis junioribus elongatis, gracillimus, foliis squamæformibus, imbricatis, subfalcatis, medio dorso costatis, basi decurrentibus; strobilis globosis, squamis peltatis, medio brevissime mucronulatis, rugosis, seminibus alatis, compressis, nucleo paulo curvato.

Heer the lignite of Bovey Tracey. S. 33. Taf. VIII. IX. X. Saporta anal. des scienc. natur. 1866. S. 193. Taf. 2. Fig. 2.
Auf der grossen Platte (Taf. VIII.) von Atanekerdluk sind einzelne Zweigstücke vereinzelt. Kleine Zweigstücke (Taf. XLV. Fig. 10) in der Sammlung von Stockholm und Kopenhagen. Taf. XLV. Fig. 19 a. von Kuljeldene auf Disco, in einem weissen Sandstein.

Die obige Diagnose ist nach den trefflich erhaltenen Zweigen, Früchten und Samen von Bovey Tracey entworfen. Aus Grönland sind mir nur Zweigstücke zugekommen. Kurze Zweigreste sind kaum von den Zweigbasen und Fruchtstielen der Sequoia Langsdorfii zu unterscheiden, daher ich anfänglich dieselben dieser Art zugerechnet habe. Später aber fand ich auch lange, schlanke Zweigstücke, welche ganz zu denen der Seq. Couttsiæ stimmen und wegen ihrer dünnen Achse nicht vom Grund der Zweige stammen können. Die Blätter sind schuppig an die Zweige angedrückt, einzelne vorn zugespitzt und sichelförmig gekrümmt (Taf. VIII. Fig. 14, und ein paar Blätter vergrössert Fig. 14 b.; ferner Taf. III. Fig. 1 und vergrössert Fig. 1 b.), am Rücken mit hervorstehender Kante. Zwei zierliche Zweige habe in Taf. XLV. Fig. 19 abgebildet; sie sind dünn und schlank, mit stark sichelförmig gebogenen und vorn fein zugespitzten Blättern besetzt. Fig. 19 b. ist von Atanekerdluk, Fig. 19 a. von Disco.

Diese zuerst in Bovey Tracey entdeckte Art wurde bald darauf in Hempstead auf der Insel Wight (Quarterly journal 1862. S. 372) gefunden. Von Armissan kannte ich nur kleine Zweige, nach welchen ich diese Localität in meiner Arbeit über die Lignite von Bovey (S. 22) als Fundort für diese Art bezeichnet habe. Die spätere Entdeckung der Fruchtzapfen hat meine Bestimmung vollkommen bestätigt. Es sind diese Zapfen mit schönen Zweigen von Graf Saporta neuerdings abgebildet worden (cf. annales des scienc. natur. 1866. p. 193. Taf. 2. Fig. 2), welche darüber keinen Zweifel lassen. Aber auch die Fruchtzapfen, welche Graf Saporta auf Fig. 1 C. u. D. abgebildet hat, gehören nach meinem Dafürhalten zu S. Couttsiæ und nicht zu S. Tournalii. Saporta zieht sie zu letzterer Art, weil bei dem Zweig Fig. 1 D. ein oberes Aestchen etwas abstehende Blätter hat; aber solche kommen auch bei S. Couttsiæ vor (cf. Lignite von Bovey. Taf. IX. Fig. 12 und Saporta l. c. Taf. 2. Fig. 2 A.). Dass mehrere Zapfen bei Fig. 1 C. an einem Zweige stehen, kann uns so weniger zu einer Trennung von S. Couttsiæ berechtigen, da auch in Bovey Tracey mit zwei Zapfen vorkommen (cf. Taf. VIII. Fig. 14) und anderseits in Armissan welche mit einem einzelnen (Saporta c. Taf. 2. Fig. 1 D.). Gehören aber diese Zapfen zu S. Couttsiæ und nicht zu S. Tournalii, so bleiben für diese Art nur die beblätterten Zweige, welche denen der S. Langsdorfii sehr ähnlich sehen und sich nur dadurch unterscheiden, dass die Blätter gegen die Zweigspitze hin etwas rascher an Länge abnehmen und in dieser selbst sehr kurz sind. Dasselbe haben wir aber bei S. sempervirens an den zapfentragenden Zweigen, daher dies Merkmal zu einer Trennung nicht hinreicht.

20. *Pinus hyperborea* m. Taf. XVII. Fig. 5 f.

P. foliis elongatis, linearibus, 3½ Mill. latis, medio evidenter carinatis, nervis obsoletis.

Atanekerdluk. (Dublin.)

Ein circa 50 Mill. langes Blatt, das aber keineswegs in seiner ganzen Länge vorliegt, ist auf der Rückseite der grossen Platte (Taf. XVII. Fig. 5 f.), ausserdem kommen auch kürzere Fragmente vor.

Sieht aus wie ein Carex-Blatt, ist aber viel steifer und lässt keine Längsnerven erkennen, scheint mir daher zu Pinus zu gehören, aber auch Podocarpus kann in Betracht kommen. Die Mitte des Blattes ist von einer schmalen, scharfen Längsfurche durchzogen; sie ist scharf abgesetzt und tritt auf der Rückseite als scharfe Kante hervor. Längsnerven sind auch mit der Lupe nicht mit Sicherheit zu erkennen (cf. Taf. XVII. Fig. 5 f. f. ein Blattstück vergrössert).

Es muss eine lange, steife, relativ breite, flache, mit scharfer Längsrinne versehene Nadel gewesen sein, wie ähnliche bei manchen Weisstannen vorkommen.

21. *Pinus sp.* Taf. I. Fig. 20.

Atanekerdluk. (Dublin.)

Ein Nadelpaar, das aber nur theilweise erhalten ist, so dass eine genaue Bestimmung nicht möglich ist. Da zwei Nadeln beisammen standen, kann man indessen mit Sicherheit sagen, dass die Art in die Gruppe der Föhren gehört. Die Nadel hat eine Breite von 1 Mill., ist flach und von vier Längsstreifen durchzogen,

welche aber nur an einer Stelle etwas deutlicher hervortreten (Fig. 20 b. vergrössert). Dürfte wohl mit Pinus polaris von Spitzbergen zusammengehören.

Dritte Familie. Taxineæ.

22. Taxites Olriki m. Taf. I. Fig. 21—24 c. Taf. XLV. Fig. 1. a. b. c.

T. ramulis gracilibus, foliis distichis linearibus, apice obtusiusculis, basi angustatis, sessilibus.
Nicht selten in Atanekerdluk. (Cap. Mac Clintock. Olrik).

Das Taf. I. Fig. 23 abgebildete Stück ist in einem rothbraunen eisenschüssigen Thon und nur im Abdruck erhalten. Es hat einen dünnen, schlanken, von einem Längsstreif durchzogenen Zweig, an welchem die Blätter zweizeilig gestellt sind. Sie sind 23 Mill. lang bei 3 Mill. Breite; sie sind der Mehrzahl nach vorn verdeckt, doch sind ein paar auf der rechten Seite bis zur Spitze zu verfolgen und diese ist stumpflich. Die Seiten sind parallel, am Grund aber ist das Blatt verschmälert. Schöner erhalten ist der Taf. XLV. Fig. 1 a. dargestellte Zweig, die Blätter sind sitzend und nicht am Zweig herablaufend, wodurch diese Art mit Sicherheit von Sequoia zu unterscheiden ist. Es sind diese Blätter von zahlreichen, wohl zufälligen Querrunzeln wie gestreift (Fig. 1 b. vergrössert). Häufiger als solche Zweige finden sich vereinzelte Blätter, von denen manche (vgl. Taf. I. Fig. 21. 22) eine Länge von 33—35 Mill., bei 4 und 6 Mill. Breite haben. Kleiner sind die Fig. 24 c. abgebildeten, welche aber immerhin noch viel grösser sind als die der Sequoia Langsdorfii, von der einzelne Zweige auf demselben Steine liegen. Bei gut erhaltenen Stücken sieht man neben dem Mittelnerv noch zahlreiche äusserst feine Längsnerven, und wenn dazu noch Querstreifchen auftreten, sieht das Blatt wie chagriniert aus.

Ist sehr ähnlich der Sequoia Langsdorfii, hat aber bei dünnen Zweigen doch viel grössere Blätter, die an der Basis mehr verschmälert und am Grund nicht decurrierend sind. Dadurch, wie durch die vorn nicht zugespitzten Blätter unterscheidet sich unsere Art von Taxites phlegetonteus Ung. (iconogr. plantarum. S. 31), der sie sonst ungemein ähnlich sieht. Unter den lebenden Bäumen können namentlich Cephalotaxus Fortunei und pedunculata Sieb. in Betracht kommen, welche durch ihre relativ grossen Blätter sich auszeichnen, die auch am Grunde mehr verschmälert sind, als bei Sequoia. Wir dürfen diese Vermuthung um so eher aussprechen, als in Atanekerdluk eine Frucht vorkommt, welche mit den Nüsschen von Taxus und Cephalotaxus viel Aehnlichkeit hat. Es hat eine Breite von 4 Mill. und wahrscheinlich eine Länge von 9 Mill. (Taf. L. Fig. 4 b. und vergrössert Taf. XLV. Fig. 1 c.), ist länglich-oval, am Grunde etwas eingezogen, stark gewölbt und von feinen Längsrippchen durchzogen.

23. Salisburea borealis m. Taf. II. Fig. 1. Taf. XLVII. Fig. 4 a.

S. foliis cuneiformibus, apicem versus sensim dilatatis.
Disco (Dr. Lyall); Atanekerdluk (Dublin und Kopenhagen)

Das Taf. II. abgebildete Blattstück befindet sich in Kew. Der Vorderrand fehlt, ebenso die unterste Basis. Es stimmt in der Nervation so völlig mit dem Blatt der Salisburea adiantifolia Sm. (Ginko biloba L.) überein, dass es wohl sicher demselben Genus angehört. Bei der lebenden Art sind die Blätter gegen den Blattgrund auch verschmälert, dort sind meist 6 Hauptnerven zu sehen, von welchen jeder schon unten sich in zwei Gabeläste spaltet; jeder von diesen theilt sich bald wieder in 2 Aeste und zwar alle so ziemlich in selber Höhe; weiter oben gabeln sich diese wieder, aber in verschiedener Höhe und bei den meisten findet über dem Rande eine nochmalige Zerspaltung in zwei Aeste statt, so dass somit jeder Hauptnerv in der Regel viermal sich gablig theilt, daher am breitern Ende des Blattes viel mehr Längsnerven sind als weiter unten. Hier und da tritt noch ein Zwischennerv auf, der frei im Feld entspringt und nur auf kurze Strecken zu sehen ist. Bei dem Grönländer-Blatt fehlt der unterste Theil, welcher wahrscheinlich die erste Gablung der Nerven enthält; die zweite Gablung findet in verschiedener Höhe statt, ebenso die dritte; die vierte fehlt, vielleicht aber nur, weil der vorderste Theil des Blattes nicht erhalten ist. Die Nerven treten meistens scharf hervor und sind überall von selber Stärke. Ein zweites, auch unvollständiges Blatt ist in der Kopenhagener Sammlung von Atanekerdluk; es wurde 1866 daselbst gefunden. Die Nerven verlaufen in ganz gleicher Weise wie bei dem vorigen und sind sehr scharf ausgesprochen (Taf. XLVII Fig. 4). Es ist dieses Blatt dem der lebenden Art sehr ähnlich, nur muss dasselbe beträchtlich länger und dabei bedeutend weniger verbreitert gewesen sein. Von Salisburea adiantoides Ung. von Senegaglia (cf. Massalongo und Scarabelli Flora Senegalliese. p. 163) unterscheidet es sich durch dieselben Merkmale. Bei dieser Art verbreitert sich das Blatt sehr schnell und erhält so eine Form, die schwer von der S. adiantifolia zu unterscheiden ist.

Ob die Grönländer-Art mit der in Vancouver (cf. Lesquereux on some fossils plants of recent formation. Silliman's americ. Journal 1859. p. 359) entdeckten zusammenfällt, ist jetzt nicht mit Sicherheit zu entscheiden. Ich besitze von letzterer nur flüchtige Durchzeichnungen, welche ich der Freundschaft des Herrn Lesquereux verdanke. Diese zeigen, dass die Art von Vancouver auch grosse, vorn aber weniger verbreiterte Blätter hatte, wie die Grönländer-Art; was mich aber abhält sie zu vereinigen, ist, dass die Blätter der S. polymorpha gegen den Grund zu länger ausgezogen und oben noch schmäler sind, als die der Grönländer-Art. Es können indessen erst mehr und vollständigere Exemplare entscheiden, ob diesem Unterschied specifischer Werth beizulegen sei. Jedenfalls stellen die Vancouver Blätter die extremste Form dar (die längsten und schmälsten Blätter), die von Grönland stehen ihr am nächsten, nähern sich aber doch schon etwas der S. adiantifolia und die Art von Senegaglia ist in der Blattform mit dieser fast übereinstimmend. Bei S. adianthoides ist das Blatt vorn gekerbt, in der Mitte aber nicht gespalten, allein auch bei der lebenden Art ist dies in der Regel nur bei jungen Pflanzen der Fall; bei älteren Bäumen fehlt der mittlere Einschnitt des Blattes auch.

Zweite Unterklasse. Monocotyledones.

Erste Ordnung: Glumaceae.

Erste Familie. Gramineae.

24. Phragmites œningensis Al. Br. Taf. III. Fig. 6. 7. 8. Taf. XLV. Fig. 6.

Phr. culmis elongatis, striatis, foliis latis, multinervosis.
Heer Flora tert. Helvet. I. S. 64.
Atanekerdluk, mit Quercus Olafseni und Corylus M'Quarrii (Colomb, Olrik).
Mehrere Blattreste; kleine Stücke sind in Fig. 6. 6 c. und 7, vergrössert Fig. 6 b. und 7 b. abgebildet.

Ein grösseres Blattstück (Fig. 8) hat $14^{1}/_{2}$ Mill. Breite, das von circa 15 parallelen Längsnerven durchzogen ist, zwischen welchen zarte Zwischennerven sich finden. Sie sind meist ganz verwischt, doch an ein paar Stellen sind 5 solcher feinerer Nerven zu zählen (Fig. 8 b. wo ein Blattstück vergrössert). Es stimmen diese Blattreste so wohl mit denen Oeningens überein (vgl. Flora Helv. Taf. XXIV. Fig. 10 a.), dass sie dieser Art zugerechnet werden dürfen. Unterscheidet sich von der lebenden Ph. communis durch den Mangel der Mittelrippe.

In der neuen Sendung von Kopenhagen sind mehrere Rohrstücke, welche wahrscheinlich zu vorliegender Art gehören. Eines hat eine Breite von 25 Mill. und ist von zahlreichen Längsstreifen durchzogen. Rührt jedenfalls von einer rohrartigen Pflanze her (Taf. XLV. Fig. 6); neben einem zweiten liegen Blattreste, welche dieselbe Nervatur haben, wie die auf Taf. III. abgebildeten.

25. Poacites sp. Taf. III. Fig. 9.

P. foliis 3 Mill. latis, 14 striatis.

Ein kurzer, 3 Millim. breiter Fetzen eines Grasblattes, der von circa 14 Längsnerven durchzogen ist. Bei starker Vergrösserung (Fig. 9 b.) bemerkt man zwischen denselben noch zartere Nerven, doch war die Zahl dieser Zwischennerven nicht zu bestimmen. Gehört wahrscheinlich zu Poacites Torelli; da es aber bei gleicher Zahl von Längsnerven schmäler ist, müssen wir es einstweilen noch getrennt halten.

Zweite Familie. Cyperaceae.

26. Cyperites Zollikoferi Hr.? Taf. III. Fig. 12.

C. foliis $6^{1}/_{2}$ Mill. latis, medio acute carinatis.

Nur ein kleiner Blattfetzen von Atanekerdluk, welcher zur genauern Bestimmung nicht genügt. Hat ganz die Breite des C. Zollikoferi (Heer Flora tert. Helv. S. 76. Taf. XXVIII. Fig. 4) und dürfte wohl zu dieser Art gehören; es zeigt das Blatt auch der Länge nach drei Falten und eine breite, scharf abgesetzte Mittelfurche. Die Nerven sind aber ganz verwischt; mit der Lupe gewahrt man nur stellenweise Spuren derselben (Fig. 12 b. vergrössert), darnach scheint jede Blatthälfte etwa 12 Längsnerven gehabt zu haben, während C. Zollikoferi nur 8 besitzt.

27. Cyperites borealis m. Taf. XLV. Fig. 3. (vergrössert 3 b.)

C. foliis 13 Mill. latis, medio leviter carinatis, nervis utrinque 11, alternis fortioribus, nervis transversis sparsis reticulatis.
Atanekerdluk 1866. (Kopenhagen.)

Ueber die Mitte des Blattes geht eine schmale, aber ziemlich tiefe Längsfurche. Jede Blatthälfte is von 11—12 Längsnerven durchzogen, von denen je ein alternierender etwas stärker ist. Die Querädercher

verbinden nur je zwei Längsadern, sind sehr schwach und zum Theil schief verlaufend (Fig. 3 b.). Gehört wahrscheinlich einem grossen Carex an. Das Blatt hat dieselbe Breite, wie bei Carex pendula Good.

28. *Cyperites microcarpus* m. Taf. XLV. Fig. 4 u. 5. (b. d. zweimal vergrössert.)
C. fructibus parvulis, ellipticis, in spicam densam congestis.
Atanekerdluk. (Olrik.)

Mehrere sehr kleine Früchte sind in eine dichte Aehre zusammengestellt. Sie haben eine Breite von 1½ Mill. bei einer Länge von 2 Mill., sind länglich-elliptisch und scheinen ein ziemlich festes Pericarpium zu besitzen. Wahrscheinlich gehören sie einem Carex an, doch sind sie zur sichern Bestimmung zu undeutlich.

Zweite Ordnung: Spadiciflora.
Erste Familie. Typhaceæ.

29. *Sparganium stygium* Hr. Taf. XLV. Fig. 2. 13 d.

Sp. foliis linearibus, basi vaginantibus, confertis, nervis longitudinalibus 12—14, septis transversis conjunctis.
Heer Flora tert. Helvet. III. S. 101. Taf. XLV. Fig. 1.
Atanekerdluk. (Olrik.)

Auf einer Steinplatte liegen mehrere Blätter, welche sehr wohl mit den Exemplaren unserer Molasse übereinstimmen. Das Fig. 2 gezeichnete hat eine Breite von 8 Millim., war lang und linienförmig und hin- und hergebogen. Es ist von 12 scharf hervortretenden, gleich starken Längsnerven durchzogen, ohne Spur eines Mittelnervs, zu unterst bemerkt man einen zarten Zwischennerv, während an andern Stellen kein solcher zu sehen ist. Die Queräderchen sind stellenweise deutlich, stellenweise aber verwischt. Neben einem Blatt liegen die Reste einer Blüthenspindel (2 b.), die wahrscheinlich zu dieser Pflanze gehört. Dazu haben wir ber ferner die Taf. XLV. Fig. 13 d. abgebildeten Fruchtstände zu bringen. Wie bei Sparganium sitzen die Früchte in runden Häufchen an einem dünnen Stiel. Diese Früchte sind 6½ Mill lang bei 3 Mill. grösster Breite, diese fällt überhalb der Mitte, gegen die Basis sind sie allmälig verschmälert, und vorn zugespitzt. Einzelne sind von welligen Längsstreifen durchzogen. Zwischen denselben bemerken wir die Reste der Blüthenscheiden in Form von Blättchen, die von welligen Streifen durchzogen sind.

Dritte Ordnung: Ensatae.
Erste Familie. Irideæ.

30. *Iridium grœnlandicum* m. Taf. III. Fig. 10. 11.

I. foliis latis, plicatis, nervis parallelis numerosis.
Atanekerdluk. (Dublin. Kopenhagen.)

Unter diesem Namen fasse ich mehrere Blattfetzen von Atanekerdluk zusammen, welche unzweifelhaft von einer monocotyledonen Pflanze herrühren, deren Stellung aber noch zweifelhaft ist. Es müssen diese Blätter eine Breite von wenigstens 25 Mill. erreicht haben, waren von starken, weit von einander abstehenden Längsnerven durchzogen, die Zwischenräume werden von zahlreichen parallelen Nerven eingenommen, zwischen welchen noch feinere Zwischennerven vorkommen. Bei dem Fig. 10 abgebildeten Stück sind die Hauptnerven 3½ Mill. von einander entfernt, die Zwischenräume sind von 6 feineren Längsnerven durchzogen (Fig. 10 b. zweimal vergrössert) und zwischen diesen haben wir noch ein drittes System von zartern Längsnerven, deren man mit der Lupe etwa 6 zählen kann (Fig. 10 c. noch mehr vergrössert). Es hatte dies Blattstück eine Breite von 25 Mill, vielleicht gehört aber das Stück auf der rechten Seite auch noch zum selben Blatt, dann 40 Mill. breit gewesen wäre. Stärker gefaltet ist der Fig. 11 abgebildete Blattfetzen. An einem kleinern Fetzen sind die feinern Nerven sehr schön erhalten und zu je 4 zwischen stärkern (Fig. 11 b. vergrössert). Queräderchen fehlen.

Es erinnern diese Blattfetzen an Flabellaria, aber auch bei Iris haben wir eine ähnliche Nervation, nur sind hier Queradern vorhanden, welche dem fossilen Blatt fehlen.

So unvollständig auch diese Blattreste sind, weisen sie doch auf eine breitblättrige monocotyledone Pflanze hin, wie jetzt keine solchen in der arctischen Zone vorkommen.

Als Charakter für Iridíum hätten wir anzugeben: Breite monocotyledone Blätter von vielen parallelen Längsnerven durchzogen, welche von dreierlei Stärke sind.

Dritte Unterklasse. Dicotyledones.

Erste Cohorte Apetalæ.

Erste Ordnung: Itcoideae.

Erste Familie. Salicincæ.

31. Populus Richardsoni m. Taf. IV. Fig. 1—5. Taf. VI. Fig. 7. 8. Taf. XV. Fig. 1 c.

P. foliis suborbiculatis, basi leviter emarginatis, margine profunde crenatis, 5—7 nerviis, nervis primariis lateralibus erectis, valde flexuosis, ramosis.

Ist mit der Sequoia und Populus arctica die häufigste Pflanze in Atanekerdluk.

Von der Populus arctica durch die tiefern Kerbzähne, die stärker hin- und hergebogenen und nicht in gleicher Weise gegen die Blattspitze gerichteten seitlichen Hauptnerven zu unterscheiden; von P. Zaddachi, welcher unsere Art in den steil aufsteigenden Hauptnerven ähnlich sieht, durch die Art der Bezahnung und die sehr starken Aeste der seitlichen Hauptnerven verschieden. Nach Zahnbildung und Nervatur gehört diese Art in die Gruppe der Zitterpappeln, während die P. Zaddachi mit den Balsampappeln zunächst verwandt ist. Stimmt mit den Zitterpappeln besonders in den groben, stumpfen Zähnen, in den steil aufgerichteten seitlichen Hauptnerven und ihren langen, wieder verästelten und hin- und hergebogenen Verzweigungen überein, weicht aber von P. tremula L., wie der miocenen P. Heliadum Ung. durch die mehr verschmälerte und länger ausgezogene Blattspitze ab. Von den beiden amerikanischen Aspen (der P. tremuloides Mich. und P. grandidentata Mich.) weicht sie in der Bezahnung ab. Bei ersterer sind die Zähne viel kleiner und regelmässiger, bei letzterer zwar von derselben Grösse aber schärfer, fast zugespitzt.

Die zwei ansehnlichen, Taf. IV. Fig. 3 abgebildeten beisammenliegenden Blattstücke zeigen uns, dass das Blatt am Grund ausgerandet, vorn aber zugespitzt war. Es ist mit grossen, stumpf zugerundeten Kerbzähnen versehen, welche bis in die Spitze des Blattes (Fig. 3 b.) zu verfolgen sind. Es sind 7 Hauptnerven zu zählen, von denen aber die zwei äussersten sehr kurz sind; auch die auf diese folgenden sind kurz, obwohl sie mehrere, vorn in Bogen verbundene Secundarnerven aussenden; viel stärker und länger sind die drei übrigen Hauptnerven, welche mit ihren Aesten den grössten Theil der Blattfläche einnehmen, der mittlere läuft in die Blattspitze aus, die beiden seitlichen sind stark hin- und hergebogen; sie senden auswärts zunächst zwei starke, sich vorn wieder verästelnde Secundarnerven aus, die ziemlich weit vom Rande entfernte, in Zickzacklinien verlaufende Bogen bilden, an die sich aussen kleinere geschlossene Felder anschliessen, von welchen Nervillen in die Zähne auslaufen. Weiter oben senden diese Secundarnerven zu beiden Seiten noch ein paar Seitennerven aus, die sich weiter verästelnd in Bogen verbinden, vorn aber laufen sie in einen Zahn aus und sind nicht zur Blattspitze hingebogen, wie dies bei P. arctica der Fall ist.

Unvollständiger erhalten sind die in Fig. 2 abgebildeten Blätter aus dem Museum von Kew.

Einzelne Blattfetzen sagen uns, dass diese Blätter zuweilen eine viel beträchtlichere Grösse erreicht haben, so die Taf. VI. Fig. 7. 8. abgebildeten Stücke. Fig. 8 ist nur auf der linken Seite bis zum Rande erhalten und zeigt dort die grossen, stumpfen Zähne. Auch dieses Blatt zeigt uns die langen Aeste der ersten seitlichen Hauptnerven und die Verbindung des ersten Astes mit dem untern Hauptnerv durch einen grossen, winkligen Bogen. — Anderseits kommen auch ganz kleine Blättchen vor, welche wohl als junge Blätter an der Zweigspitze sassen.

Zu dieser Art gehören wahrscheinlich die Taf. IV. Fig. 1 abgebildeten Pappelfrüchte. Es sind zwei längliche Fruchtklappen, welche an einem kurzen Stiele befestigt sind. Sie ähneln denen der Zitterpappel und von P. Heliadum Ung. (Heer Flora tert. Helvet. Taf. LVII. Fig. 4 b.), da auch die Blätter mit denen der Zitterpappeln am meisten übereinkommen, darf diese Frucht mit derselben combinirt werden.

32. Populus Zaddachi Hr. Taf. VI. Fig. 1—4. Taf. XV. Fig. 1 b.

P. foliis ovatis, basi leviter emarginatis, crenatis, 5 nerviis, nervis primariis lateralibus angulo acuto egredientibus, medium folium longe superantibus.

Zaddach über die Bernstein- und Braunkohlenlager des Samlandes. S. 29. Taf. IV.

Atanekerdluk und Disco. (Lieut. Colomb. Dr. Lyall.)

Ist viel seltener als vorige Art und von derselben vornehmlich durch die viel kleinern, meist nach vorn gerichteten Kerbzähne zu unterscheiden. In der Nervation und der Form der Zähne stimmt das Blatt mit den Samländer Blättern überein, dagegen ist an den Zähnen keine Drüse zu erkennen.

Bei einem Blatt der Dubliner Sammlung (Fig. 1) sind die Zähne nur an wenigen Stellen erhalten und wenig nach vorn gebogen. Es sind alle Secundarnerven des mittlern Hauptnervs alternirend und die eckigen Bogen, in welchen sich die Nerven vor dem Rande verbinden, treten deutlich hervor. Grösser war das Fig. 3

abgebildete, aber unvollständig erhaltene Blatt. Seine Zähne sind nur an ein paar Stellen erhalten, stimmen aber in der Form sehr wohl zu P. Zaddachi wie denn auch in der Grösse und Blattumriss, so weit derselbe erhalten ist, dies Blatt am besten mit der Art des Samlandes übereinstimmt.

Noch zweifelhaft ist mir das Taf. XV. Fig. 1 b. (und darnach vervollständigt Taf. VI. 4) abgebildete Blatt von Disco, das vielleicht eher zu Vitis arctica gehört. Es ist rundlicht, sehr kurz eiförmig, die Zähne ziemlich scharf und nach vorn geneigt. Die seitlichen Hauptnerven etwas hin- und hergebogen; die ersten zwei reichen weit nach vorn, weit über die Blatthälfte hinaus. Sie senden nur wenige, aber starke Aeste aus, welche bis nahe zum Rande verlaufen und dort durch zarte Bogen verbunden sind. Am mittlern Nerv haben wir zwei Paar gegenständiger Secundarnerven.

33. Populus Gaudini Fischer? Taf. VII. Fig. 1—4. Taf. L. Fig. 9.

P. foliis longe petiolatis, amplis, ovato-ellipticis, apice plerumque cuspidatis, integerrimis vel undulatis.
Heer Flora tert. Helvet. II. S. 24. Taf. LXIV.

Atanekerdluk (Lieut. Colomb). Fig. 1 u. 2 lagen in demselben Stein; dabei waren: Sequoia Langsdorfii, Iridium groenlandicum und Menyanthes arctica. Fig. 3 liegt im selben Stein mit M'Clintockia trinervis. Ein anderes Stück (Taf. L. Fig. 9) liegt in einem losen Block, der aus braunschwarzem Thon besteht und bei Udsted, auf der Insel Disco, gefunden wurde.

Obige Diagnose habe aus meiner Tertiärflora entlehnt. Die in Grönland gefundenen Blattreste sind zu unvollständig erhalten, um sie in dieser Weise zu charakterisieren, daher ihre Bestimmung nicht ganz gesichert ist.

Das ziemlich grosse Taf. VII. Fig. 2 abgebildete Blatt ist unterhalb der Mitte am breitesten und am Grund stumpf zugerundet, nach vorn ist es stark verschmälert (Fig. 2 u. 3) und wahrscheinlich in einen Zipfel ausgezogen. Es hat einen starken Mittelnerv, weit auseinanderstehende, stark hin- und hergebogene Secundarnerven, die aussen in gebrochenen Bogen sich verbinden, sie sind weiter verästelt, welche Aeste ein weitmaschiges Netzwerk bilden. Wo der Rand erhalten, ist er ganz, nur etwas wellig gebogen.

Stimmt in Grösse und Umriss des Blattes, dem ungezahnten Rand, den weit auseinanderstehenden und n starken Bogen verlaufenden Secundarnerven und der Art ihrer Verästelungen mit Populus Gaudini überein; doch entspringen die Secundarnerven in weniger spitzigem Winkel und steigen weniger steil an, was diese Bestimmung noch zweifelhaft lässt.

Mehr als diese Blätter von Atanekerdluk, die in ihrer Nervatur auch an Magnolia Inglefieldi erinnern, stimmt das Taf. L. Fig. 9 von Udsted (Disco) abgebildete Blatt mit Populus Gaudini und zwar mit dem in Siguau gefundenen Blatte (Flora. tert. Helv. Taf. XLIV. Fig. 7) überein, leider fehlt aber die ganze vordere Partie, so dass nicht zu ermitteln, ob es auch in eine lange Spitze ausgezogen war. Der Mittelnerv ist stark, von demselben entspringen wenig über dem Blattgrund jederseits je zwei Seitennerven, die ganz nach Art der Pappeln hin- und hergebogen und verästelt sind, aber mehr horizontal sich ausbreiten, als beim Blatt von Siguau und überhaupt bei P. Gaudini, wie dann auch die weiter oben folgenden Secundarnerven weniger steil aufsteigen und ferner der Blattgrund stumpfer zugerundet und sehr seicht ausgebuchtet ist, so dass auch dies Blatt nicht völlig zu denen unserer Molasse stimmt, aber doch nicht in der Weise abweicht, dass es als besondere Art zu trennen ist, wozu noch in Betracht kommt, dass P. Gaudini in dieselbe Gruppe wie P. mutabilis gehört, die durch so grosse Polymorphie der Blätter sich auszeichnet.

34. Populus sclerophylla Sap. Taf. VII. Fig. 5.

P. foliis firmis, coriaceis, petiolo breviusculo, ovalibus vel orbiculatis, integerrimis, triplinerviis, nervis primariis lateralibus patentibus, acrodromis, reticulato-ramosis.
G. de Saporta le sud-est de la France à l'époque tertiaire. Annales des sciences natur. Taf. IV. Pl. 6. Fig. 13.

Atanekerdluk (Dr. Torell); auf der Rückseite desselben Steines sind zwei Blätter der Populus arctica.

Es stimmt das vorliegende Blatt sehr wohl mit dem von Graf Saporta von Armissan beschriebenen und f Fig. 13 C. abgebildeten Blatte überein [1]). Die Form ist genau dieselbe, ebenso die derbe lederige Structur und die Nervatur. Wir haben nämlich auch drei Hauptnerven, von denen die beiden seitlichen, die nah dem Blattgrund entspringen, bis gegen die Blattspitze reichen; sie senden auswärts stark bogenläufige Secundarnerven aus, welche geschlossene Felder bilden, die mit einem feinern, aber sehr deutlich vortretenden Netzwerk ausgefüllt sind. Ueberhaupt tritt dieses feine polygone Netzwerk sehr stark hervor und giebt dem Blatt ein feingitteriges Aussehen. Von dem Mittelnerv gehen weiter oben in wenig spitzen Winkeln Seitennerven aus. Bei dem von Saporta in Fig. 13 c. abgebildeten Blatte sind diese mehr nach vorn gerichtet als beim Grönländer, und dies ist der einzige Unterschied, den ich zwischen diesem und denen von Armissan finden

---

[1]) Fig. 13 A. und B. Saporta's weichen durch die in den Blattstiel verschmälerte Blattfläche ab.

kann und der keine Trennung begründet, da das von Saporta Fig. 13 B. dargestellte Blatt in dieser Beziehung mit dem Grönländer stimmt. — Unser Blatt ist ganzrandig; in Armissan kommen aber auch welche mit kleinen stumpfen Zähnen vor, indem diese Art wie P. mutabilis und die lebende P. euphratica in dieser Beziehung variirt. Der Blattstiel ist dünn, etwas gebogen, nicht in der ganzen Länge erhalten; die Blätter von Armissan haben aber einen ziemlich kurzen Stiel.

Gehört, wie Saporta dies schon nachgewiesen hat, in die Gruppe der P. euphratica und mutabilis.

35. Populus arctica m. Taf. IV. Fig. 6 a. 7. Taf. V. Taf. VI. Fig. 5. 6. Taf. VIII. Fig. 5. 6. Taf. XVII. Fig. 5 b. c.

P foliis firmis, coriaceis, petiolo longo, rotundatis, margine crenatis vel modo sinuatis, 5—7 nerviis, nervis primariis lateralibus erectis, acrodromis, ramosis.

Atanekerdluk (Olrik. M'Clintock. Colomb. Dr. Lyall. Dr. Torell.). Eine der häufigsten Arten.

Die abgebildeten Blätter zeigen in Form und Randbildung so grosse Abweichungen, dass sie auf den ersten Blick zu mehreren Arten zu gehören scheinen. Taf. V. Fig. 9 ist rundlich, aber länger als breit und stumpf gezahnt; Fig. 11 hat dieselbe Form, ist aber ungezahnt; Fig. 1, 3, 8 sind breiter als lang und theils gezahnt (Fig. 8) theils ungezahnt (Fig. 3), indem der Rand nur hin- und hergebogen ist. Vergebens suchen wir aber nach durchgreifenden unterscheidenden Merkmalen. Die Taf. V. Fig. 1, 7, 8 und Taf. VI. Fig. 6 abgebildeten Blätter zeigen Uebergänge von den ungezahnten zu den gezahnten Blättern und ebenso haben wir Uebergänge von den breiten kurzen, zu den längern schmälern Blättern. Ueberdies zeigen sie in der Nervation grosse Uebereinstimmung, indem immer drei stärkere Hauptnerven spitzwärts laufen und die äussern zwei in spitzen Winkeln starke Aeste treiben, von denen der erste mit dem weiter nach unten stehenden Hauptnerv sich in einem Bogen verbindet.

Die drei spitzläufigen Hauptnerven geben diesen Blättern eine eigenthümliche Tracht und es kann in Frage kommen, ob sie bei den Pappeln richtig eingereiht seien. Die extremen Formen, wie Taf. V. Fig. 11, erinnern lebhaft an manche Rhamneen (Ceanothus, Zizyphus und Paliurus); allein bei diesen haben wir nur drei Hauptnerven (folia triplinervia), während obiges Blatt deren fünf hat und sich mit den andern fünf- bis siebennervigen und gezahnten Blättern so nahe verbindet, dass wir es nicht davon trennen können.

Anderseits haben wir auch bei P. sclerophylla und Richardsoni sehr steil aufsteigende seitliche Hauptnerven und scheint dieser Charakter den nordischen Pappelarten zuzukommen.

Die Nervation der Blätter stimmt im Uebrigen zu der der Pappeln, für welche auch der lange Stiel und die Polymorphie der Blätter angeführt werden kann. In dieser Beziehung erinnern sie an Populus euphratica Ol., P. diversifolia Schk. und P. pruinosa Schk. Es scheinen die Blätter auch von derber, lederartiger Beschaffenheit gewesen zu sein, indem sie starke Eindrücke im Stein bilden und manche Stücke einen ziemlich dicken, schwarzbraunen Ueberzug zurücklassen, der von der Blattsubstanz herrührt.

Der Blattstiel ist bei Taf. IV. Fig. 7 zu sehen, woraus wir bemerken, dass derselbe von beträchtlicher Länge gewesen sein muss, denn es liegt dieser nicht einmal in seiner ganzen Länge vor, indem das Gestein unten abgebrochen ist.

Es bilden sonach diese Blätter einen eigenthümlichen, wie es scheint erloschenen Typus der Pappelgattung, der aber zur Gruppe der Lederpappeln zu gehören scheint. Von den lebenden Arten zeichnet er sich durch die spitzläufigen seitlichen Hauptnerven aus. Sie steht der P. sclerophylla Sap. sehr nahe, unterscheidet sich aber von derselben durch die fünf- bis siebennervigen Blätter, indem sie bei jener immer dreinervig sind.

Wir haben folgende Formen zu unterscheiden:

Var. a.) *foliis breviter ovalibus, margine sinuato-crenatis.* Taf. VI. Fig. 6 a. Taf. V. Fig. 9.

Das schöne Taf. V. Fig. 9 abgebildete Blatt ist in der Sammlung von Kew. Es ist am Grund zugerundet, nicht ausgerandet. Es hat 5 Hauptnerven, die zwei seitlichen äussern sind abgekürzt und in Bogen mit einem Seitennerv des folgenden Hauptnervs verbunden. Diese steigen steil auf und sind vom Mittelnerv nicht weit abstehend; sie sind auch gegen die Blattspitze gerichtet. Sie haben starke, in spitzen Winkeln entspringende Secundarnerven, die in starken Bogen verbunden sind. Die Felder sind von einem sehr deutlich vortretenden, weitmaschigen Netzwerk ausgefüllt. Der Rand ist mit sehr stumpfen Kerbzähnen versehen. Sehr ähnlich ist das Taf. VI. Fig. 6 a. abgebildete Blatt der Dubliner Sammlung, aber die Zähne sind noch stumpfer, das feinere Blattgeäder tritt sehr deutlich hervor. Andere Blätter haben nur einzelne stumpfe Zähne.

Die meisten Blätter sind am Grunde stumpf zugerundet; ein Stück (Taf. V. Fig. 6) aber muss beim Stiel etwas ausgerandet gewesen sein.

Var. b) *foliis fere orbiculatis, margine sinuatis.* Taf. V. Fig. 1 a, 2 b, 3, 4. 7 b. Taf. XVII. Fig. 5 c.

Bei Taf. V. Fig. 3 haben wir ein fast vollständig erhaltenes Blatt, das etwas breiter als lang, gegen den Grund stumpf zugerundet ist, vorn aber in eine sehr kurze Spitze ausläuft. Der Rand ist wellig gebogen, aber es ist nicht zur Zahnbildung gekommen. Es hat 7 Hauptnerven, der erste mittlere sendet jederseits kurze Secundarnerven aus; die beiden ersten seitlichen sind stark gebogen und biegen sich oben zur Blattspitze um und laufen in diese aus. Sie haben mehrere starke Secundarnerven, die sich weiter verästeln und in Bogen verbinden. Die darauf folgenden Hauptnerven verbinden sich oben in einem starken Bogen mit einem untern Ast des nächst obern Hauptnerven und senden nach Aussen auch mehrere Secundarnerven aus, welche, in dem Rande genäherten, Bogen sich verbinden; ein unterer Ast nimmt den kurzen äussersten, dem Rande sehr genäherten Hauptnerv auf. Von derselben Form scheint das Fig. 4 dargestellte Blatt gewesen zu sein; ebenso Fig. 2 b. und 1 a., allein die Buchten des Blattrandes sind etwas tiefer; Fig. 7 b. zeigt dieselbe Randbildung wie Fig. 3, ist aber schmäler und Fig. 1 u. 2 haben nur 5 Hauptnerven. Taf. XVII. Fig. 5 c. war breiter als lang und ganzrandig; am Grund sehr stumpf zugerundet.

Der Mangel der Zähne unterscheidet zwar diese Blätter von den vorigen; sie stimmen aber in der Nervation so ganz mit denselben überein, dass wir sie nur als eine Form dieser Art betrachten können, um so mehr da Uebergänge vorhanden sind. (Fig. 1 a. 2 b.)

Neben einem Blatte (Fig. 1. Taf. V.) liegt ein Ast, dessen Rinde mit Querstreifen versehen ist, wie wir dies in ähnlicher Weise bei der Birke und Aspe sehen, daher derselbe wohl mit diesen Blättern combinirt werden darf und für die Populusnatur derselben spricht.

Var. c.) *P. arctica zizyphoides m.; foliis ovalibus, integerrimis.* Taf. V. Fig. 11, 13.

Fig. 11 ist länglich-oval, länger als breit; der Rand ist ungezahnt, nur sehr schwach wellig gebogen. Die beiden ersten seitlichen Hauptnerven sind fast so stark als der mittlere und gegen die Spitze zu gebogen. Sie sind in gleicher Weise verästelt, wie bei dem vorigen Blatt und ihr unterer Ast verbindet sich ebenfalls in gleich grossem Bogen mit dem tiefer unten stehenden äussersten Hauptnerv.

Fig. 13 ist ein kleines Blatt, das am Grund etwas ausgerandet ist, aber auch einen zahnlosen Rand hat wie Fig. 10, das wohl ein junges oberstes Zweigblatt sein dürfte. Ebenso Taf. IV. Fig. 6 a.

Var. d.) *foliis lanceolatis, margine obsolete crenatis.* Taf. V. Fig. 12.

Es fehlt zwar Basis und Spitze dieses Blattes, doch zeigt die erhaltene mittlere Partie, dass dies Blatt bedeutend schmäler und relativ länger war als das vorige und einen ganz stumpf gekerbten Rand besass.

Var. e.) *foliis leviter crenatis, ellipticis, basin versus attenuatis.* Taf. XVII. Fig. 5 b.

Weicht durch die kleinern Zähne und die fast keilförmig verschmälerte Basis sehr von den übrigen Blättern ab, und es ist noch zweifelhaft, ob es wirklich zu dieser Art gehöre. Die übrigen Blattformen dagegen dürfen wir wohl vereinigen, da wir bei Populus euphratica und diversifolia unter den lebenden und bei P. mutabilis unter den miocenen Arten ähnliche verschiedenartige Blattformen an demselben Baume haben.

Zu dieser Art rechne die Taf. V. Fig. 14 (vergrössert 14 b.) abgebildete Pappelfrucht. Sie ist kurz eiförmig und in zwei Klappen aufgesprungen.

36. Salix groenlandica m. Taf. IV. Fig. 8. 9. 10.

S. foliis ellipticis, integerrimis, paucinerviis.
Atanekerdluk, mit Pappelblättern.

Ein 20 Mill. breites, etwa 43 Mill. langes, elliptisches, vorn scharf zugespitztes, ganzrandiges Blatt, mit starkem Mittelnerv, von welchem jederseits 5—6 weit auseinanderstehende Secundarnerven auslaufen. Diese bilden sehr starke Bogen, die sich ziemlich nahe dem Rande verbinden. Von dem Mittelnerv gehen ferner zartere, gablig sich theilende Nervillen aus, die nach unten sich biegen und nach Art der Weiden in den je untern Secundarnerv einmünden.

Das Blatt hat dieselbe Grösse wie bei Salix Racana, ist aber vorn zugespitzt und hat weniger und daher weiter auseinander stehende Secundarnerven.

Ob das Taf. IV. Fig. 8 abgebildete Blatt hierher gehört, ist mir noch zweifelhaft; die Form und die weit auseinander stehenden Seitennerven sprechen dafür; letztere sind aber steiler aufgerichtet und weiter nach vorn gebogen. Neben dem Blatt liegt ein Rest eines Zweiges (Fig. 8 b.) und des männlichen Kätzchens (Fig. 8 c.). An einer dünnen Spindel sind die Staubfaden befestigt, die freilich grossentheils zerstört sind.

37. Salix Raeana m. Taf. IV. Fig. 11—13. Taf. XLVII. Fig. 11.

S. foliis oblongis, integerrimis, nervis secundariis approximatis, valde curvatis.

Atanekerdluk, mit Populus und Sequoia.

Aus Nordgrönland sind mir nur einige unvollständige Blattstücke zugekommen, welche aber wohl zu dem schönen Blatte des Thones von Mackenzie (Taf. XXI. Fig. 13) stimmen. Die Einen (Fig. 11. 12 und Taf. XLVII. Fig. 11) haben fast dieselbe Grösse und stellen die Blattbasis dar, ein anderes (Fig. 13) ist dagegen viel kleiner und wohl ein junges Blättchen.

Zweite Ordnung: Amentaceae.

Erste Familie. Myriceæ.

38. Myrica acuminata Ung. Taf. IV. Fig. 14—16. Taf. VII. Fig. 6 b. c.

M. foliis linearibus vel lanceolato-linearibus undique arguto serrulatis vel denticulatis, basi attenuatis, apice longe acuminatis, nervis secundariis approximatis, subtilissimis; fructibus laeviusculis, breviter ovatis, in spicam densam congestis.

Unger genera et species plantar. fossil. S. 396. Flora von Sotzka. S 30. Taf. 6. Fig. 6—10. Taf. 7. Fig. 9. Dryandroides acuminata Heer Flora tert. Helv. II. S. 103. Taf. XCIX. Fig. 17—21. Taf. C. Fig. 1—2.

Atanekerdluk, in dem sandigen Limonit (Stockholmer Sammlung), mit einem Blattstück von Quercus furcinervis und dem Abdrucke der Zapfenschuppe von Sequoia Langsdorfii.

Die Fig. 14 und 14 b. abgebildeten beiden Blattstücke kamen mit der Fruchtähre (Taf. VII. Fig. 6, vergrössert Taf. IV. Fig. 15. 16) aus demselben Stein, als ich denselben zerspaltete, lagen also nahe beisammen. Die 5½ Mill. dicke Fruchtähre ist zerbrochen, so dass nur die Fig. 15. 16 dargestellte Partie beisammen blieb. Sie lässt unschwer die Gattung Myrica erkennen. Um die Mittelachse herum stehen sehr dicht die Früchte, welche von schmalen Schuppen umgeben waren; man erkennt eine untere Schuppe, ob aber auch seitliche da waren, ist nicht klar, da diese Partie zerdrückt ist. Eine schön erhaltene Frucht liegt neben der Aehre (Fig. 16 c. vergrössert); sie ist kurz oval, 3 Mill. lang bei 2½ Mill. Dicke. Eine schwarze, ziemlich glatte Rinde umgiebt einen heller braungefärbten Kern, welcher ohne Zweifel den Samen darstellt, welcher Same, wie bei Myrica den grössten Theil der Frucht ausfüllt. In Grösse und dichter Stellung kommt die Frucht mit derjenigen der Myrica gale L. überein. Die Blätter sind dagegen sehr verschieden. Zwar sind nur zwei Fetzen erhalten, daher obige Diagnose nach den vollständigen Blättern der Schweizer Flora entworfen ist; sie stimmen aber so völlig mit denen der M. acuminata überein, dass sie wohl sicher hierher gerechnet werden dürfen. Sie verschmälern sich nach vorn sehr allmälig zur Spitze und sind am Rand mit sehr feinen, aber scharf geschnittenen und nach vorn gerichteten Zähnchen besetzt (Fig. 14 c. ein Blattstück dreimal vergrössert), wie die in der Flora tertiaria Fig. 19 u. 21 und von Unger in der Sotzka Flora Taf. VII..Fig. 9 abgebildeten Blättern. Die Blattfläche ist von einem äusserst zarten Netzwerk überzogen, aus welchem die Secundarnerven kaum merklich hervortreten.

Das Zusammenvorkommen der Blätter und Früchte zeigt, dass Ungers erste Bestimmung die richtige war und ich dieselben, Ettingshausen (Proteaceen der Vorwelt. S. 32) folgend, mit Unrecht zu den Proteaceen gestellt habe. Dasselbe gilt auch von der Myrica banksiæfolia, lignitum und selbst der hakeæfolia und M. dryandrifolia Br., von welch' letztern der Graf Saporta die Früchte nachgewiesen hat. Dieser hat überhaupt zuerst die fossilen Früchte der Myriceen aufgefunden und dadurch für eine Zahl von Blattformen, welche ich seiner Zeit nur mit vielem Zweifel und mit Hinweis auf ihre grosse Aehnlichkeit mit den Myricablättern, nach Ettingshausens Vorgang, zu den Proteaceen gebracht hatte, die richtige Stellung ermittelt.

39. Myrica borealis m. Taf. XLVII. Fig. 10.

M. foliis coriaceis, firmis, laevigatis, lanceolato-linearibus, dentatis, dentibus obtusis, remotis, nervis secundariis distantibus, valde curvatis, camptodromis.

Atanekerdluk. (Olrik.)

Es ist nur ein Blattfetzen erhalten, der aber unverkennbar in die Gruppe von Myrica banksiæfolia und hakeæfolia gehört, von letzterer aber durch das viel zartere Netzwerk und Zahnbildung, von ersterer durch die weiter auseinanderstehenden Seitennerven und Zähne und die Stumpfheit der letztern sich auszeichnet. Das Blatt ist glänzend glatt und muss derb lederartig gewesen sein. Die Zähne sind ganz stumpf, treten sehr wenig hervor und haben ganz seichte, stumpfe Winkel. Die Seitennerven stehen weit auseinander, sind stark gebogen, ihre Bogen sind dem Rande genähert. Die Felder sind mit einem sehr zarten Netzwerk ausgefüllt (Fig. 10 b. vergrössert).

Zweite Familie. Betulaceæ

40. *Betula Miertschingi* m. Taf. XII. Fig. 9. Taf. XLV. Fig. 11 c.

B. foliis apice acuminatis, subtiliter denticulatis, nervis secundariis craspedodromis.
Atanekerdluk, bei einem Blatt der M'Clintockia dentata.

Nur die vordere Partie des Blattes, die vorn sich allmälig verschmälert; der Rand mit sehr kleinen Zähnchen belegt. Die Secundarnerven etwas gekrümmt und in diese schmalen Zähnchen auslaufend. Von ihnen entspringen in fast rechten Winkeln zahlreiche Nervillen, die stark vortreten und theils durchgehend, theils gablig getheilt sind.

Ausser diesem unvollständigen Blattrest haben wir von Atanekerdluk mehrere unzweifelhafte Zweig- oder Stammstücke von Betula, welche noch mit der Rinde bekleidet sind. Bei einem Stück ist die Rinde ganz glatt und glänzend bei einem andern dagegen (Taf. XLV. Fig. 11 c.) runzlich und mit Warzen besetzt. Bei allen bemerken wir die charakteristischen Querwärzchen, die kurze parallele Linien auf den Rinden bilden.

41. *Alnus nostratum* Ung. Taf. XLVII. Fig. 12.

A. foliis petiolatis, ovato vel obovato-subrotundis, apice obtusis, dentatis, nervis secundar"s approximatis.
Unger Chloris protog. Taf. 34. Fig. 1. Heer Flora tert. Helvet. II. S. 37.
Atanekerdluk (Olrik 1861), mit M'Clintockia Lyallii, Quercus und Juglans auf demselben Stein.

Die abgebildeten Blätter stimmen am besten zu einem Blatt von Eritz, das ich in meiner Flora Taf. LXXI. Fig. 15 dargestellt habe. Es weicht diese Art vornämlich durch die zahlreicheren und dichter beisammenstehenden Secundarnerven von der A. Kefersteini ab. Das Blatt ist am Grund ganz stumpf zugerundet, vorn gebrochen, so dass jederseitig nur 6 Secundarnerven zu sehen sind. Sie sind sich genähert, alle gleich weit von einander abstehend und ziemlich stark gebogen und nach vorn gerichtet. Der unterste sendet 6 Tertiärnerven in die Randzähne aus, der zweite aber drei, der dritte nur einen. (Fig. 12 b.)

Dritte Familie. Cupuliferæ.

42. *Carpinus grandis* Ung. Taf. XLIX. Fig. 9.

C. foliis ellipticis, ovato-ellipticis et ovato-lanceolatis, argute duplicato-serratis, nervis secundariis 12—20, strictis, parallelis.
Unger Iconogr. pl. foss. S. 39. Sylloge plant. 3 S. 67. Heer Flora tert. Helv. I. S. 40. Carpinus Heerii Ettingsh. Flora von Bilin. S. 45.
Atanekerdluk (Olrik).

Das grosse Fig. 9 dargestellte Blatt hat die Form und Nervation von Carpinus, leider sind aber die Zähne nur an der Basis erhalten, an fast allen übrigen Stellen aber ganz oder theilweise zerstört, so dass die charakteristische Bezahnung der Carpinusblätter nicht deutlich hervortritt, daher noch einige Zweifel über die Carpinusnatur des Blattes bleiben. Die Secundarnerven stehen etwas weiter auseinander, als bei den meisten Carpinusblättern unserer Molasse, indessen kommen auch bei uns (cf. Flora tert. Helv. Taf. LXXIII. Fig. 2 b.) welche mit ebenso weit abstehenden Nerven vor und ebenso in Bilin, von wo Unger ein Blatt gezeichnet hat (Sylloge pl. 3. Taf. XXI. Fig. 10), das sehr ähnlich ist.

Das Blatt ist am Grund zugerundet und schon dadurch von Quercus furcinervis und verwandten leicht zu unterscheiden; nach vorn ist es verschmälert und zugespitzt. Die Secundarnerven sind straff und parallel, die untersten senden mehrere Tertiärnerven in die scharfen Zähne aus, von den obern geht wenigstens von einzelnen ein Ast nach dem Rand aus. Einzelne Zähne sind erhalten und wenigstens das deutlich, dass zwischen den grössern am Ende der Secundarnerven stehenden Zähnen kleinere vorkommen, die aber nicht so scharf geschnitten scheinen, wie bei Carpinus. Das Zwischengeäder ist sehr zart und überhaupt das Blatt dünn.

43. *Ostrya Walkeri* m. Taf. IX. Fig. 9—12.

O. cupula ovata, longitudinaliter sulcata, foliis ovato-lanceolatis, nervis secundariis strictis, parallelis.
Atanekerdluk. (Dublin.)

Das Fig. 11 abgebildete Stück stimmt sehr wohl zum Fruchtbecher der Ostrya œningensis (Flora tert. Helv. Taf. LXXIII. Fig. 7 u. 8), lässt aber 8 Längsnerven erkennen. Es ist 12 Mill. lang bei einer Breite von 11 Mill., kurz eiförmig, am Grunde mit einer rundlichen Vertiefung, welche die Insertionsstelle des Stieles bezeichnet (Fig. 11 a. vergrössert). Von dort laufen die Längsnerven aus, zwischen welchen das Gewebe etwas aufgedunsen ist, so dass die Nerven durch gewölbte Rippen getrennte Furchen bilden, die in Bogen zur Spitze verlaufen. Die Längsnerven senden einzelne, ziemlich steil aufsteigende Aeste aus und die Zwischenräume sind mit einem feinen Netzwerk ausgefüllt (Fig. 11 b. ein Stück vergrössert). Ein zweites kleineres Stück (Fig. 12) dürfte einen jungen, noch nicht ausgewachsenen Fruchtbecher darstellen.

Mit diesen Früchten vereinige ich das Fig. 9 abgebildete Blattstück, das in Grösse und Nervation lebhaft an Ostrya carpinifolia L. erinnert, freilich auch mit Carpinus grandis verglichen werden kann.

Die Blattspitze fehlt; die Basis ist gleichseitig und zu unterst ganzrandig, weiter oben ist der Rand gezahnt, doch ist er nur an einer kleinen Stelle erhalten und es ist nicht zu entscheiden, ob die Bezahnung einfach oder doppelt war, welches letztere aber viel wahrscheinlicher ist. Die Secundarnerven stehen dicht und verlaufen, ohne sich zu verästeln, in ganz gerader Linie bis in die Zähne hinaus. Diese in halbrechten Winkeln entspringenden, straffen, parallelen, randläufigen Secundarnerven sind ganz wie bei Carpinus und Ostrya.

Derselben Art gehören ohne Zweifel auch Fig. 10 und Taf. II. Fig. 23 c. an. Es sind noch junge Blätter mit dicht stehenden Secundarnerven und sehr deutlich vortretenden Nervillen.

44. Corylus Mac Quarrii. Taf. VIII. Fig. 9—12. Taf. IX. Fig. 1—8. Taf. XVII. Fig. 5 d. XIX. 7 c.

C. foliis subcordato-ellipticis, basi emarginatis, apice acuminatis, triplicato-serratis.

Alnites? M'Quarrii E. Forbes Quart. journ. 1851. VII. S. 103. Corylus grosse-serrata Heer Flora tert. Helv. II. S. 41. Taf. LXXIII. Fig. 15. 19. Atanekerdluk, ziemlich häufig (Olrik. M'Clintock. Collomb); Disco (Dr. Lyall).

Ich hatte früher nur unvollständige Blattreste aus Grönland in der Sammlung von Kew gesehen, welche aber in ihrer Nervation so grosse Uebereinstimmung mit unserer mioccnen Haselnuss zeigten, dass ich sie zu dieser Art gerechnet habe. Die vollständiger erhaltenen Blätter der Dubliner und Kopenhagener Sammlung bestätigen diese Bestimmung. Mehrere Blätter liegen auf der grossen Platte Taf. VIII. bei Fig. 9, 10, 11 und 12. Andere aber vereinzelt bei andern Pflanzen.

Das Taf. IX. Fig. 4 abgebildete Stück zeigt uns die Blattbasis. Von dem untersten Secundarnerv gehen feinere Tertiärnerven aus, welche in die Zahnspitze auslaufen; die Zähne sind spitzig, nach vorn gebogen und an der Langseite nochmals gezahnt; wir haben also ein doppelt scharf gezahntes Blatt. Wie bei C. M'Quarrii steht die Partie, in welche der Secundarnerv ausläuft, etwas lappenartig hervor, so dass wir dreierlei Zähne bekommen; die grössten sind am Ende der Secundarnerven, die mittelgrossen am Ende der Tertiären und die kleinsten an diesen Zähnen. Am Grund ist das Blatt stumpf zugerundet und scheint etwas ausgerandet zu sein.

Bei den andern Blattstücken ist zwar der Rand meistens zerstört, wo er aber erhalten ist (so Taf. VIII. Fig. 12 u. Taf. IX. 2) ist er auch in gleicher Weise gezahnt. Die Blätter sind zum Theil gross. Die untern Secundarnerven senden Tertiärnerven in die Zähne aus, die Nervillen treten sehr stark hervor, entspringen in rechten Winkeln, sind durchlaufend oder doch wenig verästelt; das Gewebe zwischen denselben, wie auch die zwischen den Secundarnerven liegenden Felder sind aufgetrieben, so dass dass ganze Blatt davon ein runzliges Aussehen bekommt, was diese Haselblätter kennzeichnet. Ein paar Blätter sind bedeutend kleiner, gehören aber doch wohl derselben Art an.

Die Taf. IX. Fig. 5 abgebildete Schale gehört sehr wahrscheinlich zu unserer Art. Es ist die innere Seite einer Haselnussschale. Sie ist 13 Mill. lang und 8 Mill. breit, nach oben zu etwas verschmälert, daher iförmig. Die Schale ist ziemlich dick, an einer Stelle bemerkt man zarte Längsstreifen. Die Nuss ist etwas kleiner als bei Corylus Avellana L. und nach oben mehr verschmälert. Durch dieselben Merkmale ist sie auch von Corylus Wickenburgi Ung. verschieden. Ein zweites Schalenstück mit feiner Längsstreifung, das in Fig. 6 abgebildet ist, ist indessen oben stumpfer zugerundet.

Aus der Schweizer-Flora waren mir nur unvollständig erhaltene Blätter dieser Art bekannt geworden, später erhielt ich welche vom Hohen Rhonen, die am Grund herzförmig ausgerandet sind, und noch schönere Stücke von Menat aus der Auvergne, von denen ich eines in Taf. IX. Fig. 8 und einen jungen Zweig in Fig. 7 zur Vergleichung abgebildet habe. Das Blatt ist am Grund etwas herzförmig ausgerandet, die ersten Secundarnerven gegenständig und die zunächst folgenden sind einander so viel näher gerückt als die weiter oben entspringenden. Sie stehen ziemlich weit auseinander und haben Tertiärnerven. Die Nervillen entspringen in rechten Winkeln von den Secundarnerven, treten stark hervor und sind meist durchgehend, fast parallele Rippchen bildend. Die Bezahnung ist sehr scharf und die Zähne der Secundarnerven stehen auch lappenförmig hervor. Nach vorn ist das Blatt allmälig verschmälert und in eine lange, schmale Spitze ausgezogen. Mit diesen Blättern stimmt nun so weit es erhalten ist das Blatt von Artun Head überein, welches E. Forbes als Alnites (?) Mac Quarrii beschrieben hat (Quart. journ. of the geolog. soc. 1851. VII. pag. 103). Ich habe es schon früher vermuthet (Flora tert. Helv. III. S. 314. Recherches. p. 172), und eine Vergleichung des Originals in der Sammlung der geolog. Survey in London hat dies bestätigt. Die Zähne des Blattes sind weit besser erhalten, als die Abbildung von Forbes sie zeigt; ich gebe daher auf Taf. IX. Fig. 1 eine bessere Abbildung desselben, da der Name, mit dem E. Forbes dies Blatt belegt hat, als der ältere angenommen werden muss.

Cupuliferen.

In Menat kommen neben den 2—3 Zoll langen Blättern welche vor, die doppelt so gross sind, und auch von Grönland sind wenigstens einzelne Blattstücke erhalten, welche auf sehr grosse Blätter weisen. Dasselbe gilt von den Haselblättern Islands und vom Mackenzie, die bis einen halben Fuss Länge erreicht haben müssen. Wir bezeichnen diese Form als Corylus Mac Quarrii macrophylla und halten sie nur für eine, aber allerdings sehr beachtenswerthe Varietät. Das Fig. 3 abgebildete Blattstück von Grönland (aus der Stockholmer Sammlung) muss eine Breite von 100 Mill. und eine Länge von 120—130 Mill. gehabt haben. Die untern Secundarnerven sind stark verästelt, sie steigen ziemlich steil auf. In den von den Nervillen gebildeten Feldern bemerkt man ein feines Netzwerk, das aus polygonen Zellen gebildet ist (Fig. 3 b. vergrössert).

Die Haselblätter von Menat, Artun Head, Island und vom Mackenzie sind am Grund ausgerandet, dasselbe war ohne Zweifel der Fall bei dem Taf. IX. Fig. 4 aus Grönland abgebildeten Blatte und ebenso bei ein paar Blättern, die mir neuerdings von Atanckerdluk zugekommen sind; die grösseren Stücke sind am Grund nicht erhalten.

Corylus insignis zeichnet sich durch die relativ schmälern, erst vor der Mitte tiefer doppelt gezahnten Blätter, mit etwas mehr genäherten Seitennerven von C. Mac Quarrii aus, der sie sonst sehr nahe steht. In dieser schmalern, längern Blattform erinnert sie an C. rostrata Ait., die in Nordamerika und Nordostasien (Amurland und Ussuri) zu Hause ist, während die C. Mac Quarrii der europäischen und nordasiatischen C. Avellana L. näher steht. Sie unterscheidet sich von derselben besonders dadurch, dass die Blattspreite oben schmäler ist und allmälig in die Spitze übergeht (vgl. Taf. VIII. Fig. 11, 12. IX. 2, 8), während bei der C. Avellana die Blätter dort breiter sind, sich stumpfer zurunden, die Spitze aber zipfelförmig sich von der übrigen Blattfläche absetzt.

Wir haben demnach über das ganze nördliche Tertiärland von Island, über Grönland bis zum Makenzie, wie andererseits bis nach Spitzbergen und hier bis fast zum 78sten Grad n. Br. eine Haselnussart verbreitet, welche durch ihre grossen Blätter sich auszeichnet und zugleich auch in Schottland, in Frankreich und in der Schweiz vorkam; eine Art, welche der jetzt über Europa (von Sicilien und Neapel bis nach Schweden und Norwegen) und das nördliche Asien bis an den Amur, (C. Avellana dahurica Ledeb.) verbreiteten Art sehr nahe verwandt ist und wohl als ihre Stammmutter betrachtet werden darf.

Neben derselben hatten wir in der Schweiz noch eine Art (Corylus insignis), welche der amerikanischen C. rostrata entspricht, also hier dasselbe Verhältniss, wie es jetzt in Ussuri besteht, wo die C. rostrata und C. Avellana A. (var. dahurica) beisammen leben. (cf. Regel tentamen Florae ussuriensis. Petersb. 1861.)

45. *Fagus Deucalionis* Ung. Taf. VIII. Fig. 1—4. Taf. X. Fig. 6. Taf. XLVI. Fig. 4.

F. foliis ellipticis, dentatis, nervis secundariis parallelis, strictis, craspedodromis 9—11, angulo acuto egredientibus.
Unger Chloris protogaea. S. 101. Taf. XXVII. Fig. 5, 6. Massalongo Flora Seneg. S. 201. Taf. XXX. Fig. 9. Sismonda Paleontologie du terr. ert. du Piémont. S. 47. Taf. XII. Fig. 1—3. XIX. 1.
Atanekerdluk. (Colomb. Olrik.)

Mehrere Blätter liegen auf der grossen, Taf. VIII. abgebildeten Steinplatte; wenn auch keines vollständig erhalten ist, so ergänzen sie sich doch, wenn wir sie zusammenstellen, so dass wir ein ganz richtiges Bild ihrer Form uns verschaffen können. Sie haben dieselbe Grösse, wie die von Unger in der Chloris prologaea dargestellten Blätter. Das Fig. 3 abgebildete Stück ist in der vordern Partie nicht erhalten. Es war länglich-oval, im untern Theil ganzrandig, weiter vorn aber gezahnt; die Zähne sind aber kurz und stumpflich. Die Secundarnerven entspringen in halbrechten Winkeln, laufen straff und gerade und unter sich parallel bis zum Rande; in der bezahnten Partie in die Zähne. Vervollständigen wir die auf Taf. VIII. dargestellten Blätter, wie dies in Taf. X. Fig. 6 geschehen ist, erhalten wir jederseits 9—11 Secundarnerven. Tertiärnerven fehlen, dagegen sind zahlreiche Nervillen, welche in rechten Winkeln entspringen und theilweise durchlaufend, theilweise aber gablig verästelt sind. Sie stellen so ein deutliches Netzwerk dar. Unmittelbar neben dem Blatt Fig. 3 liegt ein zweites Buchenblatt (Fig. 4), dessen oberste Partie abgebrochen und auf dem vorigen Blatt liegt. Sie ist mit ziemlich grossen, scharfen Zähnen versehen, in welche die Secundarnerven ausmünden. Fig. 1 und 2 sind zwei weitere Blattstücke auf derselben Steinplatte. — Das schönste Buchenblatt ist mir neuerdings von Kopenhagen zugekommen (Taf. XLVI. Fig. 4); es ist fast vollständig erhalten, der Rand ist von der Mitte an mit einfachen Zähnen besetzt; es sind jederseits 10 Secundarnerven zu sehen.

Neben dem Blatt Taf. VIII. Fig. 3 liegt eine glänzende, feingestreifte Schuppe, welche wahrscheinlich die obere Partie eines Buchnüsschens darstellt (Fig. 3 c., zweimal vergrössert). Die feine Streifung ist ganz wie bei den Buchnüsschen.

Es ist diese Buche der europäischen Art (Fagus sylvatica L.) einerseits, wie anderseits der amerikanischen Fagus ferruginea Ait. nahe verwandt; in der Grösse der Blätter steht sie der F. sylvatica sehr nahe, in der Bezahnung der Blätter dagegen der F. ferruginea. In der Zahl der Nerven steht sie in der Mitte zwischen beiden. Bei der F. sylvatica haben wir jederseits 8—10 Secundarnerven, wogegen die amerikanische Buche eine grössere Zahl von Seitennerven (12—16) zeigt. Bei der fossilen Buche ist das feinere Blattnetz etwas anders gebildet, indem die Nervillen etwas mehr hervortreten und sich weniger verästeln.

Die von Unger in seiner Chloris protogæa abgebildeten Blattstücke sind sehr unvollständig; so weit sie aber erhalten, stimmen sie wohl zu unserer Art. Sie haben auch einen gezahnten Rand und in diese Zähne auslaufende, parallele Secundarnerven. Sehr wohl stimmen die von Sismonda l. c. von Guarene abgebildeten Blätter mit denen von Grönland überein. Die F. Haidingeri Kov. gehört wohl auch zu unserer Art und stellt kleinere Blattstücke derselben dar.[1]) Es war dies die häufigste durch Europa verbreitete Buche, von der auch die miocenen Ablagerungen der Rhön (Bischoffsheim) schöne Blätter geliefert haben, und reicht also von Mittelitalien bis nach dem nördlichen Grönland hinauf.

46. Fagus castaneaefolia Ung. Taf. X. Fig. 8. Taf. XLVI. Fig. 1. 2. 3.

F. foliis oblongo-lanceolatis, apice acuminatis, dentatis, nervis secundariis numerosis, approximatis, parallelis, strictis, craspedodromis, angulo acuto egredientibus.

Unger Chloris protogæa. S. 104. Taf. XXVIII. Fig. I. Sismonda l. c. Taf X. Fig. 4. Das von Ettingshausen in der Biliner Flora abgebildete Blatt kann nicht hierher gehören, da es einen ganz anders gezahnten Rand hat.

Atanekerdluk.

Es sind zwei Formen zu unterscheiden, mit scharfen, gerade abstehenden (Fig. 2. 3 b.) und mit grösseren, mehr nach vorn gerichteten Zähnen (Fig. 3 a.), die aber wohl zur selben Art gehören. Fig. 3 a. stellt ein fast vollständig erhaltenes Blatt dar; es ist gegen den Grund wie Spitze allmälig verschmälert und in eine schmale Spitze auslaufend, wie das von Unger abgebildete Blatt. Es hat ferner ebenfalls zahlreiche (jederseits 16, Ungers Blatt 18) Secundarnerven, die in spitzen Winkeln entspringen und in parallelen, geraden, unverästelten Linien in die Zähne auslaufen. Die Nervillen sind verwischt. Am verschmälerten Blattgrund fehlen die Zähne, während sie an der schmalen Blattspitze scharf ausgeprägt sind.

Das zweite Blatt (Fig. 2) hat kleinere Zähne, die in der Form mehr mit denen der Ungerschen Blätter von Leoben übereinstimmen, aber etwas kleiner sind. Bei diesem tritt das feinere Geäder stark hervor, e sind zahlreiche, dicht stehende, theils einfache, theils gablig getheilte Nervillen, welche die Felder ausfüllen. Grössere, aber ebenfalls gerade abstehende Zähne hat Fig. 3 b., sie sind scharf zugespitzt. Junge Blätter stellen Taf. X. Fig. 8 und Taf. XLVI. Fig. 1 dar. Die nahe beisammenstehenden, straffen, parallelen Secundarnerven laufen in die scharfen Zähne aus. Das letztere Blättchen ist längs der Seitenrippen tief gefaltet, wie wir dies bei jungen Buchen- und Hainbuchenblättern sehen, und obwohl es offenbar ein zartes, junges Blättchen war, ist es doch bis in die Zähne hinaus vortrefflich erhalten; nur fehlt der Grund desselben, welcher wahrscheinlich beim Zerspalten des Steines auf die Gegenplatte gekommen ist.— Es gehört diese Art wohl eher zu Castanea als zu Fagus und wäre wohl besser als Castanea Ungeri zu bezeichnen.

47. Fagus dentata Ung.? Taf. X. Fig. 1. 2. 7 b. 9.

F. foliis ovalibus, obtusis, grosse dentatis, nervis secundariis numerosis, approximatis, simplicissimis, craspedodromis.

Unger fossile Flora von Gleichenberg. S. 19. Taf. II. Fig. 11. Gaudin flora fossil. italienne. I. S. 32. Taf. VI. Fig. 5. Gœppert Beiträge zur Tertiärflora Schlesiens. Palæontogr. II. S. 274. Taf. XXXIV. Fig. 3. 7

Atanekerdluk. (Dublin. Kopenhagen.)

Die auf Taf. X. abgebildeten Blattstücke haben weniger vortretende Zähne, welche stärker nach vorn gerichtet und durch seichtere Buchten getrennt sind, als bei Ungers Blatt. Fig. 1 ist von nahe der Blattbasis, an welcher die Zähne fehlen, Fig. 2 und 7 b. wahrscheinlich aus der Blattmitte und aus diesen und Fig. 1 wurde Fig. 9 zusammengesetzt, doch sollte die Blattfläche nicht in den Stiel sich verschmälern, sondern

---

[1]) Ob die Fagus attenuata Gœppert (Flora von Schossnitz, pag. 18) hierher gehöre, ist mir noch zweifelhaft. Das Blatt stimmt in Form und Nervation wohl mit unserer Art überein, hat aber eine längere Spitze und am Rand zwischen den Zähnen, welche den Secundarnerven entsprechen, noch einen Zwischenzahn, während bei der Fagus Deucalionis wie der F. americana fehlt. Es hat Ettingshausen neuerdings (fossile Flora von Bilin, S. 50) die Fagus Deucalionis Ung. mit der F. Feroniæ Ung. vereinigt und beruft sich dabei auf das von Unger in seiner iconograph. plant. Taf. 16. Fig. 24 abgebildete Blatt. Dieses Blatt nun scheint allerdings nicht verschieden von F. Feroniæ, weicht aber sehr ab von der F. Deucalionis der Chloris und den von uns mit dieser vereinigten Blättern. Die Nervatur und Bildung der Zähne ist völlig verschieden und es scheint mir noch sehr zweifelhaft, ob die F. Feroniæ wirklich zu den Buchen gehöre; die langen Blattstiele, stark gekrümmten Seitennerven und die Art der Bezahnung sind gar nicht buchenartig.

dort sich zurunden. Die Felder zwischen den Secundarnerven sind mit zahlreichen, theils durchgehenden, theils gablig getheilten Nervillen ausgefüllt, welche in rechten Winkeln auslaufen.

Diese Blattstücke gehören wahrscheinlich zu F. dentata. Sie stimmen in ihrer Zahnbildung mit dem von Gaudin vom Monte Bamboli abgebildeten Blatte überein, da aber die Blattspitze fehlt, bleibt diese Bestimmung zweifelhaft.

Zweifelhaft ist mir auch, ob die F. dentata Gp. mit der Art von Unger zusammengehöre, indem die Zähne nicht nach vorn gebogen sind und die Nervillen in spitzigen Winkeln auslaufen.

Unterscheidet sich von Fagus castaneæfolia durch die stumpfe Blattspitze und andere Form der Zähne; auch sind die Seitennerven etwas gebogen; von Quercus grœnlandica durch die dichter stehenden Seitennerven, die Zahnbildung und andere Form der Basis und Spitze des Blattes.

48. Fagus macrophylla Ung.? Taf. XLVI. Fig. 11.

F. foliis obovatis, acuminatis, integerrimis pleuronervis, nervis secundariis simplicibus, craspedodromis
Unger foss. Flora von Gleichenberg. S. 19. Taf. II. Fig. 10.

Atanekerdluk (Olrik), neben dem Blatt liegt der Blüthenkelch von Diospyros.

Es liegt nur ein unvollständiges Blatt vor; der Rand ist aber an einer Stelle erhalten und ungezahnt, dessenungeachtet laufen die Secundarnerven in den Rand aus, wie bei den Buchen. Auch in der Grösse und im übrigen Verlauf der Nerven stimmt es sowohl mit dem von Unger von Gossendorf abgebildeten Blatt überein, dass es sehr wahrscheinlich mit demselben zu einer Art gehört, wornach es ein ziemlich grosses, verkehrt eiförmiges und vorn zugespitztes Blatt gewesen sein muss.

49. Quercus Drymeia Unger. Taf. XI. Fig. 1—3.

Q. foliis longe petiolatis, lanceolatis, utrinque attenuatis, cuspidato-dentatis, nervis secundariis craspedodromis.
Unger Chloris protog. S. 113. Taf 37. Fig. 1—4. Flora von Sotzka. S. 33. Heer Flora tert. Helvet. II. S. 50. III. S. 179.

Atanekerdluk; das Fig. 1 abgebildete Blatt auf demselben Stein mit Quercus Olafseni, Andromeda protogœa mit Sphæria arctica, Fagus Deucalionis, Carpolithes sphærula, Sequoia Langsdorfii in der Dubliner, ein anderes in der Stockholmer Sammlung.

Es sind mehrere Blattstücke in der Dubliner Sammlung, deren Blattbasis zwar nicht erhalten ist, deren vordere Partie aber so völlig mit obiger Art stimmt, dass sie wohl sicher derselben zugetheilt werden darf.

Es sind schmale, lanzettliche, vorn in eine Spitze verschmälerte Blätter, die am Rande mit nach vorn gerichteten Zähnen versehen sind. Die in ziemlich spitzen Winkeln entspringenden Secundarnerven laufen in die Zähne aus und bleiben einfach; die von denselben in rechten Winkeln entspringenden Nervillen lösen sich in ein sehr feines Netzwerk auf, das aber doch deutlich hervortritt (Taf. XI. Fig. 2 c. ein Blattstück vergrössert). Das Blatt muss lederartig gewesen sein. Bei dem Blatt der Stockholmer Sammlung (Fig. 3) ist das feine Netzwerk auch sehr wohl erhalten und das Blatt bekommt davon eine zierliche Sculptur.

Die Fig. 3 b. abgebildeten Blattstücke stellen wahrscheinlich die untere ungezahnte Partie des Blattes dar. Es liegen zwei Stücke beisammen. Sie sind lederartig, gegen die Basis verschmälert mit ziemlich steifen, geraden Secundarnerven versehen, die bis gegen den Rand reichen.

Neben einem Blatt (Fig. 2 b.) liegt ein Fruchtstück, welches mir von einer Eichel herzurühren scheint und daher wohl zu demselben gehört. Es ist 12 Mill. lang, am Grund 8 Mill. breit und nach vorn stumpf zugespitzt.

50. Quercus furcinervis Rossm. sp. Taf. VII. Fig. 6 a. 7 a. Taf. XLV. Fig. 1 d. Taf. XLVI. Fig. 6.

Q. foliis coriaceis, lanceolatis, basi in petiolum attenuatis, apice acuminatis, margine repando-dentatis, nervo medio stricto, secundariis anterioribus craspedodromis, apice furcatis
Heer Flora tert. Helvet. II. S. 51. III. S. 180. Phyllites furcinervis Rossmässler Versteinerungen von Altsattel. S. 33 Taf. VII.

Atanekerdluk. (Olrik. Dr. Torell.)

Die schönsten Blätter sind in der Sammlung von Kopenhagen. Taf. XLVI. Fig. 6 ist fast vollständig erhalten und stimmt sehr wohl mit Taf. VII. Fig. 34 von Rossmässler überein, ebenso ein zweites, nur um die Hälfte kleineres Blatt. Es ist in der Mitte am breitesten, gegen die Basis und Spitze allmälig und gleichmässig verschmälert, derb lederartig, mit starkem Mittelnerv und ziemlich weit auseinanderstehenden, starken Secundarnerven, und deutlichen, meist durchgehenden Nervillen; die äusserste Nerville ist stark entwickelt und so entsteht was Rossmässler, freilich nicht ganz richtig, eine Gablung des Secundarnervs nennt. Die Zähne treten nur wenig hervor und sind stumpfer als bei den Blättern von Ralligen und aus Piemont (cf. Flora tert. Helv. Taf. CLI. Fig. 12, 13). Sie sind durch flache, etwas wellige Buchten von einander getrennt.

Nur ein Blattfetzen ist bei Taf. VII. Fig. 6 a. neben der Myrica acuminata erhalten und in Fig. 7 a. der Blattgrund.

51. *Quercus Lyellii* Hr. Taf. XLVII. Fig. 9.

Q. foliis subcoriaceis, petiolatis, lanceolatis, vel oblongo-lanceolatis, basi attenuatis, margine undulatis, apice acuminatis, nervo primario valido, recto, nervis secundariis numerosis, curvatis, apice furcatis, ramulo superiore margine valde approximato.
Heer the lignite of Bovey Tracey. S. 40. Taf. XII. Fig. 2-9. XIII. Fig. 1-4. XiV. Fig. 12 b. XV. Fig. 1. 2. XVII. Fig. 4. 5.
Atanekerdluk. (Olrik.)

Es sind mir nur zwei Blattstücke aus Grönland zugekommen, die aber vollständig mit den grössern Blättern von Bovey übereinstimmen, deren Diagnose ich oben gegeben habe. Die Blattoberfläche ist glatt, der Rand wellig, die Seitennerven reichen bis nahe zum Rand. Am Grund ist das Blatt in den Stiel verschmälert, wie ein Stück zeigt, das nicht mehr auf die Tafel gebracht werden konnte.

Von der Q. undulata O. Web. der Bonner Kohlen durch den starken, geraden, nicht hin- und hergebogenen Mittelnerv und die näher beisammenstehenden Secundarnerven zu unterscheiden, von Q. furcinervis durch den zwar welligen, aber nicht gezahnten Rand.

52. *Quercus grænlandica* m. Taf. VIII. Fig. 8. Taf. X. Fig. 3, 4. XI. Fig. 4. XLVII. Fig. 1.

Q. foliis semipedalibus, elongato-ellipticis, apice cuspidatis, grosse simpliciter dentatis, dentibus obtusiusculis; multinerviis, nervis secundariis subparallelis, simplicibus, craspedodromis.
Fagus dentata Gaudin contrib. Taf. VII. Fig. 1. ?
Atanekerdluk, nicht selten. Disco. (Dublin. Kopenhagen.)

Ein grosses Blattstück liegt auf der grossen Steinplatte Taf. VIII. bei Fig. 8. Es zeigt, dass die Blattfläche eine Breite von etwa 90 Millim. gehabt hat. Ein anderes Stück ist in der Sammlung von Kew von Disco (Taf. XI. Fig. 4), welches die Blattspitze enthält und mit dem vorigen combinirt, uns das ganze Blatt darstellen lässt, wie ich es in Taf. X. 3. versucht habe. Dieses ganze Blatt muss ohne Stiel eine Länge von etwa 170 Millim. (etwa ½ Pariserfuss) gehabt haben. Noch grösser waren ein paar Blätter, die mir neuerdings aus dem Museum von Kopenhagen zugekommen sind; eines hat eine Länge von 134 Millim., obwohl Basis und Spitze fehlen; ergänzen wir diese, erhalten wir ein Blatt von circa 200 Mill. Länge; ein anderes grosses Blatt muss eine Breite von 100 Mill. gehabt haben.

Das Blatt war zwar ziemlich derb und dick, doch zeigt es keine lederartige Beschaffenheit. Es ist gegen den Blattstiel hin verschmälert (Taf. XLVII. Fig. 1) und am Grund nicht zugerundet. Ebenso ist es nach vorn allmälig verschmälert und in eine scharfe Spitze auslaufend (XI. 4). Es hat zahlreiche Secundarnerven (jederseits etwa 17—18), welche ohne sich zu verästeln und unter sich fast parallel bis zum Rande laufen und in den Zähnen enden. Sie sind meistens etwas gebogen, doch zuweilen auch ganz straff und gerade (Taf. X. Fig. 7 a.); ich hatte früher diesen Blattfetzen wegen dieser straffen und mehr genäherten Secundarnerven zu Fagus castaneæfolia gerechnet, allein bei dem Taf. XLVII. Fig. 1 abgebildeten Blatt, das mir später zukam und vollständiger erhalten ist, ist dasselbe der Fall, und Basis und Zahnbildung weisen dieses zu Quercus grænlandica. — Von den Secundarnerven gehen in rechten Winkeln zahlreiche Nervillen aus, die theils einfach, theils aber gablig getheilt sind. Die Zähne sind einfach und jedem Secundarnerv entspricht je ein Zahn. Er ist etwas nach vorn geneigt, stumpflich und von seinem Nachbar durch eine stumpfe Bucht getrennt. — Bei einem kleinen Blatt der Stockholmer Sammlung (Taf. X. Fig. 4) sind die Zähne kleiner und etwas weniger scharf geschnitten und es ist mir zweifelhaft, ob dasselbe wirklich zur vorliegenden Art oder doch vielleicht eher zu Q. furcinervis gehöre.

Ist ähnlich der Quercus deuterogona Ung. und Q. etymodrys Ung. von Gleichenberg, hat aber eine länger vorgezogene Spitze und grössere, schärfer vortretende Zähne. Auch ist die Blattbasis anders gebildet als bei Q. ety.nodrys. Von der Fagus dentata Ung. unterscheidet es sich durch die lang ausgezogene Blattspitze und den verschmälerten Blattgrund. Es hat Gaudin ein Blatt vom Mt. Bamboli abgebildet, welches in dieser verschmälerten Blattbasis von der Fagus dentata abweicht und lebhaft an unser Eichenblatt erinnert; es fehlt ihm aber die ganze obere Hälfte, so dass eine genauere Vergleichung nicht möglich ist. Unter den lebenden Arten haben die Sumpfkastanieneiche (Quercus Prinus L.) und die gelbe Kastanieneiche (Q. castanea Willd.) der Vereinigten Staaten sehr ähnlich gebildete Blätter. Bei der Q. castanea sind aber die Zähne schärfer und vorn zugespitzt, wogegen sie bei Q. Prinus L., namentlich der Varietät, welche als Q. montana Willd. bekannt ist, ganz dieselbe Form haben. Bei Q. Prinus haben wir aber weniger Secundarnerven als bei der grönländischen Eiche und das Blatt ist in der Regel oberhalb der Mitte am breitesten. Bei der grossen Uebereinstimmung in allen übrigen Verhältnissen haben wir diese als die homologe lebende Art zu betrachten. Sie ist nach A. Gray häufig von Pennsylvanien an südwärts, berührt aber Canada nicht.

Cupuliferen.

53. *Quercus Olafseni* m. Taf. X. Fig. 5. XI. Fig. 7—11. XLVI. Fig. 10.

Q. foliis petiolatis, membranaceis, amplis, ellipticis, margine duplicato-dentatis, dentibus obtusiusculis; multinerviis, nervis secundariis subparallelis, nonnullis apice furcatis, craspedodromis.
Atanekerdluk, ziemlich häufig. (Dublin und Kopenhagen.)

Ich habe früher drei verschiedene Blattformen unter diesem Namen zusammengefasst; das reiche neue Material, das mir aber aus Kopenhagen zugekommen ist, hat mich überzeugt, dass diese als verschiedene Arten auseinander gehalten werden müssen; es sind dies: erstens die Q. Olafseni mit membranösen, vorn nicht in eine Spitze verlängerten, stumpfzahnigen Blättern; zweitens die Q. platania mit sehr grossen, vorn in eine lange, scharfe Spitze ausgezogenen, scharfzahnigen Blättern, deren Secundarnerven mehrere tertiäre in den Rand aussenden; und Q. Steenstrupiana mit kleinen, lederartigen Blättern, die ein stark vortretendes, feines Netzwerk besitzen. Alle drei Arten haben doppelte Bezahnung und unterscheiden sich dadurch von Q. groenlandica.

Die auf Taf. XI. Fig. 7—12 und XLVII. Fig. 10 abgebildeten Blattstücke lassen die Form desselben ergänzen, was ich in Taf. X. Fig. 5 gethan habe. — Das Blatt hat einen mässig langen Stiel; es ist nicht lederartig, in der Mitte am breitesten, nach beiden Enden gleichmässig verschmälert, vorn aber nicht in eine Spitze ausgezogen. Der Rand ist gezahnt und zwar entspricht jedem Secundarnerv ein Zahn, daneben kommt aber noch ein etwas kleinerer Zwischenzahn vor, in welchen öfter ein Tertiärnerv ausläuft, wodurch das Blatt zu einem doppelt gezahnten wird. In der untern Blattpartie sind öfter zwei Zwischennerven vorhanden. Die Secundarnerven sind theils alternirend, theils gegenständig, entspringen in halbrechten Winkeln, laufen unter sich parallel und biegen sich erst am Rand, wo sie in die Zähne ausmünden, öfter etwas nach oben. Sie besitzen nur zu äusserst einzelne schwache, in die Zähne ausmündende Tertiärnerven. Die zahlreichen Nervillen entspringen in fast rechten Winkeln und sind durchlaufend.

54. *Quercus platania* m. Taf. XI. Fig. 6. Taf. XLVI. Fig. 7.

Q. foliis membranaceis, maximis, apice cuspidatis, margine duplicato dentatis, dentibus acutis, incurvis; multinerviis, nervis secundariis ramosis, craspedodromis.
Atanekerdluk. (Stockholm. Kopenhagen.)

Das Taf. XLVI. Fig. 7 abgebildete Blatt muss eine Breite von wenigstens 110 Mill. gehabt haben, und erreichte wahrscheinlich eine Länge von etwa 250 Mill. oder gegen 4/5 Par. Fuss. Es ist nur die obere Partie erhalten, welche gegen die Spitze sich allmälig verschmälert und in eine lange, schmale, ungezahnte Spitze ausläuft. Die untern Secundarnerven senden mehrere Tertiarnerven aus, während die obersten einfach bleiben. Sie sind randläufig. Die Felder sind mit zahlreichen, theils durchlaufenden, theils gablig sich theilenden und unter einander sich verbindenden Nervillen angefüllt. Die Zähne treten an den Enden der Secundarnerven stark hervor und haben eine etwas nach vorn gebogene Spitze, zwischen diesen grossen Zähnen sind sind ein, zwei und drei kleinere Zähne, in welche die Tertiarnerven münden. — Zu dieser Art gehört sehr wahrscheinlich der Taf. XI. Fig. 6 dargestellte Blattfetzen, welchen ich früher zu Q. Olafseni gerechnet hatte, da er nach vorn in ähnlicher Weise sich verschmälert und in eine Spitze ausläuft.

Unterscheidet sich von Q. groenlandica durch die doppelten, scharfen Zähne und die Verästelung der weiter auseinander stehenden und weniger straffen Secundarnerven, von Q. Olafseni durch diese mehr verästelten Nerven und die lang ausgezogene Blattspitze. Die Zahnbildung erinnert lebhaft an Platanus, das Blatt war aber fiedernervig. Auch die obere Partie des Blattes der Vitis Olriki hat eine gewisse Aehnlichkeit, allein die Zähne sind bei Quercus platania anders gebildet und die Secundarnerven verlaufen in anderer Weise.

55. *Quercus Steenstrupiana* m. Taf. XI. Fig. 5. Taf. XLVI. Fig. 8. 9.

Q. foliis coriaceis, parvulis, ovalibus vel ellipticis, subduplicato-dentatis, dentibus argutis, nervis secundariis utrinque 8—9, sine inde furcatis, craspedodromis, areolis evidenter reticulatis.
Atanekerdluk. (Dublin. Kopenhagen.)

Ich habe diese Art zunächst auf das überaus zierliche Blatt der Kopenhagener Sammlung (Taf. XLVI. Fig. 8), das mit mehrern Blättern der Q. Olafseni auf demselben Stein liegt, gegründet. Es ist elliptisch, in der Mitte am breitesten und nach beiden Seiten gleichmässig verschmälert und vorn wahrscheinlich zugespitzt, doch fehlt diese Spitze, ohne dieselbe ist das Blatt 47 Mill. lang (mit der Spitze betrug die Länge wahrscheinlich 50 Mill.) bei 24 Mill. Breite. Der Rand ist insofern doppelt gezahnt, als ein Zahn am Auslauf jedes Seitennervs steht und ein bis zwei Zähne dazwischen, doch sind diese Zwischenzähne nur wenig kleiner als die Hauptzähne. Alle Zähne sind sehr klein, aber scharf. Von dem Mittelnerv entspringen jederseits je 9 Seitennerven in ziemlich spitzen Winkeln, welche aussen ein bis zwei kurze, in die Zwischenzähne

auslaufende Tertiärnerven haben. Die Felder durchziehen theils einfache, theils gablig getheilte Nervillen und die dadurch entstandenen Felderchen sind mit einem äusserst zierlichen, deutlich vortretenden und von blossem Auge wahrnehmbaren polygonen Netzwerk ausgefüllt, wie dies ein vergrössertes Stück dieses Blattes in Taf. XLVI. Fig. 8 b. zeigt.

Mit diesem Blatt vereinige ich Fig. 9 derselben Tafel und Taf. XI. Fig. 5; es haben diese Blätter dieselbe Grösse und Bezahnung und auch nur eine geringe Zahl von Secundarnerven, nur scheinen diese Blätter vorn stumpfer gewesen zu sein. Ich hatte letzteres früher zu Q. Olafseni gebracht und es für ein junges Blatt gehalten. Allein die geringere Zahl von Secundarnerven und die derbere Beschaffenheit und die Bildung des Adernetzes, wie es in den neuerdings mir zugekommenen Blättern sich erkennen lässt, nöthigt es zu trennen.

Lederartige Blätter von selber Grösse und ähnlicher Form und auch deutlich ausgesprochenem Netzwerk haben Quercus annulata Wall. und Q. echinocarpa Hook. fil. aus dem Himmalaya, aber bei diesen ist der Rand nur vorn und einfach gezahnt und das Netzwerk besteht aus weniger regelmässig polyedrischen Zellen. Auch kann die Q. cuspidata Thb. aus Japan in Betracht kommen, bei welcher manche Blätter Zwischenzähne haben, doch sind die Zähne hier viel grösser.

56. Quercus? atava m. Taf. IX. Fig. 13 a. b.

Q. foliis pinnatifidis, lobatis, lobis apice rotundatis, nervis secundariis flexuosis.

Atanekerdluk, mit Pappelblättern. (Dublin und Kopenhagen.)

Es sind von dieser Art nur sehr unvollständige Blattfetzen mir zugekommen, so dass die Form des Blattes nicht darnach bestimmt werden kann. Die Lappenbildung ist so ähnlich derjenigen unserer Eichen, dass das Blatt wahrscheinlich zu dieser Gattung gehört und zwar zur selben Gruppe wie Quercus robur L., welche in Europa erst in den pliocenen und diluvialen Formationen auftritt. Die Form der Seitenlappen ist am ähnlichsten bei Quercus Farneto Ten. aus Süditalien.

Das Blatt war wahrscheinlich fiederspaltig, wie der tiefe obere Einschnitt zeigt (Fig. 13 a.). Der breite Seitenlappen war auf der untern Seite mit kleinern, stumpfen, vorn zugerundeten Lappen versehen, ähnlich wie Quercus Thomasii Ten (cf. Gaudin contributions. III. Taf. II. Fig. 1). Die Seitennerven sind stark hin- und hergebogen, verästelt, und zwar geht in jeden Lappen ein Ast, der wieder viele zartere Nerven aussendet, welche am Rande in Bogen sich verbinden. Die Nervation ist fast pappelartig und dies lässt fragen, ob wir hier nicht den Fetzen eines Pappelblattes vor uns haben, dessen Lappen nur durch die Steinbedeckung, also zufällig, entstanden. Dagegen spricht aber, dass in jeden Lappen ein Nerv läuft und dass die Buchten von den Nervenbogen eingefasst sind, was nicht durch Zufall so gekommen sein kann.

Dritte Familie. Ulmaceæ. Ulmen.

57. Planera Ungeri Ett. Taf. IX. Fig. 8 b.

Pl. foliis breviter petiolatis, basi plerumque inæqualibus, ovatis, ovato-acuminatis et ovato-lanceolatis, æqualiter serratis vel serrato-crenatis, dentibus simplicibus.

Ettingshausen foss. Flora von Wien. S. 14. Taf. 2. Fig. 5—18. Ueber Flora tert. Helvet. II. S. 60. Taf. LXXX.

Atanekerdluk, auf der Rückseite der grossen Platte mit Juglans paucinervis, Diospyros u. s. w., neben einem Blatt von Pterospermites integrifolius. (Dublin.) Ein zweites Blatt in der Kopenhagener Sammlung.

Stimmt in der ungleichseitigen Basis, den steil aufsteigenden Secundarnerven, die vorn in die Zähne sich umbiegen und in den stark nach vorn geneigten Zähnen mit der Planera Ungeri überein. Die Zähne sind allerdings etwas weniger tief als bei der Mehrzahl der Blätter dieser Art und mehr angedrückt, ähnlich wie bei Pl. emarginata; sie sind aber einfach und die Secundarnerven nicht gablig getheilt wie bei Pl. emarginata. Da auch bei uns Blätter der Pl. Ungeri mit kleinen Zähnen vorkommen (cf. Flora helv. l. c. Fig. 4. Fig. 14. Fig. 18 a.), liegt kein Grund vor, das Grönländer-Blatt von Pl. Ungeri zu trennen.

Das Blatt ist ziemlich gross, eiförmig-lanzettlich, am Grund etwas ungleichseitig, vorn zugespitzt. Die Secundarnerven entspringen jederseits je 9 in spitzigen Winkeln und biegen sich aussen stark nach vorn, wo sie in einer Bogenlinie in die Zähne auslaufen. Die Nervillen sind grossentheils verwischt.

Von der Fagus dentata, von der ein Blatt auf derselben Tafel liegt, unterscheidet sich unser Blatt durch die in spitzen Winkeln entspringenden, mehr nach vorn gebogenen Secundarnerven, durch die Blattspitze und die Blattbasis.

Vierte Familie. Moreæ.

58. *Ficus? grœnlandica* m. Taf. XIII. Fig. 1—5. Taf. XLIX. Fig. 8.

F. foliis membranaceis, amplis, rotundatis, margine undulatis, hinc inde glandulosis, palminerviis, nervis secundariis curvatis, camptodromis.

Atanekerdluk. (Olrik. M'Clintock. Colomb)

Das schönste Blatt ist in der Kopenhagener Sammlung (Taf. XLIX. Fig. 8). Es hatte eine Länge von 143 Mill. bei einer Breite von 122 Mill. Am Grund ist es schwach ausgerandet, dort aber etwas verschoben, so dass die rechte Seite etwas nach vorn verschoben erscheint und die wahrscheinlich sonst sich entsprechenden Hauptnerven der beiden Blatthälften etwas auseinander gerückt sind. Die beiden untersten sind kurz, gebogen, der dritte dagegen ist sehr lang und reicht bis zu $\frac{3}{4}$ der Blattlänge hinan. Er sendet zahlreiche Secundarnerven aus, die stark gekrümmt und in grossen Bogen verbunden sind, die nahe bis zum Rande reichen. Dieser ist nur auf der linken Seite ein Stück weit erhalten und dort bemerkt man an demselben mehrere runde, ziemlich tiefe Eindrücke, welche wohl nur von Drüsen oder Wärzchen herrühren können, die dort gestanden haben. Die beiden Blatthälften haben gleich viel Nerven und das Blatt war wahrscheinlich am Grund gleichseitig. Die Felder sind mit ziemlich stark vortretenden, theils durchgehenden, theils gablig getheilten Nervillen ausgefüllt und in den Felderchen bemerkt man ein sehr weitmaschiges Netzwerk. Die Hauptnerven sind für ein so grosses Blatt auffallend dünn und das Blatt war nicht lederig. Die Oberfläche ist hier und da äusserst feinkörnig.

Zu dieser Art gehören wahrscheinlich die auf Taf. XIII. Fig. 1—5 abgebildeten Blattfetzen. Bei Fig. 1, 2 und 3 sehen wir einen Theil des wellig gebogenen Randes.

Die systematische Stellung dieser Pflanze ist noch sehr zweifelhaft; es giebt Pflanzen sehr verschiedener Familien mit handnervigen, ähnlich gebildeten Blättern, ohne dass es mir gelungen ist einen in der Nervation genau zutreffenden Typus zu finden. Von den fossilen Blättern nähert es sich am meisten der Ficus tiliæfolia A. Br. sp., daher wir es vorläufig hier unterbringen. Es weicht davon namentlich durch die gleichseitige Basis, die gleiche Zahl von Hauptnerven in beiden Blatthälften und den mit Wärzchen besetzten Rand ab. — Bei einem Blattfetzen (Taf. XIII. Fig. 6) scheint auf einer Seite ein Nerv mehr zu sein und liesse nähert sich dar F. tiliæfolia noch mehr, und es ist mir noch zweifelhaft, ob er zur vorliegenden Art gehöre. Die untersten Nerven sind kurz, dem Rande sehr genähert und im Bogen mit einem Ast des obern Hauptnervs verbunden. Dieser hat weit auseinander stehende Secundarnerven. Das Zwischengeäder bildet grosse Maschen mit zum Theil durchgehenden Nervillen.

Die Grönländer Blätter, welche Gœppert als Dombeyopsis tiliæfolia u. grandifolia bestimmt hatte (Abhandl. der schlesisch. Gesellsch. 1861. S. 199), gehören zu Populus arctica.

Fünfte Familie. Plataneæ.

59. *Platanus aceroides* Gœpp. Taf. XII. Fig. 1—8. Taf. XLVII. Fig. 3.

Pl. foliis palmatifidis, trilobis, rarius subquinquelobis, lobo medio utrinque 2—4 dentato, lobis lateralibus magnis dentatis, dentibus inæqualibus, acutis; fructibus $6\frac{1}{2}$ Mill. longis, apice parum incrassatis.

Heer Flora tert. Helvet. II S. 71. Gœpperi Flora von Schossnitz. S. 21.

Atanekerdluk. (M'Clintock. Dr. Torell und Olrik)

Obige Diagnose ist auf die vollständigen Blätter und Früchte unserer Molasse gegründet. Aus Grönland sind mir zwar zahlreiche, doch keine vollständig erhaltenen Blätter zugekommen, stellen wir aber dieselben zusammen, erhalten wir eine deutliche Vorstellung von dieser Blattform, welche mit der Art der Molasse übereinstimmt und zwar die auf Taf. XII. dargestellten Blätter mit der Form, welche ich in meiner Flora der Schweiz II. S. 72 d. α. beschrieben und auf Taf. LXXXVIII. Fig. 13 abgebildet habe. Prof. Gœppert führt sie in der Flora von Schossnitz als Platanus Guillelmæ auf. Die Gattung Platanus wird für Grönland auch durch einen Blattstiel beurkundet, welcher dort gefunden wurde und an seinem Grund die charakteristische Knospenbildung der Platane zeigt (Taf. XII. Fig. 6. 7). Bei diesem Baume wird die Knospe von der Basis des Blattstieles dermassen umfasst, dass sie ganz in der Höhlung des Stieles steckt und erst gesehen wird, wenn das Blatt abgebrochen ist. Bei den Fig. 6. 7 abgebildeten Stücken haben wir den unten erweiterten Blattstiel mit der von ihm umschlossenen Knospe (Fig. 8 diese vergrössert).

Bei den Taf. XII. Fig. 2, 4 u. 5 abgebildeten Blättern haben wir zwei grosse gegenständige basiläre Hauptnerven, die aber ziemlich weit von der Basis abstehen, so dass noch für einen kurzen Seitennerv Raum entsteht, in gleicher Weise, wie dies bei dem oben erwähnten Blatt von Schrotzburg der Fall ist (Taf. LXXXVIII. Fig. 13), und in ähnlicher Weise auch bei den in den Blattstiel verschmälerten Formen der Platanenblätter,

die Willdenow Pl. cuneata genannt hat. Es ist dies eine Nervation, die an die Crednerien erinnert. Da die beiden starken gegenständigen Nerven höher oben angesetzt sind, erscheinen sie hier als Secundarnerven; der linke sendet bei Fig. 4 nach unten 5 Aeste nach dem Rande und läuft in eine Spitze aus; der Rand ist nicht erhalten und die Zähne, die ohne Zweifel hier standen, sind abgebrochen. Die weitern Nerven, welche vom Mittelnerv ausgehen, sind stark und die Felder von stark vortretenden, theils einfachen, theils gablig getheilten Nervillen durchzogen. Bei einem weitern Blattstück der Stockholmer Sammlung (Taf. XII. Fig. 2) haben wir wenigstens auf einer Seite die Blattbasis erhalten, welche in den Blattstiel verschmälert ist. Bei einem weitern Stück derselben Sammlung (Fig. 5) war sie dagegen wahrscheinlich gerundet; auf der rechten Seite sind ein paar Zähne erhalten; sie sind wie bei Platanus scharf und nach vorn gerichtet. Die Felder sind mit einem feinen polygonen Netzwerk ausgefüllt, das theilweise schön erhalten ist. Es stimmt dies Stück ganz zu dem von Gœppert in der Flora von Schossnitz Taf. XI. Fig. 4 a. (als Pl. rugosa) abgebildeten Blatt, nur dass ihm die Runzeln fehlen, welche ohne Zweifel dem Steine angehören.

Das Taf. XII. Fig. 3 abgebildete Blattstück ist eine Partie der Blattmitte, bei welcher neben den starken Secundarnerven noch mehrere abgekürzte von dem Mittelnerv ausgehen und durch ihre Verästelung weite Unterfelder bilden. Es muss dies ein grosses Blatt gewesen sein, Taf. XII. Fig. 1 a. giebt die Blattspitze. Die Zähne sind stark nach vorn gekrümmt, treten aber wenig hervor und stehen weit auseinander; ein paar derselben haben kleine Nebenzähne, in welche ein Tertiärnerv ausmündet.

Reste sehr grosser Platanenblätter von Atanekerdluk sind mir neuerdings von Kopenhagen zugekommen. Ein Stück (Taf. XLVII. Fig. 3) stellt den untern rechten Seitenlappen des Blattes dar und lässt auf ein Blatt schliessen, das wenigstens die Breite von 160 Mill. (also über 1/2 Par. Fuss) gehabt haben muss und seine Länge wird wenigstens ebenso viel betragen haben. Der starke seitliche Hauptnerv steigt etwas weniger steil in die Höhe als bei den in meiner Tertiärflora abgebildeten Blättern; verhält sich aber ganz so wie bei Fig. 3. Taf. IX. und Fig. 1. Taf. X. der Flora von Schossnitz, nur sendet auch der schwächere untere Seitennerv seine Aeste nach dem Rande aus, wie dies in ähnlicher Weise bei Taf. XI. Fig. 4 der Flora von Schossnitz der Fall ist, so dass wir diese Merkmale auch bei den in Schlesien gefundenen Platanenblättern treffen. Die Basis des Blattes ist nach oben verschoben, daher die auffallende Lage des Endzahnes. Diese Zähne sind gross und scharf und wie bei den lebenden Platanenblättern nach vorn gebogen.

Dritte Ordnung: Proteinae.

Erste Familie. Laurineae.

60. Daphnogene Kanii m. Taf. XIV. und Taf. XVI. Fig. 1.

D. foliis coriaceis, oblongis, latitudine quadruplo longioribus, integerrimis, trinerviis, nervis lateralibus acrodromis, apicem attingentibus; petiolo cylindrico, apice incrassato.

Atanekerdluk. (M'Clintock, Cap. Inglefield und Olrik.)

Auf einer stark eisenschüssigen, rothbraunen Steinplatte liegen drei Blattstücke beisammen; eines stellt die Basis dar (Taf. XIV. Fig. 2 a.), ein zweites (Fig. 2 b.) ein fast vollständiges Blatt mit verdeckter Blattspitze, ein drittes 58 Mill. breites Blatt läuft quer über den Stein (Fig. 2 c.). Auch auf der untern Seite dieser Platte liegt ein Blatt derselben Art (Fig. 5). Ueberdies bemerken wir auf derselben noch Blattstücke von Diospyros brachysepala, von Corylus Mac Quarrii (Taf. IX. Fig. 4) und von Phyllites membranaceus (Taf. XIX. Fig. 9). Auf noch bedeutend grössere Blätter lässt das Taf. XVI. Fig. 1 abgebildete Blattstück schliessen. Es hat eine Breite von 68 Mill. und muss in der Mitte eine Breite von 76 Mill. gehabt haben. Vervollständigen wir das Taf. XIV. Fig. 2 a. b. dargestellte Blatt, wie dies in Taf. XIV. Fig. 1 geschehen ist, ersehen wir, dass dieses bei circa 50 Mill. Breite eine Länge von 200 Mill. hatte, also viermal länger als breit war; beim selben Längenverhältniss erhalten wir für das Taf. XVI. Fig. 1 abgebildete Blatt eine Länge von 304 Mill., so dass diese Blätter mit dem Stiel mehr als Einen Fuss Länge erreicht haben.

Es müssen diese merkwürdigen Blätter eine derb lederartige Beschaffenheit gehabt haben. Es geht dieses ebensowohl aus ihrem feinern Adernetz, wie der dick aufgetragenen Blattsubstanz hervor. Es muss daher unsere Art einen Baum oder Strauch mit sehr grossen immergrünen Blättern gebildet haben.

Diese Blätter sind ganzrandig und zwar wie es scheint bis zur Spitze hinaus, die freilich bei keinem Blatt erhalten ist. Doch reicht das Fig. 2 b. abgebildete Stück sehr wahrscheinlich bis nahe zur Spitze und zeigt uns, dass das Blatt nach vorn sich sehr allmälig verschmälert.

Die vorhin erwähnten Blattstücke sind in der Sammlung der Royal Society von Dublin und wurden

ihr von Sir Mac Clintock geschenkt; das Taf. XVI. Fig. 1 abgebildete aber befindet sich im Museum der geological Survey in London und wurde von Capitän Inglefield gesammelt. Es zeigt uns den Blattstiel und muss schon vor der Mitte eine Breite von 72 Mill., in der Mitte aber wahrscheinlich eine solche von 76 Mill. gehabt haben. — Von derselben Grösse muss auch ein Blatt der Kopenhagener Sammlung gewesen sein, von dem eine 140 Mill. lange, mittlere Partie erhalten ist.

Der Blattstiel ist bei dem Taf. XVI. Fig. 1 abgebildeten Blatt wenigstens theilweise, aber nur im Abdruck erhalten. Der erhaltene Theil hat 22 Mill. Länge, ist aber unten abgebrochen. Seine Breite beträgt nur 2 Mill., da wo er aber in die Blattfläche eingeht, ist er stark verdickt und bildet einen sehr tiefen Eindruck. Auch der Stiel hat einen tiefen Eindruck zurückgelassen und scheint cylindrisch gewesen zu sein. Die drei Hauptnerven entspringen von dem verdickten Ende des Stieles; alle drei sind von gleicher Stärke; sie sind sehr deutlich, doch schmal und laufen bis in die Blattspitze, so weit wenigstens diese erhalten ist (Fig. 2 b.). Sie nehmen nach vorn zu an Stärke wenig ab. Die Nervillen sind nicht durchgehend, sondern bilden zunächst zwei unregelmässige Reihen polygoner Felder, welche mit einem sehr feinen, aber deutlich vortretenden Netzwerk ausgefüllt sind; von den seitlichen Hauptnerven laufen Nervillen aus, welche vor dem Rand in flachen Bogen sich verbinden und auch Unterfelder umschliessen, die mit einem äusserst feinen, aber deutlich vortretenden Netzwerk ausgefüllt sind, wie dies besonders schön bei Fig. 4, Fig. 2 c. und 3 b. (zweimal vergrössert) abgebildeten Blattstücken zu sehen ist. Am Blattgrund (Fig. 2 a.) verlieren sich die Nervillen in diesem feinen Netzwerk, dafür bemerken wir aber eine Mittellinie, die jedes Längshauptfeld wieder in zwei Hälften theilt (Fig. 2 a. a., zweimal vergrössert). Bei dem Fig. 4 abgebildeten Blatt sind diese Mittellinien in den beiden mittlern Feldern nur am Grund angedeutet, bei den Randfeldern aber deutlicher und weiter nach vorn reichend.

Die lederartige Beschaffenheit des Blattes, seine Ganzrandigkeit, seine drei Hauptnerven und das feine Netzwerk, welches die Felder ausfüllt, erinnern lebhaft an die Blätter von Cinnamomum, namentlich an C. Rossmässleri (Heer Flora tert. Helvet. II. Taf. XCIII. Fig. 2—4. 15. 17); es weicht aber von Cinnamomum durch die Anschwellung des Blattstiels an seiner Insertionsstelle ins Blatt, wie durch den Umstand ab, dass in den mittlern Hauptfeldern keine durchgehenden Nervillen sind, und durch die Mittellinien, die am Blattgrunde die Hauptfelder durchziehen. Noch mehr weichen aber diese Blätter von denen der Melastomaceen und Myrtaceen ab; bei den letztern (und zwar auch bei Myrtus caespitosa und tomentosa, die ähnliche folia ciplinervia besitzen) haben wir einen Saumnerv, bei erstern meist dicht stehende, durchlaufende Nervillen; von Cocculus (von denen C. laurifolius in Betracht kommen kann) unterscheiden sich unsere Blätter durch das viel feinere Netzwerk, das die Unterfelder ausfüllt. Da das Blatt in der Mehrzahl der Merkmale mit Cinnamomum stimmt, gehört es sehr wahrscheinlich in die Familie der Laurineen, wofür namentlich das orbeerartige feinere Netzwerk spricht, und wird am zweckmässigsten zu Daphnogene gestellt, welche Sammelgattung die lederartigen, dreinervigen Blätter dieser Familie einschliesst, welche noch in keine bestimmte Gattung eingereiht werden können.

Ein ähnliches Blatt wurde in den Sandsteinen von Van Couver entdeckt, welches L. Lesquereux zu Cinnamomum (C. crassipes) gebracht hat.

Dem Andenken des Dr. Elisha Kent Kane, welcher mit bewundernswerther Energie die arctischen Regionen durchforscht hat, gewidmet.

Zweite Familie. Proteaceæ.

61. Hakea (?) arctica m. Taf. XV. Fig. 5. 6.

H. foliis coriaceis, ellipticis, integerrimis, quinquenerviis, nervis acrodromis.

Atanekerdluk, ein Blatt im selben Stein mit Mac Clintockia dentata.

Ein lederartiges, stielloses, elliptisches Blatt, welches gegen den Grund zu verschmälert ist. Von dort gehen fünf gleich starke Längsnerven aus; wir haben also neben dem Mittelnerv jederseits zwei in Bogen zur Spitze verlaufende Längsnerven. Von ihnen gehen, in zum Theil sehr spitzigen Winkeln, zartere Nervillen aus, von denen einige steil ansteigend sich mit dem benachbarten Längsnerv verbinden, andere aber sich verästeln und ein weites, unregelmässiges Maschenwerk bilden, welches mit keinem feinern Netzwerk ausgefüllt ist. Diese Nervatur ist wohl erhalten bei dem Fig. 5 abgebildeten Blatte, wogegen sie bei dem Fig. 6 dargestellten Blatt, das in einem grobkörnigen, sandigen Stein liegt, verwischt ist. Dieses giebt aber den Umriss vollständiger und zeigt uns, dass der Rand ungezahnt ist. Zwar fehlt die äusserste Spitze; es ist aber nicht wahrscheinlich, dass dort noch Zähne gewesen seien.

Es hat dies Blatt in Form und Nervation so grosse Aehnlichkeit mit dem der australischen Hakea latifolia, dass es mit vieler Wahrscheinlichkeit dieser Gattung zugetheilt werden darf. Fossile Blätter mit ähnlicher Nervation haben C. von Ettingshausen und Graf Saporta nachgewiesen und als Hakea stenocarpifolia Ett., H. plurinervia Ett. und H. redux Sap. beschrieben.

Von Populus arctica zizyphoides unterscheidet sich das Blatt durch die Nervation. Auch hat Populus immer lang gestielte Blätter.

Mac Clintockia m.

Folia coriacea, petiolata, apice plerumque dentata, nervis longitudinalibus 3—7, acrodromis, areis evidenter reticulatis.

Lederartige Blätter, bei denen 3—7 gleichstarke Längsnerven vom verschmälerten Blattgrund ausgehen und gegen die Blattspitze laufen. Die Felder sind durch Nervillen in Unterfelder abgetheilt, welche m't einem zwar sehr feinen, aber deutlich hervortretenden Netzwerk ausgefüllt sind.

Eine ähnliche Nervation kommt bei den Blättern mancher Proteaceen und bei den Phyllodien der Acacien vor [1]). Bei der Acacia laurifolia W., A. melanoxylon, A. Cyclopis, A. longifolia u. a. m. haben die Phyllodien auch eine ganz ähnliche Form. Sie sind stiellos, gegen die Basis allmälig verschmälert, auch von mehreren schmalen, aber scharf vortretenden, gleich starken und spitzläufigen Längsnerven durchzogen. Die Felder sind in ganz ähnlicher Weise in Unterfelder abgetheilt und diese mit einem deutlichen Netzwerk ausgefüllt. Auch sind diese Phyllodien öfter (so bei A. laurifolia W.) etwas sichelförmig gekrümmt, wie wir dies bei Mac Clintockia Lyallii und trinervis zuweilen wahrnehmen. Es weichen aber die fossilen Blätter von diesen Phyllodien in drei wesentlichen Puncten ab; erstens sind sie vorn gezahnt, was bei den Phyllodien der Acacien meines Wissens nie der Fall ist; zweitens besteht das feinere Netzwerk aus kürzern, polygonen Zellen (Fig. 2 b. 4 b.). Bei den Phyllodien sind diese Zellen in die Länge gezogen und fast parallelseitig (cf. Fig. 13, wo ein Blattstück von Acacia laurifolia zweimal vergrössert ist), was dem feinern Netzwerk ein anderes Aussehen giebt als es die fossilen Blätter zeigen, und drittens sind sie (wenigstens bei M'Clintockia Lyallii) lang gestielt.

Unter den Proteaceen begegnen uns bei Grevillea (so der Gr. sapida), Protea (Pr. glabra) und Hakea Blätter mit ähnlicher Nervation, namentlich kommen die Hakeen in Betracht, so Hakea latifolia (Fig. 14 vergrössert), H. oleifolia, H. dactyloides und H. elliptica R. Br. und unter den fossilen Arten die oben erwähnten Pflanzen. Die lederartige Beschaffenheit des Blattes, die Art, wie es gegen den Grund sich verschmälert, die acrodromen Längsnerven stimmen wohl zu dieser Gattung, bei welcher ganzrandige und gezahnte Blätter vorkommen (so bei H. obliqua und cristata). Sie weichen aber von diesen Hakeablättern durch den Stiel und die feinere Nervation ab, indem die Felder bei Hakea nicht mit einem solchen feinen, polygonen Netzwerk ausgefüllt sind. Es können daher diese Blätter nicht zu Hakea gehören, anderseits finden wir ein ganz ähnliches feineres Maschenwerk bei Banksia, Dryandra und andern Proteaceen, die aber nur einen Hauptnerv haben, daher die Bildung des feinern Netzwerkes die Proteaceen nicht ausschliesst. Es scheint mir daher wahrscheinlich, dass diese Blätter einen eigenthümlichen ausgestorbenen Gattungstypus in der Familie der Proteaceen bilden, auf welchen ich den Namen des um die arctische Geographie und Naturgeschichte hochverdienten Sir Leopold Mac Clintock (gegenwärtig in der Admiralität in Jamaica) übertragen habe. Es bilden jedenfalls diese Blätter einen eigenthümlichen, anderseits noch nicht aufgefundenen fossilen Pflanzentypus, dessen Stellung im Systeme erst durch Auffindung anderweitiger Organe endgiltig bestimmt werden kann.

---

[1]) Blätter mit mehreren parallelen oder bogenförmigen, spitzläufigen und gleich starken Hauptnerven sind bei den Monocotyledonen sehr häufig, selten dagegen bei den Dicotyledonen, zu welchen obige unzweifelhaft gehören. Ausser bei Proteaceen und Acacien finden wir solche auch bei Synantheren (Bacharis), Epacrideen (Leucopogon), Gentianeen, Rubineeen, Rhamneen (Colletia), Myrtaceen, Loranthceen und Plantagineen. Eine sorgfältige Vergleichung aller mir zugänglichen Formen, zeigte aber bei den diesen Familien so wesentliche Unterschiede, dass keine mit unsern fossilen Blättern verglichen werden können. Am ähnlichsten noch sind unter denselben die Blätter mancher Plantagineen (so von Plantago lanceolata und Lagopus), die aber durch die zartere Beschaffenheit und den breiten Blattstiel, in welchen sie allmälig verschmälert sind, sehr abweichen und einen andern Blatttypus darstellen. Bei Viscum (bei unserm V. album L. wie bei den indischen Arten, so bei V. falcatum) haben wir ähnliche spitzläufige Längsnerven, aber ein ganz anderes Zwischengeäder.

Proteaceen. 115

62. Mac Clintockia dentata m. Taf. XV. Fig. 3. 4.

M. follis coriaceis, ellipticis, apice dentatis, nervis acrodromis septem, tenuibus.
Atanekerdluk; mehrere Blätter; eines auf demselben Stein mit Sequoia Langsdorfii, Populus arctica und Hakea arctica. (Dublin. Kopenhagen.)

Die Blattbasis fehlt, dagegen ist die ganze übrige Partie wohl erhalten. Es ist dies Blatt von der Mitte aus, sowohl nach vorn wie gegen den Grund zu allmälig verschmälert und vorn in eine Spitze auslaufend. Am Grund war es ganzrandig, in der vordern Hälfte und bis zur Spitze aber grob gezahnt. Die Zähne sind lang, nach vorn gerichtet, stumpf, einige aber mit einer etwas gekrümmten Spitze versehen (Fig. 4 c.). Das Adernetz tritt bei den Fig. 3 u. 4 abgebildeten Blattstücken sehr deutlich hervor und ist ausgezeichnet. Bei dem vollständigsten Stück (Fig. 4) erblicken wir 7, fast parallele Hauptnerven, von denen die 5 mittlern von gleicher Stärke sind, nur die äussersten sind schwächer und in weniger gerader Linie verlaufend, so dass sie mehr nur als die mit dem Rand parallelen Bogen der Secundarnerven erscheinen. Drei laufen bis zur Spitze. Die Felder zwischen diesen Längsnerven sind mit einem deutlich vortretenden, polygonen Netzwerk ausgefüllt. Das feine Netzwerk liegt zunächst in grössern Unterfeldern, welche durch etwas stärkere Nervillen begrenzt werden (Fig. 4 b.). Diese sind, nur schwach aufsteigend, theils durchlaufend, theils gebrochen, aber nur sehr wenig über das feinere Netzwerk hervortretend. Die zarten Nerven, welche in die Zähne auslaufen, entspringen aus den Bogen der Felder (Fig. 3 b.). Das Blatt hat eine Breite von 41 Mill. und erreichte wahrscheinlich circa 90 Mill. Länge.

63. Mac Clintockia Lyallii m. Taf. XV. Fig. 1 a. 2. XVI. Fig. 7 a. b. XVII. Fig. 2 a. b. XLVII. Fig. 13. Taf. XLVIII. Fig. 8.

M. follis longe petiolatis, coriaceis, lanceolatis, integerrimis vel modo apice denticulatis, nervis acrodromis tenuibus 5—7.
Phyllites Lyallii Heer Vierteljahrschrift der zürch. naturforsch. Gesellschaft. 1862. S. 5.
Atanekerdluk häufig. (Dublin. Kopenhagen.)

Hat die Nervatur der vorigen Art, ist aber am Grund mehr verschmälert und bis gegen die Spitze ganzrandig. Nur vor der Spitze finden sich zuweilen ein paar kleine, wenig vortretende Zähne. Das Blatt hat einen scharf abgesetzten, dünnen, langen Stiel (Taf. XLVII. 13. und XLVIII. 8), der cylindrisch gewesen zu sein scheint. Es ist in der Mitte am breitesten und gegen beide Enden hin gleichmässig verschmälert und vorn zugespitzt (Taf. XV. 2). Es ist von 5—7 gleich starken Längsnerven durchzogen, welche von der Basis bis nach vorn und die mittlern bis in die Blattspitze reichen. Sie sind überall von selber Dicke und erscheinen als ganz schmale, aber scharfe Längslinien. In der Mitte des Blattes treten sie weiter auseinander. Am Blattgrund bemerken wir zwischen denselben meistens je zwei Reihen polygoner Zellen, weiter oben je vier und noch weiter oben findet eine noch weitere Vermehrung der Zellen, welche die Zwischenfelder füllen, statt. Hier sind die Zellen, welche das Netzwerk bilden, weniger regelmässig angeordnet, indem von den Hauptnerven Nervillen ausgehen, die ein etwas stärker vortretendes Netzwerk bilden, in welches zartere Zellen eingelagert sind (Taf. XV. Fig. 2 b. ein Blattstück, zweimal vergrössert). Von nahe dem Blattgrund bis über die Mitte hinaus haben wir zwischen je zwei Hauptnerven öfter einen zartern Zwischennerv, zu dessen Seite je zwei, tiefer unten je eine Zeilenreihe sich findet. Diese polygonen, sehr deutlich vortretenden Zellen, welche das Maschenwerk ausfüllen und gleichmässig über das ganze Blatt vom Grund bis zur Spitze sich verbreiten, geben dem Blatt ein lederartiges Aussehen.

Diese Blätter sind öfter etwas sichelförmig gebogen, indem die linke Randlinie einen stärkern Bogen bildet als die rechte (Taf. XV. 2). Die Stiele sind selten erhalten und vollständig nur bei einem Blatt der Kopenhagener Sammlung (Taf. XLVIII. 8). Es haben diese Blätter durchschnittlich eine Länge von 100 Mill., es giebt aber welche, die nach ihrer Breite zu urtheilen fast doppelt so lang waren.

64. Mac Clintockia trinervis m. Taf. XV. Fig. 7. 8. 9.

M. foliis coriaceis, lanceolatis, basi attenuatis integerrimis, apice dentatis, triplinerviis.
Atanekerdluk, mit Populus Gaudini. (Lieut Colomb.)

An dem Fig. 7 abgebildeten Blattstücke fehlt die Spitze und Basis. Es hatte offenbar lederige Beschaffenheit und war etwas sichelförmig gekrümmt. Es ist gegen die Basis zu sehr allmälig verschmälert. Am Grund und bis weit nach vorn ganzrandig, vorn aber am Rande mit einigen scharfen, nach vorn gekrümmten Zähnen versehen. Eine sorgfältige Untersuchung hat mich überzeugt, dass dies wirkliche Zähne seien, in welchen ein feiner Nerv ausläuft (cf. Fig. 7 b., wo ein solcher vergrössert ist). Die drei Hauptrippen, welche das Blatt der ganzen Länge nach durchziehen, sind von gleicher Stärke, sehr schmal, obgleich scharf ausgesprochen. Die Felder dazwischen sind zunächst durch feine Nervillen in polygone, ziemlich grosse

Unterfelder abgetheilt. Die Unterfelder zwischen der mittlern und den beiden seitlichen Rippen stehen in der mittlern Partie in zwei Reihen, in der untern aber lösen sie sich in das feine Netzwerk auf. Von den beiden seitlichen Hauptnerven laufen nach aussen zarte Nervillen, die vom Rand ziemlich weit entfernt flache Bogen bilden und ziemlich grosse Unterfelder einschliessen, zwischen welchen und dem Rande undeutliche und ins Netzwerk sich auflösende kleine Felder stehen. Alle diese Unterfelder sind mit einem deutlich vortretenden Netzwerk ausgefüllt, welches aus ziemlich grossen, mit blossem Auge leicht wahrnehmbaren, polygonen Zellen besteht.

Der Taf. XV. Fig. 9 abgebildete Blattrest stellt wahrscheinlich die Spitze eines Blattes derselben Art dar. Der Rand ist mit grossen, vorwärts geneigten, durch stumpfe Buchten von einander getrennten Zähnen besetzt. Kleinere Zähne hat ein anderes Stück (der Stockholmer Sammlung Fig. 9 b.), das auch die Blattspitze darstellt.

In Fig. 8 habe ich das Blatt zu vervollständigen gesucht. Es weicht diese Art zwar in Form und Nervation des Blattes bedeutend von den beiden vorigen ab, scheint aber doch zur selben Gattung zu gehören. Durch seine drei Hauptnerven ähnelt es der Daphnogene Kanii, unterscheidet sich aber sogleich durch seine Bezahnung. In der Form erinnert es lebhaft an Cocculus laurifolius, von dem es aber durch seine Bezahnung und feinere Nervation abweicht.

Zweite Cohorte. Gamopetalæ.

Erste Ordnung: Bicornes.

Erste Familie. Ericaceæ. Don.

65. Andromeda protogæa Ung. Taf. XVII. Fig. 5 c. 6.

A. foliis coriaceis, lanceolatis, utrinque attenuatis, integerrimis, longe petiolatis, nervo primario valido, secundariis tenuissimis, valde curvatis, arcis æqualiter, subtilissimo reticulatis.

Unger Flora von Sotzka. Taf. XXIII. Fig. 2. Heer Flora tert. Helvet. III. S. 8.

Atanekerdluk, ein vollständiges Blatt auf der grossen Platte, Taf. XVII. Fig. 5 c, unvollständigere Stücke auf Taf. XV. Fig. 6.

Stimmt sehr wohl zu den Blättern der Schweizer-Molasse (vgl. besonders Taf. CI. Fig. 26 c. d. der Schweizer-Flora). Bei diesen haben wir zarte Secundarnerven und ein feines Netzwerk, welches die Felder ausfüllt. Von den Blättern von Sotzka, welche Unger beschrieben und abgebildet hat, zeigt eines in der Abbildung ebenfalls deutliche Secundarnerven (Unger Sotzka. Taf. XXIII. Fig. 2) und dieses gehört wohl mit unsern Blättern zusammen; bei den andern von Unger dargestellten Blättern sieht man dagegen nichts von solchen Secundarnerven. Bei einem Blatt, das mir von Sotzka zukam, ist die ganze Blattfläche vom Mittelnerv bis zum Rande mit einem feinen, fast gleichmässigen Netzwerk überzogen, dessen Nervillen stark nach vorn gebogen sind; es treten aber aus diesem Netzwerk keine Secundarnerven hervor. Diese Blätter stimmen mit der Andromeda narbonensis Saporta von Armissan überein (annales des sciences naturelles. III. 1866. S. 290), von welcher Saporta die Blüthen und Fruchtstände nachgewiesen hat. Hierher gehört wohl auch die A. protogæa Etting. Hæring. Taf. 22. Fig. 1—8, während die Andromeda von Tallya (A. Weberi Ettingshausen Flora von Tokay. Taf. II. Fig. 1) die Nervation unserer A. protogæa hat. Bei den von Massalongo von Senegaglia abgebildeten Blättern (Flora fossile Senegalliesi. S. 297. Taf. XXXIV. 3. 6) treten die Secundarnerven und das Zwischengeäder so stark hervor, dass diese Art noch zweifelhaft bleibt.

Die Grönländer Blätter sind derb lederartig, nach beiden Enden gleichmässig verschmälert. Sie haben lange Blattstiele (Fig. 6) und einen starken Mittelnerv, aber ungemein zarte, bogenläufige Secundarnerven (die in der Zeichnung Fig. 5 c. zu stark angegeben sind) und ein gleichmässiges Netzwerk, das aus sehr kleinen polygonen Zellen gebildet ist (cf. Fig. 5 c. e., wo ein Blattstück vergrössert). Die Felder zwischen den Secundarnerven sind ganz von diesem zarten Netzwerk ausgefüllt, ohne dass an demselben stärkere Nerven hervortreten.

66. Andromeda denticulata m. Taf. L. Fig. 11 d. e.

A. foliis coriaceis, lanceolatis, utrinque acuminatis, apice denticulatis, tenuissime reticulato-venosis, nervis secundariis obsoletis, in areolas subtilissimas solutis.

Atanekerdluk. (Olrik. 1861.) Auf demselben Stein mit Thujopsis europæa, Sequoia Langsdorfii, Populus arctica und Mac Clintockia.

Ein zierliches, lederartiges Blättchen, das vorn in eine lange, scharfe Spitze ausgezogen und am Grund auch stark verschmälert ist. Es ist bis zu $2/3$ Länge ganzrandig, vorn aber mit sehr kleinen, doch scharfen

Zähnchen besetzt. Der Mittelnerv ist sehr schmal, tritt aber doch scharf hervor, von demselben gehen in Bogenlinien äusserst zarte Secundarnerven aus, die sich bald in dem zierlichen, feinen Netzwerk verlieren, das ganz gleichmässig das ganze Blatt überzieht. Hat ganz die Form und auch Nervation der A. protogæa (Taf. XVII. Fig. 5 c.), unterscheidet sich aber durch die Bezahnung. Gehört wahrscheinlich in die Gruppe Leucothöe Don.

67. *Andromeda Saportana* m. Taf. XVII. Fig. 7.

A. foliis coriaceis, lineari-lanceolatis, basi attenuatis, integerrimis, nervatione dictyodroma, nervillis reticulatis, valde conspicuis.

Atanekerdluk. (Dr. Torell.) Auf demselben Stein mit Sequoia Langsdorfii, Taxites Olriki, Populus arctica, Diospyros brachysepala und Phragmites œningensis.

Spitze und Basis fehlen, dagegen ist die Nervation sehr schön erhalten. Die Blattseiten sind zuerst parallel, gegen den Grund zu aber allmälig verschmälert und ganzrandig. Der Mittelnerv ist zwar schmal, tritt aber scharf hervor; die Secundarnerven treten fast in einem rechten Winkel aus demselben, sind dann aber stark nach vorn gekrümmt und treten kaum merklich aus dem übrigen Netzwerk hervor. Dieses besteht aus polygonen Zellen, welche die ganze Blattfläche mit einem sehr stark vortretenden Netzwerk überziehen. (Taf. XVII. Fig. 7 b. ein Blattstück vergrössert).

Steht der vorigen Art sehr nahe, ist aber durch das in der Mitte parallelseitige Blatt und das viel stärker vortretende Netzwerk von dieser wie von den zahlreichen von G. v. Saporta beschriebenen Arten verschieden. In der Blattform stimmt es ganz zu Andromeda reticulata Ett. (Hæring. S. 65. Taf. XXII. Fig. 9, Heer Lignit of Bovey Tracey. S. 49. Taf. XVII. Fig. 10 u. 11, und Hampstead plants proced. of the geol. soc. 1862. S. 373. Pl. XVIII. Fig. 12. 13), diese hat aber ein viel feineres Netzwerk, das nur mit der Lupe gesehen wird. Vielleicht stellen aber diese Stücke die Blattoberseite, das Grönländer-Blatt aber die Unterseite dar, so dass sie doch zusammengehören. Vor der Hand aber müssen wir sie getrennt aufführen.

Zweite Ordnung: Styracinae.
Erste Familie. Ebenaceæ.

68. *Diospyros brachysepala* A. Br. Taf. XV. Fig. 10—12. XVII. 5 h. i. XLVII. 5—7.

D. foliis petiolatis, ellipticis utrinque attenuatis, integerrimis, nervis secundariis alternantibus, remotiusculis, sub angulo acuto egredientibus, curvatis, ramosis.
Heer Flora tert. Helv. III. S. 11.

Zwei schöne Blätter sind auf der Rückseite der blattreichen grossen Platte von Atanekerdluk (Taf. XVII. Fig. 5 h. i.); zwei andere auf der Platte mit Juglans, Rhamnus, Fagus, Planera (Taf. XV. Fig. 11). Dazu kommen noch mehrere vereinzelte Blätter der Duallner und Stockholmer Sammlung, daher diese Art nicht selten gewesen ist.

Das Blatt ist ganzrandig; am Blattstiel verschmälert. Vom Mittelnerv gehen in etwa halbrechten Winkeln in ziemlich weiten Abständen starke Secundarnerven aus, die gegen den Rand zu starke Bogen bilden und sich dort verbinden. Bei einem Blatt (Taf. XV. Fig. 10) sind die zwei untersten Seitennerven gegenständig, während die andern alternirend sind. Die Nervillen sind zart und meist gablig getheilt und erzeugen ein weitmaschiges Netzwerk. Durch dieses, wie die bogenläufigen Secundarnerven kann man diese Blätter leicht von den Buchenblättern unterscheiden.

Stimmt sehr wohl mit den Blättern von Oeningen und unserer Molasse überein. Da bei einem Blattstück die untersten Seitennerven gegenständig sind wie bei Diospyros lancifolia Lesquer. (Heer Pflanzen von Vancouver und britisch Columbien. S. 8) schliesst sich letztere noch näher an unsere Art an und ist wohl kaum davon zu trennen.

Var. b.) *longifolia*. Heer Flora tert. Helvet. III. S. 12.

Auch die schmalblättrige Form dieses Blattes mit vorn länger ausgezogener Spitze kommt in Grönland vor (Taf. XV. Fig. 12), wie in der Schweizer-Molasse.

Zu dieser Art gehört sehr wahrscheinlich der Taf. XLVI. Fig. 11 und Taf. XLVII. Fig. 6, vergrössert 6 b. abgebildete Blumenkelch. Er ist wie bei Diosp. Lotus in vier Lappen gespalten, welche von derselben Grösse sind, wie bei dieser lebenden Art. Sie sind lederartig, vorn stumpf zugerundet; in der Mitte bemerken wir den Ring, an welchem die Krone befestigt war. Dieser Kelch vergrössert sich mit der Frucht und umgiebt dieselbe. Von diesem Fruchtkelch hat sich die Basis erhalten (Taf. XLVII. Fig. 7); wir bemerken die vertiefte Partie, welche die Frucht umgeben und den vortretenden Ring, der sie getragen hat. Von den Kelchlappen aber sind nur einzelne Reste erhalten, die aber zum Fruchtkelch von D. brachy-

epala stimmen (cf. Flora tert. Helv. Taf. CII. 12). Die Frucht selbst haben wir, von mehreren Blättern
es Diospyros umgeben, bei Fig. 4 b., vergrössert Fig. 5. Man sieht 7 Samen, die in einen Kreis gestellt sind.
Sie haben ganz dieselbe Stellung wie die 8 Samen von Diospyros Lotus L. Das Fruchtfleisch ist zerstört und
o sind die Samen durch breite Furchen von einander getrennt. Es muss daher die Beere vom Schlamm
umhüllt worden sein, weil sonst die Samen auseinandergefallen wären. Diese Samen sind platt, wie bei
). Lotus. Eine ähnliche Diospyrosfrucht mit Samen hat Unger als D. Zollikoferi beschrieben (Sylloge plan-
arum. S. 27. Taf. IX. Fig. 6). Auch Fig. 5 f. gehört wahrscheinlich hierher. Es sind 12 Körperchen (Samen)
 einen Kreis gestellt, schliessen aber fest aneinander an, wie die Carpellen einer Malva. Bei Fig. 5 g.
egen zwei Früchte nahe beisammen. Sie sind kuglicht und haben die Grösse und Form der Früchte des
Diospyros Lotus L. Bei der Frucht rechts sind zwei Samen herausgefallen, ihre Höhlen aber sind zu sehen.
Die andere liegt neben einem Zweigstück; ob die Rinde, die sie hier und da deckt, vom Kelch herrühre,
st nicht zu ermitteln.

69. Diospyros Loveni m. Taf. VII. Fig. 7. 8. XLVII. Fig. 8.

D. foliis firmis, coriaceis, integerrimis, nervis secundariis remotis, sub angulo acuto egredientibus, valde camptodromis, ramosis, areis argute reticulatis.

Atanekerdluk; ein Blatt auf demselben Stein mit Quercus furcinervis und Olafseni. (Stockholm Kopenhagen.)

Es ist dies Blatt ausgezeichnet durch das zierliche, feine Netzwerk, das sehr scharf hervortritt, so
dass es von blossem Auge leicht gesehen wird. Es besteht aus gleich grossen polygonen Zellen, welche die
Felder ganz ausfüllen, die von den Verästelungen der Secundarnerven gebildet werden (Fig. 7 d. ein Blattstück vergrössert). Die Secundarnerven entspringen in einem halbrechten Winkel und theilen sich in Aeste,
welche in grossen Bogen sich verbinden, die vom Rande ziemlich weit entfernt sind. Basis und Spitze des
Blattes ist nicht erhalten, doch macht Fig. 8 es wahrscheinlich, dass das grosse Blatt vorn zugespitzt und
ohl elliptisch war. Der Seitenrand ist ungezahnt. Es ist das Blatt lederartig gewesen, wie bei den tropischen Diospyros-Arten. Bei dem Blatt der Kopenhagener Sammlung (Taf. XLVII. Fig. 8) ist der Rand wellig
gebogen. Die Nervatur ist ganz wie bei den vorigen Blättern.

Dritte Ordnung: Contortae.

Erste Familie. Gentianeae.

70: Menyanthes arctica m. Taf. XVI. Fig. 2. 3.

M. foliolis integerrimis, nervo primario striato, nervis secundariis decurrentibus, ramosis.

Atanekerdluk, auf demselben Stein mit Populus Gaudini. (Colomb.)

Fig. 2 stellt ein unvollständig erhaltenes Blatt dar, das mit den Seitenblättchen von Menyanthes in der
ungleichseitigen, verschmälerten Basis, in dem flachen Mittelnerv und den an denselben herablaufenden
Secundarnerven übereinstimmt.

Das Blatt ist gegen den Grund allmälig verschmälert, ganzrandig, mit ganz flacher Mittelrippe, in ihr
bemerken wir drei Längsstreifen und feine Queräderchen (Fig. 2 b.). Die Seitennerven sind zart, am Grund
in Mittelnerv herablaufend, stark nach vorn gerichtet und vorn in Bogen verbunden. Ebenso sind ihre
jenigen, sehr zarten Aeste in starken Bogen verbunden. Das feinere Adernetz, welches bei Menyanthes sehr
eigenthümlich ist, ist leider nicht erhalten. Die eine Blatthälfte ist am Grund viel schmäler als die andere.

Ein zweites Blattstück (Fig 3 a.) stellt wahrscheinlich das mittlere Blättchen dar mit dem Blattstiel,
er auch deutliche Längsstreifen zeigt. Der Mittelnerv ist ganz flach, die seitlichen sehr zart und verästelt.
Das ganze Blatt bestand wahrscheinlich aus drei Blättchen, von welchen das mittlere gestielt und gleich-
eitig, die beiden seitlichen aber sitzend und ungleichseitig waren.

Ob diese Art mit der Menyanthes tertiaria der Schweizer-Molasse zusammengehöre, ist zur Zeit nicht
öglich zu entscheiden, da wir von dieser Art nur die Samen kennen.

Zweite Familie. Oleaceae.

71. Fraxinus denticulata m. Taf. XVI. Fig. 4.

Fr. foliolis ellipticis, sparsim denticulatis, basi attenuatis, sessilibus.

Atanekerdluk. In einem sandigen Stein mit Mac Clintockia Lyallii, Hedra Mac Clurii und Corylus M'Quarrii (Cap. Inglefield.)

Ein einzelnes ungestieltes Blättchen, welches wahrscheinlich als Fieder eines zusammengesetzten, ge-
federten Blattes einer Esche zu betrachten ist. Es ähnelt den Blättchen der Fr. praedicta (Flora tert. Helv.
I. S. 22), ist aber am Grund verschmälert und am Rand nur mit wenigen kleinen Zähnen versehen.

Es ist das Blättchen nach beiden Enden gleichmässig verschmälert. Die Nervation sehr deutlich. Vom Mittelnerv entspringen wenige Secundarnerven in spitzen Winkeln, sind weit nach vorn gebogen und bilden nahe dem Rande Bogen, die sie mit den nächstfolgenden Nerven verbinden. Von den untern gehen einzelne Aeste aus, die in die Randzähnchen auslaufen. Die Felder sind von einem feinen Netzwerk ausgefüllt.

Das Blättchen ist kleiner als bei Fr. excelsior und stimmt in Grösse mit dem von Fr. oxyphylla M. Bieb. überein.

Vierte Ordnung: Rubiacinae.

Erste Familie. Rubiaceæ.

72. *Galium antiquum* m. Taf. XVII. Fig. 8, vergrössert 8 b.

G. fructibus sub-globosis, didymis, rugulosis.
Atanekerdluk. (Mus. Dublin)

Zwei fast kuglichte Nüsschen, welche durch eine gerade Mittelwand zusammenhangen, bilden die Frucht, welche 3½ Mill. breit und 2½ Mill. hoch ist. Sie sind ungemein fein runzlicht und weissgefärbt, während das umgebende Gestein eine braune Farbe hat. Es ist die Frucht so ähnlich der von Galium, namentlich dem Galium palustre L., dass sie sehr wahrscheinlich von einer nahe verwandten Pflanze herstammt.

Dritte Cohorte. Polypetalæ.

Erste Ordnung: Umbelliflorae.

Erste Familie. Araliaceæ Juss.

73. *Hedera Mac Clurii* m. Taf. XVII. Fig. 1 a. 2 c. 3. 4. 5 a.

H. foliis longe petiolatis, margine angulatis vel sinuatis, 5—7 nerviis, nervis valde ramosis.
Atanekerdluk. (Dublin. Kopenhagen.)

Es sind mir zwar nur unvollständige Blattstücke bekannt geworden, die wir aber zusammensetzen und daraus die Blattform ableiten können. Wir sehen aus dem Taf. XVII. Fig. 1 a. abgebildeten Blattrest, dass er einen langen, cylindrischen Stiel hatte. Die Basis ist bei diesem ausgerandet, während sie bei dem Blatte Taf. XVII. Fig. 5 a., das auf der Rückseite der grossen Platte (Taf. VIII.) sich findet, fast gerade gestutzt ist. Der durch eine gerade Linie bezeichnete linksseitige Rand deutet auf eine ähnliche Blattform, wie bei Hedera Helix L., nur dass die Ecken weniger hervorstehen. Auch die Nervation ist ähnlich. Wir bemerken nämlich fünf Hauptnerven, die nach beiden Seiten Aeste aussenden, welche in starken Bogen sich verbinden und so grössere Felder umschliessen.

Auch bei dem Blatte Fig. 1 a. haben wir fünf Hauptnerven, welche auseinanderlaufen, während bei dem Blatt Fig. 2 c. sieben solcher Hauptnerven zu sehen sind. Dieses Blatt ist am Grund stumpf zugerundet, die Seiten sind wellig gebogen, hatten aber so weit das Blatt erhalten ist keine hervorstehenden Zipfel. Die Längsnerven sind stark nach beiden Seiten verästelt. Dasselbe ist der Fall bei Blatt Fig. 3, das gegen den Grund etwas verschmälert ist, wie bei Blatt Fig. 4, das einen stark welligen Rand besessen hat und von ansehnlicher Grösse gewesen sein muss.

Das kleine, eiförmige, ganzrandige Blatt, das neben dem Blatt Fig. 1 a. bei b. liegt, gehört wahrscheinlich zu den obersten Zweigblättern, welche auch bei Hedera Helix L. diese Form annehmen. Die alternierenden Seitennerven sind in starken, vom Rand weit entfernten Bogen verbunden.

Ist unserm Epheu (H. Helix L.) sehr ähnlich, von demselben aber durch die nicht gelappten Blätter verschieden. Dadurch unterscheidet sich die nordische Art auch von der H. Kargii Oeningens, während sie in dieser Beziehung an die H. Strozzii Gaud. (feuilles fossiles de la Toscana. I. S. 37. Taf. XII. Fig. 1. 2.) sich anschliesst, von der sie aber durch die etwas andere Verästelung der Hauptnerven abweicht.

Von Populus arctica unterscheiden sich diese Blätter durch die nach beiden Seiten Aeste aussendenden Hauptnerven und die Richtung derselben.

74. *Cornus ferox* Ung. Taf. L. Fig. 8.

C. foliis ovatis, integerrimis penninerviis, nervis secundariis sparsis, simplicissimis, valde curvatis.
Unger Sylloge plant. foss. S. 76. Taf. XXIV. Fig. 21.
Atanekerdluk. (Olrik.)

Es sind drei Blattstücke in der Kopenhagener Sammlung, doch ist keines vollständig erhalten. Die einfachen, stark nach vorn gebogenen Seitennerven sind ganz wie bei Cornus, die untersten sind gegenständig, die obern alternierend, es sind nur wenige vorhanden, wodurch die Art von den Cornus-Blättern

der Schweizer-Molasse abweicht, aber mit einem von Unger von Parschlug abgebildeten Blatte übereinstimmt, das indessen kleiner ist und dem die Spitze auch fehlt. Scheint in die Gruppe von Cornus sanguinea L. und alba zu gehören.

Zweite Familie. Ampelideæ.

75. Vitis Olriki m. Taf. XLVIII. Fig. 1.

V. foliis basi cordatis, indivisis, acute dentatis, apice acuminatis.

Atanekerdluk. (Olrik. 1866.)

Ein prachtvolles, bis in die Spitze hinaus erhaltenes Blatt, das mit Zweigen von Sequoia und dem Blatt der Juglans Strozziana in einer grossen Steinplatte liegt, und durch seine Nervation, seine Form und Bezahnung das Weinlaub nicht verkennen lässt. Es ist am Grunde tief herzförmig ausgerandet mit gerundeten Seiten, vorn verschmälert und in eine scharfe Spitze auslaufend. Die Seiten sind nicht gelappt, doch stehen die den Hauptnerven entsprechenden Zähne etwas mehr hervor, überhaupt sind die Zähne, mit welchen der ganze Rand besetzt ist, ungleich gross, indem die der Tertiärnerven kleiner sind als die übrigen. Sie sind übrigens scharf, etwas nach vorn gebogen und nicht stark vortretend. Von der Blattbasis gehen fünf Hauptnerven aus, die zwar scharf ausgesprochen, doch sehr schmal sind. Die zwei untersten senden mehrere Aeste aus, von denen einer fast von der Basis entspringt und drei in die Zähne auslaufende Tertiärnerven besitzt; auch die zwei obern seitlichen Hauptnerven haben lange und aussen sich weiter verästelnde Secundarnerven; vom mittlern Hauptnerv entspringen zunächst gegenständige, dann alternierende Secundarnerven, von denen die untern sich aussen wieder verästeln, während die obern einfach bleiben. Alle sind randläufig. Die Nervillen sind theils durchgehend, theils gablig getheilt und sind grossentheils wohl erhalten. Das Blatt muss dünnhäutig gewesen sein.

Schon früher erhielt ich aus Grönland den Abdruck eines Körperchens (Taf. XLVIII. Fig. 1. b., vergrössert c.), das erst jetzt, nachdem auch die Blätter aufgefunden, als Weinkern gedeutet werden darf. Es ist kurz eiförmig, am Grund in eine schmale Spitze ausgezogen, 6. Mill. lang bei 4 Mill. Breite. In der Mitte ist ein hervortretender Höcker, doch ist nicht klar, ob derselbe der Mittelkante der Weinkerne entspreche.

Es weicht die Vitis Olriki durch das nicht gelappte Blatt von der V. teutonica und islandica und der entsprechenden lebenden V. vulpina L. ab und nähert sich am meisten der V. cordifolia Mich. und V. (Cissus) indivisa Willd., zwei nordamerikanischen Arten, unterscheidet sich aber von denselben durch die viel tiefere Ausrandung am Blattgrund und die weniger steil aufsteigenden Nerven. Bei der Vitis vinifera L. und V. labrusca L. ist der Blattgrund und die Art, wie dort die Hauptnerven auslaufen und sich verästeln auch sehr ähnlich, und die Form und Grösse der Blattlappen ist bekanntlich sehr variabel, doch sind diese immerhin mehr oder weniger ausgesprochen und vorn ist das Blatt nicht in eine so lange Spitze ausgezogen.

76. Vitis arctica m. Taf. XLVIII. Fig. 2.

V. foliis basi leviter cordatis, vel rotundatis, indivisis, grosse dentatis, apice acuminatis, nervis secundariis angulo peracuto egredientibus.

Atanekerdluk. (Olrik.) Auf demselben Stein mit Platanus aceroides. Ein anderes Exemplar bei Alnus nostratum.

Unterscheidet sich von dem vorigen durch das am Grund weniger tief ausgerandete, gröber gezahnte Blatt, die steiler aufsteigenden Hauptnerven, die seitlichen sind etwas hin- und hergebogen, der mittlere hat weniger und steiler aufsteigende Secundarnerven; deren Gabeläste mehr divergieren. Der Rand ist scharf und grob gezahnt, doch sind die Zähne wenig nach vorn gerichtet; der Blattstiel ist dünn. Die Blattbasis zugerundet (Fig. 2 b.) oder seicht ausgerandet (Fig. 2 a.); vorn ist das Blatt verschmälert und in eine ziemlich lange Spitze auslaufend (Fig. 2 c.).

Stimmt in der Grösse, Form und Bezahnung sehr wohl zu V. cordifolia Willd. und steht jedenfalls dieser Art noch näher, als die V. Olriki.

Zweite Ordnung: Polycarpicae.

Erste Familie. Magnoliaceæ.

77. Magnolia Inglefieldi m. Taf. III. Fig. 5 c. Taf. XVI. 5. 6. 8 b. Taf. XVIII. 1—3.

M. foliis amplis, coriaceis, laevigatis, integerrimis, ellipticis, nervo medio crasso, nervis secundariis distantibus, ramosis flexuosis, camptodromis, areis magnis reticulatis.

Atanekerdluk. Die Taf. XVIII. auf einer grossen Steinplatte, welche Herrn Cap. Inglefield gehört. Neben diesen Blättern enthält der Stein noch Populus arctica und Sequoia Langsdorfii. — Die übrigen Stücke sind in der Dubliner, Kopenhagener und Stockholmer Sammlung.

Die Taf. XVI. und Taf. XVIII. abgebildeten Stücke lassen auf circa $^3/_4$ Fuss lange Blätter schliessen, welche nahezu eine Breite von $^2/_5$ Fuss erreicht haben. Die Blätter müssen lederartig gewesen sein, sie sind ganz glatt und haben im Leben wahrscheinlich eine glänzende Oberfläche gehabt. Sie sind gegen die Basis allmälig verschmälert in ähnlicher Art wie bei Magnolia grandiflora, und mit einem Stiel versehen. Ich hatte früher das Taf. III. Fig. 5 c. abgebildete Stück getrennt (als Phyllites laevigatus), allein auch bei dem Taf. XVIII. Fig. 1 abgebildeten Blatte haben wir eine ähnliche Verschmälerung am Grund und da es in der Nervation zu den übrigen stimmt, dürfen wir es mit vorliegender Art vereinigen, um so mehr, da mir neuerdings auch von Kopenhagen glatte, lederartige Blätter zugekommen sind, die am Grund in den Blattstiel sich verschmälern. Der Seitenrand ist bei mehreren Stücken wohl erhalten, woraus wir sehen, dass er ungezahnt, ganzrandig war. Die Mittelrippe ist sehr stark, bei Taf. XVIII. Fig. 3 a. und b. etwas gebogen, beim letztern Blatt aber nur, weil es stark abwärts gekrümmt ist. Ich habe es in der Zeichnung mit den andern Blättern in eine Fläche gelegt, weil so die Nervation besser darzustellen war. Die Seitennerven sind viel schwächer als der Mittelnerv, stehen weit auseinander, sind auswärts verästelt und da wo diese Aeste abgehen etwas verbogen, vorn durch Seitenäste mit dem nächst obern Secundarnerv verbunden und zwar in gebrochenen Bogen, welche zartere Nerven zum Rande absenden. In die grossen Felder gehen abgekürzte Secundarnerven, welche in einem weiten polygonen Maschenwerk sich auflösen; diese Maschen sind mit sehr feinen Zellen ausgefüllt.

Das Taf. XVIII. Fig. 3 a. abgebildete Blatt erinnert an Juglans, unterscheidet sich aber durch die hin- und hergebogenen, verästelten Secundarnerven, welche namentlich bei den Taf. XVI. Fig. 6 abgebildeten Blattstücken in ähnlicher Weise wie bei Populus verlaufen. Da bei Magnolia grandiflora die Blätter auch lederartig und glatt glänzend sind, die Secundarnerven eine ähnliche Bildung zeigen; vorn ebenfalls sich verästeln und in diesen Aesten zu Bogen sich verbinden, ferner in die grossen Felder Zwischennerven gehen, die sich in ein weites Maschenwerk auflösen, scheint mir die vorliegende Art zu dieser Gattung zu gehören und in der M. grandiflora ihren nächsten Verwandten zu haben.

Ein ähnliches Blatt von Dammratsch bei Kreuzburg in Schlesien hat Gœppert (Palæontogr. II. S. 277. Taf. XXXVI. 1.) als Magnolia crassifolia beschrieben; die Secundarnerven verlaufen aber bei demselben in regelmässigen Bogenlinien, dasselbe ist der Fall bei M. Dianæ Unger (Sylloge. I. S. 28. Taf. XI. Fig 1. 4. und III. Taf. XIV. Fig. 4—7), bei welcher auch die abgekürzten Secundarnerven fehlen.

Dritte Ordnung: Myrtiflorae.

Erste Familie. Myrtaceæ. (?)

78. *Callistemophyllum Moorii* m. Taf. XVIII. Fig. 4. 5. (zweimal vergrössert Fig. 6.)

C. foliis coriaceis, sessilibus, integerrimis, lanceolatis, basin versus sensim attenuatis, nervo mediano tenui, marginali conspicuo, nervatione dictyodroma.

Atanekerdluk; ein Blatt mit Populus arctica und Richardsoni; ein anderes vom Waigatt in der Stockholmer Sammlung.

Ein steif lederartiges, schmal lanzettliches, gegen den Grund zu allmälig verschmälertes, ganzrandiges Blättchen. Es hat einen zarten Mittelnerv, der aber nach vorn sich verliert und eine scharf ausgeprägte, dem Rand sehr genäherte Saumlinie. Es ist nämlich längs des ganzen Saumes, und demselben sehr genähert, und mit ihm parallel gehend, eine feine Linie zu bemerken, welche das ganze Blatt umsäumt und wahrscheinlich von einem Saumnerv herrührt. Doch war es mir nicht möglich, das Letztere sicher zu ermitteln. Jedenfalls rührt aber diese Linie nicht von einem umgerollten Blattrand her. Andere Nerven sind nicht da; dagegen sieht man bei starker Vergrösserung ein äusserst feinzelliges Netzwerk, welches die Oberfläche des Blattes gleichmässig einnimmt. (Fig. 6 b.)

In der Form ähnlich dem C. diosmoides Ett. (Flora von Haering. p. 83), aber durch die deutliche Saumlinie ausgezeichnet. Aehnlich den Blättern von Leptospermum, Callistemon und Melaleuca.

Aehnliche kleine lederartige Blättchen, deren Randlinien aber dem umgerollten Blattsaum zugeschrieben wird, hat Gœppert (Pflanzenreste des Bernsteines. S. 76) als Dermatophyllites beschrieben und den Ericaceen zugerechnet.

Vierte Ordnung: Columniferae.

Erste Familie. Buttneriaceæ.

79. Pterospermites integrifolius m. Taf. IX. Fig. 14 a.

Pt. foliis subpeltatis, integerrimis (?), subcordatis.

Atanekerdluk: auf der grossen Platte mit Planera u. s. w.

Ein wenigstens an der Basis ganzrandiges Blatt. Der Mittelnerv entspringt oberhalb der Blattbasis, es muss daher der Blattstiel in anderer Ebene gewesen sein als die Blattfläche, obwohl die Insertionsstelle nicht weit vom Rande entfernt ist. Es scheinen von einem Punct fünf Nerven zu entspringen, die untersten zwei sind aber sehr schwach, die zwei folgenden ziemlich stark und nach unten Tertiärnerven aussendend, welche vorn in Bogen sich verbinden. Die Secundarnerven sind alternirend.

Ich habe in meiner Flora tert. Helv. III. S. 36 mehrere Samen unter dem Namen Pterospermites vereinigt, weil sie den Samen von Pterospermum sehr ähnlich sehen. Da bei Pterospermum ähnliche schildförmige Blätter vorkommen (so bei Pt. acerifolium), wie sie obiges Blatt darstellt, scheint es mir wahrscheinlich, dass diese Blätter mit den Samen zu einem Genus gehören.

Fünfte Ordnung: Acera.

Erste Familie. Acerineæ.

80. Acer otopterix. Gœpp.? Taf. L. Fig. 10.

Atanekerdluk. (Oirik.) Auf der Rückseite Sequoia Couttsiæ.

Von Ahorn habe ich aus Grönland nur das sehr unvollständige in Fig. 10 abgebildete Stück gesehen. Es stimmt sehr wohl mit dem auf Taf. XXVIII. Fig. 6 aus Island abgebildeten Blattstück überein, da aber der Rand nirgends erhalten ist, bleibt die Bestimmung etwas zweifelhaft. Das Blatt ist am Grund auch herzförmig ausgerandet, hat fünf vom Grund auslaufende Hauptnerven, von denen die drei mittleren stark sind und mehrere starke Secundarnerven aussenden.

Sechste Ordnung: Frangulaceae.

Erste Familie. Rhamneæ.

81. Paliurus Colombi m. Taf. XVII. Fig. 2 d. Taf. XIX. Fig. 2—4.

P. foliis ovato-ellipticis, integerrimis, triplinerviis, nervis lateralibus ramosis.

Atanekerdluk. Ein Blatt auf demselben Stein mit Diospyros brachysepala, Populus Richardsoni, P. arctica und Osmunda Heerii Gd. Ein anderes (Taf. XVII. Fig. 2 d.) mit Hedera M'Clurii und M'Clintockia Lyallii.

Es sind vier Blattstücke erhalten, welche den Blättern des lebenden Paliurus australis und der miocenen P. ovoideus, P. tenuifolius und P. Thurmanni sehr ähnlich sehen. Herrn Philip H. Colomb, der als Lieutenant die Nordpolexpedition von Inglefield begleitete und dem wir einen Theil der hier beschriebenen Pflanzen zu verdanken haben, gewidmet.

Die Blätter sind unterhalb der Mitte am breitesten und am Grund stumpf zugerundet, während vorn zugespitzt. Sie sind völlig ganzrandig. Die beiden seitlichen Hauptnerven verbinden sich vorn in einem Bogen mit einem Ast des Mittelnervs. Sie sind kürzer als dieser und reichen nicht bis zur Blattspitze hinaus. Es entspringen von demselben etwa vier ziemlich starke, aber kurze Secundarnerven, indem sie bald in starken Bogen sich verbinden. Der erste geht fast vom Blattgrunde aus. Es hatte das Blatt einen dünnen Stiel. (Taf. XVII. Fig. 2 d.)

Neben einem Blatt (Taf. XIX. Fig. 3 a.) liegt ein Fetzen einer Frucht (Fig. 3 b.), der wahrscheinlich von einem Paliurus herrührt und daher mit dem Blatte zusammengehört. Ein rundlicher Fruchtkörper scheint von einem breiten Rande umgeben zu sein. Auf demselben Steine liegt ferner ein Zweigstück, an dessen Seite ein Dorn hervorsteht, daher ebenfalls auf Paliurus oder Zizyphus weist und somit zur Bestätigung obiger Bestimmung dient. (Fig. 3 c.)

82. Paliurus (?) *borealis* m. Taf. XIX. Fig. 1.

P. foliis ovato-lanceolatis, acuminatis, integerrimis, triplinerviis (?), nervis secundariis angulo peracuto egredientibus, erectis.

Atanekerdluk; auf demselben Stein mit Pappelblättern und Sequoia.

Ist durch das längere, schmälere Blatt und die steiler aufsteigenden Secundarnerven von voriger Art verschieden. Die Basis des Blattes fehlt und es ist nicht sicher zu ermitteln, ob von derselben drei Längsnerven auslaufen. Der Mittelnerv ist dünn, von ihm gehen jederseits nur ein paar, sehr steil aufsteigende, spitzläufige Seitennerven aus. Der linkseitige Längsnerv entspringt wahrscheinlich vom Blattgrund.

83. Zizyphus hyperboreus m. Taf. XLIX. Fig. 2.

Z. foliis lanceolatis, apice acuminatis, margine undulato-crenatis. triplinerviis.

Atanekerdluk. (Olrik.)

Es sind mir nur zwei Blattstücke zugekommen, die auf ein ziemlich langes, schmales, vorn zugespitztes Blatt zurückschliessen lassen. Der Rand ist wellig und vorn gekerbt. Die drei Längsnerven sind fast von gleicher Stärke und die seitlichen reichen bis zur Spitze, soweit diese erhalten ist. Von derselben laufen zarte Aestchen aus, die sich in Bogen verbinden.

Von Zizyphus Ungeri Hr. u. Z. ovata Web. (Palæontogr. II. Taf. XXII. Fig. 12 und VIII. Taf. LVIII. Fig. 13) durch den anders gebildeten Rand verschieden.

84. Rhamnus Eridani Ung. Taf. XIX. Fig. 5. 6. 7 a. Taf. XLIX. Fig. 10.

Rh. foliis magnis, membranaceis, ovato-oblongis, integerrimis, nervis secundariis utrinque 8–12, subsimplicibus, margine camptodromis.

Unger Flora von Sotzka S. 48. Taf XXXI. Fig. 3–6. Heer Flora tert. Helvet. III. S. 81. Taf. CXXV. Fig 16. CXXVI. Fig 1. Pyrus troglodytarum Unger Flora von Sotzka S 53 Taf. XXXVII Fig. 1 5 (nicht aber Fig 8–10).

Atanekerdluk (Dublin und Kopenhagen.)

Die auf Taf. XIX. abgebildeten Blattstücke sind im Dubliner Museum. Fig. 7 a. ist ein grosses, am Grund gegen den Stiel verschmälertes Blatt. Es hat jederseits 9, in ziemlich spitzen Winkeln entspringende Secundarnerven; sie sind nur wenig gebogen und reichen bis nahe zum Rand, dort sich umbiegend und in Bogen mit den folgenden sich verbindend. Die zarten Nervillen entspringen in fast rechten Winkeln und sind öfter durchlaufend. Der Rand ist ganz, nur in der Mitte etwas wellig gebogen. Mehrere Blattfetzen (Fig. 5, 6) liegen auf der grossen Platte mit Diospyros und Juglans paucinervis. — Sehr schön erhalten ist das Taf. XLIX. Fig. 10 abgebildete Blatt, das mit Sequoia und Populus arctica auf einer Steinplatte liegt und durch Herrn Olrik ins Kopenhagener Museum kam. Es ist am Grund auch in den Blattstiel auslaufend und hat jederseits 9 bis nahe zum Rand laufende Seitennerven. Etwas weniger am Grund verschmälert ist ein anderes Blatt der Kopenhagener Sammlung.

Es stimmen diese Blätter ganz zu dem von Sismonda (paléont. du Piémont. Taf. XXII. Fig. 4) von Bagnasco abgebildeten Blatte, aber auch in der Schweizer-Flora haben wir Blätter von selber Grösse, Form und Nervation (Flora tert. Helv. CXXV. Fig. 16. CXXVI. Fig. 1), nur dass sie am Grund etwas weniger in den Stiel verschmälert sind, als Taf. XIX. 7 und XLIX. Fig. 10. Sie stimmen in dieser Beziehung mit dem andern Blatt von Kopenhagen. Auch die in meiner Tertiärflora Taf. CXXIII. Fig. 19 abgebildeten Blätter von Eriz, die ich früher zweifelnd zu Rh. deletus gezogen hatte, gehören als kleinere Blattformen eher zu Rh. Eridani.

Es ähneln diese Blätter auch denen der Buchen, bei welchen aber die Secundarnerven in straffen Linien bis zum Rand hinauslaufen und der Blattgrund nicht in den Stiel verschmälert ist. Von Juglans unterscheiden sie sich durch die schiefer aufsteigenden, viel weniger gebogenen und dem Rande mit ihren Bogen viel mehr genäherten Secundarnerven. Von Ficus Jynx Ung. (Flora von Sotzka. Taf. XII. Fig. 3 und Flora tert. Helv. II. Taf. LXXXV. Fig. 6—11) unterscheiden sich unsere Blätter durch die häutige Beschaffenheit, die weniger dicht stehenden und in spitzern Winkeln auslaufenden Secundarnerven und die stärkere Verschmälerung am Blattgrund. Es ist daher jedenfalls unser Rh. Eridani von Ficus Jynx Ung. sehr verschieden. K. von Ettingshausen vereinigt aber die Blätter, die Unger als Rhamnus Eridani (und Pyrus troglodytarum) beschrieben hat, mit Ficus Jynx und giebt ihnen eine lederartige Beschaffenheit (Flora von Bilin. S. 70). Ist dies wirklich der Fall, so können sie allerdings nicht zu unserm Rh. Eridani gehören, indessen bezeichnet sie Unger ausdrücklich als folia membranacea (Flora von Sotzka. S. 48) und die von ihm abgebildeten Blätter sind in der Form (sie sind am Grund auch nicht zugerundet, sondern in den Blattstiel verschmälert), in der Stellung und Zahl der Secundarnerven und den kürzeren Stielen denen unsers Rhamnus Eridani so ähnlich, dass ich sie nicht davon trennen kann. Ettingshausen vereinigt in seiner fossilen Flora von Bilin zwei sehr verschiedene Blattformen (Fig. 2 u. 7. Taf. XX.) unter Ficus Jynx und es ist mir sehr zweifelhaft, dass dieselben zusammengehören.

85. Rhamnus brevifolius A. Br. Taf. XLIX. Fig. 1.

Rh. foliis petiolatis, suborbiculatis, subcoriaceis, integerrimis, basi apiceque rotundatis, nervis secundariis utrinque paucis, camptodromis.

Heer Flora tert. Helvet. III. S. 78. Taf. CXXIII. Fig. 27–30.

Atanekerdluk. (Olrik.)

Ein ziemlich derbes, rundliches Blättchen, mit stark bogenläufigen Seitennerven, das wohl mit denen Oeningens und unserer untern Molasse übereinstimmt.

86. Rhamnus Gaudini Hr.? Taf. L. Fig. 6.

Rh. foliis petiolatis, ellipticis, rarius ovalibus, undique serrulatis, nervis secundariis utrinque 8—12, margine camptodromis, nervillis subparallelis.
Heer Flora tert. Helv. III. S. 79. Taf. CXXIV. Fig. 1—13.
Atanekerdluk (Olrik.)

Der Fig. 6 dargestellte Blattfetzen stimmt sehr wohl zu Rh. Gaudini (cf. besonders Fig. 4 u. 10 meiner Tertiärflora). Es gehen auch von einem Mittelnerv jederseits über 9 Secundarnerven aus, sie entspringen in gleichen Winkeln und Abständen, sind gekrümmt und nach vorn gebogen, ohne sich zu verästeln; die Felder sind auch mit einem feinen Netzwerk ausgefüllt. Leider ist aber der Rand verdeckt und daher nicht zu ermitteln, ob er in gleicher Weise gezahnt war, wie beim Blatt unserer Molasse, wodurch die Bestimmung unsicher bleibt. Die Diagnose ist auf die Schweizer-Blätter gegründet.

Zweite Familie. Ilicineæ.

87. Ilex longifolia Hr. Taf. XLVIII. Fig. 3—6.

I. foliis coriaceis, nitidis, lanceolatis, margine sparsim spinuloso-dentatis, nervis secundariis valde curvatis, camptodromis, arcis evidenter reticulatis.
Sismonda Prodr. fl. tert. Piém. S. 29. Taf II. Fig. 6, und Matériaux pour servir a la paléontologie du terrain tertiaire du Piémont. S. 62. Taf. XXIX. Fig 7.
Atanekerdluk. (Olrik.)

Die Blätter sind dick lederartig, mit glänzender Oberfläche. Sie sind lang, gegen den Grund zu verschmälert, dort ganzrandig, in der vordern Partie dagegen mit feinen, sehr scharfen stachelspitzigen Zähnen versehen. Bei Fig. 6 ist auf der linken Seite ein deutliches Stächelchen wahrnehmbar. Bei diesem Blatt tritt die Nervatur stark hervor und zwar auch die Secundarnerven und Nervillen, bei andern Blättern ist wohl der Mittelnerv stark, während schon die Seitennerven sehr zart und das Maschwerk nur mit der Lupe wahrnehmbar sind. Diese stellen wohl die Blattoberseite, jenes die Unterseite dar, was ich aus dem sonst gleichen Verlauf der Nerven schliesse. Sie sind stark gebogen, verbinden sich schon vom Rand entfernt und haben noch zahlreiche kleine Felderchen längs des Randes.

Die glatte, lederartige Blattbeschaffenheit, die Nervatur und Zahnbildung sind wie bei Ilex, daher ich dies Blatt dieser Gattung zugetheilt habe. Ich erhielt dasselbe früher von Cadibona durch Prof. Gastaldi; bei diesem sind die Seitennerven auch zart wie bei den Blättern Fig. 3, 5, 6 aus Grönland. Bei Fig. 4 bemerken wir mit der Lupe eine Menge dicht beisammenstehender Strichelchen, welche aber wohl zufällig sein dürften.

88. Ilex (?) reticulata m. Taf. XLVIII. Fig. 7.

I. foliis coriaceis, oblongis, basi rotundatis, integerrimis, nervis secundariis numerosis camptodromis, areis fortiter reticulatis.
Atanekerdluk. (Olrik.)

Ist ebenfalls ein derb lederartiges Blatt, das durch die am Grund dicht beisammenstehenden Secundarnerven und die auffallend grossen und stark hervortretenden Maschen sich auszeichnet. Es erinnert in dieser Beziehung an Ilex.

Die vordere Partie fehlt, wahrscheinlich war aber das Blatt von beträchtlicher Länge; es ist ganzrandig, am Grund stumpf zugerundet. Von dem Mittelnerv entspringen die zarten Secundarnerven in ziemlich spitzen Winkeln, unten sind mehrere sehr genähert, während weiter oben sie weiter von einander stehen. Sie sind vorn verästelt und die Aeste in Bogen verbunden. Diese Bogen sind sehr zart und ausserhalb derselben liegen noch mehrere geschlossene Felder. Alle Felder sind mit einem auffallend grossen und stark vortretenden Maschenwerk ausgefüllt, welches von blossem Auge leicht wahrnehmbar ist.

Siebente Ordnung: Terebinthineae.
Erste Familie. Juglandeæ.

89. Juglans acuminata A. Br. Taf. VII. Fig. 9. Taf. XII. Fig. 1 b. Taf. XLIX. Fig. 7.

J. foliis pinnatis, foliolis oppositis, petiolatis, ovato-ellipticis vel ovato-lanceolatis, apice acuminatis, integerrimis, nervis secundariis plerumque 10—14.
Heer Flora tert. Helvet. III. S. 88. Taf. CXXVIII. und CXXIX.
Atanekerdluk. (Dublin. Taf. XII. Fig. 1 b.; Stockholm. VII. Fig. 9 und Kopenhagen. XLIX. Fig 7.)

Obige Diagnose ist nach den vollständigen Blättern von Oeningen entworfen, mit denen das Fig. 9 abgebildete Blattstück, so weit es erhalten ist, sehr wohl übereinstimmt und zwar voraus mit der breitblätterigen Form, welche A. Braun als Juglans latifolia bezeichnet hatte (Flora tertiaria. Taf. CXXIX. Fig. 3

und 8). Es ist breit, ganzrandig, die Secundarnerven entspringen in gleichen Abständen und unter gleichen Winkeln, sind ganz in derselben Weise gekrümmt und vorn in starken Bogen verbunden; ebenso sind auch die Felder in selber Art wieder durch deutlich vortretende theils durchgehende, theils aber gablig getheilte Nervillen in Unterfelder abgesondert, welche ein feineres, indessen fast ganz verwischtes Netzwerk umschliessen. Das Taf. XLIX. Fig. 7 abgebildete Blatt ist, wie seine Krümmung zeigt, eine Seitenfieder, mit ziemlich nahe beisammenstehenden, stark gekrümmten Seitennerven. Schönere und vollständiger erhaltene Fiedern sind mir später aus der Kopenhagener Sammlung zugekommen, welche aber nicht mehr auf die Tafel gebracht werden konnten. Sie stimmen ganz zu Juglans acuminata.

90. Juglans paucinervis m. Taf. XIX. Fig. 8.

J. foliolis sessilibus, ovato-lanceolatis, integerrimis, nervis secundariis remotis.
Atanekerdluk, auf der grossen Steinplatte mit Diospyros, Rhamnus, Populus u. s. w. (Dublin).

Die Blattform ist wie bei der Juglans acuminata, namentlich der schmalern Form (cf. Flora tertiaria. Taf. CXXVIII. Fig. 7) und auch die ungleichseitige Basis und der etwas gebogene Hauptnerv sprechen für eine Fieder eines zusammengesetzten Blattes. Es stehen aber die Secundarnerven weiter auseinander und sind in geringerer Zahl vorhanden, was es wahrscheinlich macht, dass es eine andere Art darstelle.

Das Blatt ist gross, ganzrandig, stiellos, an Grund die rechte Seite schmäler als die linke, aber in gleicher Weise zugerundet. Der Mittelnerv ist stark, die Secundarnerven sind stark gebogen und in gleicher Weise verbunden, wie bei den Nussblättern Oeningens. Das feinere Geäder fehlt.

91. Juglans Strozziana Gaud. Taf. XLIX. Fig. 3—6.

J. foliolis petiolatis, integerrimis, lanceolatis, basi attenuatis, inæquilateris.
Gaudin contributions. 1 mem. S. 39. Taf. VIII. Fig. 7. 8.
Atanekerdluk (Olrik).

Es liegen mir mehrere, doch unvollständige Blattstücke vor, welche mit den von Gaudin aus den untern (miocenen) blauen Mergeln des Arnothales beschriebenen Blättern übereinstimmen. Sie scheinen eine ziemlich derbe, fast lederige Beschaffenheit gehabt zu haben. Sie sind am Grund sehr ungleichseitig und verschmälert, die Secundarnerven deutlich vortretend und Bogen bildend, die dem Rande genähert sind. Das feinere Adernetz ist verwischt.

Das Fig. 6 abgebildete Blatt stammt aus demselben losen Block von Udsted, welcher das Pappelblatt (Populus Gaudini) enthält. Die Nervation ist ganz verwischt und seine Bestimmung daher zweifelhaft, und stelle es nur seiner allgemeinen Form wegen hierher.

Das Vorkommen dieser Art in Grönland ist sehr beachtenswerth, da sie in den Zwischenländern bislang noch nicht beobachtet wurde. Es ist sehr wahrscheinlich, dass sie in diesen noch zum Vorschein kommen werde. Vielleicht gehört das Blatt, welches Ludwig als Juglans ventricosa abgebildet hat (Paläontogr. 8. Taf. LVII. Fig. 3. 5), hierher.

Achte Ordnung: Calophytae.

Erste Familie. Pomaceæ.

92. Cratægus antiqua m. Taf. L. Fig. 1. 2.

C. foliis oblongo-ovalibus, basi cuneatis, in petiolum attenuatis, arguto serratis, penninerviis, nervis secundariis compluribus, angulo acuto egredientibus, inferioribus nervis tertiariis subparallelis instructis.
Atanekerdluk (Olrik).

Es erinnern diese Blätter in ihrer Nervation und Bezahnung an die Hasel- und Birkenblätter, weichen aber in der gegen den Blattstiel verschmälerten Basis und durch die in spitzen Winkeln entspringenden Secundarnerven von denselben ab. Gerade in dieser Beziehung zeigen sie eine auffallende Aehnlichkeit mit manchen Cratægusblättern, so namentlich mit der Cr. tomentosa L. Nordamerika's. Die Blätter haben dieselbe Form und sind auch am Grund keilförmig verschmälert, die Secundarnerven entspringen in spitzigen Winkeln, und die untern senden in gleicher Weise tertiäre in die Zähne aus, dagegen ist die Bezahnung einfacher, indem die an den Enden der Secundarnerven stehenden Zähne nicht viel grösser sind, als die übrigen. Sie sind aber auch scharf geschnitten und fein zugespitzt. Auch bei Rubus kommen ähnliche Blattformen vor, doch sind sie am Grund nicht in dieser Weise ausgezogen. — Das grosse Blatt (Fig. 2) liegt mit zahlreichen andern Blattresten auf demselben Stein und ist bis auf die Basis erhalten, wogegen die Randzähne fast durchgängig fehlen. Diese sind aber bei einem zweiten Blatt (Fig. 1), wenigstens auf einer Seite vortrefflich erhalten.

93. Crataegus Warthana m. Taf. L. Fig. 3. 4.

Cr. foliis breviter ovalibus, basi cuneatis, in petiolum attenuatis, argute serratis, penninerviis, nervis secundariis paucis, angulo acuto egredientibus, inferioribus nervis tertiariis subparallelis instructis
Atanekerdluk (Fig. 4); Kudsjeldene auf Disco (Fig. 3. Olrik. 1866).

Steht zwar voriger Art sehr nahe, unterscheidet sich aber durch die kleinern Blätter, welche relativ breiter und kürzer sind, und die geringere Zahl von Secundarnerven, welche vom Mittelnerv ausgehen, und steht dadurch der C. tomentosa noch näher als vorige Art. Die Zähne sind auch sehr scharf geschnitten. Neben dem Blatt Fig. 4 liegt eine Frucht, welche ich zu Taxites Olriki bringe. Die Fig. 3 abgebildeten liegen in einem grauen Sandstein von Kudsjeldene. Neben dem Blatt a. bemerken wir die undeutlichen Abdrücke eines Sequoiazäpfchens (b.); die Blattreste c. und d. sehen wir auf der Rückseite desselben Steines. Es enthält derselbe eine ganze Zahl von Blattfetzen dieser Art, welche ich Herrn Dr. V. Wartha gewidmet habe, der meine Arbeit durch die chemische Untersuchung der Kohlen und Gesteine der arctischen Zone bereichert hat.

Zweite Familie. Amygdaleae.

94. Prunus Scottii m. Taf. VIII. Fig. 7.

Pr. foliis coriaceis, lanceolatis, margine serrulatis, nervis secundariis valde camptodromis.
Atanekerdluk (Colomb Olrik.)

Ein Blatt auf der grossen Steinplatte von Atanekerdluk (Taf. VIII.). Es ist lanzettlich, vorn zugespitzt, die Basis dagegen nicht erhalten. Der Rand ist fein gesägt, die kleinen Sägezähne sind nach vorn gerichtet, alle gleich gross. Der Mittelnerv ist schmal, aber durch eine tiefe Rinne bezeichnet, muss daher stark vorgestanden haben. Die Secundarnerven sind sehr zart und treten nur wenig aus dem übrigen, deutlich ausgesprochenen Netzwerk hervor. Sie sind ziemlich weit vom Rande entfernt in Bogen verbunden. Die Felder sind mit einem feinen, polygonen Netzwerk ausgefüllt, in welchem wieder einzelne Nerven stärker hervortreten. Das Blatt muss eine lederartige Beschaffenheit gehabt haben.

Für Prunus spricht die Art der Nervation und die Zahnbildung und zwar stimmt es in der Form und Bezahnung am meisten mit dem Blatt von Prunus lusitanica L., von dem es freilich durch das viel deutlicher vortretende feinere Netzwerk abweicht und daher nicht als homologe Art bezeichnet werden kann. Aehnliche Blattformen finden wir auch bei Amygdalus, so A. pereger Ung. (Sotzka. Taf. XXXIV. Fig. 10—14) und A. persicifolia Web. (Paläontogr. II. t. XXIV. Fig. 9). Bei letzterer Art haben die Blätter dieselbe Form und Zahnbildung, nur treten beim Grönländer-Blatt die Secundarnerven stärker hervor und sind mehr nach vorn gerichtet; bei A. pereger ist das Blatt in eine längere und dünnere Spitze ausgezogen.

Zu dieser Art, die ich Herrn Prof. Rob. Scott in London gewidmet habe, gehört wahrscheinlich ein Fruchtstein von Atanekerdluk (Fig. 15 a.), der neben einem Blatt der Osmunda Heerii liegt. Er ist eiförmig, vorn etwas zugespitzt, 10 Mill. lang und 8 Mill. breit, von feinen, dicht stehenden eingegrabenen Puncten runzlich. Er war von einer dicken Kohlenrinde umgeben welche aber später grossentheils wegfiel. Diese deutet auf eine dicke Schale. Die Form und Grösse des Steines ist fast wie bei Prunus Laurocerasus L. Den Abdruck eines sehr ähnlichen Fruchtsteines sah ich in dem hellbraunen miocenen Schiefer von Menat in der Auvergne. Er hat genau dieselbe Grösse, nur ist er vorn weniger verschmälert und tiefer runzlicht, so dass er doch wohl einer andern, aber nahe verwandten Art angehören dürfte (cf. Taf. VIII. Fig. 16).

Neunte Ordnung: Leguminosae.
Erste Familie. Papilionaceae.

95. Colutea Salteri Hr. Taf. XLV. Fig. 8 c.

C. foliolis membranaceis, ovalibus, apice retusis, nervis secundariis tenuibus.
Heer Flora tert. Helvet. III. S. 101. Taf. CXXXII. Fig. 47—57.
Atanekerdluk. (Olrik).

Der Abdruck von ein paar zarten Blättchen liegt neben der Pteris oeningensis. Es ist an der Spitze ausgerandet, am Grund verschmälert; die Seitennerven sind verwischt, nur hier und da angedeutet. Stimmt mit dem obern Blättchen von Fig. 47 meiner Flora wohl überein.

Papilionaceen.   127

96. Leguminosites arcticus m. Taf. L. Fig. 5.

L. foliolis ovalibus, basi apiceque rotundatis, nervo medio vix conspicuo,
Ujararsusuk (Disco. Olrik. 1865).

Ein schwarzes, 17 Millim. langes und 10 Millim. breites Blättchen, das vielleicht auch zu Colutea gehört und mit der C. antiqua verglichen werden kann. Allein die Nervation ist ganz verwischt und nur der Mittelnerv als sehr zarte Mittellinie zu erkennen, die nach vorn sich verliert. Es ist am Grund und Spitze ganz stumpf zugerundet.

Incertæ Sedis.

97. Phyllites Liriodendroides m. Taf. III. Fig. 5 d.

Ph. foliis membranaceis, ap'ce truncatis (?)
Atanekerdluk, auf einem stark eisenschüssigen Stein mit Magnolia Inglefieldi.

Ein dünnhäutiger Blattfetzen, dessen Form nicht zu bestimmen ist. Es scheint aber, dass die langen Nerven nicht Hauptnerven, sondern die Secundarnerven eines grossen Blattes sind, welches vorn nach Art des Tulpenbaumblattes quer abgeschnitten war, so dass die Grenzlinie dort den Vorderrand darstellen würde. Diesem wäre der oberste Secundarnerv genähert, der zweite würde in den Zipfel des Blattes hinauslaufen; der dritte ist viel weiter von diesem entfernt und mit bogenläufigen Aesten versehen. Die Felder sind in seite polygone Unterfelder abgetheilt, welche mit einem feinen Netzwerk ausgefüllt sind. In dieser Beziehung erinnert das Blatt an Liriodendron, doch ist es zur sichern Bestimmung zu unvollständig erhalten.

98. Phyllites membranaceus m. Taf. XIX. Fig. 9.

Ph. foliis tenue membranaceis, quadri-nerviis, integerrimis (?), basi inæquilateralis, nervillis transversis, subparallelis.
Atanekerdluk, mit Corylus Mac Quarrii und Daphnogene Kanii auf einem Stein.

Ein grosses, aber zarthäutiges Blatt, das am Grund stumpf zugerundet war. Von da entspringen vier Hauptnerven, der mittlere ist hin- und hergebogen und nur mit wenigen, weit auseinanderstehenden, in spitzen Winkeln entspringenden Secundarnerven versehen. Auf der linken Seite ist neben demselben nur ein Hauptnerv, während auf der rechten zwei, und das Blatt war am Grunde ungleichseitig. Die seitlichen Nerven sind stark gebogen. Die Felder werden von zahlreichen, daher dicht stehenden, unter sich fast parallelen Nervillen eingenommen. Sie sind bogenförmig, theils einfach, theils aber gablig getheilt.

Gehört vielleicht zu den Leguminosen, von welchen namentlich die Gruppe der Phaseoleen in Betracht kommen kann. Erinnert aber auch, namentlich in den parallelen Nervillen, an die Melastomaceen, wie anderseits an manche Urticeen.

99. Phyllites evanescens m. Taf. L. Fig. 7.

Ph. folio elliptico, integerrimo, tenue membranaceo, nervis secundariis valde curvatis, camptodromis, ramosis.
Atanekerdluk. mit Populus arctica, Taxites Olriki und Sequoia Langsdorfii.

Es muss ein sehr dünnhäutiges, zartes Blatt gewesen sein, das wahrscheinlich einer krautartigen Pflanze gehört hat, von denen namentlich die Gattung Rumex in Betracht kommen kann. Der Mittelnerv ist dünn, von demselben gehen in weiten Abständen Secundarnerven aus, die bald nach oben sich umbiegen und weit vom Rande entfernt einen flachen Bogen bilden, der mit dem nächst obern Secundarnerv sich verbindet. An dem Bogen laufen Aeste ab, die vor dem Rande sich wieder in Bogen verbinden und so Randfelder bilden. Die Hauptfelder sind mit einem sehr weitmaschigen und ungemein zarten Netzwerk ausgefüllt, das nur stellenweise erhalten ist.

100. Phyllites Rubiformis m. Taf. XIX. Fig. 10—12. Taf. XVI. Fig. 8 c.

Ph foliis serratis, nervis secundariis craspidodromis, areis reticulatis, scrobiculatis.
Atanekerdluk.

Es sind mir nur einige sehr unvollständige Blattfetzen zugekommen, welche uns die Form des Blattes nicht ermitteln lassen. Sie sind vor allen andern Blättern Grönlands ausgezeichnet durch ein feineres Netzwerk. Wir haben nämlich in den Feldern zwischen den randläufigen Secundarnerven zunächst zahlreiche durchgehende Nervillen und in den Feldchen, welche durch sie entstehen, ein sehr feines Netzwerk, das aus gleichartigen polygonen Zellen besteht. Von diesen ist jede in der Mitte grubig eingedrückt, so dass die Ränder sehr scharf hervortreten. Mit der Lupe bekommt dadurch die Blattfläche ein feingrubiges Aussehen. Ähnliche Bildung kommt bei Brombeerblättern vor, bei denen der Rand auch gezahnt und mit in diese Zone auslaufenden Nerven versehen ist. Es gehören daher diese Blattfetzen vielleicht einer Rubus-Art an, worüber aber erst vollständiger erhaltene Stücke entscheiden können.

101. Phyllites celtoides m. Taf. XVI. Fig. 7 c.

Ph. folio basi inaequilatero, trinervi, nervis lateralibus dissolutis.
Atanekerdluk (Cap. Inglefield).

Auf derselben rauhkörnigen sandigen Steinplatte mit Mac Clintockia Lyallii, Fraxinus denticulata und Corylus Mac Quarrii liegt ein Blattfetzen mit eigenthümlicher Nervation, obwohl sein Rand nicht erhalten ist und seine sichere Bestimmung dadurch sehr erschwert wird, kann doch gesagt werden, dass es unzweifelhaft eine von allen im frühern beschriebenen Grönländer Pflanzen verschiedene Art bilde. Der Mittelnerv ist stark, neben demselben haben wir noch jederseits einen viel schwächern basalen Nerv, von denen aber der linkseitige höher oben angesetzt ist als der rechtseitige, der auch stärker gebogen ist, daher das Blatt am Grund ungleichseitig war; auch scheint es da herzförmig ausgerandet gewesen zu sein. Die seitlichen basalen Nerven senden auswärts starke Secundaräste aus, die in starken Bogen zu grossen Feldern sich verbinden; ferner vereinigen sich diese basalen Nerven mit dem ersten starken Secundarnerv des Mittelnervs, von wo ein flacher Bogen zum zweiten Secundarnerv läuft, welcher Bogen als eine Fortsetzung des basalen Nervs erscheint. Es entstehen so grosse, am Mittelnerv liegende Hauptfelder, welche durch zartere Nervillen in Unterfelder abgetheilt werden. Die ungleiche Basis und die drei Hauptnerven erinnern an Celtis, doch weicht die Bildung der Felder sehr ab; es ist diese ähnlich bei manchen Urticeen, auch Feigenblätter können in Betracht kommen, so Ficus populina Hr. (Flora tert. Helv. II. Taf. LXXXVI.).

102. Carpolithes symplocoides m. Taf. XVI. Fig. 8 a., zweimal vergrössert Fig. 9.

C. putamine clavato, 13 Mm. longo, 4,0 Mm. lato, basi attenuato, apice obtuse rotundato, longitudinaliter striato.
Waigattet. (Dr. Torell.)

Eine eigenthümliche Fruchtform, welche am meisten mit den Fruchtsteinen übereinstimmt, die Unger (Sylloge plant. fossil. III. S. 31) als Fruchtsteine von Symplocos gregaria und sotzkiana beschrieben und abgebildet hat. Der Grönländer Fruchtstein ist aber länger und am Grunde mehr verschmälert. Er ist oben stumpf zugerundet, der Länge nach von vier flachen Furchen durchzogen und scheint fein punctirt gewesen zu sein. Die fast stielartige Verschmälerung am Grund spricht gegen Cornus; ähnliche Früchte treffen wir aber bei Elaeagnus.

Neben der Frucht liegen zwei Fetzen eines gezahnten Blattes, bei welchem die Seitennerven in die Zähne auslaufen und fast parallele, starke Nervillen haben; ferner ein Fetzen der Magnolia Inglefieldi, auf der Rückseite Fetzen von Populus.

103. Carpolithes sphaerula m. Taf. XVI. Fig. 10, dreimal vergrössert Fig. 10 b.

C. globosus, lividus, subtilissime striatus
Atanekerdluk; auf demselben Stein mit Blättern von Fagus Deucalionis, der Quercus Drymeia, Olafseni, Sequoia Langsdorfii und Andromeda protogaea.

Die Frucht stellt ein $4^3/_{10}$ Mill. im Durchmesser haltendes Kügelchen dar, welches mit der Lupe betrachtet äusserst feine, etwas wellige und verworrene Längsstreifen zeigt. Dieses Kügelchen war von einer dünnen Kohlenrinde umgeben, die aber nur am Rande erhalten ist und von einem Fruchtstein oder doch von einem Fruchtgehäuse herrühren dürfte. Hat ganz die Grösse und Form des C. globulus Hr. von Hampstead (Insel Wight), den ich auf Taf. III. Fig. 14—16 des Quarterly journal of the geolog. soc. of London XVIII. 1862. abgebildet habe; aber es fehlen ihm die Eindrücke, die wir bei jenem an Basis und Spitze bemerken.

Aehnlich der Frucht von Myrica und vielleicht zu dieser Gattung gehörend; ist aber viel grösser als die Frucht der Myrica acuminata.

104. Carpolithes lithospermoides m. Taf. XVI. Fig. 11, vergrössert Fig. 12—14.

C. parvulus, ovatus, apice subacuminatus, bistriatus.
Atanekerdluk.

Ein $3^1/_2$ Mill. langes, $2^1/_2$ Mill. breites Früchtchen, oval, vorn schwach zugespitzt; Rückseite stärker gebogen als die Bauchseite, daher das Früchtchen etwas gekrümmt. Sculptur keine wahrnehmbar, wohl aber zwei Längslinien und zwei Längsrisse (cf. Fruchtdurchschnitt Fig. 14).

Ob es ein Same oder Frucht, ist nicht zu entscheiden, letzteres aber wahrscheinlicher. In Grösse, Form und der schwachen Krümmung den Fruchtstücken von Lithospermum sehr ähnlich, daher wahrscheinlich das Carpell einer Boraginee.

105. Carpolithes bicarpellaris m. Taf. XVI. Fig. 15, zweimal vergrössert Fig. 15 b.

C. carpellis duobus, apice acuminatis.
Disco-Insel. (Dr. Lyall.)

Die Frucht hat 7 Mill. Länge und 5 Mill. Breite und besteht aus zwei Carpellen, welche der ganzen Länge nach und bis in die Spitze hinaus mit einander verbunden sind. An der Naht ist der Rand etwas aufgeworfen. Am Grund ist die Frucht ganz stumpf zugerundet. In der Form ähnelt die Frucht derjenigen von Linum, bei der wir aber fünf Carpellarblätter haben. Vielleicht haben wir hier nur den Durchschnitt der Frucht, von der wir nur zwei Carpellen sehen, während eigentlich doch mehr vorhanden waren.

Fossile Insecten von Nordgrönland.

I. Coleoptera.

1. Trogosita insignis m. Taf. L. Fig. 12, vergrössert Fig. 12 b.

Tr. elytris oblongis, striato-punctatis, interstitiis planis, lævibus.
Atanekerdluk, bei zahlreichen Blattresten (Mac Clintockia, Taxodium). Olrik 1866.

Die wohl erhaltene, grosse Flügeldecke hat eine braune Farbe. Sie ist $21^{1}/_{2}$ Mill. lang und bei der Schulter $5^{1}/_{2}$ Mill. breit, bei $^{2}/_{3}$ Länge hat sie noch eine Breite von $5^{3}/_{10}$ Mill., ist aber hinten an der Nahtecke zugespitzt. Sie ist flach und von neun Punctreihen durchzogen. Die Puncte sind rundlich, stehen dicht gedrängt, doch nicht in vertieften Streifen. Die erste Reihe läuft der Naht parallel und ebenso die zweite und es fehlt der abgekürzte Nahtstreifen gänzlich. Sie reichen bis zur Deckenspitze. Reihe 3 und 4 sind aussen verbunden, reichen aber auch bis nahe zur Spitze. 5 und 6 gehen über dieselben hinaus gegen die Deckenspitze. Bei 7, 8 und 9 ist der Auslauf nicht ganz deutlich, doch sieht man, dass sie auch weit hinabreichen. Es scheinen 7 und 8 aussen verbunden zu sein. An der Deckenspitze bemerken wir neben den Punctreihen noch zerstreute Puncte, wogegen die Interstitien, in den übrigen Partien der Decke unpunctirt und ganz flach sind.

Grösse und Form der Flügeldecke erinnert lebhaft an die Buprestiden, namentlich an die Chalcophoren, von denen ich mehrere Arten in meinen Beiträgen zur Insectenfauna Oeningens (Taf. VII.) abgebildet habe. Allein die Sculptur der Flügeldecken ist bei den Buprestiden anders gebildet. Bei den gestreiften Flügeldecken haben wir 10 Streifen, von denen 6 und 7 abgekürzt und hinten verbunden sind; ferner haben sie immer einen Schildchenstreifen. In diesem Mangel des Schildchenstreifens und im Auslauf der Punctreihen stimmt unsere Art mit **Trogosita** (namentlich mit Tr. caraboides), bei der wir auch ähnlich geformte, flache Flügeldecken finden. Dagegen ist die Grösse auffallend, indem nur exotischen Arten (die Melambien) ebenso grosse und noch grössere Formen darstellen, wogegen die europäischen lebenden und auch die bis jetzt bekannten fossilen viel kleiner sind (vgl. meine Beiträge zur Insectenfauna. S. 54). Bei **Pytho** haben wir auch ähnliche, lange schmale Flügeldecken, die aber eine ganz andere Streifung besitzen. Bei den **Tenebrionen** haben wir wohl ähnliche Punctreihen, allein die erste biegt sich beim Schildchen auswärts. In der Form der Flügeldecken und im Auslauf der Streifen können auch die **Caraboden** in Betracht kommen (namentlich Sphodrus und Dolichus), allein diese haben einen Schildchenstreif, in der Regel 8 Streifen und eine andere Punctatur.

2. Chrysomelites Fabricii m. Taf. XIX. Fig. 13., vergrössert 14.

Chr. elytris $3^{1}/_{2}$ Mill. longis, oblongis, subtilissime punctulatis.
Atanekerdluk.

Eine $3^{1}/_{2}$ Millim. lange und $1^{1}/_{2}$ Millim. breite Flügeldecke. Sie ist länglich-oval, schwach gewölbt und äusserst fein punctirt. Von der äussern Schulterecke geht eine schwache Kante nach hinten und längs der Naht haben wir eine feine Längslinie.

Dass dies eine Käferflügeldecke ist, ist nicht zu verkennen, wogegen die Bestimmung derselben sehr schwierig ist. Form und Punctatur scheinen mir am meisten für ein Haltica-artiges Thierchen aus der Familie der Chrysomeliden zu sprechen.

II. Orthoptera.

3. Blattidium fragile m. Taf. L. Fig. 13, vergrössert 13 b.

Atanekerdluk, neben Blättern und Zweigen von Sequoia Langsdorfii.

Ist wahrscheinlich der Unterflügel eines Kakerlak, bei welchem die innere Seite eingeschlagen ist, daher sich die Rippen überkreuzen, wodurch die Ermittlung ihres Verlaufs sehr erschwert wird, um so mehr da sie theilweise ganz verwischt sind. Der Flügel hat eine Länge von 20 Mill., die vorliegende Partie eine Breite von 7 Mill. Die zahlreichen und nahe beisammenstehenden Rippen sind gablig getheilt. Die Art war etwas kleiner als die Periplaneta orientalis.

III. Rhynchota.

4. Pentatoma boreale m. Taf. XIX. Fig. 15, vergrössert 15 b.

Atanekerdluk; war auf demselben Stein mit Platanus, Juglans, Taxodium und Populus arctica (Taf. XII. Fig. 1); ein Blattfetzen der Mac Clintockia liegt unmittelbar neben dem Flügel und verdeckt grossentheils seinen Haupttheil, Fig. 15.

Die Flügeldecke hat eine Breite von $5^{1}/_{2}$ Mill. und war wahrscheinlich 16 Mill. lang. Der Horntheil des Flügels ist fast ganz erhalten, nur am Grund ist eine kleine Partie verdeckt, vom Hauttheil ist nur die Basis zu sehen. Ersterer ist gegen den Grund zu stark verschmälert und hinten schief abgeschnitten. Der Binnenrand bildet eine gerade Linie. Die Flügeldecke ist ganz gleichförmig und dicht punctirt. Die Schulterader ist durch eine ziemlich tiefe Linie bezeichnet, und mit ihr fast parallel läuft eine zweite Linie, der äussern Mittelader entsprechend, welche einen Gabelast nach dem Binnenrand sendet. Eine weitere Linie verläuft nahe dem Nahtrande. Das Geäder des Hauttheiles ist verwischt. — Stellen wir zwei solcher Flügeldecken zusammen, wie dies in Fig. 15 c. geschehen ist, so erhalten wir ein ziemlich grosses langes Schildchen. Dieses sowohl wie der Aderverlauf der Flügeldecke und ihre Punctatur sprechen für eine Pentatomide und zwar voraus für die Gattungen Pentatoma und Acanthosoma. Sie ist grösser als die bis jetzt bekannten tertiären Arten von Acanthosoma (cf. Insectenfauna der Tertiargebilde von Oeningen und Rodoboj. 3te Abth. S. 39. Taf. III. u. VIII.) und übertrifft auch die bei uns lebenden Acanthosomen um $^{1}/_{3}$ an Grösse. Unter den Pentatomen kommen dagegen Thiere von solcher Grösse vor und zwar schon im Tertiärland. Es steht in dieser Beziehung die Grönländer-Art dem P. longiceps von Oeningen (vergl. meine Insectenfauna. III. Taf. VII. Fig. 5) am nächsten und zeigt auch in der Form der Flügeldecke so viel Uebereinstimmendes, dass wir sie demselben Genus zutheilen dürfen. Fabricius hat in seiner Fauna grœnlandica kein einziges Thier aus der Ordnung der Rhynchoten und auch in der neuesten Aufzählung grönländischer Gliederthiere in Rink's Werk sind nur vier Arten aufgeführt und darunter nur eine aus der Familie der Landwanzen. Es ist ein kleines Thierchen (Heterogaster grœnlandicus Zett.), das auch in Lappland vorkommt. Aus dem arctischen Amerika ist keine einzige Landwanze bekannt. Es ist daher die fossile Art völlig zu der Flora des miocenen Grönland, und würde man von da nichts kennen als diesen Insectenflügel, würde er schon zeigen, dass die tertiäre Naturwelt Grönlands ganz von der jetzigen verschieden sei und sich näher an die der gemässigten Zone anschliesse. Es ist dies Thierchen um so wichtiger, da es unmöglich aus grosser Ferne gekommen sein kann, denn gerade die Wanzen haben einen sehr schwerfälligen Flug und leben nicht in Pflanzen, sondern vom Raub, daher sie nicht etwa mit Holz hergekommen sein kann.

II. Arctisch-amerikanischer Archipel.

A. Steinkohlenpflanzen der Melville-Insel.

1. Schizopteris Melvillensis m. Taf. XX. Fig. 1 a.

Sch. foliis furcatis, lobis elongatis, linearibus, apice truncato-rotundatis, tenerrimis, longitudinaliter nervulis striatis, nervulis aequalibus, parallelis.

Bituminöser Kohlenschiefer der Skene-Bai auf der Melville-Insel. (M'Clintock.)

Die Pflanze liegt in dem dunkelbraunen Kohlenschiefer, daher sie sich nur sehr wenig von demselben abhebt und schwer zu erkennen ist. Bei genauem Betrachten und Anfeuchten gelingt es indessen die Form des dunkler schwarzen Abdruckes zu erkennen. Das unten sehr schmale und deutlich längsgestreifte Blatt verbreitert sich allmälig nach oben und theilt sich dann in zwei Gabeln, jeder Lappen hat eine Breite von 4 Mill., ist fast parallelseitig und vorn stumpf zugerundet. Er ist von feinen, dicht stehenden Längsnerven durchzogen; es war mir aber nicht möglich zu ermitteln, ob dieselben einfach oder hier und da in Gabeln getheilt sind.

Neben dem hier beschriebenen Stück liegen zwei breitere Blattstücke (von 7 Mill. Breite, Fig. 1 b.), welche vorn auch stumpf zugerundet und von ähnlichen feinen Längsnerven durchzogen sind. Diese Längsnerven sind stellenweise gablig getheilt. Es ist indessen noch zweifelhaft, ob sie zur selben Art oder aber einer andern Pflanze angehören.

Neben den Blättern liegt eine Spore (Fig. 1 c.), welche jedenfalls einem Gefässkryptogamen angehört und wahrscheinlich von vorliegender Pflanze herrührt. Sie ist kugelrund. Von der Mitte gehen drei Leisten aus (Fig. 2 fünfmal vergrössert), wie bei den Farrn. Sie hat 1 Millim. Durchmesser und ist daher auffallend gross.

Es ist diese Pflanze sehr ähnlich der Schizopteris anomala Brongn. (Veget. foss. Taf. 135. S. 384). Wir haben hier diese lang ausgezogene, am Grund keilförmig verschmälerte Blattbasis und gablig getheilte Blattfläche mit feinen gleichartigen Längsnerven. Es scheint aber die Melville-Pflanze von zarterem Bau gewesen zu sein, da man sie bildet nur einen dünnen Ueberzug auf der Schieferplatte, während die Pflanze von Saarbrück eine lederartige Beschaffenheit hatte.

Da diese Pflanzengattung zur Zeit nur aus der Steinkohle bekannt ist, gehört die Kohle der Skene-Bai einer alten Formation und wohl der eigentlichen Steinkohlenbildung an.

2. Cyclopteris sp.? Taf. XX. Fig. 3. 4. 5 a.

In der Kohle der Skene-Bai sind mehrere Blattfetzen zu sehen (Fig. 3. 4. 5 a.), welche jedenfalls von einem Farrn und wahrscheinlich von einer Cyclopteris herrühren. Es gehen vom Blattgrunde mehrere Nerven aus, welche sehr bald sich gablig theilen (Fig. 4. 5); diese Gabeläste sind zum Theil lang (Fig. 5) und deuten auf ein ziemlich grosses Blatt (etwa wie bei Cycl. hybernica Forb.), dessen Umriss aber nicht zu ermitteln ist. Eine genaue Bestimmung ist daher nicht möglich.

3. Pecopteris sp.? Taf. XX. Fig. 6.

Auch nur ein Blattfetzen von derselben Stelle, dessen Umriss ebenfalls uns unbekannt geblieben. Von einem Mittelnerv entspringen, in ziemlich spitzem Winkel, gerade, unverästelte, parallele Secundarnerven, etwa wie bei Pecopteris.

4. Lepidodendron (Sagenaria) Veltheimianum Sternb. Taf. XX. Fig. 9 a.

Sagenaria Veltheimiana Presl. Gp. Flora der Permischen Formation. S 135 Geinitz Flora von Hainichen-Eberdorf. Taf. IV. Fig. 6
Knorria acicularis Gœpp. Uebergangsgebirge. S. 200. Taf. 10 Fig. 3.
Knorria Schrammiana Gœpp. l. c. Fig. 4.

In der Bridport-Kohle liegt ein mattschwarzes Stengelstück von 10 Mill. Breite, welches bei genauerer Betrachtung lange, schmale, vorn zugespitzte Blattnarben zeigt, welche vollständig mit denen der Knorria acicularis Gœpp. übereinstimmen, deren Stämme man als entrindete Stücke des Lepidodendron Veltheimianum erkannt hat, daher dieser Pflanzenrest, so klein er auch ist, doch den Zusammenhang der arctischen Kohlenflora mit der europäischen und amerikanischen beweist, denn es gehört dieses Lepidodendron zu den allgemein verbreiteten Arten der untersten Abtheilung der Steinkohlenformation.

Die einzelnen Warzen haben eine Länge von circa 6 Millim., sind dabei sehr schmal und vorn zugespitzt, an der Basis in die Rinde verlaufend. Sie stehen in einer Spirale am Ast. Die Zwischenräume zwischen denselben sind glatt.

5. *Lepidophyllum obtusum* m. Taf. XX. Fig. 10.

L. foliis oblongis, basi apiceque obtuse rotundatis, nervo medio basi valido antrorsum evanescente.
Skene-Bai. (M'Clintock.)

Ein länglich-ovales ganzrandiges Blättchen, das vorn und am Grund stumpf zugerundet ist. Vom Blattgrund geht ein starker Mittelnerv aus, der aber schon in der Blattmitte sich ganz verliert. Die übrige Blattfläche zeigt keine Spur von Nerven; nur am Rande sind Andeutungen eines Saumnervs.

Die Art und Weise, wie der Mittelnerv ausläuft und der Mangel aller feinern Nerven spricht für Lepidophyllum, obwohl die Zurundung an der Blattspitze bei keiner bekannten Art vorkommt.

Die Lepidophyllen sind wahrscheinlich Blätter von Lepidodendron.

6. *Lepidodendron Spore*.? Taf. XX. Fig. 5 b., vergrössert Fig. 5 d.

Ein linsenförmiges, $1\frac{1}{2}$ Mill. breites, kreisrundes, von einem schmalen flachen Rand umgebenes Körperchen, das ganz mit äusserst feinen Wärzchen besetzt und in der Mitte mit einer punctförmigen Vertiefung versehen ist. Die Warzenbildung ist wie bei den Sporen der Kryptogamen und die Grösse spricht für eine Oospore von Lepidodendron. Die Lepidodendren haben nämlich wie die Selaginellen grosse und kleine Sporen und die Erstern kommen in Grösse mit der Melville-Spore überein.

7. *Cardiocarpus circularis* m. Taf. XX. Fig. 7, zweimal vergrössert 7 b. 8.

C. lenticularis, compressus, orbicularis, laevigatus.
Skene-Bai. (M'Clintock.)

Ein linsenförmiges, ganz flachgedrücktes, fast kreisrundes Körperchen, das sich deutlich von der umgebenden Kohlenmasse abhebt und mit einem sehr schmalen Rande versehen ist. Auf einer Seite ist es ganz seicht eingedrückt. Sculptur ist keine sichtbar. Es sind zwei gleich grosse, 4 Mill. im Durchmesser haltende Exemplare vorhanden. Vielleicht die Fruchtkapsel von Lepidodendron Veltheimianum.

Aehnlich den von Goeppert (Palaeontogr. XII. S. 175) als junge Früchte des Cardiocarpus orbicularis Ett. gedeuteten Körperchen, welche er auf Taf. XXVI. Fig. 22 u. 23 abgebildet hat. Sie sind aber mehr kreisrund und haben einen viel schmalern Rand.

8. *Nœggerathia polaris* m. Taf. XX. Fig. 1 f., Fig. 11 a. b. Fig. 12 b., vergrössert 12 b. b.

N. pinnulis linearibus, apice truncatis, nervis aequalibus tenuissimis, subundulatis, hinc inde furcatis.
Cap Dundas und Skene-Bai. (M'Clintock.)

Ein 12 Millim. breites, vorn gerade abgestutztes Blattstück, das wenigstens 23 Millim. (cf. Fig. 12 b.) lang, vielleicht aber noch viel länger war, da kein Stück in seiner ganzen Länge erhalten ist. Es ist von zahlreichen feinen und wenig vortretenden Längsnerven durchzogen, die bis zur Spitze reichen. Sie treten stellenweise stärker, stellenweise kaum merklich hervor und zeigen an ein paar Stellen gablige Theilung. Es bekommt davon die Blattfläche ein etwas wellig gestreiftes Aussehen.

Ist sehr ähnlich den Fiederblättchen der Nœggerathia abscissa Goeppert (Nova acta Ac. Leop. XXII. Taf. 217., cf. auch Rœmer in Palaeontogr. Taf. VII. Fig. 10), aber durch die weniger scharf vortretenden, weniger parallelen und an ein paar Stellen gablig getheilten Nerven verschieden; auch ist das Blatt vorn gerade abgeschnitten und nicht ausgerandet. — Dawson hat ähnliche Blätter aus dem Devonien Amerika's als Cordaites Robbii beschrieben (Quarterly journal. XVIII. S. 316. Pl. XIV. 31), aber auch bei diesen treten die Längsnerven stärker hervor und stehen weiter auseinander.

Es waren wahrscheinlich die Fiedern eines zusammengesetzten, gefiederten Blattes.

9. *Nœggerathia Mac Clintockii* m. Taf. XX. Fig. 1 d. e. Fig. 12 a.

N. foliolis oblongis, basi apiceque rotundatis, nervis aequalibus, obsoletis, parallelis.
Skene-Bai (Fig. 1 d.), Cap Dundas (Fig. 12 a.).

Am vollständigsten ist das Fig. 1 d. abgebildete Blättchen erhalten. Es hat eine Breite von 10 Mill. und eine Länge von 30 Mill., ist ganzrandig und vorn ganz stumpf zugerundet; dasselbe ist der Fall bei Fig. 1 e. und Fig. 12 a. Während aber diese nur in der vordern Partie erhalten sind, haben wir von Fig. 1 d. auch einen Theil der Blattbasis, woraus wir sehen, dass diese sich auch etwas zurundet, während

sonst die Nœggerathienfiedern am Grunde mit breiter ganzer Seite in den Blattstiel eingefügt sind. Es ist dies eine Eigenthümlichkeit dieser Art, welche aber nicht hinreicht, um sie von Nœggerathia auszuscheiden. Die Nervatur ist wie bei allen Blättern der Mellville-Insel, wohl in Folge des starken Druckes, dem diese Blätter unterworfen waren, verwischt, doch sieht man bei guter Beleuchtung die Andeutungen zahlreicher, paralleler Längsnerven.

10. Nœggerathia Franklini m. Taf. XX. Fig. 12 c. d. Fig. 5 c.

N. foliolis linearibus, elongatis, angustis, apice obtuse rotundatis, nervis parallelis, æqualibus, subtilissimis. Cap Dundas (Fig. 12 c. d.). Skene-Bai (Fig. 5 c.).

5—7 Mill. breite und wenigstens 50 Mill. lange parallelseitige und vorn stumpf zugerundete Blättchen, welche von undeutlichen, aber zahlreichen und parallelen Längsnerven durchzogen sind. Bei einem Stück (Fig. 12 d'.) sieht man auch schief gehende Querstreifen, welche aber zufällig zu sein scheinen und wohl von Abdrücken eines früher schief darüber gelegenen Blattes herrühren dürften. Fig. 5 c. stellt die Spitze von zwei neben einanderliegenden Blattfiedern dar, auf denen mit der Lupe einige zarte Längsnerven zu erkennen sind.

Ist ähnlich der N. palmæformis Gœpp., hat aber viel kleinere Blattfiedern. Auch Cordaites angustifolia Dawson aus dem Devonien, den ich aber nur aus der Beschreibung kenne, dürfte in Betracht kommen.

11. Thuites Parryanus m. Taf. XX. Fig. 13, vergrössert 13 b.

Th. ramulis gracilibus, foliis quadrifariam imbricatis, squamæformibus, valde adpressis, oppositis, rhombeis, ecarinatis. Cool vom Village Point. (Cap. M'Clintock).

Ein sehr zartes cylindrisches Zweiglein von 2 Mill. Dicke ist ganz dicht mit angedrückten Blättchen besetzt. Man sieht eine mittlere Reihe und zwei seitliche. Es standen daher am ganzen Zweig die Blätter in vier Zeilen und scheinen je zwei und zwei gegenständig zu sein. Die mittlern sind rhombisch und 2 Mill. lang, vorn ziemlich zugespitzt; die seitlichen hatten ohne Zweifel dieselbe Form, da man aber nur die Hälfte jedes Blättchens sieht, indem die andere auf der Rückseite liegt, erscheint es dreieckig.

Da die Blätter gegenständig und in vier Zeilen geordnet sind, kann die Pflanze nicht zu den Lycopodiaceen gehören. Wir haben diese Blattstellung bei vielen Cupressineen, zu welchen sie wohl gehört. Unter diesen hat Thuites Zweige mit gegenständigen, fest anliegenden Blättern, daher unsere Art in diese Gattung einzureihen ist, unter welcher wir alle Cupressineen mit gegenständigen, vierzeiligen und fest an die Zweige angedrückten Blättern verstehen, die noch nicht bestimmten lebenden Gattungen zugetheilt werden können[1]). Unter den beschriebenen Arten ähnelt am meisten der Thuites Germari Dunker (Monographie der norddeutschen Wealdenbildung pag. 19. Taf. IX. Fig. 10). Die kleinen Blättchen liegen ebenso dicht an, wodurch die Seiten des Zweiges fast geradlinig erscheinen; leider ist aber die Abbildung (wie auch Dunker bemerkt) verfehlt und stimmt nicht zur Beschreibung, so dass eine genauere Vergleichung nicht möglich ist. Jedenfalls ist aber die Art verschieden, indem bei der Wealdenpflanze die Blättchen auf dem Rücken eine Carina haben. Dasselbe ist der Fall bei Thuites fallax Hr. (Urwelt der Schweiz. S. 80. 101. Taf. IV. 16. F. 2. 3) aus dem Lias der Schweiz.

Aehnliche Zweige hat auch Arthrotaxites Frischmanni Ung. (Palæontographica IV. pag. 41. Taf. VIII. Fig. 4. 5) aus dem weissen Jura von Solnhofen und Nusplingen. Der Zweig ist aber bei der arctischen Pflanze viel dünner, die Blätter sind viel kleiner und verhältnissmässig länger und schmäler.

B. Bathurst-Insel.

Von der Graham Moore-Bai der Bathurst-Insel besitzt das königliche Museum in Dublin ein kleines Stück grauschwarzen Kohlenschiefer, der in dünne Blätter spaltet und auf diesem zwei Nadelholzblätter erkennen lässt.

---

[1]) Wir ziehen dazu also auch die unter Cupressites aufgeführten Arten, so weit sie obigen Charakter haben. Die Gruppe Cupressites Gœppert (fossile Coniferen. S. 183) bestand aus sehr verschiedenartigen Elementen, indem Cupressites Hardtii und fastigiatus zu Sequoia, sein C. racemosus zu Glyptostrobus gehören.

1. Pinus Bathursti m. Taf. XX. Fig. 14.

P. foliis geminis, brevibus, 10 Millim. longis, linearibus, medio subcostatis-rigidis.
In der Kohle von Graham Moore-Bai auf der Bathurst-Insel.

Zwei sehr kurze steife Nadeln sind am Grunde durch eine gemeinsame Scheide verbunden; daneben liegen noch mehrere Nagelfragmente, von denen eines eine deutliche Mittelfurche zeigt und mit der Lupe noch einige äusserst feine Längsstreifen erkennen lässt (Fig. 14 b., wo das Blattstück vergrössert). Die Breite dieser Blätter beträgt nur 1 Millim., ihre Länge 10 Millim.

Aehnliche Nadeln hat die Pinus Banksiana Lamb. aus Nordcanada und unter den tertiären Arten die P. brevifolia A. Br. und P. furcata Ung.; doch sind sie beim Petrefact von Bathurst noch kürzer und schmäler.

C. Miocene Pflanzen des Bankslandes.

Vergl. S. 21.

1. Pinus (Abies) Mac Clurii m. Taf. XX. Fig. 16—18. Taf. XXXV. Fig. 1. XXXVI. Fig. 1—5.

P. strobilis subcylindricis, latitudine triplo longioribus, squamis parvulis, striatis

Zwei Zapfen aus den Holzhügeln der Ballast-Bai im Banksland (74° 27' n. Br.). Der eine (Fig. 16) wurde von M'Clure heimgebracht und dem Museum der geological Survey geschenkt, der andere (Fig. 17) kam durch L. M'Clintock in das königliche Museum nach Dublin.

Der eine Zapfen ist 56 Mill. lang bei 18 Mill. Breite, der andere 59 Mill. lang und 19 Mill. breit. Er besitzt sehr dicht stehende, kleine, auswärts verdünnte und fein gestreifte Schuppen. Bei beiden Exemplaren sind die Zapfenschuppen vorn mehr oder weniger abgebrochen, daher sich leider ihre Form nicht mehr genau bestimmen lässt. Auch sind die Schuppen so dicht übereinanderliegend, dass ihre seitliche Begrenzung nur bei wenigen Schuppen deutlich ist und die Zeilen dadurch verwischt wurden. Es waren die Schuppen auch in der Zapfenmitte schmal und erreichen nur eine Breite von 7—9 Mill. Ob sie vorn stumpf zugerundet und ganzrandig oder aber gezahnt waren, lässt sich nicht ermitteln. — Der Zapfen von Dublin (Fig. 17 und von der Seite Fig. 18) ist etwas gekrümmt und die Insertionsstelle seitlich und excentrisch, er war daher wahrscheinlich hangend; auch der zweite Zapfen (Fig. 16) ist etwas gekrümmt. Dieser ist fast cylindrisch, an Grund und Spitze ziemlich stumpf zugerundet, während der andere mehr zugespitzt ist und so dem Spindelförmigen sich nähert. Die Samen sind nicht zu sehen, müssen aber klein gewesen sein.

Die fest mit der Achse verbundenen, längsgestreiften und auswärts nicht verdickten Zapfenschuppen weisen auf die Fichten, unter welchen die Weissfichte Amerika's (Pinus alba Ait.) unserer Art am nächsten zu stehen scheint. Sie unterscheidet sich aber durch die etwas grössern und auch verhältnissmässig dickern Zapfen; bei Pinus alba haben die Zapfen eine Länge von 38 bis 50 Mill. und die grössten haben (im geschlossenen Zustande) einen Durchmesser von circa 14 Mill.; sie sind also zwischen drei- und viermal, die von P. M'Clurii aber dreimal so lang als dick. Dabei sind die Zapfenschuppen der fossilen Art etwas schmäler. In dieser Beziehung nähert sich dieselbe der P. Menziesii Dougl., welche aber viel dünnere und lockerer gestellte Zapfenschuppen besitzt.

In Grösse kommen die Zapfen mit denen der P. orientalis L. überein, während die einzelnen Schuppen schmäler sind. Von der P. nigra Ait. unterscheiden sie sich durch die längern, nicht kurz eiförmigen Zapfen.

Zu dieser Art dürfte wohl der grosse Holzstamm gehören, welcher von Mac Clure an derselben Stelle gefunden und aufs Schiff gebracht wurde. Das Holz (Taf. XXXV. Fig. 1. XXXVI. 1—5) stimmt, wie schon Dr. J. D. Hooker es ausgesprochen hat[1]) und wie dies durch die Untersuchung des Herrn Prof. Cramer bestätigt wurde, mit dem der Fichten völlig überein.

2. Pinus Armstrongi m. Taf. XX. Fig. 19.

P, ramulis foveis profundis, rhomboidalibus, densis exsculptis.
Von derselben Stelle, wie vorige Zapfen. Von Mac Clure der geological Survey geschenkt.

Ist ein Stück eines Zweiges oder die Achse eines Zapfens. Der erhaltene Theil hat eine Länge von 30 Mill. und eine Breite von 7 Mill., ist mit tiefen rhombischen oder rhombisch-ovalen Gruben dicht besetzt.

---

[1]) cf. Armstrong the North-West Passage. S. 397.

Jede dieser Gruben hat eine Länge von 4 Mill. bei einer Breite von 3 Mill.; sie schliessen fest aneinander an. Die Vertiefung steht schief zur Achse, so dass die in der Vertiefung befestigten Körperchen (Blätter oder Schuppen) nach vorn müssen gerichtet gewesen sein. An einigen Stellen sind die Reste dieser Körperchen in Form kurz abgebrochener, an der Bruchstelle runder Zapfen (Fig. 19 c. vergrössert) noch in der Vertiefung drin und füllen sie aus. Wo sie ausgefallen, bemerkt man eine trichterförmige, schief gegen die Achse gerichtete Vertiefung, aus welcher wahrscheinlich die Gefässbündel kamen. Am obern Ende sind einige Gruben länglich-oval (Fig. 19 c. vergrössert), während sie an den andern Stellen mehr rhombisch sind Fig. 19 b. vergrössert). Die Parastichen sind deutlich ausgesprochen.

Aehnlich gestellte, dicht beisammenstehende Blattnarben haben wir an den Zweigen der Araucaria excelsa, aber diese bilden hervortretende Warzen und keine Gruben. Ebenso stehen auch bei den Fichten die Blattnarben als Warzen hervor, daher das vorliegende Stück nicht zu Pinus M'Clurii gehören kann. Dagegen haben wir bei den Weisstannen grubenförmig vertiefte Blattnarben und bei dem von Goeppert Monographie der fossilen Coniferen. Taf. 16. Fig. 6) abgebildeten Zweige der Pinus (Abies) firma Sieb. (P. homolepis Ant.) sind sie auch in ähnlicher Weise dicht gestellt, ebenso bei der P. Nordmanniana (Taf. XX. Fig. 20, vergrössert 20 b.), aber sie sind nicht in solchen tiefen Gruben, wodurch die fossile Art sehr abweicht. Dass der Zweig einer Pinus angehört, zeigen die in einer Reihe stehenden Tüpfel der Holzzellen. Vielleicht gehört sie mit Pinus Steenstrupiana oder P. Ingolfiana von Island zu einer Art.

3. Cupressinoxylon pulchrum Cram Taf. XXXIV. Fig. 1. Taf. XXXVI. Fig. 6—8.

Vgl. Cramer die fossilen Hölzer im Anhang.

4. Cupressinoxylon polyommatum Cram. Taf. XXXIV. Fig. 2 a. b. Taf. XXXV. Fig. 2—3.

Cramer l. c.

5. Cupressinoxylon dubium Cram. Taf. XXXIV. Fig. 3.

Cramer l. c.

6. Betula M'Clintockii Cram. Taf. XXXIV. Fig. 4 a. b. Taf. XXXIX.

Cramer l. c.

III. Miocene Pflanzen vom Mackenzie

in der Nähe der Einmündung des Bärensceflusses. 65° n. Br.

Gesammelt von Dr. Richardson. Vgl. S. 25.

---

1. Glyptostrobus europaeus Brongn. sp. Taf. XXI. Fig. 10—12. S. 90.

Nr. 2 von Richardson arctic Searching expedition. II. S. 406.

Fig. 10, 11 und 12 stellen kleine Zweige mit abstehenden Blättern dar, wie solche beim Gl. heterophyllus Japans und bei der fossilen Art (cf. Flora tert. Helv. Taf. XVIII. Fig. 5. 6. 8) vorkommen. Der Zweig Fig. 12 ist so ähnlich dem vom Hohen Rhonen in der Schweizerflora l. c. Fig. 8 abgebildeten, dass diese Art vom Mackenzie damit vereinigt werden darf, obwohl mir allerdings keine Zweige mit angedrückten schuppenförmigen Blättern zu Gesicht gekommen sind. Wahrscheinlich wird man aber dieselben bei weiterem Nachsuchen noch auffinden. Der Taxites phlegethonteus Unger (iconograph. Taf. XV. Fig. 17), mit dem Hr. Richardson unsere Pflanze vergleicht (arct. exped. S. 406. Nr. 2), hat viel grössere und am Grunde zusammengezogene Blätter und gehört zu Sequoia Langsdorfii.

Die Blätter sind sehr schmal, vorn gespitzt, am Grund nicht verschmälert und an der untern Seite am Zweig herunterlaufend, von einem Mittelnerv durchzogen (Fig. 10 d. und 11 b. vergrössert). Sie stehen dicht zusammen, sind ziemlich steil aufgerichtet und weniger deutlich zweizeilig angeordnet.

Wir bemerken auf manchen Blättern ebenfalls kleine Querstreifchen und rundliche Scheibchen, wie bei der folgenden Art.

2. Sequoia Langsdorfii Br. sp. Taf. XXI. Fig. 1—8. S. 91.

Nr. 1 von Richardson l. c. S. 403. Taf I.

Am besten erhalten ist der Taf. XXI. Fig. 1 (ein Stück vergrössert Fig. 1 b.) abgebildete Zweig. Wir haben am Grund desselben mehrere schuppenförmig angedrückte, kurze Niederblätter, weiter oben zweizeilig geordnete dicht beisammenstehende Blätter, welche mit der verschmälerten Basis deutlich an dem Zweig herablaufen und an diesem Längsstreifen bilden. In allen diesen Beziehungen stimmen diese Zweige mit denen von Grönland und aus der Schweiz überein. Ebenso in der Form der Blätter. Sie sind vorn stumpflich. Der Mittelnerv reicht bis zur Blattspitze, ohne sich über diese hinaus in eine Spitze zu verlängern. Die meisten Blätter zeigen im Abdruck äusserst zarte, nur mit der Lupe wahrnehmbare, wellig verlaufende Querstreifen (Fig. 4 u. 4 b.), welche aber offenbar nur zufällig entstanden sind und auch bei einigen Sequoiablättern von Grönland (vgl. Taf. II. Fig. 21, 23 b.) sich finden. Sie mögen sich beim Verhärten des Schlammes zu Stein gebildet haben. Dagegen deuten die feinen parallelen Längsstreifen (Fig. 4) auf äusserst zarte Längsnerven, wie wir sie auch bei den Grönländer-Blättern gefunden haben. Die Fig. 1 abgebildeten Blätter sind etwas kürzer als sie gewöhnlich bei Seq. Langsdorfii vorkommen, wogegen die Fig. 5 dargestellten ganz dieselbe Grösse haben.

Der Taf. XXI. Fig. 3 abgebildete Zweig gehört wahrscheinlich auch zu dieser Art. Ich habe ihn im britischen Museum gezeichnet und damals für einen Sequoiazweig genommen. Erst später bemerkte ich, dass Dr. Richardson dasselbe Stück in seinem Werk (arctic Searching expedttion. I. Pl. I.) abgebildet hat. Da in seiner Zeichnung die Blätter am Grunde zugerundet und nicht am Zweige decurrierend sind, habe ich darauf bauend dieses Zweigstück in meiner Urwelt der Schweiz (S. 306) zu Taxodium gezogen. Da indessen Fig. 1 u. 6 unzweifelhaft zu Sequoia gehören, ist es mir jetzt wahrscheinlicher, dass die Abbildung in Richardsons Werk nicht ganz richtig ist, um so mehr da Richardsons sorgfältige Beschreibung der Pflanze (II. S. 404) der schiefen Eindrücke gedenkt, welche an dem Zweige durch die Art der Befestigung der Blätter entstehen.

Bei Fig. 6 haben wir die männlichen Blüthenknospen und bei Fig. 8 b., die Abdrücke von zwei schildförmigen Zapfenschuppen, welche an einem Zweige befestigt, dessen Blätter schuppenförmig angedrückt sind. Bei Fig. 7 b. (vergrössert 7 c.) liegt der Abdruck eines ovalen Samens, der mit einem Flügelrand versehen ist und wahrscheinlich unserer Art angehört. Vgl. auch Lyell elements of Geology. 1865. S. 262. Fig. 202.

Dr. Richardson vergleicht diese Art mit Taxus baccata und canadensis, mit welcher sie in der That in der Bildung der Zweige und Blätter viel Aehnlichkeit hat. Abgesehen von der ganz andern Frucht- und Samenbildung unterscheidet sich aber der Eibenbaum durch die längern Blätter, den vorn sich verwischenden Mittelnerv und die feine Blattspitze.

Auf manchen Blättern bemerken wir kleine, kreisrunde Scheibchen, welche zuweilen in der Mitte eine punctförmige Vertiefung haben. Es scheinen keine Pilze zu sein. Richardson ist geneigt, sie für Ausscheidungen der Blätter zu halten.

3. Pinus spec. Taf. XXI. Fig. 9.

Eine einzelne, steife, 1½ Mill. breite und lange Nadel, welche von einem Längsnerv durchzogen ist. Iat die grösste Aehnlichkeit mit der Nadel der Pinus Hampeana Ung. (vgl. Flora tert. Helv. I. Taf. XX. 'ig. 4 c.) und gehört vielleicht zu dieser Art, worüber aber erst vollständiger erhaltene Stücke entscheiden önnen.

4. Smilax Franklini m. Taf. XXI. Fig. 18.

Sm. foliis petiolatis, orbiculatis, quinquenerviis.
Nr. 8 von Richardson l. c. S. 410.

Es ist dies Blatt fast kreisrund, am Grund nicht ausgerandet. Der Blattstiel ist ziemlich lang und ünn. Vom Blattgrund entspringen fünf Nerven, welche spitzwärts laufen; die seitlichen bilden grosse Bogen d senden nach auswärts Aeste, die ein weites Maschenwerk erzeugen. Die Felder sind mit einem grossiligen, zarten Netzwerk ausgefüllt, welches das ganze Blatt überzieht.

Es stimmt dies Blatt in der Nervation zu Smilax und zeigt ganz die Form von Sm. orbicularis Hr. 'lora tert. Helv. III. S. 167) unserer obern Molasse, weicht aber in dem andern Verlauf der Nervillen ab. ۱ter den lebenden Arten steht ihr die Sm. excelsa L. aus Georgien und die Sm. rotundifolia L. der Verעigten Staaten am nächsten.

Ob das Fig. 19 abgebildete kleine Blättchen zu dieser Art gehöre, ist mir noch sehr zweifelhaft.

5. Populus Richardsoni m. Taf. XXIII. Fig. 2 a. 3. S. 98.

Richardson l. c. Pl. II. S. 19". II. S 408. Nr. 4.

Das von Richardson abgebildete Blattstück stimmt wohl zu der Art von Grönland und noch mehr die Beschreibung, die er S. 408 von demselben gegeben hat. Die rechtwinklig vom Blattstiel auslaufende Basis ist etwa ein Zoll lang ganzrandig, dann gekerbt. Die Zähne sind gerundet und durch scharfe Winkel von einander getrennt. Von den sieben Blattrippen sind die drei mittlern viel stärker als die übrigen, von jenen drei mittlern biegen sich die beiden seitlichen gegen die Spitze zu. Die Blätter sind glatt und kahl.

Hierher gehören die Taf. XXIII. Fig. 2 a. 3 abgebildeten zwei Blattfetzen, welche den mit grossen Zähnen besetzten Rand darstellen; besonders gross sind sie bei Fig. 3, sie sind hier stumpf zugerundet, die Nervenäste zu einem Netzwerk verbunden.

6. Populus arctica m. Taf. XXI. Fig. 14. 15 a. S. 100.

Die abgebildeten zwei Blätter stimmen völlig mit denen von Grönland überein und zwar Fig. 15 a. mit der Form a. (S. 100) mit gekerbtem Rand, nur ist dasselbe am Grunde etwas ausgerandet und wird dadurch schwach herzförmig. Es hat 5—7 Hauptrippen, von denen aber die untern zwei sehr zart und kurz sind, während die beiden obersten seitlichen in grossem Bogen zur Spitze laufen. Die Art der Verästelung derselben und das feinere Adernetz sind ganz wie bei den Grönländer-Blättern. Der Rand ist nur mit sehr schwachen, wenig vortretenden und ganz stumpfen Kerbzähnen versehen, und Fig. 14 ist fast ganzrandig, wie Var. b. S. 101.

Es ist dies Nr. 5 in Richardsons Werk.

7. Populus Hookeri m. Taf. XXI. Fig. 16, vergrössert 16.

P. foliis rotundatis, longitudine latioribus, obsolete crenatis, quinque nerviis, nervis duobus lateralibus flexuosis, valde imosis.

Nr. 7. Richardson l. c. S. 410.

Das Blatt ist länger als breit, am Grund stumpf zugerundet, sehr schwach gekerbt, mit ganz kurzen, stumpfen Zähnen. Von den fünf Hauptrippen sind die beiden untersten sehr kurz und schwach; die beiden seitlichen stark hin- und hergebogen und in starke Aeste gespalten, die in Bogen sich unter einander verbinden. Die Felder sind mit einem polygonen Netzwerk ausgefüllt. Der dünne Blattstiel ist nicht in seiner ganzen Länge erhalten. Unterscheidet sich von den beiden voriger Art durch die nicht zur Blattspitze gebogenen seitlichen Hauptnerven und die Art der Verästelung derselben. Aehnelt der Populus latior und noch mehr der P. Heliadum Ung. (Flora tert. Helv. Taf. LVII. Fig. 4 u. 5), unterscheidet sich aber durch die viel kleinern Kerbzähne. Gehört in die Gruppe der Zitterpappeln.

Neben dem Blatt liegt ein ovales Körperchen, welches wahrscheinlich den Fruchtknoten dieser Pappel darstellt. Die Mittellinie bezeichnet die Naht der beiden Fruchtblätter und der Querstreifen am Grund die Stelle, wo der Kelch befestigt war.

8. Salix Raeana m. Taf. XXI. Fig. 13. S. 102.

S. foliis oblongis, basi subrotundatis, integerrimis, nervis secundariis approximatis, valde curvatis.
Nr. 16. Richardson l. c S. 416.

Ein 8 Millim. breites und circa 40 Millim. langes, ganzrandiges, ovales Blatt. Es ist in der Mitte am breitesten, nach vorn mehr verschmälert als gegen den Grund, der ziemlich stumpf zugerundet ist. Der Rand ist ungezahnt, kleine Puncte scheinen Drüsen anzudeuten. Von dem ziemlich starken Mittelnerv gehen jederseits 7—8 Secundarnerven aus; sie entspringen in etwa halbrechten Winkeln, sind stark gebogen und vorn in starken, vom Rand entfernten Bogen verbunden. Die Felder sind von querlaufenden Nervillen ausgefüllt; in einigen dieser Felder haben wir abgekürzte Seitennerven, welche in die nächstuntern einmünden, was die Weidenblätter charakterisirt. Aehnelt in der Blattform der Salix repens L., nur ist das Blatt grösser, namentlich breiter, und unter den fossilen Arten der S. integra Goepp. von Schossnitz.

Der Name soll an John Rae erinnern, den Begleiter Sir Richardsons, welcher die ersten sichern Spuren d. Gefährten Franklins entdeckt hat.

9. Betula sp. Taf. XXIII. Fig. 10.

Ein Zweigstück mit der Rinde, welche durch ihre Querstreifen und rundlichen Flecken als Birkenrinde sich ausweist, so dass wenigstens auf die Anwesenheit dieser Gattung an dieser Stelle geschlossen werden kann. Die Flecken sind kleiner und weniger dicht stehend, als bei dem Zweig aus Island. Taf. XXV. Fig. 10.

10. Corylus Mac Quarrii Forb. Taf. XXI. Fig. 11 c. Taf. XXI. Fig. 1—6. Taf. XXIII. Fig. 1. S. 104.

Ist eines der häufigern Blätter des Mackenzie, welches in denselben Formen erscheint wie in Grönland. Taf XXI. Fig. 11 c. und Taf. XXII. Fig. 1 stellen Blätter von mittlerer Grösse dar, die zwar nur theilweise erhalten sind, doch sieht man ein Stück des doppeltgezahnten Randes, der in dieser Zahnbildung ganz mit der mioconen Haselnuss Europa's übereinstimmt (cf. Fig. 1 b., wo diese Zähne vergrössert sind), dann einige Seitennerven, deren Tertiärnerven in die Zähne auslaufen und die deutlich hervortretendsn Nervillen. Ein kleines, aber am Rande zerstörtes Blatt ist bei Taf. XXII. Fig. 2 dargestellt; ein grosses bei Taf. XXII. Fig. 4 mit zerstörtem Rand, aber deutlichen Nervillen; zwei sehr grosse Blätter stellen Taf. XXII. Fig. 3 und 5 dar. Der Rand derselben ist grossentheils zerstört, doch sieht man bei Fig. 3 wenigstens einzelne Doppelzähne, welche zeigen, dass der Secundarnerv in einen grossen Zahn ausmündet, während die Tertiärnerven in kleine Seitenzähne, wie bei Corylus Avellana. Am Grunde des Blattes sind die Secundarnerven genähert, während die übrigen weiter auseinandergerückt sind. Es ist dies Blatt von auffallender Grösse, wie bei Corylus Colurna, es kommen aber auch in Grönland und in Menat Blätter von selber Grösse vor, die wir als C. M'Quarrii macrophylla (S. 105) bezeichnet haben. Ebenso gross war wahrscheinlich das Taf. XXIII. Fig. 1 abgebildete Blatt, dessen Rand aber ringsum zerstört ist. Die stark genäherten und grossen ersten Seitennerven und ihre stark entwickelten Tertiärnerven erinnern einigermassen an Platanus, die nächstfolgenden Seitennerven sind aber auch stark und mit Tertiärnerven versehen, was bei den Platanenblättern nicht der Fall ist.

Bei dem Taf. XXII. Fig. 6 abgebildeten Blatt steigen die untern Secundarnerven steiler an und bilden einen spitzern Winkel mit dem Mittelnerv; es ist mir daher noch zweifelhaft, ob dasselbe hierher gehöre.

11. Quercus Olafseni m. Taf. XXII. Fig. 7. S. 109.

Es liegt mir nur ein Blattfetzen vor, der aber wohl zu den Blättern von Grönland (namentlich Taf. XI. Fig. 8 u. 11) und Island stimmt. Der Rand ist mit ziemlich grossen, stumpflichen, durch weite stumpfe Buchten getrennten Zähnen versehen. Die Secundarnerven sind randläufig und jeder mündet in einen Zahn aus, und besitzt einen Tertiarnerv, der ganz so wie bei den Grönländer-Blättern in einen kleinern Zahn ausläuft. Die Nervillen sind theils durchgehend, theils gablig getheilt und die Felderchen noch mit einem feinen polygonen Netzwerk ausgefüllt.

12. Platanus aceroides Goepp.? Taf. XXI. Fig. 17 b. Taf. XXIII. Fig. 2 b. 4. S. 111.

Die abgebildeten Blattfetzen vom Mackenzie lassen leider keine sichere Bestimmung zu, da sie zu unvollständig erhalten sind. Bei keinem Stück ist der Rand vorhanden, wie auch die ganze obere Partie fehlt. Was für Platanus spricht sind die drei Hauptnerven, die grossen Secundarnerven, welche von den seitlichen gegen den Rand laufen, und die unterhalb derselben hervortretenden kleinern, abgekürzten Nerven; zweifelhaft macht aber bei dem Taf. XXI. Fig. 17 b. abgebildeten Blatt die Krümmung der Secundarnerven und bei Taf. XXIII. Fig. 2 b. die starke Verästelung des zweiten Secundarnervs. Jedoch treffen wir diese zuweilen in ähnlicher Weise auch bei Platanus aceroides, so bei dem von Goeppert Taf. IX. Fig. 3 (Flora von Schossnitz) und bei dem in der Flora tert. Helv. Taf. LXXXVIII. Fig. 11 abgebildeten Blättern. Die Bildung der Nervillen ist wie bei Platanus.

13. Hedera Mac Clurii m. Taf. XXI. Fig. 17 a. S. 119.

Es ist das Fig. 17 a. abgebildete Blatt vollständiger erhalten als die mir von Grönland bekannt gewordenen Blattreste (vgl. S. 119). Es stimmt mit denselben in dem dünnen cylindrischen Stiel, in den fünf Hauptnerven, welche in denselben Winkeln auslaufen und gleicher Weise sich verästeln und durch diese Aeste ein weites Maschenwerk bilden, überein.

Das Blatt war wahrscheinlich etwas länger als breit, am Grund stumpf zugerundet, vorn in eine Spitze auslaufend, an den Seiten stark gerundet. Die seitlichen Hauptnerven sind mehrmals gablig getheilt, welche Gabeln sich zu einem weiten Maschenwerk verbinden.

14. Pterospermites dentatus m. Taf. XXI. Fig. 15 b. Taf. XXIII. Fig. 6. 7.

Pt. foliis subpeltatis, dentatis.

Es sind nur Blattfetzen erhalten, doch zeigen ein paar Stücke ganz deutlich, dass der Blattrand über die Insertionsstelle des Stieles hinausreicht und das Blatt dadurch ein schildförmiges wird. Von der Insertions-

stelle gehen wie bei Pterospermum acerifolium mehrere kurze, zartere Nerven gegen den untern Blattrand; sie sind verästelt und durch Bogen mit einander verbunden; andere Hauptnerven laufen in fast horizontaler Richtung aus, der stärkste aber geht nach oben und bildet den Mittelnerv, von dem in sehr weiten Abständen Secundarnerven ausgehen. Die Felder sind von durchgehenden oder gablig getheilten, in Bogenlinien verlaufenden Nervillen ausgefüllt, zwischen denen ein weitmaschiges Netzwerk liegt.

Bei Fig. 7 liegt der Blattstiel auf der untern Blattfläche.

Aus Taf. XXI. Fig. 15 b. sehen wir, dass die Blattbasis gezahnt ist, ob die mit grossen Zähnen versehenen zwei Blattfetzen, welche in Taf. XXIII. Fig. 8 u. 9 abgebildet sind, hierher gehören, ist noch zweifelhaft. Wäre dies der Fall, so wäre der Blattrand mit grossen, ziemlich scharfen Zähnen besetzt.

15. Phyllites aceroides m. Taf. XXIII. Fig. 5.

Ph. apice acuminatus, dentatus, nervis secundariis camptodromis.

Es stellt das Fig. 5 abgebildete Stück eine Blattspitze dar. Der Rand ist mit ungleich grossen Zähnen besetzt; die Secundarnerven sind vorn in Bogen verbunden, die Felder mit durchgehenden Nervillen versehen. — Gehört vielleicht zu Acer.

16. Antholithes amissus m. Taf. XXIII. Fig. 12., vergrössert 12 b.

A. petalis orbiculatis, multinervosis, nervis furcatis.

Ein kleines, sehr zartes rundes Blättchen, das von 7 Längsnerven durchzogen ist, von welchen die mittlern in zwei Gabeläste sich spalten. Es ist 4 Mill. breit und eben so lang. Ist wahrscheinlich ein Blumenblatt, ähnlich dem A. lepidus Hr. Flora tert. Helv. III. S. 138. Taf. CXLI. Fig. 13.

17. Carpolithes Seminulum m. Taf. XXIII. Fig. 11., vergrössert 11 c.

C. ovalis, 3 Mm. longus, laevigatus.

Eine kleine Frucht oder wohl noch eher Same, von 3 Millim. Länge und kurz ovaler Form, glatt. Scheint nicht selten zu sein, und Dr. Richardson vergleicht es mit den Nüsschen von Taxus; ist aber viel kleiner und es fehlt ihm die Sculptur, wie die Ansatzstelle an der Basis, welche jene auszeichnet.

IV. Miocene Flora von Island.

I. Cryptogamen.

1. Fungi.

1. Dothidea borealis Hr. Taf. XXV. Fig. 17, vergrössert 17 b.

D. epiphylla, rotundata vel angulato difformis, subconfluens.

Heer Flora tert. Helvet. III. S. 317.

Hredavatn, auf dem Blatt der Betula macrophylla

Bildet auf dem Birkenblatte zahlreiche kleine Flecken; sie sind gruppweise zusammengestellt, doch nicht verschmelzend; nur 1, 2 bis 3 der kleinen Perithecien sind öfter verbunden und bilden dann grössere, eckige und unregelmässige Flecken. Jedes Perithecium ist körnig, d. h. erscheint aus sehr kleinen, runden, nur mit der Lupe wahrnehmbaren Wärzchen zusammengesetzt, wie bei den Dothidien. Von D. alnea Pers. ist die Art durch die oft eckigen und mehr gruppweise zusammengestellten Perithecien verschieden, scheint mir aber der D. betulina Fries (Syst. mycolog. II. p. 554) sehr nahe zu stehen. Unter den fossilen Arten ist D. acericola Hr. ähnlich, bildet aber viel kleinere Flecken.

2. Sclerotium (Perisporium) Dryadum Hr. Taf. XXV. Fig. 9 a.

Scl. sporangiis minimis, punctiformibus, nigris, rotundatis, deplanatis, foliuin Betulae priscae omnino obtegentibus.
(Húsavík. (Dr. Winkler.)

Ungemein kleine, schwarze, dicht beisammenstehende Puncte bedecken die Oberfläche eines Birkenblattes in ähnlicher Weise wie das Sclerotium betulinum Fries (Syst. mycolog. II. S. 262) die Blätter der lebenden Birkenarten. Fries hat dieses Sclerotium später (III. S. 249) zu seinem Genus Perisporium gebracht, wohin daher wahrscheinlich auch die fossile Art gehört; da es aber dem Scl. acericola und populicola u. a. ungemein ähnlich sieht, ist es zweckmässiger die ältere Eintheilung beizubehalten. — Auch ist nicht viel einzuwenden, wenn man die fossilen Sclerotien und Sphaerien, welche auf den Blättern sehr ähnliche Flecken und Puncte bilden, unter dem gemeinsamen Namen von Sphaerites zusammenfassen will.

3. Rhytisma induratum Hr.? Taf. XXIV. Fig. 1.

Rh. innatum, crassum, macula difformi confluens, rugosum, margine crenatum, in labia flexuosa dehiscens.
Heer Flora tert. Helvet III. S. 149 Taf. CXII. Fig. 7.
Gaulthvamr. Auf dem Blatte von Acer otopterix Goepp. (Dr. Winkler.)

Bildet auf einem Ahornblatte schwarze, runde, gerunzelte Krusten, welche sowohl auf der Blattfläche, wie am Blattrande sich finden; sie sind aber kleiner und weniger dick als beim Pilz des Hohen Rhonen, daher es nicht ganz sicher ist, dass er zur selben Art gehöre. Da diese Flecken indessen sehr ähnlich sehen denen von Rhytisma acerinum Fr., die in Grösse sehr variiren, ist es doch sehr wahrscheinlich.

II. Equisetaceæ.

4. Equisetum Winkleri Hr. Taf. XXIV. Fig. 2—6.

E caule simplici, 8—11 Mill. crasso, tenuissime striato, vaginato, vaginis brevibus, adpressis, apice crenatis.
Heer Flora tert. Helv. III. S. 317.
Equisetum lacustre Saporta ann. des sc. nat. p. 185. Taf 3. Fig. 1.
Gaulthvamr. (Dr. Winkler.)

Steht dem Equisetum Braunii nahe, die Stengel sind aber dicker und feiner gestreift. Die Scheiden sind nur theilweise erhalten. Sie sind angedrückt, kurz, vorn gekerbt, bilden also kurze, stumpfe Zähne von derselben Form und Grösse wie bei E. Braunii. Es gehen 10—12 auf eine Stengelbreite. Bei dem Stengelstück Fig. 2 b. sind die Internodien kurz; länger ist bei dem daneben liegenden Stengel Fig. 2 a., der von sehr feinen Streifen dicht durchzogen ist. Ein ähnliches Stengelstück liegt bei Fig. 3 und neben ihm sehen wir ein Stück der Scheide mit Zähnen, welche bei Fig. 4 bedeutend kleiner sind als bei Fig. 2 b., aber ebenfalls stumpf zugerundet. Sie rühren wahrscheinlich von einem Ast her. Bei Fig. 5 haben wir zwei relativ grosse Aeste, die gegenständig vom Stengel ausgehen.

Fig. 6 ist von Sandafell und auch von Herrn Dr. Winkler dort entdeckt worden. Es sind stark zusammengedrückte, länglich-ovale Knollen (oder Blasen), von denen zwei um einen Stengeldurchschnitt stehen und wahrscheinlich die Wurzelknollen unserer Art darstellen.

II. Phanerogamen.

I. Gymnospermæ.

Abietineæ.

5. Sequoia Sternbergi. Taf. XXIV. Fig. 7—10.

S. ramis elongatis, foliis lanceolato-linearibus, rigidis, apice acuminatis, basi decurrentibus, imbricatis.
Heer Urwelt der Schweiz. S 310. Fig. 160—163. Araucarites Sternbergi Gœpp. in Bronn's Geschichte der Natur. III. S. 41. Unger fossile Flora von Sotzka. Taf. 24. Fig. 1—14. Taf. 25. Fig. 1—7. Ettingshausen Flora von Haering. S. 36. Taf. 7. Fig. 1—10. Taf. 8. Fig. 1 - 12. Heer Flora .ert. Helv. I. S. 35. Taf. XXI. Fig. 5
Brjamslaek. (Prof. Steenstrup.)

Ist die häufigste Pflanze in dem Surturbrand von Brjamslock. Die Zweige liegen in den schwarzen, dünnblätterigen Kohlenschiefern drin. Die Blätter trennen sich leicht los und springen ab, daher es schwer hält diese Zweige zu conserviren.

Die Blätter sind meist etwas breiter und länger als die von Sotzka und Haering, stimmen aber genau überein mit denen von der Superga von Turin, wie eine Vergleichung des schönen Zweiges, den E. Sismonda

(matériaux pour servir à la paléontologie du terrain tertiaire du Piémont. Taf. IV. Fig. 6) abgebildet hat, mit unserer Fig. 9 zeigen wird. Neben dem Zweig mit solchen grössern Blättern, kommen aber auch welche mit kürzern und schmälern vor, wie sie Unger abgebildet hat und wie mir solche von Haering zur Vergleichung vorlagen. — Die Blätter sind am Grund decurrierend, sichelförmig gebogen, vorn zugespitzt, steif lederartig. Der Längsnerv ist öfter nicht in der Blattmitte, sondern längs des innern Randes wie bei Cryptomeria.

Nach einer Zeichnung, die mir Prof. Steenstrup mitgetheilt hat, lag bei einem Zweig der Durchschnitt eines Zapfens. Die Zapfenschuppen sind wenig zahlreich, auswärts keilförmig verbreitert, vorn gestutzt und von Längsstreifen durchzogen, und standen um eine kurze Längsachse herum. Die Zapfen müssen darnach kurz oval und beiderseits stumpf zugerundet gewesen sein, wie wir dies in der That bei dem Zapfen der Seq. Sternbergi sehen, welchen Massalongo in Chiavon entdeckt hat (cf. meine Urwelt der Schweiz. S. 310. Fig. 163 u. 161).

Die beblätterten Zweige und die Zapfen sind sehr ähnlich denen der Sequoia gigantea Endl. aus Californien. Nur sind bei dieser die Fruchtblätter gegen den Grund stärker veschmälert und die obere Partie ist mehr verdickt.

Pinus L.

Es sind bis jetzt noch keine Zapfen in Island gefunden worden, wohl aber einzelne Zapfenschuppen, Samen und Nadeln. So unzweifelhaft auch diese zu Pinus L. gehören, so ist doch die Feststellung der Arten schwer und ihre Vergleichung mit den anderwärts gefundenen natürlich nur in den Fällen möglich, wo uns dieselben Organe zur Vergleichung vorliegen. — Von Samen sind 7 Formen zu unterscheiden, von Zapfenschuppen 3 und von Blättern 2. In Betreff der Samen haben wir wohl zu berücksichtigen, dass in demselben Zapfen selten alle Samen sich entwickeln, indem einzelne in der Entwicklung zurückbleiben und kleinere taube Nüsschen haben. Das Taf. XXIV. Fig. 19 abgebildete Blättchen ist wahrscheinlich ein Deckblatt von Pinus; es ist nicht in seiner ganzen Länge erhalten und von gablig getheilten Längsnerven durchzogen.

A. Föhren.

6. *Pinus thulensis Steenstr.* Taf. XXIV. Fig. 21.

P. seminis nucula obovata, ala elongata, apicem versus sensim angustata, nucula plus duplo longiore.
Heer Flora tertiaria Helv. III. S. 318.
Hredavatn. (Prof. Steenstrup.)

Ein schön erhaltener Same von 19 Mill. Länge; der Kern ist $5^1/_2$ Mill. lang und 4 Mill. breit. Er ist verkehrt eiförmig. Der Flügel ist am Grund am breitesten, nach vorn zu sich allmälig verschmälernd und sich zuspitzend, von zarten Längsstreifen durchzogen. Die Rückenlinie ist ziemlich gerade, die Bauchlinie dagegen etwas gebogen.

Gehört nach der Form des Samenflügels zur Gruppe der Föhren. Der Same ist ungefähr von derselben Grösse wie bei P. sylvestris L., er ist aber am Grund viel weniger verbreitert, vorn dagegen weniger verschmälert. In der Form ähnelt er mehr dem von P. Laricio und P. Pinaster, ist aber beträchtlich kleiner und besonders der Flügel relativ kürzer. Er ist etwas grösser als bei P. serotina Mx. und vorn mehr verschmälert. Unter den fossilen Arten ähnelt er dem P. oceaninus Ung. (iconograph. Taf. XII. Fig. 1) und noch mehr dem P. echinostrobus Saporta (ann. des scienc. nat. III. 1866. Taf. 3. Fig. 1 D."). Die Grösse und Form des Samenflügels stimmt ganz mit letzterm überein, dagegen ist das Nüsschen der Art von Armissan viel kleiner, wobei freilich in Frage kommen kann, ob es bei dem von Saporta dargestellten Samen nicht verkümmert sei. Die P. echinostrobus hat fünf Nadeln in einem Büschel und Zapfenschuppen nach Art der Strobus. Vielleicht wird man mit der Zeit in Island auch die Zapfen und Nadeln finden, welche die Sache entscheiden werden.

7. *Pinus Martinsi Hr.* Taf. XXIV. Fig. 22.

P. seminis nucula obovata, ala oblonga, latiuscula, apice obtusa, nucula duplo longiore.
Heer Flora tertiar. Helvet. III. S. 315. Pinus humilis Saporta ann. des scienc. natur 1563. S. 61. Taf. 3. Fig. 6 B."
Hredavatn, bei dem Samen liegen Nadelreste (b) und das Deckblatt einer Birke (c).

Aehnlich dem vorigen, aber kleiner, der Flügel vorn viel stumpfer und die Seiten mehr parallel, auch ist der Flügel nur doppelt so lang als das Nüsschen, während bei P. thulensis fast $2^1/_2$mal so lang.

Der ganze Same (mit Flügel) hat eine Länge von 16 Mill., der Samenkern stark 5 Mill. bei 3½ Mill. Breite; der Flügel ist am Grund 4½ Mill. breit. Der Samenkern ist verkehrt eiförmig, der Flügel am Grund am breitesten; die Rückenlinie und Bauchlinie sind fast in gleicher Weise schwach gekrümmt; der Flügel ist daher nach vorn viel weniger verschmälert als bei P. thulensis und stumpfer zugerundet. Bei dem Samen liegt ein Nadelfragment; es hat eine Breite von 1½ Mill. und ist von einem deutlichen Längsnerv durchzogen und gehört wohl eher zu P. microsperma als zu der vorliegenden Art.

Es hat Graf Saporta (ann. des scienc. natur. 1863. Taf. 3. Fig. 6 B.) einen Pinussamen aus dem Untermiocen von St. Zacharie als P. humilis abgebildet, der in Form und Grösse des Nüsschens und des Samenflügels fast völlig mit dem Isländer übereinstimmt; er combinirt ihn mit einem Zapfen, welcher dem der P. montana Mill. ähnelt und mit mässig langen Nadeln, die zu zwei in eine kurze Scheide verbunden sind. Der Same weicht indessen in Grösse des Nüsschens und der Form des Flügels bedeutend von dem der P. montana ab (cf. diesen in meiner Flora der Pfahlbauten. Fig. 83 b.) und ähnelt viel mehr dem der Pinus serotina Michx. (Fig. 33); nur ist der Flügel dieser Art etwas breiter und vorn etwas weniger stumpf zugerundet. — Unter den fossilen Arten kommt auch Pinus Gœthana Unger (Iconographia plant. Taf. 12. Fig. 18. Flora tert. Helv. III. S. 160. Taf. CXLVI. Fig. 5) in Betracht. Der Flügel ist aber etwas grösser und seine Seiten sind mehr parallel.

B. Fichten und Tannen.

8. Pinus (Abies) microsperma Hr. Taf. XXIV. Fig. 11—17.

P. seminibus minutis, 8. Mill. longis, ala nucula duplo longiore, apice obtusa.

Heer Flora tortiaria Helvet. III. S. 161. Taf. CXLVI. Fig. 4. S. 318. Es wurde diese Art 1856 beschrieben, daher bei Pinus (Abies) microsperma Lindl. aus Japan, welche 1861 zuerst bekannt wurde, der Name zu ändern ist.

Der Same von Brjamslaek, ebenso der Zweig Fig. 13, wogegen die Blätter Fig. 14—16 und die Schuppe Fig. 12 von Hredavatn sind.

Es stimmt der Fig. 11 (vergrössert 11 b.) dargestellte Same sehr gut zu dem in meiner Flora von Locle abgebildeten überein, nur ist er vorn etwas weniger stumpf zugerundet, wobei indess in Betracht kommt, dass der Flügel des Samens von Locle an der Spitze nicht ganz erhalten ist.

Der Same ist sammt dem Flügel 8 Mill. lang, dieser hat eine Breite von 3½ Mill.; das Nüsschen ist 3 Mill. lang bei 2 Mill. Breite. Es ist am Grund verschmälert, oben ganz stumpf zugerundet. Die Rückenlinie ist stark gebogen, die Aussenseite dagegen fast gerade. Der Flügel ist breit und kurz und oben stumpf zugerundet. Die Aussenseite ist stark, die Rückenlinie dagegen schwach gebogen. Es hat dieser Same dieselbe Grösse wie bei Pinus alba Mich. (Fig. 35 a. b. c., vergrössert d.) und zwar Flügel und Kern; aber der Flügel ist vorn weniger verbreitert und weniger stumpf zugerundet. In dieser Beziehung stimmt er noch mehr mit dem P. canadensis L. überein, mit dem er auch in Grösse übereinkommt (cf. Fig. 36 a., vergrössert b.) und ebenso mit der P. Tsuga Japans.

Zu dieser Art gehört wahrscheinlich die Zapfenschuppe Fig. 12 von Hredavatn. Sie ist 12 Mill. lang und ebenso breit, am Grund keilförmig verschmälert, vorn aber ganz stumpf zugerundet und in der Mitte ausgerandet und da in der Mitte mit einem Zahn versehen. Es scheint wenigstens diese Bildung nicht zufällig zu sein, indem sie dafür zu regelmässig ist. Sie ist von zarten, strahlenförmig sich vertheilenden Längsstreifen durchzogen. Es ist diese Schuppe ähnlich der von Pinus alba (Fig. 35 c.), aber durch die Zahnbildung von derselben verschieden, ebenso von der P. Tsuga, deren Schuppen vorn stumpf zugerundet und sonst von selber Grösse sind; noch mehr weicht sie von der P. canadensis (Fig. 36 c.) ab, die durch ihre sehr kleinen Zapfen und Zapfenschuppen sich auszeichnet. Auch die Pinus nigra Mich. (Fig. 34 a. b.) hat ähnliche Samen, aber die Rückenlinie des Samenflügels ist stärker gebogen, und die Basis mehr verschmälert; die Zapfenschuppe (Fig. 34 c.) ist vorn stumpf zugerundet und am Grund allmälig, keilförmig verschmälert.

Ob die Fig. 13—16 abgebildeten Blätter und Zweig hierher gebracht werden dürfen, ist noch sehr zweifelhaft. An dem Zweige bemerken wir deutlich hervortretende, warzenförmige Blattpolster, die spiralig angeordnet sind und von denen kurze Längsstreifen ausgehen. Die Nadeln stehen einzeln, aber dicht beisammen. Sie sind flach, 20 Mill. lang bei 1 Mill. Breite; sie sind linienförmig, parallelseitig, vorn ziemlich scharf zugespitzt, bis nahe zur Spitze von einem deutlichen Längsnerv durchzogen. Der Zweig ist (wie der Same Fig. 11) von Brjamslaek, einzelne Blätter wurden in Hredavatn gefunden (Fig. 14—16). Die Bildung der Blattpolster ist zwar wie bei Pinus alba und Verwandten, wogegen die Form der Blätter ganz anders ist als bei dieser Art. Diese hat kurze, steife, nicht flache, sondern dicke, fast vierseitige Blätter, während

die fossilen offenbar flach und viel länger waren. Dies hatte mich früher veranlasst, diese Blätter mit Pinus Steenstrupiana zu vereinigen, allein die Bildung der Blattpolster spricht dagegen. Die P. Steenstrupiana gehört ohne Zweifel in die Abtheilung der ächten Weisstannen (Picea Don.), welche keine warzenförmig vortretenden Blattpolster haben. Dagegen haben wir bei der Gruppe Tsuga Endl. (den Hemlocktannen) solche und zugleich sehr kleine Samen. Wir haben schon oben darauf hingewiesen, dass die Samen der P. canadensis L. und Tsuga denen unserer Art sehr ähnlich sehen, die Blätter der P. canadensis sind allerdings viel kürzer und vorn und am Grund zugerundet, wogegen die verwandte P. Brunoniana Wall. (aus Nepal) Blätter besitzt, welche eine grosse Uebereinstimmung mit denen Islands zeigen.

Wenn der Zweig und die kleine Same wirklich zusammengehören, wofür auch das Zusammenvorkommen einer Nadel mit dem Samen angeführt werden kann, scheint es mir daher wahrscheinlich, dass die Art in die Gruppe der Hemlocktannen gehöre, und wir hätten dann dieser Art folgende Diagnose zu geben: P. foliis solitariis, pollicaribus, planis, angustis, uninerviis, apice acutiusculis, strobili squamis apice unidentatis, seminibus minutis, ala nucula duplo longiore, apice obtusa.

9. Pinus aemula Hr. Taf. XXIV. Fig. 20.

P. seminibus parvulis, 12 Mill. longis, nucula obovata, ala oblonga.
Heer Flora tert. Helv. III. S. 314
Brjamslaek, bei d-m Nussblatt. (Prof. Steenstrup.)

Der ganze Same ist wahrscheinlich $11\frac{1}{2}$ Mill. lang, das Nüsschen $4\frac{1}{2}$ Mill. (bei 3 Mill. Breite), der Flügel aber 7 Mill. bei 4 Mill. Breite. Es ist das Nüsschen verkehrt eiförmig; der Flügel hat in der Mitte seine grösste Breite, ist aber an der Spitze abgebrochen.

Unterscheidet sich von voriger Art durch das viel grössere Nüsschen und den relativ schmälern Flügel, der länglich-oval ist; von P. Martinsii durch die viel geringere Grösse und den am Grund weniger verbreiterten Flügel.

Neben dem Flügel sind kleine Nadelreste. Darnach scheinen die Nadeln schmal und von mehreren Längsstreifen, aber von keinem Mittelnerv durchzogen zu sein.

10. Pinus brachyptera Hr. Taf. XXIV. Fig. 18.

P. nucula obovata, ala dilatata, brevis, apice obtuse rotundata, nucula duplo longiore.
Heer Flora tert. Helvet. III. S 318.
Brjamslaek. (Prof. Steenstrup.)

Ist ausgezeichnet durch den kurzen, breiten, fein gestreiften Flügel. Der ganze Same hat eine Länge von 14 Mill., der Flügel 9 Mill. bei $6\frac{1}{2}$ Mill. Breite. Dieser letztere ist oberhalb der Mitte am breitesten und vorn sehr stumpf zugerundet.

Dem Fig. 18 abgebildeten Stück fehlt der Kern; ich habe denselben nach einem zweiten Stück der Kopenhagener Sammlung vervollständigt, von welchem ich aber nur die Zeichnung gesehen habe.

11. Pinus Ingolfiana Steenstrup. Taf. XXIV. Fig. 27—32.

P. foliis breviusculis, basi attenuatis, breviter petiolatis, apice retusis, strobili squamis unguiculatis, valde dilatatis, reniformibus, obtusissimis, radiatim profunde striatis; seminibus nucula ovali, ala abbreviata, rotundata, obovata.
Hredavatn. (Prof. Steenstrup.)

Es wurden in Island zweierlei Zapfenschuppen gefunden, welche offenbar von einer Tanne (Picea Don) herrühren, die einen haben eine Länge von 15—17 Mill. und eine Breite von 16—$19\frac{1}{2}$ Mill. und sind am Grunde zu jeder Seite des Schuppenstiels ausgerandet (P. Ingolfiana), die andern aber sind beträchtlich grösser, indem sie eine Länge von 19—22 und eine Breite von 28 Mill. erreichen, und zeigen jene Ausrandung nicht (P. Steenstrupiana); dazu kommen zwei Samen, von denen der eine (Fig. 25) unzweifelhaft einer Pinus derselben Gruppe angehören muss, während der zweite kleinere (Fig. 32) nach seiner Stellung zweifelhafter ist, mir aber auch einer Tanne anzugehören scheint. Der grosse Same kann nur mit den grossen Schuppen combinirt werden, da seine Flügel über die kleinern Schuppen weit hinausgeragt haben würden, es wird daher derselbe zu P. Steenstrupiana, der kleinere aber zu P. Ingolfiana zu bringen sein. Zweifelhafter ist die Sache bei den Nadeln. Die Fig. 27—29 abgebildeten Nadeln stimmen völlig mit Tannennadeln überein, allein es kann in Frage kommen, zu welcher der obigen beiden Arten sie zu bringen seien. Die kleinern Zapfenschuppen stimmen in Grösse ganz zu denen der P. Fraseri und auch die Form ist wenigstens insofern eine ähnliche, als auch bei P. Fraseri die Schuppen vorn ganz stumpf zugerundet und am Grund mit einem klauförmig verschmälerten Nagel versehen sind.

Da nun die Blätter zunächst mit denen der P. Fraseri übereinkommen, spricht eine grosse Wahrscheinlichkeit dafür, dass sie zu P. Ingolfiana gehören, was wohl das Zusammenbringen dieser Blätter, Zapfenschuppen und Samen rechtfertigt.

Die Blätter (Fig. 27—29, vergrössert 28 b.) sind flach, mit einem wenig vortretenden, breiten Mittelnerv, der bis zur Blattspitze reicht; vorn zugerundet und deutlich ausgerandet, am Grund allmälig in einen kurzen Stiel verschmälert. Sie sind 16 Mill. lang und haben 2½ Mill. Breite. Die Zapfenschuppen (Fig. 30 und 31) sind derb lederartig, vorn ganz stumpf zugerundet, am Grund in einen keilförmigen, dünnen Stiel (den Nagel) verschmälert. Da wo derselbe in die Schuppenfläche übergeht, ist diese jederseits tief ausgerandet und davon erhält die Schuppe eine nierenförmige Gestalt. In dieser Bildung weicht die Schuppe ganz von derjenigen unserer Weisstanne (Pinus picea L.) ab, bei welcher die Zapfenschuppe gegen den Grund zu ziemlich allmälig sich verschmälert und nur einen sehr kurzen Stiel zeigt. In der Bildung dieses Nagels, wie in der Grösse stimmt sie dagegen sehr wohl zu P. Fraseri, bei der indessen die Ausrandung neben dem Unguiculum fehlt. Diese haben wir aber in ganz gleicher Weise bei Pinus religiosa Humb. und Bompl. (cf. Fig. 38), deren Zapfenschuppen dadurch eine grosse Aehnlichkeit mit denen unserer Art erhalten, von der sie aber durch beträchtlichere Grösse abweichen und in dieser Beziehung mit der folgenden Art übereinstimmen.

Der Fig. 32 abgebildete Same von Hredavatn hat eine Länge von 12 Millim. Er hat ein ovales, an beiden Enden gleichmässig stumpf zugerundetes Nüsschen von 6 Mill. Länge und 3½ Mill. Breite und einen kurzen, breiten, vorn stumpf zugerundeten Flügel, der an beiden Seiten des Nüsschens gleichmässig bis zur Basis herabläuft. Er verbreitert sich vom Grund aus allmälig und rundet sich dann von seiner grössten Breite an schnell und stumpf zu. Bei der Pinus Fraseri hat das Nüsschen dieselbe Länge (auch 6 Mill.), ist aber gegen den Grund zu verschmälert.

Zapfenschuppen von derselben Grösse und sehr ähnlicher Form besitzt auch die Pinus brachyphylla Maxim., welche Maximowicz' neuerdings in Japan entdeckt hat, aber die Blätter sind vorn nicht ausgerandet.

12. Pinus Steenstrupiana Hr. Taf. XXIV. Fig. 23—26.

P. strobili squamis magnis, unguiculatis, valde dilatatis, obtusissimis, cuneato-orbicularibus, radiatim profunde striatis; seminibus 13 Mill longis.

Hredavatn. (Prof. Steenstrup.)

Die Zapfenschuppen sind nicht nur grösser als bei voriger Art, sondern namentlich dadurch verschieden, dass sie am Grunde neben dem Nagel nicht ausgerandet sind. Sie sind wohl auch in einen dünnen Stiel verschmälert, dieser geht aber ohne eine solche tiefe Ausrandung in die Schuppenfläche über, welche ganz stumpf zugerundet und auch von zahlreichen strahlenförmigen Längsstreifen durchzogen ist.

Ob die Fig. 26 abgebildete Schuppe hierher gehöre, ist mir noch zweifelhaft. Sie ist bedeutend kleiner als vorige, aber am Grund auch nicht ausgerandet, und ähnelt der Schuppe der Pinus balsamea (Fig. 37). Dürfte von der Basis des Zapfens sein, während die grossen aus der Zapfenmitte.

Der Same, den wir hierher bringen (Fig. 25), hat einen auffallend grossen Kern (von 10 Mill. Länge und 6 Mill. Breite) und einen ganz kurzen, breiten, vorn stumpf zugerundeten Flügel (von 8 Mill. Länge und 13½ Mill. grösster Breite). Er läuft nicht an der Seite des Samens herunter. Es hat dieser Same fast genau dieselbe Grösse wie bei P. religiosa, und der Flügel auch dieselbe Form (cf. Fig. 38 b. den Samen dieser mexicanischen Tanne), wogegen der Samenkern der fossilen Art etwas dicker und am Grunde weniger verschmälert ist.

Da nicht nur der Same, sondern auch die Zapfenschuppen lebhaft an P. religiosa erinnern, darf diese wohl als die Art bezeichnet werden, welche unter den lebenden der P. Steenstrupiana zunächst verwandt ist. Wir haben hier die bemerkenswerthe Thatsache, dass die P. Ingolfiana in der Grösse der Samen und Zapfenschuppen zunächst an die P. Fraseri sich anschliesst, in der nierenförmigen Gestalt der letztern aber an die P. religiosa und brachyphylla, während die P. Steenstrupiana in der Grösse der Samen und Schuppen der P. religiosa entspricht, in der Form der letztern aber mehr der P. Fraseri. Aber auch die P. holophylla Max. und P. firma Sieb. aus Japan können in Betracht kommen, indem namentlich letztere in der Grösse und Form der Schuppen und Samen mit der Isländer-Art verglichen werden kann.

II. Monocotyledones.

Cyperaceæ.

13. Carex rediviva Hr. Taf. XXV. Fig. 2 a. c., vergrössert 2 b.

C. fructibus ovato ellipticis, apice rostratis.
Ueer Flora tert. Helv. III. S. 318
Hredavatn. (Prof. Steenstrup.)

Ist sehr ähnlich der Carex Rochettiana (Flora tert. Helv. III. S. 164), nur ist die Frucht etwas kleiner, dabei am Grund etwas mehr gerundet und die Spitze etwas deutlicher abgesetzt. Es wurden zwei Früchte gefunden, die eine hat 5 Mill. Länge bei $2^1/_2$ Mill. Breite, die andere aber ist 4 Mill. lang bei selber Breite.

14. Cyperites islandicus m. Taf. XXVII. Fig. 17 u. 18, vergrössert 17 b. 18 b.

C. fructibus monospermis, orbiculatis, compresso-lenticularibus, apice mucronulatis.
Hredavatn (Fig 17) und Laugavatsdalr (Fig. 18). (Prof. Steenstrup.)

Die Fig. 17 u. 18 (als Carpolithes scirpiformis) abgebildeten Früchte haben eine Länge von 4—5 Mill. bei einer Breite von 3—4 Mill. Sie sind in der Mitte am breitesten und oben und unten ganz stumpf zugerundet, oben aber mit einer scharf abgesetzten, kurzen Spitze versehen.

Die Frucht ist sehr ähnlich der von Cyperus und gehört wahrscheinlich dieser Gattung an.

15. Cyperites (Carpolithes) nodulosus m. Taf. XXVII. Fig. 19, vergrössert 19 b.

C. fructibus monospermis, obovatis, apice mucronulatis, basi cupuliformi insidentibus.
Laugavatsdalr. (Prof. Steenstrup.)

Der vorigen ähnlich, ist aber oberhalb der Mitte am breitesten und sitzt auf einem becherförmigen Wärzchen auf. Gehört wahrscheinlich zu Scirpus, indem bei dieser Gattung die Früchte oberhalb der Mitte am breitesten und mit einer ähnlichen kurzen, steifen Spitze versehen sind, während bei Cyperus die grösste Breite auf die Mitte der Frucht fällt, wie bei voriger Art.

Typhaceæ.

16. Sparganium valdense Hr. Taf. XXV. Fig. 1 b.—c.

Sp. foliis latis, nervis longitudinalibus 22—30, interstitialibus subtilissimus 3—6, transversis obsoletis; spathis latiusculis, si nervis longitudinalibus 16, interstitialibus 4, septis transversis reticulatis; capitulum femineum ovale, fructibus oblongo-alibus, stylo elongato, subulato coronatis; capitulis masculis globosis.

Gaulhvamr, mit Acer otopterix und Equisetum Winkleri auf demselben Stein. (Dr. Winkler.)

Eine Fruchtähre mit wohl erhaltenen Früchten und Samen, die mit den in meiner Flora tert. Helv. I. 100 beschriebenen übereinstimmen. Daneben ein Blattstück (Fig. 1 c.), das ganz die Nervation der Blätter von Monod hat. Ein kleines Blattstück auch auf Taf. XXIV. Fig. 1 b.

Najadeæ.

17. Caulinites borealis Hr. Taf. XXIII. Fig. 13.

C. caulibus ramosis, tenuiter denso striatis, hinc inde punctatis, nec non verrucis magnis, annulatis notatis.
Hredavatn? (Prof. Steenstrup)

Gehört wahrscheinlich zu Caulinites dubius Hr. (Flora tert. Helv. III. S. 170. Taf. CXLVIII. Fig. 1. 2) und ist auch mit C. Radobojensis Unger nahe verwandt. Es sind Stengel von derselben Dicke und feinen Streifung wie jene und ebenso mit kleinen punctförmigen, etwas in die Breite gezogenen Wärzchen besetzt. Stellenweise geht ein Querstreifen durch, der eine Gliederung anzudeuten scheint. Wie bei C. Radobojensis sind daneben grössere Warzen. Diese sind aber mit deutlichen Ringen versehen (vgl. Fig. 13 b., wo eine solche vergrössert ist) und scheinen Insertionsstellen der Aeste zu sein. Sie sind theils zwischen den Knoten, theils aber bei denselben. An diesen etwas grössern, geringelten Knoten kann ich diese Art allein unterscheiden; ein Unterschied, dessen Werth sich nicht beurtheilen lässt, so lange man die ähnlichen lebenden Pflanzen nicht genauer kennt.

III. Dicotyledones.

Salicineæ.

18. Salix macrophylla Hr. Taf. XXV. Fig. 3 b.

S. foliis lanceolatis, acuminatis, serrulatis, nervis secundariis numerosis, partim angulo subrecto egredientibus, valde curvatis.
Salix macrophylla Heer Flora tert. Helv. II. S. 29. Taf. LVII.
In einem harten grauen Tuff vom Gaultbvamr (Dr Winkler). Weisser Tuff, wohl von Hredavatn (Prof. Steenstrup).

Die beiden mir zugekommenen Blattstücke sind stark zerrissen, zeigen aber unverkennbar die Nervation der Weidenblätter. Wir haben zahlreiche abgekürzte Secundarnerven, welche in fast rechtem Winkel auslaufen und in die steiler aufsteigenden, stark gekrümmten und nach vorn gebogenen Secundarnerven einmünden. Es gehen 3—4 solcher Nerven in die Hauptfelder, welche durch viele Nervillen abgetheilt sind. Das Blatt war gross, am Grund wohl verschmälert, aber doch etwas zugerundet und mit einem etwas über $1/2$ Zoll langen Stiel versehen. Ob der Rand gezahnt war, ist nicht sicher zu ermitteln; an einigen Stellen glaubt man einige schwachen Zähne zu sehen, die aber zufällig sein können.

Prof. Gœppert hat diese Art mit S. varians vereinigt. Sie steht dieser Art allerdings sehr nahe, wie ich dies auch in meiner Flora (S. 29) angegeben habe, unterscheidet sich aber durch die zahlreichen und dicht beisammenstehenden, abgekürzten Secundarnerven und die in spitzem Winkel von diesen ausgehenden Nervillen, wovon, wie Herr Dr. Stur sehr richtig bemerkt, die Blattfläche wie durch auf dem Hauptnerv senkrecht stehende Linien gestrichelt erscheint. Vgl. Stur Beiträge zur Kenntniss der Flora der Süsswasserquarze u. s. w. Wien 1867. S. 166.

Betulaceæ.

19. Alnus Kefersteinii Gœpp. Taf. XXV. Fig. 4—9.

A. strobilis magnis, squamis lignescentibus apice incrassatis.
Gœppert genera plant. foss. 3. 4. Taf. 6. Fig. 18. Heer Flora tert. Helv. II S. 37.
Hredavatn (Prof. Steenstrup.) Husawik (Dr. Winkler).

Wohl erhaltene Fruchtzäpfchen (Fig. 4—7, vergrössert 4 b.) stimmen wohl überein mit denen des Samlandes, wie mit der Abbildung, welche Unger in seiner Chloris protog. (namentlich mit Taf. XXXIII. Fig. 3) gegeben hat. Die einzelnen Fruchtblätter sind genau von derselben Grösse und auch Form, wie die von Unger abgebildeten. Sie sind vorn weniger verbreitert als bei A. incana L., wogegen die Zäpfchen durchgehends grösser, namentlich viel dicker sind, als die der lebenden Art. Ferner hatten sie dickere Stiele. Das Fig. 8 (vergrössert 8 b.) abgebildete Früchtchen (von Laugavatsdalr) gehört wahrscheinlich zu dieser Erle.

Von Erlenblättern sind erst einzelne Fetzen gefunden worden, deren Bestimmung nicht gesichert ist. Das Fig. 9 b. abgebildete Blattstück ist von Husawik und liegt unmittelbar neben einem Birkenblatt. Die Secundarnerven liegen weit auseinander, sind stark gebogen und senden Tertiärnerven in die feinen, scharfen Zähne aus. Die Nervillen treten deutlich hervor und sind zum Theil durchgehend. Die Zähne sind kleiner als bei den Erlenblättern der miocenen Kohlen von Danzig.

20. Betula macrophylla. Taf. XXV. Fig. 11—19.

B. foliis subcordato-ovatis, apice acuminatis, acute duplicato-serratis; nervis secundariis utrinque 9—10, strictis parallelis.
Alnus macrophylla Gœppert Flora von Schossnitz. S. 12. Taf. V. Fig 1. Betula fraterna Saporta l. c. Pl. 6. Fig. 2 A.?
Hredavatn; scheint da häufig zu sein (Prof. Steenstrup). Nach Prof. Gœppert finden sich Blätter dieser Art von Island auch in der Sammlung zu Christiania.

Fig. 17 stellt ein fast vollständiges Blatt dar. Fig. 18 u. 19 die Blattbasis, mit dem mässig langen Stiel; Fig. 11 zwar nur einen Blattfetzen, aber mit wohl erhaltener Bezahnung. Es ist dies Blatt sehr ähnlich dem der Betula excelsa Ait. der Vereinigten Staaten.[1] Das Blatt ist auch am Grund ausgerandet und vorn in eine schmale Spitze auslaufend; es hat dieselbe Zahl von Secundarnerven, deren untere auch gegen-

---

[1] Es hat Herr Dr. Regel diese Art, wie mir scheint mit Unrecht, mit der Betula alba L. vereinigt (Bemerkungen über die Gattungen Betula und Alnus. Moskau 1866. S. 18.) Es ist dies die gelbe Birke der Amerikaner, welche nach Richardson in den nördlichen Staaten 60 Fuss hohe Bäume bildet, aber nicht über den Obersee hinaufreicht. Die Früchte haben viel schmälere Flügel als bei der Weissbirke.

ständig sind, während die obern alternierend; sie haben denselben Verlauf und Verästelung; es sind aber bei dem fossilen Blatte die Zähne schärfer geschnitten als bei der B. excelsa, und stimmt in dieser Beziehung mit B. lenta W. überein; die Zähne laufen in eine feinere Spitze aus und diese ist mehr nach vorn gekrümmt. Das von Gœppert in der Flora von Schossnitz Taf. V. Fig. 1 abgebildete Blatt stimmt so wohl mit denen von Island überein, dass an deren Zusammengehörigkeit nicht zu zweifeln ist. Mehr weicht das Taf. IV. Fig. 6 abgebildete Blatt ab, indem es weniger scharf geschnittene Zähne besitzt und am Grund nicht ausgerandet ist. Doch ist es nicht wohl zu trennen. Auch die Betula fraterna Saporta (Armissan. Pl. 6. Fig. 2 A.) dürfte hierher gehören.

Das Blatt der B. macrophylla (Fig. 17) ist am Grund schwach ausgerandet, unterhalb der Mitte am breitesten, nach vorn verschmälert und in eine lange Spitze ausgezogen. Die Secundarnerven entspringen unter fast halbrechten Winkeln und laufen in die Zähne aus, der unterste und zweitunterste haben ziemlich starke Tertiärnerven, welche in die Zähne ausmünden; auch die nächstfolgenden haben einen randläufigen Tertiärnerv. Die Zähne, in welche die Secundarnerven auslaufen, sind grösser, länger, als die dazwischenliegenden, im obern Theile des Blattes sind deren 2—3, im untern basalen aber 4—6, welche wieder ungleich gross sind, indem diejenigen, in welchen die Tertiärnerven ausmünden, etwas länger sind als die übrigen. Alle diese Zähne sind aber sehr scharf; auch die bei der Blattspitze und hier sind sie etwas mehr nach vorn gekrümmt. Die Nervillen sind zart und wenig vortretend. Kleiner ist das Fig. 18 abgebildete Blatt von Hredavatn; es ist am Grund viel tiefer herzförmig ausgerandet und der erste Secundarnerv besitzt mehr Tertiärnerven. Die Zahnbildung ist aber dieselbe (Fig. 18 b. sind einige Zähne vergrössert). Etwas zweifelhafter ist der Fig. 19 a. abgebildete Blattfetzen, bei dem die Secundarnerven etwas dichter beisammenstehen.

In der Zahnbildung ähnelt das Blatt auch den Ulmen, weicht aber in dem Mangel an in die Zahnbuchten laufenden Tertiärnerven, in den weniger zahlreichen Seitennerven und in der Art der Verästelung derselben von den Ulmen ab.

Zu dieser Art gehört wahrscheinlich die Taf. XXV. Fig. 12 u. 19 b., vergrössert 12 b. u. 19 c. abgebildete Frucht, da sie von allen Birkenfrüchten Islands in der Grösse und Form des Nüsschens, wie in der Form des Flügels am meisten mit derjenigen der B. excelsa L. übereinkommt und auch ein Stück neben dem Blattrest liegt. Es haben diese Früchte eine Länge von 4 Mill. und gegen 5 Mill. Breite; das Nüsschen ist elliptisch und in der Mitte am breitesten, nach beiden Seiten ziemlich gleichmässig sich verschmälernd, vorn in zwei ziemlich lange, divergierende Griffel auslaufend. Der Flügel ist vorn breiter, gegen den Grund allmälig etwas sich verschmälernd; jede Flügelseite ist etwas schmäler als die Nüsschenbreite.

Ist sehr ähnlich der Frucht von Betula Dryadum Brongn. (annales des sciences natur. 1828. Taf. 3. Fig. 5. 6), indem der Flügel ganz dieselbe Form hat, weicht aber in dem nach oben zu nicht verdickten Nüsschen von derselben ab. Ich muss dabei bemerken, dass die Abbildung, welche Graf Saporta (ann. des scienc. nat. 1866. Taf. 6. Fig. 5) von dieser Frucht giebt, nicht gut gerathen ist, indem gerade das Hauptmerkmal: der gegen die Basis zu verschmälerte Flügel und das oben verdickte Nüsschen, darin verwischt ist. Ich habe in Fig. 31 eine bessere zu geben versucht nach Früchten von Armissan, die ich Herrn Saporta verdanke.

Von den in Island gefundenen Deckblättern der Fruchtzapfen gehören wahrscheinlich die Fig. 13—15 dargestellten zu der vorliegenden Art, indem dieselben denen der B. excelsa entsprechen. Die Seitenlappen sind ganz so gebildet und auch stumpf gestutzt, dagegen ist der Mittellappen nicht zugespitzt, sondern vorn stumpflich. Es sind wieder zwei Formen zu unterscheiden, eine grössere, mit relativ etwas kürzerem Mittellappen (Fig. 13), und eine kleinere (Fig. 14 u. 15).

Wir haben demnach in Hredavatn nicht nur Blätter, sondern auch Früchte und Deckblätter, welche in Betula excelsa grosse Verwandtschaft haben und das Vorkommen dieses amerikanischen Birkentypus in Island bezeugen. Dass der Fig. 10 dargestellte Ast, den Dr. Winkler von Hredavatn heimbrachte, von einer Birke herrühre, ist wohl ausser Zweifel, aber nicht zu sagen, welcher Art er zuzutheilen sei. Da an derselben Stelle die Blätter der B. macrophylla vorkommen, mag er zu dieser gehören. Er hat zahlreiche, längsgezogene Flecken, die unter sich zum Theil parallel laufen.

Gehören die obigen Früchte und Deckblätter wirklich zu der vorliegenden Art, so hätten wir der Diagnose noch beizufügen:

B. fructibus subobcordatis, nuculis ovalibus, ala apicem versus dilatata circumdatis, alis nuculae latitudinem subæquantibus, bracteis trilobis, lobis lateralibus abbreviatis, subtruncatis, lobo medio apice obtuso.

21. Betula prisca Ettingsh. Taf. XXV. Fig. 20—25. 9 a. XXVI. Fig. 1 b. c.

B. foliis ovato-ellipticis, inaequaliter inciso-serratis, nervis secundariis ex angulo acuto excuntibus, utrinque 8—9, aeque distantibus, parallelis.

Ettingshausen fossile Flora von Wien. S. 11. Taf. I. Fig. 17, und Flora von Bilin. S. 45. Taf. XIV. Fig 14—16. Goeppert Flora von Schossnitz. S. 11. Taf. III. Fig. 11. 12.

Sandafell, Ilusawik (Dr. Winkler), Brjamslaek (Prof. Steenstrup).

Das Fig. 20 abgebildete Blatt, welches Dr. Winkler in einer weissen Wacke am Sandafell (Sandberg) entdeckt hat, hat einen ziemlich langen Stiel, ist eiförmig elliptisch, am Grund etwas breiter und stumpf zugerundet. Aus dem starken Mittelnerv entspringen jederseits sechs sichtbare Seitennerven, wahrscheinlich waren aber noch zwei höher oben am abgebrochenen Theil des Blattes. Die ersten sind gegenständig und bilden vier Paare; die untern senden randläufige Tertiärnerven aus, welche aber zart und zum Theil verwischt sind. Die Zähne sind scharf, aber nur wenig ungleichmässig. Die am Ende der Secundarnerven sind wenig grösser als die dazwischenliegenden und von diesen sind einzelne ganz, andere mit einem kleinen Zähnchen versehen. — Ein zweites Stück fand Dr. Winkler in der Schlucht von Ilusawik (Fig. 9 a.), bei welchem die Zähne schärfer geschnitten sind. Das Blatt ist dicht mit sehr feinen schwarzen Puncten übersäet (von Sclerotium Dryadum). Das daneben liegende Blattstück ist durch die gebogenen Seitennerven, die stärker vortretenden Nervillen und andere Bezahnung verschieden und rechne es zu Alnus Kefersteinii. Dagegen gehört Taf. XXVI. Fig. 1 b. von Brjamslaek noch zu unserer Birke. Es ist ein grösseres Blatt mit ungleichmässigen scharfen Zähnen.

Diese Isländer Blätter stimmen sehr wohl überein mit dem Blatte, welches Ettingshausen l. c. Fig. 17 abgebildet hat. Bei diesem Blatte bemerken wir jederseits acht Seitennerven, in Fig. 16 aber stellt er ein Blattstück dar, bei dem diese Nerven dichter stehen und offenbar in grösserer Zahl vorhanden waren. Es sind in Fig. 17 die Zähne ungleich, während er im Text sagt: foliis serratis, bei B. Brongniarti aber: foliis inaequaliter duplicato-serratis, so dass man denken sollte, darin bestehe der Unterschied. Ein Blick auf die Abbildung zeigt aber, dass ein solcher Unterschied nicht besteht. Es liegt derselbe allein darin, dass bei B. Brongniarti die Blätter am Grund mehr verschmälert sind und mehr und dichter stehende Secundarnerven (nämlich jederseits 10—11) haben, daher Fig. 16 von Ettingshausen zu B. Brongniarti und nicht zu prisca gehört. — Ein sehr ähnliches Blatt hat Graf Saporta als B. Dryadum abgebildet.

Zu der B. prisca rechne ich die Fig. 21 (vergrössert 21 b.) abgebildete Frucht. Sie hat ein eiförmiges Nüsschen, das am Grund etwas mehr verdickt ist als bei voriger Art; der Flügel ist am Grund nicht verschmälert; er ist etwas schmäler als das Nüsschen. In der Form des Flügels stimmt sie mit B. Ungeri Andrae (Pflanzen von Szakadat. S. 5. B. Dryadum Ung. Chloris protog. t. 34. Fig. 46), und meine Flora t. CLII. Fig. 7); allein die Flügel sind viel schmäler, wogegen das Nüsschen am Grund breiter ist. Fast völlig aber stimmt sie von Goeppert (Schossnitz. Taf. XXVI. Fig. 19) abgebildete Birkenfrucht mit der Isländer überein. Da in Schossnitz auch die Blätter der B. prisca vorkommen, ist es wahrscheinlich, dass sie zu dieser Art gehört. Bei B. Bojpaltra Roxb., welche nach den Blättern als ähnlichste lebende Art zu bezeichnen ist, ist auch die Frucht sehr ähnlich, nur ist das Nüsschen noch etwas grösser, aber von derselben Gestalt und ebenso der Flügel.

Von den Birken-Bracteen Islands gehören sehr wahrscheinlich die Fig. 22—25 abgebildeten zu der vorliegenden Art, da sie am meisten denen der B. Bojpaltra Wall. ähnlich sehen und ebensolche langen, schmalen Lappen besitzen. Es sind diese Deckblätter tief dreilappig, die Lappen divergierend und vorn stumpflich.

Es ist die fossile Art der B. Bojpaltra Wall. zunächst verwandt, wie eine Vergleichung der Fig. 20, 21 u. 24 mit Regels Zeichnungen in seiner Monographie der Birken Taf. VI. Fig. 16, 18 u. 19 zeigen wird. Wir können obige Diagnose noch durch folgende Merkmale vervollständigen:

B. fructibus suborbiculatis, nuculis ovato-ellipticis, ala nucula paulo angustiore; bracteis profunde trilobis, lobis angustis, lanceolatis, lobo medio lateralibus multo longiore.

Die B. Bojpaltra Wall. ist in den Gebirgen von Kamoon, Gurwal, Kaschmir und des Sikkim zu Hause und bildet da hohe Bäume.

22. Betula Forchhammeri Hr. Taf. XXV. Fig. 26, vergrössert 27.

B. fructibus suborbiculatis, basi apiceque emarginatis, nucula angusta, fusiformi.

Heer Flora tert. Helvet. III. S. 318.

Hredavatn (Prof. Steenstrup).

Zeichnet sich namentlich durch das schmale Nüsschen aus; die Flügel sind etwas breiter als dasselbe,

nämlich jede Seite 1⁸/₁₀ Mill. breit, während das Nüsschen circa 1¹/₂ Mill. Die Flügel sind am Grund nicht verschmälert. Die ganze Länge der Frucht beträgt 5 Mill., ebenso die Breite.

Das Nüsschen hat ganz die Form von B. alba, wogegen die Form des Flügels sehr verschieden ist. — Es ähnelt diese Frucht sehr derjenigen von B. Weissii (Flora tert. Helv. Taf. LXXI. Fig. 22. Taf. CLII. Fig. 6), aber das Nüsschen ist länger.

Wir können dieser Art von Island noch keine Blätter zutheilen, dagegen dürfen die Fig. 28 u. 29 abgebildeten Bracteen mit dieser Art combiniert werden. Die zwei andern Formen von Deckblättern haben wir nach Analogie der lebenden Arten auf die B. macrophylla und B. prisca vertheilt, es spricht daher wenigstens die Wahrscheinlichkeit dafür, dass diese dritte Form mit obigen Früchten zusammengehöre. Es sind diese Deckblätter weniger tief gelappt, die Seitenlappen stumpf zugerundet, wenig vorstehend, der mittlere Lappen ziemlich deutlich zugespitzt. Sie haben die stumpfen Seitenlappen der B. lenta, nur sind sie kürzer.

Zweifelhaft ist, ob das Fig. 30 (vergrössert 30 b.) abgebildete Deckblatt auch hierher gehöre. Es ist nur schwach dreilappig, die Seitenlappen sind sehr kurz und mehr nach vorn gerichtet, der Mittellappen vorn zugespitzt. — Dieselbe Form hat Gœppert von Schossnitz (Taf. XXVI. Fig. 20) abgebildet.

Cupuliferæ.

23. Corylus Mac Quarrii Forb. spec. Taf. XXVI. Fig. 1 a. 2—4. S. 104.

Laugavatsdalr. Fig 3. Hredavatn Brjamslack Fig. 1 a (Prof Steenstrup.)

Es ist zwar kein Blatt vollständig erhalten, doch giebt uns eine Zusammenstellung der verschiedenen Stücke den Blattumriss, und dieser wie die Bezahnung, die Nervatur und die Ausrandung am Grunde stimmen völlig mit Corylus Mac Quarrii überein. Es haben auch diese Blätter weit auseinanderstehende starke Secundarnerven, deutlich ausgesprochene, durchgehende, hier und da getheilte Nervillen und mehrere in die Zähne auslaufende Tertiärnerven. Die Zähne, die am Auslauf der Secundarnerven stehen, treten auch appenförmig hervor und die der Tertiärnerven etwas mehr als die dazwischenliegenden, daher wir auch hier Zähne von dreierlei Grösse haben. Fig. 4 zeigt die Ausrandung am Blattgrund nebst dem Blattstiel und Fig. 2 die schmale, scharf gezahnte Blattspitze und das feinere Netzwerk.

24. Fagus Deucalionis Ung.? Taf. XXV. Fig. 32. S. 105.

Brjamslack.

Es ist nur das Fig. 32 abgebildete Blattstück mir zugekommen, das in seinen einfachen, parallelen Seitennerven sehr wohl zu den Grönländer Blättern stimmt, da aber sein Rand nicht erhalten ist, ist diese Bestimmung noch zweifelhaft.

25. Quercus Olafseni. Taf. XXVI. Fig. 6. S. 109.

Brjamslack und Hredavatn. (Prof. Steenstrup.)

Es liegen bei Fig. 6 zwei Blattstücke neben und zum Theil übereinander; das eine stellt die Blattspitze dar und wir sehen daraus, dass seine beträchtliche Breite vorn sehr schnell abnimmt, die Blattspitze also kurz ist. Die Zähne sind gross und stumpf. Die äussersten drei Zähne sind einfach und wir haben keine Zwischenzähne, wohl aber folgen welche tiefer unten. Wo die Secundarnerven in die Zähne auslaufen, sind sie nach vorn gekrümmt. Die Nervillen sind deutlich, durchgehend oder gablig getheilt. — Das zweite Blattstück ist über 3 Zoll lang und weder an der Spitze noch Basis erhalten; es war das Blatt wohl gegen einen halben Fuss lang bei etwa 3 Zoll Breite. Es hat zahlreiche, in halbrechten Winkeln entspringende Secundarnerven, die ganz in gleicher Weise verlaufen, wie bei den Grönländer Blättern.

Fig. 7 c. ist wahrscheinlich auch ein Blattfetzen dieser Art.

Von Hredavatn sah ich nur einen kleinen Blattfetzen, an dem aber die Zähne erhalten sind. Fig. 6 c.

Ulmaceæ.

26. Ulmus diptera Steenstrup. Taf. XXVII. Fig. 1—3.

U foliis amplis, basi breviter inæquilateralibus, ovatis ovalibusve, argute et dense subtiliter serratis.

lieer Flora tert. Helv. III. S. 319.

Brjamslack u. Laugavatsdalr (Prof. Steenstrup.) Hredavatn.

Sehr grosse Blätter. Am besten erhalten das Fig. 1 abgebildete Blatt von Brjamslack. Es ist in der

Mitte am breitesten und nach beiden Enden gleichmässig verschmälert; am Grunde schwach ausgerandet und nur wenig ungleichseitig. Der Rand ist mit relativ kleinen, aber scharfen Zähnen besetzt. Die Zähne, welche am Auslauf der Secundarnerven stehen, sind kaum merklich grösser als die übrigen; die meisten Zähne sind einfach, einzelne aber noch mit einem sehr kleinen Zähnchen versehen (Fig. 1 b. vergrössert). In diesen kleinen Zähnen weicht dies Blatt bedeutend von den übrigen tertiären, wie lebenden Ulmenarten ab, stimmt aber in den strafen, parallelen, randläufigen Secundarnerven, deren 16 jederseits stehen, mit denselben überein. Das feinere Geäder ist fast ganz verwischt.

Ein zweites grosses Blattstück, welches die Blattspitze enthält, kenne ich nur aus der mir von Herrn Prof. Steenstrup mitgetheilten Abbildung. Es war dies Blatt 3 Zoll breit und auch fein und scharf gezahnt, welche Zähne bis zur Blattspitze reichen.

Weniger gut erhalten sind die Blätter von Laugavatsdalr (Fig. 2. 3). Der Rand ist sehr undeutlich und grossentheils zerstört. Die Secundarnerven stehen etwas weiter auseinander und die untern senden Tertiärnerven aus; die Nervillen treten hier und da hervor und einzelne sind durchgehend; dazwischen aber haben wir ein polygones Netzwerk. Die Blattbasis ist etwas ungleichseitig. Ich bin noch zweifelhaft, ob diese Blätter wirklich mit denen von Brjamslack zu einer Art gehören, und überhaupt, ob es Ulmenblätter seien. Die Art der Verästelung der untern Secundarnerven ist nicht ulmenartig und erinnert an die Birken. Ein ähnliches Blatt haben Weber und Wessel als Corylus rhenana beschrieben (cf. Palæontograph. IV. S. 134. Taf. XXII. Fig. 5). — Sehr ähnlich ist auch Carpinites macrophyllus Gœpp. von Striese (Palæontogr. II. Taf. XXXIV. Fig. 2). Es können aber erst besser erhaltene Stücke entscheiden, ob sie zusammengehören.

27. *Planera Ungeri* Ett. Heer Flora tert. Helvet. II. S. 60.

Hredavatn.

Herr Prof. Gœppert sah ein Blatt dieser Art aus Island in der Sammlung von Christiania; cf. Gœppert über die Tertiärflora der Polargegenden. Abhandlungen der Schlesisch. Gesellsch. 1861. S. 201.

Platanæ.

28. *Platanus aceroides* Gœpp. Taf. XXVI. Fig. 5. S. 111.

Hredavatn. (Prof. Steenstrup.) Prof. Gœppert führt diese Art von Island vom 65° n. Br. an. Vgl. Verhandlungen der schlesisch. Gesellsch. 1867 S. 50.

Es ist mir nur ein Blattfetzen bekannt worden, der ganz zu Platanus aceroides stimmt, aber zur sichern Bestimmung zu unvollständig ist. Er stellt die Spitze des Mittellappens dar, welcher mit den für die Platanen bezeichnenden nach vorn gekrümmten, scharfen Zähnen versehen ist, in welche die Secundarnerven in einer Bogenlinie einlaufen. Zwischen den in die Zähne auslaufenden Secundarnerven ist ein Nerv, der sich vorn in zwei Gabeläste spaltet, welche sich mit den benachbarten ganz so verbinden, wie bei Platanus (cf. Flora tert. Helv. LXXXVII. Fig. 3. 4).

Die von Gœppert erwähnten Blätter befinden sich im Museum zu Christiania.

Ampelideæ.

29. *Vitis islandica* m. Taf. XXVI. Fig., 1 e. f. 7 a.

V. foliis longe petiolatis, basi emarginatis, inæquilateralibus, trinerviis, trilobatis, lobis lateralibus divaricatis, profunde et acute serratis.

Heer Flora tert. Helvet. III. S. 319.
Brjamslack. (Prof. Steenstrup.)

Ist sehr ähnlich der Vitis teutonica Al. Br. und vielleicht nur Varietät derselben, hat aber nur drei Hauptnerven, die beiden Seitenlappen sind vorn nicht zusammengeneigt, sondern divergierend und die Zähne sind etwas weniger tief. Auch haben mehrere einen feinen Seitenzahn, während die der V. teutonica fast durchgehends einfach sind. Ist auch dem Blatt von Acer otopterix sehr ähnlich, unterscheidet sich aber durch folgende Merkmale: Erstens ist die Basis ungleichseitig (cf. besonders Fig. 7 a.); zweitens sind die Nerven deutlicher randläufig; drittens sind die Zähne tiefer und schärfer, und viertens laufen die Lappen in eine scharfe, ungezahnte Spitze aus, ganz wie bei V. vulpina, welcher Art sie überhaupt am nächsten steht.

Der Blattstiel ist lang und dünn, die Blattfläche von drei Hauptnerven durchzogen, die seitlichen senden starke Secundarnerven in die Zähne aus. Diese sind scharf zugespitzt.

Magnoliaceæ.

30. Liriodendron Procaccinii Ung. Taf. XXVI. Fig. 7 b. Taf. XXVII. Fig. 5—8.

L. foliis 3—5-lobatis, lobo medio emarginato, lobis lateralibus integerrimis.
Unger genera plant. fossil. S. 443. Massalongo Flora Senegall. S. 311. Heer Flora tert. Helvet. III. S. 319. Urwelt der Schweiz. S. 331.
Fig. 186. L. helveticum Fischer. Heer Flora tert. Helv. III. Taf. CVIII. Fig. 6.
Brjamslaek. (Prof. Steenstrup.)

Das Fig. 5 abgebildete Blattstück ist in der Mitte gebrochen. Es ist am Grund zugerundet und ganzrandig. Von dem ziemlich dünnen Mittelnerv entspringen zarte, dünne Secundarnerven. Der unterste sendet eine Zahl bogenläufiger Tertiärnerven nach dem Rande aus und verbindet sich mit einem Ast des obern Secundarnerves. Diese nächst obern Nerven sind gegenständig. Die Nervillen sind sehr zart. Im vierten Hauptfeld von unten an, ist ein abgekürzter Secundarnerv, der im Netzwerk des Feldes sich auflöst. Der Mittellappen ist vorn ziemlich tief ausgerandet, so dass dort ein stumpfer Winkel entsteht. Die Seitenecken sind zwar ziemlich spitz, aber nicht vorgezogen und der Aussenrand ist stark gerundet. Es läuft ein stark gekrümmter Secundarnerv in die obere Ecke des Mittellappens, der weiter verzweigt ist. Oberhalb desselben entspringen noch ein paar kürzere Seitennerven. — Die Seitenlappen dieses Blattes sind zerstört; wahrscheinlich war jederseits einer vorhanden und das Blatt somit ein dreilappiges.

Bei einem vollständig erhaltenen Blatt aus Brjamslaek, von welchem ich aber nur die Zeichnung bekommen habe, bemerken wir jederseits zwei scharfe Seitenlappen (cf. Urwelt der Schweiz. S. 331. Fig. 186 a.), und bei einem andern Blatt (Taf. XXVI. Fig. 7 b.), das sehr wahrscheinlich auch hierher gehört, scheinen die Seitenlappen völlig gefehlt zu haben, wie aus der Richtung der Secundarnerven zu schliessen ist. Es hat dies Blatt einen ziemlich langen Stiel und etwas stärker vortretende und alternierende Secundarnerven.

Es ist das Fig. 5 dargestellte Blatt dem von Eritz (Flora tert. Helv. l. c. Fig. 6) sehr ähnlich, namentlich ist der Aussenrand des Mittellappens in gleicher Weise gebogen. Von den von Massalongo abgebildeten Blättern sind Taf. 39. Fig. 4 u. 6 am Grund in gleicher Weise zugerundet und der Mittellappen in gleicher Art ausgerandet. Es hat Massalongo diese Form L. Procaccinii incisum genannt (l. c. S. 312).

Bei der lebenden Art sind die Blätter in der Regel dreilappig, doch kommen auch fünflappige vor, und bei einer Varietät fehlen die Seitenlappen gänzlich; das Blatt ist dort gerundet und nur an der Spitze ausgerandet.

An derselben Stelle, wo diese Blätter in Island gefunden werden, entdeckte Herr Prof. Steenstrup die Fig. 6—8 abgebildeten Früchte, welche wahrscheinlich zu vorliegender Art gehören. Der Samenkern ist 5 Mill. lang und $3^7/_{10}$ Mill. breit, oval, flach; der Flügel hat eine Länge von 15 Mill. bei einer Breite von $4^1/_2$ Mill., ist vorn allmälig verschmälert und stumpflich. Er ist wie der Kern von sehr kleinen Wärzchen punctiert und von einigen äusserst zarten und nur schwach angedeuteten Längsnerven durchzogen. In der Form stimmen diese Fruchtblätter wohl mit denjenigen des lebenden Tulpenbaumes überein, ebenso in der eigenthümlichen Sculptur, dagegen sind die fossilen viel kleiner und haben keinen so stark vortretenden Mittelnerv, wodurch diese Bestimmung etwas zweifelhaft wird. Während die Blätter denen des lebenden Tulpenbaumes sehr nahe kommen, weichen diese Früchte jedenfalls viel mehr ab und müssen, wenn die Zusammengehörigkeit ganz gesichert werden kann, die besten unterscheidenden Merkmale zwischen der lebenden und fossilen Art geben.

Von den Eschenfrüchten unterscheiden sie sich durch ihre Sculptur und ihre Zuspitzung.

Buttneriaceæ.

31. Dombeyopsis islandica Hr. Taf. XXVII. Fig. 10.

D. foliis petiolatis, integerrimis, basi inæquilateralibus, cordato-emarginatis, palminervüs, nervis primariis 7.
Heer Flora tert. Helvet. III. S. 319.
Husawik. (Dr. Winkler).

Ich sah nur den Fig. 10 abgebildeten Blattfetzen, welcher lebhaft an Ficus tiliæfolia A. Br. sp. erinnert. Wenn wir das Blatt vervollständigen, erhalten wir eine Blattform, die mit der auf Taf. LXXXIV. Fig. 3 der Flora tert. Helvet. abgebildeten übereinstimmt. Es weicht aber von den Blättern der Ficus tiliæfolia ab; wenigstens darin, dass beide Blattseiten gleich viel Hauptnerven haben, und zweitens, in dem feineren Geäder, indem wir bei jener Art durchgehende Nervillen bemerken, beim Isländer Blatt aber bilden die Nervillen ein feines Netzwerk. Dieselben Merkmale unterscheiden die Art von Ficus grœnlandica. Die systematische Stellung der Art ist sehr zweifelhaft und der Genusname ein ganz provisorischer. Gehört wohl eher in die Familie der Moreen, als der Buttneriaceen (cf. besonders Ficus nymphæfolia L.).

Das Blatt ist am Grund sehr ungleichseitig zugerundet und herzförmig ausgerandet. Der Blattstiel ist nur durch einen Längseindruck bezeichnet. Vom wohlerhaltenen Blattgrund entspringen 7 Hauptnerven. Der mittlere ist am Grund zerstört. Er ist nicht stärker als die beiden seitlichen, so dass wir drei fast gleich starke Hauptnerven erhalten, von denen der linke seitliche am deutlichsten ist und leicht für den Mittelnerv genommen werden kann, da er aber nur nach der äussern Seite starke, lange Secundarnerven aussendet, während nach der innern (rechten) zarte und viel dichter stehende, muss er als seitlicher Hauptnerv betrachtet werden. Die Nervillen sind zahlreich und bilden zunächst ziemlich grosse vieleckige Maschen, in welchen ein feineres Netzwerk liegt.

Acerineæ.

32. Acer otopterix Gœpp. Taf. XXVIII. Fig. 1—13.

A. foliis basi cordato-emarginatis, trilobatis, dentatis, lobis lateralibus divaricatis, fructibus maximis, aliis præolongis, oblongis, apice rotundatis, multi-nervosis.

Gœppert Palæontographica H. S. 279. Taf. 136. Fig. 3. 4. Unger Pflanzen von Prevali. S. 5. Fig. 1.[1]) Heer Flora tert. Helvet. III. S. 199. Taf. CLV. Fig. 13. Urwelt der Schweiz. S. 336. Fig. 192. Biedermann Petrefacten in der Umgebung von Winterthur. 2tes Heft. Tab. I Fig. 5. 7. Acer triangulilobum Gœpp. Flora von Schossnitz. S. 35. Fig. 6 (die Blätter). Heer Flora tort. Helvet. III. S. 198. Taf. CLV. Fig. 5. A. vitifolium O Weber Palæontogr. II. Taf. XXII. Fig. 4 a.

Brjamslaek (Früchte und Blätter). Hredavatn. Tindarfell. Gaulthvamr am Steingrimsfjord. (Prof. Steenstrup und Dr. Winkler.)

Ist der häufigste Baum des miocenen Island. Die Blätter liegen sowohl im Surturbrand, wie in dem weissen Tuff. Es variiren die Blätter in Grösse und Form sehr. Sie alle kommen aber darin überein, dass sie am Grund ausgerandet sind, drei Lappen haben und diese Lappen gezahnt sind. Das kleine Blatt Fig. 5 (von Brjamslack) ist wohl von der Zweigspitze; es hat drei Hauptnerven, einen breiten Mittellappen und ziemlich scharfe Zähne. Etwa doppelt so gross sind Fig. 7 u. 8 von derselben Stelle und haben auch nur drei Hauptnerven. Fig. 8 hat wenig vortretende Seitenlappen und kleine, etwas ungleiche Zähne. Die Secundarnerven, welche zu denselben laufen, sind vorn etwas umgebogen. Bei Fig. 7 sind die beiden Seitenlappen stark divergierend und der Rand ist nur undeutlich gezahnt. Fig. 3 u. 4 sind von Gaulthvamr und von selber Grösse wie vorige. Viel grösser waren dagegen Fig. 2 u. 6 von Brjamslack und Fig. 1 und Taf. XXV. Fig. 1 von Gaulthvamr. Bei diesen haben wir neben den drei starken Hauptnerven noch zwei schwache, kurze am Blattgrund, also im Ganzen fünf, von denen aber die untersten nicht verästelt sind. Der Rand ist nur stellenweise erhalten und zeigt uns etwas ungleich grosse, ziemlich scharfe Zähne. Besser erhalten sind dieselben bei einem grossen Blattstück, von dem ich aber nur die Zeichnung vor mir habe. Bei diesem sind die Seitenlappen auch nur wenig vorstehend, an denselben treten aber zwei grosse Zähne lappenförmig hervor und sind an der Längsseite mit kürzern Zähnen besetzt. Der untere erhält die Ausmündung des kurzen Basalnerves.

Dass diese Blätter einem Ahorn angehören, ist nicht zu bezweifeln, und da an derselben Stelle die Fig. 9—13 abgebildeten Früchte vorkommen, ist ihre Zusammengehörigkeit wohl gesichert, um so mehr da auch in Oeningen Frucht und Blatt vorkommen. Ein Fruchtflügel von Brjamslack, von dem ich aber nur die Zeichnung erhalten habe, hat fast dieselbe Grösse, wie die in meiner Urwelt und in der Flora tertiaria abgebildeten Früchte; er hat eine Breite von 27 Mill., und der erhaltene, aber nicht bis zum Kern reichende Theil eine Länge von 71 Mill.; er hat eine stark gebogene Rückenlinie und ist vorn auch stumpf zugerundet. Er hat ganz dieselbe Nervatur, indem er von zahlreichen gablig getheilten Längsnerven durchzogen ist, welche in starken Bogenlinien nach dem Rande verlaufen. Der Fruchtkörper ist sehr gross (Fig. 9. 10) und länglich-oval. Er ist dicker als bei der Oeninger Frucht, bei welcher freilich derselbe nicht ganz erhalten ist; dagegen wurde in Elgg die vollständig erhaltene Frucht sammt dem Samen gefunden, der länglich-oval ist (cf. Biedermann l. c. Fig. 5).

Viel kleiner sind die Früchte Fig. 11, 12, 13, die wir aber doch nicht trennen können, denn in Schlesien kommen auch solche kleinern Früchte (cf. Gœppert l. c. Fig. 4) neben den grossen vor, und auf die erstern hat Gœppert seine Art gegründet, während er die grössere Frucht (seine Fig. 3) zu Acer giganteum gerechnet hat. Ich halte aber mit Unger dafür, dass sie zu A. otopterix gehöre. Fig. 12 ist von Tindarfell, Fig. 13 von Gaulthvamr, wo auch die Blätter sich finden.

---

[1]) Der von Unger restaurirte Flügel ist im Verhältniss zur Breite zu kurz ausgefallen.

R....neæ.

38. Rhamnus Eridani Ung. Taf. XXVII. Fi.. b. S. 123.

Brjamslack, ... der Rückseite ein kleines Blatt von ..er otopterix. (Prof. .nstrup.) Es ist nu. .ie Hälfte des Blattes erhal: .d stark zerdrück .s stimmt namentlich zu der Form, welche Unger Pyrus troglodytarum (Flora . Sotzka. Taf. 37. ;. 1) abgebildet hat, die mir aber on Rh. Eridan: nicht wesentlich verschieden .heint. Die Secundar: en stehen etwas weiter auseinander ls beim Grönländer Blatt (Taf. XIX. Fig. 7 .. und sind etwas stärk .ekrümmt und nach vorn gebogen.

... vardiaceae.

34. Rhus Brunner: Fisch. Taf. XXVII. Fig. 9.

Rh. foliolis membranaceis vel subcoriaceis, sessilibu., .vato-ellipticis, acuminatis, duplicato inciso-dentatis, nervis secundariis 6–8, angulo acuto egredientibus, acrodromis.
Heer Flora tert. Helvet. III. S. 83. Taf. CXXVI. Fig. 12–15.
Gaulthvamr. (Dr. Winkler.)

Das Blatt ist stark ungleichseitig, war daher sehr wahrscheinlich eine seitliche Fieder eines gefiederten Blattes, die Basis ist ungezahnt, während weiter vorn der Rand deutlich doppelt gezahnt ist. Die Zähne am Auslauf der Secundarnerven sind grösser als die am Auslauf der Tertiärnerven, wodurch die Zähne doppelt gezahnt werden, näher der Blattspitze werden sie wieder einfach. Es hat jederseits sieben steil aufsteigende Secundarnerven, die wie ihre Aeste randläufig sind. Die Felder sind von deutlichen, durchgehenden Nervillen durchzogen. — Stimmt in Form und Art der Bezahnung mit den Blättern unserer Molasse überein (cf. namentlich Flora tert. l. c. Fig. 16).

Juglandeæ.

35. Juglans bilinica Ung. Taf. XXVIII. Fig. 14–17.

J. foliolis breviter petiolatis, ovato-ellipticis vel ovato-lanceolatis, acuminatis, irregulariter serrulatis, nervis secundariis numerosis, arcuatis, camptodromis.
Unger genera et spec. plant. fossil. S. 468. Heer Flora tert. Helv. III. S. 90. Taf. CXXX. Fig. 5–13.
Brjamslack (Prof. Steenstrup).

Bei Fig. 14 haben wir die Hälfte eines grossen Blattes, welches am Grunde stumpf zugerundet, vorn in eine kurze Spitze verschmälert ist. Es ist deutlich und ziemlich scharf gezahnt; die Zähne sind nach vorn gebogen. Es besitzt neun Secundarnerven, welche verästelt und vorn in Bogen verbunden sind. Die Bogen sind vom Rande ziemlich weit entfernt. Die Felder sind durch deutliche, theils durchgehende, theils völlig getheilte Nervillen in Felderchen abgetheilt. Das feinere Netzwerk ist verwischt und nur an wenigen Stellen angedeutet. Das Blatt hat einen kurzen Stiel. — Fig. 17 giebt die Blattspitze mit wohl erhaltenem Rande, der mit Sägezähnen besetzt ist. Die Secundarnerven sind in Bogen verbunden.

Diese beiden Blattstücke stimmen zu den grossen Blättern von Monod und vom Ruppen, welche ich in meiner Flora auf Fig. 5, 6, 7 und 17 abgebildet habe. Unger hat diese grosse Blattform neuerdings als Carya Ungeri Ett. (cf. Sylloge plantar. fossil. S. 40. Taf. XVII. Fig. 1 u. 2) beschrieben und von der Juglans (Carya) bilinica getrennt, wozu er nur die kleinern rechnet. Da er aber mit Ausnahme der Grösse keine Unterschiede angiebt, sehe ich keine Veranlassung, von meiner in der Flora tertiaria S. 91 ausführlicher begründeten Ansicht abzugehen, dass diese kleinern und grössern, durch zahlreiche Mittelformen in einander übergehenden Formen zu Einer Art zusammengehören.

Zweifelhaft bin ich noch über die in Fig. 15, 16 und 17 b. abgebildeten Blattreste. Fig. 15 hat den gezahnigen Rand und die Form der Fiedern der J. bilinica, aber die Secundarnerven sind mehr nach vorn gerichtet und reichen weiter zum Rand hinaus. Dasselbe gilt von Fig. 17 b., dessen Seitennerven dichter stehen. Noch stärker nach vorn gerichtet sind die Nerven bei Fig. 16, die aber in Bogen ineinanderlaufen.

Incertæ Sedis.

36. Phyllites acutilobus m. Taf. XXVII. Fig. 11.

Ph. lobatus, lobis lateralibus acuminatis, acutis, integerrimis, nervis secundariis camptodromis.
Husawik. (Dr. Winkler.)

Nur ein Blattfetzen, der aber zu keinem der früher beschriebenen Blätter gehören kann. Vom Mitteltheil ist nur ein kurzes Stück erhalten. Vervollständigen wir das Blatt, wird es dreilappig. Die Seitenlappen

sind sehr schmal und in eine dünne Spitze auslaufend. In denselben geht ein Nerv, der in fast rechtem Winkel zarte, vorn bogenläufig verbundene Seitennerven aussendet. Die Felder sind von einem feinen, polygonen Netzwerk ausgefüllt. Der Mittellappen ist auch ganzrandig, die Secundarnerven bogenläufig, die Felder in polygone kleinere Felder abgetheilt, die mit kleinen Zellen ausgefüllt sind.
Gehört vielleicht zu Acer. Vgl. A. integrilobum. O. Weber Palæont. Taf. XXII. Fig. 5 b.

37. Phyllites tenellus m. Taf. XXVII. Fig. 12.

Ph. tenuis, petiolatus, ovalis, integerrimus, nervo medio debili, nervis secundariis subtilissimis, arcis tenuissimo reticulatis.
Brjamslack; auf der Rückseite die Ulmus diptera. (Prof. Steenstrup.)

Ein sehr zartes Blatt mit dünnem Stiel und Mittelnerv, äusserst zarten Seitennerven und einem zierlichen feinen Netzwerk in den Feldern (cf. Fig. 12 b., wo ein Stück vergrössert ist). Da der Mittelnerv gekrümmt ist, ist das Blatt wahrscheinlich ungleichseitig und wohl eine Fieder eines zusammengesetzt gefiederten Blattes.

38. Phyllites vaccinioides m. Taf. XXVII. Fig. 13.

Ph. oblongo-ovalis, subtilissime denticulatus, penninervis, nervis secundariis densis, angulo acuto egredientibus, camptodromis.
Hredavatn? (Prof. Steenstrup.)

Ein kleines, nicht ganz erhaltenes Blättchen, das vielleicht zu Vaccinium gehört. Es ist länglich-oval, äusserst fein gezahnt, mit ziemlich dicht stehenden, in spitzen Winkeln entspringenden, bogenläufigen Secundarnerven.

39. Carpolithes Najadum m. Taf. XXVII. Fig. 15, vergrössert 15 b.

C. fructibus ellipticis, monospermis, $6\frac{1}{2}$ Mill. longis, compressis.
Hredavatn. (Prof. Steenstrup.)

Ein $6\frac{1}{2}$ Mill. langes und $3\frac{1}{2}$ Mill. breites, elliptisches Früchtchen, das an beiden Enden zugespitzt ist. Die eine Seite bildet einen fast halbkreisförmigen, die andere aber einen viel flächern Bogen; es waren daher wahrscheinlich mehrere Früchtchen in einen Kreis gestellt, wie bei Potamogeton, bei welcher Gattung die Früchte eine ähnliche Form haben. Vgl. z. B. P. Eseri Flora tert. Helv. Taf. XLVII. Fig. 9.

40. Carpolithes geminus m. Taf. XXVII. Fig. 14, vergrössert 14 b.

C. carpellis geminis, monospermis, ellipticis, apice mucronulatis.
Hredavatn. (Prof. Steenstrup.)

Es sind zwei Carpellen dicht beisammenstehend, giengen daher ohne Zweifel aus einer Blüthe hervor, wie bei den Juncagineen, von welchen die fossile Gattung Laharpia ganz ähnlich geformte Früchte hat, die öfter zu zwei beisammenstehen (cf. Flora tert. Helv. III. Taf. CXLVII. Fig. 29). Jedes Carpell ist 6 Mill. lang und 3 Mill. breit, ist vorn mit einer scharfen, kurzen Spitze versehen und enthält einen elliptischen Samen.

41. Carpolithes borealis m. Taf. XXVII. Fig. 16, vergrössert 16 b.

C. ovalis parvulus, monospermus, apice rotundatus.
Hredavatn. (Prof. Steenstrup.)

Ein $4^{3}/_{10}$ Mill. langes, $2^{8}/_{10}$ Mill. breites, ovales Früchtchen, das an beiden Enden stumpf zugerundet ist. Ganz ähnlich dem C. seminulum m. vom Mackenzie, aber etwas grösser.

Gliederthiere.

1. Carabites islandicus m. Taf. XXVII. Fig. 21, vergrössert 21 b.

C. elytris costatis, interstitiis politis, glaberrimis.

Eine kleine Käferflügeldecke von $2^{2}/_{10}$ Millim. Breite und wahrscheinlich etwa 6 Millim. Länge, die von acht scharfen Rippen durchzogen ist, mit ganz glatten Furchen. Gehörte wahrscheinlich einem Laufkäferchen an.

2. Daphnia Eier? Taf. XXVII. Fig. 20, vergrössert 20 b.

Laugavatsdalr; auf der andern Seite Ulmus diptera.

Das Fig. 20 abgebildete Körperchen dürfte ein Behälter, der sogenannte Sattel (ephippium) der Eier von Daphnia oder einem ähnlichen Krustenthiere sein. Aehnliche, nur viel kleinere habe ich von Oeningen abgebildet (Urwelt S. 353. Fig. 206).

V. Miocene Flora von Spitzbergen.

1. Sphenopteris (Gymnogramme?) Blomstrandi m. Taf. XXIX. Fig. 1—5. 9 a.—d.

Sph. foliis bipinnatis, pinnulis sessilibus, obliquis, basi cuneatis, pinnatifidis, lobis rotundatis, nervo primario dissoluto, nervis secundariis angulis acutis egredientibus, valde approximatis, dichotomis.

Aus der Kingsbai. Kohlflöz. (Blomstrand.)

In einem weichen grauen Sandstein liegen zahlreiche Reste der Blätter in allen Richtungen durcheinander. Neben Stücken starker Blattstiele (Fig. 4 c. 9 c. d.) finden sich auch einzelne Blattreste, doch sind dieselben sehr zerfetzt und ihre Form ist schwer zu bestimmen. Zwei Stücke indessen sind ziemlich wohl erhalten, die in Taf. XXIX. Fig. 1 u. 2 abgebildet sind. Diese lassen nicht zweifeln, dass das Blatt gefiedert war, und da neben den zarten Fiederblättern starke Blattspindeln liegen, waren sehr wahrscheinlich diese Fiederblätter an denselben befestigt und somit das Blatt ein doppelt gefiedertes. Die Wedelstiele (Fig. 4 c. 9 c.) sind flach, von Längsrippen durchzogen. Die Fiedern müssen lang gewesen sein, wie die zwar sehr undeutlichen, doch nicht zu verkennenden Stücke zeigen, die Fig. 9 a. b. dargestellt sind. Die Fiederchen sind am Grund keilförmig verschmälert, aber sitzend. Sie sind fiederspaltig, die Lappen stumpf zugerundet. Die am besten erhaltenen zwei Fiedern (Fig. 2 a.) sind fünflappig, ausser dem Endlappen haben wir noch jederseits zwei Seitenlappen. Diese Lappenbildung beginnt erst in der Blattmitte; die untere Hälfte ist ungetheilt. Die Nervation ist verwischt und war nur mit Mühe zu ermitteln. Sie ist bei der zweimal vergrösserten Blattfieder Fig. 3 zu sehen. Der Hauptnerv des Blattfiederchen spaltet sich schon tief unten in Gabeläste, welche weiter oben wieder sich theilen, so dass in jeden Lappen mehrere sehr zarte und in sehr spitzen Winkeln entspringende Nervenäste auslaufen.

Wenn wir die in viele Stücke zerbrochenen Blätter wieder zusammenfügen und ergänzen, erhalten wir grosse, doppelt zusammengesetzte Wedel, mit langen Seitenfiedern, die in zahlreiche stumpfgelappte Fiederchen getheilt sind und auf diesen zahlreiche und dicht stehende Nerven zeigen.

Die Fig. 9 g. dargestellten Zasern mögen Wurzelzasern eines Farn sein.

Es giebt mehrere Farrengattungen, welche in der Form der Fiederchen mit obiger Art der Kingsbai Aehnlichkeit haben, vornämlich Asplenium und Gymnogramme. Die Nervation stimmt aber entschieden am besten zu letzterer Gattung. Die Gymnogramme calomelanos Kaulf., von der Fig. 6 ein Fiederstück darstellt, stimmt in der Nervation sehr wohl zu unserer Art und zeigt auch in der Form der Fiederchen eine unverkennbare Aehnlichkeit, daher unsere Art wahrscheinlich zu Gymnogramme gehört, vorläufig aber noch bei der Sammelgattung Sphenopteris unterzubringen ist. Die Aehnlichkeit mit obiger Gymnogramme ist um so auffallender, da diese Art im tropischen Amerika (in Peru, Brasilien und den Antillen) zu Hause ist. Unter den bis jetzt beschriebenen miocenen Farrn hat Sphenopteris recentior Ung. (Chloris protog. S. 124. Taf. XXXVII. Fig. 5) sehr ähnlich gebildete Fiederchen; es laufen aber bei dieser Art nur einzelne Nervenäste in die Blattlappen.

2. Filicites deperditus m. Taf. XXIX. Fig. 7.

Bellsund, Kohlenberg (Kolfjellet), in den Ravinen. (Nordenskiöld.)

Die Fig. 7 abgebildeten Stücke stellen nach meinem Dafürhalten Fragmente von sehr dicken Farrnspindeln dar, welche auf sehr grosse Wedel schliessen lassen. Sie haben eine Dicke von 30 Mill. Ueber die

Mitte läuft eine breite, längsgestreifte Rinne; die Seiten sind gewölbt, von mehreren stumpfen Längsrippen durchzogen. Das ganze ist von einer glänzenden Kohlenrinde überzogen. — Auf andern Stücken des Bellsund (Taf. XXXI. Fig. 4 d.) sind einzelne Blattreste eines Farrn, aber so fragmentarisch, dass deren Bestimmung nicht möglich ist. Wir können zur Stunde daher nur sagen, dass in dem Sandstein des Bellsund ein grosses Farnkraut vorkommt, dessen nähere Bestimmung erst vollständigere Exemplare ermöglichen werden. Vielleicht gehört zu derselben Art der Farrnstrunk, welchen Herr Roberts in dem Bellsund gefunden und als Lepidodendron beschrieben hat. (Vgl. S. 35.)

3. *Equisetum arcticum* m. Taf. XXIX. Fig. 8. 9 e. f.

E. caule 8—12 Mill. crasso, sulcato, vaginis acute dentatis.
Kingsbai, Kohlflöz. (Blomstrand.)

Die Fig. 8 abgebildeten Stengelreste liegen auf demselben Steine, Fig. d. aber auf der Rückseite. Sie sind von ziemlich breiten Furchen durchzogen, die durch flache Rippen getrennt sind. In den Furchen bemerkt man keine Längsstreifen, wohl aber sehr feine Querrunzeln. Bei b. ist ein stark zerdrückter Knoten, an welchem ein paar Aeste sitzen. Bei a. ist ein Stück der Scheide, aber schlecht erhalten, doch sieht man dass die Zähne ziemlich gross und spitzig sind. Dadurch unterscheidet sich die Art von dem Equisetum Winkleri Islands, das sonst sehr ähnlich gebildete Stengel hat.

Zu dieser Art gehören wohl auch die Fig. 9 c. f. abgebildeten Stücke; es mögen wohl Rhizome sein, deren Scheiden verloren gegangen, während der Knoten zu sehen ist.

4. *Taxodium dubium* Sternb. sp. Taf. XXX. Fig. 3. 4. S. 89.

Fig. 3 aus dem untern Lager des Kohlenberges im Bellsund; Fig. 4 Kohlberg der Ravinen des Bellsund; auf der Rückseite desselben Stückes ist Potamogeton Nordenskiöldi (Fig. 6).

Diese Stücke stimmen sehr wohl überein mit den jährigen Zweigen des Taxodium dubium der Schweizermolasse, wie die Vergleichung der Fig. 4 mit Taf. XXI. Fig. 3 und XVII. Fig. 8 der Flora tert. Helvet. zeigen wird.

Die Blätter sitzen an sehr dünnen, schlanken Zweigen, und sind am Grund nicht am Zweig herablaufend. Sie sind an der Basis in ein ganz kurzes Stielchen verschmälert. Sie sind in zwei Zeilen gestellt; an ein paar Stellen sind je zwei übereinanderstehende Blätter sehr nahe gerückt, so dass auf dieser Seite je drei Blätter zweien der andern Seite entsprechen, ganz so wie dies beim lebenden Taxodium distichum der Fall ist. Bei dem Fig. 4 abgebildeten Zweiglein haben die Blätter eine Breite von 1 Mill., die meisten sind vorn bedeckt oder abgebrochen, ihre Länge scheint 11—14 Mill. zu betragen; sie sind von einem Längsnerv durchzogen. Bei den Fig. 3 abgebildeten Zweigstücken sind die Blätter kürzer und dichter beisammenstehend; sie sind aber nicht so gut erhalten, wie bei Fig. 4. Bei einem Zweigstück sind die Blätter fast wagrecht abstehend, einzelne auch von ihnen getrennt, beim andern sind sie nach vorn gerichtet und dicht beisammenstehend.

5. *Taxodium angustifolium* m. Taf. XXX. Fig. 1, vergrössert 2.

T. ramulis caducis filiformibus, foliis remotioribus alterni distichis, hinc inde duobus basi valde approximatis, basi angustatis et breviter petiolatis, auguste linearibus, uninerviis, apice obtusiusculis.
Obere Lager des Kohlberges des Bellaundes.

Es unterscheidet sich diese Art von Taxodium dubium durch die schmälern und relativ längern, etwas weiter von einander abstehenden Blätter. Da auch bei Taxodium distichum eine Form mit mehr von einander abstehenden Blättern vorkommt (T. nutans, foliis remotioribus sparsis Endlicher Synopsis. Conifer. S. 68), ist es vielleicht nur eine Varietät von Taxodium dubium; da wir aber im übrigen Tertiärland diese Form noch nicht gefunden haben, ist es rathsamer sie zu trennen. Werden einmal mehr Exemplare in Spitzbergen gesammelt, wird sich dann mit grösserer Sicherheit entscheiden lassen, ob diese immerhin sehr beachtenswerthe Form eine eigenthümliche nordische Art darstelle [1]). Man hat neuerdings die mexicanische Sumpfcypresse (T. mexicanum Carr.) wegen ihrer schmälern Blätter von T. distichum getrennt und es dürfte das T. angustifolium derselben vielleicht noch mehr entsprechen als dem T. distichum.

---

[1]) Es hat Ettingshausen in seiner Flora von Bilin (S. 36) sehr schmalblättrige Formen von Taxodium dubium beschrieben und abgebildet, bei diesen sind aber die Blätter viel allmäliger und stärker zugespitzt.

Das Fig. 1 a. abgebildete Stück, neben welchem Blattfetzen von Potamogeton Nordenskiöldi und kleine Reste eines Farrn (Sphenopteris Blomstrandi?) liegen, ist vortrefflich erhalten. Der Zweig (ein Stück Fig. 2 vergrössert) ist sehr dünn und schlank, wie bei T. dubium geht von jedem Blattansatz ein feiner Längsstreifen an demselben herunter. Die Blätter haben nur eine Breite von $8/_{10}$ Mill. bei einer Länge von 14 bis 5 Mill., sie sind parallelseitig, daher schmal linienförmig, vorn zugespitzt und am Grund in ein sehr kurzes Stielchen verschmälert. Sie sind zweizeilig, ziemlich weit auseinander stehend; wie bei Taxodium dubium und distichum, sind auch hier stellenweise je zwei übereinander stehende Blätter am Grunde sehr genähert und fallen auf den Zwischenraum von zwei auf der andern Zweigseite stehenden Blättern (Fig. 2). Der Mittelnerv ist verhältnissmässig stark und reicht bis zur Blattspitze.

6. Pinus polaris m. Taf. XXXI. Fig. 4 b.

P. foliis geminis, $1\frac{1}{2}$ Mill. latis, elongatis, rigidis.

Unteres Lager des Kohlenberges im Bellsund.

Unter dem Erlenblatt liegt ein mit einigen Nadeln besetztes Zweigstück, welches wohl unzweifelhaft zu Pinus gehört, das aber so zerdrückt ist, dass eine Vergleichung mit den bekannten miocenen Arten nicht möglich ist. Es ist wahrscheinlich, dass es zu einer der vielen bis jetzt beschriebenen Arten gehört, bis aber bessere Stücke gefunden werden, müssen wir es getrennt halten. Es ist immerhin wichtig zu wissen, dass eine Föhrenart zur miocenen Zeit in Spitzbergen gelebt hat.

Die Blätter stehen zu zwei, es gehört somit die Art in die Gruppe der Föhren; sie sind bis auf 23 Mill. Länge zu verfolgen, waren aber jedenfalls noch länger; ob sie gerinnt oder gestreift, ist nicht zu ermitteln, indessen bemerkt man auf ein paar einen feinen Längsnerv.

Neben einem Pappelblatt der Kingsbai bemerken wir einen braunschwarzen Flecken (Taf. XXX. Fig. 9 c.), der in der Form lebhaft an einen Pinus-Samenflügel erinnert; am verschmälerten Grund ist eine Verdickung, welche vielleicht vom Nüsschen herrührt, doch ist diese Partie so undeutlich, dass die Deutung dieses Stückes zweifelhaft bleibt.

7. Pinites latiporosus Cramer. Taf. XL.

Vgl. Cramer über die fossilen Hölzer im Anhang.

8. Pinites pauciporosus Cram. Taf. XLI.

Ebendaselbst.

9. Pinites cavernosus Cram. Taf. XLII. Fig. 1—10.

Ebendaselbst.

10. Poacites Torelli m. Taf. XXIX. Fig. 1 f., ein Stück vergrössert g.

P. foliis linearibus, 5 Mill. latis, 14 striatis, laevibus.

Von der Kingsbai, mit Farrnresten auf demselben Stein. Kohlflöz. Blomstrand.

Ein parallelseitiges, 5 Millim. breites Blattstück, das von 14 feinen, parallelen, dicht gedrängten, gleich starken Längsnerven durchzogen ist. Querädorchen fehlen.

Ist ähnlich dem Poacites laevis A. Br., hat aber gedrängter stehende Längsnerven.

Dieser Blattrest zeigt uns, dass die miocene Flora Spitzbergens grosse, breitblätterige Gräser besessen hat.

Auf dem Taf. XXX. Fig. 9 abgebildeten Stein liegt ein Fetzen eines Rohres (Fig. 9 d.), ob dieser aber zur vorliegenden Art oder villeicht zu Phragmites gehört habe, ist nicht zu ermitteln.

11. Potamogeton Nordenskiöldi m. Taf. XXX. Fig. 1 b. 5 c. d. 6. 7. 8.

P. foliis longe petiolatis (?), magnis, ovalibus, apice obtusis, nervis longitudinalibus, curvatis 17, interstitiis dense reticulatis.

Es ist dies das häufigste Blatt im Sandstein des Bellsundes. Einzelne Blattfetzen finden sich auf den meisten Steinen. (Nordenskiöld.)

Fig. 5 b. und 6 a. sind Blattspitzen, Fig. 7 dagegen ist von der Blattbasis, die aber nicht völlig erhalten ist; Fig. 5 c. und d. sind wahrscheinlich Blattstiele. Setzen wir diese Stücke zusammen, erhalten wir ein grosses, ovales, sehr lang gestieltes Blatt, welches vorn stumpf zugerundet ist (Fig. 8). Ueber die Mitte des Blattes laufen drei genäherte Längsnerven, welche aber nicht stärker sind als die übrigen; jederseits bemerken wir sieben, in weiten Bogen verlaufende und etwas weiter von einander entfernte Hauptnerven, welche alle an der Blattspitze convergieren; wir erhalten also im Ganzen 17 Längsnerven. Da die unterste

Blattbasis bei keinem Stücke völlig erhalten ist, sieht man die Art ihres Auslaufes nicht, jedenfalls verbinden sich aber die innern erst tief unten mit dem mittlern Nerv. Die Interstitien zwischen je zwei Längsnerven sind von sehr feinen Queräderchen ausgefüllt. Sie laufen in einem etwas spitzen Winkel aus und sind also etwas nach vorn gerichtet. Sie sind sehr genähert und wie es scheint unverästelt, das Feld in regelmässige, schmale parallelogramme Zellen theilend. Bei den meisten Stücken ist die Blattsubstanz, welche dünn und zart gewesen zu sein scheint, verschwunden und sind nur die Abdrücke der Rippen erhalten. Das Fig. 6 abgebildete Blattstück ist indessen noch mit einer dünnen braunschwarzen Kohlenrinde überzogen.

Der Stiel ist sehr lang (Fig. 5 c. d.) und auf der Oberseite gefurcht (Fig. 5 e. ein Stück vergrössert) Aehnliche Blätter kommen bei Orchideen, Alismaceen [1]), Liliaceen und Najadeen vor. Allein nur bei Potamogeton haben wir dieselbe feinere Nervation und so lange dünne Blattstiele. Bei Potamogeton natans L. und fluitans Roth. sind die Blätter fast von derselben Grösse und Form, weichen aber darin ab, dass der Mittelnerv dicker ist und von den Längsnerven einzelne mehr hervortreten. Auch entspringen die innern seitlichen höher oben aus dem Mittelnerv, wogegen bei Potamogeton prælongus Wulf. und P. nitens Web. der Mittelnerv sehr zart ist, und die seitlichen Nerven tief unten entspringen. Die Blätter sind aber bei diesen Arten sitzend und auch bei P. plantagineus Duc. und P. heterophyllus Schreb. viel kürzer gestielt, wogegen diese in der dichten Stellung und schiefen Richtung der Queräderchen lebhaft an die Art von Spitzbergen erinnern. Von den bis jetzt bekannten fossilen Arten steht P. Bruckmanni Al. Br. (Flora tert. Helv. I. Taf. XLVII. Fig. 7) unserer Pflanze am nächsten, hat aber kleinere Blätter mit weniger Längsnerven und weitern Maschen. Es bildet daher die Spitzberger Pflanze eine eigenthümliche neue Art, welche durch ihre grossen, sehr wahrscheinlich schwimmenden Blätter und die dichte Stellung ihrer feinen Queräderchen sich auszeichnet, sich aber am nächsten an das P. natans L. anzuschliessen scheint.

Diese Art, wie überhaupt alle breitblättrigen Laichkräuter leben ausschliesslich im süssen Wasser; nur ein paar Arten mit schmalen linienförmigen Blättern (P. zosteraceus Fries und pectinatus L.) bewohnen das salzige Wasser. Es setzt daher unsere Pflanze Süsswasser voraus und lebte wahrscheinlich in Torfgraben oder in einem Torfsee, nach Art des P. natans, welches auch am häufigsten an solchen Stellen gefunden wird. Es ist diese Art ungemein verbreitet; sie findet sich nicht nur durch ganz Europa bis nach Island und Lappland, sondern auch in Nordamerika (bis zur Hudsonsbai), in Chile, am Cap, in Abyssinien, in Indien, in Vandiemensland und in Neuseeland. In Lappland reicht sie in einer Form, die Laestadius P. sparganiifolius genannt, bis in die arctische Zone und wurde noch bei Mouniölf gefunden, wo überhaupt diese Gattung jetzt ihre nördliche Grenze hat.

12. Populus Richardsoni m. Taf. XXXI. Fig. 1. S. 98.

Unteres Lager des Kohlberges des Bellsundes. (Nordenskiöld.)

Das Fig. 1 a. abgebildete Blatt ist zwar nur theilweise erhalten, zeigt aber doch alle Charaktere eines Pappelblattes und zwar der Populus Richardsoni. Der Rand ist mit grossen, stumpfen Kerbzähnen versehen, der freilich nur an der linken Seite erhalten ist; die rechte Seite und die Blattspitze fehlen. Die Grösse und Form dieser Zähne stimmt völlig mit den Blättern von Grönland überein (cf. Taf. IV. Fig. 3). Von den sieben Hauptnerven ist der erste seitliche stark nach vorn gerichtet wie bei den Grönländer Blättern, ferner auch gablig getheilt und die äussern Aeste in gebrochenen Bogen verbunden, nur fehlt hier der tiefer unten, näher der Blattbasis entspringende Secundärast, der den meisten Grönländer Blättern zukommt; dafür ist der nächst untere Hauptnerv etwas stärker entwickelt und sendet stärkere Seitenäste aus. Die Nervillen sind wie bei den Grönländer Blättern.

Von einem zweiten Blatt des Bellsundes (Fig. 2) ist nur ein Fetzen erhalten.

13. Populus arctica m.? Taf. XXX. Fig. 9 a. S. 100.

Von der Kingsbai.

Das Fig. 9 a. dargestellte Blattstück enthält nur die Blattbasis, welche wohl zu der Grönländer Art stimmt (namentlich Taf. V. Fig. 3), und durch den ungezahnten Rand von der vorigen sich unterscheidet. Es ist am Grund zugerundet. Neben dem Mittelnerv steigt jederseits in starker Bogenlinie ein seitlicher Hauptnerv auf, der sich seitlich verästelt. Unter demselben ist ein weiterer Hauptnerv, der nach aussen

---

[1]) Bei Alisma Plantago L. haben wir sehr ähnlich verlaufende Zwischennerven, die aber weiter auseinander stehen, dann hat Alisma viel weniger Längsnerven und ein vorn zugespitztes Blatt.

in paar zarte Aeste aussendet, aber theilweise verwischt ist, wie denn auch die feinere Nervation nicht rhalten ist.

Es liegen noch auf ein paar Steinen des Bellsundes einzelne kleine Fetzen von Pappelblättern, von enen aber nicht zu bestimmen ist, ob sie zur vorliegenden oder der vorigen Art gehören.

14. Salix macrophylla Hr.? Taf. XXXI. Fig. 3 a. S. 146.

Bellsund.

Neben dem Buchenblatt des Bellsundes liegt ein stark zerdrückter und an den Rändern verwischter slattfetzen, welcher wahrscheinlich von einer Weide herrührt. Indessen fehlen die feinern Nerven völlig und ei der sonst sehr mangelhaften Erhaltung ist diese Bestimmung sehr unsicher. Was mich bestimmt, es zu en Weiden zu rechnen, ist, weil die erhaltene Partie zu Salix macrophylla von Island stimmt (cf. Taf. XXV. ig. 3 b.). Der dicke Mittelnerv weist auf ein grosses Blatt, von demselben entspringen ziemlich dicht stehende ecundarnerven, die in Bogenlinien verlaufen.

15. Alnus Kefersteinii Gœpp. Taf. XXX. Fig. 5 a. Taf. XXXI. Fig. 4 a. S. 146.

Unteres Lager des Kohlberges im Bellsund. (Nordenskiöld.)

Das Taf. XXX. Fig. 5 a. abgebildete Blatt stimmt sehr wohl namentlich zu den Erlenblättern der raunkohlen von Chlapau und des Samlandes, wo sie häufig und in schön erhaltenen Exemplaren gefunden urden.

Es war ein grosses Blatt mit in halbrechten Winkeln entspringenden, ziemlich weit auseinanderstehenden, ndläufigen Secundarnerven, die untern senden auswärts mehrere Tertiärnerven aus, die in die Zähne aus¬ ufen. Die Felder sind mit gekrümmten, zum Theil gablig getheilten Nervillen ausgefüllt. Der Rand ist emlich scharf gezahnt.

Zu dieser Art gehört sehr wahrscheinlich auch das Taf. XXXI. Fig. 4 a. abgebildete Erlenblatt, dessen 'eitennerven aber etwas stärker gekrümmt sind; sie stehen noch etwas weiter auseinander; ihre Tertiärnerven ufen auch in Zähne aus und die Felder sind mit durchgehenden Nervillen ausgefüllt. In diesen stärker bogenen Secundarnerven stimmt dies Blatt sehr wohl zu dem von Ettingshausen aus der Wiener Flora ossile Flora von Wien. Taf. I. Fig. 19) abgebildeten Erlenblatt überein.

16. Corylus Mac Quarrii Forb. sp. Taf. XXXI. Fig. 5. S. 104.

Unteres Lager des Kohlberges im Bellsund. (Nordenskiöld.)

Es sind mir drei Blattstücke von Spitzbergen zugekommen, von denen aber keines den Rand enthält. as grösste ist in Taf. XXXI. Fig. 5 abgebildet, ein zweites liegt auf der Rückseite desselben grauen, obkörnigen Sandsteines (Fig. 6 a.), ein drittes neben dem Pappelblatt des Bellsundes (Fig. 1 b.). Es stimmen ese Blattstücke in der Richtung der stark entwickelten Secundarnerven, in der Art ihrer Verästelung und in r Bildung der Nervillen, welche die Felder ausfüllen, so wohl mit den Haselblättern von Grönland über¬ , dass wir sie dieser Art zuzählen dürfen, obwohl allerdings der nur an einer kleinen Stelle erhaltene d gezahnte Rand eine ganz sichere Bestimmung nicht zulässt.

17. Fagus Deucalionis Ung. Taf. XXXI. Fig. 3 b. S. 105.

Am Koblenberg des Bellsundes. (Nordenskiöld.)

Es ist zwar nur ein Blattfetzen erhalten; derselbe stimmt aber so wohl mit den Buchenblättern Grönlands erein (Taf. VIII. Fig. 1—4), dass er dieser Art zugerechnet werden darf. Die Secundarnerven entspringen selben Winkel und laufen in gerader Linie straff zum Rande; sie stehen in derselben Entfernung von ander und von ihnen gehen in rechten Winkeln zahlreiche, freilich meist verwischte Nervillen aus. Der nd ist zerstört.

Vielleicht ist die auf Taf. XXX. Fig. 6 b. abgebildete Versteinerung eine aufgesprungene Fruchtdecke eser Art. Es ist eine braunschwarze lederige Masse, besetzt mit kleinen Wärzchen (diese vergrössert 6 c.), lche vielleicht die Basis der abgefallenen Stacheln darstellen.

18. Platanus aceroides Gœpp. Taf. XXXII. S. 111.

Beim Kohlenflöz in Green Harbour (das Stück ist bezeichnet: Green Harbour Kulfjellet vid Kulbötsen). Blomstrand. 1861.

Es stimmt dies Blatt sowohl zu dem Platanenblatt der Schrotzburg, welches ich auf Taf. LXXXVII. g. 3 meiner Tertiärflora abgebildet habe, dass es leicht nach demselben ergänzt werden kann. Es giebt g. 2 ein solch vervollständigtes Blatt.

Das Blatt hat ganz die Grösse der in unsern Anlagen so häufig gepflanzten Platane (Platanus acerifolia Willd.). Es fehlt zwar die Basis, wenn wir aber die Nerven gegen dieselbe fortsetzen, werden wir uns schnell überzeugen, dass drei Hauptnerven vom Blattgrund ausgiengen, von denen der rechte seitliche sehr wohl erhalten ist. Er ist stark und lang und sendet nach unten wieder starke, randläufige Secundarnerven aus, von denen sechs zu sehen sind, von welchen die mittleren je einen Tertiärnerven besitzen. Aber auch nach der innern Seite sendet dieser seitliche Hauptnerv Secundarnerven aus, die aber schwächer und stark nach vorn gerichtet sind, ganz wie bei der Pl. aceroides unserer Molasse. Sie stehen in denselben Abständen und entspringen in denselben Winkeln. Die Felder sind in gleicher Weise von in Bogen verlaufenden, theils einfachen, theils gablig zertheilten Nervillen ausgefüllt. Vom Rand ist nur eine kleine Stelle an der rechten untern Seite erhalten, der uns zeigt, dass zwischen den Zähnen weite gerundete Buchten sich befinden, wie dies für Platanus bezeichnend ist.

Wenn wir die linke zerstörte Blattseite nach der rechten erhaltenen ergänzen, die Nerven bis zum Rande fortführen und diesen Rand mit seinen Zähnen nach den Blättern des Platanus aceroides unserer Molasse (vgl. z. B. Flora tert. Helvet. Taf. LXXXVII. Fig. 3) vervollständigen, erhalten wir das in Taf. XXXII. Fig. 2 wiedergegebene Bild. So müsste dieses Blatt Spitzbergens ausgesehen haben, wenn es vollständig erhalten gewesen. Da die linke Seite mit voller Sicherheit nach der rechten ergänzt werden kann, ist nur die Blattspitze und der Rand restaurirt, also die nicht colorirte Partie des Blattes. Der erhaltene Theil stimmt so völlig zu den Blättern des Platanus aceroides, dass diese Art unzweifelhaft zu Platanus gehört und mit sehr grosser Wahrscheinlichkeit zu Pl. aceroides gebracht werden kann.

Es reicht daher diese in der obern Molasse Italiens, der Schweiz und Schlesiens verbreitete Art über Schottland, Island und Grönland bis nach Spitzbergen hinauf.

19. Tilia Malmgreni m. Taf. XXXIII.

T. foliis amplis, margine dentatis, palminerviis, nervis primariis una latere duobus, altera tribus, ramosis, nervo primario medio valido, nervis secundariis prælongis, ramosis.

Das Blatt aus der Kingsbai beim Kohlflöz; der Blüthenstand aus dem Bellsund.

Ein sehr grosses Blatt, von dem aber die vordere Partie und ein grosser Theil des Randes fehlt. Es ist nur der Abdruck in dem harten, grauen Sandstein erhalten und eine dünne, theilweise zerstörte Kohlenrinde, welche ohne Zweifel von der Blattsubstanz herrührt.

Der Blattstiel setzt sich in eine starke Mittelrippe fort. Von dieser entspringen am Grund auf der linken Seite zwei kurz und sendet nach aussen zwei Secundarnerven aus, die zum Rand laufen, der aber zerstört ist. Der obere ist viel stärker, bildet anfangs einen fast rechten Winkel mit dem Mittelnerv, biegt sich dann aber in einem weiten Bogen nach vorn. Von ihm entspringen fünf Secundarnerven, von denen der erste wieder gablig sich theilt und die alle zum Rand laufen. Auf der rechten Blattseite sind neben dem Mittelnerv drei Hauptnerven, die aber leicht übersehen werden können, da nur der Abdruck ihrer Basis erhalten ist. Die äussere Partie ist zerstört, auch scheint die rechte Seite des Blattes etwas verschoben zu sein, wie eine Vergleichung der Richtung der Nerven in der ausserhalb und innerhalb des Risses liegenden Blattpartie zeigt. In Folge dessen haben wohl die drei seitlichen Hauptnerven des Blattes auf dieser Seite eine stärkere Neigung nach vorn erhalten, als dies beim unverletzten Blatt der Fall war. Von dem starken Mittelnerv gehen paarweise grosse Secundarnerven aus, von denen auf der linken Seite drei einzeln sind; die ihnen gegenüberstehenden der rechten Seite sind nur ein Stück weit erhalten. Diese Secundarnerven entspringen in circa halbrechten Winkeln und sind nur sehr wenig gebogen. Sie senden aussen mehrere Tertiärnerven aus, von denen die untern nochmals sich gabeln. Sie sind randläufig. Die Felder sind von zahlreichen Nervillen ausgefüllt. Diese entspringen in fast rechten Winkeln, sind theils durchgehend, theils aber gablig getheilt; sie stehen etwas dichter als bei unsern Linden.

Ist sicher ein Lindenblatt, dafür sprechen die gegenständigen, langen, verästelten und randläufigen Secundarnerven, die Bildung der Nervillen, der gezahnte Rand, namentlich aber das für die Linden besonders bezeichnende Merkmal, dass das Blatt auf einer Seite einen Hauptnerv mehr hat als auf der andern, daher das Blatt ungleichseitig muss gewesen sein, was an dem vorliegenden Stück nicht zu sehen, da die Blattbasis zerstört ist. Vom Rand ist nur eine ganz kleine Partie erhalten, die uns aber zeigt, dass er mit kurzen, ziemlich scharfen Zähnen versehen war.

In Grösse stimmt das Blatt am meisten mit dem der amerikanischen Linde (T. americana L.), indem diese, auch in unsern Anlagen viel cultivirte, Art durchschnittlich grössere Blätter besitzt, als unsere einheimische grossblätterige Linde (T. grandifolia), die übrigens der amerikanischen Linde in der Blattform so

nahe steht, dass sie von dieser schwer zu unterscheiden ist. Die fossile Art unterscheidet sich von diesen durch die kleinern, vorn weniger zugespitzten Zähne, die etwas weniger nach vorn gerichteten ersten seitlichen Hauptnerven und die etwas dichtere Stellung der Nervillen. In Grösse kommt unser Blatt den grössten Blättern der amerikanischen Linde gleich.

Die Linden sind im Tertiärland selten. In der Schweiz sind noch keine gefunden worden. Aus Italien hat Massalongo drei Arten von Senegaglia beschrieben (T. Passeriniana, T. Mastajana und T. Saviana), die aber kleinere und schärfer gezahnte Blätter haben als die Spitzberger Art. Aus Schlesien hat Goeppert eine Art (Tilia permutabilis Palæont. II. Taf. XXXVII. Fig. I) bekannt gemacht.

Auf der Rückseite des Steines, welcher den Fig. 5 abgebildeten Blattrest des Corylus Mac Quarrii des Bellsundes enthält, bemerken wir bei genauerer Untersuchung die Reste eines Blüthenstandes, der wahrscheinlich zu unserer Art gehört. Fig. 6 c. Die ziemlich langen Blüthenstiele sind zu einer Traube zusammengestellt, aussen verdickt; an einem sitzt ein ovales Körperchen, ob Blumenknospe oder junge Frucht ist nicht zu entscheiden. Es liegt auf einem länglichen, vorn stumpf zugerundeten Blättchen, das wahrscheinlich das Deckblatt der Linde ist. Leider ist das Stück stark zerdrückt und in einem grobkörnigen Gestein, so dass nicht zu ermitteln, ob der Blüthenstand wirklich wie bei der Linde am Deckblatt befestigt ist.

VI. Tabellarische Uebersicht der miocenen Flora der Polarländer.

Name der Arten.	Vorkommen.	Bis jetzt bekannte Polar- und Aequatorialgrenzen derselben.	Homologe oder analoge lebende Arten.	Die Polargrenzen derselben: natürliche.	künstliche.
1. Cryptogamae.					
Erste Ordnung: Fungi.					
Sphæria arctica Hr.	Grönland	70°			
— annulifera Hr.	id.	id.	Sph. Coryli Batch.	Europa bis Schweden.	
Dothidea borealis Hr.	Island.	64° 40'	D. betulina Fries.		id.
Sclerotium Dryadum Hr.	id.	65° 40'	Scl. betulinum Fr.		id.
Rhytisma induratum Hr. ?	id.	66°	Rh. acerinum Fr.		id.
— boreale Hr.	Grönland	70°			
Zweite Ordnung: Filices.					
1. Familie Polypodiaceae.					
Woodwardites arcticus Hr.	Grönland	70'			
Lastræa stiriaca Ung. sp.	id.	44—70°	L. prolifera Kaulf.	Amerika trop.	
Sphenopteris Miertschingi Hr.	id.	70°	Asplenium ?		
— Blomstrandi Hr	Spitzbergen	78° 56	Gymnogramme calomelanos Kaulf.?	Amerika trop.	
Pteris œningensis A. Br.	Grönland	46—70°	Pt. aquilina L.	Europa bis 66° Amerika, Asien.	
— Rinkiana Hr.	id.	70°	id.		
Pecopteris Torellii Hr.	id.	70°			
2. Familie Osmundaceae					
Osmunda Heerii Gaud.	Grönland	46—70°	O. spectabilis W.	Canada bis Suskatschawan, circa 55° n Br.	
———					
Filicites deperditus Hr.	Spitzbergen	77° 50'			

Tabellarische Uebersicht der miocenen Flora der Polarländer.

Name der Arten.	Vorkommen.	Bis jetzt bekannte Polar- und Aequatorialgrenzen derselben.	Homologe oder analoge lebende Arten.	Die Polargrenzen derselben: natürliche	künstliche
Dritte Ordnung: Calamariæ.					
Familie Equisetaceae.					
Equisetum boreale Hr.	Grönland	70°			
„ Winkleri Hr.	Island	45—66°	E. hyemale L.?	Lappland u. Finland. Amerika.	
„ arcticum Hr.	Spitzbergen	78° 56'	id.		
II. Phanerogamæ.					
A. Gymnospermæ.					
Erste Ordnung: Coniferæ.					
1. Familie. Cupressineae.					
Taxodium dubium Stb sp.	Grönl. Spitzb.	44—77° 50'	T. distichum Rich.	Nordamerika bis c. 40° n. Br.	In Deutschland bis 53°. Insel Gotland 57°.
„ angustifolium Hr.	Spitzbergen	77° 50'	id.		
Glyptostrobus europæus Br. sp.	Mackenzie. Grönland.	38—70°	Gl. heterophyllus Br. sp.	Nordchina u. Japan bis c. 36°.	Wien Zürich.
Thujopsis europæa Sap.	Grönland	43—70°	Th. lætevirens Lindl.?	Japan.	
Cupressinoxylon Broverni Merkl.	id.	55—70°			
„ ucranicum Gp.?	id	70°			
„ pulchrum Cram.	Banksland	74° 27'			
„ polyommatum Cram.	id	74° 40'			
„ dubium Cram.	id.	73¾°			
2. Familie. Abietineae.					
Sequoia Langsdorfii Br. sp.	Mackenzie. Grönland.	38—70°	S. sempervirens Lamb. sp.	Californien bis 42°.	In Deutschland bis 52°.
„ brevifolia Hr.	Grönland	70°			
„ Couttsiæ Hr.	id.	43—70°			
„ Sternbergi Gp. sp.	Island	44—65°	S. gigantea Lindl. sp.	Californien	In Deutschland bis 53°; in Schottland und Gotland bis 57°.
Pinus thulensis Steenstr.	id.	64° 40'			
„ Martinsi Hr.	id.	64° 40'	P. serotina Michx.	Pennsylvanien. Carolina.	
„ polaris Hr.	Spitzb. Grönl.	77° 50'			
„ hyperborea Hr.	Grönland	70°			
„ Mac Clurii Hr.	Banksland	74° 27'	P. alba Michx.	Nordcanada bis 66°.	Schweden 60°.
„ Armstrongi Hr.	id.	id.			
„ microsperma Hr.	Island	47—65½°	P Brunoniana Wall.?	Nepal	
„ æmula Hr.	id.	65½°			
„ brachyptera Hr	id.'	65½°			
„ Steenstrupiana Hr.	id.	64° 40'	P. religiosa Lindl.	Mexico von 4000 bis 9000 Fuss ü. M	
„ Ingolfiana Steenstr.	id.	64° 46'	P. Fraseri Pursh.	Alleghani; geht nicht bis zu den grossen Seen.	Bei Christianin. 59° 54'.
Pinites Middendorfianus Gp.	Boganida	71°			
„ Bœrianus Gp.	Taimyrland	74°			
„ latiporosus Cram.	Spitzbergen	75°			
„ pauciporosus Cram.	id.	id.			
„ cavernosus Cram.	id.	id.			
3. Familie. Taxineae.					
Taxites Olriki Hr.	Grönland	60—70°	Cephalotaxus?	Japan?	England bis 55° Insel Gotland 57°.
Salisburea adiantoides Ung.	id.	44—70°	S. adiantifolia Sm.	Japan. China	
„ var borealis	id.	70°			

Tabellarische Uebersicht der miocenen Flora der Polarländer.

Name der Arten.	Vorkommen.	Bis jetzt bekannte Polar- und Aequatorialgrenzen derselben.	Homologe oder analoge lebende Arten.	Die Polargrenzen derselben:	
				natürliche.	künstliche.
B. Monocotyledones.					
Erste Ordnung. Glumaceæ.					
1. Familie. Gramineae.					
Phragmites œningensis A. Br.	Grönland	38½—70°	Phr. communis Trin.	Europa bis Lappland und Finland. Asien. Amerika.	
Poacites Torelli Hr.	Spitzb. Grönl.?	78° 56'			
2. Familie. Cyperaceae.					
Carex rediviva Hr.	Island	64° 40'			
Cyperites borealis Hr.	Grönland	70°			
- Zollikoferi Hr.?	id.	70°			
- islandicus Hr.	Island	64° 40'			
- nodulosus Hr.	id.	id.			
- microcarpus Hr	Grönland	70°			
Zweite Ordnung: Coronariæ.					
Familie Smilaceae.					
Smilax Franklini Hr.	Mackenzie	65°	Sm. excelsa und rotundifolia L.	Georgien, Armenien, Syrien, Griechenland	
Dritte Ordnung: Spadiciflora.					
1. Familie. Typhaceae.					
Sparganium valdense Hr.	Island	45—66°	Sp. ramosum L.	Europa bis zum südlichen Finland, Asien, Amerika	
- stygium Hr.	Grönland	47—70°	Sp. natans L.	Bis Lappland	
Vierte Ordnung: Fluviales.					
Potamogeton Nordenskiöldi Hr.	Spitzbergen	77° 50'	P. natans L.	Bis zum nördlichen Lappland	
Caulinites borealis Hr.	Island	64° 40'			
Fünfte Ordnung: Ensata.					
Familie Irideae.					
Iridium grœnlandicum Hr.	Grönland	70°			
C. Dicotyledones.					
I. Cohorte, Apetalae.					
Erste Ordnung: Iteoideæ.					
1. Familie. Salicineae.					
Populus Richardsoni Hr.	Grönl. Mackenzie. Spitzb.	65—77° 50'	P. tremula L.	Bis Hammerfest 70° 40'	
- Hookeri Hr	Mackenzie	65°			
- Zaddachi Hr.	Grönland	65—70°	P. balsamifera L.	Nordcanada bis 69°. Asien.	Schweden 66°.
- Gaudini F. O.?	id.	47—70°	P. euphratica Ol.	id.	id.
- sclerophylla Sap.	id.	70°	id.		
- arctica Hr.	Grönl. Mackenzie. Spitzb.	65—78° 56'			
Salix macrophylla Hr.	Island. Spitzb.?	47—66° vielleicht 78°	S. fragilis und S. canariensis Sm.	Europa. Canar.	In Schweden bis 64°
- Raeana Hr.	Mackenzie. Grönland.	65—70°			
- grœnlandica Hr.	Grönland.	70°			

Tabellarische Uebersicht der miocenen Flora der Polarländer.

Name der Arten.	Vor- kommen.	Bis jetzt bekannte Polar- und Aequatorial- grenzen derselben.	Homologe oder analoge lebende Arten.	Die Polargrenze derselben: natürliche.	künstliche.
Zweite Ordnung: Amentaceae.					
1. Familie. Myriceae.					
Myrica acuminata Ung.	Grönland	47—70°	Myrica, in Schweden bis 64°.		
- borealis Hr.	id.	70°			
2. Familie. Betulaceae.					
Alnus Kefersteinii Gp.	Island. Spitzb.	47—77° 50'	Die Erle am Mackenzie bis 68°, in Norwegen bis 70°.		
- nostratum Ung.	Grönland	47—70°			
Betula macrophylla Gp. sp.	Island	48½—64° 40'	B. excelsa Ait.	Neu-Braunschweig. bis Obersee, c. 49°	Schweden 60°.
- prisca Ett.	id.	48—66°	B. Rojpoltra Wall.	Himalaya	
- Forchhammeri Hr	id	64° 40'			
- Miertschingi Hr.	Grönland	70°			
- Mac Clintocki Cram.	Banksland	74° 27'			
3. Familie Cupuliferae					
Carpinus grandis Ung.	Grönland	47—70°	C. Betulus L.	Europa, wie die Buche	
Ostrya Walkeri Hr.	id.	70°	O. virginica L.	Canada bis 53°.	Christiania u Upsala c. 60°.
Corylus Mac Quarrii Forb sp.	Mackenzie. Grönl. Island Spitzbergen	46½—77° 50'	C. avellana L.	Norwegen bis 66°.	
Fagus Deucalionis Ung.	Grönl. Island Spitzbergen	46—77° 50'	F. sylvatica L.	Norwegen bis 60½°.	Drontheim 63° 26'
- castaneaefolia Ung.	Grönland	45—70°	Castanea.	Südeuropa.	Schweden 64°.
- dentata Ung.?	id.	44—70°			
- macrophylla Ung.	id.	45—70°			
Quercus Drymeia Ung	id.	44—70°	Q. Sartorii Liebm.	Gebirge Mexico's.	
- furcinervis Rossm. sp.	id.	45—70°	Q. lancifolia Schl.	Mexico.	
- Lyellii Hr.	id.	70°			
- groenlandica Hr.	id.	70°	Q. Prinus L.	Nordamerika.	In Deutschland bis 55°.
- Olafseni Hr.	Mackenzie Grönl Island	66—70°	id.	id.	id.
- platania Hr.	Grönland	70°			
- Steenstrupiana Hr.	id.	70°	Q. densiflora Hook.?	Californien	
- atava Hr.	id.	70°			
4. Familie. Ulmaceae.					
Ulmus diptera Steenstr.	Island	64° 40'			
Planera Ungeri Ett	Island. Grönl.	38½—70°	Pl. Richardi.	Caucasus. Creta.	Deutschland bis 53°.
5. Familie. Moreae.					
Ficus? groenlandica Hr.	Grönland	70°			
6. Familie. Platanoae.					
Platanus aceroides Gp.	Mackenzie. Grönl.Island Spitzbergen	44—78°	Platane.	Nordamerika bis zum Obersee, 50°.	In Schweden bis 56°. Insel Gotland 57°.
Dritte Ordnung: Proteinae.					
1. Familie. Laurineae.					
Daphnogene Kanii Hr.	Grönland	70°			
2. Familie. Proteaceae.					
Hakea? arctica Hr.	Grönland	70°	Hakea sp.	Neuholland.	
Mac Clintockia dentata Hr.	id.	70°			
- Lyellii Hr.	id.	70°			
- trinervis Hr.	id.	70°			

Tabellarische Uebersicht der miocenen Flora der Polarländer.

Name der Arten.	Vor-kommen.	Bis jetztbekannte Polar- und Aequatorial-grenzen derselben.	Homologe oder analoge lebende Arten.	Die Polargrenzen derselben:	
				natürliche.	künstliche.
2. Cohorte. Jamopetosae.					
Erste Ordnung: Bicornes.					
1. Familie. Ericaceae.					
Andromeda protogaea Ung.	Grönland	47..70°	A. (Pieris) elliptica Sieb.	Japan	
– denticulata Hr.	id.	70°			
– Saportana Hr.	id.	70°			
Zweite Ordnung: Styracinae.					
1. Familie. Ebenaceae.					
Diospyros brachysepala A. Br.	Grönland	46—70°	D. Lotus L.	Nordafrika. Europa bis 45°.	Kopenhagen 55°, Insel Gotland 57°.
– Loveni Hr	Grönland	70°			
Dritte Ordnung: Contortae.					
1. Familie. Gentianeae.					
Menyanthes arctica Hr.	Grönland	70°	M. trifoliata L.?	In der arct. Zone von Europa, Amerika u' Asien.	
2. Familie. Oleaceae.					
Fraxinus denticulata Hr	Grönland	70°	Fr. oxyphylla M. B.	Taurien.	
Vierte Ordnung: Rubiacineae.					
Familie Rubiaceae.					
Galium antiquum Hr.	Grönland	70°	G. palustre L.?	Europa.	
3. Cohorte. Polypetalsae.					
Erste Ordnung: Umbelliflorae.					
1. Familie. Araliaceae.					
Hedera Mac Clurii Hr.	Mackenzie Grönland	65—70°	Hed. Helix L.	Europa bis ins süd-liche Schweden bis 60°.	C. alba. Schweden 66°.
Cornus ferox Ung	Grönland	70°	C. sanguinea L.?	id.	
2. Familie. Ampelideae.					
Vitis islandica Hr.	Island	65°	V. vulpina L.	Nordamerika bis Canada.	Schweden 60°.
– Olriki Hr	Grönland	70°	V. cordifolia Michx.	id. bis 50°.	
– arctica Hr.	id.	70°	id.	id.	
Zweite Ordnung: Polycarpicae.					
Familie Magnoliaceae.					
Magnolia Inglefieldi Hr.	Grönland	70°	M. grandiflora L.	Süden der Vereinig-ten staaten.	Philadelphia. Lausanne.
Liriodendron Procaccinii Ung.	Island	44—65°	L. tulipiferum L.	Nordamerika bis 40°	Deutschland bis 53 ½°. Schottland bis 56°. Südschweden.
Dritte Ordnung: Myrtiflorae.					
Familie Myrtaceae.					
Callistemophyllum Moorii Hr.	Grönland	70°			
Vierte Ordnung: Columniferae.					
1. Familie. Tiliaceae.					
Tilia Malmgreni Hr.	Spitzbergen	78° 56'	T. americana L. Die T. parvifolia Ehrh	Nordamerika. Norwegen bis 62°.	Schweden 60°. Drontheim 63° 40'.

Tabellarische Uebersicht der miocenen Flora der Polarländer.

Name der Arten.	Vorkommen.	Bis jetztbekannte Polar- und Aequatorialgrenzen derselben.	Homologe oder analoge lebende Arten.	Die Polargrenzen derselben: natürliche.	künstliche.
2. Familie. Büttnerlaceae.					
Pterospermites i, tegrifolius Hr.	Grönland	70°			
- dentatus Hr.	Mackenzie	65°			
Dombeyopsis islandica Hr.	Island	66°			
Fünfte Ordnung: Acera.					
Familie Acerineae.					
Acer otopterix Gœp.	Island Grönl.	46—70°	Acer in Canada bis 53°, in Schweden bis 63½°.		
Sechste Ordnung: Frangulaceæ.					
1. Familie. Rhamneae.					
Paliurus Colombi Hr.	Grönland	70?	P. australis L.	Südeuropa.	Insel Gotland 57°.
- borealis Hr.	id.	70°			
Zizyphus hyperboreus Hr.	id.	70°			
Rhamnus Eridani Ung.	Island. Grönl	47—70°	Rh. carolincanus Walt.	Nordamerika.	
- brevifollus A. Br.	Grönland	47—70°	Rh tetragonua L.	Cap.	
- Gaudini Hr.	Id	47—70°	Rh. grandifolius Fisch.	Caucasus.	
2. Familie. Ilicineae.					
Ilex longifolia Hr.	Grönland	45—70°			
- reticulata Hr.	id.	70°			
Siebente Ordnung: Terebinthineæ.					
Familie Anacardiaceae.					
Rhus Brunneri Hr.	Island	47—66°	R. coriaria L.	Südeuropa.	
2. Familie. Juglandeae.					
Juglans acuminata A. Br.	Grönland	38½—70°	J. regia L.	Asien.	Norwegen bis 63½°.
- bilinica Ung.	Island	44—65½°	J. nigra L.	Nordamerika.	id.
- paucinervis Hr.	Grönland	70?			
- Strozziana Gaud.	id.	44—70			
Achte Ordnung: Calophytæ.					
1. Familie. Pomaceae.					
Crataegus antiqua Hr.	Grönland	70°	Cr. tomentosa L.	Nordamerika.	Cr.sanguinea.id.-66°
- Warthana Hr.	Id.	70°	id.		
2. Familie. Amygdaleae.					
Prunus Scottii Hr.	Grönland	70°	Pr. lusitanica L.	Südeuropa.	Insel Gotland 57°.
Neunte Ordnung: Leguminosæ.					
Familie. Papilionaceae.					
Glutea Salteri Hr.	Grönland	46—70°	C. arborescens L.	Südeuropa.	Schweden 60°.
Leguminosites arcticus Hr	Id.	70°			
Dubiæ Sedis.					
Phyllites liriodendroides Hr.	Grönland	70°			
- membranaceus Hr.	id.	70°			
- Rubiformis Hr.	id.	70°			
- celtoides Hr.	id.	70°			
- evanescens Hr	id.	70°			
- acutilobus Hr.	Island	66°			
- tenellus Hr.	id.	66°			
- vaccinioides Hr.	id.	64°			
- aceroides Hr.	Mackenzie	65°			
Photolithes amissus Hr.	id.	65°			
Carpolithes Najadum Hr.	Island	64°			
- geminus Hr.	id.	64°			
- borealis Hr.	id.	64°			
- symplocoides Hr.	Grönland	70°			
- sphærula Hr	id.	70°			
- lithospermoides Hr.	id.	70°			
- bicarpellaris Hr.	id.	70°			
- seminulum Hr.	Mackenzie	65°			

VII. Fossile Hölzer der arctischen Zone

bearbeitet von

Dr. C. Cramer, Professor.

I. Fossile Hölzer von Grönland.

Die zahlreichen Exemplare fossiler Hölzer von Grönland, welche mir, nebst den später zu besprechenen, von meinem hochverehrten Collegen, Herrn Prof. Heer, zur mikroscopischen Untersuchung zugestellt wrden, zeichneten sich leider durch eine Art der Erhaltung aus, welche die Untersuchung sehr erschwerte nd die Erlangung einigermassen befriedigender Resultate fast zur Unmöglichkeit machte. Am besten erhalten ar ein Scheit von Sinikfik, mit dessen Beschreibung ich beginnen will:

1. Cupressinoxylon Breverni Mercklin. Taf. XLII. Fig. 11—17. S. 4.

Dieses Fossil, von Sinikfik (Disco-Insel), war ein 24 Cm. langes, 5 Cm. breites und 3 Cm. dickes tück, mit mehreren kurzen Aststummeln, an der Stammoberfläche entsprechenden Aussenseite durch ahlreiche Längs- und Querrisse zerklüftet, auf dem Bruche daselbst schwarz, glänzend, steinkohlenähnlich, ehr im Innern dagegen cohärent, schwarzbraun, matt, Holztextur zeigend. Da die nähere Untersuchung er zerklüfteten, steinkohlenartigen Kruste resultatlos war, wurde das Scheit entzwei gesägt und ein Stück us der Mitte herausgesprengt. Schon ohne weitere Präparation waren hier deutliche Jahrringe von bis 1 Mill., eist aber weniger als 1 Mill. Dicke sichtbar. Durch anhaltendes Kochen in Kalilauge wurde das Holz leicht hneidbar, Kochen in chlorsaures Kali haltiger Salpetersäure machte die sonst dunkelbraunen Holzzellen war hellgelb, aber ungemein brückelig, so dass diese Präparationsweise bald aufgegeben wurde.

Alle Präparate bewiesen die Nadelholznatur des Fossiles. Auf dem Querschnitt (vgl. Taf. XLII. Fig. 11 12) erschienen die Holzzellen in radialer Richtung meist bis fast zum Verschwinden des Lumens zusammendrückt, so dass mithin obige Angaben über die Dicke der Jahrringe jedenfalls als unter der wahren, sprünglichen Grösse stehend zu betrachten sind. Harzgänge, wie sie den meisten unserer Abietineen gen sind, fehlten durchaus; Taf. XLII. Fig. 12 a. halte ich für eine zufällige Verletzung, nicht für einen arzgang. Auch auf der Längsschnittsansicht war von sogenannten zusammengesetzten Harzgefässen keine ur zu finden, dagegen kamen hier mit braunem Harz erfüllte Holzparenchymzellen, sogenannte einfache arzgefässe, von 10—30 Mikromillimetern[1]) oder im Mittel aus 5 Messungen von 17 Mik. Dicke nicht selten or. Charakteristisch für die Holzzellen war die sehr ausgeprägte spiralige und zwar linksläufige Streifung rer Seitenwände. Taf. XLII. Fig. 14, 15, 16. Wer je das Holz von Taxus etc. genauer untersucht hat, nn diese Streifung nicht verwechseln mit der spiraligen Verdickung der Holzzellen der Taxineen, sondern kennt darin ein Analogon der spiraligen Streifung, wie man sie besonders bei den Holzzellen von Juniperus, pressus, aber auch bei Taxodium, Biota, oft auch bei der gemeinen Fichte etc. beobachtet. Die Holzzellen ren 10—30, im Mittel aus 7 Messungen 21,5 Mik. dick (radiale Dimension), und 10—25, im Mittel aus Messungen 17,5 Mik. breit (tangentiale Dimension). Tüpfel wurden, wohl im Zusammenhang mit der Pressng, welche das Holz erfahren hatte, nur selten an den Holzzellen wahrnehmbar; sie waren einreihig, klein, r äussere Contour hatte einen Durchmesser von 6—7 Mik., der innere war bisweilen schief. Taf. XLII. g. 15. Die Markstrahlen waren stets einschichtig, bestanden aus 1—5 übereinanderliegenden Zellen (15 obachtungen) und waren dabei 15—85 Mik. hoch. Taf. XLII. Fig. 14 n. 17.[2]) Die einzelne Markstrahlzelle r 10—25, im Mittel für 44 Zellen 16,8 Mik. hoch. Tüpfel liess der schlechte Erhaltungszustand des hlzes und der Markstrahlzellen nicht nachweisen.

Das beschriebene fossile Holz erinnert mit Rücksicht auf äussere Beschaffenheit und anatomischen Bau sehr an Mercklin's bei Gishiga auf der Halbinsel Kamtschatka neben Bernstein gefundenes Cupressinoxylon

---

[1]) 1 Mikromillimeter oder 1 Mik. = 0,001 Mill.
[2]) Fig. 17 eine radiale Längsschnittsansicht eines Markstrahles.

Breverni[1]), dass ich nicht anstehe, dasselbe für identisch mit dem russischen Fossil zu halten. Bei diesem waren die Jahrringe 1 Mill. und darüber dick, die Holzzellen zeigten hie und da 2 Tüpfel neben einander und die Markstrahlen bestanden aus 1—15, meist jedoch blos aus 1—10 übereinanderliegenden Zellenreihen; diese Unterschiede scheinen mir aber im vorliegenden Falle nicht sehr ins Gewicht zu fallen; es ist wohl möglich, dass die Pressung des Grönländer Fossiles noch stärker war und nur darum die Jahrringe relativ dünner erscheinen, Tüpfel sind bei beiden Hölzern so selten zu sehen, dass, wenn auch ich nur eine Reihe beobachtete, daraus noch nicht geschlossen werden darf, es kommen überhaupt nie 2 Tüpfel nebeneinander vor; ebenso kann es der blosse Zufall mit sich gebracht haben, dass ich nie mehr als fünfreihige Markstrahlen beobachtete.

Etwas gewagter ist es, wenn ich zwei andere fossile Hölzer von Sinikfik, deren Erhaltungszustand der Untersuchung noch ungünstiger war als derjenige obigen Scheites, ebenfalls zu Cupressinoxylon Breverni hereklin stelle. Die beiden Stücke waren von unregelmässiger Form, manigfach verbogen, wie man es bei Wurzelholz zu beobachten pflegt. Sie zeigten einen grössten Durchmesser von circa 20 Centm., waren stark erkohlt, doch weniger steinkohlenartig, bloss braunschwarz, fast glanzlos, im Uebrigen mit Jahrringen von $\frac{1}{2}$—1 Mill. Dicke. Gewöhnliche Harzgänge fehlten, mit braunem Harz erfülltes Holzparenchym (einfache Harzgefässe) waren dagegen häufig. Die Holzzellen zeigten besonders bei dem einen Exemplar (b) deutliche spiralige Streifen. Tüpfel waren selten, klein, rundlich oder schief elliptisch (besonders die innern Contouren), einreihig. Von den Markstrahlen war nie eine deutliche Ansicht erhältlich.

2. Cupressinoxylon ucranicum Gœppert (?). Taf. XXXIV. Fig. 5. Taf. XXXVIII. Fig. 7—12.

Das fossile Holz, welches ich unter diesem Namen beschreibe, stammt vom 70ten Grad nördlicher Breite und 51—45 Grad westlicher Länge und wurde von Herrn Philip H. Colomb nach Dublin gebracht. Es ist ein circa 5 Cm. langes, 4 Cm. breites Stück, von bläulichgrauer bis schwärzlichblauer Farbe, und besteht aus 13 deutlichen, an einer Stelle zusammen 17 Mill. Dicke. Der dickste Jahrring misst 2,5 Mill. Taf. XXXIV. Fig. 5 Ansicht der einen Endfläche.

Da die Zellen des Holzes mit einem in Säuren unlöslichen Silicat ausgefüllt und daher nicht herstellbar sind, wurde die Endfläche und eine radiale Seitenfläche des ganzen Stückes polirt und bei intensiver Beleuchtung von oben untersucht; auch kleine Splitterchen, unter denen sich hie und da durchsichtige finden, wurden der Untersuchung unterworfen und zwar bei Beleuchtung von unten.

Von zusammengesetzten Harzgängen war nirgends eine Spur zu entdecken, dagegen beobachtete ich wenigstens einmal ein Bruchstück eines einfachen Harzgefässes. Taf. XXXVIII. Fig. 11 a. b., wo s die braungefärbte Scheidewand zweier übereinanderliegender Zellen des Harzgefässes ist. Die Holzzellen fand ich 25—56,5 Mik., im Mittel aus 8 Messungen 46,6 Mik. dick (radiale Dimension) und 25—43, im Mittel aus 3 Messungen 35,1 Mik. breit (tangentale Dimension), auf der radialen Längsschnittsansicht an den Enden zugespitzt und mit 1—2reihigen, kreisrunden Tüpfeln versehen. Taf. XXXVIII. Fig. 7, 8, 10—12. Die Markstrahlen waren constant einschichtig, aus 6—25 übereinanderliegenden Zellreihen zusammengesetzt und dabei 100—437 Mik. hoch. Die einzelne Markstrahlzelle zeigte eine Höhe von 16,8—24,5, im Mittel für 98 Zellen von 17,08 Mik., eine Länge (radiale Dimension) von 81—112, im Mittel aus 4 Messungen von 95,4 Mik. und eine Breite (tangentale Dimension) von 12,5 Mik. (1 Messung). Die Tüpfel der Markstrahlen waren klein, undeutlich. Vergleiche Taf. XXXVIII. Fig. 9, wo die, wie in Fig. 11 s, braungefärbten Zellenmembranen zum Theil noch zu sehen sind, zum Theil von dem hier, wie auch in Fig. 8 u. 11, durchsichtigen Ausfüllungsmaterial sich abgelöst haben.

Die Anordnung der Tüpfel an den Holzzellen, der Mangel zusammengesetzter, das Vorkommen einfacher Harzgefässe veranlasst mich, das Holz zu Cupressinoxylon zu stellen. Sehen wir uns unter den bereits beschriebenen fossilen Hölzern um, so begegnen wir einer ganzen Reihe analoger Hölzer, insbesondere: Cupressinoxylon ucranicum Gœpp., Cupr. nodosum Gœpp., Cupr. Kiprianovi Merck., Cupr. sanguineum Merck., Cupr. erraticum Merck., auch Pinites jurassicus Gœpp. Bei allen diesen Hölzern fehlen zusammengesetzte Harzgefässe, auch Pinites jurassicus Gœpp. scheint keine zu besitzen[2]). Alle diese Hölzer besitzen dagegen einfache Harzgänge. Bei allen zeigen die Radialflächen der Holzzellen eine Reihe von Tüpfeln, bloss hie

---
[1]) Palæodendrologicum Rossicum von Dr. C. E. von Mercklin, p. 71.
[2]) e Fig. 3. Taf. II. (Uebersicht der Arbeiten der schlesischen Gesellschaft 1845) kann nicht als ein solches gedeutet werden.

Fossile Hölzer von Grönland.

ud da 2 Tüpfel neben einander, nur bei Pinites jurassicus beobachtete Mercklin bis 3. Bei allen sind die ihrringe deutlich und von beträchtlicher Dicke: bei Cupress. nodosum 1—3$^1/_2$ Mill., bei Kiprianovi 1—4 ill., bei sanguineum 3—4 Mill., bei erraticum 1—2, selten 4 Mill., bei Pinites jurassicus nach Gœppert $^1/_2$, nach Mercklin 2—3 Mill., für Cupr. ucranicum fehlen leider Zahlenangaben und ist der Gœppert'schen eichnung in dieser Richtung nichts zu entnehmen. Die Markstrahlen sind überall kleinporig und einschichtig. ur hinsichtlich der Zahl der übereinanderstehenden Zellreihen der Markstrahlen machen sich grössere Differenzen geltend: Cupressinoxylon Kiprianovi besitzt 1—8reihige Markstrahlen, bei Pinites jurassicus sind nach Gœppert 1—10-, nach Mercklin bis 11reihig, bei Cupr. sanguineum 1—18reihig, bei ucranicum —20reihig, bei erraticum 1—25reihig, bei nodosum 1—30reihig.

Herr von Eichwald hat eine ganze Zahl Mercklin'scher Arten fossiler Nadelhölzer mit Cupressinoxylon ranicum Gœpp. vereinigt[1]), doch scheint er mir hierin zu weit gegangen zu sein. Pinites Pachtanus Merck. d Pinites Mosquensis Merck. dürfen der zusammengesetzten Harzgänge wegen unter allen Umständen cht nur nicht zu Cupr. ucranicum, sondern nicht einmal zu Cupressinoxylon gestellt werden[2]), so wenig s Pinites jurassicus Gœpp., der keine zusammengesetzte, dagegen häufig einfache Harzgefässe besitzt, i Pinites bleiben kann; und Cupressinoxylon erraticum Teredinum Merck., distichum Merck., Wolgicum erck., sequoianum Merck., Fritzscheanum Merck. sind durch die vorherrschend 2—3, ausnahmsweise selbst eiligen grossen Tüpfel der Holzzellen unter sich, sowie mit Cupr. æquale Gœpp., leptoticlum Gœpp., bæquale Gœpp. näher verwandt und verschieden von Cupressinoxylon ucranicum Gœpp., nodosum Gœpp., rassicum (Pinites jur. Gœpp.) mihi, sanguineum Merck., erraticum Merck., zu welchem Typus auch noch pressinoxylon sylvelstre Merck., Severzovi Merck. und andere gehören mögen.

Ich habe das hier beschriebene fossile Holz als Cupressinoxylon ucranicum bezeichnet, weil diese Form e der zuerst entdeckten des oben angedeuteten zweiten Typus ist und eine besonders grosse Verbreitung t. Von den übrigen Formen dieses Typus stehen ihm Cupr. erraticum Merck. und Cupr. nodosum Gœpp. : nächsten.

3. Coniferites. Taf. III. Fig. 13. Vgl. S. 93.

Noch habe ich eines fossilen Holzes zu erwähnen, das in Grönland (Atanekerdluck. Olrik 1855) häufig rzukommen scheint und sich auszeichnet durch die rostrothe Farbe, in Folge grossen Eisengehaltes des Verinerungsmaterials und durch die stark vorstehenden parallelen Rippen einzelner Seiten der unregelmässigen ücke. Taf. III. Fig. 13. Die Rippen sind die Jahrringe des Holzes, haben eine Dicke von 1—4, ausnahmsise 5 Mill. und zeigen bisweilen eine schon von blossem Auge, deutlicher mit Hülfe der Lupe erkennbare ine Längsstreifung. Die feinen Längsstreifen müssen den Holzzellen entsprechen, einzelne der deutlichsten ren 47—85 Mill. dick. Bei Beleuchtung von oben glaubte ich auch einmal Tüpfel zu erkennen. Leider die Ausfüllungsmasse des Holzes in Säuren nur unvollkommen löslich und bleiben fast gar keine irgend uchbare Holzreste zurück, nur ein einziges Mal beobachtete ich einen Fetzen eines 10reihigen, 170 Mik. nen Markstrahles. Durch Poliren und Anätzen der polirten Flächen war dem Fossil noch weniger beizunmen, Splitter sind völlig undurchsichtig.

Die gewonnenen Resultate reichen hin das Holz als ein Nadelholz zu bestimmen, aber mehr lässt sich ht sagen. Gœppert hat ein Exemplar dieses Fossiles als Bambusium platypleurum (quasi intermedium) eichnet, welcher Deutung ich mich nicht anschliessen kann. Die Gründe sind im Obigen enthalten.

Von den oben besprochenen Stücken weichen einige andere vom gleichen Fundort stammende und von aselben Versteinerungsmaterial durchdrungene fossile Hölzer ab durch den Mangel jener Rippen und ch die sehr feine Längsstreifung. Was für Pflanzen diese angehört haben mögen, war leider nicht von ne auszumitteln.

---

[1]) Lethæa Rossica II. Vol p 45.
[2]) Aus demselben Grunde würde ich Cupressinoxylon fissum Gœpp. zu Pinites stellen.

II. Fossile Hölzer des Bankslandes.
Vergl. S. 21.

Waren die Grönländer Hölzer recht dazu angethan, den Mikroskopiker zu entmuthigen, so zeigten dagegen die fünf fossilen Hölzer, welche Sir L. Mac Clintock und Sir Rob. Mac Clure vom Banksland herübergebracht hatten, einen Erhaltungszustand, der kaum etwas zu wünschen übrig liess. Ich habe von einzelnen dieser Hölzer Präparate erhalten, wie man sie schöner nicht von lebenden Hölzern darstellen könnte. Nur eines dieser Hölzer war ohne weiteres zu präpariren, leicht schneidbar: Pinus Mac Clurii Heer, doch wurden die Präparate bei nachheriger Behandlung mit Säure noch reiner und durchsichtiger; die übrigen Hölzer waren ganz imprägnirt mit einer eisenreichen, in Säuren jedoch leicht löslichen Mineralsubstanz, selbst in die Tüpfelhöfe war die Ausfüllungsmasse eingedrungen. Taf. XXXVII. Fig. 3. Diese Hölzer mussten unter allen Umständen zuerst durch Säure von der Ausfüllungsmasse befreit werden. Die Zellwände erschienen alsdann hier wie dort gelblich bis bräunlich gefärbt, wurden durch Jod und Schwefelsäure niemals gebläut, waren also chemisch verändert. Vier dieser Hölzer erwiesen sich als Nadelhölzer, eines als ein Laubholz und zwar als eine Birke.

1. Pinus Mac Clurii Heer (?). Taf. XXXV. Fig. 1. Taf. XXXVI. Fig. 1—5. S. 134.
Von der Ballast-Bai.

Das Stück, welches ich zu untersuchen Gelegenheit hatte, war ein kleines Bruchstück von dem S. 21 erwähnten grossen Stamm, welchen Mac Clure aufs Schiff bringen liess. Ein im Dubliner Museum aufbewahrtes Stück des letztern hat einen Durchmesser von 37 Decim. Jener besass eine dunkelbraune Farbe; in dünnen Schnitten nach Behandlung mit Schwefelsäure und bei durchfallendem Licht erschien es goldgelb. Die Jahrringe waren leicht zu unterscheiden, $1/2$—1,3 Mill. dick, müssen jedoch ursprünglich dicker gewesen sein, denn das weitzellige Frühlingsholz war, wie die mikroskopische Untersuchung lehrte, stets zusammengepresst. Taf. XXXV. Fig. 1. Damit im Zusammenhang trennten sich auch die einzelnen Jahrringe leicht von einander. Zwischen den Holzzellen herabsteigende, verticale und in den Markstrahlen verlaufende, horizontale Harzgänge waren oft wahrzunehmen, ja man konnte oft noch die zarten Wände der ursprünglich an der Stelle der Harzgänge befindlichen Zellen erkennen, Taf. XXXV. Fig. 1. Taf. XXXVI. Fig. 3. Die Holzzellen 6,1—46, selten 61 Mik. dick und 15,3—46, selten 61 Mik. breit, besassen selbst in der engzelligeren Herbstzone auffallend dünne Wände. Taf. XXXV. Fig. 1. Waren sie nie dickwandiger oder hatten sich die secundären Schichten aufgelöst? Ihre Seitenflächen zeigten nicht selten eine sehr zarte spiralige Streifung. Taf. XXXVI. Fig. 3. Auf dem radialen Längsschnitt waren an weiteren Holzzellen einreihige kreisrunde Tüpfel häufig, 2 Tüpfel neben einander kamen sehr selten vor. Der äussere Contour dieser Tüpfel zeigte einen Durchmesser von 13,8—18,4, im Mittel aus 7 Messungen von 16,8, der innere von 3,06—7,65, im Mittel aus 7 Beobachtungen von 5,8 Mik. An den Radialflächen der engsten Herbstholzzellen kamen sehr kleine spaltenförmige schiefstehende Poren vor, während die Tangentalflächen dieser Zellen ebenfalls rundliche, jedoch einfach contourirte und nicht so grosse Tüpfel besassen wie die Radialflächen weiterer Holzzellen. Vergl. Taf. XXXVI. Fig. 1, 2, 5.[1]) Die reichlich vorhandenen Markstrahlen waren meist einschichtig, nur da, wo ein horizontaler Harzgang in denselben verlief, mehrschichtig. Taf. XXXVI. Fig. 3. Sie bestunden des Weitern aus 2—22 übereinanderliegenden Zellenreihen und hatten eine Höhe von 46 bis 380 Mik. Die einzelne Markstrahlzelle, 6,9—24,5, im Mittel für 143 Zellen 17,14 Mik. hoch, 46—76,5, im Mittel aus 3 Messungen 61,2 Mik. lang, zeigten auf den Radialflächen kleine, rundliche, einfach contourirte Poren von 3,06—4,6 Mik. Durchmesser. Auch die horizontalen und tangentalen Flächen derselben waren mit kleinen Poren versehen. Vergl. Taf. XXXVI. Fig. 2 u. 4.[2])

Der geschilderte anatomische Bau zeigt, dass das Holz einer Abietinee angehörte. Der Mangel grosser Tüpfel an den Markstrahlzellen schliesst die Gattung Pinus im engern Sinne aus, das Vorkommen zusammengesetzter Harzgefässe dagegen die Gattung Abies und Cedrus, das Holz muss einer Rothtanne oder Fichte angehört haben. Da nun nach Herrn Prof. Heer an der gleichen Stelle das Zapfen einer Pinus alba verwandten Fichte gefunden worden sind (Pinus Mac Clurii Heer S. 134. Taf. XX. Fig. 16—18), so liegt die Vermuthung nahe, es möchte obiges Holz von dieser Fichte herrühren und habe ich daher dasselbe auch

---
[1]) Fig. 1 u. 2 radiale Längsschnittsansichten; Fig 5 tangentale Längsansicht einer Holzzelle.
[2]) Fig. 4 ist eine tangentale Längsschnittsansicht eines Markstrahls bei 500facher Vergrösserung.

unter diesem Namen aufgeführt. Von früher beschriebenen fossilen Hölzern haben mit dem obigen Aehnlichkeit: Pinites Silesiacus Gœpp.[1]) (Jahrringe 2 Mill. dick, Markstrahlen 1—12reihig) und Pinites Mosquensis Merck.[2]) (Jahrringe 4—5 Mill. dick, Markstrahlen 3—25reihig), endlich Pinites resinosus Gœpp.[3]) (Jahrringe 5 Mill. dick, Markstrahlen 1—2schichtig, 1—24reihig).

2. Cupressinoxylon pulchrum Cramer. Taf. XXXIV. Fig. 1. Taf. XXXVI. Fig. 6—8.

Aus der Ballast-Bai von Banksland, von Sir L. Mac Clintock.

Da dieses Fossil auf Taf. XXXIV. Fig. 1 in natürlicher Grösse abgebildet ist, unterlasse ich es nähere Angaben über die Dimensionen zu machen und füge im Allgemeinen bloss bei, dass dasselbe in Folge grossen Eisengehaltes rostroth, hart und specifisch schwer ist, zur grössern Hälfte aus einem, zur kleinern aus zwei Jahrringen besteht. Der Pfeil neben Fig. 1 giebt die Richtung von innen nach aussen an, der zum kleinern Theil vorhandene Jahrring lag also dem Mark näher. Da die Jahrringe fast flach sind, ist anzunehmen, dass das Holz einem umfangreichen Baum angehört hat. Deutlich von einander abgegrenzt, je 3½ Mill. dick, erscheinen sie auf den natürlichen Radialflächen schon von blossem Auge betrachtet überall eng, aber scharf längs gestreift, an zahlreichen Stellen überdies durch die Markstrahlen zart quer gestreift. Unter dem Mikroscop kann man bei Beleuchtung von oben auf den Radialflächen 45—50 Holzzellen neben einander zählen. Zusammengesetzte Harzgänge habe ich nie wahrgenommen, sogenannte einfache zwar nur einmal, aber sehr deutlich. Die Zellen derselben waren 168—505 Mik. lang, 24—61 Mik. dick, harzlos, an den Längswänden mit kleinen runden Poren versehen. Das Präparat befindet sich in Canadabalsam liegend in meiner Präparatensammlung. Die Holzzellen, nach Behandlung mit Salzsäure schön durchsichtig und goldgelb[4]), sind radial zugespitzt (Taf. XXXVI. Fig. 6), über 2,68 Mill. lang, 21,4—122,4, im Mittel aus 24 directen Messungen 70,5, im Mittel, berechnet aus der Dicke der 2 Jahrringe und der mittleren Zellenzahl 73,7 Mik. dick. Sie zeigen oft auf lange Strecken nichts als eine zarte spiralige Streifung[5]), oft, besonders gegen die Enden zu, zahlreiche Tüpfel, bald in einer Reihe, bald in zweien, Taf. XXXVI. Fig. 6 u. 7; äusserst selten kommen 3 Tüpfel neben einander vor. Taf. XXXVI. Fig. 7, links mehr nach unten. Die Tüpfel, wenn 2—3reihig fast ausnahmslos genau neben einander, sind kreisrund oder ein wenig eckig, mit doppeltem Contour versehen, gross. Der äussere Contur misst 18,36—27,5, im Mittel aus 14 Messungen 22,95, der innere 5,34—9,18, im Mittel aus 14 Messungen 7,04 Mik. Die Markstrahlen sind stets einschichtig, aus 1—14 übereinanderstehenden Zellreihen zusammengesetzt, dabei 82,6—388,7 Mik. hoch. Die einzelnen Markstrahlzellen sind 9,18—30,6, im Mittel für 164 Zellen 21,76 Mik. hoch und 131,6—214 Mik. lang und zeigen nur an den Radialwänden Poren und zwar in der Richtung der Höhe nie mehr als einen, in der Richtung der Länge über einer Herbstholzzelle ebenfalls bloss einen, über den andern breitern Holzzellen aber fast ausnahmslos zwei, äusserst selten nur einen oder drei grosse, elliptische, schiefstehende, bisweilen mit doppelten Contouren versehene Tüpfel. Taf. XXXVI. Fig. 6 u. 8. Die Tüpfel der Markstrahlen zeigen einen grössten Durchmesser von 15,3—27,5 Mik. Nicht selten werden die Markstrahlen oben und unten von 1—3 Zeilen, tüpfellosen Markstrahlzellreihen eingefasst. Fig. 6 u. 8.

Da die Holzzellen keine Spiralfasern enthalten, ihre Tüpfel nicht alterniren, zusammengesetzte Harzgänge fehlen, einfache vorkommen, die Markstrahlzellen nur an den Radialflächen Poren zeigen[6]), so ist das Holz zu Cupressinoxylon zu stellen. Der dicken deutlichen Jahrringe und der 1, 2—3reihigen, grossen Tüpfel der Holzzellen wegen erinnert es besonders an Cupress. Wolgicum Merck., Cupr. sequoianum Merck. und Cupr. Fritzscheanum Merck., unterscheidet sich aber von diesen fossilen Hölzern durch die grossen, elliptischen, schiefgestellten, bisweilen doppelt contourirten, fast ausnahmslos über einer Frühlingsholzzelle zu zweien neben einander stehenden Tüpfel der Markstrahlzellen und durch das Vorkommen tüpfelloser Zellreihen am obern und untern Rand der Markstrahlen (Fig. 8). Von lebenden Hölzern hat das Holz von Sequoia gigantea viel Aehnlichkeit damit, die Tüpfel der Markstrahlen bilden aber sehr oft an derselben Markstrahlzelle zwei, bisweilen sogar drei horizontale Reihen, und stehen nicht selten zu 3—4 über derselben

---

[1]) Fossile Coniferen p. 221. Taf. 33. Fig. 5, 6. Taf. 34. Fig. 1—2.
[2]) Palæodendrologicum Rossicum. Taf. X. Fig. 1—5.
[3]) Fossile Coniferen p. 221.
[4]) Ich kochte möglichst dünne Splitter in Säure.
[5]) In Fig. 6 treten diese Streifen zu stark hervor.
[6]) Bei den Tannen, Fichten, theilweise auch Kiefern, bei den Lärchen und Cedern ist dies anders.

Holzzelle nebeneinander, die Markstrahlen dieser Pflanze bestehen bis an die Ränder aus getüpfelten Zellen, auch enthält das Holz viel mehr einfache Harzgefässe. Von Taxodium und Cryptomeria gilt nahezu dasselbe, bei Taxodium mucronatum fand ich an den Querwänden der einfachen Harzgefässe punctförmige Verdickungen, an den Seitenwänden keine Poren, die Markstrahlen waren hier und bei Cryptomeria japonica wenigreihig. Gingko biloba besitzt wenigreihige Markstrahlen, die einzelne Markstrahlzelle zeigt über jeder Holzzelle 1—2 Tüpfel in radialer, 2—5 in longitudinaler Richtung; einfache Harzgefässe fand ich hier nicht.

3. *Cupressinoxylon polyommatum mihi.* Taf. XXXIV. Fig. 2 a. b. Taf. XXXV. Fig. 2. 3. Taf. XXXVII. S. 19.

Vom 74° 40′ n. Br. und 122° w. L. II. M. S. Investigator. A. D. 1851.

Taf. XXXIV. Fig. 2 zeigt dieses fossile Holz, welches ebenfalls rostroth, hart und schwer war, in natürlicher Grösse. Dasselbe wurde später in der Gegend von *a* entzweigesägt, die eine Schnittfläche polirt, mit Salzsäure geätzt und gleichfalls in natürlicher Grösse gezeichnet (Taf. XXXIV. Fig. 2 b., wo die Ecke *α* der Kante *α* in Fig. 2 a. entspricht). Man erkennt bei Vergleichung dieser Zeichnungen, dass das Fossil zum grössten Theil dreikantig war, dass die dunkel gehaltene Hälfte der Fig. 2 a. eine tangentale, die hell gehaltene eine radiale Längsansicht darstellt und dass die zarten Längs- und Querstreifen auf der hellen Hälfte der Fig. 2 a. den Holzzellen und Markstrahlen entsprechen müssen. Die Jahrringe waren auf der Längsansicht mit einiger Sicherheit durchaus nicht zu unterscheiden und auch auf dem Querschnitt nach der angegebenen Behandlung nur mit Mühe, was sich begreift, wenn man Taf. XXXV. Fig. 2 (Darstellung der Grenze zweier Jahrringe bei 150facher Vergrösserung) betrachtet. Die einzelnen Jahrringe, es sind eilf vollständig, vom zwölften ein Bruchtheil vorhanden, besitzen sehr ungleiche Dicke, die mikrometrische Messung bei intensiver Beleuchtung von oben ergab 0,37 Mill. für den dünnsten, 3,05 Mill. für den dicksten. Nach ihrem Verlauf zu urtheilen stammt das Holzstück von keinem dünnen Stamme. Zusammengesetzte Harzgänge waren auf dem ganzen Querschnitt nirgends zu entdecken, einfache wurden dagegen auf Schnitten durch vom Ausfüllungsmaterial mittelst Säure befreite Bruchstücke wiederholt beobachtet. Eine schätzbare Eigenschaft dieses Fossiles bestand darin, dass die tangentale Längsseite, vielleicht in Folge einer Auswaschung des Ausfüllungsmateriales durch Kohlensäure haltiges Wasser sich schneiden liess und dass am untern Ende des Stückes 2 und mehr Quadratmillimeter grosse, aus blos 1—2 Zellschichten bestehende Splitter erhältlich waren, die mit Säure behandelt die schönsten radialen Längsschnitte darstellten. Auf diese Weise gelang es den anatomischen Bau des Holzes so genau kennen zu lernen, wie von einem noch lebenden Baum. Auch auf den Längsschnitten nun fehlten zusammengesetzte Harzgänge durchaus, mit rothbraunem Harz erfüllte einfache waren dagegen häufig. Die einzelnen Zellen derselben waren 190—290 Mik. lang, 15—20 dick. Die Holzzellen, bis 2 Mill. lang, 20—97,95 im Mittel aus 23 Messungen 69,2 Mik. dick, 20—66,6 breit (tangentale Dimension), sind an den Enden keilförmig und zwar tangental zugespitzt, radial quer abgestutzt. Vergl. Taf. XXXV. Fig. 3 und Taf. XXXVII. Fig. 1 (mehrere Holzzellen in ihrer ganzen Länge dargestellt), ferner Taf. XXXVII. Fig. 2 u. 6. Sie sind auffallend dünnwandig (Taf. XXXV. Fig. 2 u. 3). Haben sich die Verdickungsschichten vor oder bei dem Versteinerungsprocess aufgelöst? An den Radialflächen und hauptsächlich gegen die abgestutzten Enden hin zeigen sie zahlreiche Tüpfel in 2—5 Längsreihen. Die Tüpfel sind kreisrund und meist isolirt, mit doppeltem Contour versehen, beträchtlich kleiner als bei Cupr. pulchrum, der äussere Contour mass 12,24—15,3, im Mittel aus 6 Beobachtungen 13,77; der innere 4,6—7,6, im Mittel aus 6 Beobachtungen 6,4 Mik. Gewöhnlich sind die Tüpfel der Holzzellen in horizontalen Querreihen angeordnet. Siehe besonders Taf. XXXVII. Fig. 6. Die Markstrahlen sind constant einschichtig, aus 2—26 übereinanderstehenden Zellreihen zusammengesetzt und dabei 58—661 Mik. hoch. Die einzelnen Markstrahlzellen sind 15,3—30,6, im Mittel für 206 Zellen 22,5 Mik. hoch, 52—290, im Mittel aus 16 Messungen 144,4 Mik. lang und 13,3—17,5 Mik. breit. Sie zeigen nur an den Radialflächen Tüpfel. Diese sind elliptisch, von einem Contour eingefasst, quer gestellt, kleiner als bei Cupr. pulchrum. Die grösste Dimension beträgt 9,18—13,77, im Mittel aus 10 Messungen 10,7 Mik. Ueber einer Holzzelle befinden sich in der Längsrichtung 2—3, in radialer Richtung 2—5 an derselben Markstrahlzelle. Taf. XXXVII. Fig. 4—6.

Die schwach ausgeprägten Jahrringe, die dünnwandigen Holzzellen, die zahlreichen Tüpfel der Holzzellen sind Merkmale, welche der Vermuthung Raum geben, es möchte vorliegendes Holz einem Araucarites angehören, allein die Holzzellen sind da, wo sie an die Markstrahlen grenzen nicht stärker verdickt, als an den übrigen Stellen, die Tüpfel stehen nicht so dicht beisammen, dass sie dadurch eckig würden, sondern sind meist isolirt, sie alterniren nicht mit einander, sondern stehen gewöhnlich in horizontalen Reihen neben

einander, alles Merkmale, die im Verein mit dem Fehlen zusammengesetzter Harzgefässe und dem häufigen Vorkommen mit braunen Harztropfen erfüllter einfacher Harzgefässe für ein Cupressinoxylon sprechen. Von den bereits beschriebenen Arten dieser Gattung stehen ihm am nächsten: Cupr. subaequale Goepp., mit 1—3reihigen Tüpfeln, 2—15reihigen Markstrahlen, jedoch schmalen Jahrringen; dann Cupr. sequoianum Merck., mit 1—3reihigen Tüpfeln, 1—43reihigen Markstrahlen, $^1/_2$—2 Mill. dicken Jahrringen; Cupr. Wolgicum Merck. mit 1—3reihigen Tüpfeln, 1—20reihigen Markstrahlen, bis 5 Mill. dicken Jahrringen; ganz besonders aber Cupr. Fritzscheanum Merck. mit 1—4reihigen Tüpfeln, 1—35reihigen Markstrahlen, bis 3 Mill. dicken Jahrringen. Dabei ist hervorzuheben, dass auch die Form, Grösse und Anordnung der Tüpfel der Markstrahlen bei diesem Holze dieselbe ist wie bei Cupr. polyommatum. Nur durch die schwach verdickten Holzzellen und die in Folge davon undeutlichen Jahrringe, durch die höchstens 2Greihigen Markstrahlen und die bis 3reihigen Tüpfel der Holzzellen unterscheidet sich Cupr. polyommatum von Cupr. Fritzscheanum, vielleicht ist aber die schwache Verdickung der Holzzellen die blosse Folge einer Auflösung der Verdickungsschichten während des Versteinerungsprocesses. Ob die Keilform der Holzzellenden bei Cupr. polyommatum einen ferneren Unterschied begründet, kann ich nicht entscheiden, da über die Beschaffenheit der Enden der Holzzellen von Cupr. Fritzscheanum etc. nichts bekannt ist. Bei Sequoia gigantea, womit Mercklin sein Cupr. sequoianum und Fritzscheanum nicht ohne Grund vergleicht, habe ich die Holzzellen stets radial zugespitzt gefunden.

4. *Cupressinoxylon dubium* mihi. Taf. XXXIV. Fig. 3. Taf. XXXVIII. Fig. 1—6.

Bezeichnet: fossil Wood. Baring-I. lat. 73³/₄° N. 120° w. L.

Wie man aus Taf. XXXIV. Fig. 3 sieht, stand mir von diesem Holz bloss ein Bruchstück von einem höchstens 4 Cm. dicken Ast zur Verfügung. Dasselbe zeigte auf der der Stammoberfläche entsprechenden Seite einige Längsfurchen und andere Vertiefungen, war ebendaselbst stellenweise von einer dünnen, wie verkohlt aussehenden, mit kleinen, glühbaren Sandkörnchen besetzten Rindenkruste überzogen, im Uebrigen bstroth, hart und schwer, nur durch Säuren herstellbar, wie die vorigen Hölzer. Auf den Radialflächen haben sich die Holzzellen und Markstrahlen durch zarte Längs- und Querstreifen zu erkennen, Jahrringe waren weder hier noch auf der polirten und geätzten Endfläche mit Sicherheit zu unterscheiden und zu lesen, obwohl die Holzzellen bei intensiver Beleuchtung beiderseits zu erkennen waren. Der Grund dieses Verhaltens ist derselbe wie bei Cupr. polyommatum. Von zusammengesetzten Harzgängen habe ich selbst auf der polirten Endfläche keine Spur wahrgenommen, aber auch einfache Harzgefässe konnte ich nicht auffinden, schreibe dies aber dem Umstand zu, dass von diesem Fossil gute durchsichtige Präparate viel schwieriger darzustellen sind und daher nur in geringer Zahl untersucht werden konnten. An radialen Längsschnitten, die ich durch Behandlung entsprechender Splitter mit Salzsäure erhalten und, wenn sie zu dick waren, mittelst Nadeln etwas dünner zu machen gesucht hatte, beobachtete ich mehrmals eigenthümliche rundliche Höhlungen. Taf. XXXVIII. Fig. 2. Anfangs hielt ich dieselben für eine besondere Form von Harzbehältern, seit ich aber beobachtet, dass die Wände der Holzzellen dieses Fossiles nach Entfernung der Ausfüllungsmasse durch Säuren weich und biegsam werden, ist mir diese Auffassung zweifelhaft geworden und halte ich es für möglich, dass diese Höhlungen blosse Kunstproducte, hervorgebracht durch die Nadelspitzen sind. Die Holzzellen, über 1,16 Mill. lang, 30,6—76,5, im Mittel aus 18 Messungen 50,2 Mik. dick und 21,0—63,1, im Mittel aus 5 Messungen 31,6 Mik. breit, sind wie bei Cupr. polyommatum dünnwandig, an den Enden keilförmig und zwar tangental zugespitzt, radial abgestutzt. Taf. XXXVIII. Fig. 1. Sie zeigen ferner auf den Radialflächen, vorzugsweise gegen die Enden hin bis 4 Reihen isolirter, genau neben einander liegender Tüpfel. Diese sind meist kreisrund, nie eckig, mit doppeltem Contour versehen, ungefähr so gross wie bei Cupressinoxylon polyommatum, aber mit relativ grösserem innern Contour. Der grösste Durchmesser des äussern Contours beträgt 9,18—15,3, im Mittel aus 4 Messungen 12,8 Mik., der grösste Durchmesser des innern Contours beträgt 5,1—9,18, im Mittel aus 4 Beobachtungen 7,3 Mik. Die Markstrahlen sind stets einschichtig, bestehen aus nicht mehr als 1—4 übereinander liegenden Zellreihen und haben eine Höhe von 24,5—91,8 Mik. Die einzelnen Markstrahlzellen sind 16,0—40, im Mittel für 36 Zellen 24 Mik. hoch, 45—152, im Mittel aus 8 Messungen 120 Mik. lang, zeigen in der Richtung der Höhe 1—3, in radialer Richtung 2—3 Tüpfel über einer Holzzelle. Die Tüpfel der Markstrahlen sind elliptisch, quer gestellt, 8—24 Mik. lang, 4—8 hoch. Vergl. Taf. XXXVIII. Fig. 1, 3—6.

Von Cupressinoxylon polyommatum unterscheidet sich dieses fossile Holz durch die höchstens 4reihigen Tüpfel der Holzzellen, durch die grössere Weite des innern Tüpfelcontours, durch die nicht über 4reihigen

Markstrahlen, den Mangel oder doch die grosse Seltenheit einfacher Harzgefässe und durch das Vorkommen jener eigenthümlichen Höhlen; von Cupr. Fritzcheanum und dessen nächsten Verwandten durch die undeutlichen Jahrringe, die grosse Weite des innern Contours der Holzzellentüpfel, die blos 4reihigen Markstrahlen, den Mangel oder die Seltenheit einfacher Harzgefässe und das Vorkommen jener rundlichen Höhlungen. Weitaus die grösste Aehnlichkeit hat es mit dem schlesischen Cupress. æquale Gœppert und besonders mit einem von Danzig stammenden, dem Miocen angehörigen, braunkohlenartigen fossilen Holz, das mir von Herrn Prof. Heer zur mikroscopischen Untersuchung übergeben wurde und das ich ebenfalls als Cupr. æquale bezeichnen zu müssen glaube. Um die Vergleichung zu erleichtern, stelle ich die wesentlichsten Merkmale der drei Hölzer tabellarisch zusammen:

	Cupressinoxylon dubium von Banksland.	Cupressinoxylon æquale Gœpp. von Schlesien.	Cupressinoxylon æquale Gœpp. (?) von Danzig.
Jahrringe	undeutlich	weit, kaum deutlich	undeutlich
Holzzellen	radial abgestutzt im Mittel 50,2 Mik. dick dünnwandig	? ? dünnwandig	radial abgestutzt im Mittel 50,2 Mik. dick dünnwandig
Tüpfel der Holzzellen	hauptsächlich an den Zellenden 1—4reihig zerstreut äusserer Contour 9,18—15,3 Mik. innerer Contour 5,1—9,18 Mik.	? 1—3reihig zerstreut klein, mehrmalen schmäler als die Holzzellen.	hauptsächlich an den Zellenden 1—3—, sehr selten 4reihig zerstreut äusserer Contour 12,2—16,8 Mik. innerer Contour 4,08—6,12 Mik.
Markstrahlen ...	1—4reihig	1—3—, selten mehrreihig	1—4—, einmal 6—, einmal 8reihig
Markstrahlzellen . .	10—40 Mik. hoch 46—152 Mik. lang	? ?	15,3—30,7 Mik. hoch 97,95—238,7 Mik. lang
Tüpfel der Markstrahlzellen	elliptisch quergestellt über einer 1—3 in der Höhe Holzzelle 2—3 in radialer Rchtg.	elliptisch quergestellt bis 2 in der Längsrichtung bis 3 in radialer Richtung	elliptisch quergestellt 1—3 in der Längsrichtung 1—3 in radialer Richtung
Zusammengesetzte Harzgänge	—	—	—
Einfache Harzgänge	nicht gesehen	häufig mit braunem Harz	häufig mit braunem Harz
Rundliche Höhlen .	hie und da beobachtet	?	—

Man sieht aus vorstehender Tabelle, dass das Holz von Danzig von Cupress. æquale Gœpp. kaum zu trennen ist. Wenn ich das nahe verwandte fossile Holz von Banksland nicht auch als Cupress. æquale bezeichne, so geschieht dies blos, weil es mir nicht gelungen ist, hier einfache Harzgefässe nachzuweisen, und des grössern Durchmessers des innern Contours der Holzzellentüpfel wegen, wodurch diese Tüpfel ein etwas eigenthümliches Gepräge erhalten.

5. *Betula Mac Clintockii* mihi. Taf. XXXIV. Fig. 4 a. b. Taf. XXXIX. Fig. 1—9.

Kommt nach Sir L. Mac Clintock (Reisebericht S. 212) von der Ballast-Bai und wurde von ihm bezeichnet als: Wood fossilized by brown Hæmatite.

Es stimmt dieses Holz rücksichtlich der Erhaltungsweise mit den drei vorigen völlig überein, es ist ebenfalls eisenreich, rostroth, hart und schwer und wird blos bei Behandlung mit Säure für eine genauere Untersuchung geeignet. Wie aus Taf. XXXIV. Fig. 4 a. b. zu sehen ist, stellt es ein knieförmig gebogenes Rundholz dar, an welchem die Rinde fehlt, auch die äussersten Holzringe theilweise abgeschält sind. Wenn man die Bruchstücke der äussersten Jahrringe mitzählt, mögen etwa 10 Jahrringe vorhanden sein. Da wo sie sich nicht stufenweise von einander abheben, sondern in derselben horizontalen Endfläche endigen, sind sie nur zart von einander abgegrenzt und wurden überhaupt erst durch Anätzen mittelst Salzsäure, wodurch das Ausfüllungsmaterial theilweise verschwand, die Zellwände vorstehend wurden, deutlicher. Ich fand dieselben 0,55—2,19 Mill. dick, ein Jahrring war sogar blos 0,55 Mill. dick. Taf. XXXIX. Fig. 1. Schon von blossem

Auge, besser mit Hülfe der Lupe, erkennt man auf der geätzten Endfläche ausser den Jahrringen zarte radiale Streifen, die Markstrahlen und feine, ziemlich gleichmässig vertheilte Puncte, Gefässe. Die Untersuchung dieser geätzten Endfläche bei stärkerer Vergrösserung und intensiver Beleuchtung von oben lehrte, dass die äussere Grenze der Jahrringe von wenigen Reihen engerer Holzzellen gebildet wird (Taf. XXXIX. Fig. 2), dass die Markstrahlen aus 1—2 Zellschichten bestehen, die Gefässe einzeln sind oder zu 2—4 in radialer Richtung neben einander stehen, hie und da auch wenigzellige parenchymatoïdische Gruppen bilden. Vergl. Taf. XXXIX. Fig. 1, 2, 3. Gute Längsansichten von grösserer Ausdehnung zu erhalten, ist sehr schwierig, Taf. XXXIX. Fig. 6 stellt einen tangentalen Längsschnitt dar, auf welchem ausser einem Bruchstück eines Gefässes, einigen an den Enden zugespitzten Holzzellen und mehreren 1—2reihigen Markstrahlen etwas Holzparenchym zu erkennen ist. Nicht gar zu selten findet man dagegen bei Behandlung kleiner Splitter mit Säure in dem Rückstand instructive Bruchstücke von Gefässen. Die Gefässe bestehen aus relativ weiten, an den Enden zugespitzten und auf dem radialen Schnitte über resp. unter einander etwas vorbeiwachsenden Zellen, deren stets schiefe Berührungsflächen leiterförmig durchbrochen sind (Taf. XXXIX. Fig. 4, 5, 9), während die cylindrischen Seitenflächen gewöhnlich sehr viele dicht beisammenstehende, elliptische, quergestellte, doppeltcontourirte Tüpfel zeigen. Ich habe deren bis 10 neben einander gezählt. Taf. XXXIX. Fig. 7, 8. Thyllen fehlen in den Gefässen. Die Gefässe haben eine Weite von 21—160, in Mittel aus 15 Messungen von 84,3 Mik. Die einzelne Gefässzelle fand ich 444—544—560—750 Mik. lang. Die Tüpfel der Gefässe besitzen eine grösste Breite von 2,7—4,5 Mik. Die Holzzellen fand ich 12,2—30,6, im Mittel aus 7 Messungen 20,98 Mik. weit. Die Markstrahlen bestanden aus 8—44 übereinander befindlichen Zellreihen und hatten dabei eine Höhe von 153—704 Mik. Die einzelnen Markstrahlzellen, wie die Holzzellen ohne jetzt noch erkennbare Tüpfel, fand ich 12,2—36,7, im Mittel für 124 Zellen, 17,3 Mik. hoch, 21,4—58,1, im Mittel aus 8 Messungen 41 Mik. lang und 14—36 Mik. breit. Die Zellen des Holzparenchymes waren 14—20 Mik. weit, 140—160 Mik. lang.

Der anatomische Bau dieses Holzes stimmt mit dem anatomischen Bau der Birken in allen wesentlichen Puncten so vollkommen überein, dass man dasselbe trotz dem Fehlen der für die Birken so charakteristischen Rinde, gewiss unbedenklich als Birkenholz bezeichnen darf. Von Betula alba unterscheidet es sich blos durch die etwas weiteren Gefässe und die gleichmässigere Vertheilung der Gefässe resp. der Gefässgruppen über die einzelnen Jahrringe. Von bereits beschriebenen fossilen Laubhölzern lassen sich mit dieser Form nur vergleichen: Betulinium Parisiense Unger und Betulinium Rossicum Mercklin. Betulinium Parisiense[1]) unterscheidet sich davon durch seine dickwandigen Holzzellen, durch die keine Reihen bildenden Gefässe und die bis 4schichtigen Markstrahlen; Betulinium Rossicum[2]) ist ausgezeichnet durch die 1—6—10lagerigen Markstrahlen. Bei keiner dieser Arten wurde das den lebenden Birken und auch Betula Mac Clintockii eigene Holzparenchym nachgewiesen. Aus allen diesen Gründen dürfte es gerechtfertigt sein, vorliegendes Holz einstweilen unter besonderm Namen aufzuführen. Bei Betulinium tenerum Unger[3]) wurde Holzparenchym beobachtet, dagegen geschieht der leiterförmig durchbrochenen schiefen Endflächen der Gefässzellen keine Erwähnung, ebensowenig bei Betulinium stagnigenum Unger[4]). Vergl. hierüber v. Mercklin in seinem Palaeodendrologicum Rossicum p. 37. Bei dieser Gelegenheit sei noch die Bemerkung erlaubt, dass Ungers Ulminium diluviale[5]) eher eine Birke zu sein scheint.

III. Fossile Hölzer von Green Harbour auf Spitzbergen.
Vergl. S. 37.

Alle fossilen Hölzer von diesem Standort sind mit einer in Säure grössentheils löslichen Mineralsubstanz, manche Zellen mit Schwefelkies imprägnirt und dadurch undurchsichtig, müssen aber vor dem Versteinerungs-

---

[1]) Ueber fossile Pflanzen des Süsswasserkalkes und Quarzes. Taf. III. Fig. 4.
[2]) Palaeodendrologicum Rossicum von v. Mercklin. p. 33 und Taf. IV u. V.
[3]) Chloris protogaea p. 118.
[4]) Ueber fossile Pflanzen des Süsswasserkalkes und Quarzes. III Fig. 4.
[5]) Chloris protogaea. Taf. 25. Fig. 6—9 und pag. 97.

process oder während desselben eine theilweise Zersetzung erlitten haben, denn bei Behandlung von Splittern mit Salzsäure zerfällt gewöhnlich das übrigbleibende Zellgewebe in unzählige kleine Fetzen. Glücklicher Weise sind dagegen in den meisten Fällen polirte und mit verdünnter Säure kurze Zeit geätzte Quer- und Längsschnittsflächen sehr instructiv; es wird bei dieser Operation die Ausfüllungsmasse entfernt, ohne dass die dadurch wenig erhaben werdenden Zellwände die nöthige Festigkeit einbüssen, um sich als continuirliche Membranen zu präsentiren und ein getreues Bild des anatomischen Baues zu geben.

1. Pinites latiporosus mihi. Taf. XL. Fig. 1—8.

Das Untersuchungsmaterial bestand in einem schwarzbraunen Stück von 30 Cm. Länge und dem auf Taf. XL. Fig. 8 dargestellten Querschnitt. Dasselbe liess auf den bloss polirten End- und radialen Seitenflächen mit unbewaffnetem Auge keine Jahrringe unterscheiden; bei Aetzung der Flächen aber wurden auf der breitern Endfläche 4 zart begrenzte Jahrringe deutlich. Von den beiden mittlern, allein vollständig vorhandenen Jahrringen hat der eine eine Dicke von 3,48—3,96, der andere von 5,37—6,1 Mill. Auf der entgegengesetzten, etwas schmälern Endfläche fehlt der eine der äussern Jahrringe. Zusammengesetzte und einfache Harzgefässe sind weder auf den nach Aetzung und bei intensiver Beleuchtung von oben sehr schönen Quer- und Längsschnittsflächen des fossilen Holzes, noch unter den durch Maceration kleiner Splitter erhältlichen Präparaten zu entdecken. Ich hebe hervor, dass hier, wie bei den folgenden Hölzern, wofern sie ein solches Verfahren überhaupt zuliessen, End- und Seitenflächen wiederholt abgeschliffen und wieder geätzt wurden, um eine grössere Zahl von Beobachtungen zu ermöglichen. Die Holzzellen haben eine Länge von 1,9, selbst 2,7 Mill. (einmal), eine Dicke von 20 (im äussern Herbstholz) bis 90,3 (im innern Frühlingsholz), im Mittel aus 33 Messungen von 62,4 Mik., eine Breite von 46,6—80 Mik. Sie sind mässig verdickt, auf den Radialflächen reichlich mit Tüpfeln versehen. Die Tüpfel sind sehr gross, quergezogen mit doppeltem Contour versehen. Der äussere Contour ist 24—40, im Mittel aus 14 Messungen 35 Mik. breit und 14—22, im Mittel aus ebenso vielen Messungen 17 Mik. hoch; der innere Contour ist 6,1—14, im Mittel aus 7 Messungen 8,4 Mik. breit und 3—6 Mik. hoch. Die Tüpfel der Holzzellen sind ausnahmslos einreihig, stehen so dicht beisammen, dass sie sich gegenseitig berühren; wiederholt habe ich 10—13, einmal sogar 40 dicht übereinandergereihte Tüpfel an derselben Holzzelle beobachtet. Fig. 2—5. Die Markstrahlen sind einschichtig, aus 4—17 übereinander stehenden Zellreihen zusammengesetzt und dabei 76,5—378,9 Mik. hoch. Die einzelnen Markstrahlzellen haben eine Höhe von 15,3—24,5, im Mittel für 190 Zellen von 20,64 Mik., eine Länge von 136—192, im Mittel aus 11 Messungen von 152 Mik., eine Breite von 20 Mik. (eine Messung). Sie sind ohne Ausnahme mit quergestellten elliptischen oder rundlich 4eckigen, einfach contourirten sehr grossen Poren versehen. Die Breite der Poren beträgt 10—64, die Höhe 10—20 Mik. Diese ausserordentlichen Dimensionen bringen es mit sich, dass über einer Holzzelle in der Richtung der Länge und des Radius fast ausnahmslos nur je ein Porus zu liegen kommt, in der Längsrichtung habe ich nie, in der Richtung des Radius nur äusserst selten 2 Poren an der Scheidewand einer Holzzelle und einer Markstrahlzelle beobachtet. Die Markstrahlen erhalten hierdurch ein mauerähnliches Aussehen. Fig. 6. 7.

Der anatomische Bau dieses Holzes ist ein durchaus eigenthümlicher. Die breitgezogenen, dicht in einer Reihe stehenden Tüpfel der Holzzellen erinnern etwas an Gœpperts Protopitys Buchana[1]), aber bei diesem Holze werden die Tüpfel der Holzzellen von einem einzigen Contour eingefasst, die Markstrahlen sind mit vielen sehr kleinen Tüpfeln versehen, die Jahrringe sind nicht zu unterscheiden, dagegen kommen einfache Harzgefässe vor, eine Reihe wesentlicher Unterschiede. Andere fossile Nadelhölzer mit ähnlichem Baue sind mir nicht bekannt. Wenn ich dieses fossile Holz unter dem Namen Pinites aufgeführt habe, so geschah dies im Hinblick auf die grossen einzählig über einer Holzzelle befindlichen Tüpfel der Markstrahlzellen, welche an das Verhalten unserer Kiefern erinnern. Dass die Markstrahlen von Pinites latiporosus nicht aus verschieden beschaffenen Zellen zusammengesetzt sind, kann kein Bedenken erregen, denn man findet auch bei lebenden Kiefern nicht immer zweierlei Markstrahlzellen; wichtiger ist das Fehlen der zusammengesetzten Harzgänge und sie mangeln bei Pinites latiporosus sicher; Kiefern ohne zusammengesetzte Harzgänge sind mir nicht bekannt.

2. Pinites pauciporosus mihi. Taf. XLI. Fig. 1—5.

Die Länge des untersuchten Stückes beträgt 43 Mill., die Dicke 18 Mill. Es ist ebenfalls schwarzbraun, wie das Stück von Pinites latiporosus und musste zum Behuf der genauern Untersuchung auf gleiche

---

[1]) Fossile Flora der permischen Formation von Gœppert pag. 246 und Taf. LIX. Fig. 5.

Weise behandelt werden. Mit Aetzung der polirten End- und radialen Seitenflächen mittelst verdünnter Salzsäure wurden 9 Jahrringe schon von blossem Auge ziemlich leicht unterscheidbar. Zusammen 18 Mill. dick zeigen die einzelnen Jahrringe eine Dicke von 1,33—2,67 Mill. Die mittlere Dicke der 7 allein vollständigen mittlern Jahrringe beträgt 2,18 Mill. Nach dem flachen Verlauf derselben auf den Endflächen zu urtheilen, muss dieses Stück gleich dem von Pinites latiporosus einem Baume von nicht geringem Umfang angehört haben. Auch bei diesem Holze fehlen zusammengesetzte Harzgefässe sicher. Einfache können an undurchsichtigen, bloss von oben beleuchteten Präparaten kaum wahrgenommen werden; aber auch an durchsichtigen, durch Kochen kleiner Splitter in Säure erhältlichen Präparaten habe ich nie eine Spur von einfachen Harzgefässen gesehen. Die Holzzellen sind 1,56—1,63 Mill. lang (bei Beleuchtung mit Oberlicht gemessen), im Mittel aus 22 Messungen 35,4 Mik. dick (die Herbstholzzellen mindestens 10, die Frühlingsholzzellen höchstens 56,6 Mik.) und 13,3—56,6, im Mittel aus 7 Messungen 36,8 Mik. breit. Sie erscheinen auf den bloss polirten und mit Sonnenlicht beleuchteten Endflächen ziemlich dickwandig (Taf. XLI. Fig. 1), nach Aetzung der Endfläche merklich dünnwandiger (Taf. XLI. Fig. 2); an durchsichtigen Präparaten zeigen ihre Seitenflächen eine feine spiralige Streifung. Taf. XLI. Fig. 3 u. 4. Die Enden der Holzzellen sind radial zugespitzt (Taf. XLI. Fig. 5) und die Radialflächen auffallend arm an Tüpfeln. Ich habe eine Radialfläche des Stückes wiederholt polirt und geätzt, bei Oberlicht sorgfältig untersucht und gleichwohl nur wenige Tüpfel beobachtet; an durch Maceration erhaltenen durchsichtigen Präparaten hatte ich nie das Glück Tüpfel zu sehen. Die Tüpfel sind kreisrund, ihr Durchmesser schwankt zwischen 13,3—20 Mik., sie stehen zerstreut, nie sah ich 2 Tüpfel neben einander. Die Markstrahlen sind einschichtig, aus 1—7 übereinander liegenden Zellen zusammengesetzt und dabei 53—173 Mik. hoch. Die einzelnen Markstrahlzellen haben eine Höhe von 6,8 bis 27,5, im Mittel für 72 Zellen von 23,05 Mik., eine Breite von 20 Mik. Ihre radiale Ausdehnung war nicht bestimmbar. An Schliffen und durchsichtigen Präparaten zeigen sie über der einzelnen Holzzelle in der Längs- und radialen Richtung fast ausnahmslos bloss je einen grossen schief- oder quergestellten elliptischen oder rundlich 4eckigen Porus, seltener neben einem grössern schief elliptischen Porus einen kleinern. Vergleiche Taf. XLI. Fig. 4 u. 5.[1])

Von bereits beschriebenen fossilen Hölzern erinnern an Pinites pauciporosus Ungers Aporoxylon primigenium [2]) und besonders Gœpperts Pinites Bærianus [3]). Allein bei Aporoxylon primigenium sind keine Jahrringe unterscheidbar, die Markstrahlen 2schichtig, ebenfalls ohne Poren, und Pinites Bærianus besitzt ausser sehr engen Jahrringen 1—30reihige Markstrahlen und einfache Harzgefässe. Wie bei Pinites latiporosus muss auch hier das sichere Fehlen zusammengesetzter Harzgefässe als eine auffallende Eigenthümlichkeit hervorgehoben werden für den Fall, dass dieses Holz von einer Kiefer abstammen sollte, wofür die Beschaffenheit der Markstrahlen spricht.

3. Pinites cavernosus mihi. Taf. XXXII. Fig. 3. 4. Taf. XLII. Fig. 1—10.

Ich rechne hierher 6 Stück fossile Hölzer des Reichsmuseums in Stockholm, die zum Theil schon durch äussere Merkmale ihre verwandte Abkunft errathen lassen. Ich will dieselben mit A, B, C, D, E, F bezeichnen. Alle 6 Stücke sind von dunkelbrauner bis schwarzbrauner Farbe von dem gleichen in Säuren löslichen Cement durchdrungen. A, B, C, F sind Rundhölzer von 20—45 Mill. Länge und 18—28 Mill. Dicke. A sitzt mit der einen Längshälfte noch im Gestein, B giebt seitlich einen grössern Ast ab. A, B, C sind an der Cylinderfläche fein, aber scharf längsstreifig; bei C (Taf. XXXII. Fig. 4), dessen Oberfläche einerseits mehrere kleinere Astnarben zeigt, nehmen diese Streifen in der Nähe der Astnarben einen gebogenen Verlauf an, sonst sind sie auch hier gerade. Da und dort sind bei diesem Exemplare kohlschwarze glänzende dünne Rindenreste sichtbar. F ist grossentheils mit diesem kohligen Ueberzug versehen, im Uebrigen in einem Zustand, der jeden Versuch, über den anatomischen Bau Aufschluss zu erhalten, scheitern macht, so dass

---

[1]) Fig. 5 Stück der polirten, dann geätzten Radialfläche des fossilen Holzes mit der Grenze zweier Jahrringe bei intensivem Oberlicht gezeichnet. Die dem Beschauer zugekehrten Seitenwände der meisten Holzzellen wurden beim Poliren mehr oder weniger weggeschliffen und fehlen jetzt ganz oder erscheinen unregelmässig eingebrochen. Das Zellenlumen präsentirt sich natürlich schwarz.

[2]) Unger Palæontologie des Thüringer-Waldes. Theil II. Taf. XIII. und pag. 95 im XI. Band der Denkschriften der kais. Akademie zu Wien, und Gœppert die fossile Flora der permischen Formation Taf. LIX. Fig. 1—3, und pag. 245 im 12. Band der Palæontographica von R. Meyer.

[3]) Reise in den äussersten Norden und Osten Sibiriens von v. Middendorff. Band I. pag. 220. Taf. VII. u. VIII., und Monographie der fossilen Coniferen von Gœppert. p. 212 u. Taf. 31. Fig. 1.

die Bestimmung dieses Holzes eine problematische ist. D ist ein knieförmig gebogenes, der Länge nach halbirtes Rundstück, mit der Cylinderfläche im Gestein festsitzend, nur die radiale Bruchfläche nach aussen kehrend. E ist ein dem rohen Gestein anhaftender, grösstentheils ganz dünner Radialschnitt; nur am einen Ende ragt das fossile Holz als grössere Masse vor und konnte in der einem Querschnitt entsprechenden Richtung polirt und geätzt werden. Die Ergebnisse der mikroskopischen Untersuchung folgen in tabellarischer Uebersicht auf nebenstehender Seite.

Nach dieser Tabelle fehlen allen diesen Hölzern sowohl einfache als zusammengesetzte Harzgefässe; bei B und C wurden hingegen eigenthümliche, kurz cylindrische, reihenförmig übereinander gelagerte Höhlungen beobachtet, die nicht Folge äusserer Verletzung der macerirten Präparate sein können, sondern im anatomischen Bau des Holzes begründet sein müssen und wohl als eine eigenthümliche Form von Harzbehältern zu deuten sind. Taf. XLII. Fig. 1 u. 6. Da Exemplar B und C auch in allen übrigen mikroskopischen, wie äussern Merkmalen die grösste Uebereinstimmung zeigen (vergl. Taf. XLII. Fig. 2—4, 7—9 und das oben Gesagte), so erscheint die Identität dieser zwei fossilen Hölzer hinreichend begründet. Die Differenzen in den Dimensionen jener eigenthümlichen Harzbehälter und der einzelnen Markstrahlenzellen können hiegegen nicht geltend gemacht werden, bei einer grössern Zahl von Beobachtungen würden sich dieselben wohl ausgeglichen haben. Von den übrigen Exemplaren reiht sich A besonders mit Rücksicht auf das äussere Aussehen den vorigen unmittelbar an und obgleich ich hier jene kurz cylindrischen Höhlungen nicht beobachtet habe, ebensowenig die Tüpfel der Markstrahlenzellen und obgleich die Dimensionen der ganzen Markstrahlen und der einzelnen Markstrahlenzellen etwas grössere Abweichungen zeigen, zweifle ich doch keinen Augenblick an der Identität des Stückes A mit B und C. Ich bemerke, dass die Harzbehälter auch bei B und C selten waren und somit ihre Wahrnehmung bis auf einen gewissen Grad vom Zufall abhängt. Bei D wurden ebenfalls keine Harzbehälter beobachtet. Dieses Stück hat zwar ebenfalls dünne, doch merklich dickere Jahrringe als die drei vorgenannten Exemplare, die Markstrahlen bestehen aus einer etwas grössern Zahl von Zellreihen, im Uebrigen ist die Aehnlichkeit so gross, dass nur eine Trennung sich ebenfalls nicht zu rechtfertigen scheint. Und nun Exemplar E. Auch hier ist es mir nicht geglückt, durchsichtige Präparate mit kurz cylindrischen Harzbehältern aufzufinden, dagegen habe ich auf der polirten und geätzten Endfläche an mehreren Stellen kreisrunde Lücken zwischen den Holzzellen beobachtet, welche die Grösse jener Höhlen hatten und durch solche Höhlen hervorgebracht sein konnten. Die Gestalt und Dimension der Holzzellen, die Gestalt, Zahl, Anordnung und Grösse ihrer Tüpfel, der Bau und die Dimensionen der Markstrahlen und ihrer einzelnen Zellen weichen nicht oder nur wenig ab von den gleichen Dingen bei den vorigen Hölzern, aber die Jahrringe sind sehr dick: 3,5—4,8 Mill. dick, dort mindestens 0,0915 (bei B und C), höchstens 1,134 (bei D). Exemplar E kann von einem andern Nadelholz abstammen als A—D, aber die Wahrscheinlichkeit, dass es von der gleichen Art herrührt, scheint mir ebenso gross zu sein. Exemplar E mit seinen dicken, fast flachen Jahrringen kann von einem unter günstigen Verhältnissen gewachsenen Stamm und aus der Zeit seines stärksten Dickenwachsthum herrühren, Exemplar A—D können Aesthölzer sein oder unterdrückten Stämmchen angehört haben. Ebenso grosse Differenzen zeigen unsere noch lebenden Nadelhölzer. Indem ich das schreibe liegt ein Stammstück einer 26jährigen Weisstanne vor mir, die in Folge Druckes eine Höhe von bloss 1,65 Meter und eine Dicke von nur 14,5 Millimeter (ohne Rinde) erreicht hatte, ferner ein Stammstück einer 76jährigen Fichte, die aus derselben Ursache eine Höhe von bloss 1,35 Meter, eine Dicke von bloss 30 Millimeter (ohne Rinde) zeigt. Die mittlere Dicke eines Jahrringes beträgt somit im ersten Fall nicht ganz 0,3, im zweiten Fall sogar bloss 0,2 Mill., während unter günstigen Umständen die Tanne 5—7, die Fichte 3—4 Mill. dicke Jahrringe macht.

Von bereits beschriebenen fossilen Coniferen erinnern nur Pinites Lindleyanus Gœpp.[1]), Pinites (Peuce Unger) minor Gœpp.[2]), endlich Pinites borealis Eichwald[3]) an Pinites cavernosus. Allen diesen Formen fehlen einfache und zusammengesetzte Harzgefässe, aber auch jene kurz cylindrischen Höhlungen. Pinites Lindleyanus hat sehr deutliche, 1—4 Mill. dicke Jahrringe, gleichförmige dickwandige, nach der äussern Grenze der Jahrringe enger werdende, mit 1- bisweilen 2reihigen, zerstreuten oder sich berührenden Tüpfeln versehene Holzzellen, einfache 1—20reihige Markstrahlen. Pinites minor zeigt deutliche, 0,5 Mill. dicke Jahrringe; die Holzzellen werden gegen die äussere Grenze der Jahrringe enger, die äussersten sind dickwandig. Die Tüpfel

---

[1]) Fossile Coniferen p. 217.
[2]) Unger Beitrag zur Kenntniss des Leithakalkes Taf. IV. Fig. 1—3, und Gœppert fossile Coniferen p. 220.
[3]) Lethæa Rossica. Période moderne. Taf. XIV. Fig. 1—3.

		A	B	C	D	E
Jahrringe	Zahl	35	ziemlich sicher 35	jedenfalls 32	circa 17	6
	Dicke {Grenzwerth	0,12—0,486 Mill.	0,0915—0,732 Mill.	0,0915—0,915 Mill.	0,594—1,134 Mill.	3,5—4,6 Mill.
	Dicke {Mittelwerth	0,256 Mill.	0,477	0,477	0,694	—
	a^1	0,321 Mill.	0,328	0,594	—	3,75 Mill.
	b^2					
Holzzellen	Dicke {Grenzwerth	15,70—47,8 Mik	11,6—53,3	13,3—53,3	10,5—52,6	10—57
	Dicke {Mittelwerth	35,3 Mik. (6 Messungen)	25,4 (7 Messungen)	27,4 (5 Messungen)	27,73 (15 Messungen)	31,5 (12 Messungen)
	Breite (tangent. Dimens.)	?	16,6—46,6 Mik.	16,6—46,6 Mik.	?	?
	Länge	über 1,05 Mill.	?	über 0,52 Mill.	über 0,7—0,9 Mill.	?
	Enden	radial zugespitzt	?	?	radial zugespitzt	radial zugespitzt
	Seitenflächen				schwach rechtsläufig, spiralig gestreift.	
Tüpfel der Holzzellen an den Radialwänden	Zahl und Anordnung	ausserordentl. zahlreich meist 1-, hie u. da 2reihig	1-, nicht selten 2reihig	1-, wiederholt 2reihig	im Frühlingsholz 1-, wiederholt 2-, bisweilen 3reihig; dicht beisammen.	bisweilen ziemlich dicht 1—2-reihig, selten 3 neben einander.
	Gestalt		kreisrund, quergezogen oder rundlich 4eckig.	kreisrund, quergezogen oder rundlich 4eckig.	kreisrund etc.	kreisrund oder etwas quer gezogen
	Aeussere {Grenzwerth	bis 21,03 Mik. (1 Mess.)	wie bei C.	18,2—24 Mik.		15,3—21,4 (2 Messungen)
	Contour {Mittelwerth	?	do.	17,7 (4 Messungen)	12 Mik. (1 Messung)	—
	Innere {Grenzwerth	?	do.	4—6,1 Mik.	?	5,1 Mik. (1 Messung)
	Contour {Mittelwerth	?	do.	5,2 (4 Messungen)	?	?
	Zahl	sehr zahlreich	sehr zahlreich	sehr zahlreich	?	sehr zahlreich
	Zellschichten neben einander	1	1	1	1	1
Markstrahlen	Zellreihen über einander	1—8, einmal 13	3—7	3—5	3—16	2—14
		im Mittel 4,3 (17 Beob.)	47/5 (6 Beobachtungen)	3,75 (4 Beobachtungen)	87/5 (16 Beobachtungen)	9 (7 Beobachtungen)
	Höhe dabei {Grenzwerth	47,37—326,3 Mik.	70,4—147 Mik.	76—112 Mik.	57,6—291 Mik.	33,67—290,5
	Höhe dabei {Mittelwerth	118,0 Mik. (17 Beob.)	137,1 (6 Beobachtungen)	93 Mik. (4 Beobachtungen)	168 Mik. (16 Messungen)	173,4 (7 Beobachtungen)
Einzelne Markstrahlzelle	Höhe {Grenzwerth	17,5—52,6 Mik.	20—40 Mik.	14—28 Mik.	18,4—24,5 Mik.	12,2—24,5 Mik.
	Höhe {Mittelwerth	28,16 Mik. (für 80 Zellen)	23,1 Mik. (für 36 Zellen)	24,4 Mik. (für 15 Zellen)	19,4 Mik. (für 139 Zellen)	19,7 Mik. (für 68 Zellen)
	Länge {Grenzwerth	42,1—126,3 Mik.	36,1—107 Mik.	28—76 Mik.	42,1—73,7 Mik.	?
	Länge {Mittelwerth	60,7 Mik. (13 Messungen)	50,4 Mik. (13 Messungen)	42,5 Mik. (9 Messungen)	—	?
	Tüpfel der Radialflächen	?	zahlreich, ganz klein, zerstreut	wie bei B.	wie bei B.	wie bei B.
Einfache Harzgefässe		0	0	0	0	0
Kurze zusammengesetzte Harz(?) gefässe in Reihen über einander		nicht gesehen	56,6—133 Mik. hoch	40—52 Mik. hoch	?	wahrscheinlich vorhanden, s. unten.
			73,3—86,6 Mik. weit	40 und mehr Mik. weit	?	

1) Mittelwerth, berechnet aus der direct gemessenen Dicke einer möglichst grossen, jedoch nicht der vollständigen Anzahl von Jahrringen; mittelst Division durch die Zahl der gemessenen Jahrringe.

2) Mittelwerth, berechnet aus der mittleren halben Dicke des Holzstückes mittelst Division durch die Gesammtzahl der Jahrringe, welche aber nicht immer ganz sicher ausgemittelt werden konnte.

sind 1· selten 2reihig, fast genähert, die Markstrahlen einfach 1—20reihig. Pinites borealis hat ¹/₄′′′ dicke Jahrringe, die Holzzellen sind mit 1—2· oder 3reihigen, sich nicht berührenden Tüpfeln versehen, die Markstrahlen 4—12reihig. Jede einzelne Markstrahlzelle zeigt 2 nebeneinander liegende Tüpfel über einer Holzzelle. Abgesehen von den kurz cylindrischen Harzbehältern weicht Pinites cavernosus durch den Habitus der Holzzellen und Markstrahlen von den beiden oben besprochenen Hölzern ab. Man vergleiche die Abbildungen der genannten Hölzer mit den Abbildungen von Pinites cavernosus. Von Pinites Lindleyanus steht mir behufs genauerer Vergleichung leider keine Abbildung zu Diensten.

Nachträge und Berichtigungen.

S. 7, Zeile 11 ist statt Herr Prof. Städeler zu setzen: Prof. Dr. Wartha. Es führte derselbe die trockene Destillation der Harzstücke der Haseninsel in einem eigens dafür geblasenen Glasretörtchen aus, reinigte die Destillationsproducte und erhielt mit Eisenchlorid die charakteristische Reaction auf Bernsteinsäure. Die kleine Zahl verwendbarer Stücke erlaubte zwar eine quantitative Untersuchung vermittelst organischer Elementaranalyse nicht, der Nachweis der Bernsteinsäure macht es aber in hohem Maasse wahrscheinlich, dass dieses Harz ächter Bernstein sei. Vergl. auch Vierteljahrsschrift der Zürcher naturf. Gesellschaft. 1866. S. 286.

S. 8. Ueber die hier erwähnten Pflanzen und Ammoniten von Kome vgl. S. 45.

S. 11, Z. 4 über der Tabelle statt 77 lies 105, und statt 20 lies 34. Vgl. S. 48 Anmerk.

Zu S. 26. Durch die Vermittlung des Herrn Prof. Nordenskiöld in Stockholm erhielt ich vor Kurzem eine reiche Sammlung von fossilen Pflanzen zur Untersuchung, welche ein finländischer Bergmeister, Herr Furuhjelm, während eines achtjährigen Aufenthaltes im Alaschka-Land (im frühern Russisch-Amerika) zusammengebracht hat. Die meisten Stücke kommen von der Cooks-Halbinsel und zwar theils aus der englischen Bai (59° 21' n. Br. 151° 52' w. von Greenw.), theils vom Ufer des kleinen Flusses Niniltschit, einige weitere von der Insel Kuku im indianischen Archipel bei Sitka. Diese liegen in einem dunkelgrauen schiefrigen Gestein, die von Niniltschit in einem weichen, weissgrauen Thon, der aber stellenweise durch ein seit langer Zeit in Brand befindliches Kohlenlager eine ziegelrothe Farbe angenommen hat. Die Pflanzen der englischen Bai sind in einem harten, sehr feinkörnigen, brüchigen und hellfarbigen oder bräunlichen Gestein, das ganz mit demjenigen übereinstimmt, das in der Burrardbucht in Britisch-Columbien miocene Pflanzen einschliesst. (Vgl. meine Abhandlung über einige fossilen Pflanzen von Van Couver und Britisch-Columbien. Denkschriften der Schweiz. naturf. Gesellschaft. 1865. S. 5). Wie hier ist der Fels der Cooks-Halbinsel, welcher die Pflanzen enthält, gegenwärtig zum Theil unter dem Seespiegel, daher an der Aussenfläche der Steine marine Pflanzen und Thiere kleben, während die Mollusken (Anodonta, Paludina und Melania) und Süsswasserpflanzen (Trapa), welche sie umschliessen, uns sagen, dass sie in süssem Wasser sich gebildet haben, also damals das Land eine höhere Lage gehabt haben muss, als gegenwärtig. Alle diese pflanzenführenden Gesteine treten in Verbindung mit Steinkohlenlagern auf. Die Steinkohlen der englischen Bai sehen denen von Rittenbenks Kohlenbruch in Grönland sehr ähnlich und enthalten wie die Kohlen der Haseninsel kleine Körner von Bernstein.

Die Sammlung enthält im Ganzen 51 Pflanzenarten, von denen 49 von der Cooks-Halbinsel kommen. Von diesen sind 13 in unserer arctischen Flora, nämlich: Taxodium dubium, Sequoia Langsdorfii, Taxites Olriki, Salix macrophylla, Alnus nostratum, Betula prisca, B. macrophylla, Carpinus grandis, Corylus Mac Quarrii, Fagus castaneæfolia, F. macrophylla, Planera Ungeri und Juglans acuminata. Wir sehen daher, dass eine beträchtliche Zahl von Arten von Grönland bis zu den Nordwestküsten Amerika's reicht und zwar sind es merkwürdiger Weise (mit einziger Ausnahme des Taxites Olriki) lauter Arten, die auch im Miocen Europa's vorkommen, wogegen wir die die arctische Zone charakterisirenden Arten vermissen, so namentlich die Populus Richardsoni, P. arctica und die Quercus Olafseni, die doch noch am Mackenzie getroffen werden. Dazu kommen nun noch 10 weitere Arten, welche dieser Nordwesten Amerika's mit dem europäischen Miocen gemeinsam hat, während diese bis jetzt noch nicht in der arctischen Zone gefunden wurden. Es sind dies: Liquidambar europæum, Populus latior, P. balsamoides, P. glandulifera, P. leucophylla, Salix varians, Myrica inksiæfolia, Fagus Feroniæ, Quercus pseudo-castanea und Ulmus plurinervia, daher diese so ferne Gegend auffallender Weise 22 Arten mit Europa theilt. So weit diese mit lebenden verglichen werden können, sind der Mehrzahl nach Arten, die solchen Nordamerika's entsprechen. Das gilt namentlich von den Taxodien, Sequoien, dem Liquidambar, der Myrica (ähnlich der M. californica), obiger Eiche, den Pappeln, der Betula macrophylla, und auch die Hainbuche, die Haselnuss und die Weiden erscheinen wenigstens in ähnlichen Formen. Aber auch die neuen Arten, die bisher noch nicht anderweitig entdeckt wurden, entsprechen wenigstens theilweise amerikanischen Formen, so eine Weinrebe, eine prachtvolle Eiche (Quercus Furuhjelmi m.), eine Buche (Fagus lancifolia m.) und zwei Nussbaumarten. Es hat daher diese Flora einen entschieden amerikanischen Charakter, und wir erfahren aus derselben, dass die miocene Flora Nordamerika's in einem

viel nähern Verhältniss zu der jetzt dort lebenden Flora steht, als die europäische Miocenflora zur jetzigen europäischen, daher mit dieser eine grössere Veränderung vor sich gegangen ist als mit jener. Wir erfahren aber auch, dass eine Zahl dieser amerikanischen Typen der europäischen Miocenflora im äussersten Westen Nordamerika's lebte, ohne die arctische Zone zu berühren und daher auf einen Zusammenhang des Festlandes von Amerika und Europa in südlicher gelegenen Breiten weisen.

Als asiatische Typen der Alaschka-Flora sind zu nennen: Betula prisca, Planera Ungeri und Juglans acuminata; diese gehören Gattungen an, die auch jetzt noch in der amerikanischen Flora zu Hause sind, dagegen haben wir in einer Trapa (Tr. borealis m.) eine jetzt Amerika fehlende Gattung und die Art der Cooks-Halbinsel scheint der indischen und japanischen Tr. bispinosa Roxb. am nächsten verwandt zu sein. Es ist dies mit dem Taxites Olriki (insofern dieser Baum, wie wir wahrscheinlich scheint, zu Cephalotaxus gehört), die einzige Pflanze, welche von den Ostküsten Asiens zu stammen scheint. Es ist indessen wahrscheinlich, dass auch die Gattungen Salisburea und Glyptostrobus [1]), die wir in Grönland kennen gelernt haben, und von denen Lesquerreux die erstere auch in Van Couver nachgewiesen hat, zur Miocenzeit in dieser Gegend gelebt haben und vielleicht werden sie noch da gefunden werden. Mit der Miocenflora von Van Couver und Britisch-Columbien theilt die Cooks-Halbinsel 4 Arten, nämlich: Sequoia Langsdorfii, Planera Ungeri, Diospyros lancifolia und Juglans Woodiana. Von einem Diospyros ist mir der viertheilige Fruchtkelch zugekommen. Er ist von D. brachysepala durch die schmälern, längern Lappen verschieden und gehört wahrscheinlich zu D. lancifolia, von der ein schönes Blatt in Niniltschit gefunden wurde.

In klimatischer Beziehung ist nicht zu verkennen, dass die Flora auf ein einstiges wärmeres Klima hinweist, als es gegenwärtig in dortiger Gegend herrscht. Die grossblätterigen Eichen und Buchen, der Amberbaum, die schönblättrige Weinrebe, drei Nussbaumarten, der Diospyros, die Taxodien und Sequoien lassen dies nicht bezweifeln, denn nirgends finden wir gegenwärtig in Amerika zwischen 59 und 60° n. Br. diese Pflanzentypen und ebenso wenig in den Gewässern die Melanien. Vergleichen wir aber diese Flora mit derjenigen von Nordgrönland bei 70° n. Br., so müssen wir sagen, dass sie keinen südlichern Anstrich besitzt. Die tropischen und subtropischen Typen fehlen derselben in gleicher Weise und auch die südlichsten Formen gedeihen noch in Oberitalien und am Genfersee, so dass wir für diese Flora mit einer mittlern Jahrestemperatur von 9½ bis 10° C. ausreichen. Indessen widerspricht die Flora auch nicht einer Mitteltemperatur von 14—15°, zu welcher wir für diese Gegend geführt werden, wenn wir eine regelmässige Wärmezunahme nach Süden nach dem früher ermittelten Verhältniss (S. 72) annehmen. Es würde dazu das Auftreten der Fächerpalmen in Van Couver, das um circa 10 Breitengrade südlicher liegt, passen (vgl. fossile Pflanzen von Van Couver, S. 4.), da dies uns zeigt, dass die Palmen an der Nordwestküste Amerika's bis zur selben Nordbreite reichten wie in Europa. Da wir indessen auch am Mackenzie derselben Erscheinung begegnen wie auf der Cooks-Halbinsel (vgl. S. 71), ist es doch wahrscheinlich, dass die Isothermen zur miocenen Zeit in Grönland höher nach Norden angestiegen sind als im Norden von Amerika, dieser daher unter gleichen Breitegraden kälter war, worüber umfassendere und über viele Länder sich ausdehnende Untersuchungen mit der Zeit sicher genauere Aufschlüsse geben werden.

Wir haben oben gesehen, dass die Pflanzen und die Süsswasser-Mollusken uns zeigen, dass diese Gegend zu miocenen Zeit höher lag als gegenwärtig; gilt dies auch von den nahen Aleuten, so erhalten wir eine directe Landverbindung zwischen Asien und Amerika und die Brücke für die asiatischen Typen der amerikanischen Miocen-Flora.

S. 67. Die Hainbuche verhält sich in Schweden wie die Buche. Vgl. Anderson aperçu de la végétation et les plantes cultivés de la Suède. Stockholm. 1867. S. 17. Ich erhielt diese interessante Abhandlung leider zu spät, um sie noch für den Abschnitt über das Klima benutzen zu können, dagegen habe sie in der tabellarischen Uebersicht der miocenen Pflanzen berücksichtigt.

S. 90. *Thujopsis europæa.* Die Zweige und Blätter sind viel schmäler als bei der Th. dolabrata und in dieser Beziehung scheint sie der Th. lætevirens Lindl. näher zu stehen.

S. 91. *Sequoia Langsdorfii.* Ich erhielt neuerdings von Atanekerdluk auch die weiblichen Blüthen (vgl. Taf. XLVII. Fig. 15 b.). An einem Zweig haben wir unten abstehende, weiter oben aber an denselben

---

[1]) Es ist darnach die Angabe auf S. 26 Z. 10 zu berichtigen, indem ich später den Glyptostrobus europæus unter den Grönländer Pflanzen erkannt habe. Lesquereux ist geneigt, die Ablagerung von Nanaimo auf Van Couver für obere Kreide zu halten, weil er von da ein Blatt erhalten hat, das einem solchen von Nebraska (Cinnamomum Heerii Lesq.) sehr ähnlich ist. Nach der Zeichnung liegt aber nur ein Blattfetzen von Nanaimo vor, der mir zu solcher Bestimmung nicht zu genügen scheint. Die schönen Zweige der Sequoia Langsdorfii von Van Couver sprechen für das Miocen.

rückte Blätter und an der Spitze ein ovales Zäpfchen, das aus kleinen, aussen verdickten Schuppen
ht, welche die weibliche Blüthe darstellen. Weiter vorgerückt ist das Fig. 15 dargestellte Zäpfchen. Es
dies junge Zäpfchen in horizotalem Durchschnitt vor uns.
S. 95. *Salisburea borealis*. Es ist mir neuerdings von Atanekerdluk ein fast vollständig erhaltenes Blatt
kommen, welches ganz mit Salisburea adiantoides Ung. übereinstimmt und es mir wahrscheinlich
t, dass die von mir als S. borealis beschriebenen Blattreste ebenfalls zu dieser Art gehören. Wir haben
in folgender Weise zu charakserisiren:

Salisburea adiantoides Ung. Taf. XLVII. Fig. 14.

S. foliis late rhomboideo-subreniformibus, in petiolum longum angustatis, margine undulatis, flabellatim nervoso-striatis.
(Unger genera et spec. plantar. fossil. S. 392. Massalongo et Scarabelli flora Senogalliose. S. 163. Taf. 1. Fig. 1. Taf. 6. Fig. 19 Taf. 7. Fig. 2.
Fig. 12.

Das Blatt hat einen dünnen langen Stiel, der oben gestreift ist. Er breitet sich oben allmälig in die
fläche aus, wodurch sich dies Blatt leicht von Adiantum reniforme unterscheidet. Es ist also am Grund
rmig, dann aber sehr bald sich ausbreitend. Es wird das Blatt durch diese schnelle Ausbreitung fast
förmig, nur ist es am Grund nicht ausgerandet. Die Nerven sind stellenweise sehr schön erhalten,
weise aber verwischt. Vom untersten Grund laufen etwa 6 aus, die aber sehr bald sich gablig theilen.
Gabelung wiederholt sich drei bis vier Mal, ist aber schwer zu verfolgen. So weit dies der Fall ist,
t sie mit S. adiantifolia überein (S. 95). Der Rand ist an der linken Seite erhalten. Die Ecken sind
t zugerundet, vorn ist er wellenförmig gebogen, aber nicht gekerbt, neben der Mitte nur ganz seicht
buchtet.
Es ist dies Blatt dem der lebenden S. adiantifolia so ähnlich, dass es zweifelhaft wird, ob die fossile
e wirklich von der lebenden getrennt werden kann. Es ist der Rand weniger gekerbt und die Nerven
twas dichter gestellt, doch sind dies kleine Unterschiede, welche kaum eine Arttrennung rechtfertigen
n. Von den Blättern von Senegaglia hat eines (Flora Senog. Taf. 39. Fig. 12) auch einen tiefer gekerbten
und bei dem Taf. XLVII. Fig. 4 a. abgebildeten Blattfetzen sind die Nerven ebenso weit auseinander
ct, wie bei der lebenden Art.
ar. b. *S. borealis*, S. 95, weicht zwar durch die viel weniger verbreiterte Blattfläche von der vorigen
ch bei der lebenden Art kommen auf demselben Baum Blätter vor, die oben so stark sich ausbreiten,
i S. adiantoides, und andere, bei denen dies viel weniger der Fall ist und bei denen der Seitenrand
iler ansteigt, so dass das Blatt keilförmig wird. Allerdings sah ich noch kein Blatt dieser Art, das so
m geworden, wie das der S. borealis, dennoch scheint es mir sehr wahrscheinlich, dass letztere als
ict zu S. adiantoides gehöre, die an derselben Lokalität vorkommt.
Die Salisburea Procaccinii Massal. (Flora Senog. Taf. 39. Fig. 1) hat ein in der Mitte gespaltenes Blatt,
di aber der einzige Unterschied ist, kann ihm um so weniger Werth beigelegt werden, indem auch die
ent Art an demselben Baum Blätter mit ganzen und in der Mitte gespaltenen Flächen zeigt. Sie beweist
d überaus nahe Verwandtschaft des fossilen Baumes mit der lebenden Art.
. 109. *Quercus Steenstrupiana*. Noch ähnlicher als die asiatischen Eichen scheint die Q. densiflora Hook.
lifornien dieser Art zu sein.
. 110. Die Ulmaceen bilden die vierte, die Moreen die fünfte, die Plataneen die sechste Familie.

Erklärung der Tafeln.

Alle Figuren, bei denen nicht ausdrücklich gesagt ist, dass sie vergrössert, geben die natürliche Grösse. Sie wurden mit möglichster Sorgfalt gezeichnet; die Originalien zu denselben befinden sich in den im Texte bezeichneten Sammlungen. Da die Form der die Pflanzen umgebenden Steine gleichgültig ist, wurde sie nach dem Format der Tafeln eingerichtet.

Taf. I.

Taf. I. bis und mit XIX. Pflanzen aus Nordgrönland; alle bei denen die Localität nicht angegeben ist, sind von Atanekerdluk. Gesammelt von den Herren Olrik, M'Clintock, Colomb, Inglefield, Dr. Lyall und Dr. Torell.

Fig. 1. Rhytisma boreale Hr. 1 b. vergrössert, c. d. stärker vergrössert.
- 2—4. Sphaeria annulifera Hr. 2 b. vergrössert.
- 5. Sphaeria arctica Hr. 5 b. vergrössert.
- 6—11. Osmunda Heerii Gaud.
- 12. Pteris Rinkiana Hr. a. Blattfiederchen, c. diese vergrössert, b. Spindel.
- 13. Pecopteris arctica, aus Brongniart. Von Kome.
- 14. Pecopteris borealis Brgn., aus Drongoiart. Von Kome.
- 15. Pecopteris Torellii Hr. 15 b, c. vergrössert.
- 16. Woodwardites arcticus Hr. 16 b. vergrössert.
- 17. Equisetum boreale Hr. 17 b. ein Stück vergrössert.
- 18. Equisetum 18 b. vergrössert.
- 19. Equisetum.
- 20. Pinus. 20 b. ein Stück vergrössert.
- 21. 22. 23. 24 c. Taxites Olriki.
- 24 a. b. Sequoia Langsdorfii Br. sp.
- 24 d. Unbestimmbar, nicht Zamites arcticus.

Taf. II.

Fig. 1. Salisburea adiantoides Ung. var. borealis. Von Disco.
- 2—22. Sequoia Langsdorfii Brgn. sp. Fig. 2. Zweig mit Zäpfchen. 3. Zapfenschuppen auseinandergefallen. 4. Zapfenstiel. 4 b. ein Stück vergrössert 5 a. ein Stück eines Zweiges. 5 b. junge Samen. 5 c. vergrössert. 6. 7. Samen. 8. 9. 9 b. Zweige von Disco. 10. Zweig von Steinbsianz überzogen. 11. 12. Zweige, deren Blätter deutlichere Längsstreifen zeigen. 13. Zweig, bei welchem ein Zapfenstiel mit angedrückten Blättern. 14. Zweig vergrössert, deren Achse von weisslichem kohlensauren Kalk eingenommen. 15. mit Zweigen bedeckte Steinplatte, in der Mitte ein männliches Blüthenkätzchen. 19. dieses vergrössert. 16. fruchttragender Zweig mit einigen Zapfenschuppen. 17. Ueberreste eines jungen Zäpfchens. 18. Zweig mit zwei männlichen Blüthenkätzchen. 20 Zweigstück vergrössert. 21. Blattstück vergrössert, mit Querstreifen. 22. ein ganzer Jahrestrieb.
- 23. Sequoia brevifolia Hr. 23 b. (bis) Zweigstück vergrössert. 23 b. neben dem Zweig, Zapfenschuppe. c. Carpinus.
- 24—26. Taxodium dubium Stb. sp. 27 vergrössert.

Taf. III.

Fig. 1. Sequoia Couttsiae Hr. 1 b vergrössert.
- 2. 3. 4. Glyptostrobus europaeus Br. sp. 4 b. vergrössert. (Auf der Tafel irriger Weise unter demselben Namen wie Fig. 1.)
- 5 a. Glyptostrobus europaeus. 5 a. a. vergrössert. b. Reste von Zapfenschuppen.
- 5 c. Magnolia Inglefieldi Hr. 5 d. Phyllites liriodendroides Hr.

Fig. 6—8. Phragmites oeningensis A. Br. 6 b. 7 b. 8 b. vergrössert.
- 9. Poacites sp. 9 b. vergrössert.
- 10. 11 Iridium groenlandicum Hr. 10 b. vergrössert. 10 c. 11 b. stärker vergrössert.
- 12. Cyperites Zollikoferi Hr.? 12 b. vergrössert.
- 13. Nadelholz von Atanekerdluk. S. 93 u. 109.
- 14. Zamites arcticus Goepp. von Kome. 14 b. ein Blattstück vergrössert. Aus Goepperts Abhandlung Jahrb. für Mineralog. 1866. Taf. II.

Taf. IV.

Fig. 1—6 b. Populus Richardsoni Hr. 1. Früchte. 2. Blätter von Disco. 3. Blattbasis und Spitze. 4. Blattrand. 5. mehrere übereinanderliegende Blätter. 6 b. grosse Zähne.
- 6 a. junges Blatt von Populus arctica Hr. 7. Blatt mit Stiel.
- 8—10. Salix groenlandica Hr. 8. Blatt mit einem Zweigstück und Resten eines männlichen Blüthenkätzchens.
- 11—13. Salix Raeana Hr.
- 14—16. Myrica acuminata Ung. 14. 14 b. Blattspitze. 14 c. vergrössert. 15 c. Stück einer Fruchtähre. b. Zapfenschuppen von Sequoia. 16. Fruchtähre. a. b. Deckblätter. c. Frucht. 15 u. 16. vergrössert.

Taf. V.

Populus arctica. Fig. 1 a. Blatt. b. Rindenstück. 2 a. Blattstück mit einem Zähnen. 2 b. mit welligem Rand; ebenso Fig. 3. 4. 8. Fig. 5. 6. Blatt mit einzelnen Zähnen. 7. mehrere übereinanderliegende Blätter. 9. Blattrand gekerbt, von Disco. 10. junge Blätter.
Fig. 11. 13. Populus arctica sizyphoides. 12. langes schmales Blatt. 14. Frucht. 14 b. vergrössert.

Taf. VI.

Fig. 1—4. Populus Zaddachi Hr.
- 5—6. Populus arctica.
- 7. 8. Populus Richardsoni. Fetzen grosser Blätter.

Taf. VII.

Fig. 1—4. Populus sclerophylla Sap.
- 5. Populus sclerophylla Sap.
- 6 a. Quercus furcinervis Rossm. sp. 6 b. c. Myrica acuminata. 6 d. Zapfenschuppe von Sequoia.
- 7 b. c. Diospyros Loveni. 7 d vergrössert. 7 a. Quercus furcinervis.
- 8. Diospyros Loveni.
- 9. Juglans acuminata A. Br.

Taf. VIII.

Grosse Steinplatte, die Herr Colomb nach Dublin gebracht hat.

Fig. 1—4. Fagus Deucalionis Ung.
- 5—6. Populus arctica.
- 7. Prunus Scottii Hr.
- 8. Quercus groenlandica Hr.
- 9—12. Corylus Mac Quarrii Forb sp.

Fig. 13. Sequoia Langsdorfii.
- 14. Sequoia Couttsiæ. 14 b. vergrössert. 3 c. ein Stück eines Buchenäschens vergrössert.
- 15 a. Fruchtstein von Prunus Scottii. b. Osmunda Hoerii.
- 16. Prunus-Steine von Menat.

Taf. IX.

Fig. 1–8. Corylus Mac Quarrii Forb. sp. 1. Blatt von Ardtenhead in Schottland. 2, 3. 4. von Atanekerdluk. 3. C M'Quarrii macrophylla. 3 b. vergrössert. 5, 6. Fruchtschalen 7. 8. von Menat in der Auvergne.
- 9–12. Ostrya Walkeri Hr. 9. Blatt. 10 junges Blüttchen. 11. 12. Fruchtbecher. a. Basis schwach vergrössert. b. ein Stück stärker vergrössert.
- 13 a, b. Quercus atava Hr. 13 c. Populus arctica. 13 d. Platanus.
- 14 a. Pterospermites integrifolius Hr. 14 b. Planera Ungeri Ett

Taf. X.

Fig. 1. 2. Fagus dentata. Blattfetzen.
- 3. Quercus grœnlandica, vervollständigtes Blatt.
- 4. Quercus grœnlandica.
- 5. Quercus Olafseni Hr., vervollständigtes Blatt.
- 6. Fagus Deucalionis Ung., vervollständigt.
- 7 a. Quercus grœnlandica. 7 b. Fagus dentata.
- 8. Fagus castaneæfolia Ung.
- 9. Fagus dentata, vervollständigt.

Taf. XI.

Fig. 1–3. Quercus Drymeia Ung. 1. Blattspitze. 2 a. Blatt. 2 b. Stück einer Eichel. 2 c. ein Blattstück vergrössert. 3. Blattfetzen. 3 b. Blattgrund.
- 4. Quercus grœnlandica von Disco.
- 5. Quercus Steenstrupiana Hr.
- 6. Quercus platania Hr. (Fig. 5 u. 6 auf der Tafel als Q. Olafseni bezeichnet.)
- 7–12. Quercus Olafseni.

Taf. XII.

Fig. 1–8. Platanus aceroides Gp. 1 a. Blatt mit kleinen, scharfen Zähnen. a. a. ein Zahn vergrössert. 1 b. Juglans acuminata. c. Taxodium. 2, 4, 5. Blattbasis. 3. mittlere Partie. 6. 7. Blattstielbasis. 8. die umschlossene Knospe stärker vergrössert.
- 9. Betula Miertschingi Hr.

Taf. XIII.

Fig. 1–6. Ficus? grœnlandica Hr.

Taf. XIV.

Fig. 1–5. Daphnogene Kanii Hr. 1. vervollständigtes Blatt. 2 a. Basis. 2 a a. ein Stück davon vergrössert. b. vordere Partie des Blattes. c. mittlere. 2 c. (bis) ein Stück von 2 b. vergrössert. 3. Blattmitte. 4. linke Blattseite. 3 b. ein Stück vergrössert. 5. Blatt auf der Rückseite der Steinplatte Fig. 2.

Taf. XV.

Fig. 1 a. Mac Clintockia Lyallii Hr. von Disco. 1 b. Populus Zaddachi? 1 c. Populus arctica.
- 2. Mac Clintockia Lyallii, ganzes Blatt. 2 b. ein Blattstück vergrössert.
- 3–4 Mac Clintockia dentata Hr. 3 b. u. 4 c. Zähne vergrössert. 4 b. Blattgewebe vergrössert.
- 5. 6. Hakea? arctica Hr.
- 7. 8. 9. Mac Clintockia trinervis Hr. 7 b. ein Zahn vergrössert. 7 b. (bis) Blattstück schwach vergrössert. 9 b. Blattspitze.
- 10. 11. 12. Diospyros brachysepala A. Br.

Fig. 13. Geäder des Phyllodiums von Acacia laurifolia, vergrössert.
- 14. Geäder von Hakea latifolia, vergrössert.

Taf. XVI.

Fig. 1. Daphnogene Kanii aus der Sammlung der geological Survey.
- 2. 3 a. Menyanthes arctica Hr. 2 b. Stück des Mittelnervs vergrössert, 3 b. Cyperites.
- 4. Fraxinus denticulata Hr.
- 5. 6. Magnolia Inglefieldi.
- 7 a. b. Mac Clintockia Lyallii.
- 7 c. Phyllites celtoides Hr.
- 8 a. Carpolithes symplocoides Hr. 9. vergrössert.
- 8 b. Magnolia.
- 8 c. Phyllites Rubiformis Hr.
- 10. Carpolithes sphærula Hr. 10 b. vergrössert.
- 11–14. Carpolithes lithospermoides Hr. 11. natürliche Grösse. 12. 13. vergrössert. 14. idealer Durchschnitt vergrössert.
- 15. Carpolithes bicarpellaris Hr. 15 b. vergrössert. Von Disco.

Taf. XVII.

Fig. 1. Hedera Mac Clurii Hr. a. gestieltes Blatt. b. oberes Zweigblatt.
- 2 a, b. Mac Clintockia Lyallii.
- 2 c. Hedera Mac Clurii.
- 2 d. Paliurus Colombi Hr.
- 3. 4. Hedera Mac Clurii.
- 5. stellt einen Theil der Unterseite der auf Taf. VIII. abgebildeten Steinplatte dar.
- 5 a, Hedera M'Clurii. b. c. Populus arctica.
- 5 d. Corylus M'Quarrii.
- 5 e. Andromeda protogæa. e. c. ein Blattstück vergrössert.
- 5 f. Pinus hyperborea Hr. f. f. ein Stück vergrössert.
- 5 b. i. Diospyros brachysepala.
- 6. Andromeda protogæa Ung.
- 7. Andromeda Saportana Hr. 7 b. ein Blattstück vergrössert.
- 8. Galium antiquum, 8 b. vergrössert.

Taf. XVIII.

Fig. 1–3. Magnolia Inglefieldi. Fig. 3 (die Zahl fehlt aus Versehen auf der Tafel) drei Blätter auf einer grossen Steinplatte, die Herrn Inglefield gehört; das Blatt a. liegt auf derselben weiter von b. entfernt und wurde näher gerückt, um auf der Tafel Platz zu finden.
- 4–5. Callistemophyllum Moorii Hr. 6. vergrössert. 6 a. ein Blattstück noch mehr vergrössert.

Taf. XIX.

Fig. 1. Paliurus borealis.
- 2–4. Paliurus Colombi; 3 a, Blatt. b. Frucht. c. Zweig mit Stachel.
- 5. 6. Rhamnus Eridani Ung.
- 7 a. Rhamnus Eridani. b. Populus arctica. c. Corylus M'Quarrii
- 8. Juglans paucinervis Hr; ist mit Fig. 5. 6. 7 und Taf. X. Fig. 7. Taf. IX. Fig 14 auf derselben Steinplatte.
- 9. Phyllites membranaceus Hr.; auf demselben Stein mit Taf. IX. Fig. 4 und Taf XIV. Fig. 2.
- 10–12. Phyllites Rubiformis. 11 b ein Blattstück vergrössert. 11 c. noch stärker vergrössert.
- 13. Chrysomelites Fabricii Hr.
- 15. Pentatoma boreale; Flügeldecke neben einem Blattstücke von Mac Clintockia. 15 b. Flügeldecke vergrössert. 15 c. das Thier vervollständigt, in natürlicher Grösse.

Taf. XX.

Fig. 1–13 Steinkohlenpflanzen der Melville-Insel; Fig 14 von der Bathurstinsel; Fig. 15 von der Mercy-Bai des Bankslandes; Fig. 16–19. von der Ballastbai. Gesammelt von Sir Leop. Mac Clintock und Mac Clure.

Fig. 1 a. b. **Schizopteris Melvillensis.** c. Spore. 2. diese fünfmal vergrössert. 1 d. c. **Nœggerathia M'Clintocki** 1 f. N. polaris. Von der Skene-Bai.
- 3. 4. 5 a. **Cyclopteris** sp. Skene-Bai.
- 6 b. Spore von **Lepidodendron**; 5 d. vergrössert. 5 c. **Nœggerathia Franklini.** Skene-Bai.
- 6. **Pecopteris** sp. Skene-Bai.
- 7 **Cardiocarpus circularis**; 7 b. 8. zweimal vergrössert. Skene-Bai.
- 9. **Lepidodendron Veltheimianum** (Knorria acicularis Gp) Bridport inlet; daneben glänzende Kohlenschuppen, die man irrig als Sphenopteris gedeutet hat.
- 10. **Lepidophyllum obtusum** Skene-Bai.
- 11. **Nœggerathia polaris.** a. b. Blattfetzen, vom Cap Dundas. c. Unbekannter Blattfetzen. c. c. derselbe vergrössert. Aus demselben Kohlenstück wie Fig. 12.
- 12. **Nœggerathia M'Clintocki**, Cap Dundas. b. N. polaris. b. b. vergrössert. c. d. f. N. Franklini.
- 13. **Thuites Parryanus.** b. vergrössert. Village Point.
- 14. **Pinus Bathursti.** 14 b. vergrössert.
- 15. Nadelstück von **Pinus.** 15 b. vergrössert.
- 16–18. **Pinus M'Clurii** Hr. 16. Zapfen in der geolog. Survey von London. 17. In der Dubliner Sammlung. 18. Seitenansicht desselben.
- 19. **Pinus Armstrongi** Hr. 19 b. c. vergrössert.
- 20. **Pinus Nordmanniana** Stev. 20 b. vergrössert.

Taf. XXI.

Taf. XXI., XXII. und XXIII. von Dr. Richardson am Mackenzie gesammelte Pflanzen.

Fig. 1–8. **Sequoia Langsdorfii.** 1. Zweig. 1 b. ein Stück davon vergrössert. 2. 3. Zweige. 4 u. 4 b. Blattstücke stark vergrössert mit feinen Querstreifen. 5. Zweig mit längern Blättern. 6. Männliche Blüthen 7. Zweig, daneben der Abdruck eines Samens. 7 c. dieser vergrössert. 8. Abdruck der Zapfenschuppen.
- 9. **Pinus-Nadel.**
- 10–12. **Glyptostrobus europæus.** 10 b. c. Zweige mit abstehenden Blättern. 10 d. vergrössert. 11 a. Zweigstück von vorigem; 11 b. vergrössert. 11 c. **Corylus M'Quarrii.** 12. Zweig von **Glyptostrobus.**
- 13. **Salix Racana.**
- 14. 15 a. **Populus arctica**
- 15 b. **Pterospermites dentatus.**
- 16. **Populus Hookeri.** 16 b. vergrössert. 16 c. Fruchtknoten? vergrössert.
- 17 a. **Hedera M'Clurii.** 17 b. **Platanus aceroides?**
- 18. 19. **Smilax Franklini** Hr.

Taf. XXII.

Fig. 1–6. **Corylus M'Quarrii.** 1–2. kleinere Blätter. 1 b. Zähne vergrössert. 3. 4. 5. **Corylus M'Quarrii macrophylla.** 6. zweifelhaft.
- 7. **Quercus Olafseni.**

Taf. XXIII.

Fig. 1. **Corylus M'Quarrii macrophylla.**
- 2 a. 3. **Populus Richardsoni.**
- 2 b. 4. **Platanus aceroides.**
- 5. **Phyllites aceroides.**
- 6. **Pterospermites dentatus;** daneben **Glyptostrobus europæus.**
- 7. 8. 9. **Pterospermites dentatus.**
- 10. **Betula.** Rindenstück.
- 11. **Carpolithes seminulum** Hr. c. vergrössert.
- 12 **Antholithes amissus** Hr. 12 b. vergrössert.
- 13. **Caulinites borealis.** b. Astnarbe vergrössert. Island.

Taf. XXIV.

Taf. XXIV. bis und mit Taf. XXVIII. Pflanzen aus Island, gesammelt von Prof. Steenstrup und Dr. Winkler.

Fig. 1 a. **Rhytisma induratum** auf einem Ahornblatt, daneben **Sparganium.**
- 2–6. **Equisetum Winkleri.** 6. Wurzelknollen.
- 7–10. **Sequoia Sternbergi.**
- 11–17. **Pinus microsperma** Hr. 11. Same nebst einer Nadel. 11 b. derselbe vergrössert. 12. Zapfenschuppe. 13. Zweig. 14. 15. 16. 17. einzelne Nadeln.
- 18. **Pinus brachyptera** Hr.
- 19. Deckblatt.
- 20. **Pinus œmula** Hr.
- 21. **Pinus thulensis** Steenstr.
- 22 a. **Pinus Martinsi** Hr. b. Pinusnadel. c. Deckblatt von Betula prisca.
- 23–26. **Pinus Steenstrupiana** Hr. 23. 24. 26. Zapfenschuppen. 25. Same.
- 27–32. **Pinus Ingolfiana** Steenstr. 27–29. Nadeln. 30. 31. Zapfenschuppen. 32. Samen.
- 33. **Pinus serotina.**
- 34. **Pinus nigra**, Zapfenschuppe. a'. b. Samen.
- 35. **Pinus alba**; a. b. c. Samen. d. vergrössert. 35 c. (bis) Zapfenschuppe.
- 36. **Pinus canadensis.** a. Same. b. vergrössert. c. Zapfenschuppe.
- 37. **Pinus balsamea**, Zapfenschuppe.
- 38. **Pinus religiosa**; Zapfenschuppe mit einem Samen.

Taf. XXV.

Fig. 1 a. **Acer otopterix** Gœp.
- 1 b. c. **Sparganium valdense** Hr. d. e. Früchte vergrössert.
- 2 a. c. **Carex rediviva** Hr. b. vergrössert.
- 3. **Salix macrophylla** Hr. a. von Gaulthvamr. b. von Hredavatn.
- 4–9. **Alnus Kefersteinii** Gœp. 4. 5. 6. 7. Zapfenreste. 4 b. vergrössert. 8. Frucht. 8 b. vergrössert. 9. b. Blatt.
- 9 a. **Betula prisca** Ett. Blatt mit Sclerotium Dryadum Hr.
- 10. Birkenast.
- 11–19. **Betula macrophylla** Gp. 11. Blatt. 12 Früchte. 12 b. vergrössert. 13. 14 15. Deckblätter. 16. Blattfetzen. 17. Blatt mit Bothidea borealis. 17 b. dieser Pilz vergrössert. 18. kleineres Blatt. 18 b. Zähne vergrössert. 19 a. Blatt. 19 b. Frucht. 19 c. diese vergrössert.
- 20–25. **Betula prisca** Ett. 20. Blatt von Sandafell. 21. Frucht. 21 b. vergrössert. 22–25. Deckblätter.
- 26–29. **Betula Forchhaimmeri** Hr. 26. Frucht. 27. vergrössert. 28. 29. Deckblätter.
- 30. Deckblatt. 30 b. vergrössert.
- 31. **Betula Dryadum** Br. Frucht vergrössert. Von Armissan.
- 32. **Fagus Deucalionis** Ung.

Taf. XXVI.

Fig. 1 a. **Corylus Mac Quarrii.** 1 b. c. **Betula prisca.** 1 d. e. f **Vitis islandica** Hr. Von Brjamslack.
- 2. 3. 4. **Corylus Mac Quarrii.**
- 5. **Platanus aceroides**, von Hredavatn.
- 6. **Quercus Olafseni**, von Brjamslack. 6 c. Blattfetzen mit Zähnen, von Hredavatn.
- 7 a. **Vitis islandica.** b. **Liriodendron Procaccinii** var. c. **Quercus.** Von Brjamslack.

Taf. XXVII.

Fig. 1–3. **Ulmus diptera** Steenstr. 1. von Brjamslack. 1 b. vergrössert. 2. 3. von Laugavatsdalr.
- 4 a. Fetzen eines Birkenblattes.
- 4 b. **Rhamnus Eridani.** Brjamslack.
- 5–8. **Liriodendron Procaccinii.** 5. Blatt. 6. 7. 8. Fruchtblätter, Brjamslack.

Erklärung der Tafeln.

Fig. 9. Rhus Brunneri Hr. von Gaulthvamr.
- 10. Dombeyopsis islandica Hr. Husawik.
- 11. Phyllites acutilobus, von Husawik.
- 12. Phyllites tenellus; die Farbe geht auf der rechten Seite an Versehen über den Blattrand hinaus. 12 b. vergrössert. Brjamslack.
- 13. Phyllites vaccinioides.
- 14. Carpolithes geminus. 14 b. vergrössert.
- 15. Carpolithes Najadum Hr. 15 b. vergrössert.
- 16. Carpolithes borealis Hr. 16 b. vergrössert.
- 17. 18. Cyperites islandicus Hr. 17b. 18b. vergrössert (auf der Tafel aus Versehen als Carpolithes scirpiformis bezeichnet).
- 19. Cyperithes nodulosus. 19 b. vergrössert (auf der Tafel als Carpolithes).
- 20. Daphnia-Eiersattel. 20 b. vergrössert.
- 21. Carabites islandicus. 21 b. vergrössert.

Taf. XXVIII.

Fig. 1–13. Acer otopterix. 1. 3. 4. 13. von Gaulthvamr. 2. 5. 6. 7. 8. 9. 10. 11. von Brjamslack. 12 von Tindarfell.
- 14–17. Juglans bilinica, von Brjamslack.

Taf. XXIX.

Spitzbergen. Kingsbai. Gesammelt von Dr. Blomstrand.

Fig. 1 a. b. c. d. e. Sphenopteris Blomstrandi.
- 1 f. Poacites Torellii. 1 g. ein Stück vergrössert.
- 2. Sphenopteris Blomstrandi. a. b. Blattfiedern. 3. diese vergrössert.
- 4 a. b. Blattfetzen obiger Sphenopteris. 4 c. ein Stück der Spindel.
- 6. Gymnogramme calomelanus Kaulf.
- 7. Filicites deperditus.
- 8. Equisetum arcticum. a. Scheide. b. Stengel mit Astwirtel. c. d. Stengel.
- 9 a. b. Sphenopteris Blomstrandi; Blattfiedern. c. d. Blattstiele. e. f. Equisetum arcticum. g. Wurzeln.

Taf. XXX.

Spitzbergen. Bellsund. Gesammelt von Prof. Nordenskiöld.

Fig. 1 a. Taxodium angustifolium. 2. vergrössert. 1 b. Potamogeton Nordenskiöldi Hr.
- 3. Taxodium dubium.
- 4. Taxodium dubium und Fagus.
- 5 a. Alnus Kefersteini. 5 b. Potamogeton Nordenskiöldi. c. d. Blattstiel von Potamogeton. e. ein Stück vergrössert.
- 6 a. Potamogeton Nordenskiöldi. 6 b. Fruchtdecke von Fagus? 6 c. die Warzen vergrössert.
- 7. Potamogeton Nordenskiöldi.
- 8. Ein Blatt dieser Art vervollständigt.
- 9. Populus arctica, von der Kingsbai.

Taf. XXXI.

Spitzbergen. Bellsund. Dr. Nordenskiöld.

Fig. 1 a. Populus Richardsoni. 1 b. Corylus?
- 2. Fetzen von Pop. Richardsoni.
- 3 a. Salix macrophylla?
- 3 b Fagus Deucalionis.
- 4 a. Alnus Kefersteinii.
- 4 b. Pinus polaris. c Fetzen eines Pappelblattes. d. Fragment von Farrn.
- 5. Corylus M'Quarrii.
- 6 a. Corylus. b. c Tilia.

Taf. XXXII.

Fig. 1. Platanus aceroides, vom Heersberg im Grünhafen; von Dr. Blomstrand.
- 2. Dieses Blatt vervollständigt.
- 3. 4. Pinites cavernosus Cram.

Taf. XXXIII.

Fig. 1. Tilia Malmgreni Hr., aus der Kingsbai.
- 2. Dieses Blatt vervollständigt.

Taf. XXXIV.

Fig. 1. Cupressinoxylon pulchrum, von Banksland, in natürlicher Grösse, oben aus 2 Jahrringen zusammengesetzt. Der Pfeil giebt die Richtung von innen nach aussen an.
- 2 a. Cupress. polyommatum, von Banksland, in natürlicher Grösse. 2 b. Querschnitt durch dasselbe in der Gegend von a in Fig. 2 a. Die Ecke a in Fig. 2 b. ist gleich der Kante in Fig. 2 a.
- 3. Cupress. pulchrum, von Banksland, in natürlicher Grösse.
- 4 a. Betula Mac Clintocki; fossiles Stück Holz von Banksland in natürlicher Grösse. 4 b. Ansicht desselben von oben; $\alpha \beta \gamma$ in Fig 4 b. sind gleich $\alpha \beta \gamma$ in Fig. 4 a.
- 5. Cupress. ucranicum? Polirte Endfläche eines Stückes in natürlicher Grösse. Von Grönland

Taf. XXXV.

Fossile Hölzer von Banksland.

Fig. 1. Pinus M'Clurii, Querschnitt, h zusammengesetztes Harzgefäss. Das Frühlingsholz des Jahrringes, in welchem das Harzgefäss liegt, ist zusammengesetzt.
- 2. Cupress. polyommatum. Querschnitt durch die Grenze zweier Jahrringe.
- 3. Tangentaler Längsschnitt durch dasselbe Holz.

Taf. XXXVI.

Fig. 1–5. Pinus M'Clurii von Banksland. 1. radiale Längsschnittsansicht einiger Herbstzellen. 2. radialer Längsschnitt durch das Frühlingsholz, mit einem Markstrahl. 3. tangentale Längsschnittsansicht. Ein Markstrahl zeigt ein zusammengesetztes Harzgefäss (h). 4. tangent. Längsschnittsansicht eines Markstrahles, stärker vergrössert. 5. tangentale Längsansicht einer Holzzelle.
- 6–8. Cupress. pulchrum von Banksland. 6. radiale Längsschnittsansicht bei schwacher Vergrösserung. 7. eine Holzzelle in radialer Längsansicht, stark vergrössert. 8. radiale Längsansicht eines Markstrahles, bei stärkerer Vergrösserung.

Taf. XXXVII.

Fig. 1–6. Cupress. polyommatum von Banksland 1. radialer Längsschnitt durch das Holz, schwach vergrössert. 2. dito, mit einem einfachen Harzgefäss. 3 Stück einer Holzzellwand mit 3 Tüpfeln; zwei Tüpfelhöfe enthalten noch Eisenoxyd. Das Präparat wurde erhalten durch Kratzen auf der Oberfläche des Rohmaterials. 4. 5. Markstrahlzellen in der radialen Längsansicht, stark vergrössert. 6. Enden einiger Holzzellen mit zahlreichen Tüpfeln, stark vergrössert.

Taf. XXXVIII.

Fig. 1–6. Cupress. dubium,von Banksland. 1. radiale Längsansicht der Enden einiger Holzzellen. 2. radiale Längsansicht mit wahrscheinlich nur zufälligen Höhlungen, schwach vergrössert. 3. radiale Längsansicht einiger Holzzellen und eines Markstrahles 4. Stück einer Holzzelle. 5. 6. analoge Ansichten wie Fig 3.
- 7–12. Cupress. ucranicum (?) von Grönland. 7. radiale Längsansicht einer Holzzelle, bei Beleuchtung von oben. 8. Stück einer Holzzelle bei Beleuchtung von unten. 9 Stück eines Markstrahles, bei derselben Beleuchtung. 10. ähnliches Präparat wie Fig. 7. 11 a. radiale Längsansicht eines Stückes einer Holzzelle mit einem angrenzenden einfachen Harzgefäss (s). 11 b. Dasselbe Präparat um 90° gedreht. 12. ähnliche Darstellung wie Fig. 7 u. 10.

Taf. XXXIX.

Fig. 1–9. Betula Mac Clintocki von Banksland. 1. Stück der polirten, dann geätzten Endfläche des Taf. XXXIV. Fig. 4 a. b. dargestellten fossilen Holzes der Pflanze.

2—3. Querschnittsansichten des Holzes bei stärkerer Vergrösserung. 4 Ein Gefäss, an den schiefen Scheidewänden der zusammengetretenen Zellen leiterförmige Durchbrechungen zeigend. 5. Ende einer Gefässzelle mit leiterförmig durchbrochener schiefer Endfläche. 6. Tangentaler Längsschnitt durch das Holz. 7. Stück eines Gefässes. 8. dito, mit prächtigen Tüpfeln. 9. Ende einer Gefässzelle.

Taf. XL.

Fig. 1—8. Pinites latiporosus von Spitzbergen. 1. Querschnittsansicht des fossilen Holzes mit der Grenze zweier Jahrringe bei Beleuchtung von oben. 2—5. Stücke von Holzzellen in der radialen Längsansicht. In Fig. 4 ist das Ausfüllungsmaterial durch Säure nicht ganz vollständig aus den Tüpfelhöfen ausgezogen worden. 6 u. 7. Stücke von Markstrahlen in der radialen Längsansicht. 8. Die eine Endfläche des fossilen Holzes mit 4 Jahrringen in natürlicher Grösse dargestellt; der Pfeil giebt die Richtung von innen nach aussen an.

Taf. XLI.

Fig. 1—5. Pinites pauciporosus von Spitzbergen. 1. Polirte Endfläche des fossilen Holzes, bei Beleuchtung von oben. 2. Polirte, dann geätzte Endfläche des fossilen Holzes, bei Beleuchtung von oben. 3. Tangentale Längsansicht zweier Holzzellen mit einem zweireihigen Markstrahl, bei Beleuchtung von unten. 4. Radiale Längsansicht dreier Holzzellen mit Tüpfeln, die zu Markstrahlzellen führten, bei Beleuchtung von unten. 5. Polirte, dann geätzte radiale Längsansicht des fossilen Holzes mit der Grenze zweier Jahrringe und mit mehreren Markstrahlen, von oben beleuchtet.

Taf. XLII.

Fig. 1—10 Pinites cavernosus von Spitzbergen. 1. Stück des fossilen Holzes mit eigenthümlichen Harzbehältern (?). 2. Radiale Längsansicht eines Stückes einer Holzzelle. 3. Stücke von Markstrahlen in der radialen Längsansicht. 4. Eine Markstrahlzelle in der radialen Längsansicht 5. Polirte, dann geätzte Endfläche des fossilen Holzes bei Beleuchtung von oben. 6. Aehnliches Präparat wie Fig. 1, zugleich mit Markstrahlen, bei stärkerer Vergrösserung. 7. Aehnliche Präparate wie Fig. 2. 9. Markstrahlzellen in der radialen Längsansicht. 10. Aehnliches Präparat wie Fig 2 u. 7.
- 11—17. Cupressinoxylon Breverni von Grönland. 11 u. 12. Querschnitte durch das fossile Holz. 13. Ein einfaches Harzgefäss. 14—16. Radiale Längsansichten von Holzzellen. 17. Tangentaler Längsschnitt durch einen Markstrahl

Taf. XLIII.

Kreide-Pflanzen von Kome. Gesammelt von Dr. Rink.

Fig. 1 a. b. c. Gleichenia Gieseckiana; 1 a a. ein paar Fiederchen vergrössert.
- 1 d Sequoia Reichenbachi.
- 1 c. Widdringtonites gracilis; e. e. f. g. Zweigstücke vergrössert.
- 1 f (bis) Pinus Crameri.
- 2 a. Gleichenia Gieseckiana; 2 b. Sequoia Reichenbachi.
- 3 a. b. Gleichenia Gieseckiana; a. Blattspindeln; b. Fiederchen.
- 3 c. Widdringtonites gracilis.
- 4. Gleichenia Zippei; 4 b. Fiederchen vergrössert.
- 5 a. Sequoia Reichenbachi; 5 d. u. 5 d. d. ein Aststück vergrössert
- 5 b. Pecopteris arctica; b. (bis neben dem Stein) vergrössert.
- 6. Gleichenia Rinkiana; 6 b. ein Stück vergrössert.
- 7. Sphenopteris Johnstrupi.
- 8. Sequoia Reichenbachi, Same. 8 b. vergrössert.

Taf. XLIV.

Kreide-Pflanzen von Kome. Von Dr. Rink.

Fig. 1. 1 c. Gleichenia rigida. 1 b. vergrössert.

Fig. 2. Gleichenia Gieseckiana mit Fruchthäufchen. 2 b. ein paar Fiederchen vergrössert. 2 c. den Sorus noch mehr vergrössert.
- 3. Gleichenia Gieseckiana, schwach vergrössert. 3 b. Variet. falcata Gœp.
- 4. Pecopteris hyperborea.
- 5 a, b. Pecopteris borealis Br. 5 c. Zamites arcticus Gœp.
- 6 a. b. c. Sclerophyllina dichotoma.
- 7—18. Pinus Crameri. 7. schmales, am Zweig befestigtes Blatt. 8 a. 9. Zapfenschuppe mit Nadeln. 10. 11. 13. 14. 16. Nadeln. 12. vergrössert. 15. Nadelspitze noch mehr vergrössert. 18 b. Nadel sehr stark vergrössert. 17. 18. Zweige mit noch einzelnen Nadeln.
- 19. Pinus Peterseni.
- 20. 21. Danmites firmus. 22. vergrössert.
- 23 Fasciculites grœnlandicus. 23 b. ein Gefässbündel vergrössert.

Taf. XLV.

Taf. XLV. bis L. Miocene Pflanzen aus Nordgrönland, einige von Disco, die meisten von Atanekerdluk. Gesammelt durch Vermittlung des Herrn Justizrath Olrik.

Fig. 1 a. Taxites Olriki. 1 b. vergrössert. 1 c. Frucht vergrössert.
- 1 d. Quercus furcinervis Rossm. sp.
- 2 a. Sparganium stygium b. Zweig. c. Woodwardites arcticus.
- 3. Cyperites borealis. 3 b. ein Stück vergrössert.
- 4. 5. Cyperites microcarpus. 4 b. 5 b. 5 d. vergrössert.
- 6. Rohrstück von Phragmites œningensis A. Br.
- 7. Lastræa stiriaca Ung. sp.
- 8 a. Pteris œningensis. 8 b. vergrössert.
- 8 c. Colutea Salteri.
- 9 a. c. Sphenopteris Miertschingi. 9 b. vergrössert.
- 10. Equisetum boreale.
- 11 a. b. c. Zapfen von Taxodium dubium. d Zweig. e. Ast von Betula.
- 12. Taxodium dubium. a. Abdruck von Zapfens. b. Schuppe. c. Zapfendurchschnitt. d. Zweige.
- 13. Sequoia Langsdorfii. a. Längsdurchschnitt des gestielten Zapfens. b. Zapfenrest noch am Zweig befestigt. c. Blattreste. d. Sparganium stygium. e. Knollen von Equisetum. f. Aststück von Equisetum. f. f. vergrössert.
- 14—18. Sequoia Langsdorfii. 14. der Zapfen restaurirt. 15. spitze des Zapfens. 15 b. vergrössert. 16 a. horizontaler Durchschnitt des Zapfens. b. c. Samen. 17. Abdruck der Zapfenschuppe. 17 b. vergrössert. 18. b. verästelter Zweig. 18 b. Blattstück mit runden Scheibchen.
- 19. Sequoia Couttsiæ, 19 a. von Kuljeldene auf Disco. 19 b. von Atanekerdluk.
- 20—22. Glyptostrobus europœus.

Taf. XLVI.

Fig. 1. 2. 3. Fagus castaneæfolia Ung. 1. junges Blatt. 2. 3 b Blatt mit der gegend abstehenden Zähnen. 3. Blatt mit nach vorn gerichteten Zähnen.
- 4. Fagus Deucalionis Ung.
- 5. 6. Quercus furcinervis Rossm. sp.
- 7. Quercus platania.
- 8. 9. Quercus Steenstrupiana. 8 b. ein Blattstück vergrössert
- 10. Quercus Olafseni.
- 11 a. Fagus macrophylla. b. Blüthenkelch von Diospyros.

Taf. XLVII.

Fig. 1. Quercus grœnlandica, Blatt mit Zweig.
- 2. Fraxinus denticulata.
- 3 a. Platanus aceroides Gp.
- 3 b. Sequoia Langsdorfii.

Erklärung der Tafeln.

Fig. 4 a, Salisburea. b. Frucht von Diospyros brachysepala. c. e. Blätter.
- 5. Die Frucht Fig. 4 b. vergrössert.
- 5 f. g. Früchte von Diospyros.
- 6. Kelch von Diospyros, 6 b. vergrössert.
- 7. Fruchtkelch von Diospyros brachysepala A. Br.
- 8. Diospyros Loveni.
- 9. Quercus Lyellii.
- 10. Myrica borealis, 10 b. ein Zahn vergrössert.
- 11. Salix Raeana.
- 12 a. b. Alnus nostratum Ung.
- 13. M'Clintockia Lyallii.
- 14. Salisburea adiantoides Ung.
- 15: Sequoia Langsdorfii, Querdurchschnitt eines jungen Zäpfchens, 15 b. weibliches Blüthenzäpfchen.

Taf. XLVIII.
Fig. 1. Vitis Olriki. 1 b. Same. 1 c. vergrössert.
- 2. Vitis arctica.
- 3—6. Ilex longifolia.
- 7. Ilex reticulata.
- 8. M'Clintockia Lyallii.
- 9. Woodwardites arcticus; vergrössert.

Taf. XLIX.
Fig. 1. Rhamnus brevifolius A. Br.
- 2. Zizyphus hyperboreus.
- 3—6. Juglans Strozziana Gaud. 3—6. von Atanekerdluk. 6. von Udsted auf Disco.
- 7. Juglans acuminata A. Br.

Fig. 8. Ficus? grœnlandica.
- 9. Carpinus grandis Ung.
- 10. Rhamnus Eridani Ung.

Taf. L.
Fig. 1, 2. Cratægus antiqua. 1 b. Zähne vergrössert.
- 3, 4. Cratægus Warthana. 3. von Kulajeldene auf Disco; bei b. Zapfenschuppen von Sequoia Langsdorfii. 4 b. Nüsschen von Taxites Olriki.
- 5. Leguminosites arcticus.
- 6. Rhamnus Gaudini.
- 7. Phyllites evanescens.
- 8. Cornus ferox Ung.
- 9. Populus Gaudini, von Udsted auf Disco.
- 10. Acer otopterix.
- 11 a. Thujopsis europæa Sap.; 11 b. c. vergrössert.
- 11 d. e. Andromeda denticulata.
- 12. Trogosita insignis, 12 b. vergrössert. 12 c. zwei Flügeldecken zusammengestellt.
- 13. Blattidium fragile. 13 b. vergrössert.

Der Uebersichtskarte der arctischen Zone wurde die Karte zu Grunde gelegt, welche Herr Dr. J. D. Hooker seiner Abhandlung „Outlines of the Distribution of arctic Plants" beigegeben hat. In dieselbe wurden die nordische Baumgrenze und die Juli-Isotherme von 10° C. eingetragen. Dem geologischen Kärtchen der Parry-Inseln liegt die Karte zu Grunde, welche M'Clintock's Reminiscences of arctic Ice-Travel beigefügt ist.

Register der beschriebenen Arten.

Die mit * versehenen Namen sind Synonyma.

Acer otopterix Gœpp.	122. 152
*— trianguliloboum Gp.	152
*— vitifolium O. Web.	152
*Alnites M'Quarrii Forb.	104
Alnus Kefersteinii Gœpp.	146. 150
*— macrophylla Gœpp.	146
— nostratum Ung.	103
Andromeda denticulata Hr.	116
— protogæa Ung.	116
— Saportana Hr.	117
Antholithes amissus Hr.	139
*Araucarites Reichenbachi Gein.	83
* — Sternbergi Gœpp.	140
*Bambusium platypleurum Gœpp.	169
Betula Forchhammeri Hr.	148
— M'Clintocki Cram.	135
— macrophylla Gp. sp.	146
— Miertschingi Hr.	103
— prisca Ett.	148
Blattidium fragile Hr.	130
Callistemophyllum Moorii Hr.	121
Carabites islandicus Hr.	154
Cardiocarpus circularis Hr.	132
Carex rediviva Hr.	145
Carpinus grandis Ung.	103
* — Heerii Ett.	103
Carpolithes borealis Hr.	154
— bicarpellaris Hr.	129
— geminus Hr.	154
— lithospermoides Hr.	128
— Najadum Hr.	154
— Seminulum Hr.	139
— sphærula Hr.	128
— Symplocoides Hr.	128
*Carya Ungeri Ett.	153
Caulinites borealis Hr.	145
Chrysomelites Fabricii Hr.	129
Colutea Salteri Hr.	126
Cornus ferox Ung.	119
Corylus M'Quarrii Forb. sp.	104. 138. 149. 159
Cratægus antiqua Hr.	125
— Warthana Hr.	126
*Cryptomeria primæva Corda.	83
Cupressinoxylon Breverni Merkl.	91
— dubium Cram.	135
— polyommatum Cram.	135
— pulchrum Cram.	135
— ucranicum Gœpp.?	91
Cyclopteris sp.	131
Cyperites borealis Hr.	96
— islandicus Hr.	145
— microcarpus Hr.	97
— nodulosus Hr.	145
— Zollikoferi Hr.?	96
Danæites firmus Hr.	81
Daphnia	155
Daphnogene Kanii Hr.	112
Diospyros brachysepala A. Br.	117
— Loveni Hr.	118
Dombeyopsis islandica	151
Dothidea borealis Hr.	139
*Dryandroides acuminata Hr.	102
Equisetum arcticum Hr.	156
— boreale Hr.	89
— Winkleri Hr.	140
Fagus castaneæfolia Ung.	106
— dentata Ung.?	106
— Deucalionis Ung.	105. 149. 159
— macrophylla Ung.	107
Fasciculites grœnlandicus Hr.	85
Ficus? grœnlandica Hr.	111
Filicites deperditua Hr.	155
Fraxinus denticulata Hr.	118
Galium antiquum Hr.	119
*Geinitzia cretacea Endl.	83
Gleichenia Giesekiana Hr.	78
— Rinkiana Hr.	80
— rigida Hr.	80
— Zippei Cord. sp.	79
Glyptostrobus europæus Brongn. sp.	90. 135
* — œningensis A. Br.	90
Hakea? arctica Hr.	113
Hedera Mac Clurii Hr.	119. 138
Ilex longifolia Hr.	124

Register.

Ilex reticulata Hr.	124	Pinus microsperma Hr.		142
Iridium grœnlandicum Hr.	97	— Peterseni Hr.		84
Juglans acuminata A. Br.	124	— polaris Hr.		157
— bilinica Ung.	153	— Steenstrupiana Hr.		144
— paucinervis Hr.	125	— thulensis Steenstr.		141
— Strozziana Gaud.	125	Pinites Bærianus Gp.		41
*Knorria acicularis Gœp.	131	— cavernosus Cram.		157
* — Schrammiana Gp.	131	— latiporosus Cram.		157
		— Middendorfianus Gp.		41
Lastræa stiriaca Ung. sp.	87	— pauciporosus Cram.		157
Leguminosites arcticus Hr.	127	Planera Ungeri Ett.	110.	150
Lepidodendron Veltheimianum Stbg.	131	Platanus aceroides Gp.	111. 138. 150.	159
Lepidophyllum obtusum Hr.	132	Poacites Torelli Hr.		157
Liriodendron Procaccinii Ung.	151	*Polypodites stiriacus Ung.		87
		Populus arctica Hr.	100. 137.	158
Mac Clintockia dentata Hr.	115	— Gaudini F. O.		99
— Lyallii Hr.	115	— Hookeri Hr.		137
— trinervis Hr.	115	— Richardsoni Hr.	98. 137.	158
Magnolia Inglefieldi Hr.	120	— sclerophylla Sap.		99
Menyanthes arctica Hr.	118	— Zaddachi Hr.		98
Myrica acuminata Ung.	102	Potamogeton Nordenskiöldi Hr.		157
— borealis Hr.	102	Prunus Scottii Hr.		126
		Pteris œningensis A. Br.		87
Nœggerathia Franklini Hr.	133	— Rinkiana Hr.		87
— M'Clintocki Hr.	132	Pterospermites dentatus Hr.		138
— polaris Hr.	132	— integrifolius Hr.		122
Osmunda Heerii Gaud.	88	*Pyrus troglodytarum Ung.	123.	153
Ostrya Walkeri Hr.	103	Quercus atava Hr.		110
Paliurus borealis Hr.	122	— Drymeia Ung.		107
— Colombi Hr.	122	— furcinervis Rossm.		107
Pecopteris arctica Hr.	80	— grœnlandica Hr.		108
— borealis Brgn.	81	— Lyellii Hr.		108
— hyperborea Hr.	81	— Olafseni Hr.	109.	149
— striata Ung.	80	— platania Hr.		109
— Torelli Hr.	88	— Steenstrupiana Hr.		109
— Zippei Corda	79	Rhamnus brevifolius A. Br.		123
Pentatoma boreale Hr.	130	— Eridani Ung.	123.	153
Phragmites œningensis A. Br.	96	— Gaudini Hr.		124
Phyllites aceroides Hr.	139	Rhytisma induratum Hr.		140
— acutilobus Hr.	153	Rhus Brunneri Fisch.		153
— celtoides Hr.	128			
— evanescens Hr.	127	*Sagenaria Veltheimiana Prl.		131
— liriodendroides Hr.	127	Salisburea adiantoides Ung.		183
— membranaceus Hr.	127	— borealis Hr.	95.	183
— Rubiformis Hr.	127	Salix grœnlandica Hr.		101
— tenellus Hr.	154	— macrophylla Hr.		146
— vaccinioides Hr.	154	— Racana Hr.	101.	137
Pinus æmula Hr.	142	Schizopteris melvillensis Hr.		131
— Armstrongi Hr.	134	Sclerophyllina dichotoma Hr.		82
— Bathursti Hr.	134	Sclerotium Dryadum Hr.		140
— brachyptera Hr.	141	Sequoia brevifolia Hr.		93
— Crameri Hr.	84	— Couttsiæ Hr.		94
— hyperborea Hr.	94	— Langsdorfii Brgn. sp.	91. 136.	182
— Ingolfiana Steenstr.	143	— Reichenbachi Gein. sp.		83
— Mac Clurii Hr.	134	— Sternbergi Gœpp. sp.		140
— Martinsi Hr.	141	Smilax Franklini Hr.		136

Sparganium stygium Hr.	97	Thujopsis europæa Sap.	90. 182
— valdense Hr.	145	* — massiliensis Sap.	90
Sphæria annulifera Hr.	86	Tilia Malmgreni Hr.	160
— arctica Hr.	86	Trogosita insignis Hr.	129
Sphenopteris Blomstrandi Hr.	155	Ulmus diptera Steenstr.	149
— Johnstrupi Hr.	78		
— Miertschingi Hr.	87	Vitis arctica Hr.	120
		— islandica Hr.	150
*Taxites Langsdorfii Br.	91	— Olriki Hr.	120
— Olriki Hr.	95	Widdringtonites gracilis	83
Taxodium angustifolium Hr.	156	Woodwardites arcticus	86
— dubium A. Br.	89. 156		
* — europæum Brongn. sp.	90	Zamites arcticus Gœpp.	82
Thuites Kleinianus Gp.	91	Zizyphus hyperboreus Hr.	123

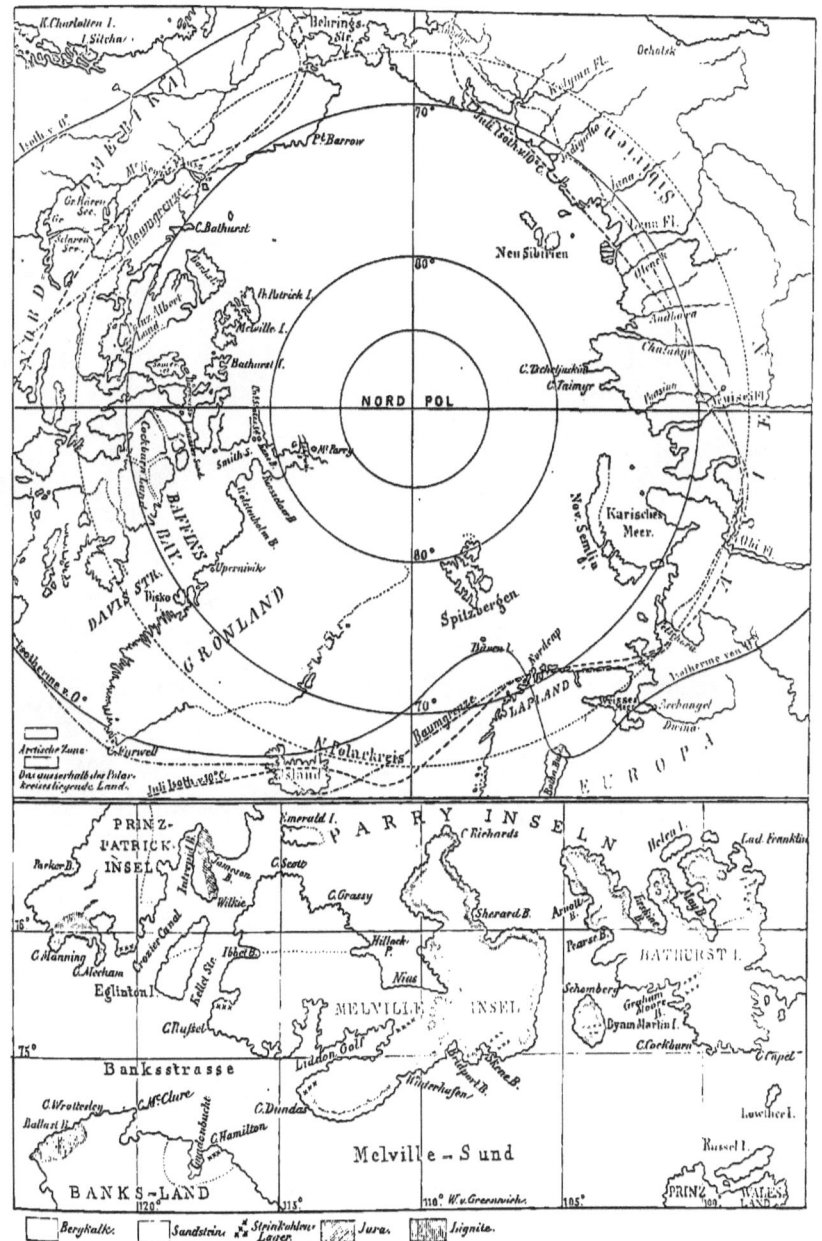

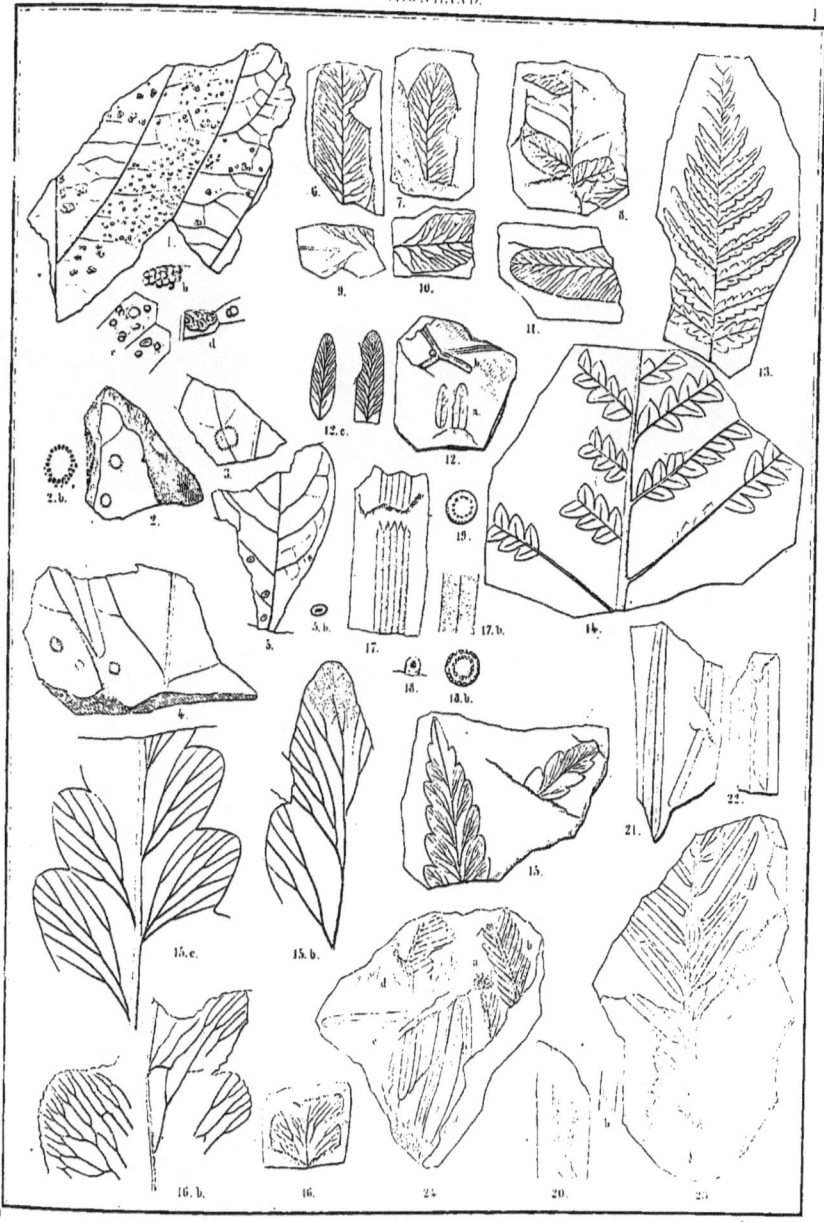

Fig 1. Glatisma boreale. 2–4. Sphaeria annulifera. 5. Sphaeria arctica. 6–11. Osmunda Heerii Gaud. 12. Pteris Rinkiana. 13. Pecopteris arctica. 14. Pecopteris borealis. 15. Pecopteris Torellii. 16. Woodwardites arcticus. 17. Equisetum boreale. 18, 19. Equisetum. 20. Pinus. 21, 22, 23, 24.c. Taxites Olriki. 24. a. b. Sequoia Langsdorfii. 24. d. Zamites arcticus. Goep.?

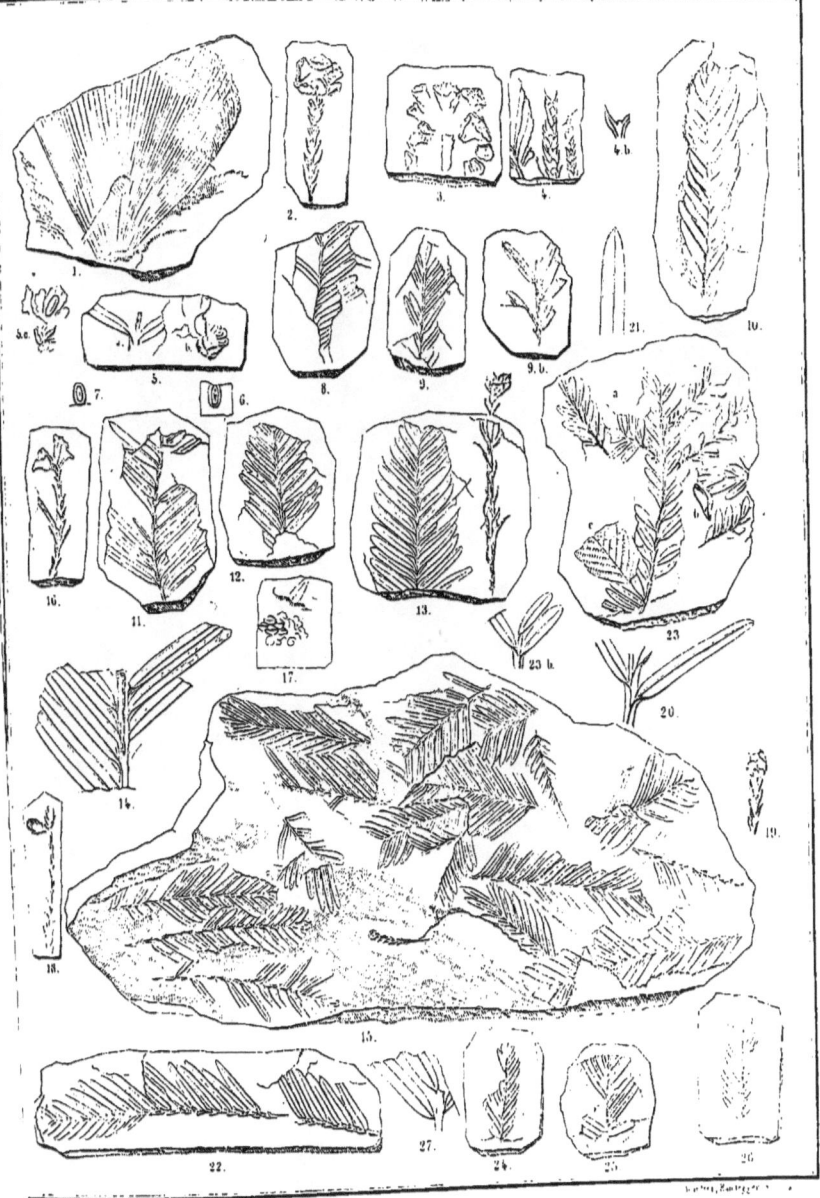

Fig. 1. Salisburea borealis. 2-22. Sequoia Langsdorfii. 23. Sequoia brevifolia. 24-27. Taxodium dubium.

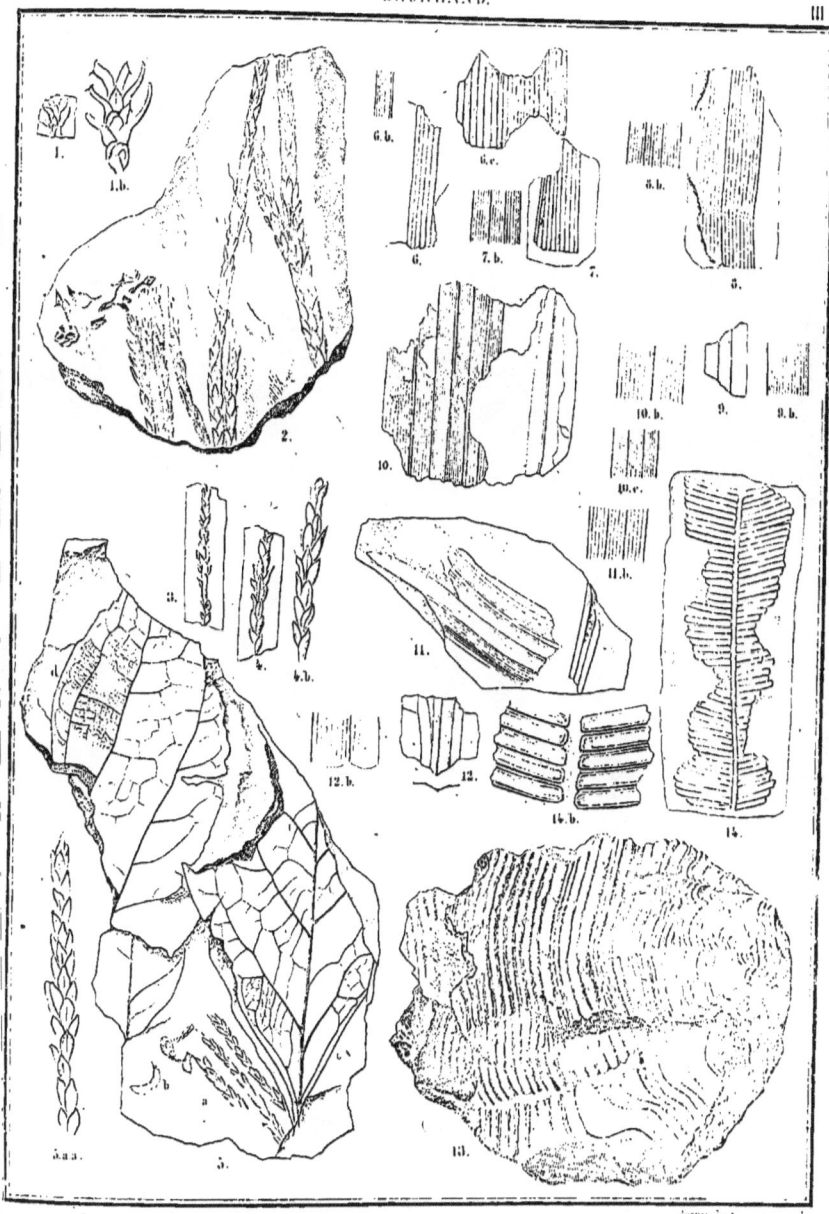

Fig. 1—5. Sequoia Couttsiae. 5.c. Magnolia Inglefieldi. 5.d. Phyllites Liridendroides. 6.7.8. Phragmites oeningensis. 9. Poacites. 10. 11. Iridium groenlandicum. 12. Cyperites. 13. Nadelholz. 14. Zamites arcticus. Goep.

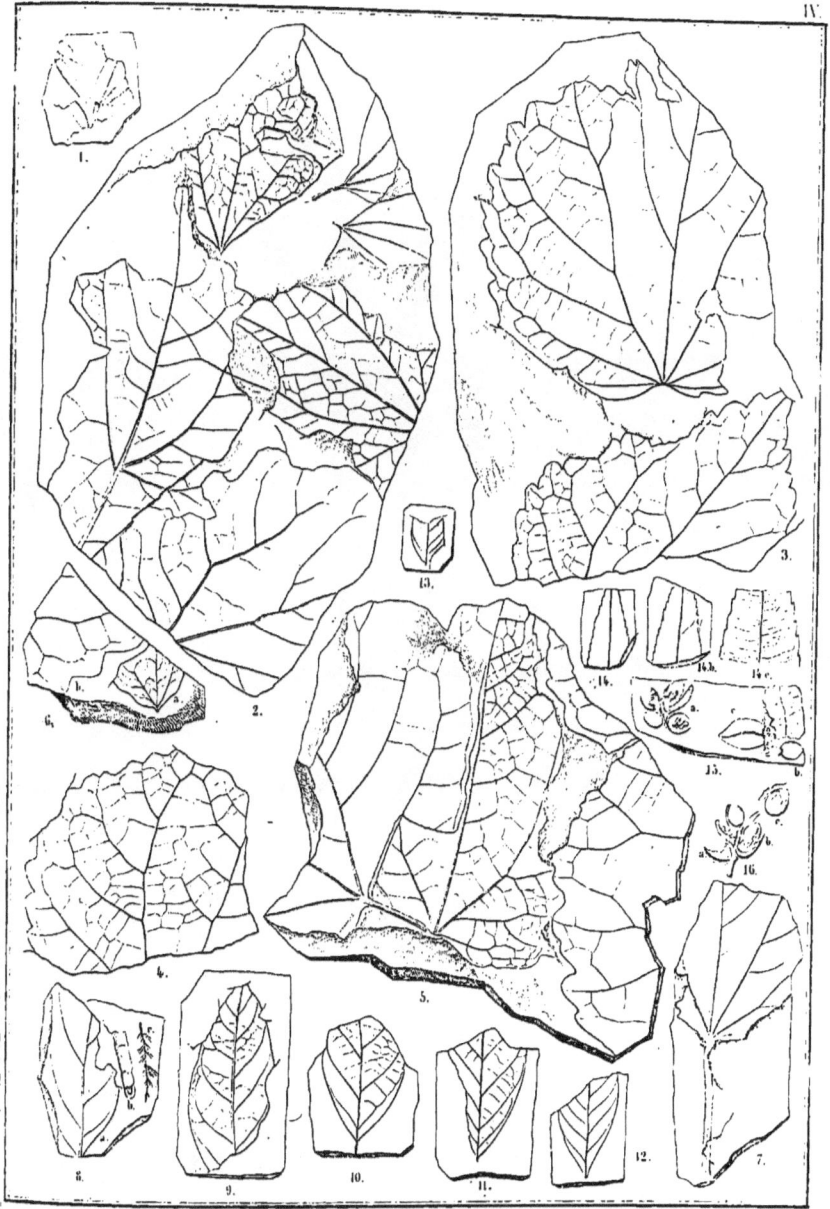

Fig. 1. 6.b. Populus Richardsoni. 6 a, 7. Populus arctica. 8-10. Salix groenlandica. 11-13. Salix Raeana. 14, 15, 16 Myrica acuminata.

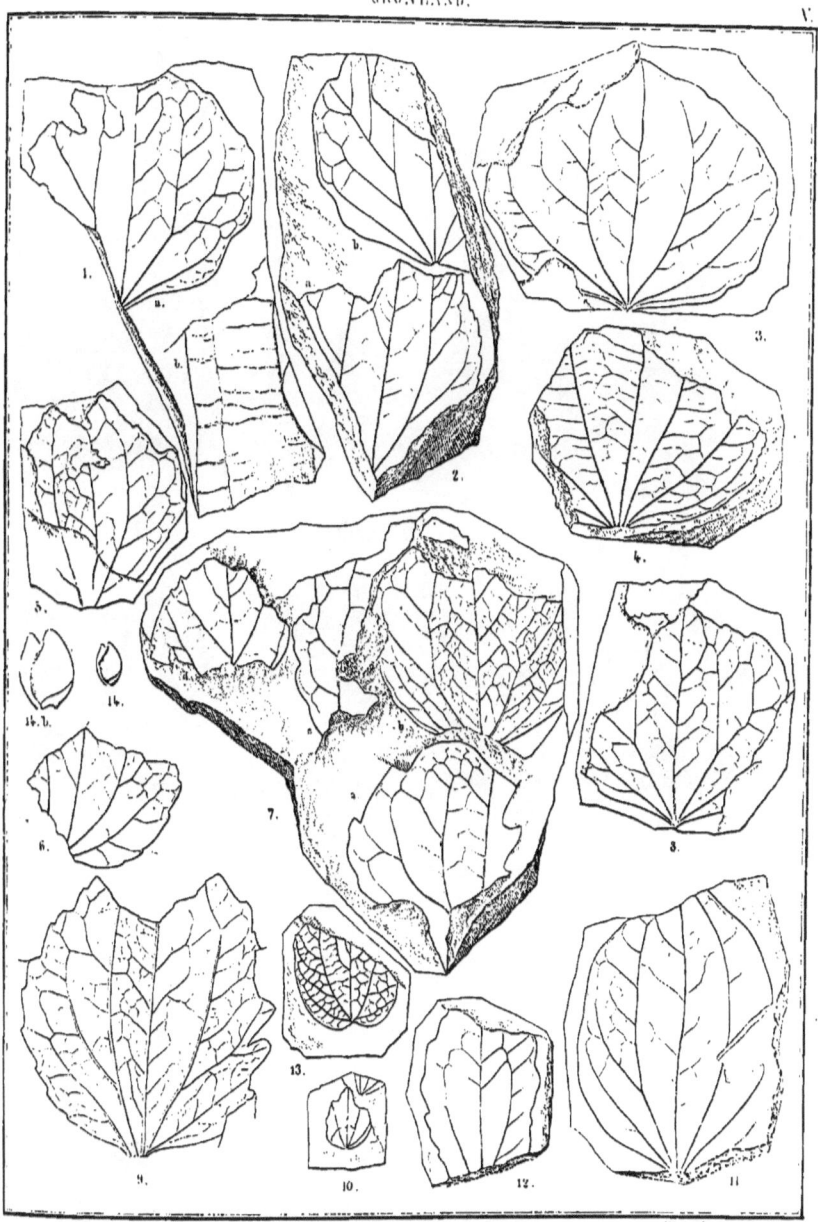

Populus arctica.

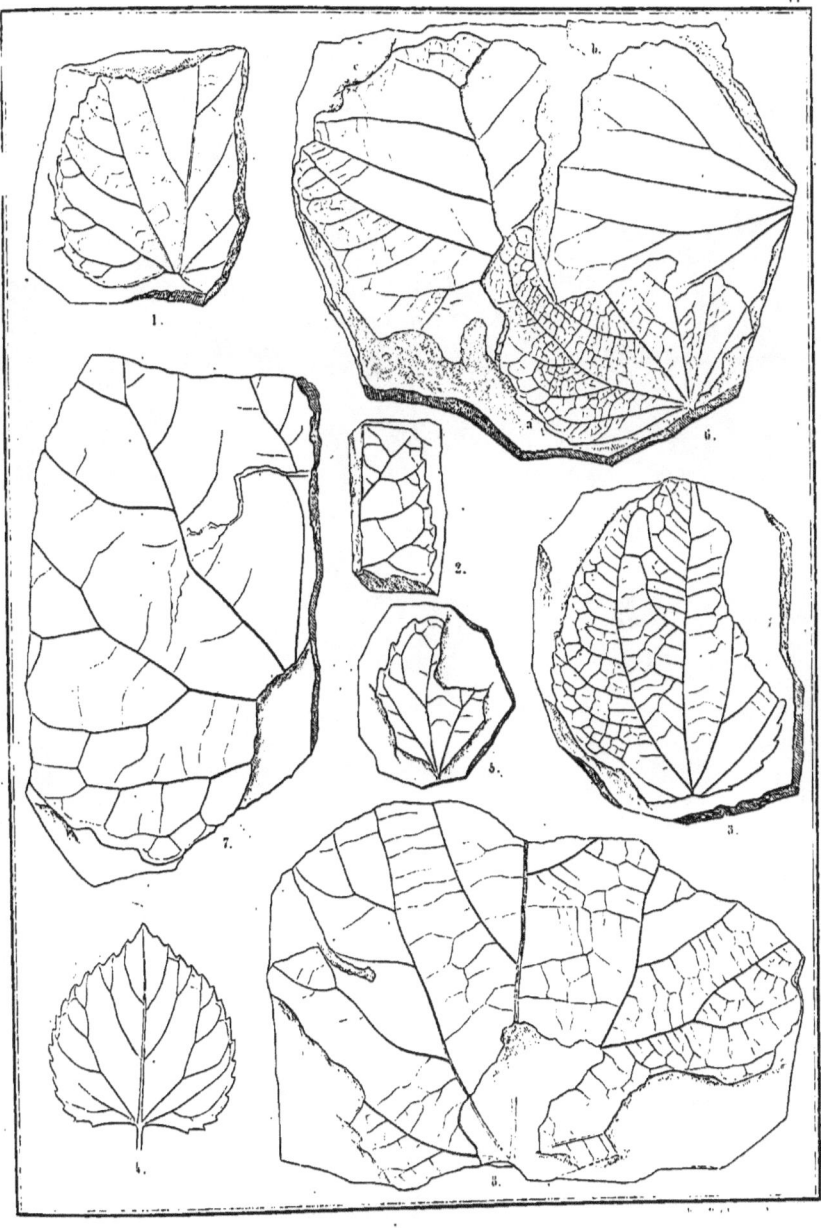

Fig. 1–4. Populus Zaddachi. 5. 6. Populus arctica. 7. 8. Populus Richardsoni.

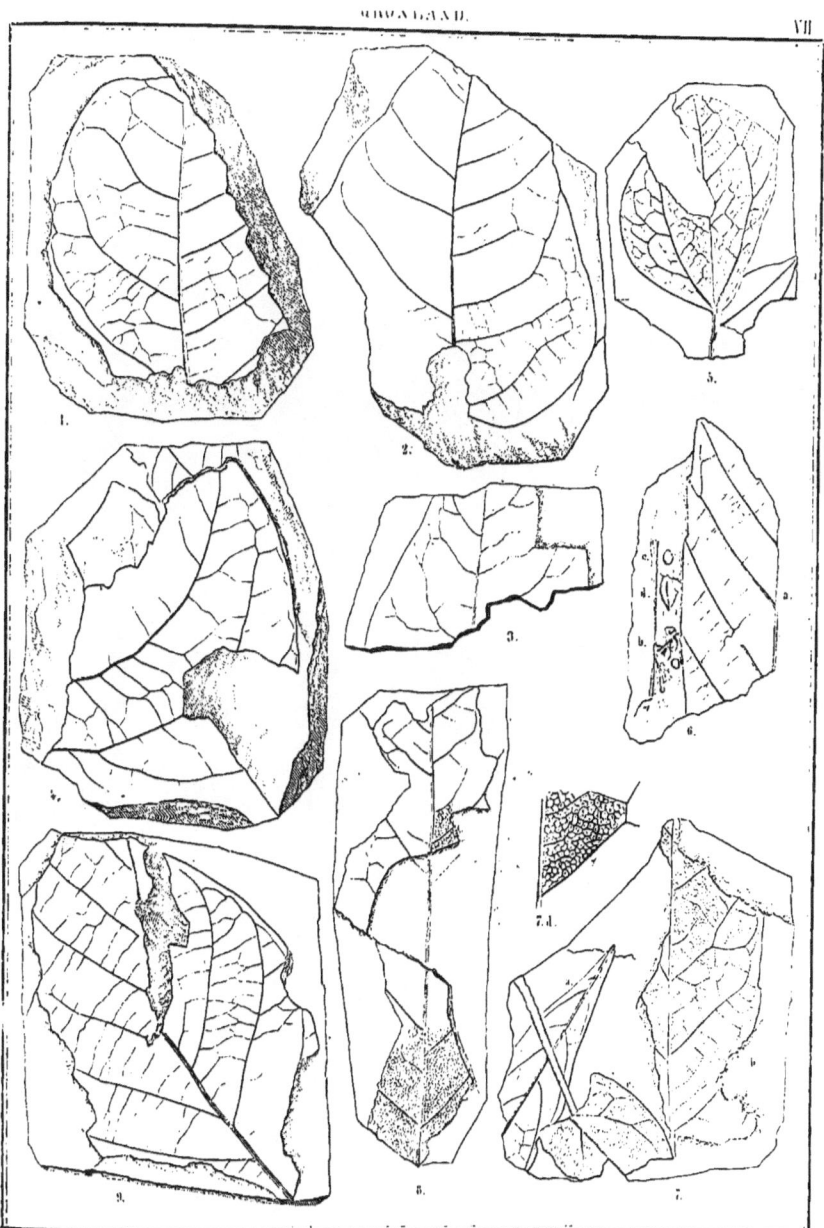

Fig. 1. 4. Populus Gaudini. 2. 5. Populus sclerophylla. 3a. 7.a. Quercus furcinervis. 6.b.c. Myrica acuminata. 7. b.c. 5. Diospyros Lorenii. 9. Juglans acuminata.

Fig. 1-4. Fagus Deucalionis. 5-6. Populus arctica. 7. Prunus Scottii. 8. Quercus Grönlandica. 9-12. Corylus Mac Quarrii. 13. Sequoia Langsdorfii. 14. Sequoia Couttsiae. 15-16. Prunus Scottii.

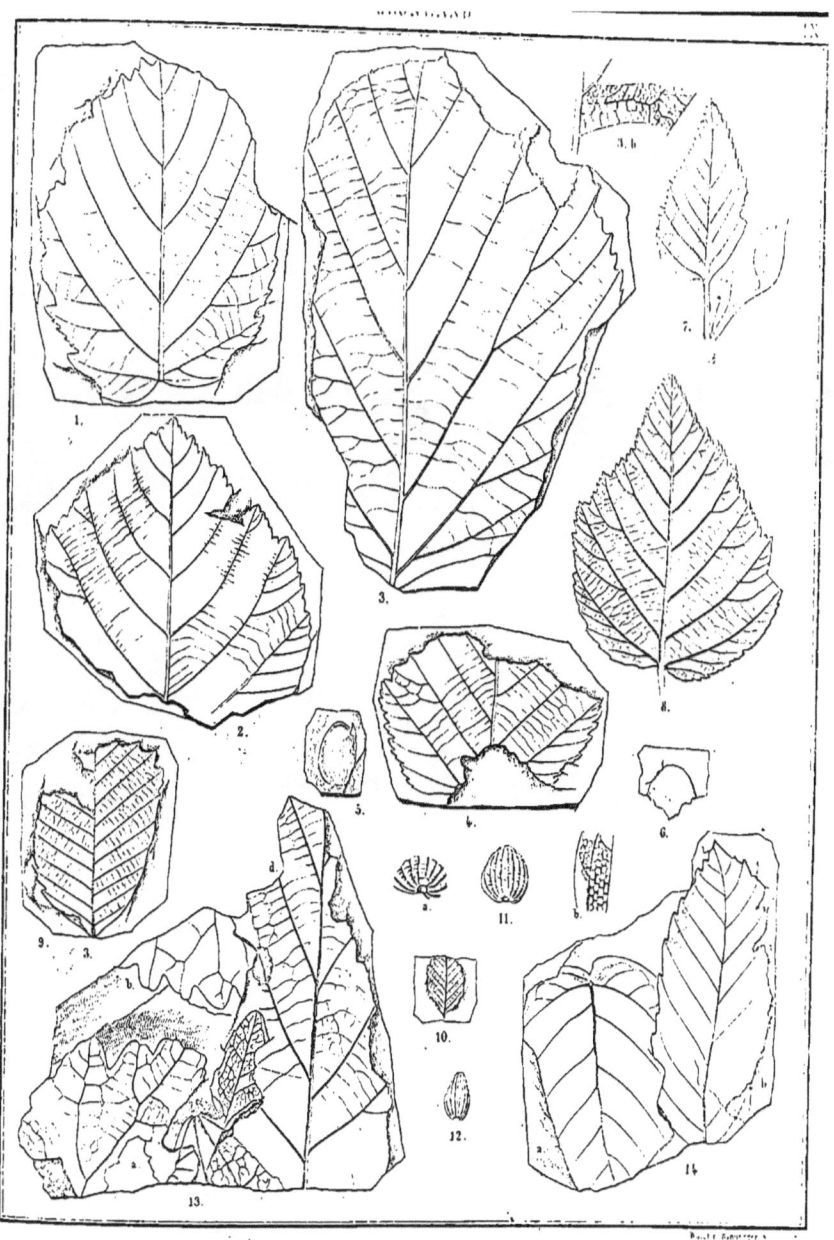

Fig. 1-3. Corylus Mac Quarrii. 9-12. Ostrya Walkeri. 13. a.b. Quercus atava. 14 a. Pterospermites integrifolius. 14 b. Planera Ungeri.

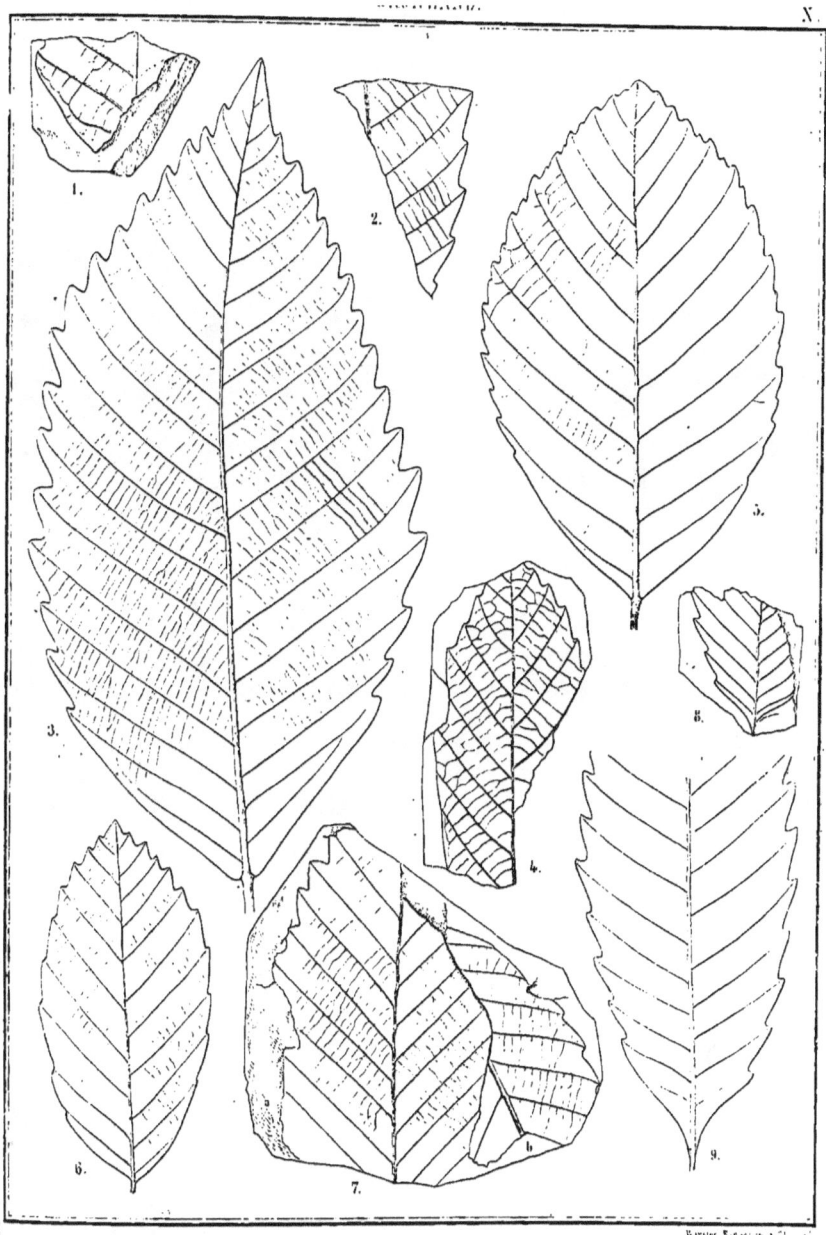

Fig. 1. 2. 7. 8. 9. Fagus deutata. 3. 4. Quercus grönlandica. 5. Quercus Olafseni. 6. Fagus Deucalionis. 7.a.8. Fagus castaneaefolia.

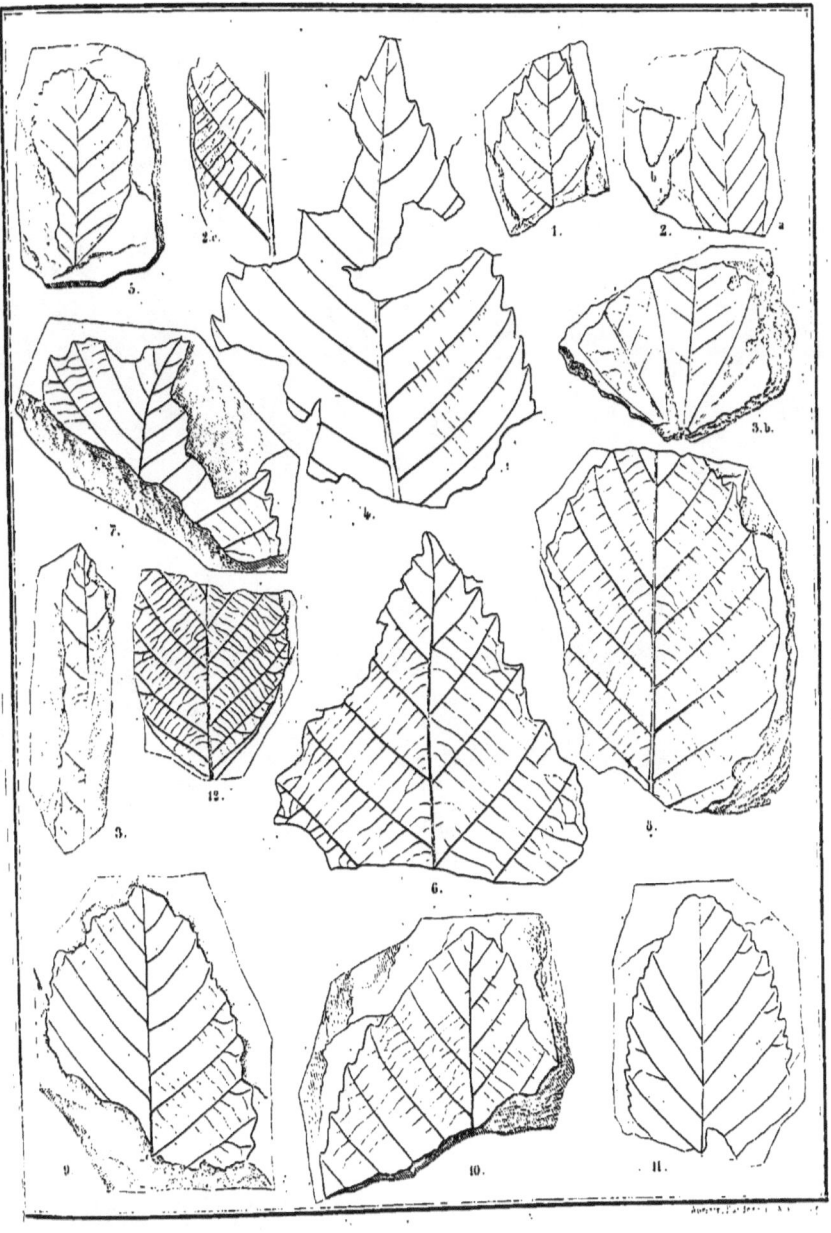

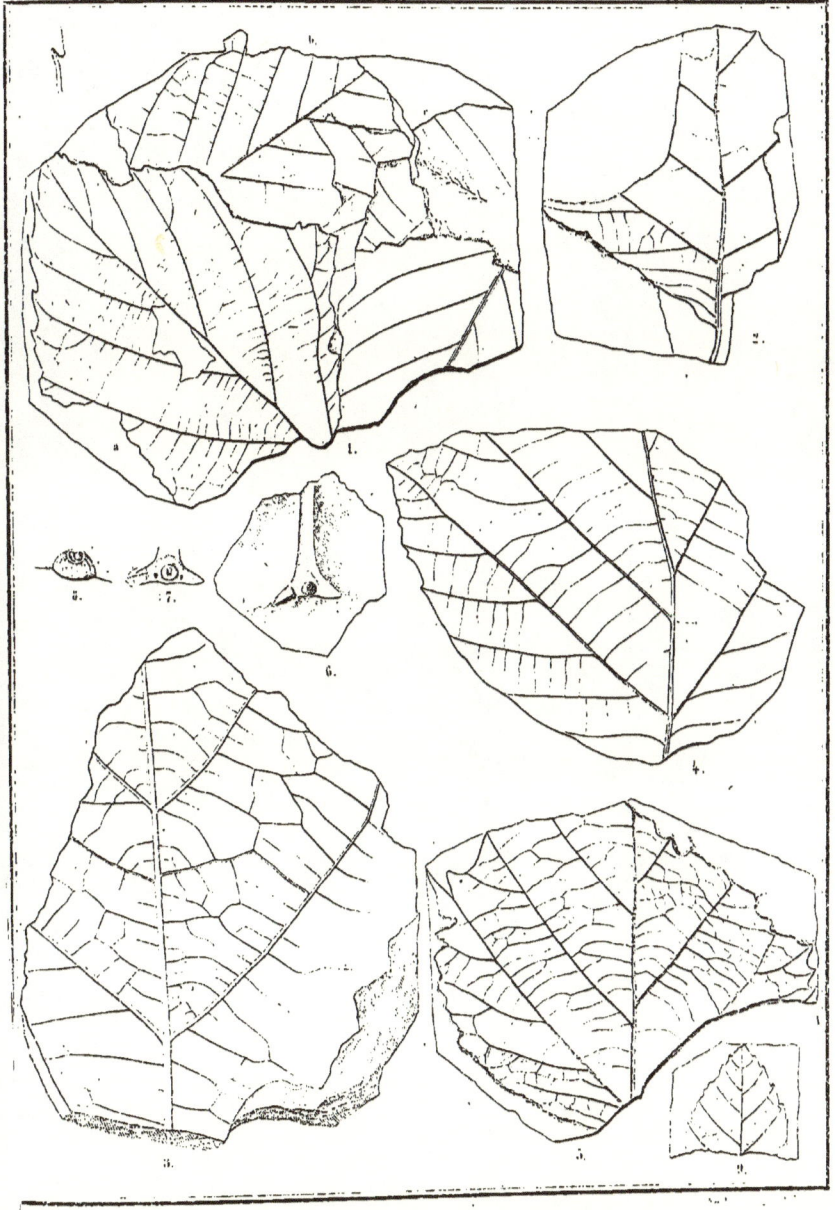

Fig. 1_5. Platanus aceroides. 9. Betula Mierischugi. 4.6. Juglans acuminata

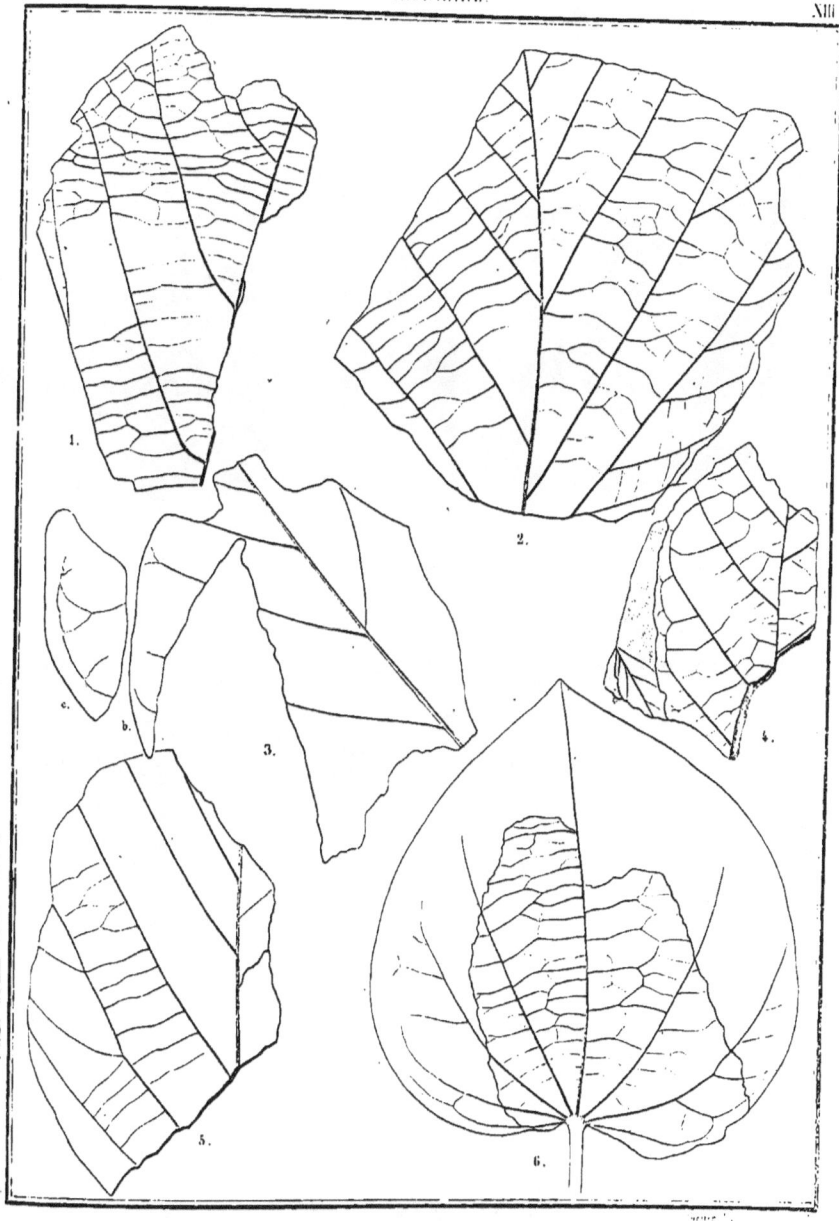

Ficus ? grönlandica.

Daphnogene Kanii.

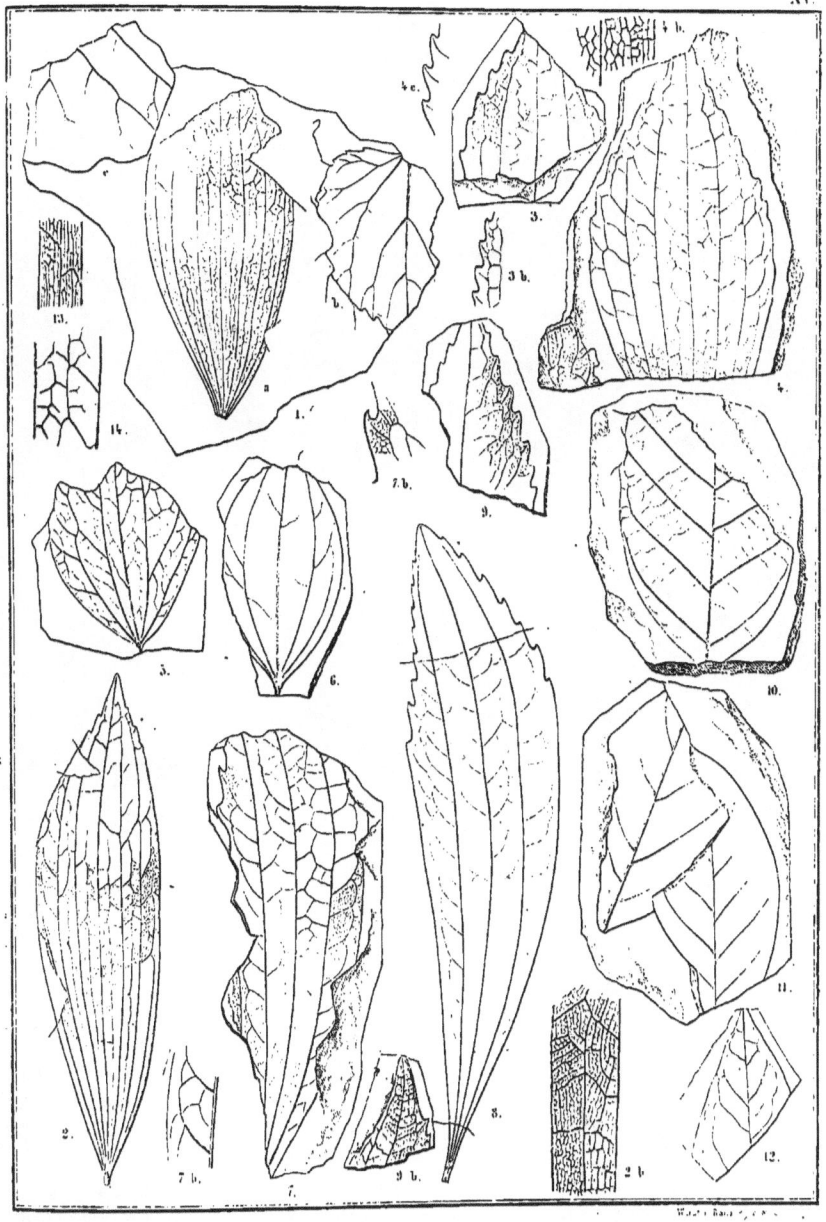

Fig. 1 a. 2. M'Clintockia Lyallii. 3_4. M'Clintockia dentata. 5. 6. Hakea arctica. 7.8.9. M'Clintockia tenuenervis. 10_12. Diospyros brachysepala.
1.b. Populus Zaddachi

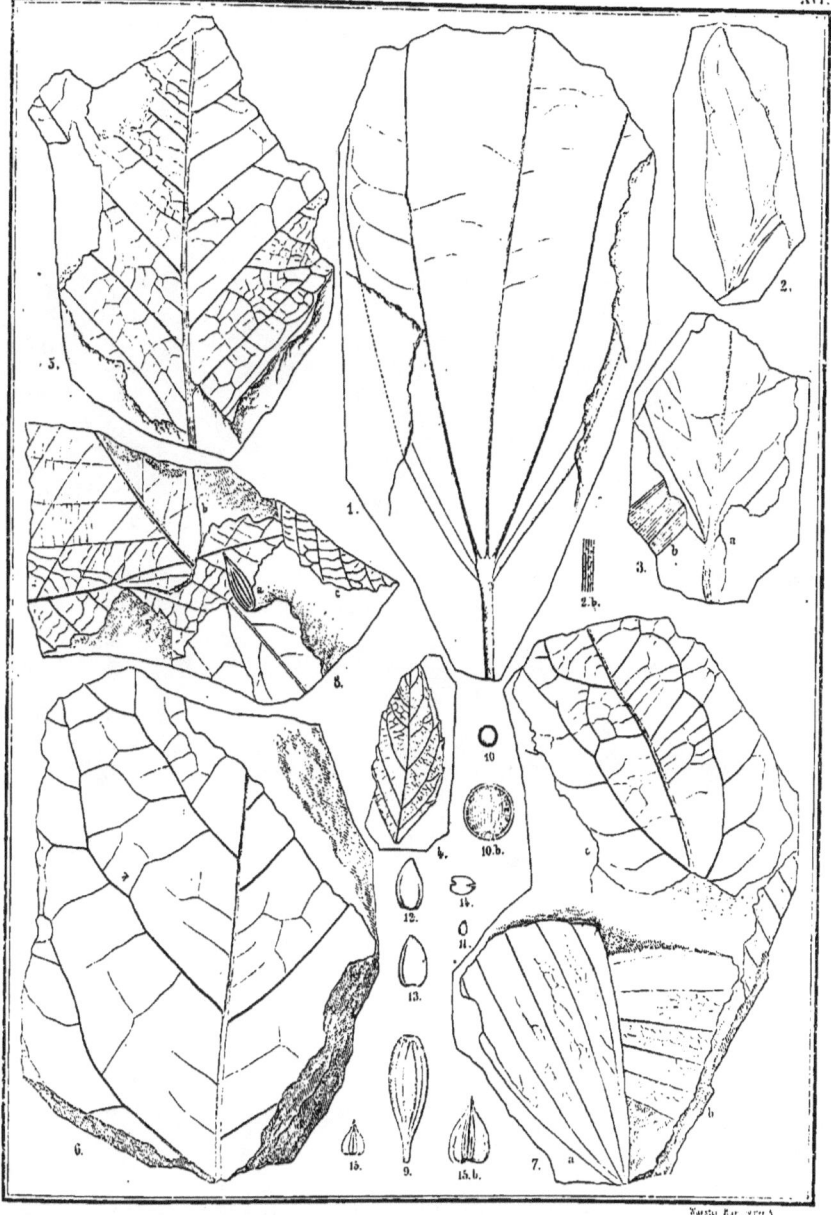

Fig. 1. Daphnogene Kanii. 2. 3. Menyanthes arctica. 4. Fraxinus denticulata. 5. 6. Magnolia Inglefieldi. 7 a.b. M'Clintockia Lyallii. 7. c. Phyllites celtoides. 8 a 9. Carpolithes symplocoides. 10. Carpolithes sphaerula. 11 _ 14. Carpolithes lithospermoides 15 Carpolithes bicarpellaris.

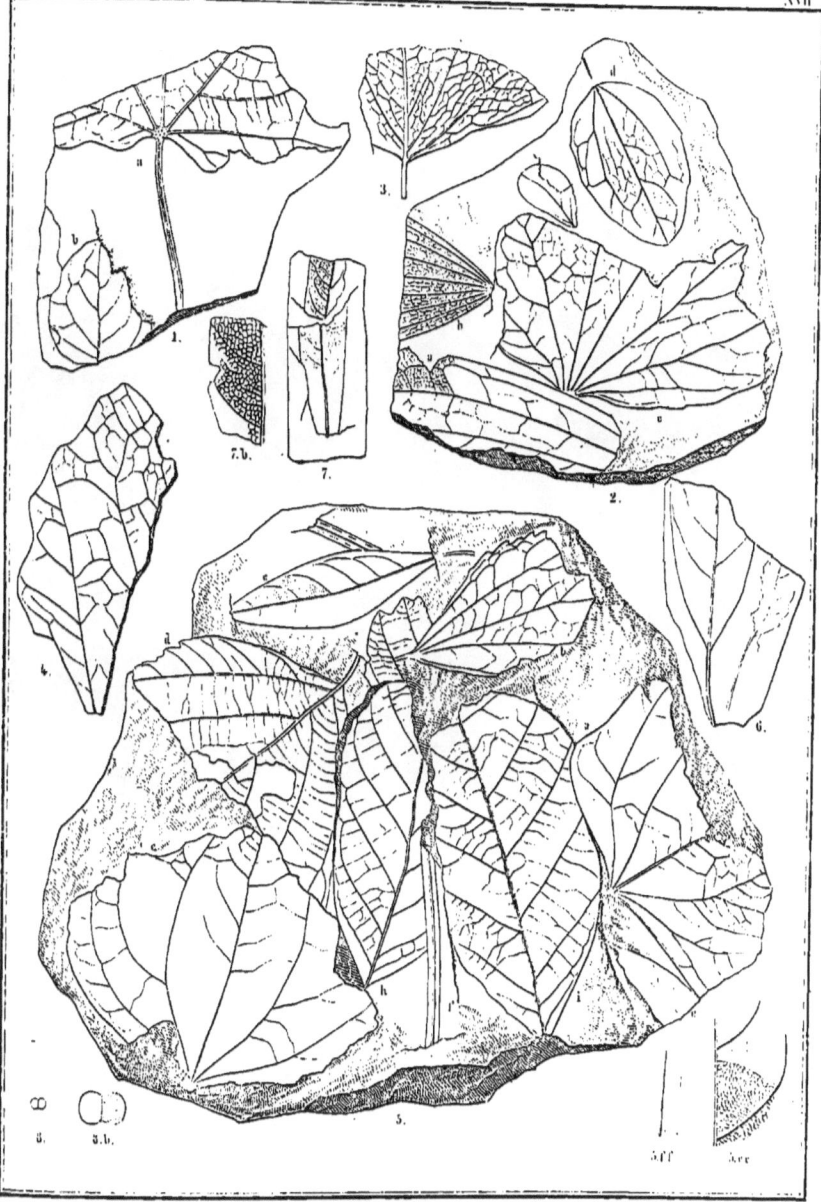

Fig. 1 a b. 2 c. 3. 4. 5. a. Hedera Mac Clurii. 2 a.b. Mac Clintockia Lyallii. 2.d. Paliurus Colombi. 3. b. c. Populus arctica. 3.d Corylus Mac Quarrii. 3.e. 6. Andromeda protogaea. 3.f. Pinus hyperborea. 5. h. i. Diospyros bradysepala. 7 Andromeda Saportana. 8. Galium antiquum.

GRÖNLAND. XVIII.

Fig. 1–3. Magnolia Inglefieldi. 4–6. Callistemophyllum Nooerii.

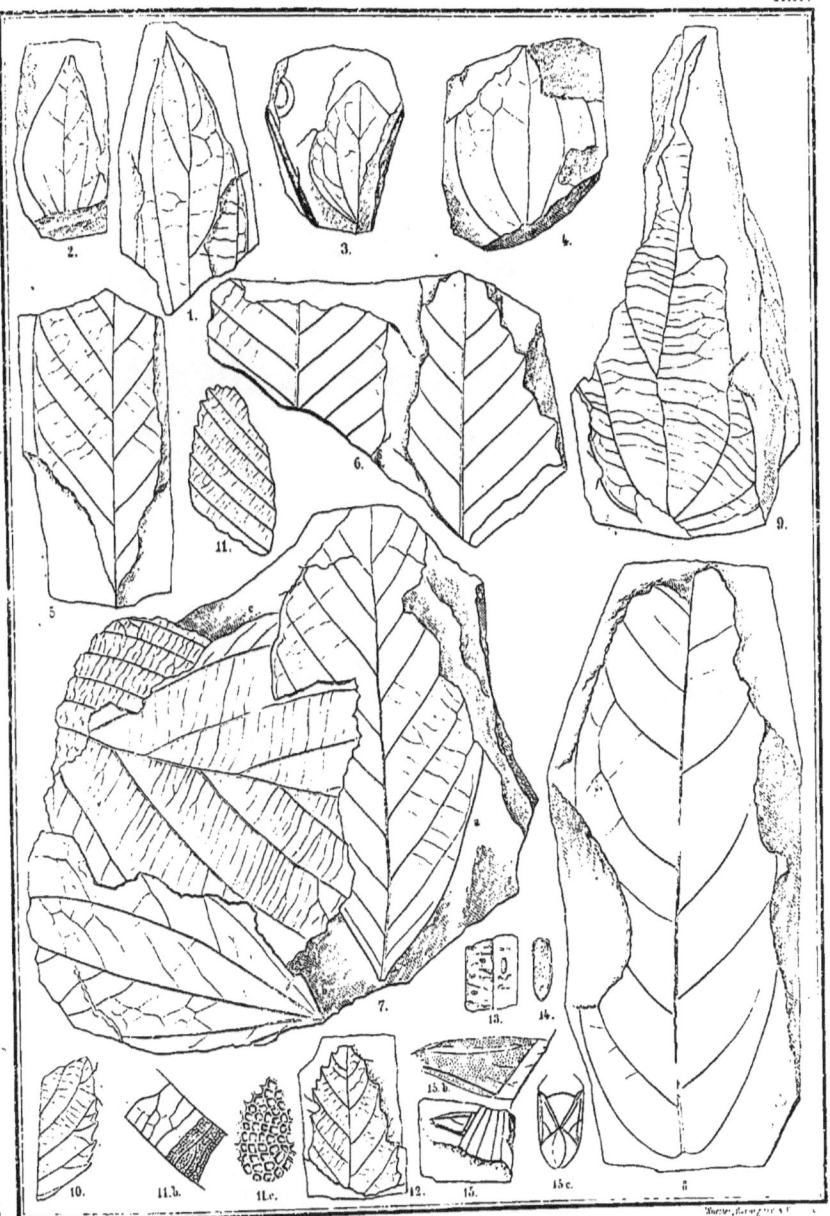

Fig. 1. Paliurus borealis. 2_4. Paliurus Colombi. 5.6.7.a. Rhamnus Eridani. 7.b. Populus arctica. 7.c. Corylus Mac Quarrii. 8. Juglans punctnervis. 9. Phyllites membranaceus. 10_12. Phyllites Rubiformis. 13. 14. Chrysomelites Fabricii. 15. Pentatoma boreale.

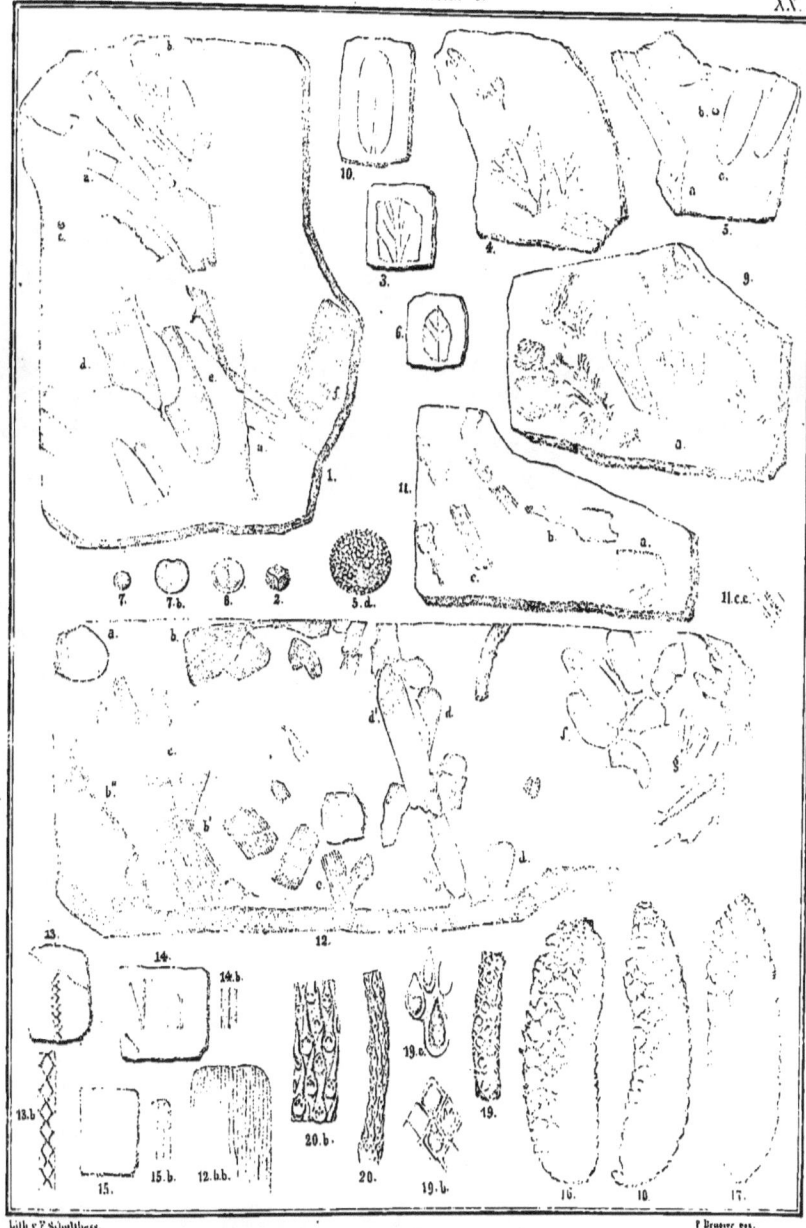

Fig 1. a. b. Schizopteris Melvillensis. 1. d. e. 12. n. Noeggerathia Mac Clintockii. 2. Spore. 3. 4. 5. Cyclopteris sp. 5. b. 5. d. Spore 5. c. 12. c. d. f. Noeggerathia Franklini. 6. Pecopteris sp. 7. 8. Cardiocarpus circularis. 9. Lepidodendron Veltheimianum. 10. Lepidophyllum obtusum. 11. 12. b. Noeggerathia polaris. 13. Thuites Parryanus. 14. Pinus Bathursti. 15. Pinus. 16.–18. Pinus Mac Clurii. 19. Pinus Armstrongi. 20. 20. b. Pinus Nordmanniana.

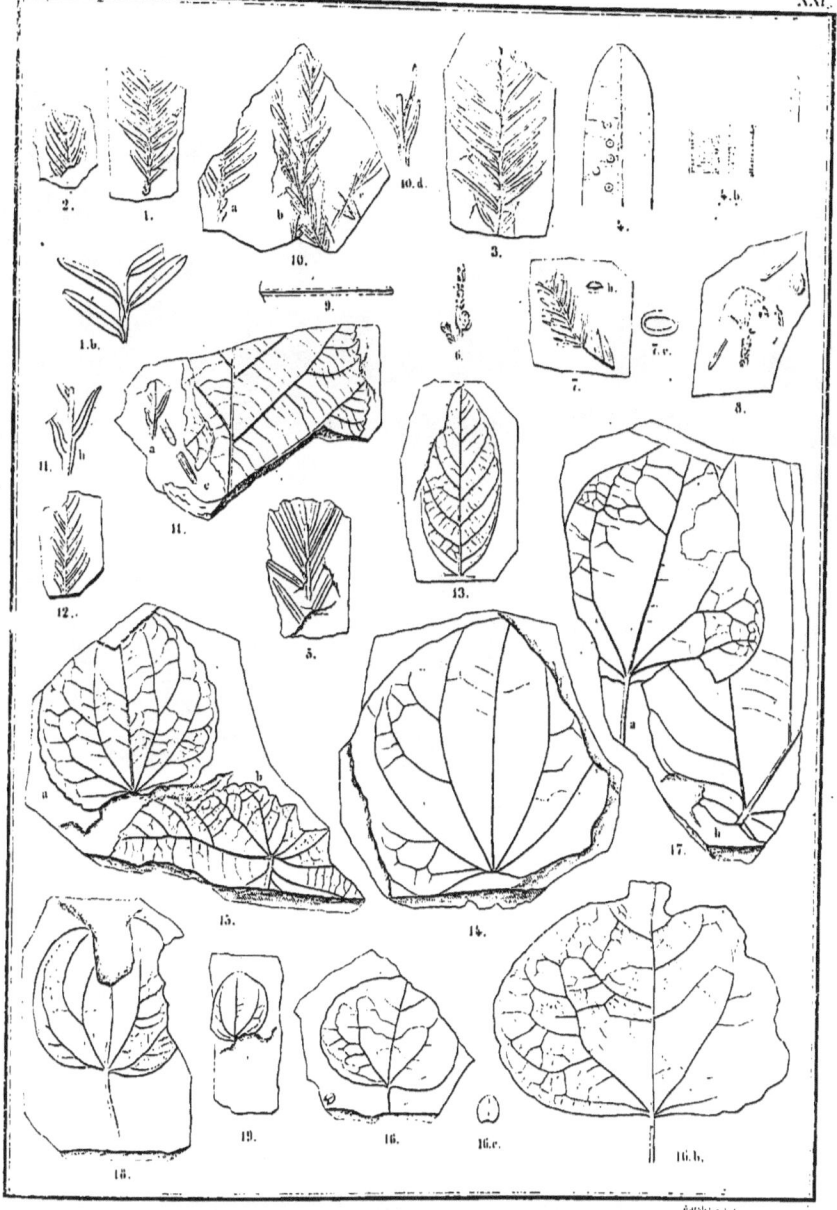

Fig. 1—3. Sequoia Langsdorfii. 9. Pinus. 10—12. Glyptostrobus europaeus. 13. Salix Raeana. 14—15a. Populus arctica. 16. Populus Hookeri. 17. Hedera Mac Clurii. 17.b. Platanus aceroides ? 18. Smilax Franklini. 15 b. Pterospermites dentatus.

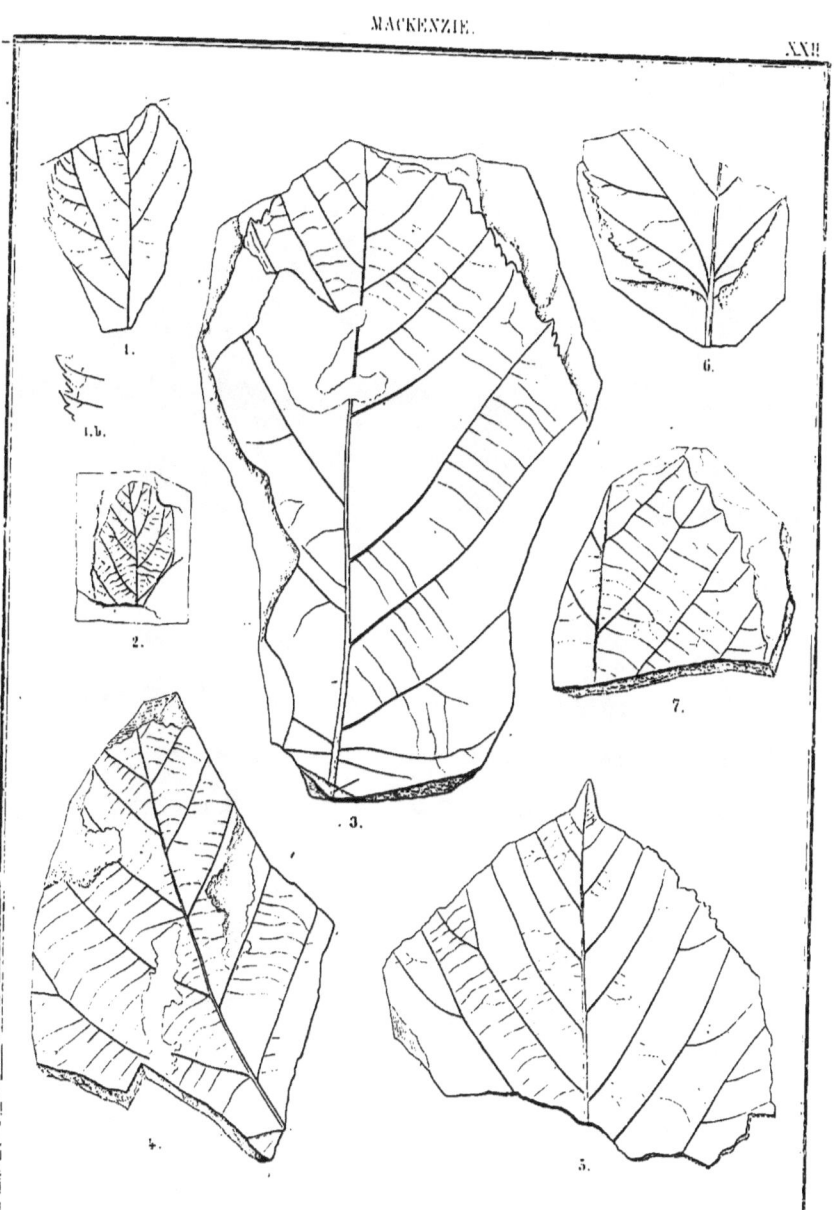

Fig. 1–6. Corylus Mac Quarrii. 7. Quercus Olafseni.

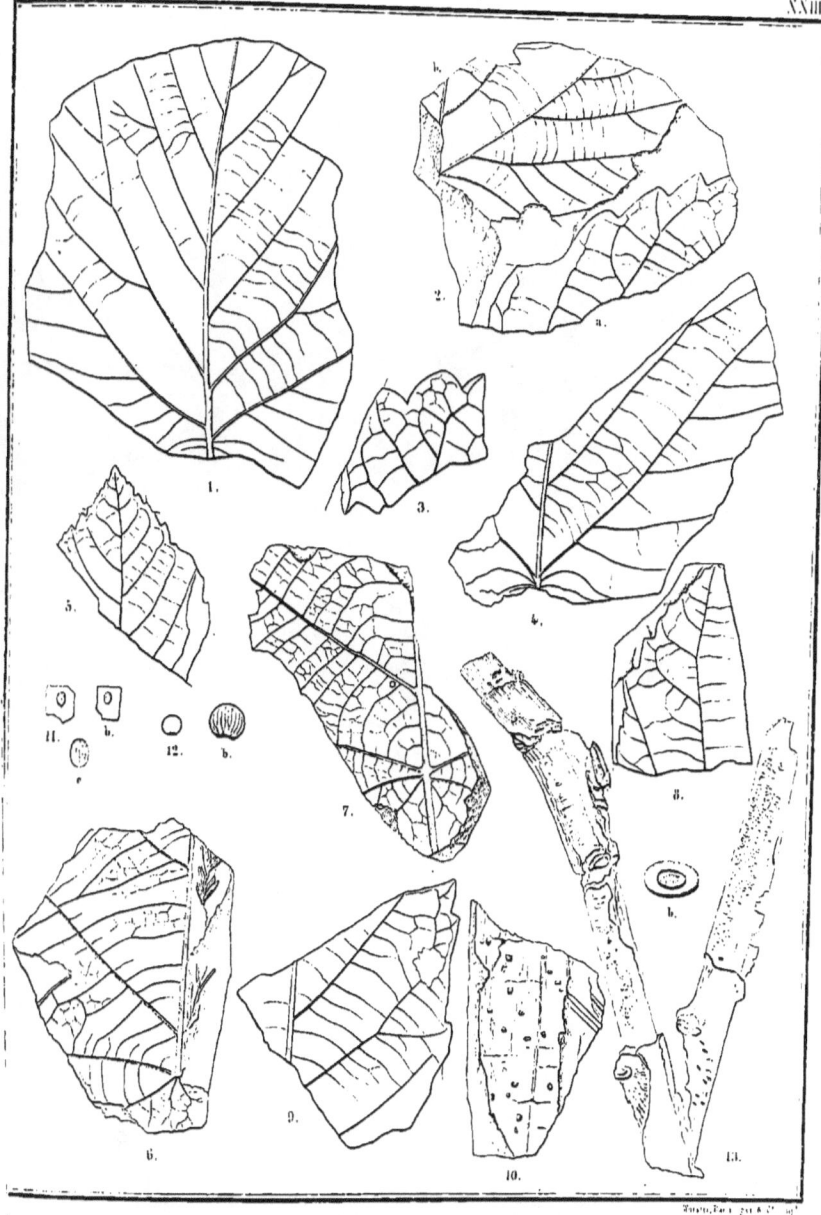

Fig. 1. Corylus Mac Quarii. 2. a. 3. Populus Richardsoni. 2. b. 4. Platanus aceroides. 5. Phyllites aceroides. 6. 7. 8. 9. Pterospermites dentatus. 10. Betula. 11. Carpolithes seminulum. 12. Antholithes amissus. 13. Caulinites borealis.

ISLAND. XXIV.

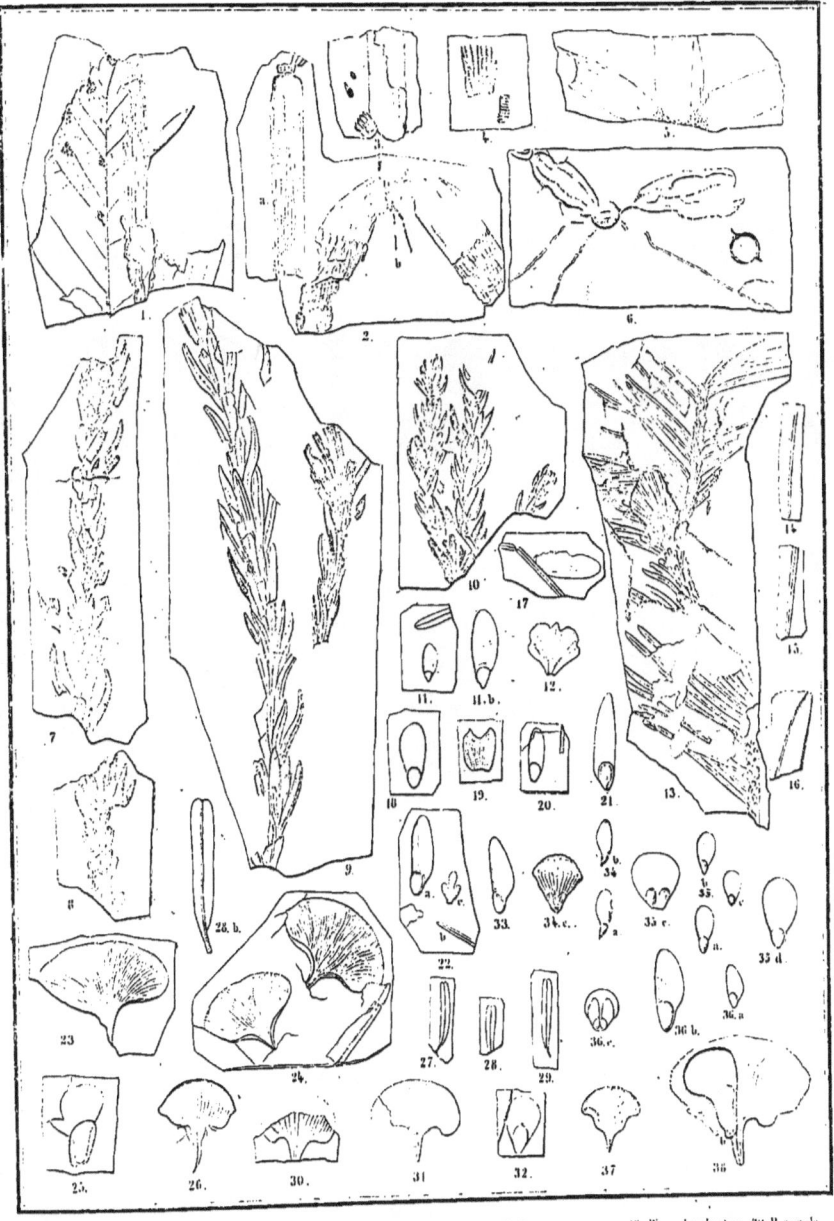

Fig. 1 a. Rhytisma induratum. 2—6. Equisetum Winkleri. 7—10. Sequoia Sternbergi. 11—17. Pinus macrosperma. 16. Pinus brachyptera. 20. P. aemula. 21. P. thulensis. 22. P. Martinsi. 27—32. P. Ingolfiana. 33. P. serotina. 34. P. nigra. 35. P. alba. 36. P. canadensis. 37. P. balsamea. 38. P. religiosa. 23—26. P. Steenstrupiana.

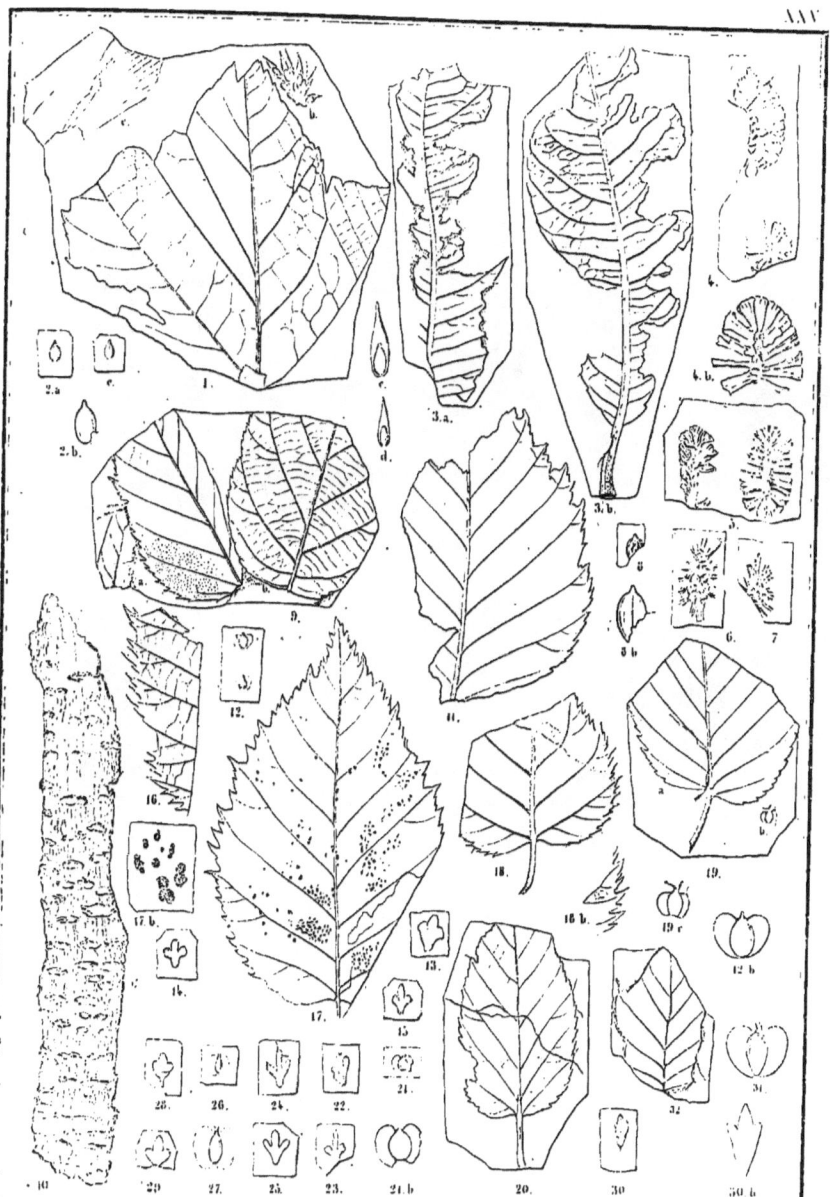

Fig. 1 a b. Acer otopteryx. 1. b. c. Sparganium valdense. 2. Carex rediviva. 3. Salix macrophylla. 4. 9. Alnus Kefersteinii. 11–19. Betula macrophylla. 20–25. 10. Betula prisca. 26. 29. Betula Forchhammeri. 31. Betula Dryadum. 32. Fagus Deucalionis.

Fig. 1 a, 2, 4. Corylus Mac Quarrii. 1 b e. Betula prisca 1.f. 7 a. Vitis islandica 5. Platanus aceroides 6. Quercus Olafseni 7. b Liriodendron

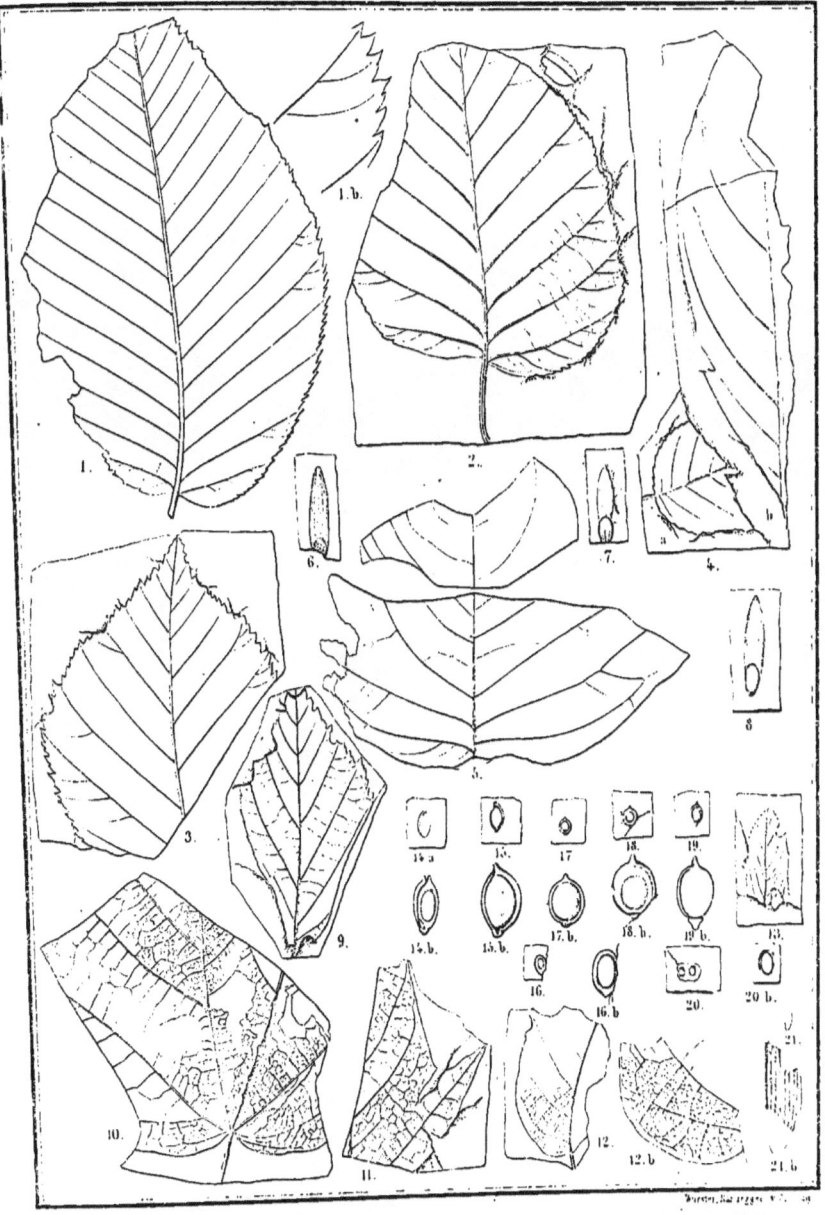

Fig. 1. 3. Ulmus diptera. 4. Rhamnus Eridani. 5. 8. Laurodendron Procaccinii 9. Rhus Brunneri. 10. Bombeyopsis islandica 11. Phyllites acutilobus. 12. Phyllites tenellus. 13. Phyllites vaccinioides. 14. Carpolithes geminus. 15. Carpolithes Najadum 16. C. borealis. 17. 18. C. Sceptrorum. 19. C. nodulosus. 20. Daphnia. 21. Carabites islandicus.

ISLAND. XXVIII.

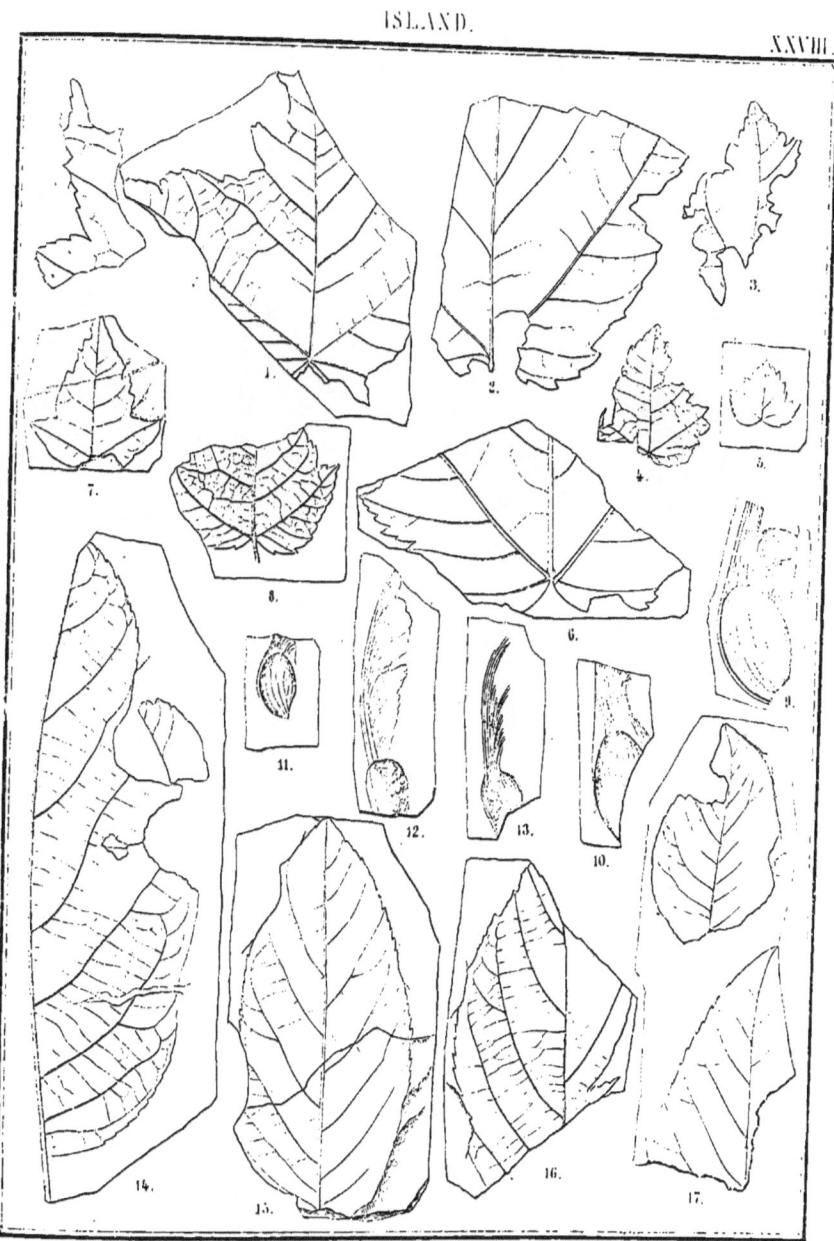

Fig. 1–13. Acer otopteryx. 14–17. Juglans bilinica.

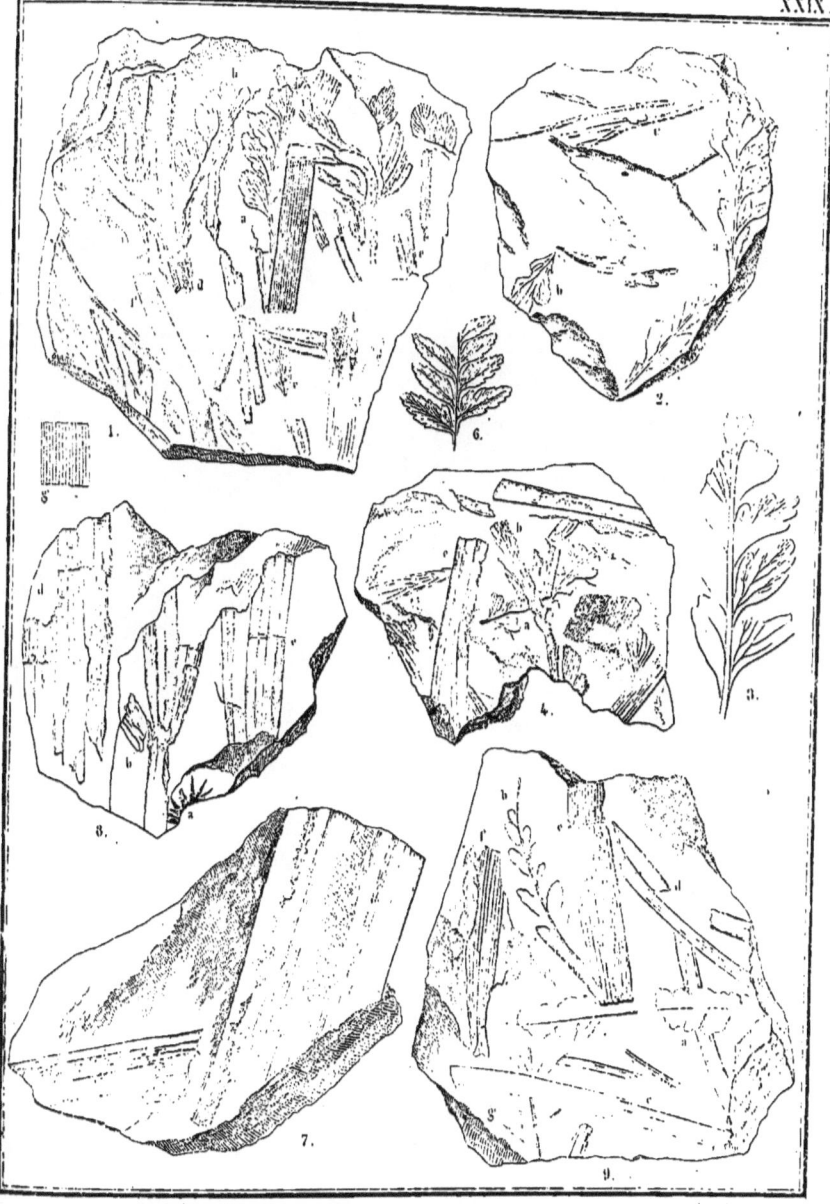

Fig. 1. 5. 9.a. Sphenopteris Blomstrandi. 6. Gymnogramme calomelanos, Kaulf. 7. Filicites deperditus. 8. 9. c. Equisetum arcticum

SPITZBERGEN. XXX.

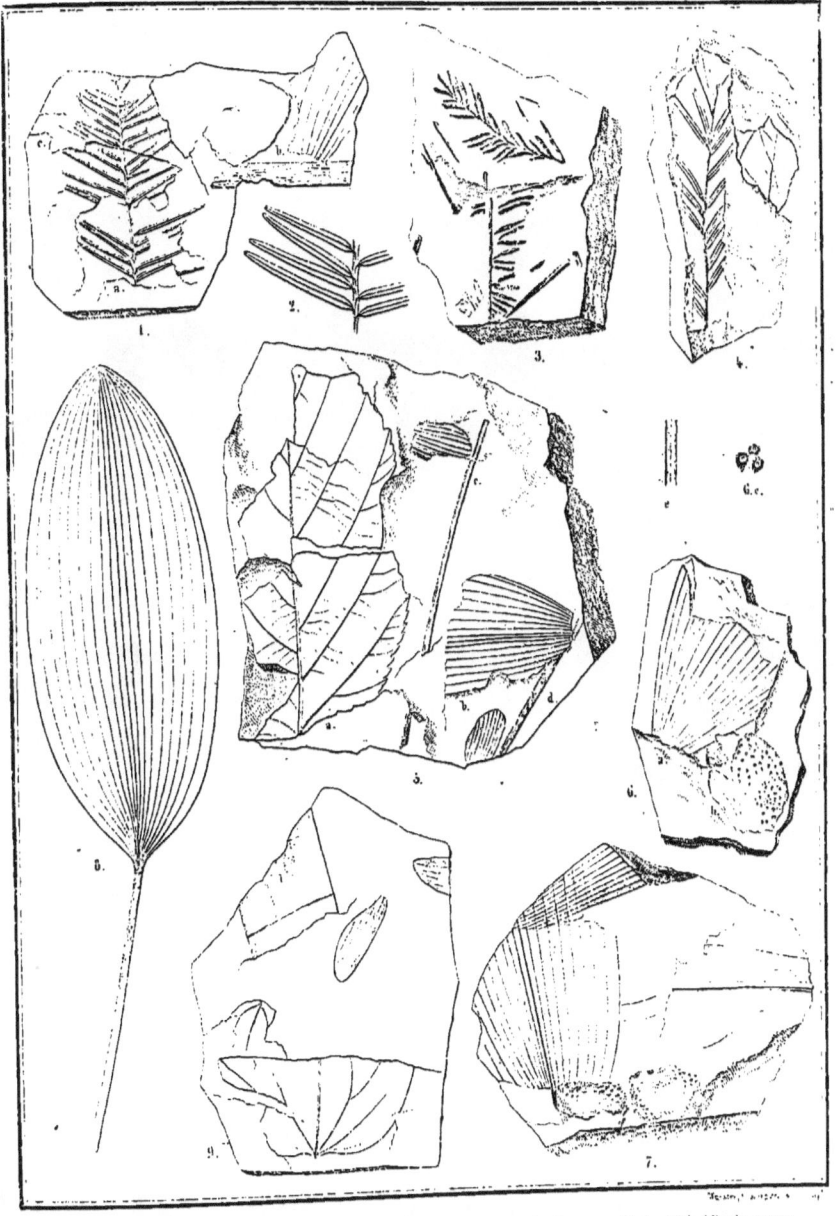

Fig. 1. 2. Taxodium angustifolium. 3. 4. Taxodium dubium. 5.a. Alnus Kefersteinii. 4.b.5.c.d 6 7.8. Potamogeton Nordenskiöldi. 9. Populus arctica.

SPITZBERGEN XXXI.

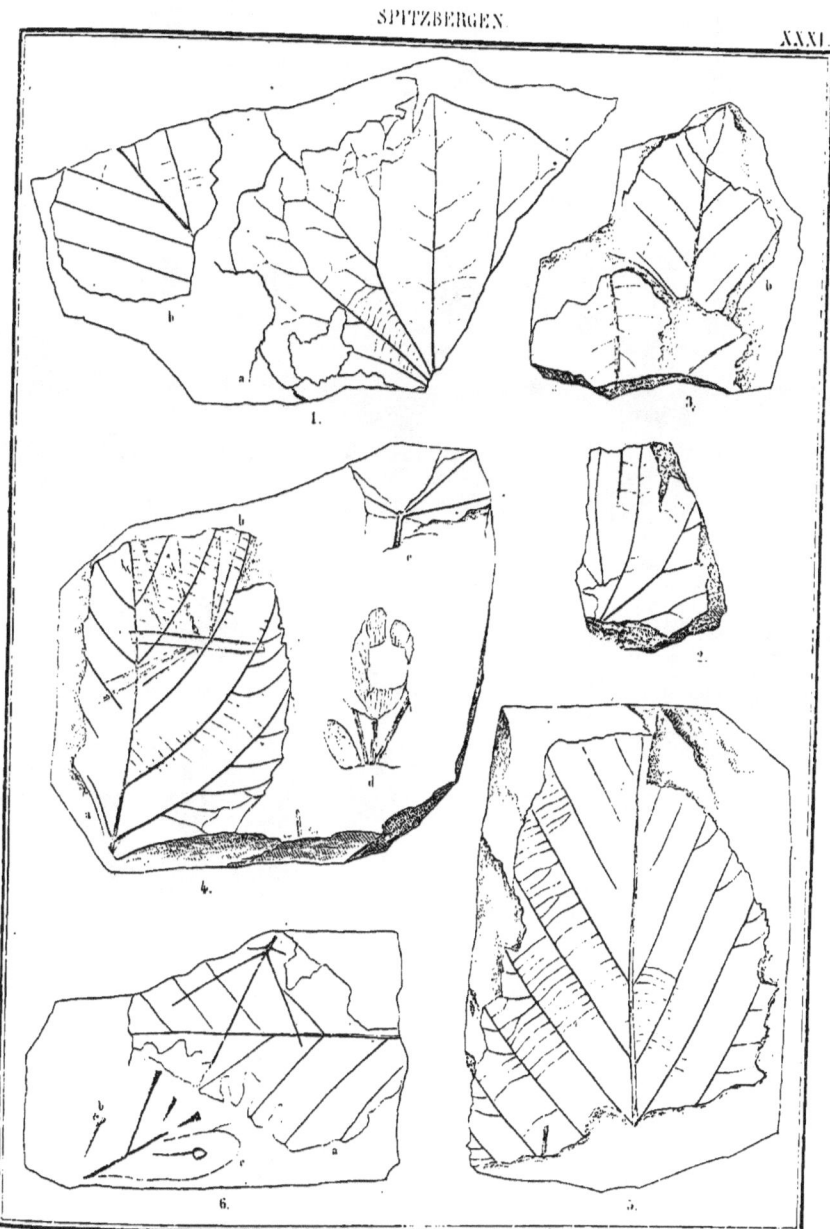

Fig. 1. 2. Populus Richardsoni. 3. a Salix macrophylla c. 3. b. Fagus Deucalionis 4. a Alnus Kefersteinii. 4. b Pinus polaris 4 b. 5 6 a Corylus Mac Quarrii 6 b. Taxi

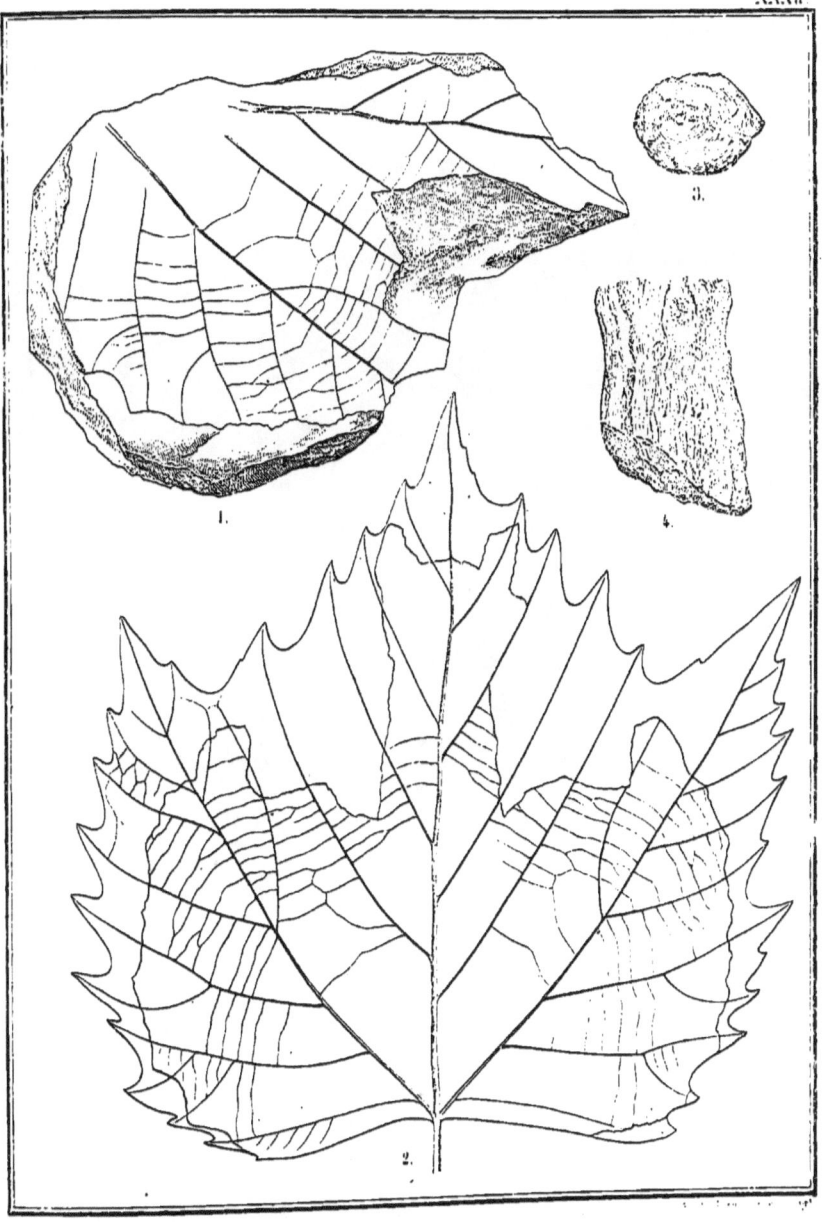

1. 2. Platanus aceroides. 3. 4. Pinites cavernosus Cram.

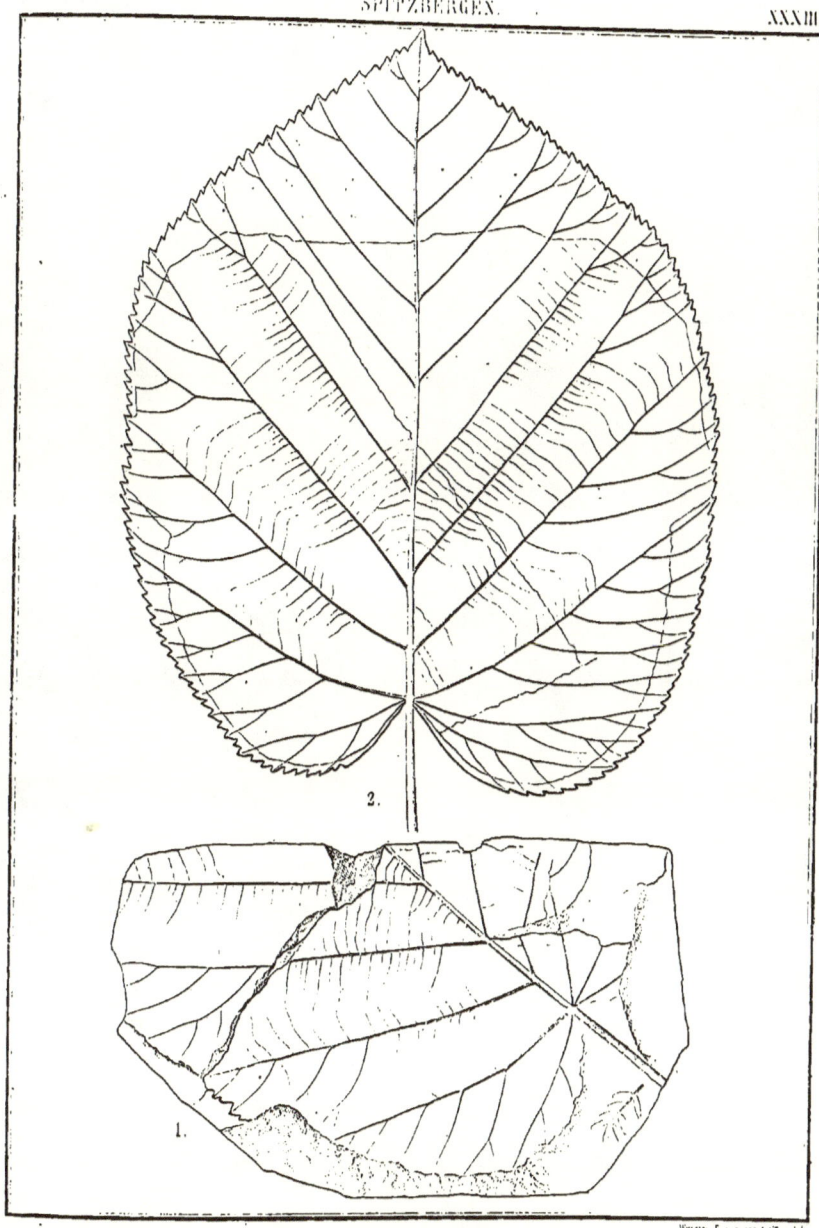

Tilia Malmgreni.

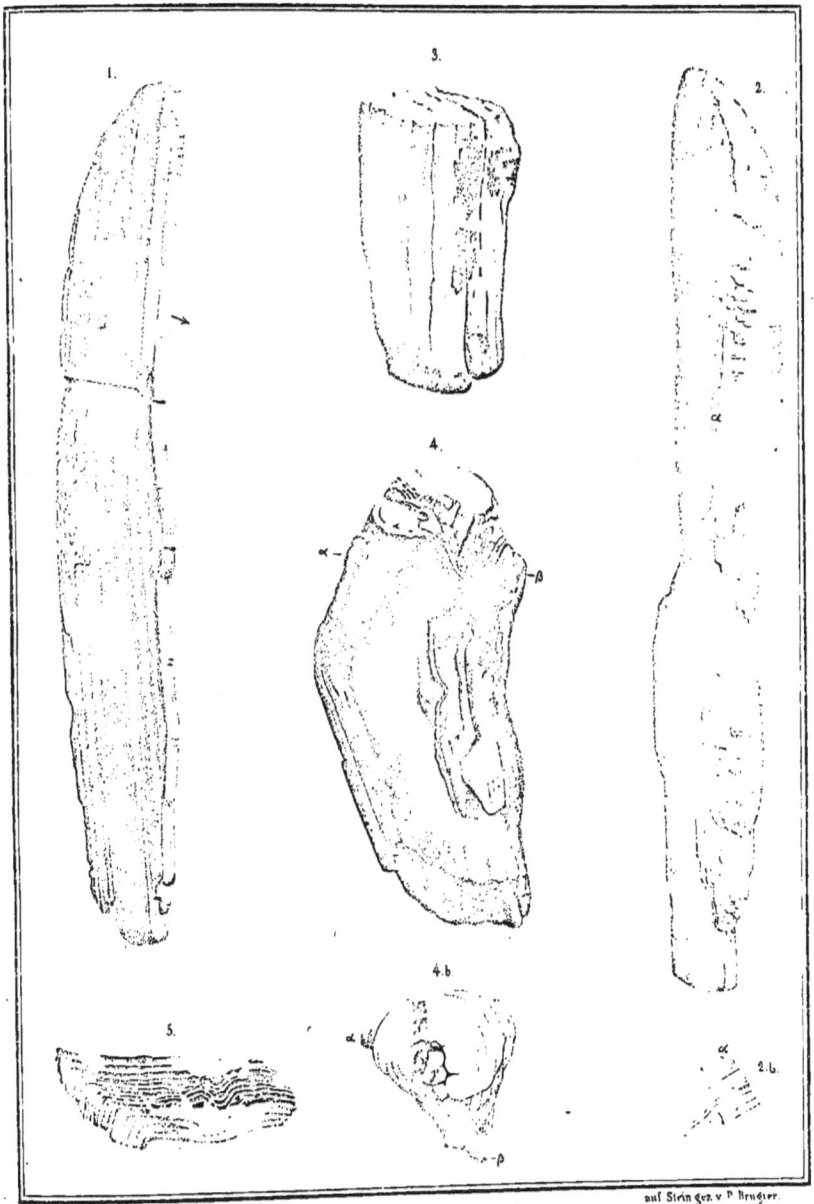

Nach der Nat. gez. v. C Cramer auf Stein gez. v. P Brugier.

Fig. 1. Cupressinoxylon pulchrum Cramer. 2. a. b. Cupressinoxylon polyommatum Cram. — 3. Cupressinoxylon dubium Cramer. 4. a. b. Betula Mac Clintocki Cramer. — 5. Cupressinoxylon ucranicum Göppert.

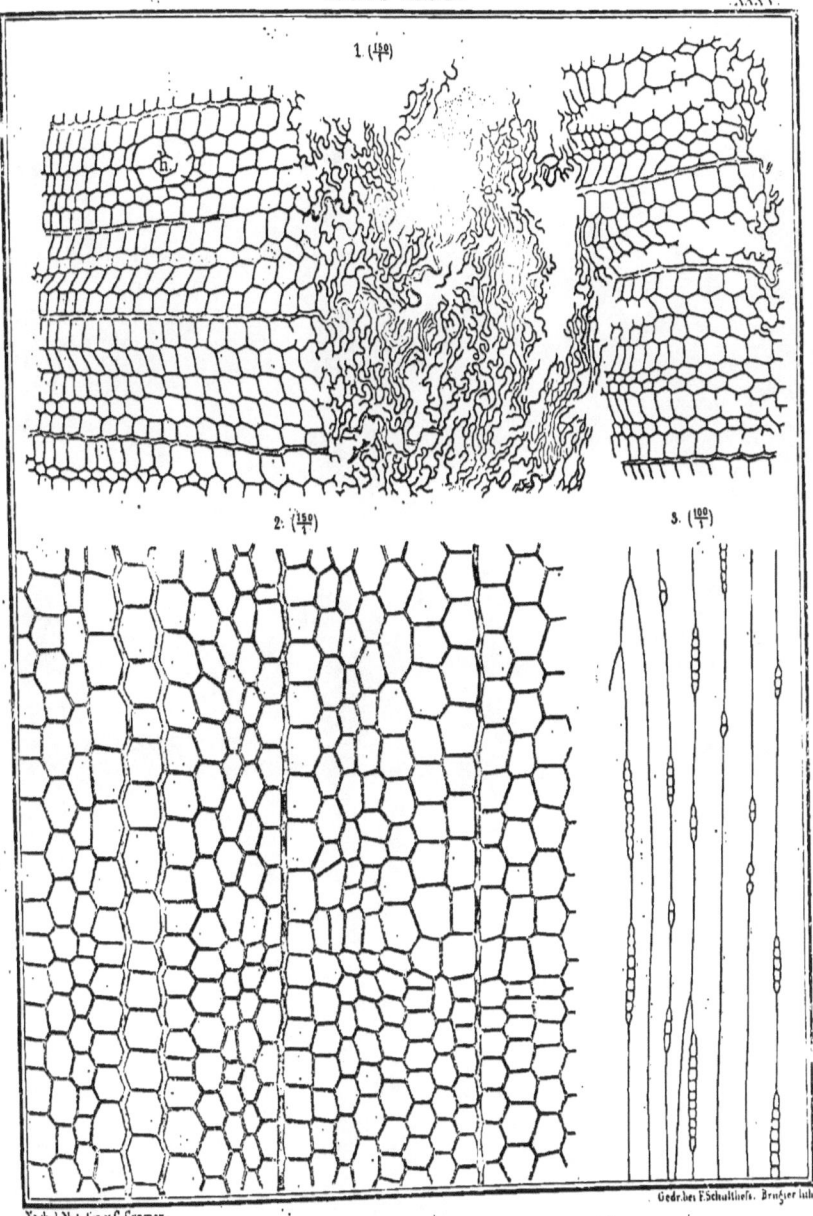

Fig. 1. Pinus Mac Clurii Heer(?)—Fig. 2–3. Cupressinoxylon polyommatum Cramer.

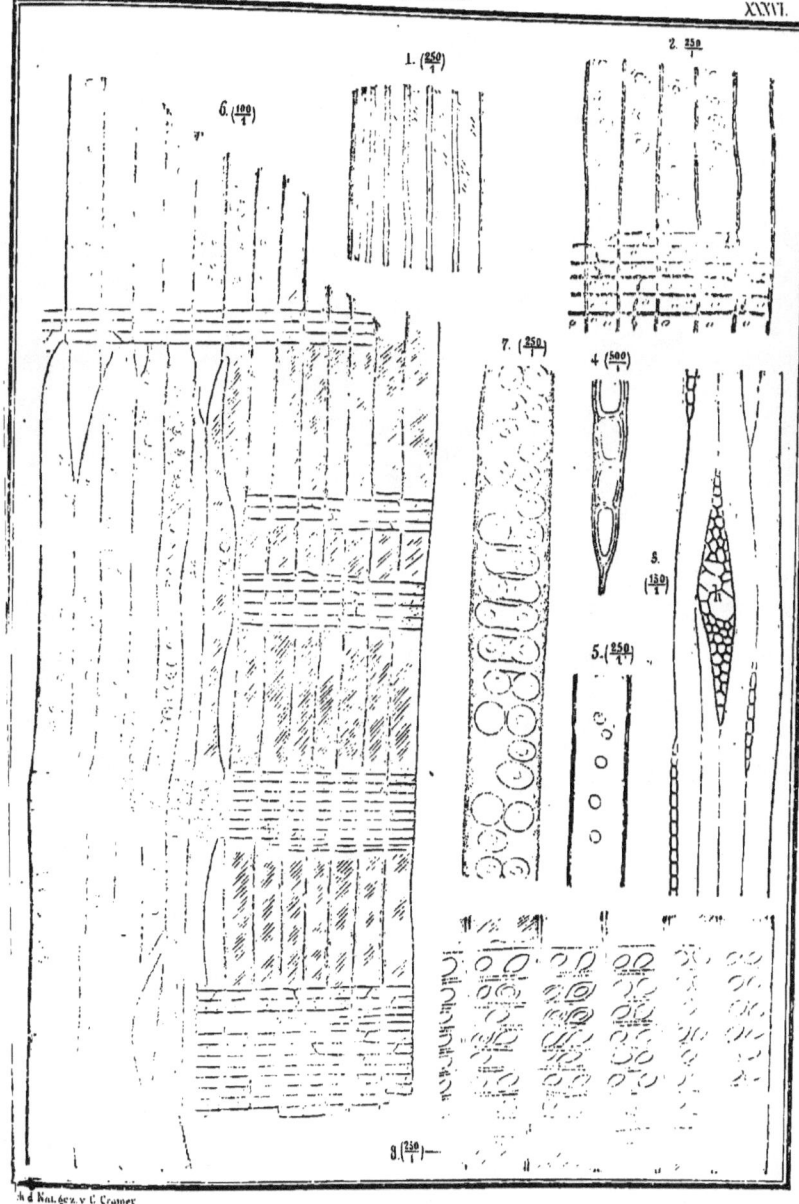

Fig. 1.–5. Pinus Mac Clurii Heer.(?)__ Fig. 6.–8. Cupressinoxylon pulchrum Cramer

BANKS — LAND.

XXXVII.

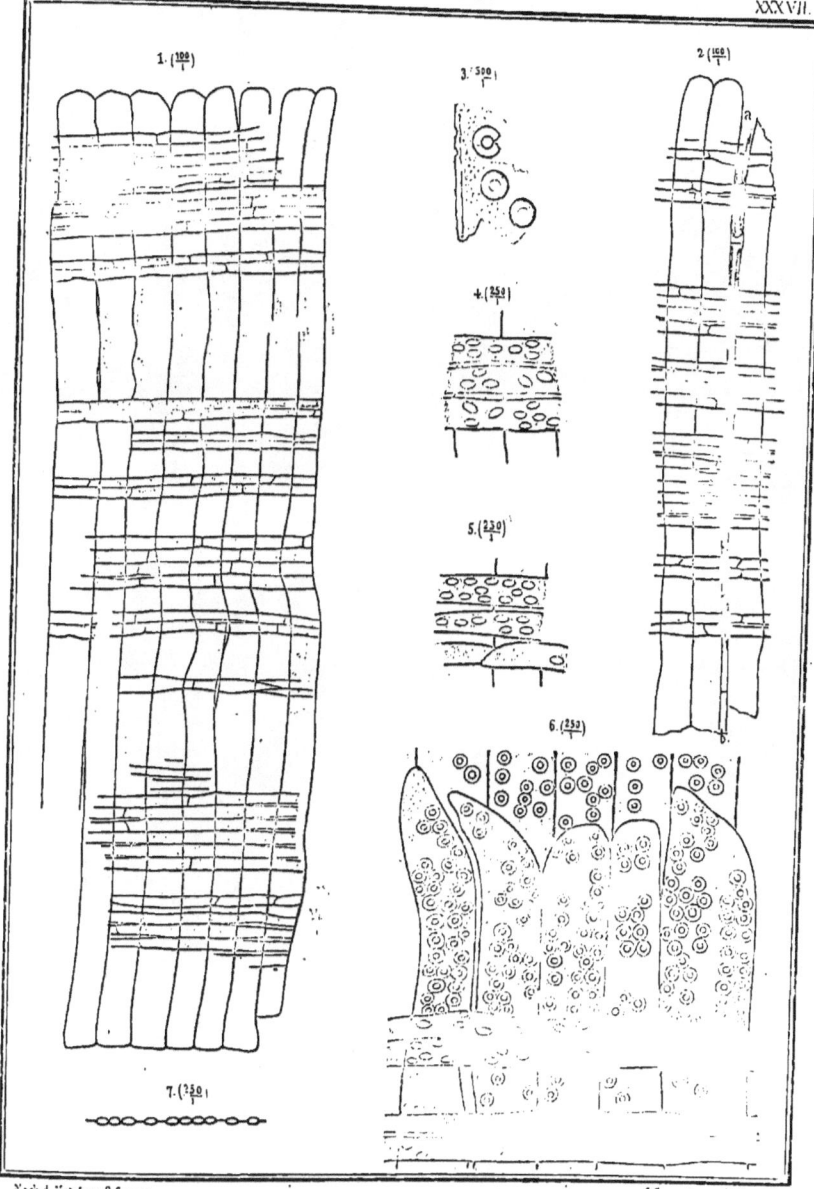

Cupressinoxylon polyommatum Cramer.

1–6. BANKS – LAND. 7–12 GRÖNLAND.

XXXVIII

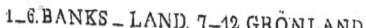

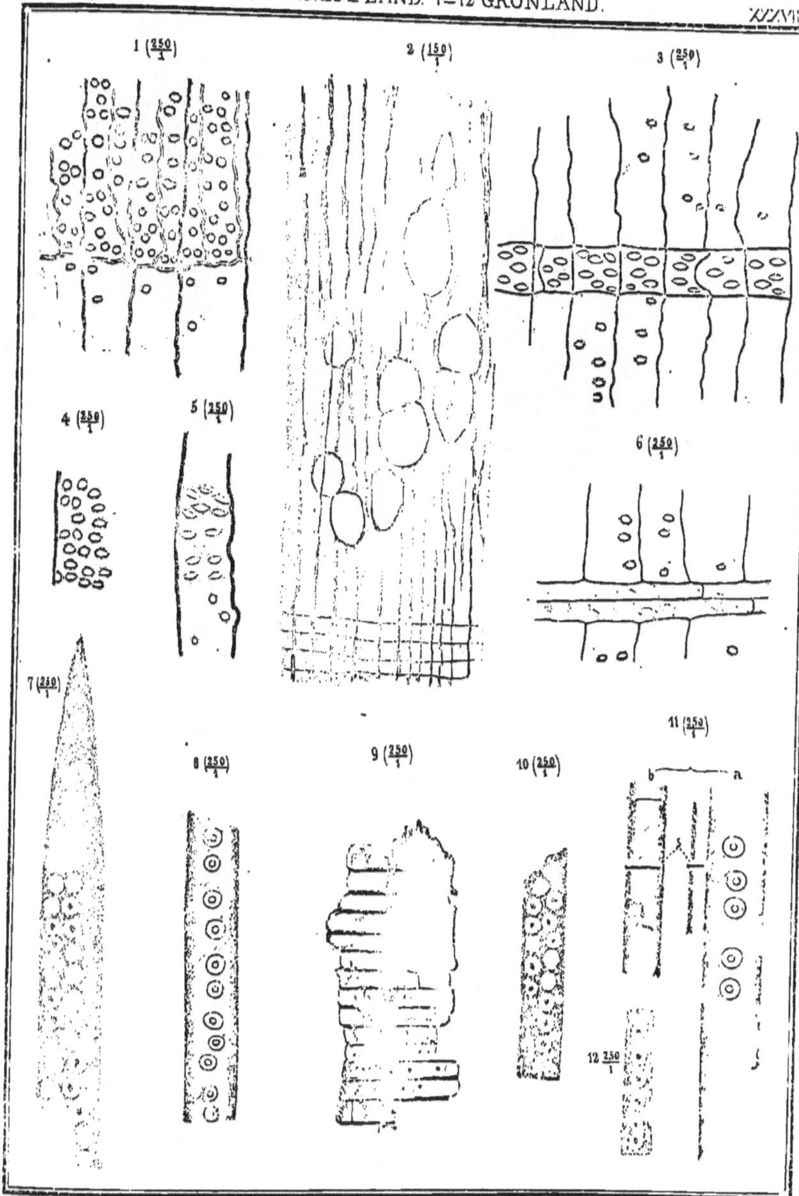

Nach d. Nat. gez. v. C. Cramer.

auf Stein gez. v. P. Brugier

Fig. 1 – 6. Cupressinoxylon dubium Cramer. 7 – 12. Cupressinoxylon ucranicum Goeppert (?)

BANKS-LAND. XXXIX.

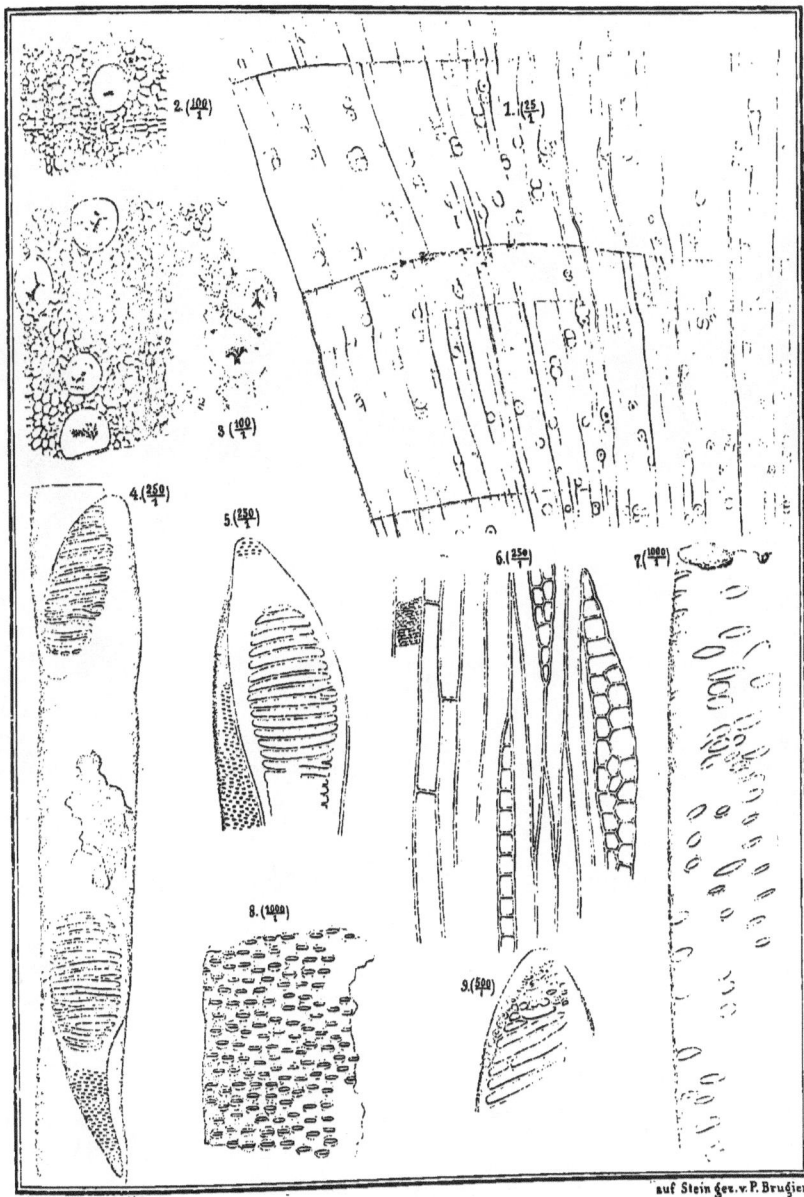

Nach d. Nat. gez. v. C. Cramer.   auf Stein gez. v. P. Brugier.

Betula Mac Clintocki Cramer.

SPITZBERGEN. XXXX.

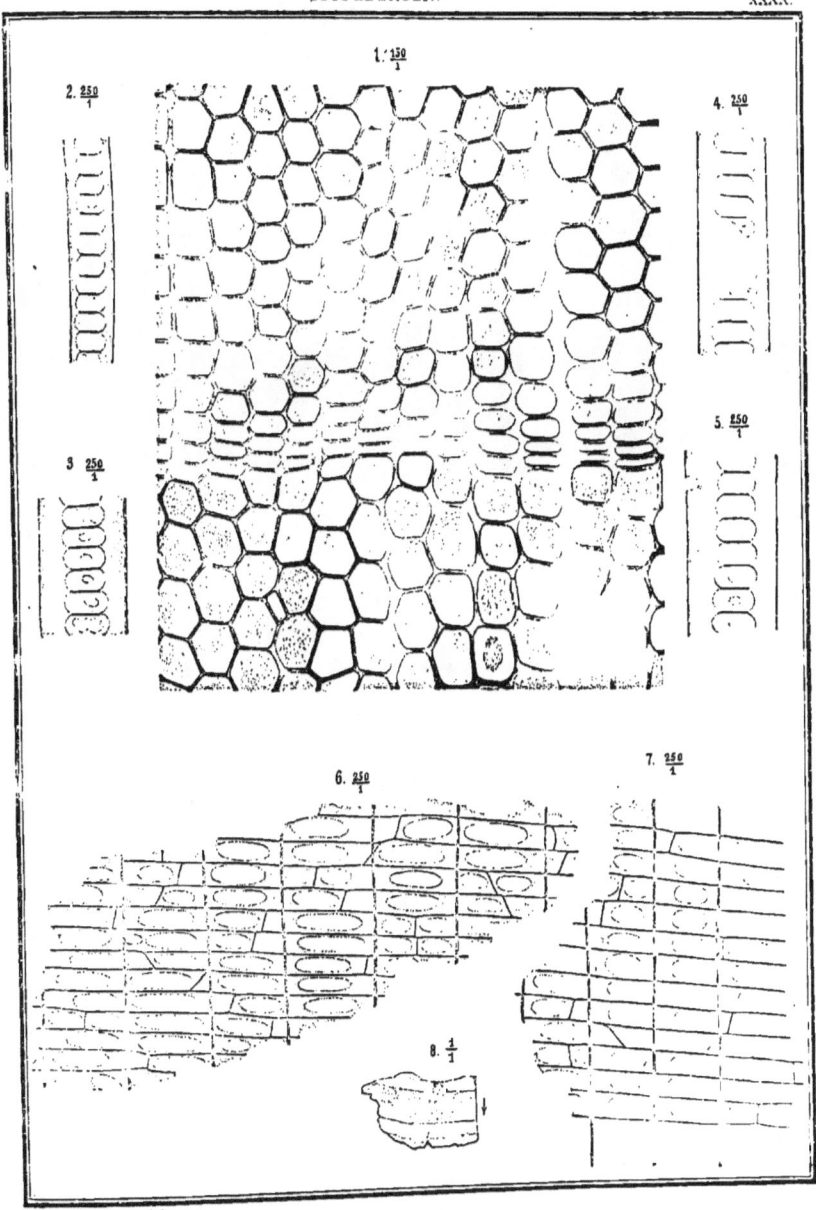

Nach d. Nat. gez. v. C. Cramer.   Pinites latiporosus. Cramer.

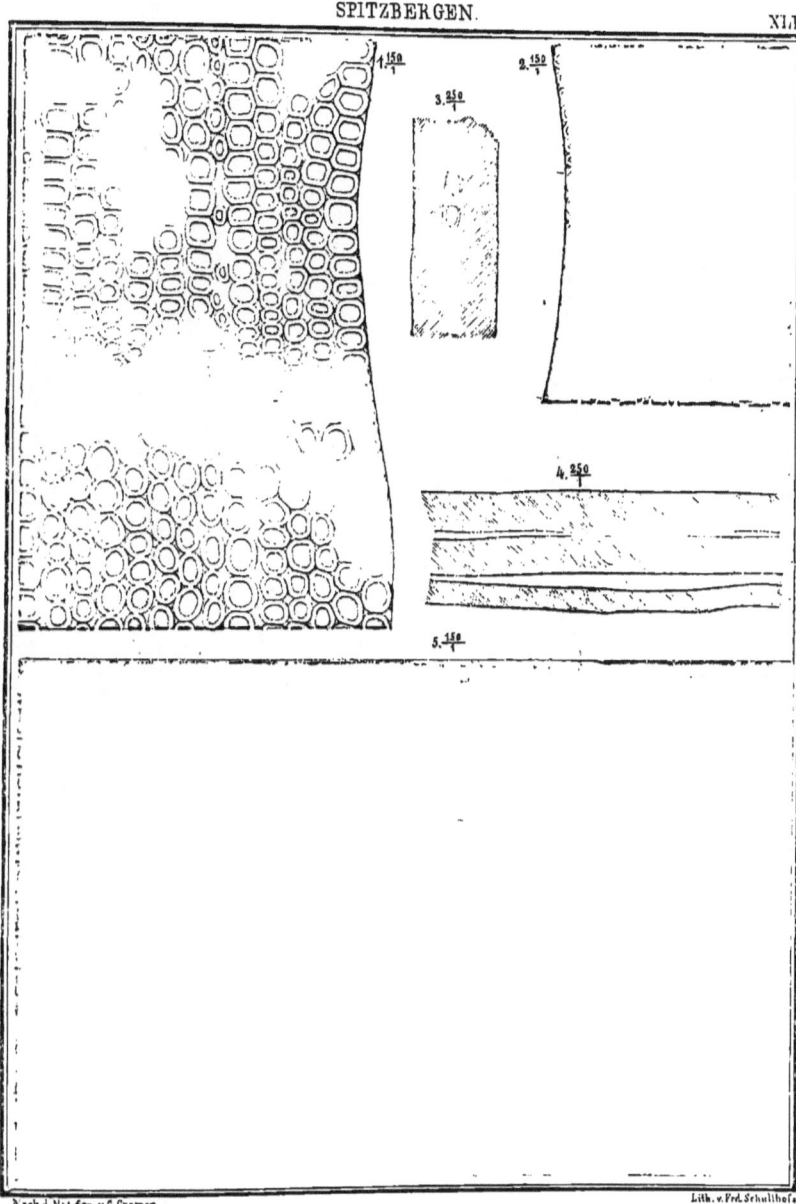

Pinites pauciporosus. Cramer

SPITZBERGEN. 1—10. GRÖNLAND. 11—17. XLII.

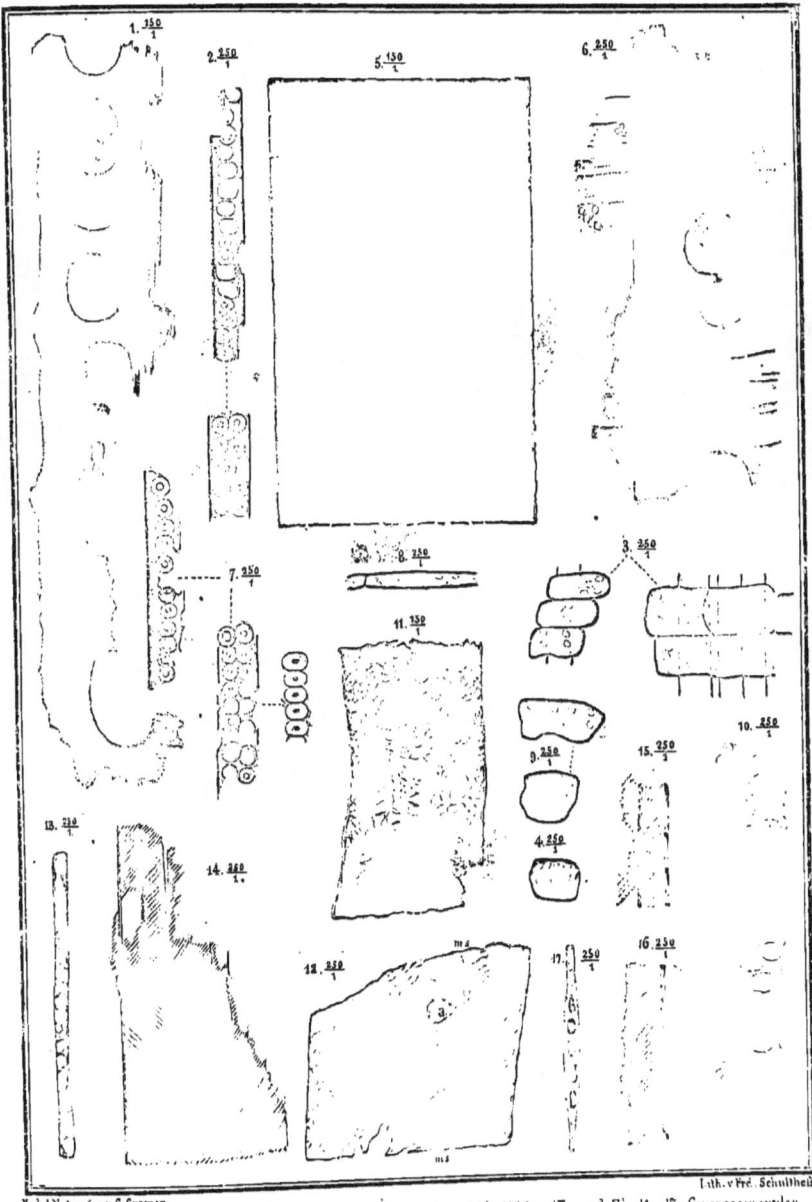

Nach d Natur gez v. C. Cramer.
Lith. v Fré. Schulthess

Fig 1—4 Pinites cavernosus Cramer. (Exempl. B.). 5—9. idem (Exempl. C). 10. idem (Exempl. E). 11—17 Cupressinoxylon Breverni Mercklin.

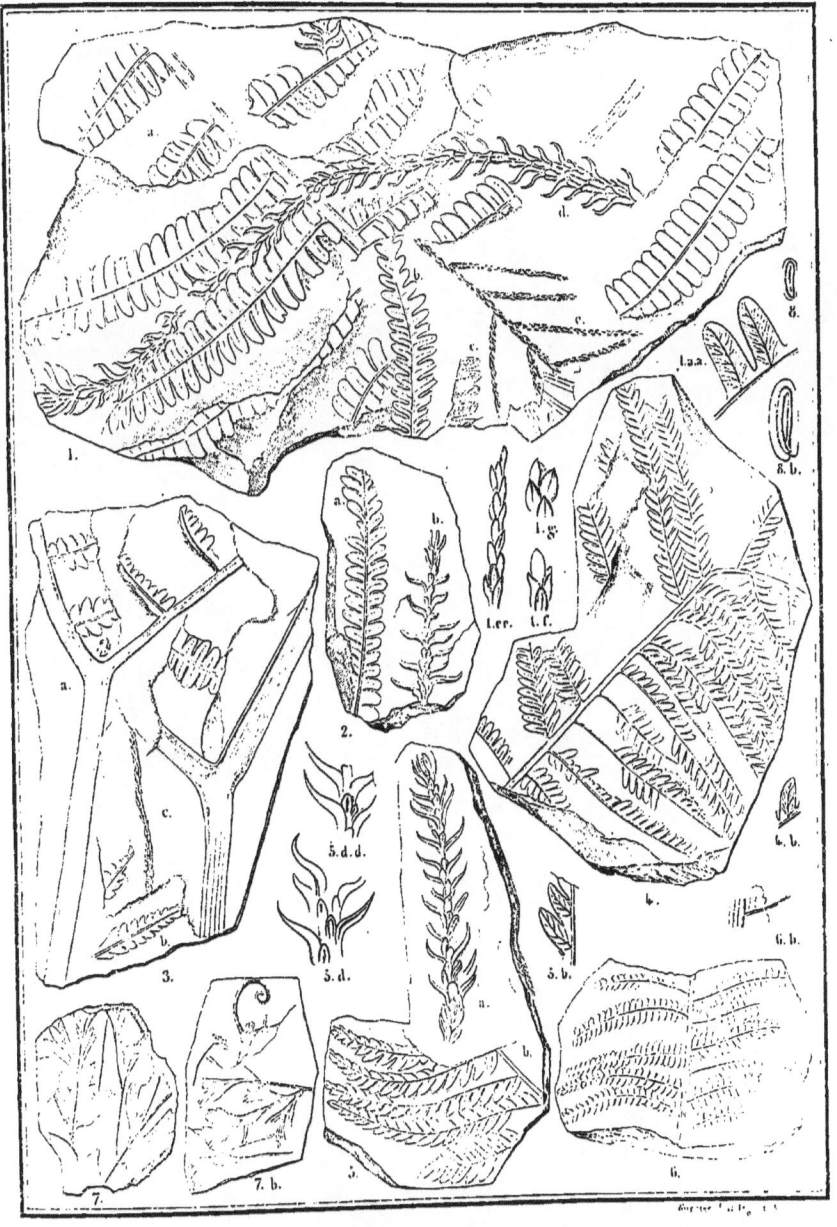

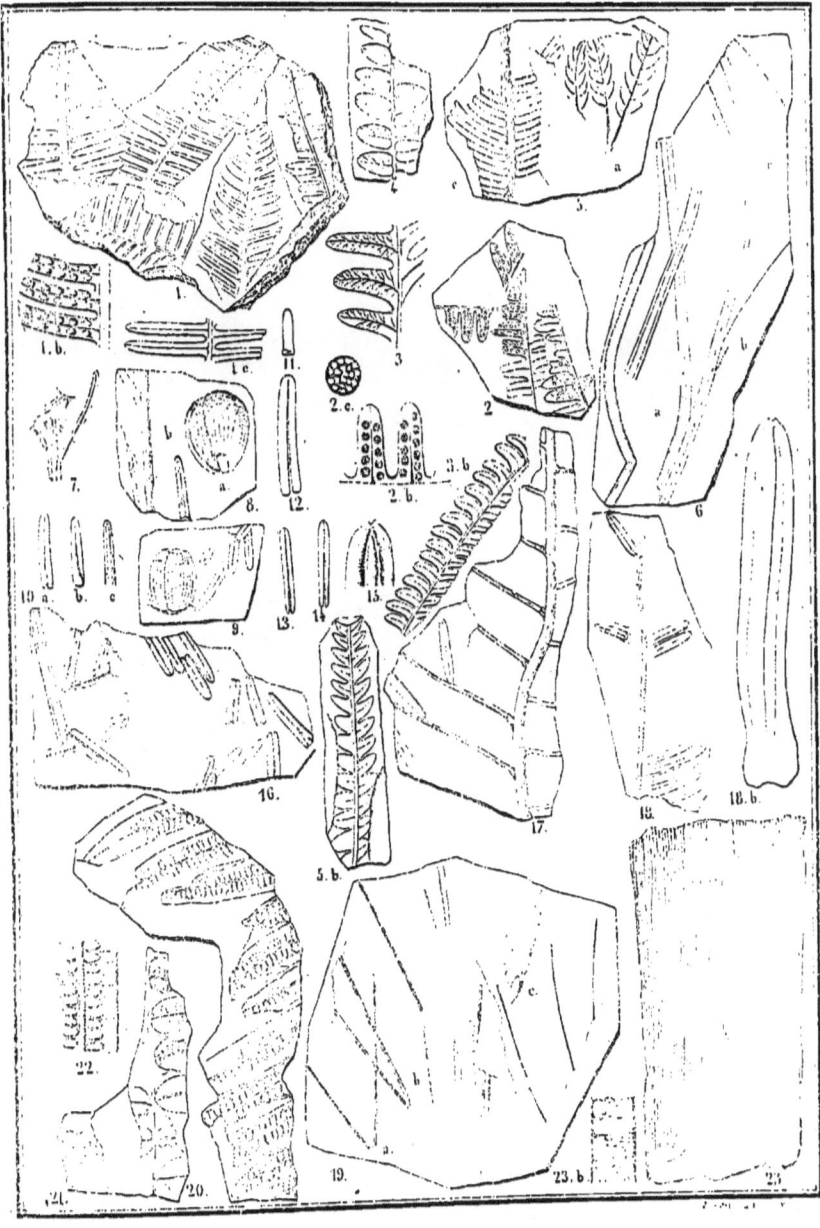

Fig. 1. a b c. Taxites Olriki. 1 d. Quercus furcinervis. 2 a 13. d. Sparganium stygium. 3. Cyperites borealis. 4. 5. Cyperites microcarpus. 6. Phragmites oeningensis. 7. Lastraea stiriaca. 8. a. b. Pteris oeningensis. 8. c. Colutea Salteri. 9. Sphenopteris Miertschingi. 10. Equisetum boreale. 11. a d 12. Taxodium dubium. 11. c. Betula. 13. a c. 14. 15. Sequoia Langsdorfii. 19. Sequoia Couttsiae. 20. 22. Glyptostrobus europaeus.

GRÖNLAND. XLVI.

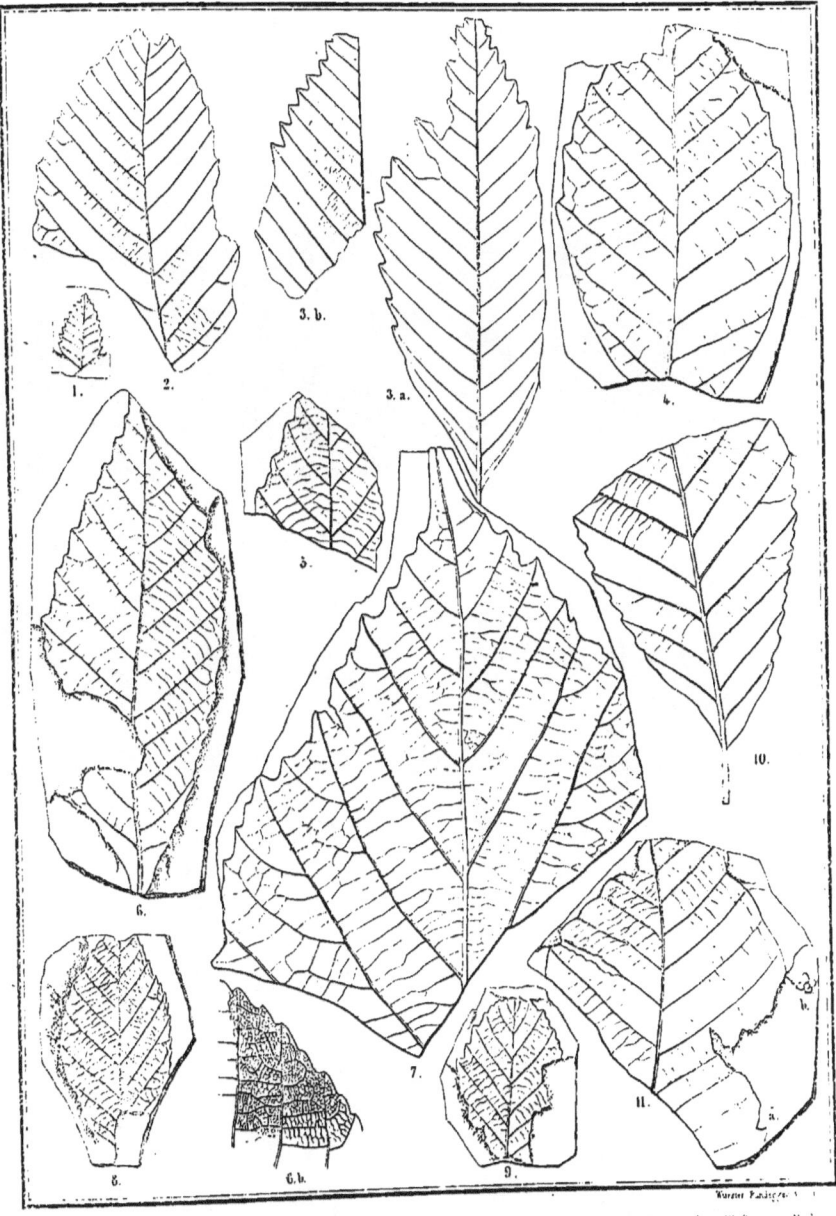

Fig. 1. 2. 3. Fagus castaneaefolia. 4. Fagus Deucalionis. 5. 6. Quercus furcinervis. 7. Quercus platanea. 8. 9. Quercus Steenstrupiana. 10. Quercus Olafseni. 11. Fagus macrophylla.

GRÖNLAND. XLVII.

Fig 1. Quercus grönlandica. 2. Fraxinus denticulata. 3. a. Platanus aceroides 3. b. 15. Sequoia Langsdorfii. 4. b. c d 5. 6. 7. Diospyros brachysepala. 8. Diospyros Loveni. 9. Quercus Lyellii. 10. Myrica borealis 11. Salix Raeana. 12. Alnus nostratum 13. M'Clintockia Lyalli 14. Salisburea adiantoides

GRONLAND. XLVIII.

Fig. 1. Vitis Olriki. 2. Vitis arctica. 3.–6. Ilex longifolia. 7. Ilex reticulata. 8. M. Clintockia Lyallii. 9. Woodwardites arcticus.

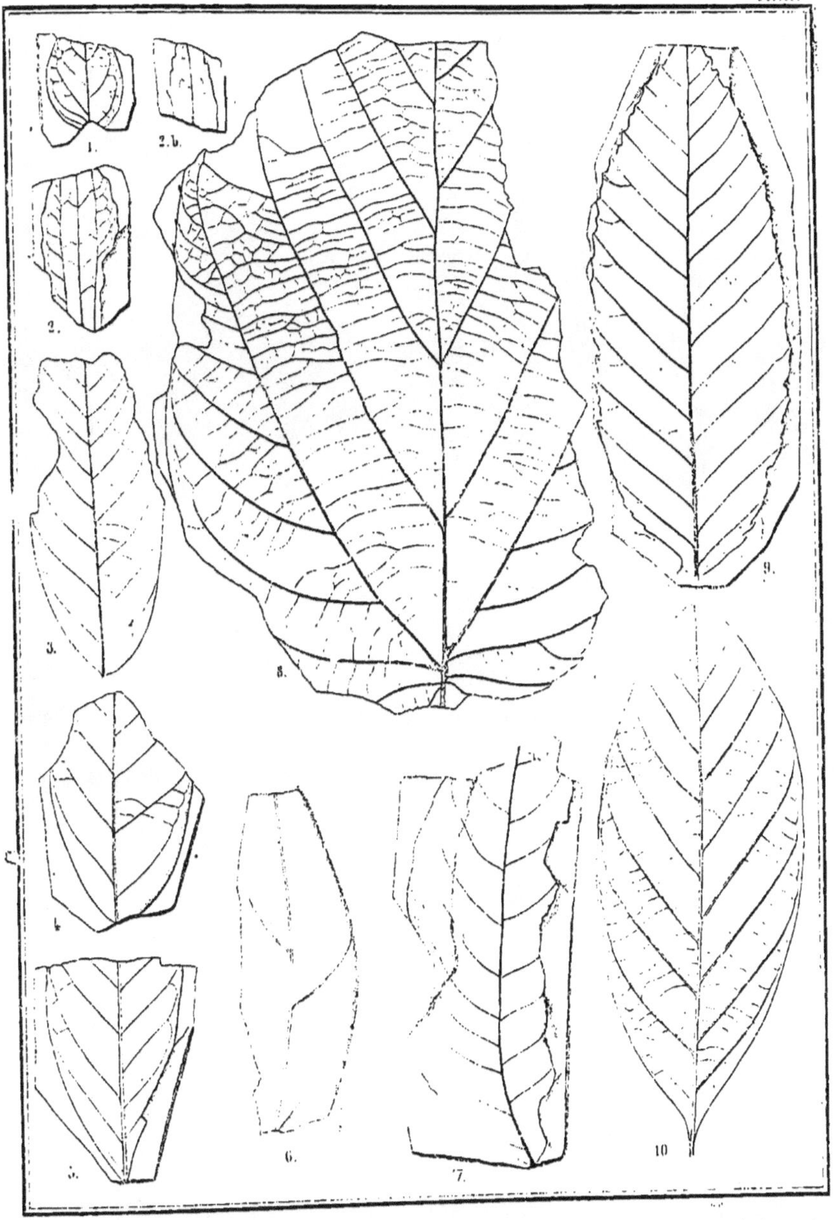

Fig. 1 Rhamnus brevifolius. 2. Zizyphus hyperboreus. 3.–6. Juglans Strozziana 7. Juglans acuminata 8 Ficus ? groenlandica 9. Carpinus grandis. 10. Rhamnus Eridani.

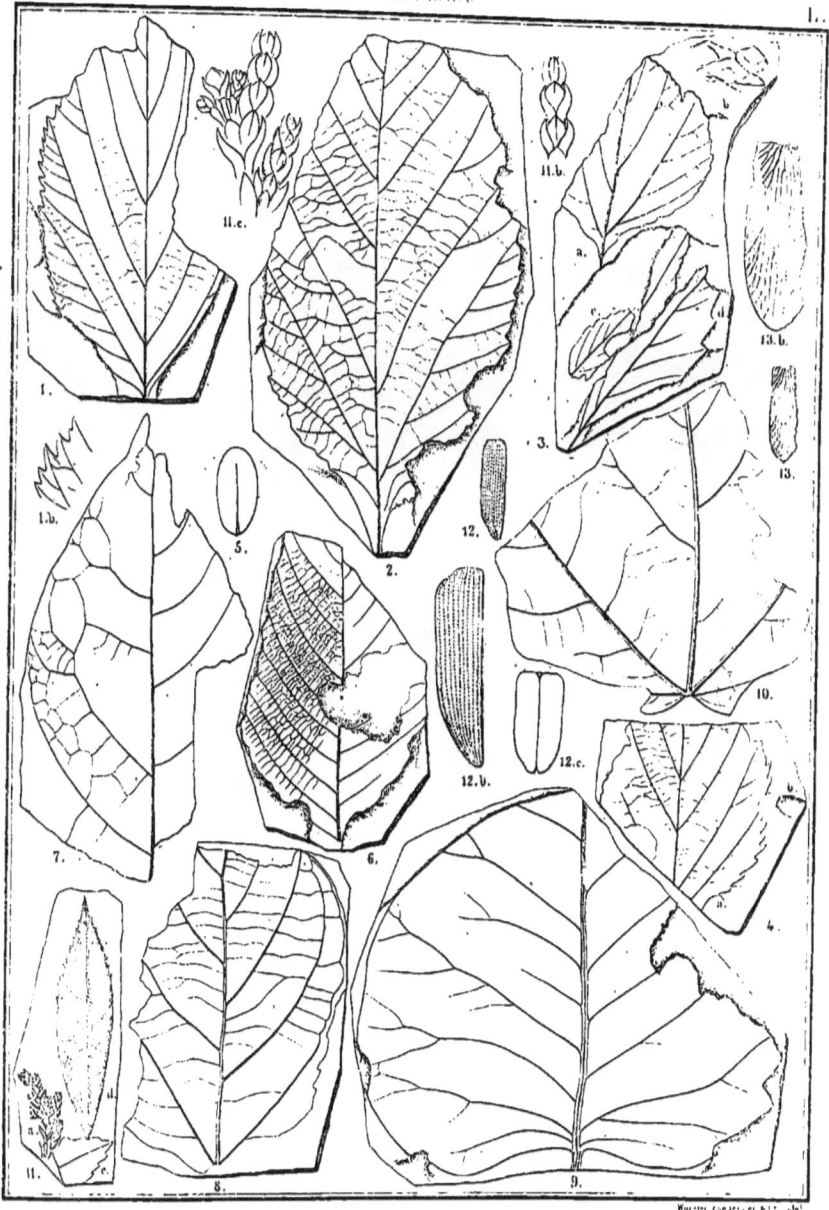

Fig 1. 2 Crataegus antiqua 3. 4 Crataegus Warthana. 5. Leguminosites arcticus. 6. Rhamnus Gaudini ? 7. Phyllites evanescens 8 Cornus ferox 9. Populus Gaudini 10. Acer otopterix 11.a.b.c. Thujopsis europaea 11 d e Andromeda denticulata 12. Trogosita insignis 13. Blattidium fragile

www.ingramcontent.com/pod-product-compliance
Lightning Source LLC
Chambersburg PA
CBHW021418300426
44114CB00010B/542